普通高等教育"十一五"国家级规划教材
高等院校本科化学系列教材

Chemistry

物理化学

（第二版）

上册

汪存信 主编

WUHAN UNIVERSITY PRESS
武汉大学出版社

图书在版编目(CIP)数据

物理化学. 上册/汪存信主编. —2 版. —武汉: 武汉大学出版社,
2009.11(2017.7 重印)
普通高等教育“十一五”国家级规划教材
高等院校本科化学系列教材
ISBN 978-7-307-07314-2

Ⅰ.物… Ⅱ.汪… Ⅲ.物理化学—高等学校—教材 Ⅳ.O64

中国版本图书馆 CIP 数据核字(2009)第 162770 号

责任编辑:黄汉平　　责任校对:王　建　　版式设计:詹锦玲

出版发行: **武汉大学出版社** (430072 武昌 珞珈山)
(电子邮件: cbs22@whu.edu.cn 网址: www.wdp.com.cn)
印刷: 虎彩印艺股份有限公司
开本: 720×1000 1/16 印张:27.25 字数:543 千字 插页:1
版次:1997 年 7 月第 1 版 2009 年 11 月第 2 版
2017 年 7 月第 2 版第 3 次印刷
ISBN 978-7-307-07314-2/O·411 定价:39.00 元

内容提要

本书是在第一版的基础上，按照教育部高等学校化学与化工学科教学指导委员会2004年通过的"化学专业和应用化学专业化学教育基本内容"进行了全面的调整和增删。本教材重点阐述了物理化学的基本概念和基本理论，并适当介绍了物理化学各领域的发展趋势和前沿进展。各章节都有大量的习题供读者选择练习。与本书配套出版的"物理化学习题详解"对书中所有习题均进行了分析与详细的解答。

全书分上、下册。上册含8章，内容包括热力学第一定律、热力学第二定律、多组分系统热力学、气体热力学、溶液热力学、统计热力学基础、相平衡和化学平衡。各章结尾均给出了各章的基本要求，使读者明了各章内容的重点、难点，便于学习和巩固。每一章均附有配套习题，其中大部分是物理化学课程多年积累的经典习题，供读者自我考查对理论知识掌握的程度。

与本书配套出版的有：物理化学习题详解、物理化学课程多媒体教学软件、多媒体网络课程。武汉大学物理化学课程是国家级精品课程，已经建立了完善的精品课程网站，可供读者学习、研究、交流和讨论。

本书可作为理科化学各专业物理化学课程的教材，也可供高等师范院校和各类工科院校有关系科参考与使用。

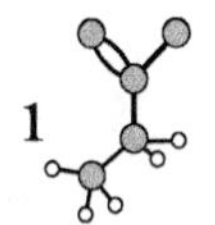

前　　言

本书按照教育部高等学校化学与化工学科教学指导委员会2004年通过的“化学专业和应用化学专业化学教育基本内容”，结合在武汉大学化学学院多年的教学实践，在本教学组编写的第一版物理化学教材基础上，经全面修改与增删，由武汉大学物理化学教学组编写。

《物理化学》是大学化学本科的主要专业基础课，分两部分在两个学期内完成。本教材重点阐述了物理化学的基本概念和基本理论，并适当介绍了物理化学各领域的发展趋势和前沿进展。各章节都有大量的习题供读者选择练习。与本书配套出版的“物理化学习题详解”对书中所有习题均进行了分析与详细的解答。本书上册内容包括热力学第一定律、热力学第二定律、多组分系统热力学、气体热力学、溶液热力学、统计热力学基础、相平衡和化学平衡。下册内容包括：化学动力学经典理论、反应速率理论、电解质溶液理论、平衡电化学、电极过程动力学简介、胶体化学和界面化学等。全书分工如下：汪存信负责编写物理化学上册；刘义编写胶体化学与表面化学部分；王志勇编写化学动力学部分；刘欲文编写电化学部分。

每一章均附有配套习题，其中大部分是物理化学课程多年积累的经典习题，供读者自我考查对理论课程知识掌握的程度。与本教材相配套的《物理化学习题详解》（第二版）也随同本教材一同出版，对每一道习题均进行了详细的分析与求解。

全书除着重阐述物理化学的基本概念、基本原理和基本方法外，还注意跟踪物理化学学科的最新进展，适当反映了物理化学学科当前前沿研究领域的新成果、新动向、新进展。本书的内容编排和阐述方式充分参考了当前国际优秀物理化学教材的内容。

武汉大学物理化学课程是国家级精品课程，已经建立了完善的精品课程网站，供读者学习、研究、交流和讨论。

武汉大学出版社黄汉平编辑等为本书的出版作了大量工作，付出了辛勤的劳动，感谢他们的支持与帮助。

本书可作为理科化学各专业物理化学课程的教材，也可供高等师范院校和各类工科院校有关系科参考与使用。

限于编者水平，欠妥之处敬请指正。

编　者

2009年10月于珞珈山

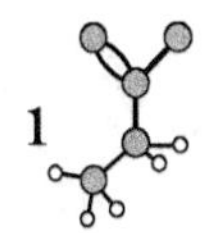

目　录

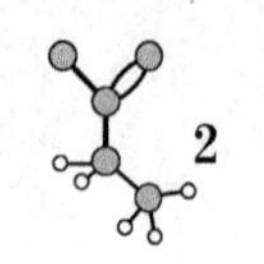

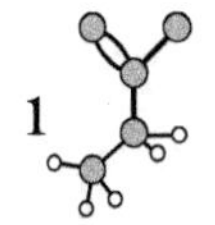

绪　论

§0-1　物理化学内容简介

自然界是由物质组成的,化学是人们认识与改造物质世界的主要方法和手段之一。化学是研究物质的组成、性质、结构、变化和应用的科学,是重要的基础学科。化学在发展过程中,依照所研究的分子类别和研究的目的、手段、任务的不同,派生出不同层次的分支学科。物理化学就是其中之一。

物理化学是以物理学的原理和实验技术为基础,研究化学系统的性质与行为,发现并建立化学系统的特殊规律的学科。现代物理化学主要包括以下内容:化学热力学、结构化学、化学动力学和化学统计热力学。随着科学技术的发展,物理化学内容日益扩展与深化,目前已产生了许多专门研究领域的物理化学学科,如热化学、光化学、电化学、磁化学、等离子化学、辐射化学、胶体化学、表面化学、催化化学等。随着科学的发展和不同学科间的相互渗透,物理化学已经产生了许多分支学科,如物理有机化学、生物物理化学、化学物理、生物热力学、生物电化学、生物热化学等。

现代物理化学的研究内容大致可以归结为以下几个方面:

宏观化学系统的性质:主要理论是化学热力学。以热力学三大定律为理论基础,研究宏观化学系统处于气态、液态、固态、溶液状态和高分散状态的物理化学性质及其规律性;研究在一定条件下各种化学及物理过程进行的方向和所能达到的限度。

微观化学系统的结构与性质:其理论基础是量子化学。研究原子和分子的结构、物质体相中原子和分子的空间结构以及结构与物质性质之间的规律性;在原子-分子水平上研究物质分子的构型与组成的相互关系以及结构和各种运动的相互影响;研究物质的微观结构与其宏观性质的相互关系。

化学统计力学:化学统计力学的主要任务是采用统计的方法,从微观粒子的参数,如键长、键角、质量等推导出宏观化学系统的热力学性质。化学统计力学是量子化学与化学热力学之间的桥梁。

化学系统的动态性质:主要理论为化学动力学。研究化学反应过程的速率和速率理论,化学反应进行的历程和机理;研究物理及化学因素的变化对化学反应速率及反应机理的影响。对化学反应进行理论研究时,往往需要用到热力学、量子化学与统计热力学的理论知识。

物理化学四个方面的理论之间的关系可以用下图表示：

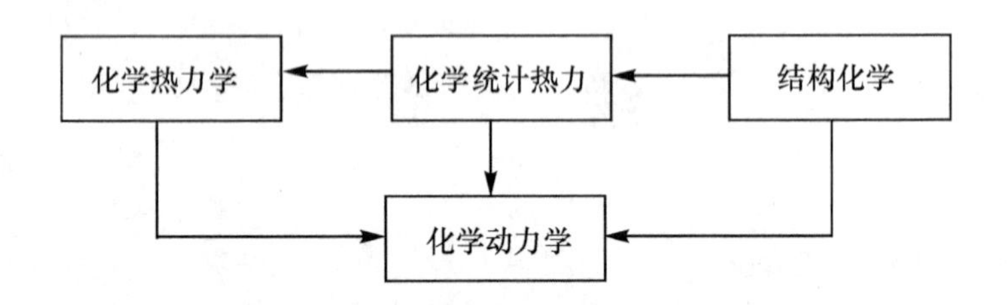

按照我国现行的大学理科化学课程安排，结构化学课程一般单独开课，大学本科物理化学课程主要包括化学热力学、化学统计力学、化学动力学、电化学、胶体化学和表面化学等内容。本教材的物理化学上册内容含化学热力学和统计热力学，主要介绍宏观系统处于热力学平衡态时的性质及其基本规律，上册包含的主要章节有：热力学第一定律、热力学第二定律、多组分系统热力学、气体热力学、溶液热力学、相平衡、化学平衡和统计热力学。

19 世纪早期到中叶，人们逐渐认识到热的本质，并发现了热力学第一定律和热力学第二定律，并开始用这些物理学原理来解释化学过程的现象，在这一阶段，物理化学学科逐渐形成。1887 年，德国化学家奥斯特瓦尔德（W. Ostwald，1853—1932 年）和荷兰化学家范霍夫(J. H. Von't Hoff，1852—1911 年）创刊的德文刊物《物理化学杂志》标志着物理化学作为一门学科的正式成立。

从 19 世纪后半叶到 20 世纪，物理化学的基本理论在化学各个学科的研究和实际的工业生产中得到了极其广泛的应用，发挥了理论指导的作用。在接触法制硫酸、合成法制氨、萃取法制磷酸、石油化学工业、基本有机合成工业、化学纤维工业等现代工业领域，都充分利用了化学热力学、化学动力学、催化化学和表面化学的研究成果。而工业技术及其他学科的发展和各种先进测试手段的涌现，又进一步促进了物理化学的发展。

20 世纪后半叶以来，自然科学的各个研究领域发展非常迅速，各学科之间相互渗透、相互促进，大量现代测试手段的出现与完善有力地推动了物理化学各研究领域的发展。近年来，化学与物理化学学科的主要发展趋势为：① 从宏观到微观：单用宏观的研究方法是不够的，只有深入到微观，研究分子、原子层次的运动规律，才能掌握化学变化的本质和结构与物性的关系。② 从体相到表相：纳米科学的迅猛发展，要求对物质表相的性质有更深入的研究。纳米材料的特异性与极其巨大的表面积有密切的关系。复相化学反应总是在物质的表相上进行，随着测试手段的进步，了解表相反应的实际过程，将推动表面化学和多相催化反应动力学的发展。③ 从单一学科到交叉学科：化学学科与其他学科以及化学内部更进一步相互渗透、相互结合，形成了许

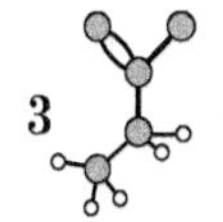

多极具生命力的交叉科学,如:生物化学、生物物理化学、生物热化学、生物电化学、分子生物学、地球化学、天体化学、计算化学、金属有机化学、物理有机化学等。④ 从平衡态到非平衡态:自然界中的所有实际过程都是开放体系的非平衡热力学过程。经典热力学只研究平衡态和封闭体系或孤立体系。非平衡态的开放体系的研究更具有实际意义,自 Prigogine 提出耗散结构以来,逐渐形成了非线性非平衡态热力学学科,并成为现代科学研究的前沿领域。

进入 21 世纪以来,物理化学研究的前沿领域中最受关注的是:分子反应动态学、催化科学基础研究、表面物理化学、生物大分子和药物大分子研究、非线性非平衡态热力学与统计热力学理论、原子簇化学等。

物理化学虽然有相当长的历史,但是,又是一门仍在不断更新与发展,极具生命力的基础学科。物理化学学科在国民经济的各方面都发挥着巨大的作用,并将继续发挥更大的作用。

§ 0-2　物理化学课程学习方法

物理化学是化学、化工各专业的一门主要基础课程。物理化学是化学学科的理论基础,物理化学的基本原理被广泛应用到化学的其他分支学科。学好物理化学课程,可以加深对无机化学、分析化学、有机化学、化工基础等课程内容的理解。基础物理化学课程的重点在于掌握热力学处理问题的基本方法和化学动力学的基本知识,了解统计热力学基本原理,了解化学动力学的新进展。物理化学是一门相对比较抽象、理论性较强的学科,物理化学学科中所采用的分析问题、归纳问题和解决问题的方法是普遍适用的科学手段。通过学习物理化学课程,除了掌握其基本内容的同时,读者还应该特别重视学习物理化学中提出问题、分析问题和解决问题的方法,培养自己独立思考和解决问题的能力。

物理化学课程是学生普遍反映比较难学的一门课程。为了帮助读者学好这门课程,特将我们长期积累的基本学习方法归纳为如下几点,仅供参考。

1. 牢牢抓住基本概念。物理化学课程的每个章节都有其中心内容和与之对应的基本概念。只有弄懂了基本概念,才能将所学知识融会贯通。由于物理化学中的基本理论与概念比较抽象、难懂,初学者最好多与别人交流,展开讨论,在争辩中加深对基本概念的理解与记忆。每学习完一章,要及时对所学内容进行简短总结与归纳整理,抓住了各章节的主要理论骨架,便会感到主次分明,条理清楚。

2. 注意公式的使用条件、范围和物理意义。物理化学课程中的公式较化学专业其他课程的明显要多一些,有些公式的推导过程也比较繁难。在学习物理化学的公式时,应该把主要注意力放在对公式物理意义的理解上,不必过分地纠缠于公式的具体推导过程。特别要指出的是,物理化学中的每一个公式都有其适用范围和使用条件,

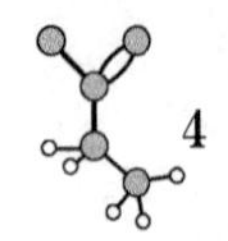

公式只有在其适用范围内使用才是正确的，超过其使用范围去运用物理化学公式，往往会得到荒谬的结果。初学者最容易犯的错误就是在进行计算与推导时，忽视公式的适用条件而生搬硬套，将公式用到其不能适用的范围，这样往往出错。因此，在学习物理化学公式时，不仅仅要注意其推导过程，还要注意公式的适用范围和使用条件。在使用每一个公式时，都要注意其应用的范围，不能将物理化学公式、原理等当做绝对真理而无限制地推广到尚未被证实其是否适用的场合中去，否则，常常会导致严重的错误。

物理化学中的公式很多，在学习物理化学课程时，只要求掌握最重要的基本公式，并不要求记忆所有的公式，其他的公式都可以从基本公式推导而来。只要掌握了基本公式和常用的推导方法，就可以很简单地根据物理化学基本公式自行推导一般公式。

3. 注意各章节之间的联系。物理化学课程中各个章节间的内容是互相关联的，如热力学基本定律在溶液、化学平衡、电化学和表面化学等章节中都有极其重要的应用。在学习新的一章时，应把新学到的概念、公式与已经学过的知识联系起来。“温故而知新”，在学习新课程之前，应复习前面课程的内容，在学习过程中，要前后连贯起来反复思考，逐步达到深刻理解和融会贯通的境界。

4. 多做习题。做习题是加深对基本概念和公式的理解的重要手段。本教材选用的习题中许多是非常经典的习题。一个好的物理化学习题往往是前人对某个课题多年探索和研究的结晶，一些习题就是从生产实践中总结出来的，这些习题得之不易。通过做习题，可以培养独立思考和解决问题的能力。应该提倡独立解题，在解习题时，最好脱离教材自行解题，尽可能不参阅习题解答。通过解题可以考查自己对物理化学课程内容了解与掌握的程度，还可以加深对课程内容的理解和记忆。

5. 重视实验。自然科学理论，包括物理化学理论，都是从实践中抽象出来的客观规律。物理化学的理论课程教学与实验是有机整体。通过物理化学实验，可以亲自论证所学到的理论知识的正确性，体验物理化学学科分析问题、解决问题的方法。通过物理化学实验，还可以训练基本的操作技能，掌握一些重要的实验方法，培养进行科学研究的能力。

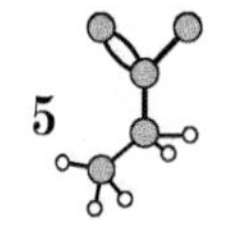

第1章　热力学第一定律

热力学研究的对象是由大量微观粒子集合而成的宏观系统，热力学研究能量的各种形式（热和功）之间相互转化所遵循的一般规律，并从能量转化的角度来研究宏观系统的性质以及这些性质变化时所遵循的宏观规律。热力学要解决的问题是判断自然界发生的宏观过程所进行的方向及其限度，当然也包括化学反应进行的方向与限度。

经典的热力学是唯象的宏观理论。热力学理论都是从人们的无数实践、实验活动中总结与抽象出来的普遍适用的基本规律。至今，人们还没有在宏观世界内发现任何一件与热力学基本规律相悖的事件。正是由于其理论基础的广泛性和普适性，故热力学是普适的，是高度可靠的。正因为热力学的基本理论来自于无数宏观实践与实验的总结，所以热力学理论没有从更深层次的微观角度探求这些基本规律的本质。热力学只能判断在一定的条件下，某过程（或某反应）是否会发生，若能够发生，其进行的限度是什么，而不能从本质上阐明为什么会如此进行的原因，也不能给出过程或反应进行的速率的快慢，不能揭示化学反应的机理和经历的具体历程。这些就是热力学的局限。学习热力学，就要在掌握热力学理论及其运用技巧的同时，也要清醒地知道热力学理论的局限性，并通过对相关理论（结构化学、统计力学等）的学习，使自己对客观世界的认识上升到一个更高的层次。

热力学的基础是热力学四大定律：热力学第零定律、第一定律、第二定律和第三定律。热力学的基本定律都是人类长期经验的总结，具有极其牢固的实验基础。将热力学运用于化学反应过程，用热力学的基本理论来研究化学过程以及与化学过程有关的物理现象的学科，称为化学热力学。化学热力学是热力学理论在化学学科中的应用。热力学第一定律就是能量守恒原理，自然界中的能量以各种各样的形式存在，不同形式的能量之间可以相互转化，但是在转化过程中，能量的总量是守恒的。

热力学第一定律揭示了能量转化所遵守的基本规律。热力学第一定律用于研究化学反应中能量的变化及其转换的规律，并可利用热力学第一定律定量计算化学反应过程中能量变化的具体数值，如化学反应的热效应等。热力学第二定律主要解决一切过程，其中也包括化学过程进行的方向与限度的问题，如讨论相平衡、化学平衡等问题。热力学第二定律提出了一个极其重要的热力学函数——熵，通过计算化学变化过程的熵变，可以定量地判断化学过程进行的方向与限度。热力学第三定律则给出

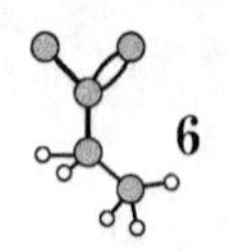

了物质的熵的一个合理的数值,即物质的规定熵。通过规定熵的求算,就可以获得判断化学平衡所必要的热力学数据,进而可以解决化学平衡的计算问题。在整个热力学理论中,有三个基本的热力学函数:温度、内能和熵。内能是由热力学第一定律确定的;熵的数值是由热力学第二定律和第三定律确定的;而温度是由热平衡定律确定的。热平衡是热力学的一个基本实验定律,热平衡原理是定义温度概念的理论基础,是用温度计测定物体温度的依据。热平衡原理的重要性并不亚于热力学第一定律和第二定律,而人们是在揭示了热力学第一定律与第二定律之后,才认识到热平衡原理在热力学中的重要性与不可或缺性,这样,英国著名的物理学家 R. H. 否勒将热平衡原理命名为热力学第零定律。

热力学从 19 世纪创立以来,已经有一百多年的历史,是一门比较古老的学科。但是,热力学与其它学科一样,随着人类对自然界认识的不断深化,热力学研究的领域也在不断扩张,研究的内容也在不断深化。经典的热力学的主要任务是测定物质的各种热力学数据,其研究的领域基本上局限于达到平衡态的宏观体系,而无法处理尚未达到平衡态的正在变化过程中的热力学体系;另一方面,经典热力学只能从宏观上对过程的方向与进行的限度进行判断,而无法从本质上解释为什么会这样进行的原因。随着与热力学相关科学的发展,如统计热力学的发展,使得人们对热力学第二定律的本质有了更加深入的认识;热力学本身也从平衡态热力学扩展到非平衡态热力学,近年来更进一步扩展到非线性非平衡态热力学,使人们对于未达到平衡的动态过程的性质也有一定的认识与了解。

统计热力学是物理学的一个重要分支。平衡态统计热力学所要解决的问题基本与热力学一致,即如何获得宏观热力学体系的热力学函数,并进而研究宏观体系运动的规律。经典热力学的基本规律是从宏观世界的无数实践经验和实验数据中抽象出来的,完全没有考虑微观粒子的性质与运动会如何影响宏观体系的性质,统计热力学与经典热力学不同,它是从微观粒子的性质出发,通过统计平均的方法,求出宏观体系的热力学性质。统计热力学是微观与宏观间的桥梁,统计热力学认为宏观体系的热力学性质本质上还是由组成宏观体系的微观粒子的性质确定的,宏观的热力学性质是微观性质的统计平均,统计热力学发展出了整套计算方法,从分子的键长、键角及粒子质量等微观参数直接求出宏观体系的内能、熵等热力学函数值。统计热力学也是物理化学的重要分支,我们将把统计热力学作为专门的一章加以介绍。

经典热力学处理的是处于平衡态的宏观系统,当物体处于非平衡态、运动状态时,热力学因为不能严格定义整个体系的状态函数,如温度、压力、内能等,因而无法研究处于非平衡态的系统。非平衡热力学的出现将热力学的研究领域从平衡态扩展到非平衡态。自然界中的实际过程实质上都是不可逆过程,自然界中的任何物体所处的状态,严格说来都是处于非平衡态,特别是一切生命体,如花草、树木、动物及人类本身等,均处于某种非平衡状态。非平衡态热力学的建立,使我们可以着手研究处于

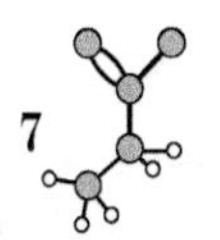

非平衡状态的事物，找到了一条探索生命秘密的可能途径。虽然，目前人类距离揭示生命秘密的目标还很远，但是，非平衡态热力学的建立，特别是非线性非平衡态热力学的建立，让我们看到了希望的曙光。

§1-1　几个基本定义与概念

在探讨具体理论之前，有必要介绍热力学的几个基本定义与概念。这些定义与概念将贯穿整个热力学理论，这些基本概念与热力学理论是合为一体的，热力学理论所涉及的问题必须在基本概念所能涵盖的范围之内。对于初学者，有必要切实弄清这些基本定义与概念的物理含义。

一、系统与环境

人们在进行科学研究时，会接触到各种事物，如被研究的化学反应、容器、测定参数的各种仪器、实验台等，这些事物与人们进行的研究内容相关的程度是不一样的，对此，热力学定义了系统与环境这一对基本概念。

系统：被研究的对象；**环境**：自然界中除系统以外的一切。

热力学对于系统和环境的定义具有非常强烈的主观性，即热力学系统和环境是人为划定的。既然系统与环境的划定是人为的，当人们从不同的角度去研究同一事件时，可能感兴趣的内容不一样，研究的对象可能会发生变化，因而系统与环境的划分就会随之而发生变化。系统与环境之间是有联系的，但对于不同的系统，其与环境间联系的程度会不同，人们参照系统与环境间关系紧密程度的不同而将系统划分为三类不同的系统，它们是：

开放系统(open system)：系统与环境之间既有能量的交换，也有物质的交换。

封闭系统(closed system)：系统与环境之间只有能量的交换，没有物质的交换。

隔离系统(isolated system)：系统与环境之间既没有能量的交换，也没有物质的交换。隔离系统也称为孤立系统。世界上任何事物之间总存在一定的联系，因而系统与环境之间总会有某种关联，严格意义上的孤立系统实际上是不存在的。当系统与环境间的物质交换和能量交换少到可以忽略不计时，这种系统一般会作为孤立系统来处理。

目前我们所认识的自然界包括的范围极其广阔。人们所处的宇宙包括有：人类的居住地 —— 地球、太阳、其它行星、银河系、河外星系等。热力学的系统和环境的加合，严格来讲就是整个宇宙。但是，当具体研究一个热力学系统的性质，特别是在求算系统与环境的热力学函数值时，往往将环境局限于只与系统密切相连的部分，而环境中其余的与系统几乎没有关系的部分，一般则可以忽略而不予考虑。例如，当学生在武汉大学化学系实验室里做 KCI 溶解热的物理化学实验时，只需要考虑 KCl、水、热

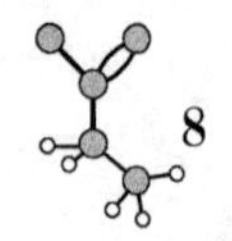

量计本体、温度计、恒温槽等与实验有关的事物，而完全没有必要考虑当时远在大理蝴蝶泉边的一只蝴蝶的舞动对量热数据的影响。但从严格意义上讲，这只蝴蝶也是 KCl 溶解热实验的环境。

二、系统的状态

平衡态热力学的目的是研究达到平衡状态的热力学系统的宏观性质，而不研究尚未达到平衡态，处于运动过程中的系统的性质。这种平衡态称为热力学平衡态，系统达到热力学平衡态后，系统的所有性质不再随时间而变化。一个系统是否达到了热力学平衡，要从如下几个方面判断，只有当系统同时达到以下平衡时，此系统才被认为处于热力学平衡态。

热力学平衡态(thermodynamic equilibrium state) 包含的平衡如下：

热平衡(thermal equilibrium)：系统内部各个部分之间宏观上没有热量的传递，系统达到热平衡的标志是系统内部处处温度相同。

力平衡(mechanical equilibrium)：系统内各个部分之间，没有不平衡的力存在，系统中任何部分在宏观上都不存在物质的相对移动，系统达到力平衡的标志是系统内部处处压强相等。

相平衡(phase equilibrium)：当系统中有两个以上的相存在时，所有的相之间宏观上不存在物质的流动，系统达到相平衡后，系统中各个相的状态和相内各个组分的物质的量不再随时间而变化。

化学平衡(chemical equilibrium)：系统中各个组分之间的化学反应达到了平衡，系统的组成恒定，不随时间而变化。

如系统同时达到了以上四大平衡，就认为此系统达到了热力学平衡，系统此时所处的状态称为热力学平衡态，简称平衡态或状态。系统一旦达到了平衡态，系统具有的所有性质都不再随时间而变化，描述系统状态的函数值则为定值，也不再随时间而变化。

以上四大平衡，也可以称为三大平衡，即：热平衡、力平衡和物质平衡。因为相平衡与化学平衡所涉及的都是系统内物质的流动，相平衡涉及的是不同相之间的物质的流动；化学平衡涉及的是参与化学反应的各个组分之间的物质的流动。当达到相平衡与化学平衡时，系统内的物质不再流动，即可以认为达到了物质平衡，故相平衡和化学平衡可以合称为物质平衡(mass equilibrium)。

热力学中所指的状态一般就是热力学平衡态，系统的状态也就是系统的热力学平衡态。平衡态热力学的研究对象是已经达到热力学平衡态的系统，是对系统平衡态具有的性质进行研究，与系统有关的变量也都是平衡态具有的热力学量。

三、系统的性质

经典热力学研究的是达到平衡状态的系统的性质，系统的状态性质用以描述体

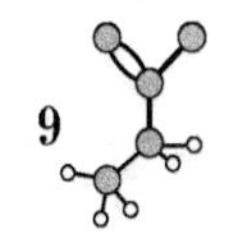

系的状态，而系统的状态就是系统具有的一系列状态性质的综合表现。热力学系统可以测量的宏观性质有：温度、压力、系统、物质的量、密度等。这些性质也称为热力学变量，或热力学函数(thermodynamic function)。系统的状态性质可以依据它们的特性分为两大类：

(1) 容量性质(capacity properties)：具有加合性的性质，其值往往与系统的大小成正比。如系统的体积、质量、内能等。容量性质也称为广度性质。由于容量性质具有加合性，系统的某容量性质是系统中各个局部具有的此容量性质的总和，如系统的物质的量等于组成系统的各个组分的物质的量的加合。

(2) 强度性质(intensive properties)：其数值取决于系统自身的特性，并且不具有加合性。系统的强度性质是处处相等的，也与系统的大小无关，如温度、压强、密度等。

系统的两个容量性质相除，得到的比值是一个强度性质，如：体积与总物质的量相除得到摩尔体积；系统的质量与体积相除得到密度；内能与物质的量相除得到摩尔内能。

四、状态函数

其数值只取决于系统状态的函数称为状态函数。顾名思义，状态函数的值只与系统所处的状态有关，与系统是如何到达此状态的经历无关，即与系统以往的历史无关。状态函数的数值取决于系统的状态，反过来，系统的状态也由状态函数来确定。当一个热力学系统达到平衡态后，系统的所有的状态函数的值均被唯一地确定下来，只要系统的状态不发生变化，所有的状态函数的值也不会发生变化。当系统从某一始态A变化到末态B，由于系统状态发生变化，系统的状态函数也会随之而变化，但状态函数的变化值仅仅只取决于系统的始末态A、B，而与系统从A到B所经历的途径无关。

如图1-1所示，热力学简单系统从始态A经历途径Ⅰ变化到末态B，某状态函数 Z 的变化为 ΔZ(途径Ⅰ)；若此系统经途径Ⅱ从相同的始态A变化到相同的末态B，Z 的变化值记为 ΔZ(途径Ⅱ)。根据状态函数的特点，其值的变化量仅仅取决于体系的始末态，与系统经历的途径无关，因此，有：

$$\Delta Z(\text{途径 I}) = \Delta Z(\text{途径 II})$$

当系统经历一个循环又回到原态之后，系统所有的状态函数值将回复到原态的数值，故循环路径状态函数的改变量等于零。状态函数的以上特性可以归结为两句话：

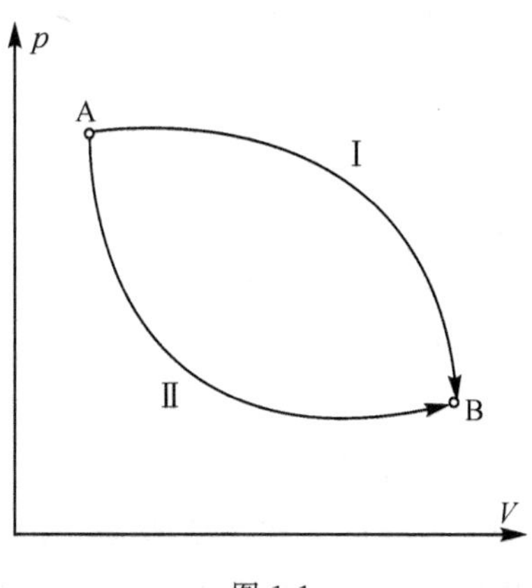

图 1-1

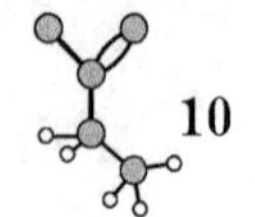

殊途同归,值变相等。

周而复始,值变为零。

以上两条性质是所有的状态函数所具有的,这两条性质在本质上是一致的,都是状态函数的充要条件。如果一个热力学函数具有“殊途同归,值变相等”的性质,则一定具有“周而复始,值变为零”的性质;反过来,若一个热力学函数具有“周而复始,值变为零”的性质,也一定具有“殊途同归,值变相等”的性质。从数学的角度描述热力学状态函数的特征,则要求状态函数的微小变量是数学上的全微分,其性质可表示为:

$$\Delta Z = \int_{Z_1}^{Z_2} \mathrm{d}Z = Z_2 - Z_1$$
$$\oint \mathrm{d}Z = 0 \tag{1-1}$$

热力学系统的平衡态由状态函数描述。一个系统可以拥有多个状态函数,而系统状态的确定不一定需要同时确定所有状态函数的值,一般只要能确定少数几个状态函数的值就可以完全确定系统的热力学状态,而系统的状态一旦确定,其它所有状态函数的值也被唯一地确定下来。

一个没有化学变化、没有相变化的均相系统被称为简单系统。无数的实践经验证明:对于常见的简单热力学系统,当系统的两个强度状态函数被确定之后,系统的其它所有的强度性质的值也被唯一地确定了;若再知道系统的总物质的量,则系统其它的广度性质也被确定了。对于简单系统,若系统的摩尔数一定,只要知道两个状态函数,则此系统的状态就确定了,同时,其它的状态函数的值也被确定了。如一定量的理想气体,其状态可以由(p,V),(p,T)或(T,V)唯一地确定。一些常见的热力学函数,如体积V,温度T,压力p,物质的量n等都是状态函数。

五、热和功

系统与环境间能量传递的形式分为热和功两大类,热和功都是被传递的能量,只不过能量的形式不同。热:因为温差的存在而传递的能量称为热。热量的符号为Q,Q的正负号取值定义为:

系统向环境放热,Q的值为负;系统向环境吸热,Q的值为正。

热量Q符号的确定与系统能量的变化方向是一致的:当系统吸热时,系统的能量增加,Q的符号为正;当系统放热时,系统的能量减少,Q的符号为负。

当温度比较高的物体与温度比较低的物体相接触时,热量从温度高的一方流向温度较低的一方。热的传递一般与大量分子的无规运动相关。从微观的角度解释热量的传递,是因为:高温物体的分子具有的能级较高,分子运动剧烈,运动的速率比较快,而低温物体的分子的能级较低,分子运动的速率比较低,当两者相接触时,两者的

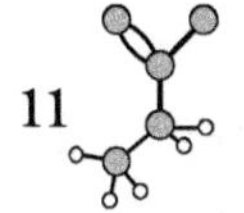

分子会相互接近而发生碰撞，能量将从分子速率较高的一方传向速率较低的一方。这种能量的传递是通过大量分子的无规运动而完成的。

热量的传递一般具有三种途径：热传导、对流换热和热辐射。热传导是通过分子相互碰撞的方式而传递的能量，如将金属棒的一端加热，过一会，棒的另一端的温度也会上升，这是因为热量通过分子无规碰撞的方式从温度高的一段传递到另一端。对流换热是因为物质的宏观流动而传递的热量，如向一盆热水中加入一些冷水，搅动几下，整盆水就变成温水，这种传热方式主要是对流换热。热辐射是通过电磁波的形式来传递热量。任何温度下的物体都有热辐射，热辐射实质上就是电磁波，物体的辐射能力与物体温度的4次方成正比，物体的温度愈高，辐射能力愈强，故对于两个温度不同的物体，热量总是从温度高的物体流向温度低的物体。

功：通过其它途径所传递的能量均称为功，功记为W。功是除了以热量的形式传递的能量之外的以其它各种方式所传递的能量。功的符号的定义是：系统向环境做功，系统向外付出能量，功的符号为负；环境向系统做功，系统从环境得到能量，功的符号为正。功的符号的这种定义的含义与热的符号定义的含义是一致的，系统获得能量，符号为正，表示系统的能量增加；系统失去能量，符号为负，表示系统的能量降低。注意：功的符号至今并没有统一，功的符号的另一种定义是：系统对外做功为正；环境对系统做功为负。我国过去的物理化学教科书中，功的符号大多采用了后一种定义，希望读者在参阅参考书时注意不同教材中功的符号的定义。

功的传递有很多形式，如机械功、体积功、电功、表面功、化学功等。经典力学对于功的定义是：功等于力乘上在力作用下移动的位移，可表达为：$W = F \cdot s$。在热力学中，除了以上定义的机械功以外，还有其它形式的功，这些功称为广义功。广义功定义为：广义功等于广义力乘以广义位移。功的形成需要两个因素，其中：广义力是强度因素，广义位移是容量因素。热力学系统所做的功的种类请见表1-1。

表1-1　**几种常见功的表示形式**

功的种类	广义力	广义位移	功的表达式
机械功	F(力)	$\mathrm{d}l$(位移)	$\delta W = F \cdot \mathrm{d}l$
体积功	p(外压)	$\mathrm{d}V$(体积的改变)	$= p \cdot \mathrm{d}V$
电　功	E(电势差)	$\mathrm{d}Q$(通过的电量)	$= E \cdot \mathrm{d}Q$
重力势能	mg(重力)	$\mathrm{d}h$(高度的改变)	$= mg \cdot \mathrm{d}h$
表面功	γ(表面张力)	$\mathrm{d}A$(面积的改变)	$= \gamma \cdot \mathrm{d}A$
化学功	μ(化学势)	$\mathrm{d}n$(物质的量的改变)	$= \mu \cdot \mathrm{d}n$

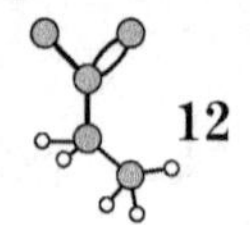

系统抵抗外力所做的功可表示为：

$$\delta W = -p\mathrm{d}V + (X\mathrm{d}x + Y\mathrm{d}y + Z\mathrm{d}z + \cdots) = \delta W_e + \delta W_f$$

式中 $X,Y,Z,\cdots$ 是广义力；$\mathrm{d}x,\mathrm{d}y,\mathrm{d}z,\cdots$ 是广义位移；δW_e 是体积功；δW_f 代表除了体积功以外的所有其它形式的功，称为非体积功，或有用功。

热和功与状态函数不同，是另一类热力学量。热和功的数值不仅仅取决于体系的始末态，还与系统所经历的途径有关，这类热力学量称为过程量(path function)。从数学的角度，过程量不是全微分，只有状态函数才是全微分。

在化学过程中，最常见的功是体积功，体积功的数学计算式为：

$$W = \int_{V_1}^{V_2} -p_{外}\ \mathrm{d}V \tag{1-2}$$

式中：$p_{外}$ 是系统体积发生变化时所反抗的外压，V_1、V_2 是系统的始态体积和末态体积。

§1-2　热力学第零定律

温度是热力学的一个基本物理量，温度概念的建立与热平衡原理有关。设两个热力学系统相接触时，系统之间有一道可以导热的壁，由于两个系统的状态不相同，开始两者之间可能会有热量的传递，持续相当长一段时间之后，系统间宏观上再也没有热量的传递，此时，我们称这两个系统达到了热平衡。达到了热平衡的两个系统必定有某一种热力学性质的数值是相同的，我们定义此热力学性质为温度，因此，温度是物体间达到热平衡的标志。按照温度的定义，达到热平衡的两个热力学系统具有相同的温度；若两系统温度不相同，则两者间就没有达到热平衡。

以上定义的温度能否成为热力学状态函数，还需要用实验来证实温度的普适性。如图 1-2 所示，设想有系统 A 和系统 B，两系统是用绝热壁隔离开来的，所以 A、B 之间没有热量的传递。另设想存在系统 C，让 C 与 A 和 B 相接触，系统 A 与系统 C 之间用导热壁隔开，A、C 之间可以有热量的传递；同时，让系统 B 与系统 C 也通过导热壁相接触；在 A 与 C、B 与 C 接触的同时，保持系统 A 与体系 B 之间是绝热的。在经历了相当长一段时间之后，使 A 与 C，B 与 C 均达到热平衡，由温度的定义，系统 A 的温度等于系统 C 的温度；体系 B 的温度也等于系统 C 的温度。此时，若将系统 C 移走，让系统 A 与体系 B 直接通过一个导热壁相接触，根据温度的定义，A 与 B 的温度相同，则系统 A 与系统 B 之间也应该存在热平衡，两者之间没有宏观热流的流动。实验证明，当 A、B 与 C 同时达到热平衡之后，A 与 B 相互间同样也达到了热平衡，这就是热平衡原理。无数实验事实证明热平衡原理是成立的。热平衡原理的建立，确立了温度是热力学的一个重要的状态函数。温度是判断物体之间是否达到热平衡的标志：两个物体的温度相同，则这两个物体处于热平衡状态；两个物体的温度不相同，则两者没有达

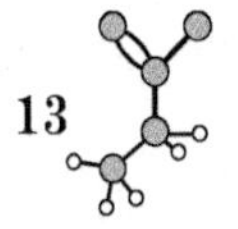

到热平衡，热量将从温度比较高的物体流向温度比较低的物体。热平衡原理的表述如下。

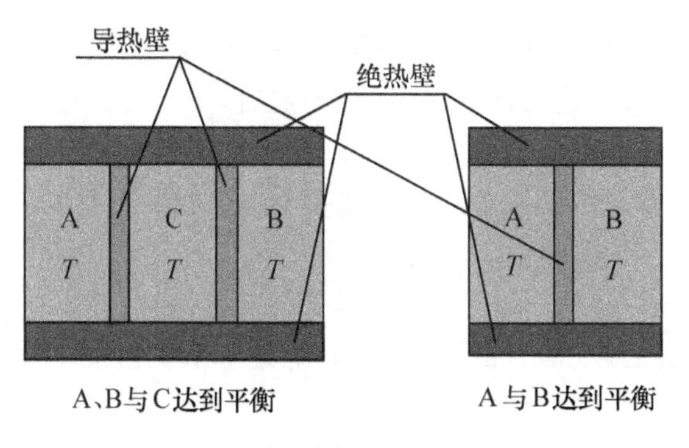

图 1-2

若两个热力学系统各自与第三个热力学系统处于热平衡，这两个热力学系统也必处于热平衡。

温度是热力学中三个最基本的热力学函数之一，这三个函数是温度、内能和熵。热力学第一定律确定了内能；热力学第二定律确定了熵函数；温度则是由热平衡原理所确定的。热力学第一定律、热力学第二定律和热平衡原理都是从实验中抽象出来的，都是实验定律。在热力学中，热平衡原理的重要性并不亚于热力学第一定律和第二定律，但是，人们是在发现了热力学第一定律和第二定律之后才认识到这一点，而热平衡原理从逻辑上应该先于热力学的三大定律，因此，英国著名的物理学家 R. H. Fowler(否勒) 将热平衡原理命名为热力学第零定律。

§1-3　热力学第一定律

热力学第一定律(first law of thermodynamics) 是自然界的一个基本客观规律，即能量守恒和转换定律，第一定律表述如下：

自然界的一切物质都具有能量，能量有各种不同形式，能够从一种形式转换为另一种形式，从一个物体传递给另一个物体，在转换和传递的过程中，能量的总量守恒。

根据现代人们对于能量的认识，物体拥有的总能量(E) 一般由三部分组成，分别是：物体的宏观动能(T)、势能(V) 和物质具有的内能(internal energy)，也称为热力学能(thermodynamic energy)，记为 U，其数学表达式为：

$$E = T + V + U \tag{1-3}$$

式中：E：物体的总能量；

T：宏观动能；

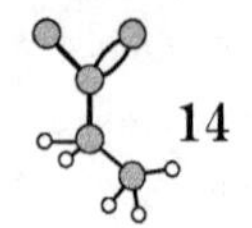

V:势能;

U:物质的内能,包括分子的核能、电子能、平动能、转动能、振动能和分子间势能。

任何物体一般具有以上三种形式的能量。一般情况下,人们总是在一个相对稳定的条件下对化学反应过程进行研究,在实验的前后,实验装置总是固定在某一个特定的地点,因此,实验前后,被研究的系统的宏观动能和势能是相同的、不变的($\Delta T = 0, \Delta V = 0$),若被研究系统的总能量发生了变化,则是因为系统的能量发生了改变,于是有

$$\Delta E = \Delta U \tag{1-4}$$

在以下的叙述中,提到系统能量的变化,一般就是指系统内能的变化,也就是系统总能量的变化。

热力学第一定律的建立与人们弄清热的本质密切相关,只有当人类对热的本质有了正确的理解之后,才有可能建立热力学第一定律。根据现代对于能量的认识,都很清楚热量是能量的一种形式,但是,在18世纪、19世纪,人们对于热的本质的认识还没有达到现代的高度,直到1850年左右对于热的本质还在进行争论。在18世纪末,大多数科学家认为热是一种没有质量的流质,并称其为热质。认为高温物体拥有的热质较多,低温物体拥有的热质较少,当高温物体与低温物体相接触时,热质将从高温物体流向低温物体,人们认为热质的总量是守恒的。从18世纪末到19世纪中叶,人们从大量的生产实践和科学实验中,逐步认识到热是能量存在的一种形式,热量可以与其它形式的能量如机械功等进行转换,在相互的转换中,各种形式能量的总和是不变的。在此段历史过程中,德国医生J. R. Mayer(迈尔)和英国科学家J. P. Joule(焦耳)作出了重大贡献,他们各自独立地提出了热能与机械能相互转换的原理。特别是焦耳,在1840年进行了著名的热功当量实验,焦耳采用各种不同的方式进行热与功之间的转换实验,并精确测定了热功当量。焦耳测定的热功当量为:772英尺-磅的机械能可以将1磅水升高华氏一度,换算为国际标准单位,则相当于:1Cal = 4.157J。

德国物理学家H. V. Helmholtz于1847年首次明确提出了能量相互转换和能量守恒定律。对于一个封闭体系,其与环境之间没有物质的交流,但是可以存在能量的交换,如体系在环境的压力下体积发生膨胀,体系将以功的形式将能量传递给环境,体系若与环境的温度不相等,则两者之间也会因热量的传递而产生能量的交换。若一封闭体系从某始态变化到末态,体系的总能量发生了变化,由热力学第一定律,能量既不能创生也不能消灭,体系能量的改变一定是由于体系与环境的能量交换而引起的,若体系的总能量增加,则这部分多出来的能量是从环境传递过来的;若体系的能量减少,减少的能量则是传递给了环境。总之,体系能量的改变是因为体系与环境间的能量交换而引起的。体系与环境间能量交换的形式存在热和功两种形式,故对于封

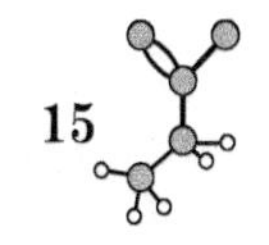

闭体系，热力学第一定律的表达式为：

$$\Delta U = Q + W \tag{1-5}$$

式中：ΔU：体系内能的变化；Q：变化过程的热；W：过程所作的功。本书采用的功的符号系统是：体系对环境作功，体系的能量减少，功取负号；环境对体系做功，体系能量增加，功取正号。

大量实验事实证明内能是一个状态函数。体系从始态变化到末态，其内能的改变值只取决于始末态，而与体系从始态到末态经历的路径无关。

人类很早就有制造一种可以永远对外做功而不消耗任何能源的机器的梦想，这种无需能源而对外做功的机器被称为永动机。永动机的原理实质上就是一种可以无穷无尽地凭空创造能量的机械。而热力学第一定律告诉我们：能量是守恒的，能量是既不能创生，也不能被消灭的。由热力学第一定律，永动机是不存在的，也是制造不出来的。所以，第一定律往往被更简洁、形象地表达为：**第一类永动机不可能。**

为了有别于其它类型的永动机，人们将这种能自身创造能量的机器称为第一类永动机(first kind of perpetual motion machine)，而无数的实验事实证明第一类永动机是不可能被制造出来的。在热力学第一定律建立之前，人类不知道能量是不可以被创造的，因而制造永动机成为人们梦寐以求的愿望。无数的工程师和科学家们都加入了设计、制造永动机的行列，就连大名鼎鼎的达·芬奇也曾经设计过永动机，并绘制了详细的结构图，但是，所有这一切努力都被实践证明是徒劳的、失败的。因为被愈来愈多的永动机的发明专利申请所困扰，法国科学院于1775年向世界郑重宣布："本科学院以后不再审查有关永动机的任何设计"。

当热力学第一定律确立之后，第一类永动机就被判了死刑，而且，到目前为止还没有发现一件违反热力学第一定律的宏观事件，但是，试图制造永动机和申请永动机发明专利的事件至今仍然层出不穷。在学习了热力学第一定律之后，我们应该清楚地了解永动机不可能被制造出来的原因，并且在实践中坚持用科学的观点对待类似的事件。

热力学第一定律确立了状态函数内能U，物质的内能是物质内部拥有的能量的总和。但是，这个总和值到底是多少，物质内能的绝对值等于何值，目前并不能给出肯定的答案。因为人类对于客观的物质世界的认识还是很有限的，对于物质客观运动的规律、运动的各种不同的形式的认识还在不断的深入之中，实际上，人类对于客观世界的探索会无穷无尽地继续下去，所以，物质内能的绝对值是无法确定的。但是，在解决实际问题时，我们所需要知道的仅仅是内能的改变量，而不是内能的绝对值，这样，不知道内能的绝对值并不影响热力学理论的运用。顺便说一句：对于其它的热力学函数值，情况也大致如此，热力学理论能够求出的只是这些热力学函数的改变量，而无法获得其绝对值。

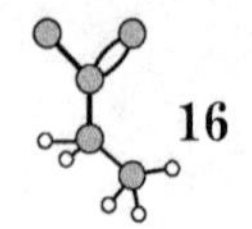

§1-4 物质的焓

一、焓与恒压过程

由热力学第一定律的数学表达式(1-3),原则上,就可以处理一切过程的能量转化和能量平衡的问题,不过,有时候用起来不太方便。为了更方便地运用热力学理论,人们又定义出一些新的函数,当处理一些特定的过程时,应用起来非常方便,焓就是这样的热力学函数。

试考虑体系经历一个恒压的、不做非体积功的过程,由热力学第一定律,体系内能的变化为:

$$\Delta U = Q + W = Q + W_e \quad (W_f = 0) \tag{1-6}$$

上式中 W_e 为体积功,将体积功的计算公式代入上式,注意此过程是恒压过程:

$$\Delta U = Q - \int_{V_1}^{V_2} p_{外}\,\mathrm{d}V = Q - p(V_2 - V_1)$$

对于恒压过程,系统始态的压力等于末态的压力,也等于环境的压力,于是有:

$$\begin{aligned} \Delta U &= Q - (p_2V_2 - p_1V_1) \\ (U_2 + p_2V_2) &- (U_1 + p_1V_1) = Q \end{aligned} \tag{1-7}$$

对于封闭系统没有非体积功的恒压过程,上式均成立。化学反应一般都在恒压条件下进行,除了电化学反应外,一般也不做有用功,所以上式在化学过程中会常常遇到,式中左边括号内的函数将经常呈现此种组合形式,为了方便,不妨将括号中的组合定义为一个新的函数,定义:

$$H \equiv U + pV \tag{1-8}$$

式中:H:定义的热力学函数,命名为焓(enthalpy),系统的焓等于系统的内能与系统压力和体积乘积之和。焓是三个热力学函数的线性组合,而组成焓的函数 U、p、V 都是状态函数,它们的组合当然也是状态函数,所以,焓也是状态函数。将焓的定义式代入(1-7) 式,有:

$$\Delta H = Q_p \tag{1-9}$$

上式的适用条件是:封闭系统、恒压、不做非体积功,公式的物理含义是:封闭系统的恒压、不做非体积功过程的热效应等于体系的焓变。学习物理化学的一个难点就是掌握每个公式的应用条件和适用范围,此公式只能适用于恒压且不作有用功的反应,若化学反应的条件不满足公式的要求,就不能运用此公式求算反应的热效应或者反应的焓变。(1-9) 式是一个非常重要的公式,在热化学中有极其重要的用途。因为生产实践和科学研究中的化学反应往往在恒压条件下进行,而反应的热效应是设计反应容器、控制实验条件所必需的数据,若都要通过量热实验测定无疑是非常繁重的负

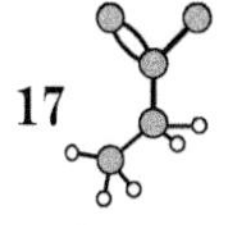

担，而由(1-9)式，可以由参与反应各组分的焓直接求出反应的热效应。

二、恒容过程的热效应

恒压过程与恒容过程都是常见的热力学过程，恒压过程的热效应可以与体系的焓变联系起来，恒容过程的热效应则会与哪一个热力学函数的变化值联系起来呢?设想系统经历一个恒容、不作有用功的过程：

$$\Delta U = Q + W_e = Q_V \quad (\because \quad dV = 0) \tag{1-10}$$

式中：Q_V 表示恒容过程的热效应，恒容过程系统的体积不变，故体积功等于零，因为无有用功，所以此过程的总功为零，系统内能的变化等于过程的热效应。(1-10)式的物理含义是：封闭系统的恒容、不做非体积功过程的热效应等于体系内能的变化。

§1-5　理想气体

热力学理论所处理的对象是各种各样的系统，我们将介绍的第一种热力学系统是理想气体。理想气体是一种模型化合物，严格的理想气体是一种假想气体，实际上不存在。从微观的角度，理想气体具有如下性质：① 组成气体的分子的体积与系统的总体积相比可以忽略不计；② 分子间没有作用势能，分子间及分子与器壁的碰撞是弹性碰撞。严格意义上的理想气体不存在，但是，一般常见的实际气体，在低压条件下，其行为与理想气体非常近似，均可以视为理想气体。对于一定温度下的实际气体，当压力很低，趋近于零时，气体的体积趋于无穷大，分子间的距离也趋于无穷大，气体分子的体积是不变的，当系统的体积趋于无穷大时，分子的体积可以忽略不计，分子间的作用势能与分子间距的 6 次方成反比，当分子的间距趋于无穷大时，分子间的作用势能趋于无穷小，可以忽略不计。以上阐述说明，低压下实际气体的性质与理想气体非常接近，可以视为理想气体。

一个没有化学变化和相变化的均相系统，当系统的质量确定以后，系统的状态的确定只需要两个状态函数，最常用的描述系统的状态函数有温度 T、压力 p 和体积 V，因此，以上三个变量中只有两个是自变量，剩下的一个是因变量，所以，这三个函数间必定存在一个数学关系式：$f(T,p,V)=0$，此关系式称为物质的状态方程。理想气体遵守理想气体状态方程：

$$pV = nRT \tag{1-11}$$

式中：n：理想气体的摩尔数；R：气体常数；T：系统的绝对温度，单位为 K。

一定量的理想气体，两个状态函数就可以将系统的状态完全确定下来，其它状态函数也随之被确定，内能当然也是如此，因此，可以将内能表达为任意两个独立状态函数的因变量，不妨将内能 U 视为温度 T 和体积 V 的函数，有：

$$U = f(T,V) \tag{1-12}$$

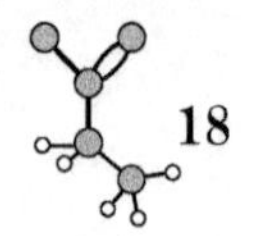

当理想气体状态发生变化时，内能的变化可以表示为：

$$dU = \left(\frac{\partial U}{\partial T}\right)_V dT + \left(\frac{\partial U}{\partial V}\right)_T dV \quad (1\text{-}13)$$

理想气体经历一恒温过程，上式简化为：

$$dU = \left(\frac{\partial U}{\partial V}\right)_T dV \quad (dT = 0) \quad (1\text{-}14)$$

若知道理想气体的内能与体积的关系，也可以全面把握理想气体的性质。关于这个问题，我们可以从微观的角度找到答案。物质的内能包含 6 个方面的能量：核运动能量、电子运动的能量、分子的平动能、转动能、振动能以及分子间的作用势能。理想气体的分子间没有作用势能，所以理想气体的能量只有前 5 项，在一般化学反应的温度、压力条件下，气体分子的核运动、电子运动、平动、转动和振动在能级上的分布与分子间的间距基本无关，即与系统的体积无关，故理想气体分子在各个能级上的分布仅仅与温度有关。理想气体的内能不含作用势能项，而其它 5 种运动的能量只与温度有关(与分子在各能级的分布有关)，所以，理想气体的内能也只与温度有关，而与体积无关，即理想气体的内能不是体积的函数，由此可知，理想气体的内能在等温条件下对体积的偏微商等于零，于是有：

$$\left(\frac{\partial U}{\partial V}\right)_T = 0 \quad (1\text{-}15)$$

同理，也可以推出：

$$\left(\frac{\partial U}{\partial p}\right)_T = 0 \quad (1\text{-}16)$$

以上两式，说明理想气体的内能与体系的压力、温度无关，而仅仅是温度的函数，即：

$$U = f(T) \quad (1\text{-}17)$$

由(1-17) 式和理想气体状态方程式，可以推得理想气体的焓也只是温度的函数。对于理想气体，由焓的定义式可得：

$$H = U + pV = U(T) + nRT$$

上式的右边，n、R 都是常数，故组成焓的两项都只是温度的函数，当然焓也只是温度的函数：

$$H = f(T) \quad (1\text{-}18)$$

我们从微观的角度解释了理想气体的内能为什么仅仅是温度的函数，实际上，人们很早就开始研究气体的性质，1807 年盖・吕萨克(Joseph Louis Gay—Lussac)，1843 年 Joule 都对气体体积与能量之间的关系进行过实验研究。Joule 的实验装置是将两个体积相等的容器放在大水浴中，两个容器之间用旋塞相连，一个容器充满气体，另一个容器抽成真空，水浴中安置有精密温度计。实验时，旋转旋塞使两个容器连通，气体从一个容器流向另一个容器，最后达到平衡，观察水浴温度变化情况。实验结

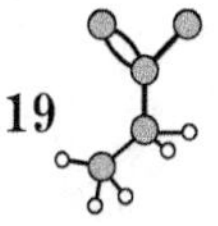

果是，当气体的体积增加时，水浴的温度不变，即此过程没有能量的变化。因为此过程外压等于零，所以过程的功为零；温度没有变，所以也没有热的交换，由第一定律：$\Delta U = Q + W = 0 + 0 = 0$，体系的内能变化等于零。此实验说明气体的内能与体积无关。

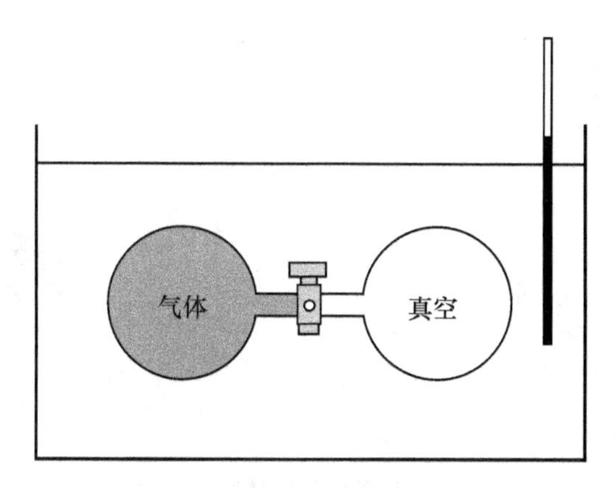

图 1-3　焦耳实验装置示意图

焦耳实验采用的气体是低压下的常见气体，一般气体在低压下性质与理想气体非常近似，所以焦耳的实验也可以认为证明了理想气体的内能与体积无关。但是，这个实验的精确度比较低，实际气体在低压下性质也应该与理想气体有区别，而这种微小的差别采用焦耳的这种实验装置很难测定出来，需要设计更加精确的实验装置，才能测定出来。

§1-6　可逆过程与不可逆过程

热力学系统状态变化会经历各种过程，如等压过程、等温过程、等容过程等，这是按过程所处的环境条件而定义的，各种热力学过程还有另一种分类法，即按照系统与环境能否复原将过程分为两大类：可逆过程和不可逆过程。

过程是否可逆的定义是：系统从A态经历某一过程到达B态，若能使系统状态完全还原的同时，环境的状态也完全还原，则系统从A到B所经历的过程为可逆过程(reversible process)；若无论如何也不能使系统状态还原的同时，环境的状态也完全还原，则系统从A到B所经历的过程为不可逆过程(irreversible process)。

我们可以通过一个例子说明可逆过程的特点。设300 K下，1 mol理想气体的初始压力为$4p^{\ominus}$，系统经三种途径等温膨胀到$1p^{\ominus}$：① 外压恒为$1p^{\ominus}$下膨胀到末态；② 分两次等外压膨胀，第一次外压恒为$2p^{\ominus}$，第二次外压恒为$1p^{\ominus}$；③ 分无数次膨胀到相同末态,每次外压减少 dp,系统时时刻刻处于平衡状态。求三种途径系统所做的功和热?

设理想气体系统在一汽缸中等温膨胀,汽缸的活塞绝热、无重量且与汽缸壁没有摩擦力,整个装置浸浴在一个大的恒温槽中,以保证系统温度恒定。

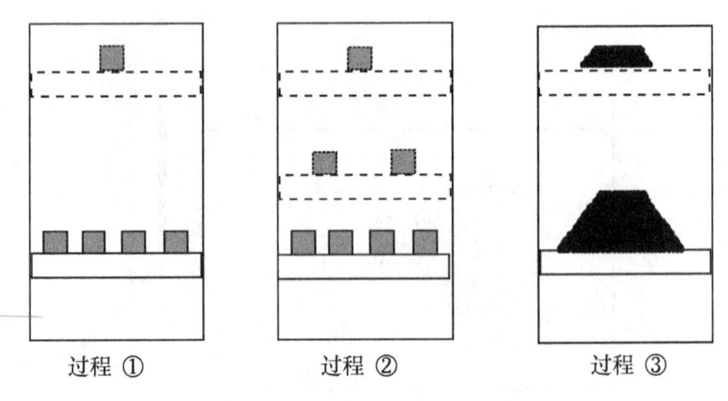

图 1-4　理想气体等温膨胀过程示意图

注意:这三个过程的始态与末态的温度与压力都是一样的,故三个过程的始末态相同,因为是理想气体的等温过程,系统的内能不变,于是三个过程均有:

$$\Delta U = Q + W = 0 \quad W = -Q$$

三个过程不同,所以过程的 W 和 Q 值会互不相同,以下分别求算。

过程 ①:系统经一次膨胀到末态,根据题给条件,$p_2 = 0.25p_1$,系统所做的功为:

$$\begin{aligned} W_1 &= -\int_{V_1}^{V_2} p_{外}\,\mathrm{d}V = -p_2(V_2 - V_1) = p_2V_1 - p_2V_2 \\ &= 0.25p_1V_1 - p_2V_2 = 0.25RT - RT = -RT(1-0.25) \\ &= -0.75RT = -0.75 \times 8.314\ \mathrm{J \cdot mol^{-1} \cdot K^{-1}} \times 300\mathrm{K} \\ &= -1871\ \mathrm{J \cdot mol^{-1}} \end{aligned}$$

过程 ① 有:　$W_1 = -1871\ \mathrm{J \cdot mol^{-1}}$　$Q_1 = 1871\ \mathrm{J \cdot mol^{-1}}$

过程 ②:此膨胀过程分两步进行,第一步外压恒为 2 atm,第二步外压恒为 1 atm,设中间态的压力为 p_3,体积为 V_3,$p_3 = 0.5p_1$,$p_2 = 0.5p_3$,于是有:

$$\begin{aligned} W_2 &= -\int p_{外}\,\mathrm{d}V = -p_3(V_3 - V_1) - p_2(V_2 - V_3) \\ &= -(p_3V_3 - 0.5p_1V_1) - (p_2V_2 - 0.5p_3V_3) \\ &= -[RT(1-0.5) + RT(1-0.5)] = -RT \\ &= -8.314\ \mathrm{J \cdot mol^{-1} \cdot K^{-1}} \times 300\mathrm{K} \\ &= -2494\ \mathrm{J \cdot mol^{-1}} \end{aligned}$$

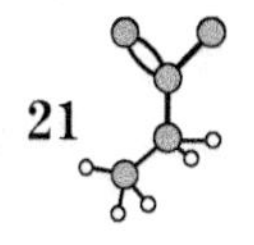

过程 ② 有：　$W_2 = -2494\ \mathrm{J\cdot mol^{-1}}$　$Q_2 = 2494\ \mathrm{J\cdot mol^{-1}}$

过程 ③：此膨胀过程分无数次进行，系统与环境的压力相差极其微小，膨胀进行得极其缓慢，在整个膨胀过程中，系统都处于平衡态或极其近似平衡的状态。可以设想此过程如此进行：在活塞上放置一堆极细的沙子，沙子的重量对系统产生的压强刚好等于 $4p^\ominus$，每次移走一颗细沙粒，环境的压力降低 $\mathrm{d}p$，系统的压力比环境高，系统体积会向外膨胀 $\mathrm{d}V$，系统压力会下降一点而与环境达成平衡；然后再移走一粒沙，系统又会膨胀一点，如此反复操作，直至活塞上的沙粒的重量减少到对系统产生的压力刚好等于 $1p^\ominus$ 为止。若堆放的沙粒无限小，就是所要求的过程 ③。此过程的功等于：

$$W_3 = -\int p_{外}\,\mathrm{d}V = -\int_{V_1}^{V_2}(p-\mathrm{d}p)\mathrm{d}V = -\int_{V_1}^{V_2}p\mathrm{d}V + \int_{V_1}^{V_2}\mathrm{d}p\mathrm{d}V$$

积分式中的第二项是高阶无穷小，积分结果仍为无穷小，故可忽略不计，于是有：

$$W_3 = -\int_{V_1}^{V_2}p\mathrm{d}V = -\int_{V_1}^{V_2}\frac{RT}{V}\mathrm{d}V = -RT\ln\frac{V_2}{V_1}$$
$$= -RT\ln 4 = -3458\ \mathrm{J\cdot mol^{-1}}$$

过程 ③ 有：　$W_3 = -3458\ \mathrm{J\cdot mol^{-1}}$　$Q_3 = 3458\ \mathrm{J\cdot mol^{-1}}$

本题给三个过程的始末态是相同的，但是路径不同，所做的功和热都不相同，此例充分说明功 W 和热 Q 是过程量而不是状态函数。这三个过程中，只有第三条路径是可逆的，证明如下：

过程 ③ 是等温过程，内能不变，系统对外所做的功来自于从环境所吸收的热量，功与热的绝对值相等。若将此膨胀过程逆向进行，从末态开始，将细沙一粒一粒地移到活塞上，系统会一点一点地压缩，在恒温条件下将原来移走的沙粒全部运回来，系统最终必然回到原态，关键在于环境是否也可以还原。分析此过程所做的功和热：（设为过程 4）

$$W_4 = -\int p_{外}\,\mathrm{d}V = -\int_{V_2}^{V_1}(p+\mathrm{d}p)\mathrm{d}V \approx -\int_{V_2}^{V_1}p\mathrm{d}V$$
$$= -RT\ln\frac{V_1}{V_2} = 3458\ \mathrm{J\cdot mol^{-1}}$$

过程 ④ 有：　$W_4 = 3458\ \mathrm{J\cdot mol^{-1}}$　$Q_4 = -3458\ \mathrm{J\cdot mol^{-1}}$

经过第四个过程，系统回到原态。在第三个过程中，环境失去了 3458 焦耳的热量，得到 3458 焦耳的功，在第四个过程中，环境失去了 3458 焦耳的功，得到 3458 焦耳的热量，环境最终回到原态，既没有功的损耗，也没有热量的增加。因为我们找到了一条途径（过程 ④），使系统回到原态的同时，让环境也复原，根据可逆过程的定义，过程 ③ 是一个可逆过程。

过程 ① 和过程 ② 都不是可逆过程，因为不可能找到一条路径能够在使系统复原的同时，让环境也复原，所以这两个过程是不可逆过程。对于过程 ① 和 ②，请读者试图找找能使系统和环境都复原的途径，仔细的读者会发现，无论经历哪一个途径，

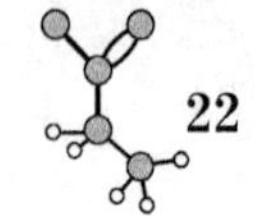

若系统复原,环境总是无法还原,环境总是会失去功,而得到了热。

热力学有一类过程称为准静过程,准静过程(quisistatic process)的定义是:系统经历无数相连的平衡态,从始态达到终态,在整个过程中,系统可以近似地认为始终处于平衡态,则此过程为准静过程。可逆过程是准静过程,但不是所有的准静过程均为可逆过程,例如,带有摩擦力的准静过程就不是可逆过程。

可逆过程有如下一些特点:

① 可逆过程的进程是由无数个无限小的过程组成,系统在整个可逆过程中始终处于平衡态;

② 系统沿来路按同样方式回到原态时,系统和环境的状态均完全还原;

③ 系统体积变化时,可逆膨胀系统对环境做最大功;可逆压缩环境对系统作最小功。

可逆过程是理想化的过程,客观世界中并不存在严格的可逆过程,实际过程只可能尽可能去接近可逆过程。但是,可逆过程的概念在热力学理论与实践方面都具有极其重要的作用。可逆过程是热力学的一个参考标准,例如热机的效率,只有可逆热机的效率最高,实际热机的效率只可能逐步接近可逆热机的效率而不可能超过可逆热机的效率;依据对可逆热机效率的分析,从根本上指明了提高热机效率的最有效途径。在后面的章节可以看到,往往需要通过可逆过程求算重要热力学函数的改变量,从而解决实际问题。由于可逆过程概念的重要性,希望读者能很好地掌握这个概念。

§1-7 物质的热容

物质的热容是热力学中很重要的参数,一些重要的热力学函数,如熵、焓等的数值的测定都需要热容的数据。这一节,我们将主要讨论热容的定义、理想气体和固体的热容。

一、热容的定义

热容(heat capacity):物体升高(或降低)单位温度从外界吸收(或放出)的热量。热容的数学定义式为:

$$C \equiv \lim_{\Delta T \to 0} \frac{\Delta Q}{\Delta T} = \frac{\delta Q}{\mathrm{d}T} \tag{1-19}$$

热容的单位是 $\mathrm{J \cdot K^{-1}}$,热容是一个容量性质,体系的质量愈大,热容愈大。物质的热容与物质总质量相除得到物质的比热容,比热容的单位是 $\mathrm{J \cdot K^{-1} \cdot kg^{-1}}$,热容与物质的量相比,得到摩尔热容,单位是 $\mathrm{J \cdot K^{-1} \cdot mol^{-1}}$。比热容和摩尔热容是强度性质。

热容的这个定义具有一般性,实际上很难直接运用。热量不是状态函数,热量的值与过程有关,在计算实际过程物体温度升高所需要的热量时,要采用被严格定义的

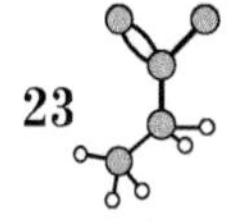

具体过程的热容，常见的有等容热容和等压热容。

等容热容：在等容条件下，体系变化单位温度需要与环境交换的热量，定义式为：

$$C_V \equiv \lim_{\Delta T \to 0} \frac{Q_V}{\Delta T} = \frac{\delta Q_V}{\mathrm{d}T} \tag{1-20}$$

等压热容：在等压条件下，体系变化单位温度需要与环境交换的热量，定义式为：

$$C_p \equiv \lim_{\Delta T \to 0} \frac{Q_p}{\Delta T} = \frac{\delta Q_p}{\mathrm{d}T} \tag{1-21}$$

等容热容和等压热容与系统物质的量的比称为摩尔等容热容和摩尔等压热容，分别记为：$C_{V,\mathrm{m}}$ 和 $C_{p,\mathrm{m}}$。根据热力学第一定律，没有相变化和化学变化、没有非体积功过程的等容热效应等于系统内能的改变；相应条件下的等压热容等于体系的焓变。纯物质的热容符合以上的条件，对于纯物质，其热容可以表达为：

$$C_V \equiv \frac{\delta Q_V}{\mathrm{d}T} = \left(\frac{\mathrm{d}U}{\mathrm{d}T}\right)_V \tag{1-22}$$

$$C_p \equiv \frac{\delta Q_p}{\mathrm{d}T} = \left(\frac{\mathrm{d}H}{\mathrm{d}T}\right)_p \tag{1-23}$$

物质的热容值不是常数，与许多因素有关，严格地讲，当系统温度、压力发生变化时，热容的数值也会发生变化。不过当温度改变的范围较小时，可以将物质的热容近似地看作常数。在化学过程中，最常用的是等压热容，等压热容是温度的函数，人们总结了各种物质热容的经验式，其中最常用、最准确的是维里方程式，表达如下：

$$C_{p,\mathrm{m}} = a + bT + cT^2 + \cdots \tag{1-24}$$

或

$$C_{p,\mathrm{m}} = a' + b'T + c'\frac{1}{T^2} + \cdots \tag{1-25}$$

式中的 a,b,c,a',b',c' 等是经验常数，物质不同，其值不同，物质的经验常数由实验数据拟合得到。人们测定了大量物质的热容数据，目前已经整理成热力学表格，可以通过查表直接得到纯物质的各种热容数据，查表时须注意热容数据中的经验常数适用的温度范围。

二、理想气体的热容

理想气体是物理化学理论中最常见的热力学系统，理想气体的热容是经常用到的数据。理想气体内能由核运动能量、电子运动能量、平动能、转动能和振动能组成，知道了各种运动能级的能量和体系分子在各能级上的分布，原则上就可以求出理想气体的热容。在常温、常压下，理论证明核运动、电子运动和分子的振动对气体热容的贡献很小，可以忽略不计，需要计算的只是分子的平动和转动对热容的贡献。气体分子的平动和转动运动的能级很密集，可以采用经典力学理论进行处理，经典统计力学理论计算表明，这两种运动对气体热容的贡献服从能量均分原理：

每个分子能量表达式中的一个平方项对内能的贡献为 $\frac{1}{2}kT$，对 C_V 的贡献为 $\frac{1}{2}k$。

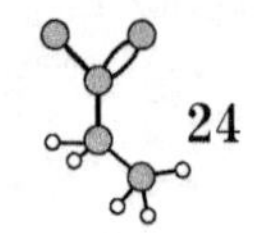

对一摩尔气体，每个平方项对 $C_{V,\mathrm{m}}$ 的贡献为$\frac{1}{2}R$。

分子的平动是分子质心在空间的移动，点在空间的移动有三个方向，即质心的运动有三个自由度，每个平动能表达式($1/2mv^2$)中有一个平方项。由能量均分原理，平动对气体摩尔等容热容的贡献是$\frac{3}{2}R$。分子的转动存在两种情况，一种是线性分子，另一种是非线性分子，线性分子的转动有两个自由转动的方向，故线性分子的转动自由度等于 2，每个转动模式的能级表达式中有一个平方项，故线性分子的转动对 $C_{V,\mathrm{m}}$ 的贡献为 R，非线性分子的转动的自由度等于 3，类似得到非线性分子的转动对 $C_{V,\mathrm{m}}$ 的贡献为$\frac{3}{2}R$。根据以上讨论，可以得到理想气体热容的值。

单原子分子理想气体：单原子分子没有转动与振动，只有平动运动，平动的自由度为 3，1 摩尔单原子分子理想气体的平动内能为$\frac{3}{2}RT$，$C_{V,\mathrm{m}}$ 为$\frac{3}{2}R$。

双分子分子和线性多原子分子理想气体：线性分子有三个平动自由度和两个转动自由度，1 摩尔双原子分子理想气体的 $C_{V,\mathrm{m}}$ 为$\frac{5}{2}R$。

非线性多原子分子理想气体：有 3 个平动自由度和 3 个转动自由度，1 摩尔非线性多原子分子理想气体的 $C_{V,\mathrm{m}}$ 为 $3R$。

实际气体在较低压力下的行为与理想气体性质很相近，以上给出的理想气体热容值也可以用来计算常温常压下实际气体的热容，并且准确度也比较高。但是注意其适用范围是有限的，在温度很高或很低、压力很高的条件下，以上热容数值与实际气体的热容值会有较大的偏差，在这些条件下，可以运用更加精确的热容计算公式求算，如采用维里方程式求算实际气体的热容。

以上介绍的是理想气体的等容热容，而实际中更常用的是等压热容。气体等容条件下升温，对外不做体积功，吸收的热量完全用于气体温度的升高；在等压条件下升温，气体的体积会膨胀，体系对外吸收的热量一部分使气体温度升高，还有一部分用于当体积扩大时对外作体积功，所以同样升高一度，等压热容比等容热容要大。理想气体的摩尔等压热容与等容热容的差值是一个常数，具体推导如下：

$$
\begin{aligned}
C_p - C_V &= \left(\frac{\partial H}{\partial T}\right)_p - \left(\frac{\partial U}{\partial T}\right)_V = \left(\frac{\partial (U+pV)}{\partial T}\right)_p - \left(\frac{\partial U}{\partial T}\right)_V \\
&= \left(\frac{\partial U}{\partial T}\right)_p + p\left(\frac{\partial V}{\partial T}\right)_p - \left(\frac{\partial U}{\partial T}\right)_V
\end{aligned}
$$

对于理想气体，U 仅仅只是温度的函数，故有

$$
\left(\frac{\partial U}{\partial T}\right)_p = \left(\frac{\partial U}{\partial T}\right)_V = \frac{\mathrm{d}U}{\mathrm{d}V} = C_V
$$

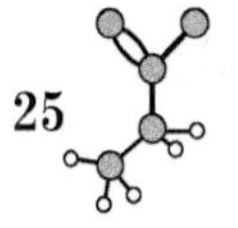

代入上式：
$$C_p - C_V = C_V - C_V + p\left(\frac{\partial V}{\partial T}\right)_p = p\left(\frac{\partial V}{\partial T}\right)_p$$
$$= p\left(\frac{\partial(nRT/p)}{\partial T}\right)_p = \frac{p}{p}nR\left(\frac{\partial T}{\partial T}\right)_p = nR$$

理想气体摩尔等压热容与等容热容的差值为：

$$C_{p,\mathrm{m}} - C_{V,\mathrm{m}} = R \tag{1-26}$$

对于一般系统，可以证明：

$$C_p - C_V = \left[\left(\frac{\partial U}{\partial V}\right)_T + p\right]\left(\frac{\partial V}{\partial T}\right)_p \tag{1-27}$$

上式可适用于任意物质，不论是气体、液体或固体，其等压热容与等容热容的差都可由上式计算。理想气体热容值可参见表1-2。

表1-2　常温常压下气体的摩尔热容

	$C_{V,\mathrm{m}}$	$C_{p,\mathrm{m}}$	$\gamma = C_p/C_V$
单原子分子气体	$\frac{3}{2}R$	$\frac{5}{2}R$	1.667
线性分子气体	$\frac{5}{2}R$	$\frac{7}{2}R$	1.400
非线性分子气体	$3R$	$4R$	1.333

三、固体的热容

这里主要讨论晶体的热容。若系统是由同种原子所组成的晶体，如金、银、铜、铁、锡等金属物体，系统可视为一个大分子。晶体大分子的每个原子具有3个振动自由度(因固体中的分子只能在各自的平衡位置上来回摆动，不再有平动和转动自由度)，每个振动自由度有位移和速度两个平方项，根据能量均分原理，所以每个原子对系统内能的贡献为：

$$3 \times 2 \times \frac{1}{2}kT = 3kT$$

1摩尔晶体所具有的内能为：

$$3N_A kT = 3RT$$

固体物质(晶体)的摩尔等容热容为：

$$C_{V,\mathrm{m}} = 3R$$

上式适用于晶体物质，而且温度愈高，晶体的热容值愈接近此理论值，低温下，晶体的热容会偏离此值。

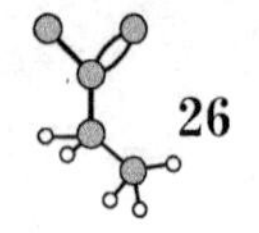

§ 1-8 第一定律对理想气体的应用

本节只讨论纯理想气体在各种过程中的 Q、W、ΔU、ΔH 等函数值，了解在各种不同过程中，理想气体系统能量变化的基本规律。

均相纯物质状态的确定需要两个独立变量，即简单系统的自由度等于2，确定系统状态的两个自变量原则上可以任意选取，例如(T,V) 或者(T,p)，其它状态函数则是被选定的自变量的函数。

内能可以视为温度 T 和体积 V 的函数，U 的全微分展开式为：

$$U=U(T,V)$$

$$\mathrm{d}U=\left(\frac{\partial U}{\partial T}\right)_V\mathrm{d}T+\left(\frac{\partial U}{\partial V}\right)_T\mathrm{d}V$$

内能也可以视为温度 T 和压力 p 的函数，U 的全微分展开式为：

$$U=U(T,p)$$

$$\mathrm{d}U=\left(\frac{\partial U}{\partial T}\right)_p\mathrm{d}T+\left(\frac{\partial U}{\partial p}\right)_T\mathrm{d}p$$

对于一般条件下的实际系统，以上展开式的每一项都会对内能的全微分有所贡献，而理想气体则比较特殊，前面已经介绍过，理想气体的内能与体积和压力无关，相应的偏微商等于零：

$$\left(\frac{\partial U}{\partial V}\right)_T=0 \quad \left(\frac{\partial U}{\partial p}\right)_T=0$$

理想气体内能仅仅只是温度的函数，与体积、压力均无关，当系统的物质总量一定时，理想气体内能的全微分可以简化为：

$$\mathrm{d}U=\left(\frac{\mathrm{d}U}{\mathrm{d}T}\right)\mathrm{d}T=\left(\frac{\partial U}{\partial T}\right)_V\mathrm{d}T=C_V\mathrm{d}T \tag{1-28}$$

上式说明：理想气体的内能的改变值只与温度的变化相关，理想气体的温度发生变化，其内能必定发生改变；若理想气体的温度不变，无论体积和压力如何变化，理想气体的内能都不会变化。

理想气体焓的情况与内能相似，焓也只是温度的函数，理想气体的焓变只与温度的改变有关。

$$\left(\frac{\partial H}{\partial V}\right)_T=0 \quad \left(\frac{\partial H}{\partial p}\right)_T=0$$

$$\mathrm{d}H=\left(\frac{\mathrm{d}H}{\mathrm{d}T}\right)\mathrm{d}T=\left(\frac{\partial H}{\partial T}\right)_p\mathrm{d}T=C_p\mathrm{d}T \tag{1-29}$$

若理想气体经历一个宏观过程，则相应的内能与焓的变化值为：

$$\Delta U=\int\mathrm{d}U=\int_{T_1}^{T_2}C_V\mathrm{d}T=C_V(T_2-T_1) \tag{1-30}$$

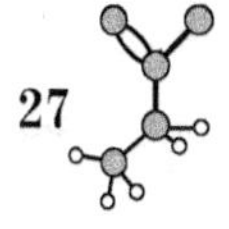

$$\Delta H = \int_{T_1}^{T_2} C_p \mathrm{d}T = C_p(T_2 - T_1) \tag{1-31}$$

式(1-30) 和式(1-31) 是计算理想气体内能变化和焓变的方程式，不论何种过程，只要知道系统经历此过程后温度的改变值 ΔT，就可以由以上两式分别求出理想气体内能的变化和焓的变化。以下，将分别介绍几种常见过程中理想气体的行为。

1. 恒温过程(isothermal process)

恒温过程中系统的温度始终恒定，因为内能与焓均只是温度的函数，温度不变，内能和焓的值也不变：

$$\Delta U = \Delta H = 0 \quad (\text{理想气体,恒温过程}) \tag{1-32}$$

实际上，上式只要求理想气体的始末态的温度相同，并不要求系统的温度始终恒定，在变化过程中，系统的温度可以偏离给定的温度，但是最终要回到始态的温度。

理想气体等温可逆膨胀过程的功的计算式为：($Q = -W$)

$$W = -\int_{V_1}^{V_2} p\mathrm{d}V = -nRT\int_{V_1}^{V_2} \mathrm{dln}V$$

$$W = nRT\ln\frac{V_1}{V_2} = nRT\ln\frac{p_2}{p_1} \tag{1-33}$$

2. 恒容过程(isochoric process)

不做有用功的恒容过程，系统做功等于零，对理想气体有：

$$\begin{aligned} &W = 0 \\ &Q = C_V\Delta T \\ &\Delta U = Q_V = C_V\Delta T \\ &\Delta H = C_p\Delta T \end{aligned} \tag{1-34}$$

3. 恒压过程(isobaric process)

若系统不做有用功，对理想气体有：

$$\begin{aligned} &W = \int_{V_1}^{V_2} - p_{外}\ \mathrm{d}V = p_{外}(V_2 - V_1) \\ &Q = C_p\Delta T \\ &\Delta U = C_V\Delta T \\ &\Delta H = Q_p = C_p\Delta T \end{aligned} \tag{1-34}$$

4. 绝热过程(adiabatic process)

首先讨论理想气体绝热可逆过程。绝热过程，$Q = 0$，若系统不做非体积功，由热力学第一定律，有：

$$\mathrm{d}U = \delta W = -p\mathrm{d}V$$

理想气体内能的变化还可以表达为：

$$\mathrm{d}U = C_V\mathrm{d}T$$

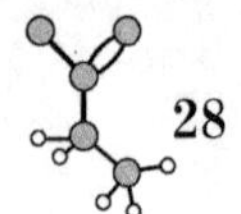

以上两式应该相等,联立此两式,可得微分方程式:

$$C_V\mathrm{d}T=-p\mathrm{d}V=-\frac{nRT}{V}\mathrm{d}V=-nRT\mathrm{d}\ln V$$

方程的两边同时除以因子$(C_V\cdot T)$,并整理可得:

$$\frac{\mathrm{d}T}{T}+\frac{nR}{C_V}\mathrm{d}\ln V=0$$

理想气体有:$nR=C_p-C_V$,代入上式:

$$\frac{\mathrm{d}T}{T}+\frac{C_p-C_V}{C_V}\mathrm{d}\ln V=0$$

$$\mathrm{d}\ln T+(\gamma-1)\mathrm{d}\ln V=0$$

积分上式得方程的解,注意积分式的右边是积分常数:

$$\ln T+(\gamma-1)\ln V=\mathrm{const}$$

上式可以写为:

$$TV^{\gamma-1}=常数 \tag{1-35}$$

上式的物理含义是:不做有用功的理想气体绝热可逆过程中,系统的温度T与体积V的$(\gamma—1)$次幂的乘积是一个常数,此方程描述了理想气体绝热可逆过程的性质,因此称为绝热可逆过程的过程方程式。由理想气体状态方程,T、V、p三个量可以互相转变,有:

$$\begin{aligned}pV^{\gamma}&=K\\TV^{\gamma-1}&=K'\\p^{1-\gamma}T^{\gamma}&=K''\end{aligned} \tag{1-36}$$

以上三个方程式都是理想气体绝热可逆过程的过程方程式(equation of process)。

理想气体绝热可逆过程体系所做的功可以由过程方程式直接推出。由(1-36)式,绝热可逆过程中体系的压力为:

$$p=\frac{K}{V^{\gamma}}$$

代入体积功积分式

$$W=-\int_{V_1}^{V_2}p\mathrm{d}V=-\int_{V_1}^{V_2}\frac{K}{V^{\gamma}}\mathrm{d}V=\frac{K}{(\gamma-1)V_2^{\gamma-1}}-\frac{K}{(\gamma-1)V_1^{\gamma-1}}$$

由过程方程式,有:$p_1V_1^{\gamma}=p_2V_2^{\gamma}=K$,代入$W$的积分结果,得:

$$W=\frac{p_2V_2^{\gamma}}{(\gamma-1)V_2^{\gamma-1}}-\frac{p_1V_1^{\gamma}}{(\gamma-1)V_1^{\gamma-1}}=\frac{p_2V_2}{\gamma-1}-\frac{p_1V_1}{\gamma-1}$$

整理上式,可得理想气体绝热可逆过程所做的功为:

$$W=\frac{p_2V_2-p_1V_1}{\gamma-1} \tag{1-37}$$

另外,由绝热过程的特性,可以更简洁地推出过程所做的功:

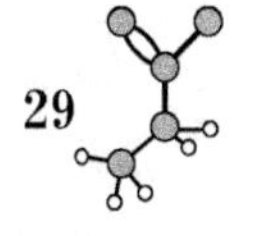

绝热过程有：$Q = 0$，故有：

$$W = \Delta U = C_V(T_2 - T_1) \tag{1-38}$$

以上两式只是表达形式不一样，计算结果是相等的，读者可以自己推证两式的等同性。

理想气体状态方程式将 T、V、p 三参数联系起来；理想气体经历各种过程也有各种过程方程式，用以描述过程的性质，这些方程式主要有：

$$pV = nRT \quad (\text{状态方程式})$$

$$pV = \text{const} \quad (\text{恒温过程方程式})$$

$$\frac{p}{T} = \text{const} \quad (\text{恒容过程方程式})$$

$$\frac{V}{T} = \text{const} \quad (\text{恒压过程方程式})$$

$$pV^{\gamma} = \text{const} \quad (\text{绝热过程方程式})$$

采用由 T、V、p 三坐标组成的立体图形可以比较全面地描述理想气体各状态函数之间的关系，也可以比较清楚地表示不同过程所做的功的数值的区别。以 T、V、p 三变量为坐标轴组成的是一个三维空间，联系这三个变量的理想气体状态方程 $pV = nRT$ 在此空间中表示为一个二维曲面，即图 1-5 中的凹面 ABCD，系统的平衡态由此凹面上的点表示，每一个对应着系统的一个热力学平衡态。凹面上的曲线则表示某一个过程，过程的性质不同，在凹面上的曲线也不同，如图 1-5 中的 AB 线表示一个等容过程；CB 线表示等温过程；CE 线表示绝热过程，CD 线表示等压过程。因为曲线是由点的移动形成的，曲线含有无穷多个点，而每一个点都代表系统的一个平衡

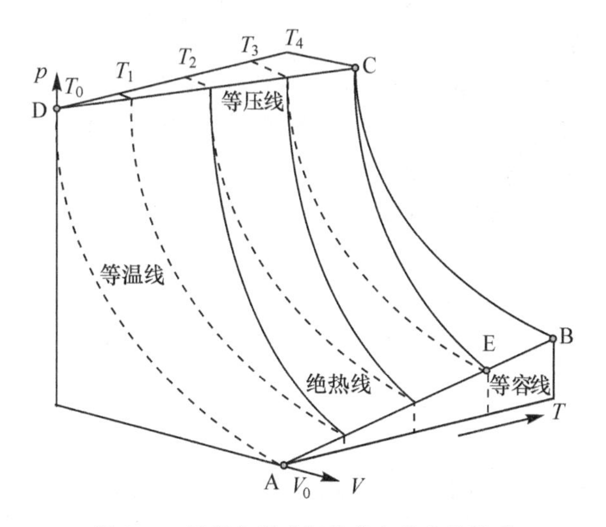

图 1-5　过程方程式与状态方程式的关系

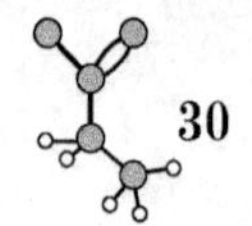

态，当系统的状态沿某一条曲线移动时，系统的状态是由一个平衡态移动到另一个无限接近的平衡态，逐步移动到终点，说明表明系统沿曲线经过的途径是一条可逆过程。在状态方程确定的曲面上的任意一条曲线都代表一个可逆过程。相同性质的过程，如等温过程，不同温度下的等温过程曲线是互不相交的，其它如绝热线、等容线等也互不相交。无数条等温线就组成了由状态方程式表示的曲面。类似地，由无数条绝热线、或无数条等容线、或无数条等压线也一样各自组成代表理想气体平衡状态的曲面。

例题　有 10 dm^3 单原子分子理想气体，温度 273 K，压力 5×10^5 Pa，经历以下几个过程膨胀到末态压力为 1×10^5 Pa，求各个过程的 Q、W、ΔU 和 ΔH。

(1) 等温可逆膨胀；

(2) 向真空膨胀；

(3) 绝热可逆膨胀；

(4) 绝热恒外压(1×10^5 Pa) 膨胀。

解　因为是单原子分子理想气体，热容值为：$C_{V,m}=1.5R$，理想气体的摩尔数为：

$$n=\frac{p_1V_1}{RT_1}=\frac{(5\times10^5\,\mathrm{Pa})(10\times10^{-3}\,\mathrm{m^3})}{(8.314\mathrm{J\cdot K^{-1}\cdot mol^{-1}})(273\mathrm{K})}=2.203\ \mathrm{mol}$$

(1) 等温可逆膨胀过程：

理想气体，等温过程，所以有：　$\Delta U=0\quad \Delta H=0$

$$W=nRT\ln\frac{p_2}{p_1}=(2.203\mathrm{mol})(8.314\mathrm{J\cdot K^{-1}\cdot mol^{-1}})(273\mathrm{K})\ln\frac{500000\mathrm{Pa}}{100000\mathrm{Pa}}$$

$$=-8048\ \mathrm{J}$$

$$Q=-W=8048\ \mathrm{J}$$

(2) 向真空膨胀过程：

向真空膨胀，外压等于零，系统对外不做功，$W=0$

理想气体的内能与体积无关，在恒温条件下体积增加，内能不变，$\Delta U=0\quad Q=0$

此过程系统的温度不变，故 $\Delta H=0$。

注意过程(2) 与过程(1) 的末态是相同的。

(3) 绝热可逆膨胀过程：

始态：　$T_1=273$ K　　$p_1=5\times10^5$ Pa　　$V_1=0.001\ \mathrm{m^3}$。

末态：$p_2=1\times10^5$ Pa，需要求算末态体积，单原子分子理想气体 $\gamma=1.667$，由过程方程式：

$$p_1V_1^{\gamma}=p_2V_2^{\gamma}$$

$$V_2=V_1\cdot\left(\frac{p_1}{p_2}\right)^{1/\gamma}=10\mathrm{dm^3}\times5^{0.6}=26.27\ \mathrm{dm^3}$$

$$p_2V_2=nRT_2$$

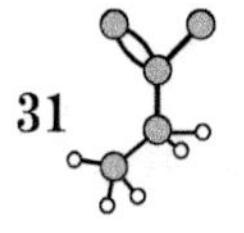

可求出 T_2： $T_2 = \dfrac{p_2V_2}{nR} = \dfrac{(1\times10^5\,\text{Pa})(26.27\times10^{-3}\,\text{dm}^3)}{(2.203\text{mol})(8.314\text{J}\cdot\text{K}^{-1}\cdot\text{mol}^{-1})} = 143.4\ \text{K}$

绝热过程， $Q = 0$

$$W = \Delta U = nC_{V,\text{m}}(T_2 - T_1)$$
$$= (2.203\text{mol})(1.5\times8.314\text{J}\cdot\text{K}^{-1}\cdot\text{mol}^{-1})(143.4\text{K} - 273\text{K})$$
$$= -3561\ \text{J}$$

$$\Delta H = nC_{p,\text{m}}(T_2 - T_1)$$
$$= (2.203\text{mol})(2.5\times8.314\text{J}\cdot\text{K}^{-1}\cdot\text{mol}^{-1})(143.4\text{K} - 273\text{K})$$
$$= -5935\ \text{J}$$

(4) 绝热恒外压膨胀：

此过程是不可逆过程，不能运用绝热可逆过程的过程方程式求算，须采用其它方法。此过程表示如下：

始态	绝热恒外压膨胀	始态
$p_1 = 5\times10^5$ Pa	$p_{外} = 1\times10^5$ Pa	$p_2 = 1\times10^5$ Pa
$T_1 = 273$ K	→	$T_1 = ?$
$V_1 = 10\ \text{dm}^3$		$V_1 = ?$

∵ $Q = 0$ ∴ $W = \Delta U = C_V(T_2 - T_1)$

另由体积功的计算公式(注意 $p_{外} = p_2$)：

$$W = -\int_{V_1}^{V_2} p_{外}\,\text{d}V = -p_2(V_2 - V_1) = p_2V_1 - p_2V_2$$
$$= p_2\left[\left(\frac{nRT_1}{p_1}\right) - \left(\frac{nRT_2}{p_2}\right)\right]$$

两个功的计算式结果应相等，将两式联立可以求出末态温度 T_2：

$$p_2\left[\left(\frac{nRT_1}{p_1}\right) - \left(\frac{nRT_2}{p_2}\right)\right] = C_V(T_2 - T_1)$$
$$nR(0.2T_1 - T_2) = n\cdot1.5R(T_2 - T_1)$$
$$0.2T_1 - T_2 = 1.5T_2 - 1.5T_1$$
$$T_2 = \frac{1.7}{2.5}T_1 = 185.6\text{K}$$

$$W = \Delta U = nC_{V,\text{m}}(T_2 - T_1)$$
$$= (2.203\text{mol})(1.5\times8.314\text{J}\cdot\text{K}^{-1}\cdot\text{mol}^{-1})(185.6\text{K} - 273\text{K})$$

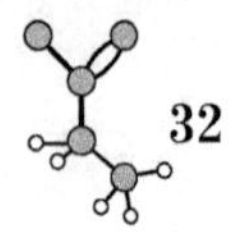

$$= -2401\ \mathrm{J}$$

$$\Delta H = nC_{p,\mathrm{m}}(T_2 - T_1)$$

$$= (2.203\mathrm{mol})(2.5 \times 8.314\mathrm{J} \cdot \mathrm{K}^{-1} \cdot \mathrm{mol}^{-1})(185.6\mathrm{K} - 273\mathrm{K})$$

$$= -4002\ \mathrm{J}$$

绝热恒外压膨胀过程的热力学函数变化为：

$$Q = 0$$

$$W = \Delta U = -2401\ \mathrm{J}$$

$$\Delta H = -4002\ \mathrm{J}$$

求解此题的难点在于求绝热过程的热力学量，绝热过程求解的关键在于首先解出末态的温度，一旦能正确求出末态温度，其它问题就迎刃而解了。要注意只有绝热可逆过程才能应用绝热过程方程式，对于不可逆的绝热过程，要通过其它的途径求算末态温度。

§1-9　实际气体和 J-T 效应

实际气体(real geses)与理想气体的区别是：① 分子间的作用势能比较大，不能忽略；② 分子的体积也不能忽略。由于性质的区别，实际气体不遵守理想气体状态方程。人们对实际气体的行为进行了长期的探索，并总结出许多描述实际气体行为的经验状态方程式，其中，最著名、应用最广的是范德华方程(van der Waals equation)，方程的表达式如下：

$$\left(p + \frac{a}{V_m^2}\right)(V_m - b) = RT \tag{1-39}$$

式中的 a，b 均为取决于物质本身性质的常数。将范德华方程与理想气体状态方程比较，可以发现两者的形式是很相近的，只是在范氏方程中多了两个修正因子，这两个修正因子刚好是针对实际气体与理想气体的不同点而引入的。理想气体的分子之间没有作用势能，而实际气体分子间的作用势能不能忽略不计。分子之间的作用力可以分为两类，一类是吸引力，一类是排斥力，而气体分子间吸引力占主导地位，气体分子的作用力表现为吸引力。由于实际气体的分子间具有吸引力，使得气体分子具有向气体中心收缩的倾向，表现出来就是向内的压力，我们称之为内压力。范德华方程中的因子 a/V_m^2 的物理含义就是用以表示分子间的作用力所产生的内压力。理想气体状态方程中的 V 是分子可以自由运动的空间体积，实际气体分子的体积不能忽略，而分子本身是不可入的，因此，实际气体分子的自由运动空间不是体系的体积 V，必须考虑分子体积的校正项，而因子 b 就是对体系体积的修正，统计热力学理论推导可以证明 b 的数值等于分子体积的 4 倍。一些气体的范德华方程参数 a，b 见表 1-3。

表 1-3　**一些气体的 van der Waals 常数 a,b 值**

	a/atm $L^2 \cdot mol^{-2}$	$b/10^{-2}$ $L \cdot mol^{-1}$		a/atm $L^2 \cdot mol^{-2}$	$b/10^{-2}$ $L \cdot mol^{-1}$
Ar	1.337	3.20	H_2S	4.484	4.34
C_2H_4	4.552	5.82	He	0.0341	2.38
C_2H_6	5.507	6.51	Kr	5.125	1.06
C_6H_6	18.57	11.93	N_2	1.352	3.87
CH_4	2.273	4.31	Ne	0.205	1.67
Cl_2	6.260	5.42	NH_3	4.169	3.71
CO	1.453	3.95	O_2	1.364	3.19
CO_2	3.610	4.29	SO_2	6.775	5.68
H_2	0.2420	2.65	Xe	4.137	5.16
H_2O	5.465	3.05			

盖·吕萨克和焦耳的气体自由膨胀实验得到的结果说明气体的内能只是温度的函数，与体积无关，即气体的$\left(\frac{\partial U}{\partial V}\right)_T = 0$，这个结果只能适用于理想气体，实际气体只有在极低压力下内能才与体系的体积无关。而当时盖·吕萨克和焦耳用以做实验的却是实际气体，实际气体的$\left(\frac{\partial U}{\partial V}\right)_T$不等于零，为什么得到其值为零的结果呢？这是因为他们所设计的实验的精度不够而检测不出来。1852 年，Joule 和 Thomson 设计了一个新的实验，可以精确地测定气体膨胀过程中温度的变化。J-T 实验装置的示意图见图 1-6。

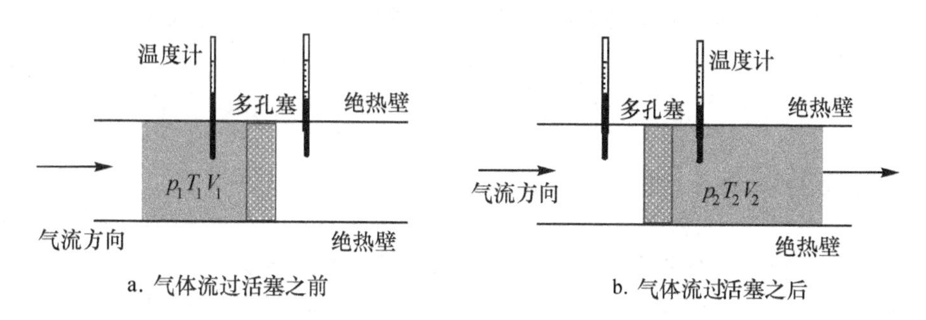

图 1-6　J-T 实验示意图

如图：在一绝热管道中间安置一多孔塞，多孔塞的两边各安装一支温度计，用以测量气体流经多孔塞前后温度的变化。在进行 J-T 实验时，使一气流持续、恒速地通

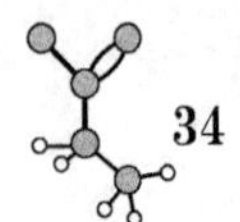

过管道，经过一段时间以后，整个系统将达到一个定态，然后观察气流流经多孔塞前后的温度，对于一般实际气体，气体流经多孔塞前后的温度会有所变化，温度既可能升高，也可能下降，此过程称为节流过程(throttling process)。采用现代手段，管道中的多孔塞可以用其它装置代替，比如用针型阀等，多孔塞或针型阀起的作用是相同的，就是阻碍气体的流动，让气流在节流前后产生一定的压力差。针型阀可以调节节流前后压差的大小，阀门开得小一点，气流遇到的阻力比较大，产生的压差大；阀门开得大一点，气流遇到的阻力比较小，产生的压差小。因为气体在节流前后的压力差是一宏观可测量值，不是无穷小量，所以 J-T 节流过程是一个不可逆过程。

我们从热力学的角度对节流过程进行分析：在整个节流装置运行达到稳定状态以后，设想有一定量的气体，刚好到达多孔塞的左边，如图 1-6a 所示，设此气体的体积为 V_1，压力为 p_1，温度为 T_1，此段气体在经过多孔塞之后，状态会发生变化，相应的状态变为 V_2，p_2，T_2。在此过程中，系统(即设想中的一定量气体) 在多孔塞的左边受到环境的压力向右边运动，因为整个装置达到稳态，多孔塞左边的压力是恒定的，一直为 p_1，环境最终将系统全部压过多孔塞，此过程内环境占据的体积刚好等于系统在多孔塞左边时的体积 V_1，系统在左边从环境得到功，其数值 W_1 为：

$$W_1 = -\int_{V_i}^{V_f} p_{外}\,\mathrm{d}V = -p_1(0 - V_1) = p_1V_1$$

被环境压过多孔塞的气体体系向右运动，将把多孔塞后边的气体(是我们指定系统的环境) 排开，系统则需向环境作功，其值 W_2 为：

$$W_2 = -\int_{V_i}^{V_f} p_{外}\,\mathrm{d}V = -p_2(V_2 - 0) = -p_2V_2$$

节流全过程系统所做的功是这两部分功的代数和，故节流过程系统所做的总功等于：

$$W = W_1 + W_2 = p_1V_1 - p_2V_2$$

J-T 实验中的管道是绝热的，多孔塞也可以视为绝热的，在达到稳态后，多孔塞两边的温度是恒定的，因此，节流过程可以视为绝热过程，根据热量第一定律：

$$\Delta U = Q + W = W = p_1V_1 - p_2V_2$$

$$U_2 - U_1 = p_1V_1 - p_2V_2$$

$$U_2 + p_2V_2 = U_1 + p_1V_1$$

上式两边就是系统的焓，因此，对于 J-T 节流过程，有：

$$H_2 = H_1 \quad \Delta H = 0 \tag{1-40}$$

气体的节流过程是一个等焓过程，气体流经节流装置其焓不变。

虽然气体经过绝热节流以后焓不变，但是气体的温度却可能发生变化。定义函数：

$$\mu_{J\text{-}T} \equiv \left(\frac{\partial T}{\partial p}\right)_H \tag{1-41}$$

式中：$\mu_{J\text{-}T}$ 称为 Joule-Thomson 系数，简称焦 - 汤系数(Joule-Thomson coefficient)，其

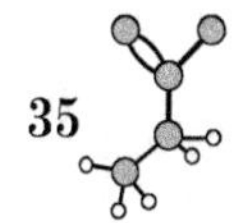

值表示气体经过节流过程后，温度变化的情况，从定义式的下标 H 可知，此节流过程是一个等焓过程，气体在节流前后的焓值不变。通过对焦-汤系数的分析，可知：（注意节流过程中 $\mathrm{d}p < 0$）

$\mu_{J\text{-}T} > 0$　气体节流后温度下降；

$\mu_{J\text{-}T} < 0$　气体节流后温度上升；

$\mu_{J\text{-}T} = 0$　气体节流后温度不变。

实验证明，大多数气体经 J-T 节流效应后温度下降，少数气体，如氢气和氦气，在常温下经过节流以后，温度不但不降反而上升。气体的焦-汤系数是温度和压力的函数，不同压力与温度下，焦-汤系数的值会不同。每次焦-汤实验只能测得一个 $\left(\dfrac{\Delta T}{\Delta p}\right)_H$ 值，为了全面了解某实际气体的性质，需要做一系列的节流实验。实际气体的 $\mu_{J\text{-}T}$ 系数在数学上是微商，具体的焦-汤实验得到的是差分的商，为了获得 $\mu_{J\text{-}T}$ 系数，先从实验得到气体等焓线(isenthalpic curve)，然后由等焓线求得气体的 $\mu_{J\text{-}T}$ 系数。测定等焓线的实验方法是：首先选定焦-汤节流实验中节流前气体的温度和压力，设为 T_1、p_1，从此初始状态开始，做一系列实验，每次调节节流装置阻力的大小，使气体节流后的压力逐步减小，记节流后气体的压力分别为 p_1、p_2、p_3、p_4、p_5、p_6、…。第一次节流实验获得在节流后气体的压力稳定在 p_2，气体的温度稳定在 T_2，以温度 T 和压力 p 为坐标绘出描述气体状态的 T-p 图，在图 1-7 中标出气体节流前的状态点 1(T_1、p_1) 和经节流后的点 2(T_2、p_2)，因为绝热节流过程是等焓过程，点 1 和点 2 的焓值相等，这两点称为等焓点。第二次、第三次 …… 各次实验得到的点 3、点 4…… 都是等焓点，将这些点光滑地连接起来就得到了一条等焓线，在等焓线上的任意一点作此点的切线，切线的斜率为 $\left(\dfrac{\partial T}{\partial p}\right)_H$，即是此点所在温度和压力条件下的气体的焦-汤系数 $\mu_{J\text{-}T}$。等焓线最高点处切线的斜率等于零，故等焓线的最高点所得的 $\mu_{J\text{-}T} = 0$，此点的温度称为转化温度(inversion temperature)，在等焓线最高点左边，切线的斜率均为正，即左边各点的 $\mu_{J\text{-}T} > 0$；而在最高点右边，各点切线的斜率均为负，即 $\mu_{J\text{-}T} < 0$。图 1-7 中给出的只是一条等焓线，要全面了解气体 $\mu_{J\text{-}T}$ 系数的性质，必须在遍及 T-p 图的区域内，由实验给出多条等焓线。实验中，要选取另一个始态 T_1'、p_1' 为起点，重复以上的操作，可获得第二条等焓线，重复此操作，可以绘出多条等焓线。每条等焓线都有一个最高点，将所有等焓线的顶点连接起来得到一条曲线，在此曲线上，每一点切线的斜率等于零，即 $\mu_{J\text{-}T} = 0$，此条曲线称为转化曲线(inversion curve)，图 1-8 中的虚线即为转化曲线。转化曲线将 T-p 图划分为两个区域，在转化曲线的左边区域，$\mu_{J\text{-}T} > 0$，在此区域内气体节流后降温；在转化曲线的右边区域，$\mu_{J\text{-}T} < 0$，在此区域内气体节流后升温；在转化曲线上各点条件下，气体经绝热节流后温度不变。几种气体转化曲线如图 1-9 所示。

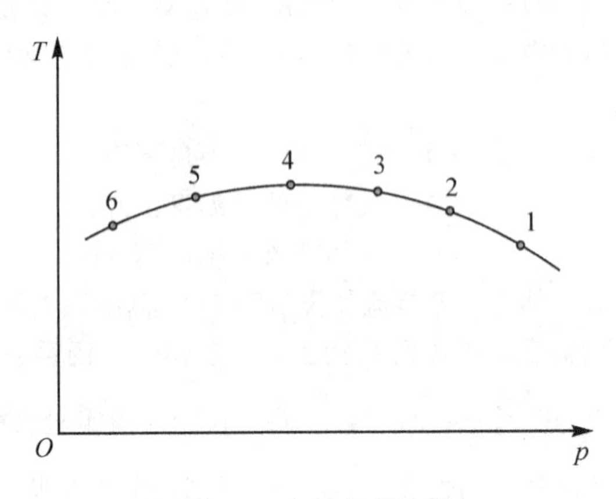

图 1-7　气体的等焓线

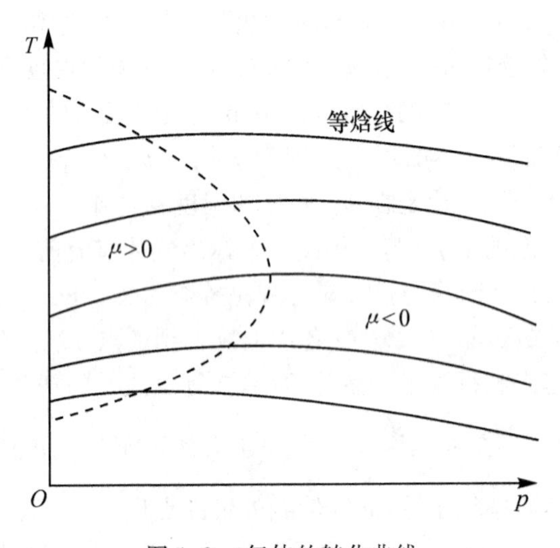

图 1-8　气体的转化曲线

焦-汤系数是温度和压力的函数,其值与气体的性质有关,以下,我们从热力学的角度分析影响 $\mu_{J\text{-}T}$ 数值的各种因素。对于一定量的纯气体,任何状态函数可由 2 个任意选定的独立变量唯一地确定,设气体的焓是温度和压力的函数,可表达为:

$$H = f(T,P)$$

取全微分:

$$\mathrm{d}H = \left(\frac{\partial H}{\partial T}\right)_p \mathrm{d}T + \left(\frac{\partial H}{\partial p}\right)_T \mathrm{d}p$$

气体经过 J-T 节流过程后,焓值不变,上式可表达为:

$$\left(\frac{\partial H}{\partial T}\right)_p \mathrm{d}T + \left(\frac{\partial H}{\partial p}\right)_T \mathrm{d}p = 0$$

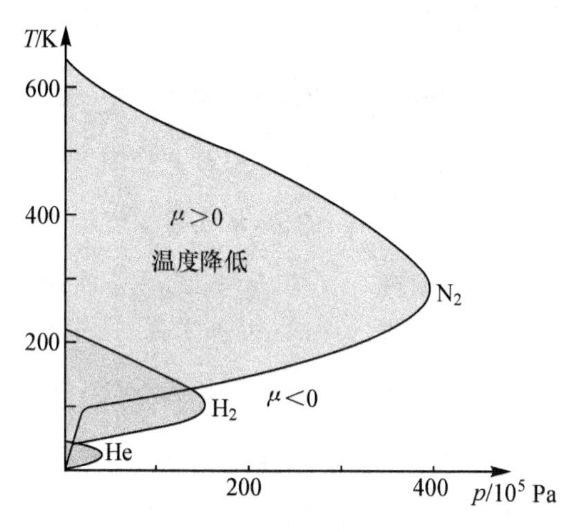

图 1-9　几种气体的转化曲线

重排此式： $\left(\frac{\mathrm{d}T}{\mathrm{d}p}\right)_H = -\frac{\left(\frac{\partial H}{\partial p}\right)_T}{\left(\frac{\partial H}{\partial T}\right)_p} = -\frac{1}{C_p}\left(\frac{\partial H}{\partial p}\right)_T$　注意：$\left(\frac{\partial H}{\partial T}\right)_p = C_p$

$$\mu_{J\text{-}T} = -\frac{1}{C_p}\left(\frac{\partial H}{\partial p}\right)_T \tag{1-42}$$

将 H 展开，求微商：

$$\mu_{J\text{-}T} = -\frac{1}{C_p}\left(\frac{\partial H}{\partial p}\right)_T = -\frac{1}{C_p}\left(\frac{\partial(U+pV)}{\partial p}\right)_T$$

$$\mu_{J\text{-}T} = -\frac{1}{C_p}\left(\frac{\partial U}{\partial p}\right)_T - \frac{1}{C_p}\left(\frac{\partial(pV)}{\partial p}\right)_T \tag{1-43}$$

由(1-43) 式可知，$\mu_{J\text{-}T}$ 的值等于两项的加合，知道两项的数值，就可以得知 $\mu_{J\text{-}T}$ 的符号，进一步可以判断气体在 J-T 效应中温度变化的情况。

对于理想气体，内能 U 只是温度的函数，与压力无关，故理想气体 $\mu_{J\text{-}T}$ 系数的第一项等于零；在等温条件下，理想气体的 pV 也只与温度有关，与压力无关，故理想气体的第二项也为零，所以理想气体的 J-T 系数 $\mu_{J\text{-}T}$ 的值总是等于零，理想气体经过 J-T 节流过程后温度不变。

实际气体的情况要复杂得多，以下进行具体分析。(1-43) 式右边的第一项的符号取决于微商$\left(\frac{\partial U}{\partial p}\right)_T$ 的正负。气体经过节流过程后压力降低，体积增大，在等温条件下，虽然分子在核运动、电子运动、平动、转动和振动能级上分布的情况不变，但是随着体积的增加，分子间的平均距离增加，体系要克服分子间的引力，分子间的作用势

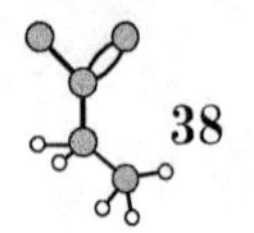

能随之增加,体系的内能将增加,于是有$\left(\frac{\partial U}{\partial p}\right)_T<0$,所以实际气体$\mu_{J\text{-}T}$的第一项恒为正值。实际气体$\mu_{J\text{-}T}$的第二项的符号取决于偏微商$\left(\frac{\partial(pV)}{\partial p}\right)_T$的正负,通过等温条件下测定不同压力下一定量气体的体积,将pV对p作图可得一条两者关系的曲线,曲线上点的切线的斜率即为$\left(\frac{\partial(pV)}{\partial p}\right)_T$的值,从而可知道此微商的正负。不同温度下重复进行测试,可以获得不同温度下气体pV-p的多条曲线。图1-10中给出了在273 K时,理想气体、甲烷和氢三种气体的pV-p关系。图中水平直线为理想气体的pV-p关系曲线,pV_m的值与压力无关,$\left(\frac{\partial(pV)}{\partial p}\right)_T$恒为零,理想气体第一项也为零,故理想气体的$\mu_{J\text{-}T}$恒为零,节流后温度不变;$CH_4$的$pV$-$p$曲线在低压下($E$点之左)切线斜率为负,高压下($E$点之右)为正,当压力较低时,$\left(\frac{\partial(pV)}{\partial p}\right)_T<0$,则第二项为正值,而实际气体$\mu_{J\text{-}T}$的第一项恒为正值,所以$CH_4$气体在较低压力下$\mu_{J\text{-}T}>0$,节流后$CH_4$的温度下降;$H_2$在273 K时,由$pV$-$p$曲线可知在任何压力下$\left(\frac{\partial(pV)}{\partial p}\right)_T$均为正值,$\mu_{J\text{-}T}$的第二项则为负值,而第二项的绝对值大于第一项,两项相加的总和为负值,故H_2在273 K时的$\mu_{J\text{-}T}<0$,氢气经绝热节流后温度上升。

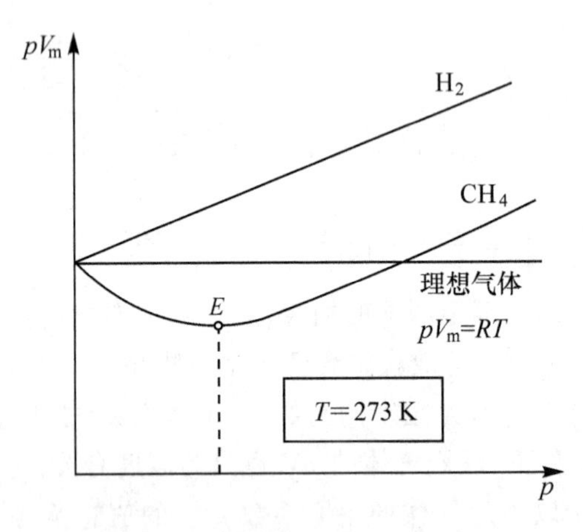

图1-10 气体的pV_m-p关系图

J-T效应一个极其重要的用途是液化气体,一般气体经过J-T节流效应之后温度下降,反复进行多次之后,气体的温度将降到沸点以下而液化。在常温下氢气经J-T效应后温度不但不下降,反而上升,所以在历史上,氢气和氦气曾被称为不可液化的气体。当人们对气体的性质进行深入研究后发现,当温度很低时,气体的pV_m值先随

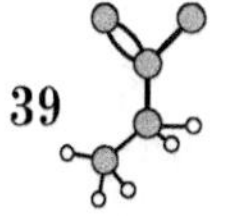

p 的升高而下降，在此区间气体的 J-T 系数才可能大于零，气体节流降温；温度升高时，曲线斜率为负的区间将会缩小，当气体温度升高到一定温度时，pV-p 曲线不再出现凹陷现象，此时的温度记为 T_B，称为波义尔温度。气体在波义尔温度以上时，无法用节流膨胀的方法使之液化。H_2 的波义尔温度是 195 K，约 −78℃，这就是氢气在常温下不能用 J-T 效应液化的原因，欲液化氢气，首先需把氢气的温度降至 195 K 以下。一般气体的 pV_m-p 关系见图 1-11，图中气体温度上升到 T_3，曲线开始不再出现凹陷现象，温度 T_3 则是此气体的波义尔温度。

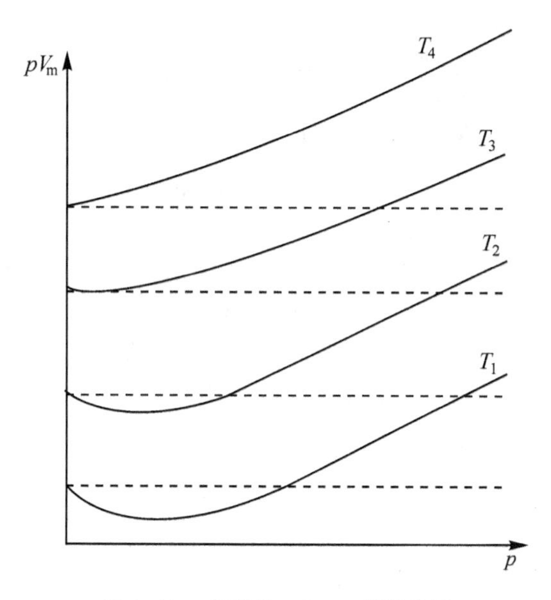

图 1-11　气体的 pV_m-p 等温线图

§1-10　实际气体的 ΔU 和 ΔH

理想气体的 ΔU 和 ΔH 只是温度的函数，而非理想气体的内能和焓一般不仅仅与温度有关，与气体的压力和体积也有关。通过气体的状态方程，由热力学的基本原理，也可以求出实际气体的内能和焓的变化，只是实际体系的状态方程比较复杂，求解的过程比理想气体要复杂一些。本节以范德华气体为例，求出实际气体 ΔU 和 ΔH 的变化值，其它实际气体的计算方法与此方法类似。

范氏气体的 p-V-T 关系遵循范德华方程：

$$\left(p+\frac{a}{V_m^2}\right)(V_m-b)=RT$$

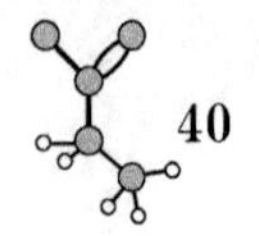

可得：
$$p=\frac{RT}{V_{\mathrm{m}}-b}-\frac{a}{V_{\mathrm{m}}^{2}}$$

$$\mathrm{d}U=\left(\frac{\partial U}{\partial T}\right)_V\mathrm{d}T+\left(\frac{\partial U}{\partial V}\right)_T\mathrm{d}V=C_V\mathrm{d}T+\left(\frac{\partial U}{\partial V}\right)_T\mathrm{d}V \tag{1-44}$$

可以证明,上式右边第二项的偏微商等于:(公式证明见热力学第二定律部分)

$$\left(\frac{\partial U}{\partial V}\right)_T=T\left(\frac{\partial p}{\partial T}\right)_V-p \tag{1-45}$$

对范德华气体：
$$\left(\frac{\partial p}{\partial T}\right)_V=\frac{\partial}{\partial T}\left(\frac{RT}{V_{\mathrm{m}}-b}-\frac{a}{V_{\mathrm{m}}^{2}}\right)=\frac{R}{V_{\mathrm{m}}-b}$$

$$\left(\frac{\partial U}{\partial V}\right)_T=T\frac{R}{V_{\mathrm{m}}-b}-p=\frac{RT}{V_{\mathrm{m}}-b}-\frac{RT}{V_{\mathrm{m}}-b}+\frac{a}{V_{\mathrm{m}}^{2}}=\frac{a}{V_{\mathrm{m}}^{2}}$$

代入(1-44)式,可得范德华气体内能变化值的求算公式：

$$\mathrm{d}U=C_V\mathrm{d}T+\frac{a}{V_{\mathrm{m}}^{2}}\mathrm{d}V \tag{1-46}$$

对于恒温过程：

$$\mathrm{d}U_T=\frac{a}{V_{\mathrm{m}}^{2}}\mathrm{d}V$$

$$\Delta U_T=\int_{V_1}^{V_2}\frac{a}{V_{\mathrm{m}}^{2}}\mathrm{d}V=a\left(\frac{1}{V_{\mathrm{m},1}}-\frac{1}{V_{\mathrm{m},2}}\right) \tag{1-47}$$

恒温过程范德华气体所作的 W 和 Q 为：

$$\begin{aligned}W&=\int_{V_1}^{V_2}-p\mathrm{d}V_{\mathrm{m}}=-\int_{V_1}^{V_2}\left(\frac{RT}{V_{\mathrm{m}}-b}-\frac{a}{V_{\mathrm{m}}^{2}}\right)\mathrm{d}V_{\mathrm{m}}\\&=RT\ln\left(\frac{V_{\mathrm{m},1}-b}{V_{\mathrm{m},2}-b}\right)+a\left(\frac{1}{V_{\mathrm{m},1}}-\frac{1}{V_{\mathrm{m},2}}\right)\end{aligned} \tag{1-48}$$

$$Q=\Delta U-W$$

将(1-47)式和(1-48)式代入上式：

$$Q=RT\ln\left(\frac{V_{\mathrm{m},2}-b}{V_{\mathrm{m},1}-b}\right) \tag{1-49}$$

恒温过程范德华气体的焓变的表达式为：

$$\Delta H_T=RT\left(\frac{V_{\mathrm{m},2}}{V_{\mathrm{m},2}-b}-\frac{V_{\mathrm{m},1}}{V_{\mathrm{m},1}-b}\right)+2a\left(\frac{1}{V_{\mathrm{m},1}}-\frac{1}{V_{\mathrm{m},2}}\right) \tag{1-50}$$

采用类似的方法,可以求出其它实际气体的热力学函数值。关键是必须知道气体的状态方程,将状态方程代入效应的计算式中,便可以得到所要求算的热力学量。

§1-11 热 化 学

一般的物理及化学反应过程都伴随有热效应,通过对热效应的研究,可以帮助人

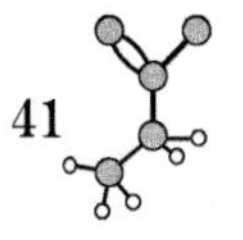

们更好地认识这些物理与化学反应过程的基本规律。

热化学(Thermochemistry)是研究化学反应及相关物理过程热效应的学科。热化学属于物理化学学科的一个分支学科。早在热力学建立之前,不少学者就已经进行了热化学方面的研究,热化学是一门相对古老的学科。拉瓦锡(Lavoisier)和拉普拉斯(Laplace)早在1780年就采用冰热量计测定化学反应的热效应。1840年,赫斯(G. H. Hess,1803—1850年,生于瑞士,在俄国工作)发现化学反应的热效应与反应的途径无关,及Hess定律。Hess定律的建立早在热力学第一定律和第二定律建立之前,这些定律的建立和热化学实验方法及实验数据,为热力学的发展奠定了基础。热化学的基本定律——Hess定律在实质上是热力学第一定律在化学反应中的应用,因此,在热力学建立之后,Hess定律的本质得到了更深刻的揭示和更正确的表述。

热化学的基本研究内容是测量各类过程(化学与物理过程)的热效应。这些热数据在理论与实践方面都具有重大价值和重要应用。如:现代大型化工装置中的反应器的工艺设计的第一步就是进行能量衡算,这就需要各类热化学数据。热化学数据中的极其重要的一类是物质的热数据,这些数据是计算化学反应平衡常数的基础数据。

热化学测量的基本原理很简单,但是要获得精确的热化学数据是很困难的事情,必须考虑环境对测量过程的各种影响,常常要对测定数据进行种种校正。随着生产与科技的进步,对热化学数据的要求愈来愈高,而测量仪器精度的不断提高也促进人们不断更新热化学、热力学数据。物理与化学过程的热效应会随着过程的条件而变化,各种不同条件下的热数据的测量也变得愈来愈重要。目前,除了在常温常压下进行热化学数据测量外,高温、高压、低温、低压等条件下的热化学数据的测量也变得愈来愈重要。

热化学虽然是一门发展较早的学科,但随着科学的不断进展,热化学本身也在不断发展与更新,特别是与其它学科的交叉与渗透,进展非常迅速。热化学理论与热力学方法不断渗透到其它学科中,形成了热化学新的研究领域,如:生物热化学、热动力学、热分析、配合物热化学等,并且在各个新领域都获得了重大进展。这些新学科大大拓宽了热化学的研究领域,使得热化学这门古老的学科焕发了青春。

一、反应进度

化学反应的热效应与反应进行的量有关系,为了能统一地表达化学反应进行的量,有必要引入反应进度的概念。反应进度(txtent of reaction)用符号ξ表示。

设有一封闭系统中进行的化学反应:

$$d\mathrm{D}+e\mathrm{E}+\cdots \rightleftarrows g\mathrm{G}+h\mathrm{H}+\cdots$$

以上反应系统中各物质的变化量与其计量系数有关,为了对反应的进程有统一的表示,特引进化学反应进度的概念,定义:

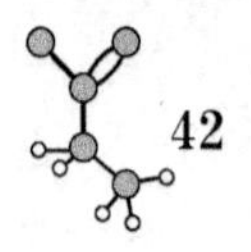

$$\xi = \frac{n_B(\xi) - n_B(0)}{v_B}$$

$$d\xi = \frac{dn_B}{v_B} \tag{1-51}$$

式中：ξ是反应进度，其量纲是物质的量，单位一般取摩尔。v_B 是化学反应式中各物质的计算系数，反应物的 v_B 取负值，产物的 v_B 取正值，反应计量系数是无量纲的纯数。

用反应组分的生成量或减少量也可以表示化学反应进行的程度，但由于化学反应中各组分的计量系数往往不相等，其结果会因为计量系数的不同而不同。采用反应进度的优点是可以用任一反应组分来表示反应进行的程度，所得的数值是相同的，对于以上给出的化学反应，其反应进度为：

$$\xi = \frac{\Delta n_D}{v_D} = \frac{\Delta n_E}{v_E} = \frac{\Delta n_G}{v_G} = \frac{\Delta n_H}{v_H}$$

或：

$$d\xi = \frac{dn_D}{v_D} = \frac{dn_E}{v_E} = \frac{dn_G}{v_G} = \frac{dn_H}{v_H}$$

当化学反应按反应系数所表示的比例进行了一个单位的化学反应时，称此反应此时的反应进度 ξ 等于 1 mol，相应地，各个反应组分的反应量为：$\Delta n_D = v_D$ mol。

对于同一个化学反应，若方程式的书写不同，反应进度的值将会不同。如：二氧化硫氧化为三氧化硫的反应，设反应生成了 1 摩尔三氧化硫，若反应式描述如下：

$$SO_2(g) + \frac{1}{2}O_2(g) \rightleftarrows SO_3(g)$$

此反应式的反应进度为：

$$\xi = \frac{\Delta n_{SO_3}}{v_D} = \frac{1\ \text{mol}}{1} = 1\ \text{mol}$$

若反应式写为：

$$2SO_2(g) + O_2(g) \rightleftarrows 2SO_3(g)$$

同样是生成了 1 mol 的三氧化硫，其反应进度为：

$$\xi = \frac{\Delta n_{SO_3}}{v_D} = \frac{1\ \text{mol}}{2} = 0.5\ \text{mol}$$

二、热化学方程式

热化学方程式是表示化学反应始末态之间关系的方程，它不考虑反应实际上能否进行到底，只表示反应前后物质的量的反应热效应之间的关系。热化学方程式所表示的不仅仅是化学反应过程中各组分物质的量的变化关系，还要描述反应过程的能量平衡关系。常见的化学反应，反应系统与环境间的能量交换形式主要为热效应，故热化学方程式不仅仅要表示反应的物质平衡，还要表示反应的热平衡。

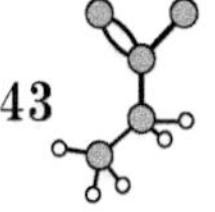

化学反应最常见的条件为恒温恒压，由热力学第一定律，恒压条件下反应过程的热效应等于反应系统的焓变。所以热化学方程式要给出反应的焓变。而反应的热效应除了与化学反应本身有关之外，还与反应进行的各类条件密切相关，如反应进行的温度、压力、物质的形态等，因此在书写热化学方程式时，必须清楚地注明反应进行的条件和反应物质的形态。一般在热化学方程式中，气态物质用"g"表示，液态物质用"l"表示，固态物质用"s"表示。当参与反应的组分为固态时，若固态有不同的晶形，则要注明组分的晶形。如炭与氧气反应生成二氧化碳，组分炭必须注明是哪一种炭的单体，如石墨、无定形炭、金刚石等。热化学方程式中的能量平衡是按反应的计量关系进行了一个式量，即反应进度 ξ 为 1 摩尔的反应热效应，例如：

$$\mathrm{C}(\text{石墨},1p^{\ominus}) + \mathrm{O_2}(\mathrm{g},1p^{\ominus}) \xrightarrow{298.15\ \mathrm{K}} \mathrm{CO_2}(\mathrm{g},1p^{\ominus})$$

$$\Delta_r H_m^{\ominus}(298.15\ \mathrm{K}) = -393.5\ \mathrm{kJ \cdot mol^{-1}}$$

上式表示在 298.15 K 下，各自处于 1 个标准压力下的 1 mol 石墨与 1 mol O_2 气体完全反应生成相同温度下的 1 mol SO_3 气体（压力为 $1p^{\ominus}$）时，反应系统对外放热 393.5 kJ。$\Delta_r H_m^{\ominus}$ 表示反应的焓变，也为反应的等压热效应，其上标"$\ominus$"表示反应在标准状态下完成。标准状态反应是指反应中各物质均处于标准状态下的反应。$\Delta_r H_m^{\ominus}$ 称为化学反应的标准摩尔焓变（standard molar enthalpy of the reaction）。

化学热力学对物质标准状态的规定是：气态物质：温度为 T，压力为一个标准压力（$1p^{\ominus}$）且具有理想气体性质的纯气体；液态物质：温度为 T，压力为一个标准压力（$1p^{\ominus}$）的纯液体；固态物质：温度为 T，压力为一个标准压力（$1p^{\ominus}$）的纯固体。液态与固态物质的标准态是实际存在的状态，而气态物质的标准态一般是不存在的虚拟态。有关标准态的问题在以后的章节中将会有详细的介绍。

§1-12　化学反应的热效应

化学反应过程一般伴随有热效应，反应热效应会因反应条件的不同而变化。若反应过程只做体积功，反应热可以用状态函数的改变值表示。由焓的性质可知，恒压过程的化学反应的热效应等于反应系统的焓变，即：

$$Q_p = \Delta_r H$$

恒容过程的反应热等于反应系统内能的变化：

$$Q_v = \Delta_r U$$

由热力学第一定律，焓变与内能变化的关系为：

$$\Delta_r H = \Delta_r(U + pV) = \Delta_r U + \Delta_r(pV)$$

对于凝聚系统，体积的变化一般很小，若反应系统压力的变化不大，可以近似认为 $\Delta_r(pV) \approx 0$，故凝聚系统的化学反应的等容热效应与等压热效应几乎相等：

$$Q_p = Q_v$$

进而有：

$$\Delta_r H = \Delta_r U \quad (\text{凝聚系统})$$

在恒温、恒压条件下进行的化学反应，若系统只做体积功，则反应热等于系统的焓变。物质的焓是状态函数，这说明，一旦确定了反应进行的具体条件，反应热就可能具备状态函数的性质。Hess 早在 1984 年，就发现了这一点，并将其表述为 Hess 定律(Hess's law)："化学反应的热效应只与反应的始态和末态有关，与反应的具体途径无关。也称热效应总值一定定律。"Hess 定律对于反应热效应的表述，好似将热效应视为状态函数，不过，我们要知道 Hess 定律的发现早在热力学第一定律的确立之前，热力学基本定律确立之后，对于 Hess 定律的实质有了更为清楚的认识。反应的热效应本身是过程量，其值与过程是密切相关的，但是如果确定了反应进行的条件(如：恒温、恒压、只作体积功)，则反应的热效应等于反应系统的焓变：$Q_p = \Delta_r H$，而焓是状态函数，在特定条件下，热效应具有了状态函数的性质。

绝大多数化学反应是在恒温、恒压条件下进行的，其反应热可以与系统的焓变联系起来，于是求反应热的问题可以转化为求反应的焓变。求算反应焓变的方法有多种，目前采用的主要有以下几种方法：

一、物质的生成焓

反应的焓变原理上可以表达为：

$$\Delta_r H = \sum_B H_B(\text{product}) - \sum_B H_B(\text{reactant})$$

式中右边的焓是物质的焓的绝对值，但实际上，我们不可能获得焓的绝对值。反应的焓变只是一种相对的变化，并不必知道焓的绝对值，因此，可以采用相对标准的方法来求反应的焓变。因为无法获得物质的绝对焓值，人们便从每一种元素中选取一种单质，并规定所有这些单质在标准条件下的焓等于零，被选取的单质是每种元素中相对最稳定、最常见的单质，这种相对焓值称为生成焓"enthalpy of formation"。自然界中的各种物质都是由基本元素组成的，对于一般的物质，规定：

在一定温度 T 和标准压力下，由稳定单质化合生成标准状态下的 1 摩尔纯物质的焓变，称为此物质的标准摩尔生成焓(standard molar enthalpy of formation)，并记为 $\Delta_f H_m^{\ominus}$。

每种元素中被选定的稳定单质的标准生成焓规定为零：

$$\Delta_f H_m^{\ominus} \quad (\text{稳定单质}) = 0$$

如：有反应如下：

$$\frac{1}{2}H_2(g,1p^{\ominus}) + \frac{1}{2}Cl_2(g,1p^{\ominus}) \xrightarrow{298.15\ K} HCl(g,1p^{\ominus})$$

$$\Delta_r H_m^{\ominus}(298.15\ K) = -92.31\ kJ \cdot mol^{-1}$$

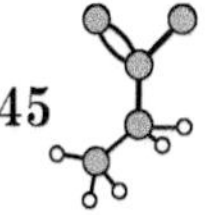

此反应是 HCl 的生成反应，反应物氢气与氯气都是稳定单质，反应中的各组分均处于标准状态，故此反应的焓变就是 HCl 的标准摩尔生成焓。298.15 K 下 HCl 的标准摩尔生成焓为：

$$\Delta_f H_m^{\ominus}(\text{HCl},\text{g},298.15\ \text{K}) = -92.31\ \text{kJ}\cdot\text{mol}^{-1}$$

由物质的生成焓可以获得化学反应的焓变，其数学表达式为：

$$\Delta_r H = \sum_B v_B \Delta_f H_m^{\ominus}(\text{B}) \tag{1-52}$$

化学反应的焓变等于产物生成焓之和减去反应物生成焓之和。注意在求算反应焓时，相减的次序不能颠倒，否则，得到的反应焓值的符号与实际反应焓的符号相反。上式的原理如图 1-12 所示。不论是放热反应还是吸热反应，反应物与产物均由稳定单质化合而成，而稳定单质的能级能量较高，比反应物恒温产物的能量均高，若要获得正确的反应焓值，从图中可以清楚地得知，必须是产物的生成焓减去反应物的生成焓。

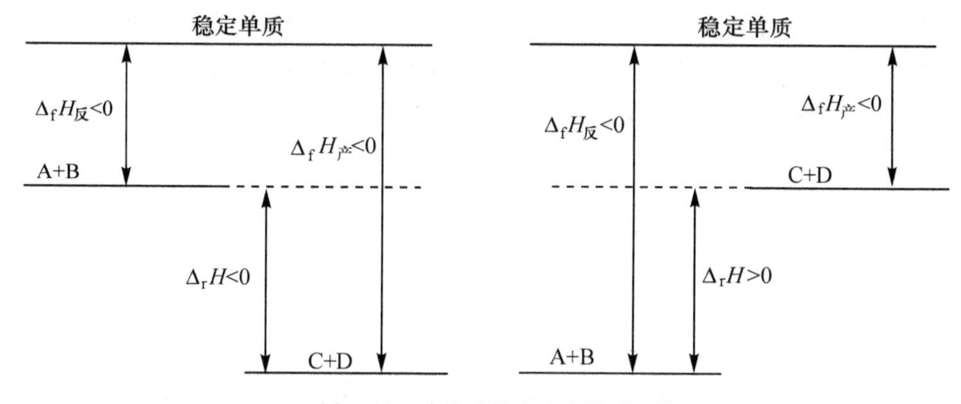

图 1-12　由生成焓求反应焓示意图

归根到底，生成焓的数据是从实验中测得的，但当人们积累了足够多的数据后，便可以由已知物质的生成焓求算未知反应的焓变。另外，许多物质难以直接由单质合成，但人们可以利用 Hess 定律，间接地求出这些物质的生成焓。例如，在一般条件下，石墨与氢气难以直接化合生成乙烷，为了求乙烷的生成焓，可以利用三个比较容易获得反应焓的反应的组合而求得。石墨与氢气的反应为：

$$2\text{C}(石墨,1p^{\ominus}) + 3\text{H}_2(\text{g},1p^{\ominus}) \xrightarrow{298.15\ \text{K}} \text{C}_2\text{H}_6(\text{g},1p^{\ominus})$$

已知如下反应的焓变为：

$$\text{C}(石墨,1p^{\ominus}) + \text{O}_2(\text{g},1p^{\ominus}) \xrightarrow{298.15\ \text{K}} \text{CO}_2(\text{g},1p^{\ominus}) \tag{1}$$

$$\Delta_r H_m^{\ominus}(298.15\ \text{K}) = -393.51\ \text{kJ}\cdot\text{mol}^{-1}$$

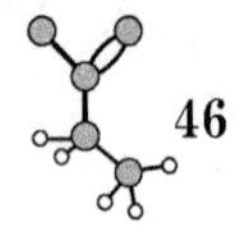

$$H_2(g,1p^{\ominus})+\frac{1}{2}O_2(g,1p^{\ominus})\xrightarrow{298.15\ K}H_2O(l,1p^{\ominus}) \tag{2}$$

$$\Delta_r H_m^{\ominus}(298.15\ K)=-285.84\ kJ\cdot mol^{-1}$$

$$C_2H_6(g,1p^{\ominus})+\frac{2}{7}O_2(g,1p^{\ominus})\xrightarrow{298.15\ K}2CO_2(g,1p^{\ominus})+3H_2O(l,1p^{\ominus}) \tag{3}$$

$$\Delta_r H_m^{\ominus}(298.15\ K)=-1560.0\ kJ\cdot mol^{-1}$$

以上三个反应都是燃烧反应,可以精确地用量热法测得反应的焓变。所求反应可以由这三个反应组合而得,将反应(1)×2+反应(2)×3-反应(3)即得所求反应。根据焓是状态函数的性质,反应焓只与过程的始末态有关,与过程(即是直接反应获得还是间接反应获得)无关,故石墨与氢气化合生成乙烷的反应焓为:

$$\begin{aligned}\Delta_r H_m^{\ominus}&=\Delta_r H_m^{\ominus}(1)\times 2+\Delta_r H_m^{\ominus}(2)\times 3-\Delta_r H_m^{\ominus}(3)\\&=-393.15\ kJ\cdot mol^{-1}\times 2-(286.0\ kJ\cdot mol^{-1})\times 3-(-1560.0\ kJ\cdot mol^{-1})\\&=-84.54\ kJ\cdot mol^{-1}\end{aligned}$$

人们积累的生成焓的数据愈多,求算反应焓就愈容易。物质的生成焓可以通过量热手段获得,目前,已经积累了大量化合物的标准生成焓的数据,这些数据已经列成热力学数据表,供人们随时查用。有了物质的标准生成焓的数据,就可以通过查表获得反应各组分的生成焓,代入(1-52)式即可求出化学反应的焓变,即等压热效应。

二、燃烧焓

许多化合物,特别是有机化合物会发生燃烧反应,而燃烧热是比较容易测量,且可以测量得很精确的量,所以人们设法利用燃烧热求算化学反应的焓变。物质燃烧焓的定义是:

在一个标准压力下,1摩尔纯化合物被氧完全氧化的反应焓,称为此化合物的标准摩尔燃烧焓(standard molar enthalpy of combustion)。

物质的标准燃烧焓的反应温度一般设定为298.15 K。标准燃烧焓记为$\Delta_c H_m^{\ominus}$。物质的燃烧焓对于氧化后的生成物有一定的规定,一种常用的规定为:元素C氧化为$CO_2(g)$,H氧化为$H_2O(l)$,N变为$N_2(g)$,S氧化为$SO_2(g)$,Cl变为HCl(aq),Br变为HBr(aq),…。被规定的燃烧产物的燃烧焓定义为零。若在进行量热测定时,燃烧后的产物不是上述产物,在计算物质的燃烧焓时需对测定结果进行校正。如:有机化合物燃烧后,S可能氧化为SO_3,N也可能生成NO_2等,对这些误差必须进行校正。

由物质的燃烧焓也可以获得化学反应的焓变,其数学表达式为:

$$\Delta_r H_m=\sum_B \upsilon_B \Delta_c H_m^{\ominus}(B) \tag{1-53}$$

注意由燃烧焓求反应焓的公式中,其相减的次序与由生成焓求反应焓的是相反的:反应焓等于反应物的燃烧焓之和减去产物的燃烧焓之和。究其原因,是因为反应物与产

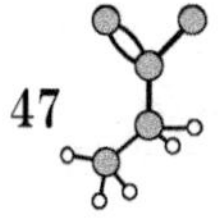

物燃烧后等到的燃烧产物是共同的，而燃烧产物一般是稳定的化合物，其能级的能量比较低，其原理如图 1-13 表示。

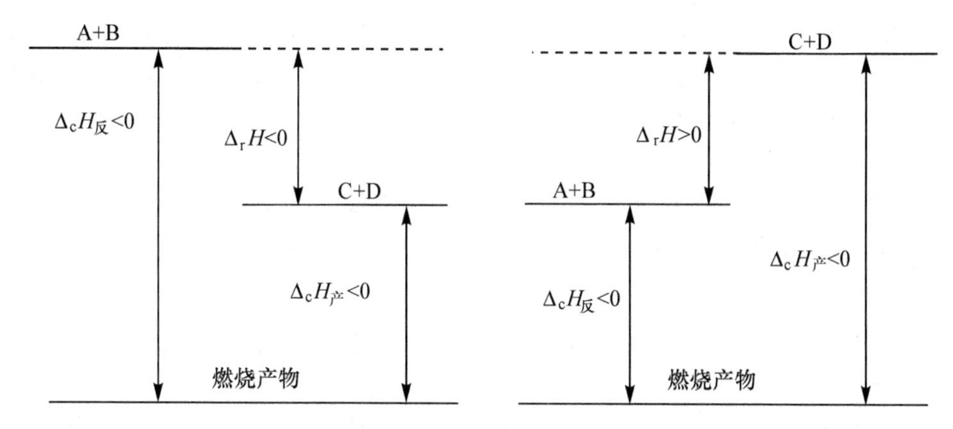

图 1-13　由燃烧焓求反应焓示意图

如在 298.15 K 和一个标准压力下，甲酸的燃烧反应为：

$$CH_3COOH(l) + 2O_2(g) = 2CO_2(g) + 2H_2O(l)$$

$$\Delta_r H_m^{\ominus}(298.15\ K) = -874.5\ kJ \cdot mol^{-1}$$

以上反应是在标准条件下甲酸的燃烧反应，故此反应的反应焓即为甲酸的标准摩尔燃烧焓：

$$\Delta_c H_m^{\ominus}(CH_3COOH, 1\ 298.15\ K) = -874.5\ kJ \cdot mol^{-1}$$

利用物质的燃烧焓可以求算许多化学反应，特别是有机化学反应的焓变。

例题　求下列酯化反应的反应焓：

$$CH_3COOH(l) + C_2H_5OH(l) = CH_3COOC_2H_5(l) + H_2O(l)$$

解　由热力学数据表可以查得各反应组分的燃烧焓为：

$$\Delta_c H_m^{\ominus}(CH_3COOH, 1\ 298.15\ K) = -875\ kJ \cdot mol^{-1}$$

$$\Delta_c H_m^{\ominus}(C_2H_5OH, 1\ 298.15\ K) = -1367\ kJ \cdot mol^{-1}$$

$$\Delta_c H_m^{\ominus}(CH_3COOC_2H_5, 1\ 298.15\ K) = -2231\ kJ \cdot mol^{-1}$$

$$\Delta_c H_m^{\ominus}(H_2O, 1\ 298.15\ K) = 0$$

酯化反应的反应焓为：

$$\Delta_r H_m^{\ominus}(298.15\ K) = ((-875 - 1367) - (-2231 + 0))\ kJ \cdot mol^{-1}$$

$$= -11\ kJ \cdot mol^{-1}$$

此酯化反应的焓变的绝对值很小。物质燃烧焓的数据一般都非常大，用燃烧焓求算反应热很小的反应时，其结果的准确度会大大低于燃烧热数据的准确度。

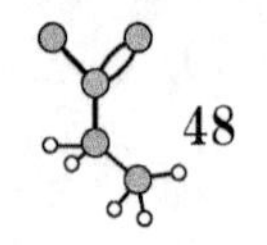

三、离子生成焓

一些化学反应,特别是溶液中的反应往往有离子参加,为了求算此类化学反应的焓变,有必要引入离子生成焓的概念。整个溶液永远是电中性的,溶液中的离子总是成对出现,人们无法从中分离出单独的一种正离子或负离子,这给单独测量一种离子的生成焓造成不便。为了解决此难题,人为地规定某一种粒子的生成焓,由此,便可以推出所有其它离子的生成焓。

在298.15 K下,将1 mol HCl(g)溶于大量水中,此过程放热75.14 kJ。因为HCl是强电解质,其溶于水后即电离为 H^+ 和 Cl^- 离子。此过程可用下式表达:

$$HCl(g) \xrightarrow{H_2O} H^+(aq,\infty) + Cl^-(aq,\infty)$$

式中(aq,∞)表示为无限稀溶液。由生成焓求反应焓变的公式,以上过程的焓变可表达为:

$$\begin{aligned}\Delta_{sol}H_m(298.15\ k) &= \Delta_f H_m(H^+,aq,\infty) + \Delta_f H_m(Cl^-,aq,\infty) - \Delta_f H_m(HCl,g)\\ &= -75.14\ kJ\cdot mol^{-1}\end{aligned}$$

已知HCl的生成焓为:

$$\Delta_f H_m(HCl,g) = -92.30\ kJ\cdot mol^{-1}$$

由以上数据我们可以求得氢离子与氯离子的摩尔生成焓之和为:

$$\begin{aligned}\Delta_f H_m(H^+,aq,\infty) + \Delta_f H_m(Cl^-,aq,\infty) &= \Delta_{sol}H_m(298.15\ K) + \Delta_f H_m(HCl,g)\\ &= -75.14\ kJ\cdot mol^{-1} - 92.30\ kJ\cdot mol^{-1}\\ &= -167.44\ kJ\cdot mol^{-1}\end{aligned}$$

我们获得的只能是这种正、负离子生成焓的总和,不可能将两者分开,测得单种离子的生成焓。为了计算的方便,人们采用了相对标准,人为地规定氢离子在标准状态下的摩尔生成焓等于零,即:

令:
$$\Delta_f H_m(H^+,aq,\infty) = 0$$

规定了氢离子的生成焓后,立即可以得到氯离子的生成焓:

$$\Delta_f H_m(Cl^-,aq,\infty) = -167.44\ kJ\cdot mol^{-1}$$

一旦定义氢离子的生成焓等于零,其它离子的生成焓可以推出来:如:由 H^+ 可以推出以下阴离子的生成焓:

$$HCl \rightarrow Cl^-; HBr \rightarrow Br^-; HI \rightarrow I^-; H_2SO_4 \rightarrow SO_4^{2-}; H_2CO_3 \rightarrow CO_3^{2-}; H_3PO_4 \rightarrow PO_4^{3-}; \cdots$$

由上述阴离子的生成焓又可推出许多阳离子的生成焓:

$$NaCl \rightarrow Na^+; KCl \rightarrow K^+; MgCl_2 \rightarrow Mg^{2+}; \cdots$$

如此反复下去,便可求出所有离子的生成焓。溶液反应的热效应可以用离子生成焓直接求算:

$$\Delta_r H_m^{\ominus} = \sum_B \upsilon_B \Delta_f H_m^{\ominus}(B) \tag{1-54}$$

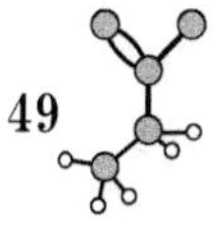

例题　试求 298.15 K 下，KCl 固溶于大量水中的摩尔溶解热。已知 298.15 K 下 KCl(s)、K^+ 和 Cl^- 离子的生成焓分别为：$\Delta_f H_m^\ominus(\text{KCl,s}) = -435.87\ \text{kJ}\cdot\text{mol}^{-1}$，$\Delta_f H_m^\ominus(\text{K}^+,\text{aq}) = -251.25\ \text{kJ}\cdot\text{mol}^{-1}$，$\Delta_f H_m^\ominus(\text{Cl}^-,\text{aq}) = -167.44\ \text{kJ}\cdot\text{mol}^{-1}$。

解　此溶解反应为：

$$\text{KCl(s)} \xrightarrow{H_2O} \text{K}^+\ (\text{aq},\infty) + \text{Cl}^-\ (\text{aq},\infty)$$

$$\begin{aligned}\Delta_{sol} H_m(298.15\ \text{K}) &= \Delta_f H_m(\text{K}^+,\text{aq},\infty) + \Delta_f H_m(\text{Cl}^-,\text{aq},\infty) - \Delta_f H_m(\text{KCl,s}) \\ &= -251.25\ \text{kJ}\cdot\text{mol}^{-1} - 167.44\ \text{kJ}\cdot\text{mol}^{-1} + 435.87\ \text{kJ}\cdot\text{mol}^{-1} \\ &= 17.18\ \text{kJ}\cdot\text{mol}^{-1}\end{aligned}$$

KCl 在水中的摩尔溶解热为 $17.18\ \text{kJ}\cdot\text{mol}^{-1}$。

四、键焓

化学反应实质上是参加反应的分子中的原子或原子团进行重排组合的结果，即化学键的断裂与重组的结果。被断裂的化学键一般要吸收能量；新生成的化学键一般会放出能量，化学反应产生热效应的根本原因就是化学键的断裂与生成。若化学键的断裂所需要的能量大于生成键所放出的能量，则为吸热反应；若生成键放出的能量大于断裂键所需要的能量，则为放热反应。如果我们能得到各种化学键的键能，就可以根据反应中键的断裂与生成的情况，求出反应的热效应。

键焓(bond enthalpy)的定义是：在指定温度下，拆散气态分子中的某类化学键，生成气态原子所需的平均能量。

键焓的数值通常由光谱数据获得，由于是一类化学键分解能的平均值，故键焓本身的值不是很精确。人们往往在缺乏其它数据时，才用键焓来估算反应的焓变，由此得到的反应焓只能作为参考，不宜作为设计数据。键焓可由化学键的分解能获得。化学键的分解能是指拆散气态化合物中某一个化学键生成气态原子所需要的能量。键的分解能是通过光谱数据得到的。键焓往往是键分解能的平均值。如：由光谱数据可以得到：

$$H_2O(g) = H(g) + OH(g) \quad \Delta_r H_m(298.15\ \text{K}) = 502.1\ \text{kJ}\cdot\text{mol}^{-1}$$

此反应焓变是 H—O—H 中拆散第一个氢氧键需要的分解能。

$$OH(g) = H(g) + O(g) \quad \Delta_r H_m(298.15\ \text{K}) = 423.4\ \text{kJ}\cdot\text{mol}^{-1}$$

这是拆散 O—H 键，即水分子中第二个氢氧键所需要的键能。虽然都是拆散 O—H 键，但是所需的能量是不一样。键焓的数据不是其中某一种分解能的数值，而是两者的平均值：

$$\Delta_b H_{m,O-H} = \frac{(502.1 + 423.4)\ \text{kJ}\cdot\text{mol}^{-1}}{2} = 462.8\ \text{kJ}\cdot\text{mol}^{-1}$$

对于双原子分子，其键焓与键的分解能是相等的，因为两者都代表同一反应的焓变。如：

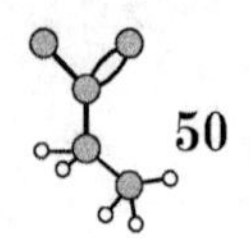

$$O_2(g) = 2O(g) \quad \varepsilon_{O-O} = \Delta_b H_{m,O-O}(298.15\ K) = 436\ kJ \cdot mol^{-1}$$

某些键焓的数值见表 1-4。

表 1-4　　**298.15 K 下某些化学键的键焓值**

键	$\frac{\Delta_b H_m}{kJ \cdot mol^{-1}}$	键	$\frac{\Delta_b H_m}{kJ \cdot mol^{-1}}$
H—H	435.9	N—H	354
C—C	342	O—H	463
C = C	613	F—H(HF 中)	568.2
C ≡ C	845	Cl—H(HCl 中)	432.0
N—N	85	Br—H(HBr 中)	366.1
N ≡ N	945.4	I—H(HI 中)	298.3
O—O	139	Si—H	326
O = O(O_2 中)	498.3	S—H	339
F—F(F_2 中)	158	C—O	343
Cl—Cl(Cl 中)	243.3	C = O	707
Br—Br(Br 中)	192.9	C—N	293
I—I(I_2 中)	151.2	C ≡ N	879
Cl—F	251	C—F	443
C—H	416	C—Cl	328

例题　乙烷分解为乙烯和氢气,请由键焓估算反应的焓变。

解　反应方程式为:

$$CH_3 - CH_3(g) = C_2H_4(g) + H_2(g)$$

反应物乙烷分子含有一个 C—C 键和 6 个 C—H 键,生成物乙烯和氢的分子中一共含有一个 C = C 键、4 个 C—H 键和一个 H—H 键。反应焓等于反应物所有键焓之和减去产物所有键焓之和:

$$\begin{aligned}\Delta_r H_m(298.15\ K) &= \sum_B \Delta_b H_m(\text{reactant}) - \sum_B \Delta_b H_m(\text{product}) \\ &= (\Delta_b H_{m,C-C} + 6 \times \Delta_b H_{m,C-H}) \\ &\quad - (\Delta_b H_{m,C=C} + 4 \times \Delta_b H_{m,C-H} + \Delta_b H_{m,H-H}) \\ &= [(348 + 6 \times 412)\ kJ - (612 + 4 \times 412 + 436)]\ kJ \cdot mol^{-1} \\ &= 124\ kJ \cdot mol^{-1}\end{aligned}$$

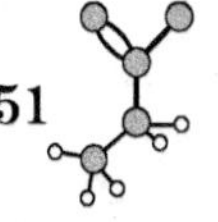

因为键焓的数据所对应的是气态分子，而化学反应中的物质不一定是气态，故用键焓估算反应焓的时候，往往还要用到原子化焓的数据。原子化焓是由稳定单质转化为气态原子的焓变。表 1-5 中列出了一些元素在 298.15 K，标准状态下的原子化焓。

表 1-5　**298.15 K 下某些元素的标准原子化焓**

元素	$\frac{\Delta_{at} H_m^{\ominus}}{kJ \cdot mol^{-1}}$	元素	$\frac{\Delta_{at} H_m^{\ominus}}{kJ \cdot mol^{-1}}$	元素	$\frac{\Delta_{at} H_m^{\ominus}}{kJ \cdot mol^{-1}}$
O	247.52	Ga	276	Zr	523
H	217.92	In	244	B	406.7
F	76.6	Tl	181.3	Al	313.8
Cl	121.39	Zn	130.5	Se	389
Br	111.8	Cd	112.8	Ce	356
I	106.62	Hg	60.84	La	368
S	219.0	Cu	341.1	U	523
Se	202.4	Ag	289.2	Be	320.6
Te	199.2	Au	347.2	Mg	150.6
N	472.7	Pt	508.8	Ca	192.6
P	314.6	Ni	425.14	Ba	164
As	253.7	Pd	808	Li	155.1
Sb	254.4	Mn	285.9	Na	108.7
Bi	170.3	Cr	337	K	90.0
C	718.384	Mo	650.6	Rb	85.81
Si	368.4	W	243.5	Cs	78.78
Ge	328.2	V	502	Co	439.3
Sn	301	Ta	774	Fe	404.5
Pb	193.9	Ti	469		

若化学反应中有液态或固态物质，在用键焓求算反应焓时，还要用到原子化焓的数据。

例题　利用键焓与原子化焓的数据，估算 298.15 K 下，丙炔的生成焓。

解　丙炔的生成反应为：

$$3C(s) + 2H_2(g) \rightarrow CH \equiv C - CH_3(g)$$

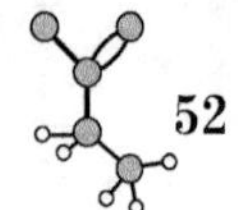

为了求丙炔的生成焓,先利用键焓的数据求由气态C原子与H原子反应生成丙炔的反应焓,然后利用原子化焓的数据求由炭和氢的稳定单质生成气态原子的反应焓,两者的代数和即为丙炔生成焓的值。

$$3C(g) + 4H(g) \rightarrow C_3H_4(g) \tag{1}$$

$$\begin{aligned}\Delta_r H_m(1) &= -(4 \times \Delta_b H_{m,C-H} + \Delta_b H_{m,C-C} + \Delta_b H_{m,C\equiv C}) \\ &= -(4 \times 416 + 342 + 845)\ \mathrm{kJ \cdot mol^{-1}} \\ &= -2851\ \mathrm{kJ \cdot mol^{-1}}\end{aligned}$$

利用原子化焓求以下两个反应的焓变:

$$3C(s) \rightarrow 3C(g) \tag{2}$$

$$\begin{aligned}\Delta_r H_m(2) &= 3 \times \Delta_{at} H_m^{\ominus}(C,g) = 3 \times 718.38\ \mathrm{kJ \cdot mol^{-1}} \\ &= 2155.14\ \mathrm{kJ \cdot mol^{-1}}\end{aligned}$$

$$2H_2(g) \rightarrow 4H(g) \tag{3}$$

$$\begin{aligned}\Delta_r H_m(3) &= 4 \times \Delta_{at} H_m^{\ominus}(H,g) = 4 \times 217.94\ \mathrm{kJ \cdot mol^{-1}} \\ &= 871.76\ \mathrm{kJ \cdot mol^{-1}}\end{aligned}$$

丙炔的生成焓为:

$$\begin{aligned}\Delta_f H_m^{\ominus}(C_3H_4, g) &= \Delta_r H_m(1) + \Delta_r H_m(2) + \Delta_r H_m(3) \\ &= (-2851 + 2155.14 + 871.76)\ \mathrm{kJ \cdot mol^{-1}} \\ &= 175.9\ \mathrm{kJ \cdot mol^{-1}}\end{aligned}$$

298.15 K下,丙炔的生成焓为175.9 $\mathrm{kJ \cdot mol^{-1}}$。

五、溶解热和稀释热

在研究溶液反应时,往往要用到物质的溶解热和稀释热的数据。将溶质加入溶剂中所产生的热效应称为溶解热,将溶剂加入溶液中所产生的热效应称为稀释热。

溶解热分为积分溶解热和微分溶解热两种。积分溶解热是指将一定量溶质溶解于一定量溶剂中所产生的热效应。此溶解过程,溶剂一般从纯溶剂(浓度等于零)变化到具有一定浓度的溶液。积分溶解热可以由量热实验直接测得。例如将1摩尔H_2SO_4溶于不同量的水中,可以得到一系列积分溶解热的数据,随着水量的逐步增加,积分溶解热将趋于一个极限值,当溶液无限稀时,积分溶解热不再随水量的增加而变化。硫酸溶于水的积分溶解热见图1-14。

微分溶解热的定义是:在一定温度与压力下,向具有一定浓度的溶液中加入极少量的溶质,将会产生微小的焓变,此过程的焓变与加入溶质的物质的量的比值,即为溶液在此浓度下的微分溶解热。以一二元溶液为例,设溶剂为A,溶质为B,则微分溶解热记为:$\left(\frac{\partial \Delta_{sol} H}{\partial n_B}\right)_{T,p,n_A}$。

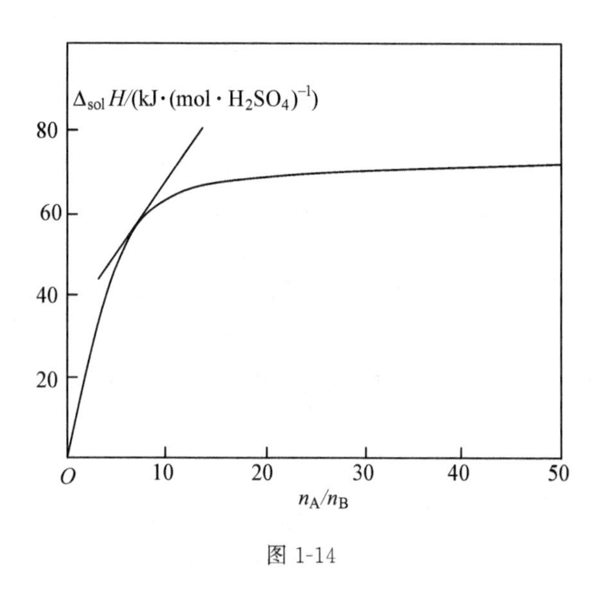

图 1-14

微分溶解热难以用实验直接测定，而是由积分溶解热数据求得。积分溶解热曲线的某一点的斜率，即为此点所代表浓度的溶液的微分溶解热。

稀释热也分为积分稀释热和微分稀释热两种。将一定量的溶剂加入到一定量溶液中以稀释溶液，溶液将从某浓度稀释到另一浓度，此过程的热效应即为积分稀释热。积分稀释热与溶液的起始浓度和终了浓度密切相关，这两者的关系与两种溶解热的关系相似。首先通过测定一系列的积分稀释热的数据，绘出溶液积分稀释热曲线，曲线的某一点的斜率，则是具有此点所代表浓度的溶液的微分稀释热。仍然以二元溶液为例，溶液的微分溶解热记为：$\left(\frac{\partial \Delta_{sol}H}{\partial n_A}\right)_{T,p,n_B}$。

§1-13　反应热与温度的关系

前面我们介绍了反应热的各种求算方法，这些方法都要用到各种热力学数据，这些数据一般都可以从数据表中查到，因而可以方便地算出化学反应的热效应。但是，热力学数据表中的数据基本上是 298.15 K 下的数据，由此我们只能获得 298.15 K 下的反应热，而实际进行的化学反应往往并不在此温度下进行。为了求算其它温度条件下进行的化学反应热，就必须找到反应热与温度的函数关系。

设已知一化学反应在 T_1 温度下的反应焓，若欲求在 T_2 温度下的反应焓，可设如下热化学循环：

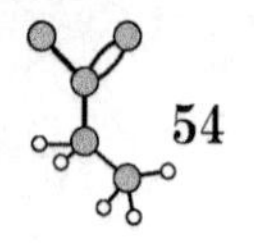

$$\begin{array}{ccc} aA(T_1)+bB(T_1) & \xrightarrow{T_1,\Delta H_1} & cC(T_1)+dD(T_1) \\ \Delta H_3 \uparrow & & \downarrow \Delta H_4 \\ aA(T_2)+bB(T_2) & \xrightarrow{T_2,\Delta H_2} & cC(T_2)+dD(T_2) \end{array}$$

由以上热化学循环，T_2 下的反应焓可以用下式表示：

$$\Delta H_2 = \Delta H_1 + \Delta H_3 + \Delta H_4$$

上式中 ΔH_1 是反应在 T_1 下的反应焓，ΔH_3 和 ΔH_4 分别是反应物和产物等压变温过程的焓变，可以由物质的热容求出。将已知数据代入以上公式，即可获得 T_2 下的反应焓：

$$\Delta_r H_m(T_2) = \Delta_r H_m(T_1) + \int_{T_2}^{T_1}(aC_{p,m}(A) + bC_{p,m}(B))dT$$

$$+\int_{T_1}^{T_2}(cC_{p,m}(C) + dC_{p,m}(D))dT$$

令：

$$\Delta_r C_{p,m} = \sum_B v_B C_{p,m}(B)$$

有：

$$\Delta_r H_m(T_2) = \Delta_r H_m(T_1) + \int_{T_1}^{T_2}\Delta_r C_{p,m} dT \tag{1-55}$$

在等压条件下对上式取微商，得：

$$\left(\frac{\partial \Delta_r H_m(T)}{\partial T}\right)_p = \Delta_r C_{p,m} \tag{1-56}$$

(1-55) 式和(1-56) 式均为基尔霍夫定律(Kirchhoff's law)。(1-56) 式为基尔霍夫定律的微分式，(1-55) 式为基尔霍夫定律的定积分式，基尔霍夫定律还可以表达为不定积分式：

$$\Delta_r H_m(T) = \int \Delta_r C_{p,m} dT + I \tag{1-57}$$

上式中的 I 为积分常数，积分常数可以由已知的某温度下的反应焓求出。(1-55) 式的积分是将反应的 $\Delta_r C_{p,m}$ 视为常数的结果，若反应的 $\Delta_r C_{p,m}$ 不为常数，要将 $\Delta_r C_{p,m}$ 对温度的函数表达式代入积分式中积分而得到结果。

例题　用孔德法制造氯气，在 298 K，$1p^\ominus$ 下，把氧气(1) 和氯化氢(2) 的混合气体($V_1 : V_2 = 1:2$) 通入 695 K 内有催化剂的反应器。反应平衡后，有 80% 的氯化氢转化为氯气(3) 和水蒸气(4)。试计算通入 1 mol 氯化氢后，反应器中放出多少热量。已知：298 K 下的有关热力学数据如下：　($C_{p,m} = a + bT + cT^2$ J・mol^{-1})

	$\frac{\Delta_f H_m^\ominus}{kJ\cdot mol^{-1}}$	a	$b\times10^3$	$c\times10^6$
HCl(g)	—92.31	28.47	1.81	1.547
H_2O(g)	—241.83	30.00	10.71	1.117
O_2(g)	0	25.52	13.4	—4.27
Cl_2(g)	0	31.71	10.1	—4.04

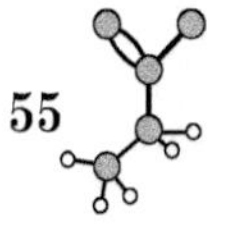

解　孔德法制氯气的化学反应式为：

$$HCl(g) + \frac{1}{4}O_2(g) = \frac{1}{2}H_2O(g) + \frac{1}{2}Cl_2(g)$$

由题给数据，求出 298 K 下此反应的焓变：

$$\Delta_f H_m^{\ominus}(298\ K) = [(0.5 \times (-241.38) + 0.5 \times 0) - (-92.31 + 0.25 \times 0)]\ kJ \cdot mol^{-1}$$

解得：
$$\Delta_f H_m^{\ominus}(298\ K) = -28.61\ kJ \cdot mol^{-1}$$

由组分的热容数据求反应的 $\Delta_r C_{p,m}$：

$$\Delta a = 0.5 \times 30 + 0.5 \times 31.71 - 28.47 - 0.25 \times 25.52 = -3.995$$

$$\Delta b \times 10^3 = 0.5 \times 10.71 + 0.5 \times 10.1 - 1.81 - 0.25 \times 13.4 = 5.245$$

$$\Delta c \times 10^6 = 0.5 \times 1.117 + 0.5 \times (-4.04) - 1.547 - 0.25 \times (-4.27) = -1.941$$

$$\Delta_r C_{p,m} = (-3.995 + 5.245 \times 10^{-3} T - 1.941 \times 10^{-6} T^2)\ J \cdot mol^{-1}$$

将以上数据代入(1-55)式，可求得 695 K 下，此反应的焓变：

$$\Delta_r H_m(695\ K) = \Delta_r H_m(298\ K) + \int_{298\ K}^{695\ K} \Delta_r C_{p,m} dT$$

$$= \left[-28610 + \int_{298\ K}^{695\ K} (-3.995 + 5.245 \times 10^{-3} T - 1.941 \times 10^{-6} T^2) dT\right]\ kJ \cdot mol^{-1}$$

$$= \left[-28610 - 3.995 \times (695 - 298) + \frac{5.245 \times 10^{-3}}{2}(695^2 - 298^2) - \frac{1.941 \times 10^{-6}}{3}(695^3 - 298^3)\right]\ J \cdot mol^{-1}$$

$$= [-28610 - 752]\ J \cdot mol^{-1} = -29.36\ kJ \cdot mol^{-1}$$

题给过程的放热完全由反应提供，通入 1 mol HCl 后反应量为 80%，故反应放热 ΔH_1 为：

$$\Delta H_1 = \Delta_r H_m(695\ K) \times 0.8\ mol = -23.488\ kJ$$

反应热一部分用于将原料气的温度从 298 K 提升到 695 K，剩余的即为需从反应器中移走的热量。通入的原料气为 1 摩尔 HCl 和 0.5 摩尔 O_2，设原料气升温需要的热量为 ΔH_2，其值为：

$$\Delta H_2 = \left[\int_{298\ K}^{695\ K} ((28.47 + 1.81 \times 10^{-3} T + 1.547 \times 10^{-6} T^2)) + 0.5 \times (25.52 + 13.4 \times 10^{-3} T - 4.27 \times 10^{-6} T^2)) dT\right]\ J$$

$$= 17.985\ kJ$$

设需要移出的热量为 Q，其值为：

$$Q = \Delta H_1 + \Delta H_2 = -23.488\ kJ + 17.985\ kJ = -5.514\ kJ$$

每通入 1 mol HCl 需要从反应器中移出 5.514 kJ 的热量。

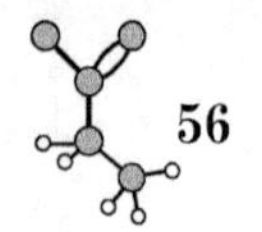

§1-14 绝热反应

前面所讨论的化学反应均为等温反应,即反应物的温度等于产物的温度,反应过程中,系统的温度是恒定的。但是实际上,许多化学反应并不在恒温条件下进行。因为化学反应中伴随有热效应,欲使反应在恒温下进行的条件是反应系统与环境间的热交换速率为无穷大,否则,由于反应热的存在,而反应热又不能及时传递给环境,使得反应系统的温度发生变化。一般而言,对于放热反应,反应系统的温度多少会有所上升;对于吸热反应,反应系统的温度会有所下降。

在实际化工生产中,大型反应器的化学反应量非常大,热效应往往很巨大,而由于物料(即反应系统)在反应器中停留的时间极其短暂,反应过程的热效应几乎来不及传递给环境,整个系统的反应几乎在绝热条件下进行,这种类型的反应称为绝热反应。绝热反应是另一种极端,即反应系统与环境间的传热速率极其慢,为几乎等于零的反应过程。绝热反应在实际生产中非常普遍,下面我们对绝热反应的热平衡问题作初步的介绍。

当化学反应在绝热条件下进行时,反应热被反应系统所吸收。若为放热反应,则反应系统的温度将上升;若为吸热反应,则反应系统的温度将下降。设某绝热反应在恒压条件下进行,且只做体积功,有:

$$\Delta_r H = Q_p = 0$$

绝热反应的一个重要问题是求算反应系统的最终温升,通过上式可以方便地求出绝热反应的温升。对某绝热化学反应,可设如下过程:

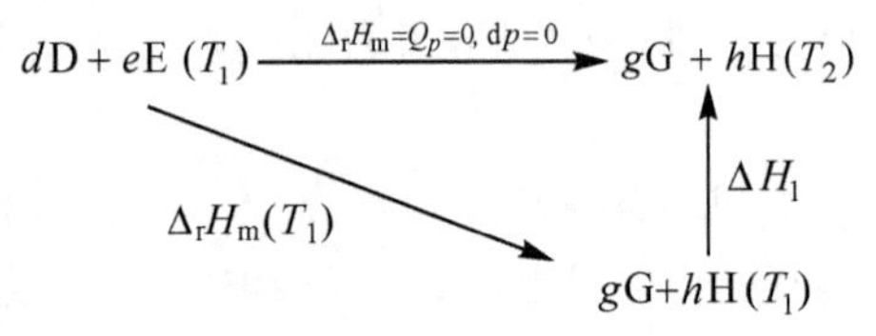

因为反应焓是状态函数,故有:

$$\Delta_r H_m = \Delta_r H_m(T_1) + \Delta H_1 = 0$$

反应物的初始温度一般常取 298 K,于是,上式可转变为:

$$\Delta_r H_m(T_1) = -\Delta H_1 = -\int_{298\ \mathrm{K}}^{T_2} C_{p,m}(\text{product})\mathrm{d}T$$

例题 某硫酸厂用硫铁矿 FeS_2 制酸。首先硫铁矿在焙烧炉中用过量100%的空气将硫铁矿焙烧成 $SO_2(g)$ 和 $Fe_2O_3(s)$,焙烧炉出来的气体引入转化室经催化氧化成 $SO_3(g)$。设转化室入口的温度为400℃,在转化室第一段中有80%的 SO_2 转化为 SO_3,出口处的气体温度是多少?空气含氧21%,转化室是绝热的。

$\Delta_f H_m^{\ominus}(SO_2, g, 298.15\ \mathrm{K}) = -296.9\ \mathrm{kJ \cdot mol^{-1}}$,

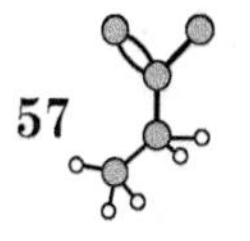

$\Delta_f H_m^\ominus(SO_3,g,298.15\ K)=-395.2\ kJ\cdot mol^{-1}$,
$C_{p,m}(SO_2,g)=45.65\ J\cdot K^{-1}\cdot mol^{-1}$,$C_{p,m}(SO_3,g)=52.13\ J\cdot K^{-1}\cdot mol^{-1}$,
$C_{p,m}(O_2,g)=30.96\ J\cdot K^{-1}\cdot mol^{-1}$,$C_{p,m}(N_2,g)=29.66\ J\cdot K^{-1}\cdot mol^{-1}$。

解　焙烧反应如下：

$$4FeS_2(s)+11O_2(g)=2Fe_2O_3(s)+8SO_2(g)$$

以FeS_2的量为4 mol作为计算基准。加入氧气量是化学计量数的两倍,氧气量为:$2\times 11\ mol=22\ mol$。鼓入的空气量为:$22\ mol/0.21=104.8\ mol$,故系统中含有的N_2为:$104.8\ mol-22\ mol=82.8\ mol$。焙烧炉出口,即进入转化器入口的气体组成:

$$O_2:11\ mol\qquad SO_2:8\ mol\qquad N_2:82.8\ mol$$

转化器中的化学反应为:

$$SO_2(g)+\frac{1}{2}O_2(g)=SO_3(g)$$

在转化器第一段内,80%的SO_2转SO_3,生成的SO_3的量为:

$$8\ mol\times 0.8=6.4\ mol$$

转化器出口剩余的氧气量为:

$$11\ mol-6.4\ mol\times 0.5=7.8\ mol$$

转化器第一段出口气体组成为:

$$O_2:7.8\ mol\qquad SO_2:1.6\ mol\qquad SO_3:6.4\ mol\qquad N_2:82.8\ mol$$

转化器第一段热量平衡为:

反应热的求算:298.15 K下,SO_2氧化反应的焓变为:

$$\begin{aligned}\Delta_r H_m^\ominus(298.15\ K)&=\Delta_f H_m^\ominus(SO_3,g)-\Delta_f H_m^\ominus(SO_2,g)-0\\&=[-395.2-(-296.9)]\ kJ\cdot mol^{-1}\\&=-98.3\ kJ\cdot mol^{-1}\end{aligned}$$

此反应的$\Delta_r C_{p,m}$为:

$$\begin{aligned}\Delta_r C_{p,m}&=(52.13-45.65-0.5\times 30.96)\ J\cdot K^{-1}\cdot mol^{-1}\\&=-9\ J\cdot K^{-1}\cdot mol^{-1}\end{aligned}$$

转化反应在400℃下的反应焓为:

$$\begin{aligned}\Delta_r H_m^\ominus(673.15\ K)&=\Delta_r H_m^\ominus(698.15\ K)+\Delta_r C_{p,m}\times(673.15\ K-298.15\ K)\\&=-98300\ J\cdot mol^{-1}+(-9)\ J\cdot K^{-1}\cdot mol^{-1}\times 375\ K\\&=-101675\ J\cdot mol^{-1}\end{aligned}$$

转化器中的转化率为80%,故反应放热为:

$$\Delta_r H=-101675\ J\cdot mol^{-1}\times 6.4\ mol=-650720\ J$$

产物的热容为:

$$\begin{aligned}C_p&=(6.4\times 52.13+1.6\times 45.65+7.8\times 30.96+82.8\times 29.66)\ J\cdot K^{-1}\cdot mol^{-1}\\&=3104.0\ J\cdot K^{-1}\end{aligned}$$

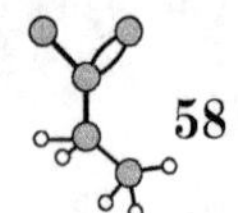

因为转化器中的反应可以视为绝热反应,绝热反应的热量全部用于产物的温升,故有:

$$-\Delta_r H = C_p \Delta T$$

设转化器第一段出口温度为 T,代入以上数据:

$$\Delta T = \frac{650720\ \text{J}}{3104\ \text{J}\cdot\text{K}^{-1}} = 210\ \text{K}$$

进口温度为 400℃,故出口的温度为 610℃。

本章基本要求

热力学第一定律是能量守恒原理,是化学过程所遵循的基本原理之一。由热力学第一定律,人们可以了解化学反应及其它过程的能量平衡。热化学是热力学第一定律在化学反应中的应用,热化学原理在各种工业流程的工艺设计中具有指导性意义。通过本章的学习,需要达到如下要求:

1. 熟练掌握热力学的重要基本概念:系统、环境、平衡态、热、功、状态函数、过程量等。

2. 明确热力学第一定律和内能的概念;明确 U、H 为状态函数,掌握状态函数的性质及简单应用。

3. 了解可逆过程、非可逆过程、自发过程、非自发过程及准静过程的意义。

4. 能求算理想气体在各种过程中的 ΔU、ΔH、Q 和 W。

5. 能应用物质的生成焓、燃烧焓计算化学反应的热效应。

6. 会应用基尔霍夫定律求算不同温度下反应的热效应。

习　　题

1. 设有一电炉丝浸入水中(见图 1-15),接上电源,通以电流一段时间。分别接下列几种情况作为系统,试问 ΔU、Q、W 为正、为负,还是为零?

(1) 以水和电阻丝为系统;

(2) 以水为系统;

(3) 以电阻丝为系统;

(4) 以电池为系统;

(5) 以电池、电阻丝为系统;

(6) 以电池、电阻丝、水为系统。

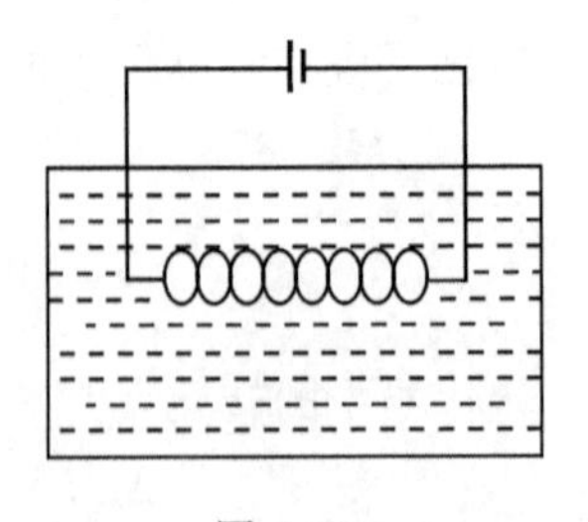

图 1-15

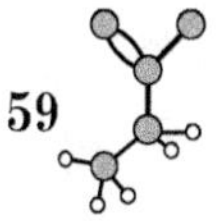

2. 设有一装置图如图1-16所示，一边是水，另一边是浓硫酸，中间以薄膜分开，两边的温度均为T_1。若：(1) 当将薄膜弄破以后温度由T_1升到T_2，如果以水和浓硫酸为系统，问此系统的ΔU是正、负，还是零。(2) 如果在薄膜破了以后，设法通入冷水使浓硫酸和水的温度仍为T_1，仍以原来的水和浓硫酸为系统，问ΔU是正、负、还是零。

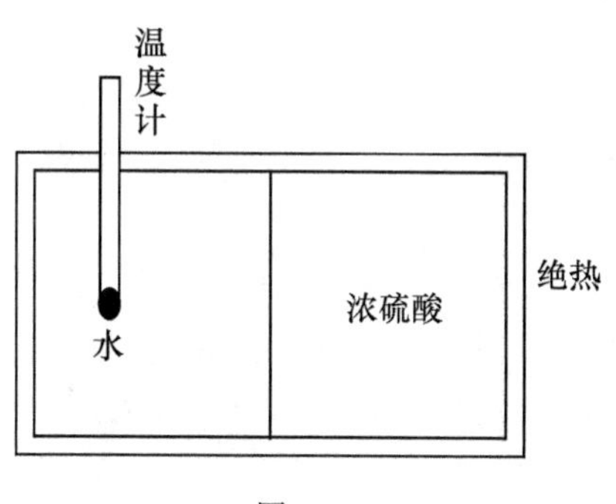

图1-16

3. 一个绝热圆筒上有一个无摩擦无重量的绝热活塞，其内有理想气体，圆筒内壁绕有电炉丝。当通电时气体慢慢膨胀，这是等压过程。请分别讨论：(1) 选理想气体为系统；(2) 选理想气体和电阻丝为系统，两个过程的Q和系统的ΔH是大于、等于还是小于零？

4. 理想气体等温可逆膨胀，系统从V_1胀大到$10V_1$，对外做了41.85 kJ的功，系统的起始压力为202.65 kPa。

(1) 求V_1。

(2) 若气体的量为2 mol，试求系统的温度。

5. 计算1 mol理想气体在下列四个过程中所做的体积功。已知始态体积为25 dm^3，终态体积为100 dm^3，始态及终态温度均为100℃。

(1) 等温可逆膨胀；

(2) 向真空膨胀；

(3) 在外压恒定为气体终态的压力下膨胀；

(4) 先在外压恒定为气体等于50 dm^3时气体的平衡压力下膨胀，当膨胀到50 dm^3(此时温度仍为100℃)以后，再在外压等于100 dm^3时气体的平衡压力下膨胀。

试比较这四个过程的功。比较的结果说明什么？

6. 假定某气体服从于范德华方程式，将1 mol此气体在101325 Pa及423 K时等温压缩到体积等于10 dm^3，求最少需做功多少？

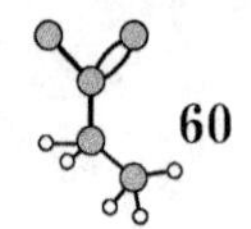

范氏方程式为$\left(p+\frac{a}{V_m^2}\right)(V_m-b)=RT$,其中 $a=0.417\ \mathrm{Pa\cdot m^6\cdot mol^{-2}}$,$b=3.71\times10^{-5}\mathrm{m^3\cdot mol^{-1}}$。

7. 在 291 K 和 101325 Pa 压力下,1 mol Zn(s) 溶于足量稀盐酸中,置换出 1 mol H_2(g) 并放出热 152 kJ。若以 Zn 和盐酸为体系,求该反应所做的功及体系内能的变化。

8. 有 273.2 K、压力为 5×101325 Pa 的 N_2 气 2 $\mathrm{dm^3}$,在外压为 101325 Pa 下等温膨胀,直到 N_2 气的压力也等于 101325 Pa 时为止。求过程中的 W、ΔU、ΔH 和 Q。假定气体是理想气体。

9. 将 373 K 及 50663 Pa 的水蒸气 100 $\mathrm{dm^3}$ 恒温可逆压缩到 101325 Pa,再继续在 101325 Pa 下部分液化到体积为 10 $\mathrm{dm^3}$ 为止(此时气液平衡共存)。试计算此过程的 Q、W、ΔU 和 ΔH。假定凝结水的体积忽略不计,水蒸气可视作理想气体。已知水的气化热为 2259 $\mathrm{kJ\cdot kg^{-1}}$。

10. (1) 将 1×10^{-3} kg,373 K,101325 Pa 的水经下列三种不同过程汽化为 373 K、101325 Pa 的水蒸气,求不同过程的 Q、W、ΔH、ΔU 的值,并比较其结果。

(a) 373 K、101325 Pa 下进行等温等压汽化。

(b) 在恒外压 0.5×101325 Pa 下,恒温汽化为水蒸气,然后再可逆加压成 373 K、101325 Pa 的水蒸气。

(c) 将该状态的水突然放入恒温 373 K 的真空箱中,控制容积使终态压力为 101325 Pa。

(2) 将上述终态的水蒸气等温可逆压缩至体积为 1.0×10^{-3} $\mathrm{m^3}$,求该过程的 Q、W、ΔU、ΔH。已知水的汽化热为 2259 $\mathrm{kJ\cdot kg^{-1}}$。水和水蒸气的密度分别为 1000 $\mathrm{kg\cdot m^{-3}}$、0.6 $\mathrm{kg\cdot m^{-3}}$。

11. 在 101325 Pa 压力下,0.1 kg、268 K 过冷水,经振动后会破坏过冷而结冰,最后平衡时,温度升到 273 K,求过程的 Q、W、ΔU 及 ΔH,并计算析出的冰量。已知冰的熔解热 $\Delta_{fus}U_m=6030\ \mathrm{J\cdot mol^{-1}}$,在此温度范围内 $C_{p,m}(H_2O)=76.7\ \mathrm{J\cdot mol^{-1}\cdot K^{-1}}$。

12. 在 273.16 K 和 101325 Pa 时,1 mol 的冰化为水,计算熔化过程中的功。已知在该情况下冰和水的密度分别为 917 $\mathrm{kg\cdot m^{-3}}$ 和 1×10^3 $\mathrm{kg\cdot m^{-3}}$。

13. 计算 1 kg 氯乙烷(C_2H_5Cl) 在 101325 Pa 压力下,由 304 K 冷却至 268 K 所放的热量。已知 C_2H_5Cl 在 101325 Pa 下的沸点(正常沸点)为 285.3 K,在此温度下的气化热为 24.9 $\mathrm{kJ\cdot mol^{-1}}$,$C_2H_5Cl$(g) 与 C_2H_5Cl(l) 的 $C_{p,m}$ 分别为$(18.8+148.5\times10^{-3}\ T/\mathrm{K})\ \mathrm{J\cdot mol^{-1}\cdot K^{-1}}$ 及$(87.5+0.042\ T/\mathrm{K})\ \mathrm{J\cdot mol^{-1}\cdot K^{-1}}$。

14. 10 $\mathrm{dm^3}$ 氧气由 273 K、1 MPa 经过(1) 绝热可逆膨胀;(2) 对抗恒定外压 $P_{外}=0.1$ MPa 做绝热不可逆膨胀,使气体最后压力均为 0.1 MPa。求两种情况下所

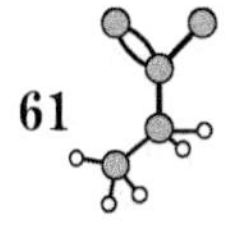

做的功(设氧为理想气体,氧的 $C_{p,m}=29.36\ J\cdot mol^{-1}$)

15. 298 时 $5\times10^{-3}\ m^3$ 的理想气体绝热可逆膨胀到 $6\times10^{-3}\ m^3$,这时温度为 278 K,试求该气体的 $C_{V,m}$ 和 $C_{p,m}$。

16. 某高压容器中含有未知气体,可能是氮气或氩气。今在 298 K 时取出一些样品,从 5 dm^3 绝热可逆膨胀到 6 dm^3,温度降低了 21 K,问能否判断容器中是何种气体?假定单原子分子气体的 $C_{V,m}=\frac{3}{2}R$,双原子分子气体的 $C_{V,m}=\frac{5}{2}R$。

17. 将 H_2O 看作刚体非线型分子,用经典理论来估计其气体的 $C_{p,m}$ 值是多少?如果升高温度,将所有振动项的贡献都考虑进去,这时 $C_{p,m}$ 值是多少?

18. 1 mol 单原子理想气体,沿着 $\frac{p}{V}=k$(常数) 的可逆途径变到终态,试计算沿该途径变化时气体的热容。

19. 在 p-V 图(图 1-17) 中,A → B 是等温可逆过程,A → C 是绝热可逆过程,若从 A 点出发:

(1) 经绝热不可逆过程同样到达 V_2,则终点在 C 点之上还是在 C 点之下?见图 1-17a。

(2) 经绝热不可逆过程同样到达 p_2,则终点在 C 点之左还是在 C 点之右?为什么?见图 1-17b。

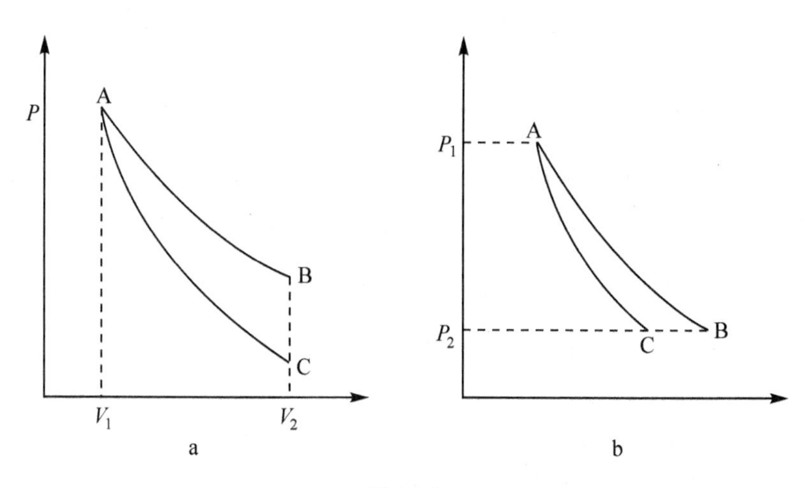

图 1-17

20. 如图 1-18 所示,1 mol 单原子分子理想气体经环程 A、B、C 三步,从态 1 经态 2、态 3 又回到态 1,假设均为可逆过程。已知气体的 $C_{V,m}=\frac{3}{2}R$。试计算各状态的压力 p,并填入下表。

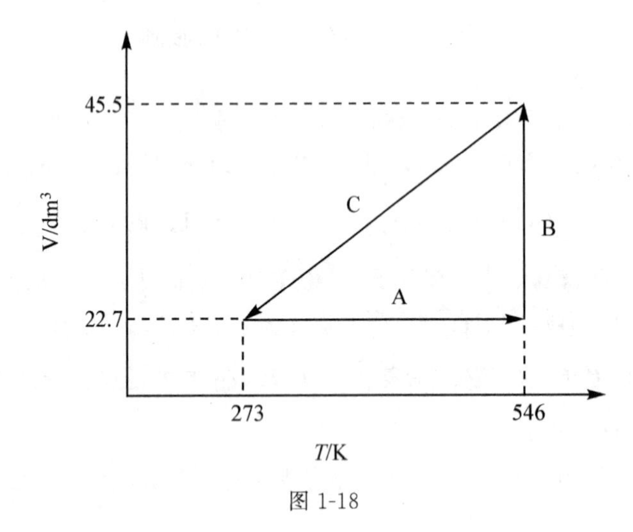

图 1-18

过程	过程名称	Q/kJ	W/kJ	ΔU/kJ	ΔH/kJ
A					
B					
C					
ABCA					

21. 1 mol双原子分子理想气体由0.1 MPa、300 K压缩到0.3 MPa、300 K。压缩按下列两种不同情况进行：(1) 恒压冷却，然后恒容加热；(2) 恒容加热，然后恒压冷却。试计算并比较两种不同过程的W、Q、ΔU及ΔH。气体的$C_{p,\mathrm{m}}=\frac{7}{2}R$。

22. 判断下列过程中Q、W、ΔU、ΔH各量是正、零还是负值；

(1) 理想气体自由膨胀；

(2) 理想气体节流膨胀；

(3) 理想气体绝热、反抗恒外压膨胀；

(4) 理想气体恒温可逆膨胀；

(5)1 mol 实际气体恒容升温；

(6)$H_2O(1,p^{\ominus},273\ K)\rightarrow H_2O(s,p^{\ominus},273\ K)$

(7) 在绝热恒容器中，$H_2(g)$与$Cl_2(g)$生成$HCl(g)$理想气体反应。

23. 空气的焦耳-汤姆逊系数在一定温度和压力区间可用下式表示：

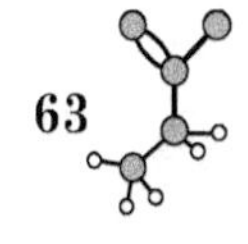

$$\mu_{\text{J-T}}/(\text{K}\cdot\text{kPa}^{-1}) = -1.95\times10^{-3} + \frac{1.36}{T/\text{K}} - \frac{0.0311p/\text{Pa}}{(T/\text{K})^2}$$

计算 333 K 时，从 1013250 Pa 膨胀到 101325 Pa，温度降低几度？

24. 已知某气体的状态方程及摩尔恒压热容为：$pV_{\text{m}} = RT + \alpha p$，$C_{p,\text{m}} = a + bT + cT^2$，其中 α、a、b、c 均为常数。若该气体在绝热节流膨胀中状态由 T_1、p_1 变化到 T_2、p_2，求终态的压力 p_2，其中 T_1、p_1、T_2 为已知。

25. 1 mol N_2 在 300 K，101325 Pa 下被等温压缩到 500×101325 Pa，计算其 ΔH 的值。已知气体常数 $a_0 = 0.136\ \text{m}^6\cdot\text{Pa}\cdot\text{mol}^{-2}$，$b_0 = 0.039\times10^{-3}\ \text{m}^3\text{mol}^{-1}$，焦耳汤姆逊系数 $\mu_{J-T} = \left(\frac{2a_0}{RT} - b_0\right)/C_{p,\text{m}}$，$C_{p,\text{m}} = \frac{7}{2}R$

26. 5 mol 理想气体$\left(C_{p,\text{m}} = \frac{7}{2}R\right)$，始态为 0.1 MPa，410 dm^3，经 pT = 常数的可逆过程压缩到 $p_2 = 0.2$ MPa。试计算终态的温度及该过程的 ΔU、ΔH、W、Q。

27. 一个热力学隔离体系，如图 1-19 所示。设活塞绝热，且与容器间没有摩擦力，活塞两边室内含有理想气体各为 20 dm^3，温度为 298.2 K，压力为 101325 Pa。逐步加热汽缸左边气体直到右边的压力为 2×101325 Pa；已知 $C_{V,\text{m}} = 2.5R$，气体为双原子理想气体。试计算此过程中：

(1) 汽缸右边的压缩气体做的功和末态温度；

(2) 右边气体所吸收的热量。

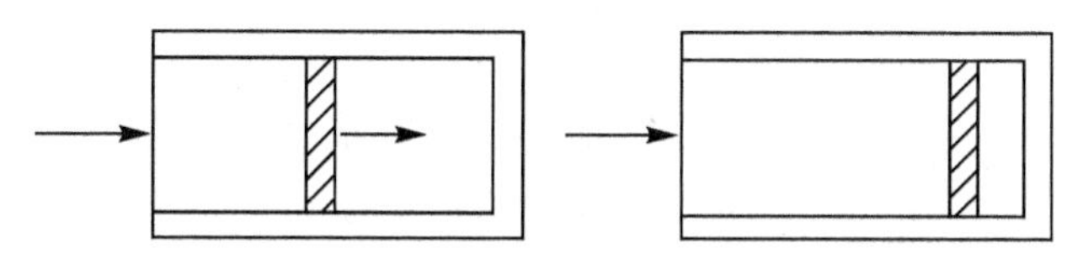

图 1-19

28. 一个绝热容器原处于真空状态，用针在容器上刺一微孔，使 298 K、$1p^\ominus$ 的空气缓缓进入，直至压力达到平衡，求此时容器内空气的温度（设空气为理想气体）。始终态如图 1-20 所示。

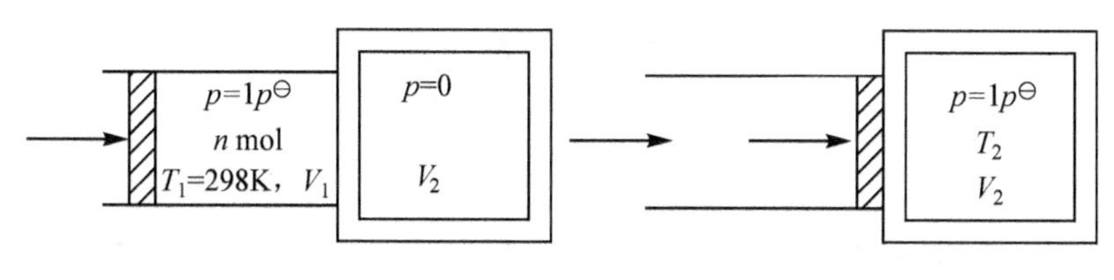

图 1-20

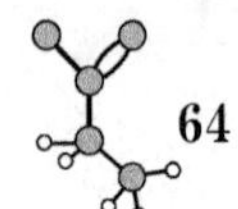

29. 有一礼堂容积为 1000 m^3,气压力为 101325 Pa,室温为 293 K,在一次大会结束后,室温升高了 5 K,问与会者们对礼堂内空气贡献了多少热量?

30. 在 298 K 时,有一定量的单原子理想气体,$C_{V,m}=\frac{3}{2}R$,从始态 20×101325 Pa 及 20 dm^3 经下列不同过程膨胀到终态压力为 101325 Pa,求 ΔU、ΔH、Q 及 W。

(1) 等温可逆膨胀;

(2) 绝热可逆膨胀;

(3) 以 $\delta=1.3$ 的多方可逆膨胀过程。

31. 1 mol 单原子理想气体从始态 298 K 及压力为 202650 Pa 经下列途径使其体积加倍,试计算每种途径的终态压力及各过程的 Q、W 和 ΔU 的值,作出 p-V 示意图;把 ΔU 的值按大小次序排列。

(1) 等温可逆膨胀;

(2) 绝热可逆膨胀;

(3) 沿着 $p/\text{Pa}=10132.5V_m/(\text{dm}^3\text{mol}^{-1})+b$ 的途径可逆变化。

32. 证明

(1) $\left(\frac{\partial U}{\partial T}\right)_p=C_p-p\left(\frac{\partial V}{\partial T}\right)_p$

(2) $\left(\frac{\partial U}{\partial V}\right)_p=C_p\left(\frac{\partial T}{\partial V}\right)_p-p$

33. 双原子分子理想气体沿热容 $C_m=R$ 的途径可逆加热,请推导此过程的过程方程式。

34. 若 5 molH_2 气与 4 molCl_2 气混合,最后生成 2 molHCl 气。若反应式写为:

$$H_2(g)+Cl_2(g)\rightarrow 2HCl(g)$$

请计算反应进度。

35. 0.500 g 正庚烷放在弹形量热计中,燃烧后温度升高 2.94 K。若量热计本身及其附件的热容量为 8.177 kJ·K^{-1},计算 298 K 时正庚烷的燃烧焓(量热计的平均温度为 298 K)。

36. 利用生成热数据求下称各反应的反应热 $\Delta_r H_m$(298 K)

(1) $Cl_2(g)+2KI(s)\rightarrow 2KCl(s)+I_2(s)$

(2) $CO(g)+H_2O(g)\rightarrow CO_2(g)+H_2(g)$

(3) $SO_2(g)+\frac{1}{2}O_2(g)+H_2O(l)\rightarrow H_2SO_4(l)$

37. 估算 $CH_4(g)$ 的标准生成热。已知生成反应为:C(石墨) + $2H_2(g)\rightarrow CH_4(g)$,C — H 键的键焓为 416000 J·$mol^{-1}$,$\Delta_{at}H_m^{\ominus}(C,g)=716700$ J·mol^{-1},$\Delta_{at}H_m^{\ominus}(H,g)=217950$ J·mol^{-1}

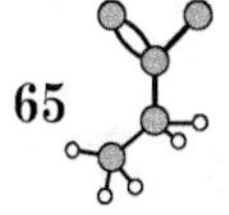

38. 已知固体葡萄糖的升华热 $\Delta_{sub}H_m^\ominus$ 为 800 kJ·kg^{-1}；水的蒸发热 $\Delta_{vap}H_m^\ominus$ 为 43.990 kJ·mol^{-1}，已知葡萄糖的结构式为：

```
    H   H  OHH  H   H
    |   |   |   |   |   |
O = C — C — C — C — C — C — OH
        |   |   |   |   |
        OHH   OHOHH
```

已知下列键焓 $\Delta H_m^\ominus$(298.15 K) 的数据

键的类型	C—C	C—H	C—O	O—H	O=O	C=O
$\Delta H_m^\ominus$(298.15 K)/kJ·mol^{-1}	348	413	351	463	498	732

求固体葡萄糖 $C_6H_{12}O_6$ 的燃烧焓。

39. 已知在 298 K 及 101325 Pa 下，石墨升华为碳原子的升华热，估计为 711.1 kJ·mol^{-1}，H_2 = 2H(g) 的离解热为 431.7 kJ·mol^{-1}。CH_4 的生成焓为 −74.78 kJ·mol^{-1}。根据上述数据计算 C(g)+4H(g)=CH_4(g) 的 $\Delta_r H_m$。这个数值的 1/4 称为 C—H 键的键焓。

40. 石墨及 H_2(g) 在 298 K 的标准燃烧热分别为 −393.51 kJ·mol^{-1} 及 −285.84 kJ·mol^{-1}，又知 298 K 时反应 H_2O(g) → HO_2(l) 的 $\Delta_r H_m^\ominus$(298 K) = −44 kJ·mol^{-1}。求下列反应的 $\Delta_r H_m^\ominus$(298 K)：

$$\mathrm{C(石墨)} + 2\mathrm{H_2O(g)} \rightarrow 2\mathrm{H_2(g)} + \mathrm{CO_2(g)}$$

41. 反应 $H_2(g)+\frac{1}{2}O_2(g)=H_2O(l)$，在 298.2 K 时反应热为 −285.84 kJ·mol^{-1}。试计算反应在 800 K 时此反应的热效应 $\Delta_r H_m^\ominus$(800 K)。已知 H_2O(l) 在 373.2 K、$1p^\ominus$ 时的蒸发热为 40.65 kJ·mol^{-1}；

$C_{p,m}(H_2)$ = 29.07 J·K^{-1}·mol^{-1} − (8.36×10^{-4} J·K^{-2}·mol^{-1})T

$C_{p,m}(O_2)$ = 36.16 J·K^{-1}·mol^{-1} + (8.45×10^{-4} J·K^{-2}·mol^{-1})T

$C_{p,m}(H_2O,l)$ = 75.26 J·K^{-1}·mol^{-1}

$C_{p,m}(H_2O,g)$ = 30.00 J·K^{-1}·mol^{-1} + (10.7×10^{-3} J·K^{-2}·mol^{-1})T

42. 金属锌遇到空气时会立即被氧化而放热。若在 298 K 常压下 1 mol 的金属粉末中通入 5 mol 空气(其中氧的摩尔百分数为 20%)，求反应后系统所能达到的最高温度。为简单起见，氧与氮的恒压摩尔热容取 $C_{p,m}$ = 29 J·mol^{-1}·K^{-1}，ZnO 的 $C_{p,m}$ = 40 J·mol^{-1}·K^{-1}。

已知 $\Delta_f H_m^\ominus$(ZnO,298 K) =− 349 kJ·mol^{-1}

43. 根据实验测定1 molH_2SO_4 溶于 n_1 mol 水中时，溶解热 $\Delta_{sol}H$ 可用下式表示：

$$\Delta_{sol}H = -\frac{an_1}{b+n_1}$$

式中 $a = 7.473 \times 10^4$ J；$b = 1.798$ mol。求四种热效应：

(1) 积分溶解热，用 1 molH_2SO_4 溶于 10 mol 水中；

(2) 积分稀释热，在上述溶液中再加 10 mol 水；

(3) 微分稀释热，溶液组成为 1 molH_2SO_4、10 mol 水；

(4) 微分溶解热，溶液组成为 1 molH_2SO_4、10 mol 水。

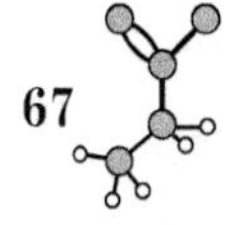

第 2 章　热力学第二定律

热力学第一定律认为自然界的能量是守恒的，能量既不能创生，也不能消灭，能量具有各种各样的形式，不同形式的能量之间可以相互转换。能量和质量都是物质，只是存在的形式不同，我们可以从物质不灭的高度来认识热力学第一定律。热力学第一定律向人们揭示了世界的第一性是物质的，这个物质的世界会按照何种规律运动？自然界运动的方向如何判定？热力学第一定律回答不了这些问题，人们经过长期、艰苦的努力才逐步认识到自然界运动和发展所必须遵守的规律 —— 热力学第二定律。热力学第二定律也是自然界所遵循的最基本规律，第二定律规定了自然界中所发生的一切过程进行的方向和限度，其中包括化学过程进行的方向与限度。第二定律是无所不包、无所不在的，世界上发生的任何事件都与热力学第二定律有关，第二定律已经被应用到涵盖理、工、农、医、文、法等各领域的几乎所有的学科。

在发现热力学第二定律之前，自然科学理论所描述的过程都是可逆的，都不能揭示为什么自然界发生的具体过程具有方向性，为什么时间的流逝具有不可逆性，而热力学第二定律首次在自然科学理论中引入了时间进行的方向，即“时间之矢”，而且解释了自然界一切过程具有不可逆性的原因。

在热力学第二定律没有建立之前，人们对于化学反应方向性的解释是模糊的，人们并不知道化学反应为什么会进行的原因，曾经认为化学反应的热效应是反应的动力，认为只有放热反应才能自发地进行。但是许多化学反应是吸热反应，一样也可以进行，说明用化学反应的热效应解释反应进行的方向是不适合的，只有当确立了热力学第二定律之后，人们才彻底弄清化学反应为什么会进行的原因，而且可以精确地定量推算出具体化学过程进行的方向与能达到的限度，并可以由初始条件，求出达到反应平衡时体系的组成。第二定律的建立，使化学科学极大地前进了一步，使人们对化学反应的认识提高到理性的高度。

§ 2-1　自发过程的特征

自然界发生的一切过程都有方向性，热力学第二定律的任务就是找出决定自然界一切过程进行的方向与限度的基本规律。为了达到此目的，我们先从分析不受外界干扰的自发过程开始。所谓自发过程，是指那些在没有外界因素的影响下，可以自动

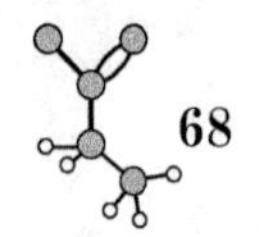

发生的事件与现象。自发过程的特点是具有一定的方向性,这种过程只会向某一个方向进行,而决不会向另一个方向进行。

最常见的自发过程之一是水的流动,水是地球表面最丰富的,生命所不可缺少的化合物,在不受外界干扰的情况下,地球表面的水在地心引力的作用下,只会从海拔高的地方流向海拔低的地方。就如常言所说的:“人往高处走,水往低处流。”水自动地流向低的地方的过程就是一个自发过程。水决不会自动地流向高处,除非有外界的干扰,如抗旱的时候,人们用水泵将水从低的地方泵往高的地方。水流动的方向性可以用海拔高度 h 来定量的描述,水总是从 h 比较高的点流向 h 比较低的点。我们的问题是:为什么水只会自发地从高处流向低处,而不能从低处流向高处?水在向下流动的过程中,重力势能不断减少,而在此过程中,一般重力势能没有转变为水的动能,至少是没有全部转变为动能,水的势能会因为水流内部、水与地面、水与空气的摩擦等而转变为热,最终以热能的形式传递给周围的环境。因此,水往低处流的过程是一个功无条件地转变为热的过程。若要水能自动地从低处流向高处,除非那些流失的热量能重新无条件地转变为功,再传递给水,使水的势能增高,水就可以从低处自动流回到高处,但是这种现象是不可能发生的。

自然界中另一种最常见的现象之一就是热的传递,在没有外界干扰(如空调等)的情况下,热只能从高温物体自发地流向低温物体,而反过来,热量自动地从低温处流向高温处的现象是从来没有被观察到的。例如,一杯冷水中加入一些热水,热量从热水传递给冷水,最终成为一杯温水,这是人们常见的现象;而从来没有人见过一杯温水会自动地一半水的温度升高以至于沸腾,另一半水的温度降低以至于结冰,这种热量自动从低处流向高处的现象是不可能的。若要使热量从温度低的地方流向高的地方,除非外界向体系输入功,如开动空调使室内温度降低等。

自然界中这样的自发过程非常多,如:风(流动的空气)从高压的地方流向低压的地方;电流从电势高的一端流向电势低的一端;金属钠遇空气被氧化成氧化钠;溶液中溶质从浓度高的地方向浓度低的地方扩散等。仔细分析这些自发过程,可以发现它们具有相同的特点:自发过程在进行过程中,体系的功转变为热并流失掉,或者热量从高温处流向了低温处。若要自发过程反过来进行,除非能:① 将流失的热量收集起来,并能无条件地全部转化为功;② 使热量从低温处重新自动地流回到高温处,但是无数的实践事实告诉我们:以上两种假设都是不可能实现的。

自发过程在外界的干扰下,可能会朝非自发方向进行,如将水泵向高处;热泵将热量泵向高温处;风机将气流压向高压处,等等。这些过程若与系统相关的外界因素全部考虑进来,形成一个大的与环境无关的大系统,对于大系统,以上所有的非自发过程都变成了自发过程。例如:将水、水泵、电源、电线及其附属设备等考虑为一个大系统,虽然水的势能提高了,从低处流向了高处,但是电源供给水泵的电功大于水的势能的增加,对于这个大系统而言,总的结果仍然是功变成热量而散失掉了,所有其

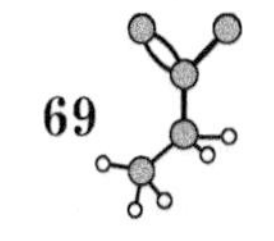

它非自发过程的情况与水泵的情况相类似。

从以上分析可以得出以下结论，自然界一切过程进行方向的问题可以归结为一个问题："热量能否全部无条件地转变为功?"的问题。人们从无数实践经验中总结出，功可以无条件地全部转变为热，但是热量不可能无条件地全部转变为功。至于另一个现象，"热只能自动地从高温处流向低温处"，在本质上与热不能全部变为功是等同的。

§ 2-2　热力学第二定律

从热力学角度而言，自然界发生的一切过程都是不可逆的自发过程。人们逐步认识到，所有的不可逆过程之间都是有关联的，从一种自发过程的不可逆性可以推断出另一种自发过程的不可逆性。自然界一切过程是不可逆的这种事实，说明不可逆性是自然界的一种根本属性之一，这种属性，被归纳为热力学第二定律。

怎样提高热机的效率，热机的效率有没有限度，这是出现第一台蒸汽机后，许多工程师研究的课题。法国科学家兼工程师 S. Carnot 对热机的效率进行了深入的研究，在 1824 年发表了研究论文《论火的动力》，在这篇论文中 Carnot 论证了热机的效率是有限度的，热机的最高效率只与高、低温热源的温度有关。这篇论文说明 Carnot 实质上已经发现了热力学第二定律，但是 Carnot 是采用"热质说"来证明他所作的结论的。R. Clausius 后来系统地研究了 Carnot 的工作，于 1850 年提出了热力学第二定律的表述，并运用第二定律对 Carnot 的结论进行了重新论证；1851 年 L. Kelven 也独立的从 Carnot 的工作中发现了热力学第二定律。R. Clausius 于 1854 年定义了新的热力学函数"熵"，并赋予热力学第二定律以数学表述的形式，至此，热力学第二定律得到基本建立。热力学第二定律存在各种表述法，最常用的是如下两种：

克劳修斯(Clausius) 表述："不可能使热从低温物体传给高温物体，而不引起其它变化。"

开尔文(Kelven) 表述："不可能从单一热源取出热使之完全变成功，而不发生其它变化。"(No process is possible in which the sole result is the absorption of heat from a reservoir and its complete conversion into work.)

开尔文的说法也可以表述为："第二类永动机不可能造成。"第二类永动机与第一类永动机不同，原理上，第二类永动机不违反热力学第一定律，不要求热机凭空创造能量。第二类永动机是可以从单一热源取出热量并使之完全转变为功，而不发生其它变化的机器，例如，轮船从行驶的水域中取出热量，并将热变为推动轮船前进的功，而不消耗任何燃料或能源。如果可以制造出第二类永动机，人类就免除了能源枯竭的危机，如只要将全球海水的温度降低一点点，所得到的热量变成功，就足够全人类使用许多年，但是这类永动机是不可能制造出来的。

克劳修斯的说法与开尔文的说法在本质上是等同的。从克劳修斯的表述可以推出开尔文的表述;反之亦然。克劳修斯的表述是指出了热传递过程的不可逆性,开尔文的表述是指出了功变热过程的不可逆性,各种不可逆性之间是相互联系的,从本质上是一致的,所以我们可以从一种表述推出另一种表述。我们以下证明:若克劳修斯表述不成立,则开尔文表述也不成立。采用反证法证明以上论题:

若克劳修斯的表述不成立,即热可以从低温热源流向高温热源而不引起其它变化,则可以组成如图 2-1 所示的装置:热机在高温热源与低温热源间工作,热机每一次循环从高温热源取出热量 Q_2,其中一部分变为功 W,剩下的热量 Q_1 传给了低温热源;若克劳修斯说法不成立,则可以使传给低温热源的热量 Q_1 自动地流到高温热源而不留下任何痕迹,以上两个过程结合在一起的总效果就是:热机从单一热源(高温热源)取出了热量 Q_2-Q_1,并使这部分热完全变成功 W,而且没有留下任何痕迹,这就是第二类永动机。第二类永动机是违反开尔文表述的。以上的证明说明若克劳修斯表述不成立,开尔文的表述也是不成立的。读者可以自行证明:若开尔文表述不成立,克劳修斯的表述也是不成立的。采用反证法,我们证明了热力学第二定律两种表述的等同性。

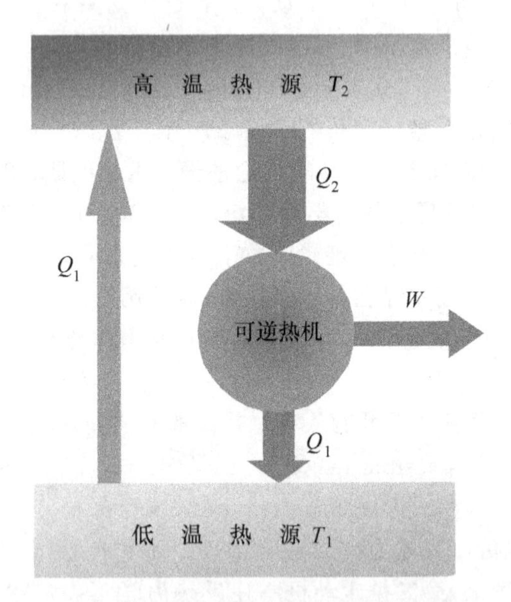

图 2-1 证明克氏与开氏说法的等同

要注意在热力学第二定律的两种表述中,都有“不引起其它变化”的条件,若没有这个条件,热可以从低温处传向高温处;热也可以完全变成功。例如:理想气体等温可逆膨胀,就是从单一热源(环境)取出热量,并使之完全变成功的一个过程。理想气

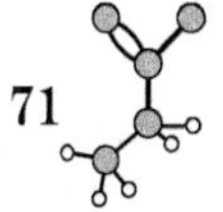

体等温膨胀，内能等于零，膨胀过程中体系对环境做功所需的能量 W 数值上等于体系从环境吸取的热量 W，即从单一热源取出热并全部变成了功。这是否违反了热力学第二定律呢？回答是：不违反，因为此过程虽然使热全部变成功，但是留下了影响，即体系的体积增加了。第二定律要求是在不发生其它变化的条件下，从单一热源取出热完全变成功，理想气体等温膨胀过程并不满足“不发生其它变化”的条件。

热力学第二定律是人们从无数实践经验中总结抽象出来的，并被无数的实验所验证，至今为止，还没有发现一件违反热力学第二定律的宏观事件。热力学第二定律与热力学第一定律一样，都是自然界所遵循的根本规律，它们是最基本的定律，而不是任何其它原理的推论。热力学第一定律和第二定律的应用范围极其广泛，遍及几乎所有的学科领域。

热力学第二定律揭示了自然界一切过程的不可逆性，这种不可逆性与热、功之间的转化关系有关。热和功都是能量，相互间可以转化，在热、功发生相互转化时，其量是守恒的，这是热力学第一定律所规定的；然而，热、功之间的转化是不对称的，由热力学第二定律，功可以无条件地完全转变为热，而热不可能无条件地转变为功。第二定律揭示出热和功虽然都是能量，但是两者可以利用的效率是不一样的，功的利用效率高，原理上可以达到 100%，而热的利用效率不可能达到 100%。

§2-3　熵的定义

从原理上讲，运用热力学第二定律可以判断自然界一切过程进行的方向与限度，但是仅从热力学第二定律的表述很难精确地判断过程的方向，人们需要一种能定量的、精确判断过程方向的函数，由函数值的特性（如数值的正或负）来准确地判断过程的方向性。

Clausius 在 1850 年首先发现热力学第二定律之后，经过数年的探讨，在 1854 年首次定义了新的热力学函数 —— 熵（entropy）。熵函数的定义式为：

$$\mathrm{d}S \equiv \frac{\delta Q_r}{T} \tag{2-1}$$

式中：S 是新定义的熵函数，Q_r 是可逆过程的热效应，T 是热源的温度，即为系统的温度，因为可逆过程中热源的温度与体系的温度相同。

由熵的定义式，熵的物理含义是：系统的熵变等于可逆过程的热温商。(2-1) 式定义的是微观过程的体系熵变，若系统经历一个宏观过程，其熵变为：

$$\Delta S = \int_{T_1}^{T_2} \frac{\delta Q_r}{\mathrm{d}T} \tag{2-2}$$

式中：S 是系统宏观过程的熵变，式(2-2) 和式(2-1) 式均为熵的热力学定义式。

熵的热力学定义式采用过程量 Q 定义了热力学函数 S，但是熵函数本身却是一

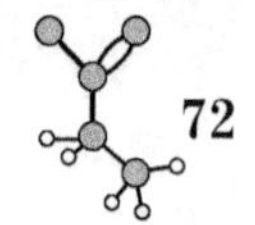

个状态函数。在熵的定义式中出现了过程量Q,但Q与热源温度是一起以商的形式出现的。可以证明:对于可逆过程,其热温商之和是一个只与体系的始末态有关,与途径无关的量,这个量被定义为体系的熵变,是一个状态函数。

熵的热力学定义式其实只是对系统的熵变作了定义,并没有定义系统的熵本身等于什么数值,由熵的热力学定义式,我们可以求算任何过程的熵变,但是得不到物质的熵本身的值。物质的熵的最终确定,还必须引入热力学第三定律。用熵函数可以定量地判断自然界的一切过程,包括化学反应过程进行的方向和限度。熵函数的应用已经远远超出自然科学的领域,可以说,一切科学领域都离不开熵。

§ 2-4　卡诺定理和熵的引出

一、卡诺定理(Carnot's theorem)

不论是克劳修斯还是开尔文,都是从卡诺的工作中发现了热力学第二定律,熵函数的引出也离不开卡诺的工作,在引出熵函数之前,先介绍卡诺热机和卡诺定理。卡诺(Nicolas Leonard Sadi Carnot,1796—1832 年),法国科学家、工程师,1820 年左右开始潜心研究蒸汽机,旨在提高蒸汽机的效率。卡诺于 1824 年发表了著名的论文"论火的动力和能发动这种动力的机器",在此篇论文中,他提出了一种理想热机,即卡诺可逆热机,并采用"热质论"证明这种热机的效率只与热源温度有关,与工作介质无关,而且指出这种理想热机的效率最高。但是在当时,这篇具有重大理论与实践意义的论文没有引起人们的注意,直到将近 30 年以后,克劳修斯和开尔文才使人们重新认识到卡诺论文的重要性。卡诺于 1832 年感染上霍乱而英年早逝。由于害怕传染,卡诺死后,他的随身物件,包括他的著作、手稿等均被焚毁。1878 年,卡诺的弟弟公布了一束幸存的卡诺的工作笔记残页。这份笔记残页表明卡诺后来已经放弃了热质论,认识到热也是能量的一种表现形式,并明确提出自然界中动力在量上是不生不灭的。这份笔记残页说明卡诺在生前不仅发现了热力学第二定律,而且也发现了热力学第一定律,卡诺是热力学第一定律和第二定律的发现人之一。在卡诺的时代,蒸汽机的效率是很低的,许多工程师和科学家为提高蒸汽机的效率进行了

图 2-2　法国物理学家卡诺(N. L. S. Carnot)

艰苦的探索和研究，卡诺的研究为提高热机的效率指明了正确的方向。热机是一种将热能转换为功的机器，蒸汽机就是典型的热机。热机工作时必须提供两个热源：高温热源和低温热源，热机从高温热源获得热量，将其中一部分转化为功，余下的热量传给低温热源。热机不可能将从高温热源吸取的热量全部转换为功，总有部分热量会传给等温热源而损失掉。为了获得最高效率，卡诺设计了一种在高低温热源间工作的卡诺热机，其工作原理见图 2-3。卡诺热机的工作介质设为理想气体，设想热机在理想条件下进行，所有的机械间的摩擦力（如活塞与汽缸壁的摩擦等）等于零，卡诺热机的每一次工作循环由以下四个独立的过程组成：高温等温可逆膨胀；绝热可逆膨胀；低温等温可逆压缩；绝热可逆压缩，此循环称为卡诺循环，请见图 2-3。

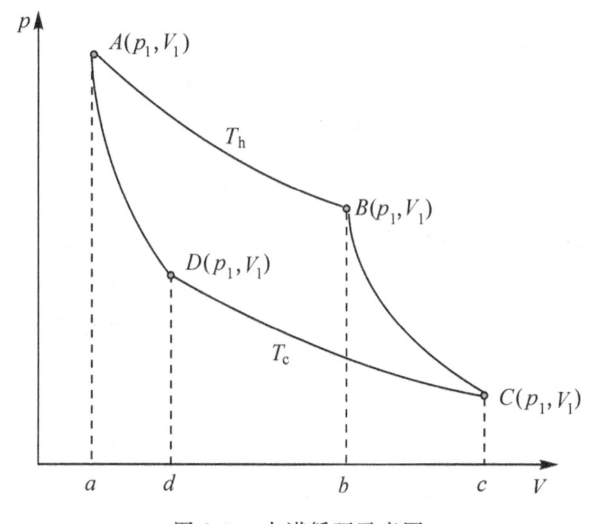

图 2-3　卡诺循环示意图

热机效率的定义是：热机向外所做的功与热机从高温热源获得热量的比。根据卡诺循环示意图（图 2-3），推导卡诺热机的效率如下：

如图，卡诺循环从始态 A 出发，经过 AB，BC，CD，DA 四个过程回到始态 A，完成一个循环。为了求算热机的效率，先对卡诺循环的每一步进行详细的热力学分析。

第一步：在 T_{hot} 下恒温可逆膨胀到 B：设想卡诺热机的汽缸与温度为 T_{cold} 的高温热源相接触，汽缸内的工作物质为理想气体，体积为 V_1，在恒温下气体可逆膨胀到 V_2。此过程系统的温度不变，因为系统是理想气体，所以内能不变，膨胀过程中系统向高温热源吸收的热量 Q_1 完全转变为系统对外所做的功 W_1，计算式为：

$$\Delta U_1 = 0 \quad (\text{理想气体，恒温过程})$$

$$Q_1 = -W_1$$

$$W_1 = -\int_{V_1}^{V_2} p\mathrm{d}V = -nRT_h \ln \frac{V_2}{V_1}$$

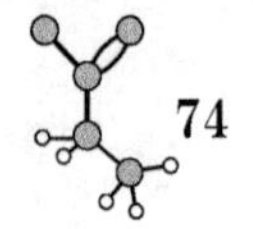

热机第一步所作功的绝对值等于曲线 AB 下的面积。

第二步:系统脱离热源,绝热可逆膨胀到 C:热机在绝热条件下可逆膨胀到体积 V_3,气体的温度下降到低温热源的温度 T_1,此过程有:

$$Q_2 = 0 \quad (\text{绝热过程})$$

$$W_2 = \Delta U = C_V(T_c - T_h)$$

第二步的功等于曲线 BC 下的面积。

第三步:系统与低温热源接触,保持 T_1 温度,恒温可逆压缩到 D:第三步是恒温可逆压缩过程,体积在恒温下压缩到 V_4,温度不变,系统的内能也不变,环境对系统所做的功在压缩过程中全部以热的形式又传递给环境。第三步的关键是选择适当的终态 D,D 点应刚好位于过始态 A 点的绝热曲线上,以便当进行第四步绝热压缩时,体系可以回到原态 A。此过程有:

$$\Delta U_3 = 0 \quad (\text{理想气体,恒温过程})$$

$$Q_3 = -W_3$$

$$W_3 = -\int_{V_3}^{V_4} p\mathrm{d}V = -nRT_c \ln \frac{V_4}{V_3}$$

第三步的功等于曲线 CD 下的面积。

第四步:体系脱离低温热源,绝热可逆压缩回到始态 A:因为 D 点位于过 A 点的绝热曲线上,当从 D 点开始绝热压缩时,系统必定会沿绝热线 DA 回到始态 A,体系的体积和温度均回到始态的数值。此过程有:

$$Q_4 = 0 \quad (\text{绝热过程})$$

$$W_4 = \Delta U_4 = C_V(T_h - T_c) = -W_2$$

第四步的功等于曲线 DA 下的面积。

对于整个卡诺循环,热机,即体系回到原态,一切状态函数还原,体系的内能也还原,所以有:

$$\Delta U = 0 \quad W = -Q$$

$$\begin{aligned} W &= W_1 + W_2 + W_3 + W_4 \\ &= -nRT_h \ln \frac{V_2}{V_1} + C_V(T_c - T_h) - nRT_c \ln \frac{V_4}{V_3} + C_V(T_h - T_c) \qquad (2\text{-}3) \\ &= nR\left(T_h \ln \frac{V_1}{V_2} + T_c \ln \frac{V_3}{V_4}\right) \end{aligned}$$

卡诺循环的第二步和第四步均为绝热可逆过程,对理想气体绝热可逆过程,有过程方程式:

对第四步有: $T_h V_1^{\gamma-1} = T_c V_4^{\gamma-1}$

对第二步有: $T_h V_2^{\gamma-1} = T_c V_3^{\gamma-1}$

两式相除得: $\dfrac{V_1^{\gamma-1}}{V_2^{\gamma-1}} = \dfrac{V_4^{\gamma-1}}{V_3^{\gamma-1}}$

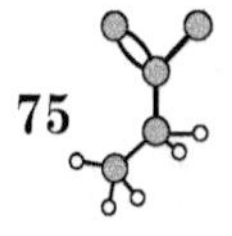

即：
$$\frac{V_1}{V_2}=\frac{V_4}{V_3} \tag{2-4}$$

将(2-4)式代入(2-3)式：

$$W=nR\ln\frac{V_1}{V_2}(T_h-T_c) \tag{2-5}$$

上式表示经过一个卡诺循环后，卡诺热机对外所做的功，等于曲线 ABCDA 所包围的面积。热机从环境获得的热量就是第一步从高温热源吸收的热量，由此可得卡诺热机的效率为：

$$\eta=\frac{|W|}{|Q_1|}=\frac{nR\ln\frac{V_2}{V_1}(T_h-T_c)}{nRT_h\ln\frac{V_2}{V_1}}$$

$$\eta=\frac{T_h-T_c}{T_h}=1-\frac{T_{cold}}{T_{hot}} \tag{2-6}$$

上式即为可逆热机的效率(efficiency of the engine)。由(2-6)式可知卡诺热机的效率不可能达到 100%，而且可逆热机的效率只与高低温热源的温度有关，与热机的工作介质无关。卡诺将其研究成果总结为卡诺定理(Carnot's theorem)，卡诺定理包括两条：

(1) 在相同高温热源和相同低温热源间工作的一切可逆热机，其效率都是 $\eta=1-\frac{T_c}{T_h}$，并与工作介质无关。

(2) 在相同高温热源和相同低温热源间工作的一切不可逆热机，其效率不可能大于可逆热机的效率。

当年卡诺是用热质论证明的卡诺定理，而热质论被证明是错误的，后来克劳修斯在热力学第二定律的基础上，对卡诺定理作了重新论证，其证明如下：

用反证法进行证明：如图 2-4 所示，设在高温热源和低温热源间有两台热机在工作，一台是卡诺可逆热机 R，另一台是任意热机 I。假设卡诺定理不成立，即热机的效率可能超过卡诺可逆热机，并设此任意热机的效率大于卡诺热机。将任意热机与可逆热机一起组成一个联合热机，令任意热机正向进行，卡诺热机反向运行。卡诺热机经历一个循环，从高温热源获得 Q_h 的热量，对外做功 W，并将 Q_c 的热量传递给低温热源。卡诺热机是可逆热机，当反向运行时，一切过程反向进行，功和热的数值不变，符号相反。故当卡诺热机反向运行一个周期时，热机将从低温热源吸取 Q_2 的热量，从环境获得 W 的功，并将 Q_1 的热量传递给高温热源。因任意热机 I 的效率 η_I 大于卡诺热机效率 η_R。设热机 I 每经历一次循环，从高温热源获取与卡诺热机一样多的热量 Q_h，对外做功 W'，传递给低温热源热量 Q'_c。因为 I 的效率大于 R，故有：$|Q'_c|<|Q_c|$，$|W'|>|W|$。从 W' 中取出 W 的功供给卡诺热机 R，令其反向运行，R 成为制冷机，

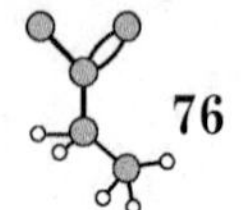

从低温热源吸取热量 Q_c，并将热量 Q_h 传递给高温热源。此联合热机循环一次后，热机 R、热机 I 和高温热源均回复到原状，唯一的效果是从低温热源吸取了$\{|Q'_c|-|Q_c|\}$的热量，对外输出了 W'' 的功，从能量守恒原理可知：$|W''|=|W'|-|W|=|Q'|-|Q|$。此联合热机做到了从单一热源(低温热源)吸取热量(Q'_c)并使之完全变成功 W''，而且没有留下其它任何痕迹，这就是第二类永动机。而根据热力学第二定律，第二类永动机是不可能制成的，因此这个结论是错误的。以上整个推导过程并没有问题，问题出在"有比卡诺可逆热机效率更大的热机存在"的假设上，因此这个假设是不成立的，由于此假设不成立，所以，在相同高温热源与低温热源间工作的热机，其效率不可能大于卡诺可逆热机，卡诺定理得证。

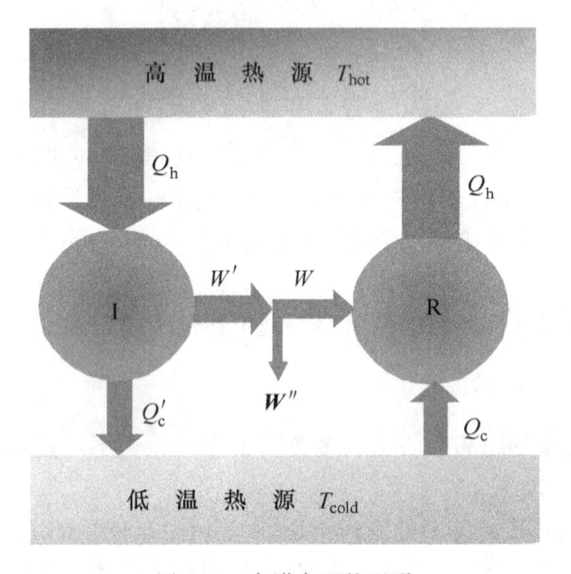

图 2-4 卡诺定理的证明

采用类似方法可以证明，在相同两热源间工作的所有可逆热机的效率是一样的；而不可逆热机的效率均小于可逆热机的效率，即：

$$\eta_I \leqslant \eta_R \tag{2-7}$$

若热机 I 是可逆热机，上式取等号；若热机 I 是不可逆热机，则取小于号。

可逆热机的效率均为 $\eta=1-\dfrac{T_c}{T_h}$，由于 $T_c<T_h$，所以可逆热机效率 η 为小于 1 的正数，并且只与高、低温热源的温度有关，与热机的工作介质等其它因素无关。可逆热机是理想热机，其效率是实际热机可能达到的极限，实际热机的效率只能尽量接近可逆热机的效率，而不可能达到可逆热机的效率。但是，可逆热机效率的理论表达式向人们指出了提高热机效率的根本方向：即尽量扩大高低温热源的温度差。两热源的温

差愈大，两者的比愈小，热机的理论效率愈高，实际热机可以达到的效率也愈高。一般常见的热机，如飞机、汽车、轮船的发动机，火力发电机等实际可用的低温热源就是其周围的环境，如大气、海水、江河及湖泊的水等，故低温热源的温度一般为常温，所以增加两热源的温差的主要途径是提升高温热源的温度，因此，提高高温热源的温度是提高热机效率的根本途径。

热机逆向运行为制冷机，制冷机从外界获得功，从低温热源吸走热量，将热量传递给高温热源。令制冷机经历一个循环，获得功 W，从低温热源吸取热量 Q_c，传给高温热源热量 Q_h。制冷机的效率 β 定义为从低温热源吸取的热量与从外界获得的功的比值：

$$\beta = \frac{Q_c}{W} \tag{2-8}$$

由卡诺循环的数据可分析得出可逆制冷机的效率为：

$$\beta = \frac{T_c}{T_h - T_c} \tag{2-9}$$

式中：分式分子等于低温热源的温度，分母为高、低温热源的温差。从(2-9) 式可以得知：高低温热源的温差愈低，制冷机的效率愈高。与热机效率不同，制冷机的效率可以大于 1。例如，空调就是制冷机，若室内温度为 298K(25℃)，室外温度为 313K(40℃)，在此条件下运行的空调的理论效率为 298K/(313—298)K = 19.86，远大于 1。实际空调因为存在各种损耗，其效率远远没有达到理论值。

二、熵的引出

克劳修斯由卡诺循环引出了熵函数，熵的引出有多种方式，由卡诺循环引出熵虽然比较复杂，但是这种方式比较直观形象，便于初学者理解。卡诺热机的效率为：

$$\eta = \frac{|W|}{Q_h} = \frac{Q_c + Q_h}{Q_h} = 1 + \frac{Q_c}{Q_h} = 1 - \frac{T_c}{T_h}$$

整理上式：

$$\frac{Q_c}{Q_h} = -\frac{T_c}{T_h} \quad \frac{T_h}{Q_h} = -\frac{T_c}{Q_c}$$

$$\frac{T_h}{Q_h} + \frac{T_c}{Q_c} = 0 \tag{2-10}$$

(2-10) 式的物理含义是：可逆卡诺循环的热温商之和等于零。卡诺循环是一个由两个等温过程和两个绝热过程组成的特殊循环，卡诺循环的热温商之和为零能否推广到一般的可逆循环过程呢？我们试将无限个卡诺可逆循环取代一个任意可逆循环，其操作原理如图 2-5 所示，a 表示用无数个卡诺循环替代任意循环的示意图，b 表示每一个卡诺循环中两条等温线选择的方法。如图 2-5a 所示，对于一个任意的可逆循环，可以用无数个卡诺可逆循环去取代它，卡诺循环相加的净效果是图中粗黑色线段所组成的折线，当所有的绝热线均无限接近时，此折线与任意循环也无限接近，于是，无数个卡诺循环可取代任意循环。图 2-5b 所示为每一个卡诺循环的等温线选择的方法，高温等温线 mn 的选择是：在 a，b 两个温度间选择一个适当的温度，并作此温度的等温线 mn，使得曲线 ab 与绝热线及等温线 mn 围成的上下两小区域的面积相等(图 2-5b 中黑色小块和灰色小块)；用同样的方法选择适当的低温等温线 rs，使得曲线 rs 上下的两区域的面积相等。分析此小卡诺循环 $mnrs$ 与任意循环相关的曲线段 ab，cd 的关系，有：

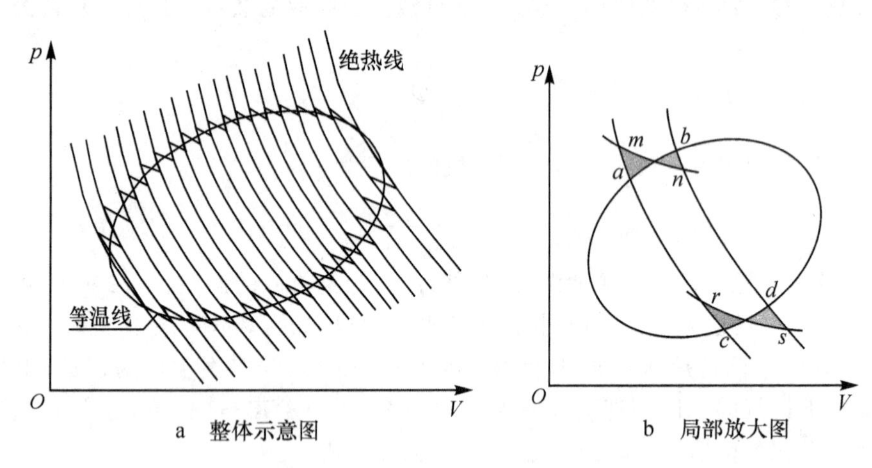

图 2-5 用卡诺循环取代任意循环

ab 段：

∵ $$\Delta U_{ab}=\Delta U_{amnb}=Q+W \quad (\text{内能为状态函数})$$

$$W_{ab}=W_{amnb} \quad (\text{线段 } ab \text{ 上下两小块的面积相等})$$

∴ $$Q_{ab}=Q_{amnb}=Q_{mn} \quad (\text{注意 } ma,bn \text{ 为绝热线}) \tag{2-11}$$

cd 段：同理可得：

$$Q_{cd}=Q_{rs} \tag{2-12}$$

卡诺循环热温商之和等于零，有：

$$\frac{Q_{mn}}{T_{mn}}+\frac{Q_{rs}}{T_{rs}}=0 \tag{2-13}$$

ab 段和 cd 段的热温商：当两条绝热线无限接近时，a 点将趋近于 b 点，两点的温度将趋于相等：

$$\lim_{a\to b}T_a=T_b=T_{ab}$$

∵ $$T_a<T_{mn}<T_b$$

∴ $$T_{ab}=T_{mn} \quad (\text{数学的两边夹定理}) \tag{2-14}$$

同理： $$T_{cd}=T_{rs} \tag{2-15}$$

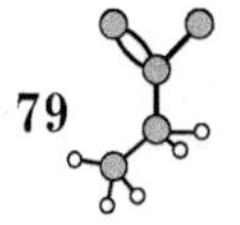

将(2-11)、(2-12)、(2-14)、(2-15) 式代入(2-13) 式：

$$\frac{Q_{ab}}{T_{ab}}+\frac{Q_{cd}}{T_{cd}}=0 \tag{2-16}$$

上式表明任意循环此小区间的热温商之和等于零。对于所有的卡诺循环均采用相同的方法处理，由于卡诺循环的热温商之和为零，故无限个卡诺循环的热温商之和也为零，效应的任意曲线的热温商之和等于零：

$$\sum_i \frac{\delta Q_i}{T_i}=0$$

或

$$\oint\left(\frac{\delta Q}{T}\right)_R=0 \quad \text{任意循环} \tag{2-17}$$

从以上的推导我们可以得出如下结论：**任意可逆循环的热温商之和等于零。**

以上推导中的可逆循环是任意的，任意循环可达系统可能具有的所有平衡态，设系统某过程的始末态分别为 A 和 B，可以找出多条经过 A、B 的循环路径，对于每一条循环路径均有：

$$\oint\left(\frac{\delta Q_R}{T}\right)_{ABA}=0$$

上式表明被积函数具有"周而复始，值变为零"的性质，这正是状态函数的充要条件，所以被积函数是一个状态函数，定义此状态函数为：

$$\begin{aligned} \mathrm{d}S &\equiv \left(\frac{\delta Q}{T}\right)_R \\ \Delta S &= \int\left(\frac{\delta Q}{T}\right)_R \end{aligned} \tag{2-18}$$

被定义的函数 S 称为熵(entropy)，定义式的物理含义是：**系统的熵变等于可逆过程的热温商之和，无限小过程的熵变等于其热温商。**

熵是热力学第二定律所引出的最重要的热力学函数，是判断自然界一切过程进行的方向与限度的热力学函数。熵的应用不仅仅局限于热力学、物理化学，只要涉及过程进行的方向与限度问题时，都会运用到熵函数，可以说：**熵是无处不在的。**

§2-5　熵增原理

熵是热力学中最重要的热力学函数之一。熵函数最主要的用途是判断自然界中发生的各种过程进行的方向与限度。熵函数之所以可以用来判断化学反应的方向与限度，是因为绝热系统的熵具有只能增加，不会减少的性质，此性质称为"熵增原理"。以下，我们从卡诺定理引出熵增原理。

由卡诺定理，在相同高温热源和低温热源间工作的任意热机 I 的效率不可能大于卡诺可逆热机 R 的效率：

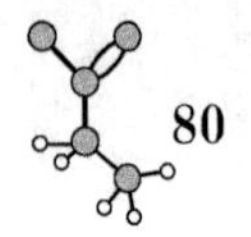

$$\eta_I \leqslant \eta_R = 1 - \frac{T_c}{T_h} \tag{2-19}$$

此式当热机I为可逆热机时,方程取等号;I为不可逆热机时,方程取小于号。热机的效率等于热机对外所做的功与从高温热源吸取热量的比值,故有:

$$\eta_I = \frac{|W|}{Q_h} = \frac{Q_{total}}{Q_h} = \frac{Q_c + Q_h}{Q_h} = 1 + \frac{Q_c}{Q_h}$$

由(2-19)式,有:

$$1 + \frac{Q_c}{Q_h} \leqslant 1 - \frac{T_c}{T_h}$$

移项整理可得:

$$\frac{Q_c}{T_c} + \frac{Q_h}{T_h} \leqslant 0 \tag{2-20}$$

上式说明卡诺循环的热温商之和只能小于零或等于零,而不会大于零。对于可逆的卡诺循环,热温商之和等于零;不可逆卡诺循环的热温商之和小于零。采用与上节类似的方法,将以上结论推广到任意循环,设体系经历一任意循环时与 n 个热源相接触,从各个热源交换的热量分别为 Q_1、Q_2、Q_n 等,各个热源的温度分别为 T_1、T_2、T_n 等,可推得任意循环的热温商之和必小于零或等于零:

$$\sum_{i=1}^{n} \frac{\delta Q_i}{T_i} \leqslant 0 \tag{2-21}$$

上式中,若系统经历一个可逆循环,则取等号;对于不可逆循环,则取小于号。

现假设系统经历一个不可逆循环,如图2-6所示,系统由A经历一不可逆途径到B,而由B到A则是一可逆途径。因为这个循环仍然是一个不可逆循环,故此循环的热温商之和小于零:

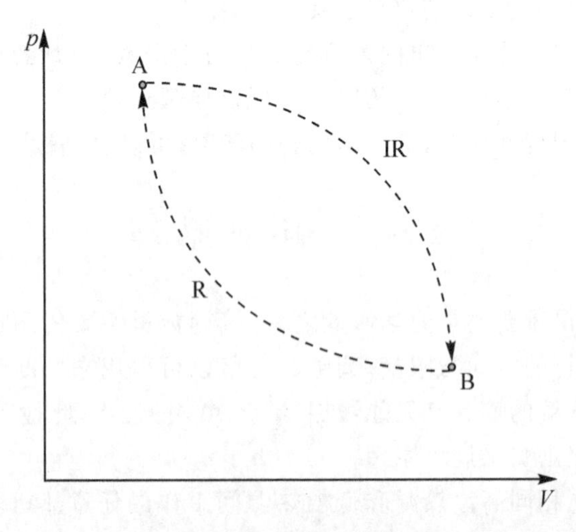

图2-6 不可逆循环

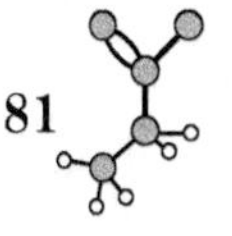

$$\left(\sum_{i=1}^{n}\frac{\delta Q_i}{T_i}\right)_{IR}<0$$

式中括号的下标表示为不可逆循环。此不可逆循环的热温商之和可以分为两段：A→B段热温商之和，B→A段热温商之和，即有：

$$\left(\sum_{i}\frac{\delta Q_i}{T_i}\right)_{A\to B,IR}+\left(\sum_{i}\frac{\delta Q_i}{T_i}\right)_{B\to A,R}<0 \tag{2-22}$$

因为系统从B到A经历的是一条可逆途径，而由熵函数的定义，可逆过程的热温商之和等于体系的熵变，所以上式中左边第二项即为系统从B态变化到与A态的熵变：

$$\left(\sum_{i}\frac{\delta Q_i}{T_i}\right)_{B\to A,R}=\Delta S_{B\to A}=S_A-S_B$$

将上式代入(2-22)式：

$$\left(\sum_{i}\frac{\delta Q_i}{T_i}\right)_{A\to B,IR}+(S_A-S_B)<0$$

移项：

$$\left(\sum_{i}\frac{\delta Q_i}{T_i}\right)_{A\to B,IR}<S_B-S_A=\Delta S_{A\to B}$$

整理得：

$$\Delta S_{A\to B}>\left(\sum_{i}\frac{\delta Q_i}{T_i}\right)_{A\to B,IR}$$

上式的左边表示系统从A变化到B的熵变，右边是当系统经历一条不可逆途径从A变化到B的热温商。若系统经可逆途径从A变化到B，则热温商之和等于熵变，因此，上式可以推广为：

$$\Delta S_{A\to B}\geqslant\left(\sum_{A}^{B}\frac{\delta Q_i}{T_i}\right) \tag{2-23}$$

上式对于可逆过程的热温商，取等号；而不可逆过程的热温商取大于号。(2-23)式的物理含义是：**系统的熵变大于不可逆过程的热温商之和；系统的熵变等于可逆过程热温商之和。**

对于一个微小过程，有：

$$\mathrm{d}S\geqslant\frac{\delta Q}{T} \tag{2-24}$$

式中，δQ为过程的热效应，T为热源的温度，不等式右边是实际过程的热温商，方程的左边是此过程系统的熵变。方程式对可逆过程取等号；对不可逆过程取大于号。(2-23)式和(2-24)式均成为克劳修斯不等式，克劳修斯不等式(Clausius inequality)为热力学第二定律的数学表达式。克劳修斯不等式为热力学第一个判别式，可以用来判断过程的可逆性，若系统的熵变大于过程的热温商，则此过程为不可逆过程，若两者相等，则为可逆过程。

对于绝热系统，系统与环境没有热量的交换，过程的热等于零，绝热系统的热温商也为零。绝热系统的克劳修斯不等式为：

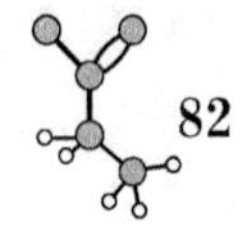

$$(\mathrm{d}S)_{\mathrm{adi}} \geqslant 0 \tag{2-25}$$

式中下标表示绝热系统,此式的物理含义是:绝热系统的熵变大于或等于零。若系统经历一个宏观过程,则有:

$$(\Delta S)_{\mathrm{adi}} \geqslant 0 \tag{2-26}$$

(2-26)式左边为系统某宏观过程始末态的熵变,此式的物理含义是:若一热力学封闭系统从一平衡态经绝热过程变化到另一平衡态,系统的熵绝不会减少。以上表述被称为"熵增原理"(principle of entropy increasing),熵增原理是热力学第二定律的另一种表达。(2-26)式可以用来判断过程的可逆性:若过程的热温商等于体系的熵变,则此过程是一个可逆过程;若过程的热温商小于体系的熵变,则为不可逆过程。

一般常见系统并不是绝热系统,因此,不能用(2-26)式来判断过程的可逆性。但是,我们可以将系统与环境均计算进来,若将系统与环境视为一个大系统,这个大系统可以认为是一个隔离系统,隔离系统与环境既没有物质的交换,也没有能量的交换,当然没有热量的交换,隔离系统一定是绝热的,这个隔离系统的熵变等于系统的熵变与环境熵变的总和:

$$\Delta S_{\mathrm{iso}} = \Delta S_{\mathrm{sys}} + \Delta S_{\mathrm{sur}} \tag{2-27}$$

由熵增原理,隔离系统的熵也不会减少,于是有:

$$\Delta S_{\mathrm{iso}} \geqslant 0 \tag{2-28}$$

对于一个微小过程:

$$\mathrm{d}S_{\mathrm{iso}} \geqslant 0 \tag{2-29}$$

(2-28)式和(2-29)式的物理含义是:**隔离系统的熵只可能增加,绝不可能减少。**

一个隔离系统与外界没有任何联系,环境对隔离系统不可能产生任何影响,故隔离系统中的任何过程都是自发过程。自然界中实际发生的任何过程都是不可逆的,可逆过程是理想过程。严格的可逆过程只在理论上存在,实际中并不存在。隔离系统中发生的一切实际过程的熵只会增加,故隔离系统的自发过程是朝着熵增的方向进行的,当系统的熵达到最大值时,系统的状态不再变化,此时,系统也达到了热力学平衡。故隔离系统的平衡态具有最大熵值。(2-28)式表示的应该是系统两个平衡态的熵的差值,而隔离系统的平衡态就是熵值最大的状态,那么如何存在两个平衡态的熵值的差呢?公式中系统的始态一般是一个特殊的始态,系统从此始态出发,在隔离条件下变化到平衡态,系统始末态熵的差值即为公式给出的结果。如:见图2-7,系统的始态如图2-7a所示,在一绝热恒容箱中,由隔板将气体A与气体B分开,并各自达到平衡态。被研究的系统是箱中的气体A和B,当A,B均达到平衡态后,体系也处于平衡态。系统的始态是A和B的组合,也是一个平衡态,但当将箱中间的隔板抽掉时,系统立即变成一个非平衡态,A与B具有向对方扩散的倾向,当A、B达到混合均匀时,系统便达到了平衡态,即系统的末态。由于A和B放置在一个密闭的绝热恒容箱中,在整个过程中,系统与环境既没有物质的交换,也没有能量的交换,所以是一个隔离

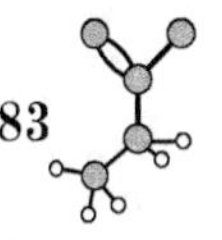

过程，在此过程中，系统可以视为隔离系统，此隔离系统的熵变等于末态的熵与始态的熵的差值。

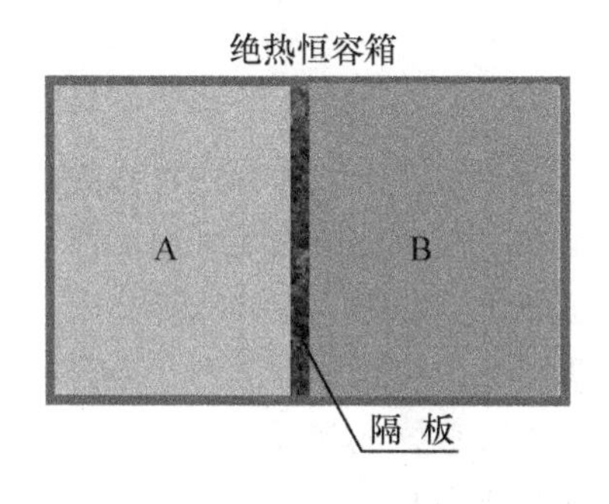

绝热恒容箱

A+B

a. 气体 A 与 B 被隔板分开　　　b. 抽掉隔板，A 与 B 混合

图 2-7　隔离系统的始末态

由热力学第二定律得到的“隔离系统的熵趋于最大”的论断是从人们的实践与科学实验中总结出来的，而到目前为止人类实践活动的范围毕竟是有限的，所以不宜推广到人们并不熟知的未知领域。在人类发现热力学第二定律之后，一些科学家将其应用领域无限扩大，认为整个宇宙也是一个孤立系统，因为孤立系统的熵趋于最大，于是他们得到宇宙的熵也将趋于最大的结论。并认为当宇宙的熵达到最大时，整个宇宙就处于一种“热寂”的平衡态。“热寂”是一种没有任何生气，没有变化，没有发展的死气沉沉的状态。克劳修斯曾对热力学第一定律和第二定律作出了很著名的总结性表述：“宇宙的能量为恒量，宇宙的熵趋于最大。”克劳修斯也首先提出了宇宙“热寂”说。这种将“熵增原理”无限地扩大到整个宇宙的做法是不严肃的。人类目前的活动领域仅仅局限于太阳系，人们借助于望远镜、太空探测器等手段虽然可以将探索的领域予以扩大，但毕竟是间接的，就连人类自身居住的地球，尚有许多人们不知道的领域和事物，更不用说广阔无边的宇宙了。因此，将熵增原理无限扩大到整个宇宙的说法是不合适的。对于宇宙将来会如何变化，宇宙是否会达到“热寂”状态等问题，尚有待人们去探索。

熵函数的出现第一次在自然科学理论中引入了“不可逆性”。隔离系统的熵只有一个变化方向，即熵增的方向。熵的增加标志着整个系统发生着自发的变化，因此熵变成了指示进化的指针，熵因而被称为“时间之矢”。隔离系统的熵具有时间指针的性质，熵增的方向就是时间前进的方向。对于一个隔离系统，未来的方向就是熵增的方向。

读者可能已经注意到，热力学对于熵函数的定义只是定义了系统的熵变，而没有对系统本身的熵给予定义。热力学只是定义了熵变，而没有定义熵。热力学理论本身也无法解释熵的本质,正是这个原因,使得熵函数在历史上成为最难以被人们理解的热力学函数。统计力学的产生给熵函数予以了新的解释,使人们对于熵的本质的认识上升到一个新的层次。L. 玻耳兹曼(Ludwig Boltzmann,1844—1906 年)定义物质的熵为:

$$S = k\ln W \tag{2-30}$$

式中:S 为物质的熵,k 是玻耳兹曼常数,W 是体系宏观状态所具有的可达的微观运动状态的数目。玻耳兹曼常数 $k = 1.380658 \times 10^{-23}\ \mathrm{J \cdot K^{-1}}$,熵的单位是 $\mathrm{J \cdot K^{-1}}$。(2-30)式是熵函数的统计力学定义式。熵的这个定义给出的不再是过程的熵变,而是熵函数本身。由熵的统计力学定义式,系统宏观状态具有的微观运动状态数目愈多,则系统的熵愈大。当系统被隔离起来成为一个隔离体系时,系统的熵趋于最大,故系统在平衡态时具有最大熵。平衡态的熵最大,对应的是平衡态具有的微观运动状态数最多。因此,体系的熵是系统运动状态"混乱程度"的度量,体系运动状态愈有序,熵愈小;运动状态愈混乱,熵愈大。由熵的统计力学定义式,我们可以得出:熵增的方向就是体系混乱度增大的方向。有关熵的统计力学定义的物理含义和熵值的具体求算,我们将在"统计热力学"一章中予以较为详细的介绍。

§2-6 几种过程的熵变

系统的熵变的基本公式就是熵的热力学定义式。封闭系统任意始末态的熵变值等于这两态间任意可逆过程的热温商:

$$\begin{aligned} \mathrm{d}S &= \left(\frac{\delta Q}{T}\right)_R \\ \Delta S &= \int \frac{\delta Q_R}{T} \end{aligned} \tag{2-31}$$

式中下标 R 表示可逆过程。只要始末态相同,任意一条可逆过程的热温商之和均为系统的熵变。因此求算系统的熵变可以选取最方便的途径来求算,关键是把握住始末态必须是一样的。

原则上系统的熵变可以用(2-31)式求算,但对于具体过程,此式的表达形式会有所不同,以下,我们对几种常见过程的熵变的计算方法进行介绍。

一、始末态温度相同的过程

此类过程的主要标志是系统的始末态温度相同,而并不要求在变化过程中系统的温度不变。因为熵是状态函数,熵变只与系统的始末态有关,而与过程无关,此类过程的特点是始末态的温度相同,在过程进行中,系统的温度可以有所变化。始末态温度相同过程也包括恒温过程。这类过程的熵变可以通过任意一条可逆过程来求算,最

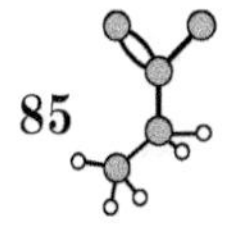

方便的途径就是恒温可逆过程。

对于理想气体的恒温可逆膨胀(或压缩)过程,其熵变为:

$$\Delta S=\int\frac{\delta Q_R}{T}=\frac{Q_R}{T}\quad\because\quad dT=0\tag{2-32}$$

理想气体恒温过程:

$$\Delta U=0$$

$$Q_{\mathrm{R}}=-W_{\mathrm{R}}=\int_{V_1}^{V_2}p\mathrm{d}V=\int_{V_1}^{V_2}\frac{nRT}{V}\mathrm{d}V=nRT\ln\left(\frac{V_2}{V_1}\right)$$

熵变为:

$$\Delta S=\frac{Q_{\mathrm{R}}}{T}=nRT\ln\left(\frac{V_2}{V_1}\right)\tag{2-33}$$

始末态温度相同,有:

$$p_1V_1=p_2V_2=nRT$$

$$\frac{V_2}{V_1}=\frac{p_1}{p_2}$$

代入(2-33)式,得:

$$\Delta S=nRT\ln\left(\frac{p_1}{p_2}\right)\tag{2-34}$$

(2-33)式和(2-34)式均为恒温过程熵变的求算式,也可以用来求算理想气体始末态温度相同的简单变化过程的熵变。

若系统为实际气体,需先通过气体的状态方程求出恒温可逆膨胀过程的热量 Q,然后由(2-32)式得到实际气体恒温过程的熵变。其它物质的始末态温度相同过程的熵变都采用类似的方法求得,先根据物质的状态方程求出恒温可逆过程的热量,再由(2-32)式得到体系的熵变。

例题1　1 mol 理想气体,压力为 $5p^{\ominus}$,温度为 300 K,向真空膨胀到 $1p^{\ominus}$,求此过程的 Q、W 和熵变,并判断此过程是否为可逆过程。

解　向真空膨胀过程是外压恒为零的过程,故此过程的功为零:

$$W=0$$

理想气体的内能只是温度的函数,与体积和压力无关。向真空膨胀不需要对外做功,体系不需要获得能量,故此过程的内能不变:

$$\Delta U=0\quad\therefore\quad Q=0$$

此过程理想气体的温度不变,体系的熵变可以由恒温可逆膨胀过程求得:

$$\begin{aligned}\Delta S_{\text{system}}&=\frac{Q_{\mathrm{R}}}{T}=nR\ln\frac{p_1}{p_2}=nR\ln 5\\&=1\mathrm{mol}\times 8.314\ \mathrm{J\cdot K^{-1}\cdot mol^{-1}}\times\ln 5=13.38\ \mathrm{J\cdot K^{-1}}\end{aligned}$$

为判断过程的可逆性,需要求得环境的熵变。环境的熵变等于实际过程的热效应与环境温度的比:

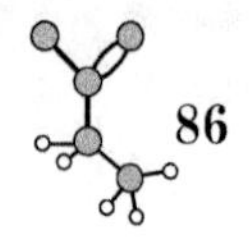

$$\Delta S_{\text{surrounding}} = -\frac{Q_{\text{system}}}{T_{\text{surrounding}}} = -\frac{0\text{J}}{300\text{K}} = 0$$

可得：
$$\Delta S_{\text{tot}} = \Delta S_{\text{system}} + \Delta S_{\text{surroundong}} = 13.38\ \text{J} \cdot \text{K}^{-1} > 0$$

理想气体向真空膨胀过程是一个自发的不可逆过程。

例题 2 一恒温槽温度为 500 K，环境温度为 300 K，若有 6000 J 的热量从恒温槽传递给周围环境，求此过程的熵变，并判断过程的可逆性。

解 熵变是可逆过程的热温商之和，而题给过程是一个不可逆过程，必须设计一个可逆过程求算系统的熵变和环境的熵变。可以设计此传热过程按如下途径进行：如下图所示，设有无数个无穷大的热源，温度依次从 500 K 减少到 300 K，将这些热源按温度的高低依次排列。因为热源的数量为无穷多，所以任意两相邻的热源的温度的差别为无穷小。首先，系统(恒温槽，500 K) 将 6000 J 热量传递给温度为($500\ \text{K} - \text{d}T$)的相邻热源，此热源再将 6000 J 热量传递给右边紧邻的温度为($500\ \text{K} - 2\text{d}T$) 的热源，热量依次从一个热源传递给另一个热源，直至传递给温度为($300\ \text{K} + \text{d}T$) 的相邻热源，此热源最后在可逆条件(温差无穷小下的热传递为可逆过程) 下将 6000J 热量传递给环境。

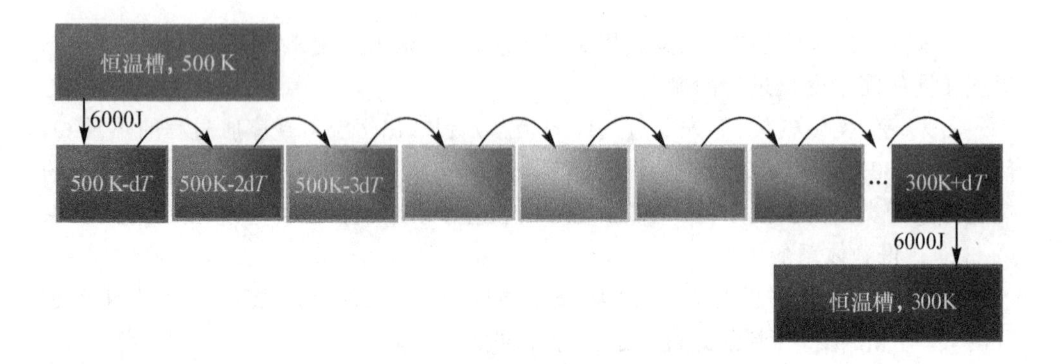

按图中的途径，此传热过程的熵变为：

系统的熵变：
$$\Delta S_{\text{system}} = \frac{Q_{\text{R}}}{T_{\text{system}}} = \frac{-6000\text{J}}{500\text{K}} = -12\ \text{J} \cdot \text{K}^{-1}$$

热源 1：
$$\Delta S_{\text{source1}} = \sum \frac{Q_i}{T_i} = \frac{6000\text{J}}{(500 - \text{d}T)\text{K}} + \frac{-6000\text{J}}{(500 - \text{d}T)\text{K}} = 0$$

与热源 1 类似，其它热源的熵变均为零。环境的熵变为：

$$\Delta S_{\text{surrounding}} = \frac{Q_{\text{R}}}{T_{\text{surrounding}}} = \frac{6000\text{J}}{300\text{K}} = 20\ \text{J} \cdot \text{K}^{-1}$$

过程中的熵变：$\Delta S_{\text{tot}} = \Delta S_{\text{system}} + 0 + 0 + \cdots + \Delta S_{\text{surrounding}} = -12\ \text{J} \cdot \text{K}^{-1} + 20\ \text{J} \cdot \text{K}^{-1} = 8\ \text{J} \cdot \text{K}^{-1} > 0$，因为总熵变大于零，所以此过程是一个不可逆的自发过程。

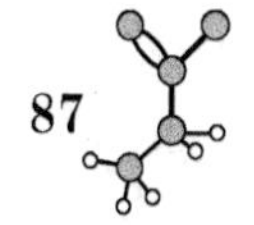

二、简单变温过程

简单变温过程是没有相变和化学变化的变温过程。任意变温过程总可以通过设计等容变温过程和等压变温过程的组合从相同的始态达到相同末态，因此，只要知道等容变温过程和等压变温过程熵变的计算公式就可以求出任意变温过程的熵变。如图 2-8 所示，系统从 A 态变化到 B 态，体系的温度、压力和体积均发生了变化，此过程的熵变可以通过 A→C→B 的可逆路径求算。图中的 AC 过程为等容变温过程，CB 为等压变温过程。

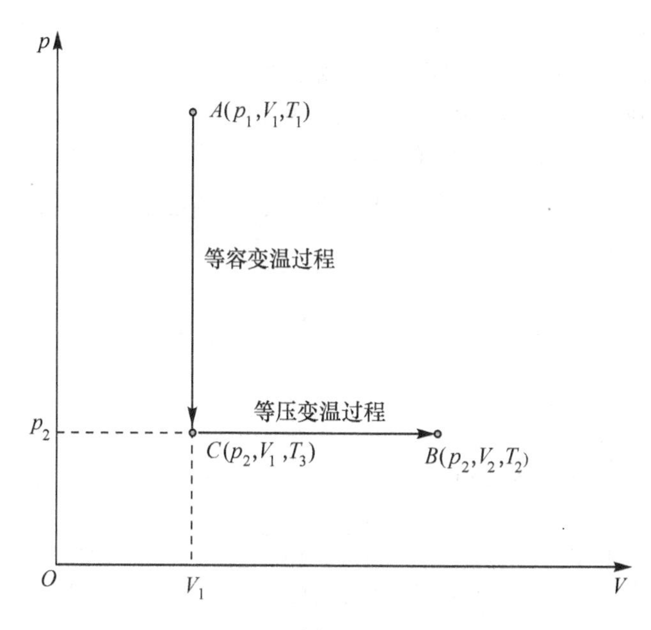

图 2-8

1. 等容变温过程

对于等容过程，有：

$$Q_V = C_V \mathrm{d}T$$

系统的熵变等于可逆过程的热温商，将等容过程的热量直接代入熵变计算式中可得：

$$\Delta S = \int \frac{\delta Q_R}{T} = \int_{T_1}^{T_2} \frac{C_V \mathrm{d}T}{T} \tag{2-35}$$

若系统的热容为常数，系统的等容过程的熵变为：

$$\Delta S = C_V \ln \frac{T_2}{T_1} \tag{2-36}$$

若系统的热容不是常数，需要将热容的数学表达式代入(2-35) 式中求算而得。

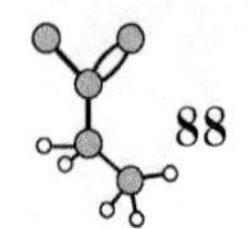

2. 等压变温过程

对于等压过程，有：

$$Q_p = C_p \mathrm{d}T$$

将等压过程的热量直接代入熵变计算式中可得：

$$\Delta S = \int \frac{\delta Q_R}{T} = \int_{T_1}^{T_2} \frac{C_p \mathrm{d}T}{T} \tag{2-37}$$

若系统的热容为常数，系统的等压过程的熵变为：

$$\Delta S = C_p \ln \frac{T_2}{T_1} \quad (\text{等压过程}) \tag{2-38}$$

若系统的热容不是常数，需要将热容的数学表达式代入(2-35)式中求算而得。

例题 1 mol 单原子分子理想气体初始温度为 300 K，压力为 $3p^{\ominus}$，变化到末态温度为 500 K，压力为 $6p^{\ominus}$，求此过程系统的熵变。

解 由题给条件，求出始末态的体积：

$$V_1 = \frac{RT_1}{p_1} = \frac{8.314\ \mathrm{J \cdot K^{-1} \cdot mol^{-1}} \times 300\ \mathrm{K} \times 1\ \mathrm{mol}}{3 \times 10^5\ \mathrm{Pa}}$$

$$= 0.008314\ \mathrm{m^3} = 8.314\ \mathrm{dm^3}$$

$$V_2 = \frac{RT_2}{p_2} = \frac{8.314\ \mathrm{J \cdot K^{-1} \cdot mol^{-1}} \times 500\ \mathrm{K} \times 1\ \mathrm{mol}}{6 \times 10^5\ \mathrm{Pa}}$$

$$= 0.006298\ \mathrm{m^3} = 6.298\ \mathrm{dm^3}$$

系统的始态：(300 K，$3p^{\ominus}$，8.314 $\mathrm{dm^3}$)　末态：(500 K，$6p^{\ominus}$，6.298 $\mathrm{dm^3}$)

设计可逆过程如下：先等压变温到末态体积，再等容变温到末态温度。

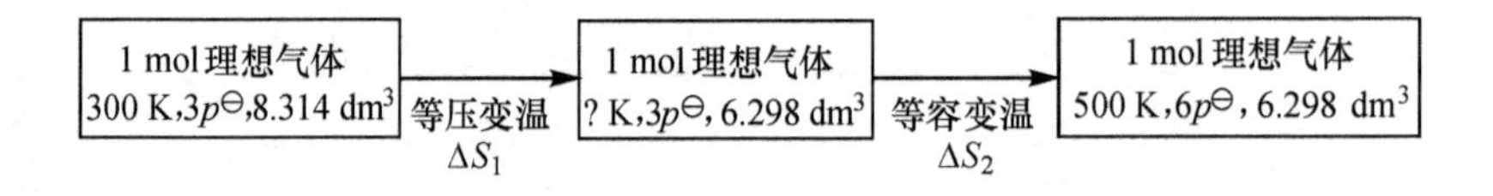

中间态系统的温度为：

$$T_3 = \frac{p_1 V_2}{nR} = \frac{3 \times 10^5\ \mathrm{Pa} \times 0.006298\ \mathrm{m^3}}{1\ \mathrm{mol} \times 8.314\ \mathrm{J \cdot K^{-1} \cdot mol^{-1}}} = 227.3\ \mathrm{K}$$

$$\Delta S_1 = nC_{p,m} \ln \frac{T_3}{T_1} = 1\ \mathrm{mol} \times 2.5 \times 8.314\ \mathrm{J \cdot K^{-1} \cdot mol^{-1}} \times \ln \frac{227.3\ \mathrm{K}}{300\ \mathrm{K}}$$

$$= -5.768\ \mathrm{J \cdot K^{-1}}$$

$$\Delta S_2 = nC_{V,m} \ln \frac{T_2}{T_3} = 1\ \mathrm{mol} \times 1.5 \times 8.314\ \mathrm{J \cdot K^{-1} \cdot mol^{-1}} \times \ln \frac{500\ \mathrm{K}}{227.3\ \mathrm{K}}$$

$$= 9.831\ \mathrm{J \cdot K^{-1}}$$

$$\Delta S = \Delta S_1 + \Delta S_2 = -5.768\ \mathrm{J \cdot K^{-1}} + 9.831\ \mathrm{J \cdot K^{-1}} = 4.07\ \mathrm{J \cdot K^{-1}}$$

此过程系统的熵变为 4.07 $\mathrm{J \cdot K^{-1}}$。此题也可以设计先等压，后等温的可逆过程求算。

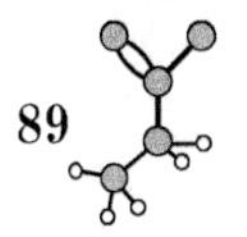

三、绝热过程

由熵判据，绝热过程的熵变只能大于零或等于零。若系统经历的是绝热可逆过程，不管系统的始末态如何改变，所有的绝热可逆过程的熵变均等于零：

$$\Delta S = 0 \quad （绝热过程） \tag{2-39}$$

若系统经历的是绝热不可逆过程，则熵变不为零。此时，需要设计合适的可逆过程，从相同的始态达到相同的末态，然后沿着设计的可逆过程（此过程一般不是绝热过程）求算系统热温商之和，所得结果即为绝热不可逆过程的熵变。

例题 2 mol 单原子分子理想气体，温度为 500 K，压力为 $5p^{\ominus}$，经历如下途径绝热膨胀到压力为 $1p^{\ominus}$。

(1) 绝热可逆膨胀过程；

(2) 在外压恒等于 $1p^{\ominus}$ 的条件下，绝热膨胀到 $1p^{\ominus}$。

试求过程的 ΔS。

解 (1) 绝热可逆过程的熵变等于零，故过程(1) 的熵变为零。

(2) 此过程是不可逆过程，需设计一个可逆过程求算。首先求算末态的温度。此过程系统的功为：

$$W = -\int_{V_1}^{V_2} p_{\text{sur}} \mathrm{d}V = -p_2(V_2 - V_1) = p_2V_1 - p_2V_2$$

又有：
$$W = \Delta U = C_V(T_2 - T_1)$$

联立方程：$p_2V_1 - p_2V_2 = \dfrac{p_2}{p_1}p_1V_1 - p_2V_2 = \dfrac{1}{5}nRT_1 - nRT_2 = n1.5R(T_2 - T_1)$

整理：
$$0.2T_1 - T_2 = 1.5T_2 - 1.5T_1$$
$$2.5T_2 = 1.7T_1$$

解方程：
$$T_2 = \frac{1.7}{2.5}T_1 = \frac{1.7 \times 500\ \text{K}}{2.5} = 340\ \text{K}$$

设可逆过程为：系统先在恒压下降温至 260 K，再等温膨胀至体系压力为 $1p^{\ominus}$。系统的熵变为：

$$\Delta S = C_p \ln\frac{T_2}{T_1} + nR\ln\frac{p_1}{p_2} = 2\ \text{mol} \times 2.5 \times 8.314\ \text{J}\cdot\text{K}^{-1}\cdot\text{mol}^{-1} \times \ln\frac{340\ \text{K}}{500\ \text{K}}$$
$$+ 2\ \text{mol} \times 8.314\ \text{J}\cdot\text{K}^{-1}\cdot\text{mol}^{-1} \times \ln\frac{5\ \text{bar}}{1\ \text{bar}}$$

$$\Delta S = -16.03\ \text{J}\cdot\text{K}^{-1} + 26.76\ \text{J}\cdot\text{K}^{-1} = 10.73\ \text{J}\cdot\text{K}^{-1}$$

解得系统的熵变为 $10.73\ \text{J}\cdot\text{K}^{-1}$，大于零，为不可逆过程。

四、相变过程

纯物质的相变有两类：可逆相变和非可逆相变，分别加以介绍。

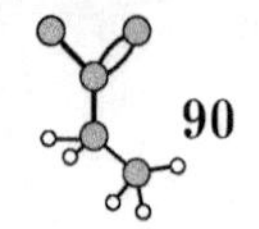

1. 平衡相变的熵变

平衡相变是在可逆条件下发生的相变过程,平衡相变的进行过程是缓慢而且可逆的。如水的液态与气态间的相变过程,一定温度下的液态水,在其饱和蒸气压条件下发生的相变为平衡相变过程。平衡相变过程是恒温恒压过程,故相变过程的热效应等于物质的焓变,相变的熵为相变焓变与相变温度的比值:

$$\Delta S = \frac{\Delta H}{T} = \frac{L}{T} \tag{2-40}$$

式中 L 为物质相变潜热,平衡相变的潜热等于相变过程的焓变;T 为平衡相变的温度。

2. 非平衡相变的熵变

非平衡相变是不可逆过程,若相变在非平衡条件下进行,则为非平衡相变。非平衡相变一般过程进行很快,这种相变过程是不可逆的。如当气、液两相的相变过程不是在相变温度的饱和蒸气压下进行,则为非平衡相变。水在 373.15 K 下的饱和蒸气压为 101325 Pa,若 373.15 K 下的水,在 80000 Pa 压力下汽化,则此相变为非平衡相变。求算非平衡相变的熵变,需要设计一个可逆过程,沿着此可逆过程计算过程的热温商之和,从而得到非平衡相变的熵变。

例题 求 -5℃ 下,液态苯凝结过程的 ΔS,并判断过程的性质。

已知:液态苯凝结为固态苯的平衡相变温度为 5.5℃;

平衡相变的焓变为:ΔH_m(熔化) $= 9916\ \text{J}\cdot\text{mol}^{-1}$;

—5℃ 下的相变热为 $9874\ \text{J}\cdot\text{mol}^{-1}$;

苯的摩尔热容为:$C_{p,\text{m}}(\text{l}) = 126.8\ \text{J}\cdot\text{K}^{-1}\cdot\text{mol}^{-1}$;$C_{p,\text{m}}(\text{s}) = 122.6\ \text{J}\cdot\text{K}^{-1}\cdot\text{mol}^{-1}$。

解 此相变过程是一非平衡相变,必须设计一可逆途径进行计算,设计可逆途径如下:

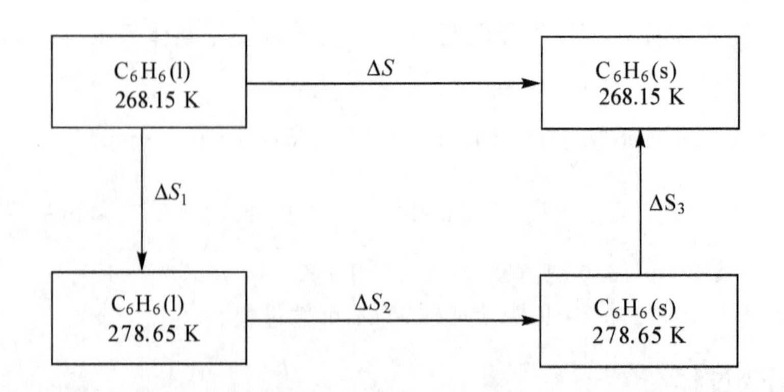

熵是状态函数,故有:

$$
\begin{aligned}
\Delta S &= \Delta S_1 + \Delta S_2 + \Delta S_3 \\
&= \int_{268.15\text{K}}^{278.65\text{K}} C_{p,\text{m}}(\text{l})\,\text{d}\ln T + \left(\frac{\Delta H}{T}\right)_{278.65\text{K}} + \int_{278.65\text{K}}^{268.15\text{K}} C_{p,\text{m}}(\text{s})\,\text{d}\ln T \\
&= \left(\frac{\Delta H}{T}\right)_{278.65\text{K}} + \int_{268.15\text{K}}^{278.65\text{K}} \Delta C_{p,\text{m}}\,\text{d}\ln T \\
&= \frac{1\text{mol}\times(-9916\ \text{J}\cdot\text{mol}^{-1})}{278.65\text{K}} + (126.7-122.6)\ \text{J}\cdot\text{K}^{-1}\cdot\text{mol}^{-1}\times\ln\frac{278.65\text{K}}{268.15\text{K}} \\
&= -35.59\ \text{J}\cdot\text{K}^{-1} + 0.1575\ \text{J}\cdot\text{K}^{-1} = -35.43\ \text{J}\cdot\text{K}^{-1}
\end{aligned}
$$

环境的熵变：

$$\Delta S_{\text{suroounding}} = -\frac{Q_{\text{system}}}{T_{\text{surrounding}}} = -\frac{-9874\text{J}}{268.15\text{K}} = 36.82\ \text{J}\cdot\text{K}^{-1}$$

总熵变：　$\Delta S_{tot} = -35.43\ \text{J}\cdot\text{K}^{-1} + 36.82\ \text{J}\cdot\text{K}^{-1} = 1.39\ \text{J}\cdot\text{K}^{-1} > 0$

由总熵变大于零可以判断此相变过程是不可逆的自发过程。

五、理想气体的熵变

理想气体的任意过程，总可以找到由等温、等压或等容过程组成的可逆途径，沿这些可逆途径积分便可求出理想气体的 ΔS。如图 2-9 所示，体系从 A 到 B，可以设计三种可逆途径求算。这三种途径分别为：

(1) 等压再等温；

(2) 等容再等温；

(3) 等容再等压。

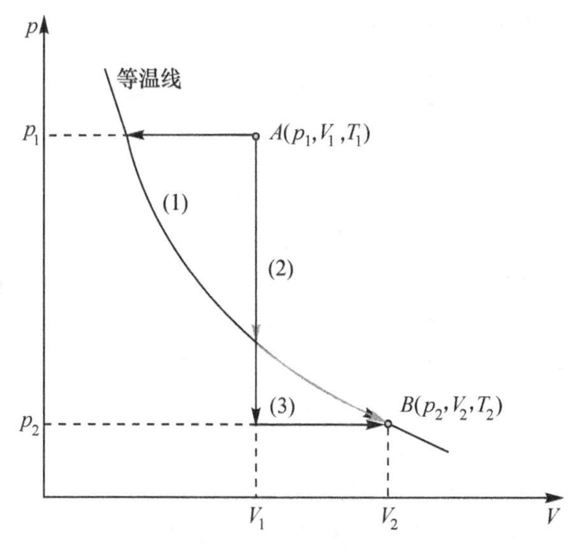

图 2-9　理想气体熵变

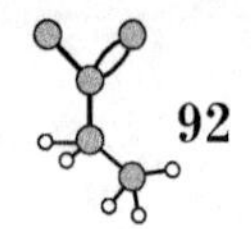

原则上,还可以找出无数条可逆过程,但是由等温过程、等压过程和等容过程组成的可逆过程计算理想气体的熵变比较简单。理想气体的这三种过程的熵变计算公式前面已经予以介绍,只要将这些公式按照图中所描绘的途径组合即可得到理想气体任意过程熵变的求算公式。

$$\Delta S = nC_{p,\mathrm{m}}\ln\frac{T_2}{T_1} + nR\ln\frac{p_1}{p_2}$$

$$\Delta S = nC_{V,\mathrm{m}}\ln\frac{T_2}{T_1} + nR\ln\frac{V_2}{V_1} \qquad (2\text{-}41)$$

$$\Delta S = nC_{V,\mathrm{m}}\ln\frac{p_2}{p_1} + nC_{V,\mathrm{m}}\ln\frac{V_2}{V_1}$$

以上三个公式是等同的,都可以用来求算理想气体任意简单过程的熵变,具体采用哪一个公式主要取决于所掌握的数据,如:若知道始末态的温度和体积,采用第二个公式计算熵变比较简单。

六、理想气体的混合过程

当环境的温度和压力都恒定时,理想气体的混合过程是不可逆过程,此过程的熵变需要设计一个可逆过程求算。可以将理想气体混合过程设为两个过程,首先是各纯组分理想气体各自膨胀到混合之后的末态,然后膨胀后的纯组分在可逆条件下混合。为了阐述的方便,设有1 mol A和1 mol B在恒温、恒压条件下混合,A、B均为理想气体。设计的可逆过程如下:

第一步:A和B的体积各自经等温可逆膨胀到始态的2倍,此过程的熵变为:

$$\Delta S_{\mathrm{A}} = nR\ln\frac{V_{2,\mathrm{A}}}{V_{1,\mathrm{A}}} = R\ln 2 = 1\ \mathrm{mol}\times 8.314\ \mathrm{J\cdot K^{-1}\cdot mol^{-1}}\times\ln 2 = 5.763\ \mathrm{J\cdot K^{-1}}$$

$$\Delta S_{\mathrm{B}} = nR\ln\frac{V_{2,\mathrm{B}}}{V_{1,\mathrm{B}}} = R\ln 2 = 1\ \mathrm{mol}\times 8.314\ \mathrm{J\cdot K^{-1}\cdot mol^{-1}}\times\ln 2 = 5.763\ \mathrm{J\cdot K^{-1}}$$

第一步的熵变为:

$$\Delta S_1 = \Delta S_{\mathrm{A}} + \Delta S_{\mathrm{B}} = 11.53\ \mathrm{J\cdot K^{-1}}$$

第二步:将A和B按图中所示的方法混合。

将膨胀后的A和B放置在如图2-10所示的没有摩擦力的类似汽缸的容器中。A和B用活塞与隔板隔开,左边的活塞可以让A自由通过,但是B不能透过;右边的隔板可以让B自由通过,但是A不能透过。左边的活塞与最右边的盲板用刚性连杆相连。设初始态的1摩尔理想气体体积为V,则A和B的体积均为$2V$,整个容器的体积为$4V$。

整个装置没有摩擦力,给连杆一个极其微小的向左的推动力,连杆、活塞与盲板将获得极其微小的动力,以极其缓慢的速率向左移动。在整个移动过程中,活塞可以让A分子自由通过,所以A对活塞没有作用力,气体B对活塞施加了一个向左的压力,压强为B的分压p_{B},而盲板也受到气体B的压力,其压强也为p_{B},但方向向右,所

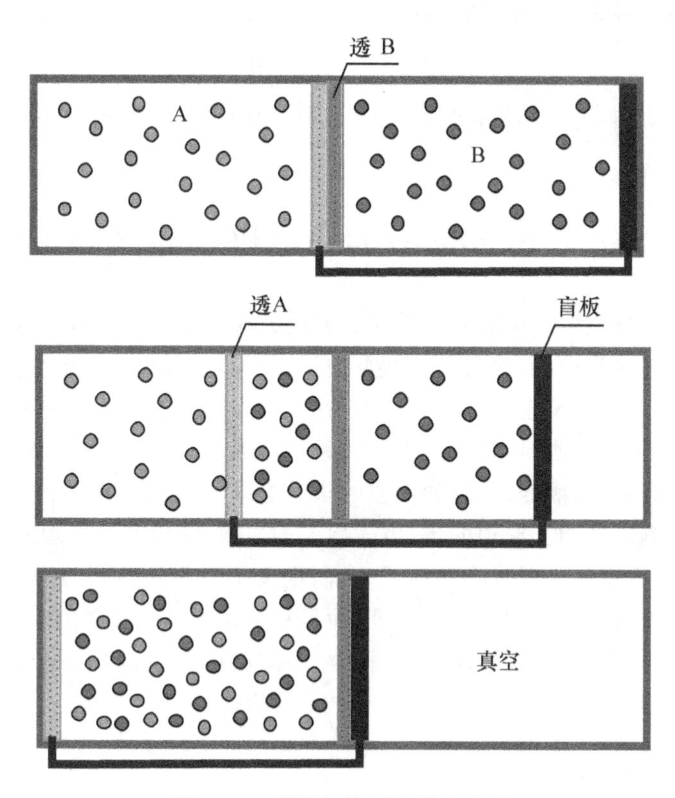

图 2-10　理想气体可逆混合过程

以此连动部件受到的合力为零。因为此装置没有摩擦力，故连动部件在整个运动过程中没有阻力，不消耗任何能量。当活塞移动到容器的最左边时，A 和 B 的混合过程完成。此混合过程是可逆的。若对连杆施加一个极其微小的向右的力，连动部分将在没有阻力的情况下缓慢向右运动，直至回复到原态，而系统与环境均完全还原，所以我们所设计的混合过程是一个可逆过程。

此过程是一个等温过程，故有：

$$\Delta U = 0 \quad W = 0 \quad (\text{外压为零})$$

故：

$$Q = 0$$

此过程是绝热可逆过程，故此过程的熵变为零：

$$\Delta S_2 = 0$$

理想气体混合过程的总熵变等于两步过程的熵变之和：

$$\Delta S = \Delta S_1 + \Delta S_1 = 2R\ln 2 = 11.53\ \text{J} \cdot \text{K}^{-1} > 0$$

混合过程是无热过程，故环境的熵变为零。体系与环境熵变的总和即为 11.53 $\text{J} \cdot \text{K}^{-1} > 0$。所以理想气体的混合过程是自发的不可逆过程。任意量的理想气体的

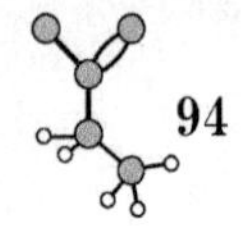

混合过程也是不可逆的自发过程,混合过程的熵变可以用下式计算:

$$\Delta S = -R\sum_i n_i \ln x_i \tag{2-42}$$

式中:n_i 是 i 组分理想气体的摩尔数;x_i 是 i 组分的摩尔分数。理想气体混合过程的熵变一定大于零。

§2-7 Helmholtz 自由能和 Gibbs 自由能

利用熵增原理原则上可以判别一切过程的方向与限度,但是,熵增原理只能运用于隔离系统和绝热系统,而热力学中常见的体系大多不属于此类系统。为了能运用熵增原理,人们必须将系统于环境一起考虑为一个总系统,这个总系统可以视为隔离系统。当要判断过程的性质时,就必须求算总系统的熵变,因而除了计算系统的熵变之外,还必须求算环境的熵变,环境的熵变的求算必须知道实际过程的热效应,而实际过程热效应的测定是相当麻烦的事。由于以上的原因,使得熵增原理的运用变得很不方便。为了能更方便地判断过程的性质,人们定义了一些新的热力学函数,这些函数可以用来判断热力学过程的方向和限度,而且只需计算系统的热力学量的变化值,不必考虑环境的因素,因而运用起来比熵函数要方便得多。人们引进的热力学新函数中,应用最多的是 Helmholtz 自由能和 Gibbs 自由能。

一、Helmholtz 自由能

人们定义的新函数,都是在熵函数基础上引入的。考虑恒温过程,系统的温度始终为定值且等于环境的温度:

$$T_1 = T_2 = T_{\text{system}} = T_{\text{surrounding}} \tag{2-43}$$

下标 1 表示始态温度,下标 2 表示末态温度。由热力学第一个判别式——克劳修斯不等式:

$$\mathrm{d}S \geqslant \frac{\delta Q}{T}$$

式中 Q 是实际过程的热量,等号表示可逆过程,大于号表示不可逆的自发过程。由热力学第一定律:

$$\mathrm{d}U = \delta Q + \delta W \quad \delta Q = \mathrm{d}U - \delta W$$

代入上式:

$$\mathrm{d}S - \frac{\mathrm{d}U - \delta W}{T} \geqslant 0$$

$$T\mathrm{d}S - \mathrm{d}U + \delta W \geqslant 0$$

因为是恒温过程,T 为常数,故有:

$$\mathrm{d}(TS) - \mathrm{d}U \geqslant -\delta W$$

$$-\mathrm{d}(U - TS) \geqslant -\delta W$$

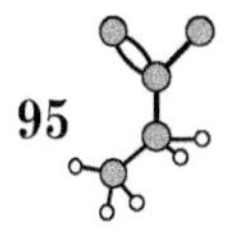

上式左边微分号内的函数组合可以定义为一个新函数，于是令：

$$F \equiv U - TS \tag{2-44}$$

F 函数首先由德国科学家 Helmholtz(Hermann Von Helmholtz，德国物理学家、生理学家，1821—1894 年）提出，此函数被命名为 Helmholtz 自由能。将 F 函数定义式代入克劳修斯不等式中：

$$-\mathrm{d}F \geqslant -\delta W \tag{2-45}$$

上式左边的 $-\mathrm{d}F$ 表示系统赫氏自由能的减少，右边表示系统所做的功，等号为可逆过程，大于号为不可逆过程。上式的物理含义是：**在恒温过程中，系统对外所做的最大功等于其 Helmholtz 自由能的减少。**

(2-45) 式两边乘以负号，方程变号，得：

$$\mathrm{d}F \leqslant \delta W$$

若系统经历一恒温、恒容过程，体积功为零：

$$\delta W = p\mathrm{d}V + W_f = W_f \quad (\mathrm{d}V = 0)$$

于是：

$$\mathrm{d}F \leqslant \delta W_f \tag{2-46}$$

若没有有用功，不等式为：

$$\mathrm{d}F \leqslant 0$$
$$\Delta F \leqslant 0 \tag{2-47}$$

(2-47) 式也是热力学判别式，成为 Helmholtz 不等式，使用的条件是：恒温、恒容、有用功等于零的过程。此式也可以用来判断过程的方向性，等号表示为可逆过程，小于号表示为不可逆自发过程。用 Helmholtz 不等式来判断过程的方向性，只需求算系统的 F 函数的变化值就可以了，而不需要考虑环境的变化，因而使用起来比熵判据要方便。利用赫氏自由能作为热力学判据虽然比熵函数方便，但是使用的范围缩小了很多，只能应用于恒温、恒容、不做非体积功的过程。(2-47) 式的物理含义是：**在恒温、恒容、不做有用功的条件下，系统的赫氏自由能只会自发地减少。**

二、Gibbs 自由能

以上定义的赫氏自由能函数可以用来判断等温、等容过程的方向，但是化学反应过程一般并不在等容条件下进行，而是在等压条件下进行，为了能方便地判别化学反应的方向性，需要引入新的热力学函数。还是由克劳修斯不等式开始：

$$\mathrm{d}S \geqslant \frac{\delta Q}{T}$$

设体系经历一个恒温、恒压过程，体系内能的变化为：

$$\mathrm{d}U = \delta Q + \delta W$$

$$\delta Q = \mathrm{d}U - \delta W = \mathrm{d}U - (-p\mathrm{d}V + \delta W_f) = \mathrm{d}U + p\mathrm{d}V - \delta W_f$$

式中 W_f 表示电功等非体积功，将上式代入克劳修斯不等式：

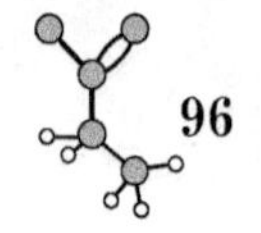

$$\mathrm{d}S-\frac{\mathrm{d}U+p\mathrm{d}V-\delta W_f}{T}\geqslant 0$$

两边乘以 T：

$$T\mathrm{d}S-\mathrm{d}U-p\mathrm{d}V+\delta W_f\geqslant 0$$

$$T\mathrm{d}S-\mathrm{d}U-p\mathrm{d}V\geqslant -\delta W_f$$

对于恒温、恒压过程，温度 T 与压力 p 均为常数，可以写到微分号内，于是，上式变为：

$$\mathrm{d}(TS)-\mathrm{d}U-\mathrm{d}(pV)\geqslant -\delta W_f$$

$$-\mathrm{d}(U+pV-TS)\geqslant -\delta W_f$$

将上式微分符号内的函数定义为一个新函数，令：

$$G\equiv H-TS \tag{2-48}$$

G 函数首先由美国物理学家 Gibbs(Josiah Willard Gibbs，1839—1903 年) 提出，称为 Gibbs 自由能。将 G 函数定义式代入克劳修斯不等式中：

$$-\mathrm{d}G\geqslant -\delta W_f \tag{2-49}$$

上式左边的 $-\mathrm{d}G$ 表示系统 Gibbs 自由能的减少，右边表示系统所做的有用功，等号为可逆过程，大于号为不可逆过程。上式的物理含义是：

在恒温、恒压过程中，系统对外所做的最大功等于其 Gibbs 自由能的减少。

(2-49) 式两边乘以负号，方程变号，得：

$$\mathrm{d}G\leqslant \delta W_f$$

若系统经历一恒温、恒压、有用功为零的过程，有：

$$\mathrm{d}G\leqslant 0$$
$$\Delta G\leqslant 0 \tag{2-50}$$

(2-50) 式也是热力学判别式，即为 Gibbs 不等式，使用的条件是：恒温、恒压、有用功等于零的过程。此式也可以用来判断过程的方向性，等号表示为可逆过程，小于号表示为不可逆自发过程。Gibbs 不等式与 Helmoltz 不等式相似，只要知道系统 Gibbs 自由能的变化值，就可以直接判断过程的方向性，使用起来非常方便，但是同时，使用的范围也变小了。要获得某种好处，就必须付出代价，这是一个普遍的原理。在热力学中也一样，Helmholtz 自由能与 Gibbs 自由能使用起来比较方便，但是它们适用的范围较使用不太方便的熵判据要缩小很多。熵判据是使用范围最广的热力学判据，其它一切判据都是由熵判据推导而来的。

Gibbs 自由能在化学领域具有极其广泛的应用。化学反应一般在恒温、恒压、不做有用功的条件下进行，所以一般的化学反应过程进行的方向与限度均由 Gibbs 不等式来判断。通过求算反应过程的 ΔG，可以根据其值是大于零、小于零或等于零，就可以判断此化学反应将正向进行、逆向进行或者已达到平衡。对于电化学反应，有用功不为零，若电化学反应在可逆条件下进行，则有：

$$\Delta G=-nFE \tag{2-51}$$

式中：ΔG 为电化学反应的 Gibbs 自由能的改变，F 是法拉第常数，其值为 96485

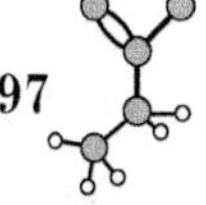

$C \cdot mol^{-1}$，n 表示反应中转移的电子的摩尔数，E 为电化学反应的可逆电动势。上式表示电化学反应体系 Gibbs 自由能的减少等于系统对外能做的最大功(可逆过程的功)。实际进行的电化学过程对外所做的功的绝对值均小于系统 Gibbs 自由能变化的绝对值。

§2-8　热力学判据

热力学的一个重要用途就是判断过程的方向性，用来判断过程性质的表达式称为热力学判据。以上我们介绍了熵判据、赫氏自由能判据和吉氏自由能判据。这三种热力学判据的运用最广泛，下面，对这三种热力学判据进行归纳和总结。

一、熵判据

熵判据是理论上最重要的热力学判据，其它判据均由熵判据而来。熵判据适用于绝热系统或隔离系统，若不是绝热或隔离系统，采用熵判据时，要考虑系统的熵变与环境的熵变，将系统与环境视为一个总系统，总系统可被认为是隔离系统。

对于绝热系统或隔离系统，有：

$$\Delta S \geqslant 0 \tag{2-52}$$

若：　$\Delta S > 0$：　自发过程

　　　$\Delta S = 0$：　可逆过程

　　　$\Delta S < 0$：　不可能过程，即这种过程根本不可能发生。

熵判据是第一个热力学判据，也是最重要的判据，其它判据均从熵判据推导而来。熵判据原则上可以判断一切过程的方向与限度。在隔离系统或绝热系统中发生的实际过程均为不可逆的自发过程，系统的状态向平衡态趋近，当系统达到平衡时，系统的熵最大，系统分子运动的混乱度也最大。当系统达到平衡态后，熵趋于极大，系统的熵不再变化，至多就是在最大值附近波动，这种波动称为涨落，宏观系统的熵的涨落极其微小，实际上是觉察不到的。隔离系统达到平衡态后，熵成为定值，不再变动。达到平衡态的隔离系统内能与体积也是恒定的，于是有：

$$(\Delta S)_{U,V} = 0 \quad (\text{隔离系统，平衡态})$$

二、Helmoltz 自由能判据

Helmoltz 自由能判据主要用来判断恒温、恒容过程的方向性。对于恒温、恒容的封闭系统：

$(\Delta F)_{T,V,W_f=0} < 0$：　自发过程

$(\Delta F)_{T,V,W_f=0} = 0$：　可逆过程

$(\Delta F)_{T,V} > 0$：　不可逆非自发过程

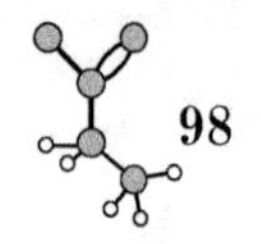

$$(\Delta F)_{T,V} > W_{f,R}: \quad 不可能过程$$

对于恒温、恒容、不做有用功的封闭系统,系统的 Helmoltz 自由能只可能减少,不可能增加,只有为可逆过程时,Helmoltz 自由能才保持不变。若在恒温、恒容下,系统的 Helmoltz 自由能增加,只有一种可能,即环境对系统做了有用功。没有有用功的输入,恒温、恒容系统的 Helmoltz 自由能不可能增加。

三、Gibbs 自由能判据

Gibbs 自由能判据主要应用于恒温、恒压的封闭系统。对于恒温、恒压系统:

$$(\Delta G)_{T,p,W_f=0} < 0: \quad 自发过程$$

$$(\Delta G)_{T,p,W_f=0} = 0: \quad 可逆过程$$

$$(\Delta G)_{T,p} > 0: \quad 不可逆非自发过程$$

$$(\Delta G)_{T,p} > W_{f,R}: \quad 不可能过程$$

对于恒温、恒压、不做有用功的封闭体系,系统的 Gibbs 自由能只能减少,不可能增加,只有为可逆过程时,Gibbs 自由能才保持不变。若在恒温、恒压下,系统的 Gibbs 自由能增加,只有一种可能,即环境对系统做了有用功。没有非体积功的输入,恒温、恒压系统的 Gibbs 自由能不可能增加。但是,系统自由能的增加是有限度的,提升系统的自由能的限度就是不可能大于可逆过程环境对系统所作的功。充电电池的使用过程是系统自由能减少的过程,当电池的电能释放完以后,必须对电池充电,电池充电过程就是提升电池自由能的过程,充电时电池的 Gibbs 自由能将升高。但是充电过程是有限度的,无论充电电压多高,被充电电池的电动势都不可能提升到电池可逆电动势之上。

在使用赫氏自由能判据和吉氏自由能判据时,只需计算系统的状态函数值即可对过程的方向性进行判断,使用起来很方便,但所付出的代价是其适用的范围大大缩小,赫氏自由能判据只适用于等温、等容过程;Gibbs 自由能判据只适用于等温、等压过程,超出此范围去应用,便会得到荒谬的结果。

在以上的叙述中,涉及各种热力学过程,对这些热力学过程归纳如下:

自发过程:在没有外界的干扰下,可自动发生的过程。如水往低处流等现象。自发过程都是不可逆的。

可逆过程:在平衡条件下可逆进行的过程。如平衡相变,达到平衡的化学反应等。

不可逆过程:在非平衡条件下发生的过程,自然界发生的一切过程都是不可逆过程。

非自发过程:只有当外界施加影响时,才可能发生的过程。如:水泵将水泵往高处;电池充电恢复电池电力等。不自发过程均为不可逆过程。

不可能过程:实际上不可能发生的宏观过程。如人类社会重新回到 18 世纪。

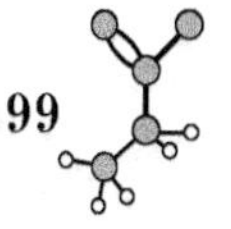

§ 2-9　热力学函数的关系

一、热力学基本关系式

以上，我们介绍了 5 个最常用的热力学函数，它们是：U、H、S、H、G，其中只有熵 S 的单位为 $J \cdot K^{-1}$，其它 4 种函数的单位均为 J，量纲均为能量。这些函数均为状态函数。几种热力学函数的关系为：

$$\begin{aligned} H &= U + pV \\ F &= U - TS \\ G &= H - TS = F + pV \end{aligned} \tag{2-53}$$

(2-53) 式都是热力学函数的定义式。几种函数的关系可以用图 2-11 表示。如图所示：系统的焓包含有关能量的信息最丰富，内能次之，Helmoltz 自由能最少。

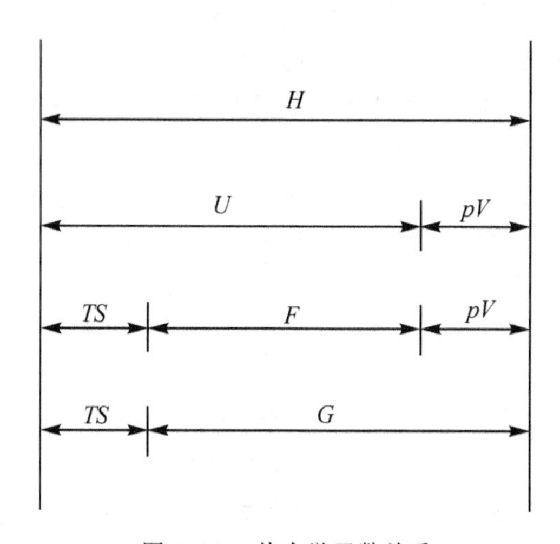

图 2-11　热力学函数关系

一个封闭系统，若没有非体积功，由热力学第一定律，有公式：

$$dU = \delta Q + \delta W_e = \delta Q - p_{外}\, dV$$

若经历一个可逆过程，$p_{外} = p$，由热力学第二定律：

$$dS = \delta Q / T$$

于是有：

$$dU = TdS - pdV \tag{2-54}$$

上式是热力学第一定律和第二定律的联合表达式，也是热力学理论中最重要的公式。故 (2-54) 式表示的是两个无限接近的热力学状态的内能之差，此式适用于任何过程，无论是可逆过程还是不可逆过程。(2-54) 式表示内能 U 在数学上是一个全微分，

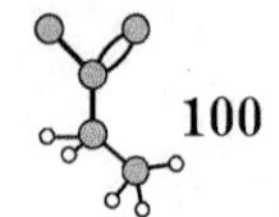

它可以表示为两个独立变量的函数,此式选择的独立变量是系统的熵 S 和体积 V。

不做有用功,没有相变化和化学变化的系统是简单系统,最典型的简单系统是单相纯化合物,如1摩尔氧气等。简单系统的自由度为2,即简单系统的状态可以由两个独立变量(如 T、V 等) 完全确定。系统的状态一旦被确定,所有的状态函数也被确定下来,所以简单系统的状态函数可以表达为两个独立变量的函数。在(2-54) 式中,系统的内能被表达为两个独立变量 S 和 V 的函数。

采用类似的方法,可以用两个变量表达简单体系所有的状态函数。焓的定义式为:

$$H = U + pV$$

对上式取微分:

$$\mathrm{d}H = \mathrm{d}U + p\mathrm{d}V + V\mathrm{d}p$$

将(2-54) 式代入上式可得:

$$\mathrm{d}H = T\mathrm{d}S - p\mathrm{d}V + p\mathrm{d}V + V\mathrm{d}p$$

整理得:

$$\mathrm{d}H = T\mathrm{d}S + V\mathrm{d}p \tag{2-55}$$

(2-55) 式为焓的全微分式,焓被表达为熵与压力的函数。对 F 和 G 的定义式取微分,也可以得到 Helmoltz 自由能和 Gibbs 自由能的全微分展开式:

$$\mathrm{d}F = - S\mathrm{d}T - p\mathrm{d}V \tag{2-56}$$

$$\mathrm{d}G = - S\mathrm{d}T + V\mathrm{d}p \tag{2-57}$$

(2-54) ~ (2-56) 式,称为热力学基本关系式,也称 Gibbs 关系式,表示最常用的几种热力学函数间的联系。这四个方程式都是状态函数的全微分展开式,通过对它们的积分,可以求得 U、H、F 和 G 的宏观过程变化值。在运用热力学理论分析、解决实际问题时,热力学函数变化值的求算往往是最关键的手段,通过热力学函数的变化,可以判断过程进行的方向与限度。因而,以上四个热力学基本关系式是很重要的,也是很常用的。须注意,(2-54) ~ (2-57) 式的适用范围是:

封闭系统,没有相变化和化学变化,没有非体积功。

热力学基本关系式表示的是两个无限接近的热力学平衡态的状态函数差值,方程式中所有的变量均为状态函数,没有过程量,所以热力学基本关系式与途径无关,可以适用于可逆过程及非可逆过程。但是当对基本关系式进行积分,求算函数的宏观过程变化值时,情况有所不同。在对基本关系式求积分时,当然要求被积函数是存在的,而对于非可逆过程,往往会出现被积函数无法确定的情况。如:理想气体向真空膨胀。在气体膨胀过程中,系统的压力是不确定的,甚至是处处不一样的,因而无法给出膨胀过程中系统压力的确定值。实际上,向真空膨胀过程是非平衡过程,系统在整个膨胀过程中处于非平衡态,而不是平衡态,故此过程中不存在平衡态才具有的热力学状态函数值,如压力、密度等。根据以上分析,说明热力学基本关系式在求积分时,对积分路径有特殊的要求,即要求此路径处处具有确定的被积函数。基本关系式中的被积函数也是状态函数，这就要求系统经历路径时，处处均处于平衡态，这样，才可能处处存在确定的被积函数。可逆过程就是能够满足此要求的途径，系统经历可逆过程时，始终处于平衡态，所以处处可以找到确切的被积函数，积分可以很方便地求出。因此，热力学基本关系式本身适用于可逆及非可逆过程，当对基本关系式积分求算宏观过程的热力学函数改变值时，必须沿着处处存在热力学平衡态的路径积分，而能满足此要求的最方便的途径是可逆过程。

从以上的热力学基本关系式可以看出，它们虽然都是状态函数的全微分展开式，但是不同状态函数所选取的独立变量是不一样的，各个状态函数所选取的独立变量分别是：

$$\begin{aligned} U &= U(S,V) \\ H &= H(S,p) \\ F &= F(T,V) \\ G &= G(T,p) \end{aligned} \tag{2-58}$$

由上式可知：内能表示为熵与体积的函数；焓表示为熵和压力的函数；Helmholtz 自由能表示为温度和体积的函数；Gibbs 自由能表示为温度和压力的函数。以上四个热力学函数均为复合函数，对复合函数求全微分，有：

$$dU = \left(\frac{\partial U}{\partial S}\right)_V dS + \left(\frac{\partial U}{\partial V}\right)_S dV \tag{2-59}$$

$$dH = \left(\frac{\partial H}{\partial S}\right)_p dS + \left(\frac{\partial H}{\partial p}\right)_S dp \tag{2-60}$$

$$dF = \left(\frac{\partial F}{\partial T}\right)_V dT + \left(\frac{\partial F}{\partial V}\right)_T dV \tag{2-61}$$

$$dG = \left(\frac{\partial G}{\partial T}\right)_p dT + \left(\frac{\partial G}{\partial p}\right)_T dp \tag{2-62}$$

(2-59) ～ (2-62) 式与(2-54) ～ (2-57) 式表示的都是 U、H、F 和 G 的全微分，两者应该是相等的，比较相应热力学函数展开式的系数，这些系数也应该相等。如(2-54)式右边第一项的系数与(2-59) 式右边第一项的系数应相等，即：$T = \left(\frac{\partial U}{\partial S}\right)_V$，此式的物理含义是体系的内能在等容条件下对温度求偏微商所得的值等于体系的温度。这样类似的偏微商关系式一共有 8 个，这 8 个热力学关系式在物理化学中具有广泛的应用，是很重要的热力学关系式。这些关系式用偏微商表示状态函数，被表达的热力学函数有温度 T，压力 p，体积 V 和物质的熵 S。8 个关系式表达如下：

$$T = \left(\frac{\partial U}{\partial S}\right)_V = \left(\frac{\partial H}{\partial S}\right)_p \tag{2-63}$$

$$p = -\left(\frac{\partial U}{\partial V}\right)_S = -\left(\frac{\partial F}{\partial V}\right)_T \tag{2-64}$$

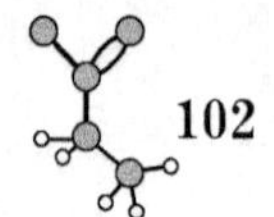

$$V = \left(\frac{\partial H}{\partial p}\right)_S = \left(\frac{\partial G}{\partial p}\right)_T \tag{2-65}$$

$$S = -\left(\frac{\partial F}{\partial T}\right)_V = -\left(\frac{\partial G}{\partial T}\right)_p \tag{2-66}$$

以上偏微分关系式经常被用来推导和证明其它热力学公式,它们也反映了一些热力学量与状态函数偏微分之间的关系。

二、Maxwell 关系式(Maxwell's relations)

热力学的一些关系式在理论推导与实践活动中都有广泛的应用,Maxwell 关系式就是这类关系式。Maxwell 关系式的导出要运用数学上高阶微商的性质。设 u 为任意状态函数,u 是两个独立变量 x,y 的单值函数。u 是状态函数,在数学上是全微分,其变化值与途径无关,记为:

$$u = f(x,y)$$

对以上函数取全微分:

$$\mathrm{d}u = \left(\frac{\partial u}{\partial x}\right)_y \mathrm{d}x + \left(\frac{\partial u}{\partial y}\right)_x \mathrm{d}y$$

记为:

$$\mathrm{d}u = M\mathrm{d}x + N\mathrm{d}y$$

比较以上两式,有:

$$M = \left(\frac{\partial u}{\partial x}\right)_y \quad N = \left(\frac{\partial u}{\partial y}\right)_x$$

M,N 也是 x,y 的函数,对 M 求 y 的偏微商;对 N 求 x 的偏微商,得:

$$\left(\frac{\partial M}{\partial y}\right)_x = \frac{\partial^2 u}{\partial y \partial x}$$

$$\left(\frac{\partial N}{\partial x}\right)_y = \frac{\partial^2 u}{\partial x \partial y}$$

根据 Euler 定理,高阶微商与求导的次序无关,故以上两式左边的偏微商相等,于是有:

$$\left(\frac{\partial M}{\partial y}\right)_x = \left(\frac{\partial N}{\partial x}\right)_y \tag{2-67}$$

将 Euler 定理应用于 Gibbs 关系式,如内能的展开式,$\mathrm{d}U = T\mathrm{d}S - p\mathrm{d}V$,右边系数 T 相当于 M,$-p$ 相当于 N,S 相当于 x,V 相当于 y。应用(2-67) 式,有:$\left(\frac{\partial T}{\partial V}\right)_S = -\left(\frac{\partial p}{\partial S}\right)_V$,所有的 Gibbs 关系式都有类似结果,因此可得:

$$\left(\frac{\partial T}{\partial V}\right)_S = -\left(\frac{\partial p}{\partial S}\right)_V \tag{2-68}$$

$$\left(\frac{\partial T}{\partial p}\right)_S = \left(\frac{\partial V}{\partial S}\right)_p \tag{2-69}$$

$$\left(\frac{\partial S}{\partial V}\right)_T = \left(\frac{\partial p}{\partial T}\right)_V \tag{2-70}$$

$$\left(\frac{\partial S}{\partial p}\right)_T = -\left(\frac{\partial V}{\partial T}\right)_p \tag{2-71}$$

以上四个关系式均称为 Maxwell 关系式，Maxwell 关系式表示简单体系状态函数偏微商之间的关系。这些公式在热力学中具有很重要的作用，利用 Maxwell 关系式可以推导许多重要的热力学方程式，包括第一章所用到的热力学公式；还可以将一些很难测定的物理量转换为容易测定的物理量，在实践中应用非常广泛。

三、Maxwell 关系式应用示例

示例1　物质等压热容与等容热容的关系。在热力学第一定律部分，曾经介绍了物质等压热容与等容热容的关系式，但是没有给予严格的证明，以下运用 Maxwell 关系式给予证明。

证明物质的等压热容与等容热容之间满足如下方程：

$$C_p - C_V = T\left(\frac{\partial V}{\partial T}\right)_p\left(\frac{\partial p}{\partial T}\right)_V$$

证明：对于简单 p-V-T 变化，$\mathrm{d}H = \delta Q_p = T\mathrm{d}S$，$\mathrm{d}U = \delta Q_V = T\mathrm{d}S$，$C_p = \dfrac{\delta Q_p}{\mathrm{d}T}$，$C_V = \dfrac{\delta Q_V}{\mathrm{d}T}$，于是有：

$$C_p - C_V = \left(\frac{\partial H}{\partial T}\right)_p - \left(\frac{\partial U}{\partial T}\right)_V = T\left(\frac{\partial S}{\partial T}\right)_p - T\left(\frac{\partial S}{\partial T}\right)_V$$

整理：

$$C_p - C_V = T\left[\left(\frac{\partial S}{\partial T}\right)_p - \left(\frac{\partial S}{\partial T}\right)_V\right] \tag{2-72}$$

令：$S = S(T,V)$，对 S 求全微分：

$$\mathrm{d}S = \left(\frac{\partial S}{\partial T}\right)_V \mathrm{d}T + \left(\frac{\partial S}{\partial V}\right)_T \mathrm{d}V$$

将 V 视为温度 T 和压力 p 的函数，并展开 V 的全微分，上式变为：

$$\begin{aligned}\mathrm{d}S &= \left(\frac{\partial S}{\partial T}\right)_V \mathrm{d}T + \left(\frac{\partial S}{\partial V}\right)_T\left[\left(\frac{\partial V}{\partial T}\right)_p \mathrm{d}T + \left(\frac{\partial V}{\partial p}\right)_T \mathrm{d}P\right] \\ &= \left[\left(\frac{\partial S}{\partial T}\right)_V + \left(\frac{\partial S}{\partial V}\right)_T\left(\frac{\partial V}{\partial T}\right)_p\right]\mathrm{d}T + \left(\frac{\partial S}{\partial V}\right)_T\left(\frac{\partial V}{\partial p}\right)_T \mathrm{d}p\end{aligned}$$

又令：$S = S(T,p)$，对 S 求全微分：

$$\mathrm{d}S = \left(\frac{\partial S}{\partial T}\right)_p \mathrm{d}T + \left(\frac{\partial S}{\partial p}\right)_T \mathrm{d}p$$

上两式右边 $\mathrm{d}T$ 前的系数必定相等，因此有：

$$\left(\frac{\partial S}{\partial T}\right)_p = \left(\frac{\partial S}{\partial T}\right)_V + \left(\frac{\partial S}{\partial V}\right)_T\left(\frac{\partial V}{\partial T}\right)_p \tag{2-73}$$

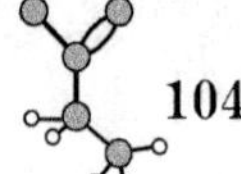

将(2-73)式代入(2-72)式：

$$C_p - C_V = T\left(\frac{\partial S}{\partial V}\right)_T\left(\frac{\partial V}{\partial T}\right)_p \tag{2-74}$$

由 Maxwell 关系式(2-70)：$\left(\frac{\partial S}{\partial V}\right)_T = \left(\frac{\partial p}{\partial T}\right)_V$，将关系式代入(2-74)式：

$$C_p - C_V = T\left(\frac{\partial p}{\partial T}\right)_V\left(\frac{\partial V}{\partial T}\right)_p \tag{2-75}$$

上式即为待证明的结果，证毕。

示例 2 推导在等温条件下，内能与体积的关系。由 Gibbs 关系式：

$$\mathrm{d}U = T\mathrm{d}S - p\mathrm{d}V$$

在等温条件下，对体积求偏微商：

$$\left(\frac{\partial U}{\partial V}\right)_T = T\left(\frac{\partial S}{\partial V}\right)_T - p$$

由 Maxwell 关系式$\left(\frac{\partial S}{\partial V}\right)_T = \left(\frac{\partial p}{\partial T}\right)_V$，代入上式即得：

$$\left(\frac{\partial U}{\partial V}\right)_T = T\left(\frac{\partial p}{\partial T}\right)_V - p \tag{2-76}$$

(2-76)式为内能与体积的关系式，可以适用于任何简单系统。

例如对于理想气体，因为理想气体遵守理想气体方程式 $pV = nRT$，代入上式得：

$$\left(\frac{\partial U}{\partial V}\right)_T = T\left(\frac{\partial}{\partial T}\left(\frac{nRT}{V}\right)\right)_V - p = T\frac{nR}{V} - p = p - p = 0$$

对范德华气体，将范德华方程 $p = \frac{RT}{V_\mathrm{m} - b} - \frac{a}{V_\mathrm{m}^2}$ 代入(2-76)式，求偏微商：

$$\left(\frac{\partial p}{\partial T}\right)_V = \left(\frac{\partial}{\partial T}\left(\frac{RT}{V_\mathrm{m} - b} - \frac{a}{V_\mathrm{m}^2}\right)\right)_V = \frac{R}{V_\mathrm{m} - b}$$

将上式代入(2-76)式：

$$\left(\frac{\partial U}{\partial V}\right)_T = T\frac{R}{V_\mathrm{m} - b} - \left(\frac{RT}{V_\mathrm{m} - b} - \frac{a}{V_\mathrm{m}^2}\right) = \frac{a}{V_\mathrm{m}^2}$$

示例 3 推导在等温条件下，焓与压力的关系。由 Gibbs 关系式：

$$\mathrm{d}H = T\mathrm{d}S + V\mathrm{d}p$$

在等温条件下，对压力求偏微商：

$$\left(\frac{\partial H}{\partial p}\right)_T = T\left(\frac{\partial S}{\partial p}\right)_T + V$$

由 Maxwell 关系式$\left(\frac{\partial S}{\partial p}\right)_T = -\left(\frac{\partial V}{\partial T}\right)_p$，代入上式即得：

$$\left(\frac{\partial H}{\partial V}\right)_T = V - T\left(\frac{\partial V}{\partial T}\right)_p \tag{2-77}$$

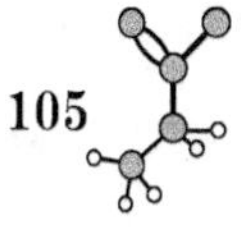

(2-76) 式为焓与压力的关系式，可以适用于任何简单系统。

(2-76) 式和(2-77) 式是很有用的热力学关系式，根据此两式可以求算物质的内能与焓的变化值。纯物质的内能 U 可以表达为任意两个独立变量的函数。在 Gibbs 关系式中，内能表达为熵和体积的函数，但内能也可以表达为其它变量的函数，如将内能视为温度和体积的函数，于是有：

$$\mathrm{d}U = \left(\frac{\partial U}{\partial T}\right)_V \mathrm{d}T + \left(\frac{\partial U}{\partial V}\right)_T \mathrm{d}V$$

对于纯物质，等容条件下内能对温度的偏微商等于等容热容，并将(2-76) 式代入上式：

$$\mathrm{d}U = C_V \mathrm{d}T + \left[T\left(\frac{\partial p}{\partial T}\right)_V - p\right]\mathrm{d}V \tag{2-78}$$

同理可得：

$$\mathrm{d}H = C_p \mathrm{d}T + \left[V - T\left(\frac{\partial V}{\partial T}\right)_p\right]\mathrm{d}p \tag{2-79}$$

对上两式积分，即可求得物质内能及焓的变化值。

示例 4　证明：$\left(\frac{\partial p}{\partial T}\right)_V \left(\frac{\partial T}{\partial V}\right)_p \left(\frac{\partial V}{\partial p}\right)_T = -1$

以上关系式对于简单系统是成立的。简单系统没有相变化和化学变化，系统的自由度等于 2，状态函数可以视为任意两个独立变量的函数，设：$V = V(T,p)$，则体积的全微分为：

$$\mathrm{d}V = \left(\frac{\partial V}{\partial T}\right)_p \mathrm{d}T + \left(\frac{\partial V}{\partial p}\right)_T \mathrm{d}p$$

在定容条件下，$\mathrm{d}V = 0$，上式变为：

$$\left(\frac{\partial V}{\partial T}\right)_p \mathrm{d}T + \left(\frac{\partial V}{\partial p}\right)_T \mathrm{d}p = 0$$

$$\left(\frac{\partial V}{\partial T}\right)_p \mathrm{d}T = -\left(\frac{\partial V}{\partial p}\right)_T \mathrm{d}p$$

$$\frac{\mathrm{d}T}{\mathrm{d}p} = -\frac{\left(\frac{\partial V}{\partial p}\right)_T}{\left(\frac{\partial V}{\partial T}\right)_p}$$

注意上式适用的条件为体积不变，将左边表达为偏微商，整理得：

$$\left(\frac{\partial T}{\partial p}\right)_V = -\left(\frac{\partial V}{\partial p}\right)_T \left(\frac{\partial T}{\partial V}\right)_p$$

上式两边都乘以$\left(\frac{\partial p}{\partial T}\right)_V$，即可得：

$$\left(\frac{\partial p}{\partial T}\right)_V \left(\frac{\partial T}{\partial V}\right)_p \left(\frac{\partial V}{\partial p}\right)_T = -1 \tag{2-80}$$

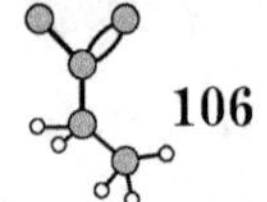

证毕。(2-80) 式在数学上称为循环关系式，对于自由度为 2 体系，任何 3 个状态函数间都存在相似的关系式。

四、特性函数(characteristic function)

对于 U、H、S、F、G 等热力学函数，只要选择合适的独立变量，就可以由一个已知的热力学函数求得所有其它热力学函数，从而可以把一个热力学系统的平衡性质完全确定下来。这个已知的热力学函数被称为特性函数(characteristic function)，所选择的变量称为该特性函数的特征变量(characteristic variable)。热力学常用函数的特征变量就是 Gibbs 关系式所选用的变量：

$$
\begin{aligned}
U &= U(S,V)\\
H &= H(S,p)\\
F &= F(T,V)\\
G &= G(T,p)\\
S &= S(H,p)
\end{aligned}
\tag{2-81}
$$

以 Gibbs 自由能为例说明特性函数的性质。G 表达为温度 T 和压力 p 的函数：

$$\mathrm{d}G = -S\mathrm{d}T + V\mathrm{d}p$$

由偏微分性质，有：

$$S = -\left(\frac{\partial G}{\partial T}\right)_p$$

$$V = \left(\frac{\partial G}{\partial p}\right)_T$$

$$H = G + TS = G - T\left(\frac{\partial G}{\partial T}\right)_p$$

$$U = H - pV = G - T\left(\frac{\partial G}{\partial T}\right)_p - p\left(\frac{\partial G}{\partial p}\right)_T$$

$$F = G - pV = G - p\left(\frac{\partial G}{\partial p}\right)_T$$

以上几种主要的热力学函数均被表达为温度和压力的函数。从此实例可知，由一特性函数及其特征变量，可以求出体系其它所有的热力学状态函数，热力学系统的性质就被完全确定下来。除了 Gibbs 自由能之外，其它状态函数也可以被选为特性函数，如选定内能为特性函数，相应的特征变量是熵 S 和体积 V，采用类似的方法，可以将其它所有的状态函数表达为 S 和 V 的函数，系统的性质从而被完全确定。

§2-10 热力学函数改变值的求算

在 §2-6 节，已经介绍过熵变的计算，本节主要介绍其它几种热力学函数改变值

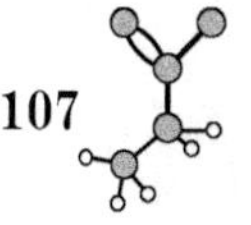

的求算方法。对于热力学简单系统，原则上通过对 Gibbs 关系式求积分，就可以获得 U、H、F 和 G 的变化值。以下对几种常见热力学过程的状态函数改变值求算方法进行介绍。

一、等温过程

所讨论的过程是指系统始态的温度与末态的温度相等的过程。恒温过程始末态的温度当然是相等的。恒温过程的状态函数变化值可以通过函数等温条件下的微分式直接求算，内能的全微分式如(2-78)式所示，在恒温条件下，微分式为：

$$\mathrm{d}U_T=\left[T\left(\frac{\partial p}{\partial T}\right)_V-p\right]\mathrm{d}V$$

积分可得恒温过程内能的变化值：

$$\Delta U_T=\int_{V_1}^{V_2}\left[T\left(\frac{\partial p}{\partial T}\right)_V-p\right]\mathrm{d}V \tag{2-82}$$

欲求解上式，首先必须知道热力学系统的 p-V-T 关系，即知道物质的状态方程。由状态方程可以求得式中偏微商，然后进行积分即可以得到内能的变化。

类似地可以推出恒温过程系统焓的变化值的积分式：

$$\Delta H_T=\int_{p_1}^{p_2}\left[V-T\left(\frac{\partial V}{\partial T}\right)_p\right]\mathrm{d}p \tag{2-83}$$

理想气体的内能和焓均只与温度有关，故理想气体恒温过程：

$$\begin{aligned}\Delta U&=0\\ \Delta H&=0\end{aligned}\quad\text{（理想气体，等温过程）} \tag{2-84}$$

Gibbs 自由能的微分式为：

$$\mathrm{d}G=-S\mathrm{d}T+V\mathrm{d}p$$

在恒温条件下，上式变为：

$$\mathrm{d}G=V\mathrm{d}p \tag{2-85}$$

(2-83) 式是求算等温过程 Gibbs 自由能变化值的基本公式。对于不同的系统，代入各自适用的状态方程，将体积表达为压力的函数，再取积分即可获得宏观过程 Gibbs 自由能的改变值。将(2-85) 式应用于理想气体，代入理想气体状态方程，即得：

$$\mathrm{d}G=\frac{nRT}{p}\mathrm{d}p=nRT\mathrm{d}\ln p$$

积分：

$$\Delta G=\int_{p_1}^{p_2}nRT\mathrm{d}\ln p=nRT\ln\frac{p_2}{p_1}=nRT\ln\frac{V_1}{V_2} \tag{2-86}$$

对照理想气体恒温过程系统做功的公式：

$$W_R=nRT\ln\frac{p_2}{p_1}$$

得：

$$\Delta G=W_R$$

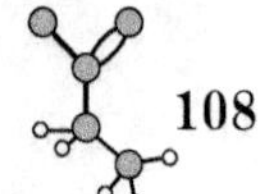

上式说明：可逆过程的功(做功为负)等于系统吉布斯自由能的减少。将(2-85)式应用于凝聚系统，因为凝聚系统在一般条件下可以将体积视为不随压力变化的常数，故有：

$$\Delta G = \int_{p_1}^{p_2} V \mathrm{d}p \approx V(p_2 - p_1) \quad (\text{凝聚体系}) \tag{2-87}$$

本节以上各公式的推导均通过恒温过程推导而来，由状态函数的性质，热力学状态函数的改变量只与系统的始末态有关，与系统经历何种途径从始态达到末态的过程无关。以上状态函数改变量所对应的过程的特征是始态与末态的温度相等，因此，凡是始末态温度相同的简单体系的内能、焓和 Gibbs 自由能的变化值的求算，均可以采用本节所介绍的公式。

二、变温过程

有各种各样的变温过程，本节主要介绍等压变温和等容变温过程热力学函数值的求算。

1. 等容变温过程内能的变化

若将内能展开为 T、V 的函数：

$$\mathrm{d}U = \left(\frac{\partial U}{\partial T}\right)_V \mathrm{d}T + \left(\frac{\partial U}{\partial V}\right)_T \mathrm{d}V = C_V \mathrm{d}T + \left(\frac{\partial U}{\partial V}\right)_T \mathrm{d}V$$

对于恒容过程，上式变为：

$$\mathrm{d}U = C_V \mathrm{d}T \tag{2-88}$$

上式适用于简单系统的等容变温过程，对上式积分可求得体系内能的变化：

$$\Delta U = \int_{T_1}^{T_2} C_V \mathrm{d}T \tag{2-89}$$

若 C_V 可以视为常数，则有：

$$\Delta U = C_V(T_2 - T_1) \tag{2-90}$$

上式适用于简单体系等容过程系统内能改变的求算。若物质的 C_V 随温度而变化，则要将热容随温度改变的函数式代入(2-89)式中积分求得内能的变化。

2. 等压变温过程焓变

将焓展开为 T、p 的函数：

$$\mathrm{d}H = \left(\frac{\partial H}{\partial T}\right)_p \mathrm{d}T + \left(\frac{\partial H}{\partial p}\right)_T \mathrm{d}p = C_p \mathrm{d}T + \left(\frac{\partial U}{\partial p}\right)_T \mathrm{d}p$$

对于恒压过程，上式变为：

$$\mathrm{d}H = C_p \mathrm{d}T \tag{2-91}$$

上式适用于简单系统的等压变温过程，对上式积分可求得焓的变化：

$$\Delta H = \int_{T_1}^{T_2} C_p \mathrm{d}T \tag{2-92}$$

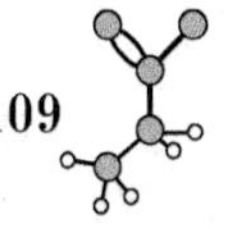

若 C_p 可以视为常数,则有:

$$\Delta H = C_p(T_2 - T_1) \tag{2-93}$$

上式适用于简单系统等压过程焓变的求算。若物质的 C_p 随温度而变化,则要将热容随温度改变的函数式代入(2-93) 式中积分求得焓变。

3. 等压变温过程 Gibbs 自由能的变化值

由热力学基本关系式:

$$\mathrm{d}G = -S\mathrm{d}T + V\mathrm{d}p$$

对于恒压过程,上式变为:

$$\mathrm{d}G = -S\mathrm{d}T \tag{2-94}$$

从上式可知,若要求算变温过程系统 Gibbs 自由能的变化,首先需要知道物质的熵。热力学第二定律给出的是系统的熵变,而不是熵本身,物质的熵值只有在确立了热力学第三定律之后才获得解决。对(2-94) 式积分即得变温过程系统 Gibbs 自由能的变化。

$$\Delta G = -\int_{T_1}^{T_2} S\mathrm{d}T \tag{2-95}$$

上式中:S 为物质的熵,将物质的熵代入上式积分,就可以求得 ΔG。

例题　300 K,1 mol 单原子分子理想气体经历如下途径由 $10p^\ominus$ 膨胀到 $1p^\ominus$。试求各过程的 Q、W、U、H、S、F 和 G。已知:300 K,$10p^\ominus$ 下此物质的 $S_\mathrm{m} = 126.1\ \mathrm{J/(K \cdot mol)}$。系统经历的过程有:

(1) 等温可逆膨胀;

(2) 向真空膨胀;

(3) 等温等外压($1p^\ominus$) 膨胀;

(4) 绝热可逆膨胀至 $1p^\ominus$;

(5) 绝热、等外压($1p^\ominus$) 膨胀至 $1p^\ominus$。

解　单原子分子理想气体 $C_{V,\mathrm{m}} = 1.5R$;$C_{p,\mathrm{m}} = 2.5R$。

(1) 等温可逆膨胀过程:

∵　理想气体,$\mathrm{d}T = 0$,

∴　$\Delta U = 0$　$\Delta H = 0$

$$W = -\int p\mathrm{d}V = -\int_{V_1}^{V_2} RT\mathrm{dln}V = RT\ln\frac{V_1}{V_2} = RT\ln\frac{p_2}{p_1}$$

$$W = nRT\ln\frac{p_2}{p_1} = 1\mathrm{mol} \times (-8.314\mathrm{J \cdot K^{-1} \cdot mol^{-1}}) \times 300\mathrm{K} \times \ln 0.1 = -5743\ \mathrm{J}$$

$$Q = -W = 5743\ \mathrm{J}$$

$$\Delta S = nR\ln\frac{p_1}{p_2} = \frac{Q_R}{T} = \frac{5743\mathrm{J}}{300\mathrm{K}} = 19.14\ \mathrm{J \cdot K^{-1}}$$

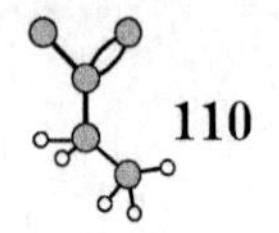

$$\Delta G = nRT\ln\frac{p_2}{p_1} = -5743\ \mathrm{J}$$

理想气体的等温过程，F 的改变值为：$\Delta F = \Delta(G - pV) = \Delta G - \Delta(pV) = \Delta G$，即理想气体等温过程的 $\Delta F = \Delta G$，故有：

$$\Delta F = \Delta G = -5743\ \mathrm{J}$$

(2) 向真空膨胀过程：理想气体向真空膨胀，外压等于零，膨胀过程的功等于零。理想气体的内能与体积和压力的变化无关，故理想气体体积变化时内能不变，因而有：

$$W = 0\quad（外压为零）$$

$$\Delta U = 0$$

$$\therefore\qquad Q = 0$$

此过程系统的始末态与过程(1) 相同，故所有的状态函数的改变值相同，即：

$$\Delta U = \Delta H = 0$$

$$\Delta S = 19.14\ \mathrm{J}$$

$$\Delta F = \Delta G = -5743\ \mathrm{J}$$

(3) 等温等外压($1p^{\ominus}$) 膨胀过程：此过程的始末态与过程(1) 相同，状态函数的改变相同：

$$\Delta U = \Delta H = 0$$

$$\Delta S = 19.14\ \mathrm{J}$$

$$\Delta F = \Delta G = -5743\ \mathrm{J}$$

此膨胀过程外压恒等于 $1p^{\ominus}$，即等于末态压力 p_2，下标 2 表示末态，1 表示始态，此过程的功为：

$$W = -\int p_{外}\,\mathrm{d}V = -\int_{V_1}^{V_2} p_2\,\mathrm{d}V = -p_2(V_2 - V_1)$$

$$= p_2 \cdot \frac{p_1}{p_1} \cdot V_1 - p_2V_2 = nRT\left(\frac{p_2}{p_1} - 1\right)$$

$$W = nRT\left(\frac{p_2}{p_1} - 1\right) = 1\mathrm{mol} \times (-8.314\mathrm{J}\cdot\mathrm{K}^{-1}\cdot\mathrm{mol}^{-1}) \times 300\mathrm{K} \times (0.1 - 1)$$

$$= -2245\ \mathrm{J}$$

$$Q = -W = 2245\ \mathrm{J}$$

(4) 绝热可逆膨胀过程：理想气体的 $\gamma = 1.667$，由理想气体绝热可逆过程的方程式求出末态温度，有方程式：

$$p_1^{1-\gamma}T_1^{\gamma} = p_2^{1-\gamma}T_2^{\gamma}$$

$$\frac{T_2^{\gamma}}{T_1^{\gamma}} = \left(\frac{T_2}{T_1}\right)^{1.667} = \left(\frac{p_1}{p_2}\right)^{-0.667} = 10^{-0.667} = 0.2153$$

解得：
$$\frac{T_2}{T_1} = 0.398 \quad T_2 = 119.4\ \text{K}$$

此过程是绝热可逆过程，故：

$$Q = 0 \quad \Delta S = 0$$

$$W = \Delta U = C_V \Delta T = 1.5 \times (8.314\text{J} \cdot \text{K}^{-1} \cdot \text{mol}^{-1}) \times (119.4\text{K} - 300\text{K}) = -2252\ \text{J}$$

$$\Delta H = C_p \Delta T = -3754\ \text{J}$$

$$\Delta G = \Delta(H - TS) = \Delta H - S\Delta T = -3754\ \text{J} - 126.1\ \text{J} \cdot \text{K}^{-1} \times (119.4\text{K} - 300\text{K}) = 19020\ \text{J}$$

$$\Delta F = \Delta U - \Delta(TS) = 20521\ \text{J}$$

(5) 绝热不可逆膨胀过程：首先求出末态的温度。通过功的两种求解方法可以获得含有末态温度的方程式，解此方程式即可得到末态的温度。绝热过程热量为零：$Q = 0$。求过程的功：

$$\Delta U = W = C_V(T_2 - T_1)$$

另有：
$$W = -\int p_{外}\ \text{d}V = -\int_{V_1}^{V_2} p_2 \text{d}V = -p_2(V_2 - V_1)$$

$$= p_2 V_1 - p_2 V_2 = \frac{p_2}{p_1} p_1 V_1 - p_2 V_2$$

$$W = \frac{p_2}{p_1} p_1 V_1 - p_2 V_2 = 0.1RT_1 - RT_2$$

将上两式联立得方程：

$$C_V(T_2 - T_1) = 1.5R(T_2 - T_1) = 0.1RT_1 - RT_2$$

$$1.5T_2 - 1.5T_1 = 0.1T_1 - T_2$$

$$T_2 = \frac{1.6}{2.5} \times 300\text{K} = 192\ \text{K}$$

$$W = \Delta U = C_V(T_2 - T_1) = 1.5R(192\text{K} - 300\text{K}) = -1347\ \text{J}$$

$$\Delta H = C_p(T_2 - T_1) = -2245\ \text{J}$$

$$\Delta S_m = C_p \ln \frac{T_2}{T_1} + R\ln \frac{p_1}{p_2} = 2.5R\ln \frac{192\text{K}}{300\text{K}} + R\ln 10 = 9.868\ \text{J} \cdot \text{K}^{-1} \cdot \text{mol}^{-1}$$

理想气体末态的熵 S_2 为：

$$S_{2,m} = S_{1,m} + \Delta S_m = 126.1\text{J} \cdot \text{K}^{-1} \cdot \text{mol}^{-1} + 9.868\text{J} \cdot \text{K}^{-1} \cdot \text{mol}^{-1} = 136.0\ \text{J} \cdot \text{K}^{-1} \cdot \text{mol}^{-1}$$

$$\Delta G = \Delta H - (T_2 S_2 - T_1 S_1) = -2245\text{J} - (192\text{K} \times 136\text{J} \cdot \text{K}^{-1} - 300\text{K} \times 126.1\text{J} \cdot \text{K}^{-1}) = 9473\ \text{J}$$

$$\Delta F = \Delta U - (T_2 S_2 - T_1 S_1) = 10371\ \text{J}$$

解毕。

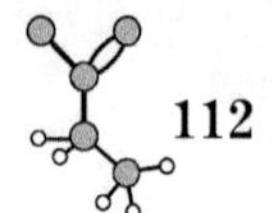

此题是一道经典的物理化学习题。通过这道习题能熟悉热力学第一定律与第二定律的主要计算方法，并加深对状态函数、过程量等基本概念的理解。此例题的过程(1)、(2)、(3)的始末态是一样的，因此，只要解出过程(1)，过程(2)和过程(3)的状态函数值的求算就可以省略，可直接利用(1)的计算结果。但是，要注意过程(4)、(5)的末态与前面过程是不一样的，而且(4)和(5)两者的末态也不一样，状态函数的改变值要分别求算。

三、相变过程

与介绍相变过程的熵变一样，求算相变的状态函数改变要区分平衡相变和非平衡相变。平衡相变是恒温恒压的可逆过程，平衡相变的熵变等于相变潜热；平衡相变的 Gibbs 自由能变化为零：

$$\Delta G = 0 \quad (\text{平衡相变}) \tag{2-96}$$

$$\Delta H = Q_p = L \tag{2-97}$$

上式中的 L 为相变潜热。内能的变化为：

$$\Delta U = \Delta H - \Delta(pV) \tag{2-98}$$

非平衡相变的状态函数变化需要设计一个可逆过程求算。

例题 1 已知 298 K 下水的 $p^* = 23.76$ mmHg，试计算将 1 摩尔 298 K，1 atm 下的水蒸气变为同温同压下的液态水的 ΔG。

解 此过程是非平衡相变。设计可逆过程如下：先将 298 K，1 个大气压的水蒸气的压力在恒温条件下下降到 23.76 毫米汞柱；在此压力下相变，由水蒸气凝结为液态水，此过程是一个平衡相变过程；最后将液态水的压力从 23.76 毫米汞柱升到 1 个大气压。设计的路径是一个可逆过程，由三个分过程组成，由状态函数的性质，其改变值与途径无关，所以题给过程的 ΔG 等于设计的三个过程的 ΔG 的代数和。

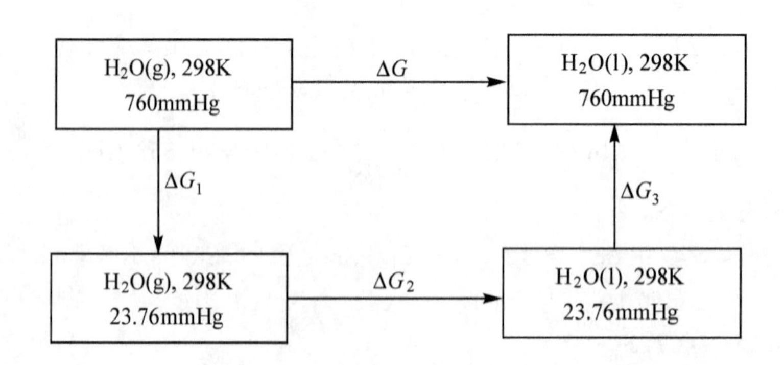

设 $p_2 = 760$ mmHg $= 101325$ Pa，$p_1 = 23.76$ mmHg $= (23.76/760) \times 101325$ Pa $= 3168$ Pa。

$$\Delta G = \Delta G_1 + \Delta G_2 + \Delta G_3 = nRT\ln\frac{p_1}{p_2} + 0 + V_{m,l}(p_2 - p_1)$$

$$= 1\text{mol} \times 8.314\text{J}\cdot\text{K}^{-1}\cdot\text{mol}^{-1} \times 298\text{K} \times \ln\frac{3168\text{Pa}}{101325\text{Pa}}$$

$$+ 18.02 \times 10^{-6}\text{m}^3 \times (101325\text{Pa} - 3168\text{Pa})$$

$$= -8585.4\text{J} + 1.8\text{J} = -8583.6\ \text{J} < 0$$

此过程是自发过程。

例题2　将一玻璃球放入真空容器中，球中封入1 mol水(101325 Pa，373 K)，真空容器的内部体积刚好可容纳1 mol水蒸气(101325 Pa，373 K)。若保持整个系统的温度为373 K，将小球击破后，液态水全部变为水蒸气。

(1) 计算此过程的 Q、W、ΔU、ΔH、ΔS、ΔF 和 ΔG。

(2) 判断此过程是否为自发过程。

已知：水在101325 Pa，373 K条件下水的蒸发热是40668.5 J·mol^{-1}。

解　(1) 此过程的始末态在题给条件下可达相平衡，由状态函数的性质，此过程状态函数的改变值与具有相同始末态的可逆过程的值相同，故此过程的焓变等于水的平衡相变的焓变：

$$\Delta H = 40668.5\ \text{J}$$

$$\Delta S = \frac{\Delta H}{T} = \frac{40668.5\text{J}}{373\text{K}} = 109.03\ \text{J}\cdot\text{K}^{-1}$$

$$W = 0\quad(\text{外压等于零})$$

$$\Delta U = \Delta(H - pV) = \Delta H - p(V_g - V_l) \approx \Delta H - pV_g = \Delta H - nRT$$

$$= 40665.8\text{J} - 1\text{mol} \times 8.314\text{J}\cdot\text{K}^{-1}\cdot\text{mol}^{-1} \times 373\text{K} = 37567\ \text{J}$$

$$Q = \Delta U - W = \Delta U = 37567\ \text{J}$$

$$\Delta G = 0\quad(\text{始末态与平衡相变的始末态相同})$$

$$\Delta F = \Delta(U - TS) = \Delta U - T\Delta S = 37567\text{J} - 40668.5\text{J} = -3101\ \text{J}$$

(2) 虽然此过程始末态的温度压力相同，但在过程进行中系统的压力处于非平衡状态，所以不能视为恒温恒压过程，故不能用吉布斯自由能作为判据，需用熵为判据：

$$\Delta S_{\text{surrounding}} = -\frac{Q}{T} = -\frac{37567\text{J}}{373\text{K}} = -100.72\ \text{J}\cdot\text{K}^{-1}$$

$$\Delta S_{\text{tot}} = \Delta S_{\text{system}} + \Delta S_{\text{surrounding}} = 109.03\ \text{J}\cdot\text{K}^{-1} - 100.72\ \text{J}\cdot\text{K}^{-1}$$

$$= 8.31\ \text{J}\cdot\text{K}^{-1} > 0$$

此过程是自发的不可逆过程。

求解此题的关键是必须清楚题给的过程是一个不可逆过程，此过程只是始末态温度相等，膨胀过程中系统的温度、压力和体积等没有确切的值，系统处于非平衡状态。过程的性质的判断不能用 ΔG，因为Gibbs自由能判据只能适用于恒温、恒压过

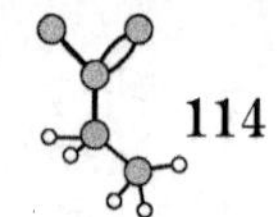

程,而题给的过程只是始末态的温度和压力相等,整个过程既不恒温,也不恒压。所以只能用熵函数作为判据。另一个难点是求算过程的热量。不能因为始末态压力相等,而将此过程视为恒压过程,认为热量等于体系的焓变。因为此过程不是恒压过程,所以过程的焓变不等于热效应。需要从热力学第一定律来求算过程的热。在求解热力学函数的改变时,应该注意此过程的始末态与平衡相变的始末态是一样的,根据状态函数的性质,状态函数的变化应等于平衡相变的值,可以用平衡相变过程求算系统的状态函数改变值。

四、化学反应过程

化学反应系统最重要的问题是如何控制反应平衡,常见的化学反应系统多在恒温恒压条件下进行,在此条件下反应的方向用Gibbs自由能G为判据,故本节主要讨论恒温恒压条件下化学反应的Gibbs自由能变化$\Delta_r G_m$。求算化学反应的$\Delta_r G_m$,可以采用多种方法,常用的方法有如下几种。

1. 热化学方法

若化学反应在恒温条件下进行,有G的定义式,有:

$$\Delta_r G = \Delta_r(H - TS) = \Delta_r H - T\Delta_r S \tag{2-99}$$

由反应的焓变和熵变可以求出反应$\Delta_r G$的变化。因为反应的$\Delta_r H$和$\Delta_r S$均可由热化学的量热法测定,故这种方法成为热化学方法。(2-99)式严格来讲只适用于恒温下进行的化学反应,但是若反应$\Delta_r H$不随温度而变化时,反应的$\Delta_r S$也必将不随温度而变化,此时可以运用(2-99)式求算不同温度条件下反应的$\Delta_r G$。另外,若反应温度变化的范围不大,反应的$\Delta_r H$和$\Delta_r S$在此温度范围内变化非常小,以致可以忽略不计,也可以运用(2-99)式求算不同温度下反应的$\Delta_r G$。求算的方法非常简单,因为反应的焓变和熵变可以视为常数,不随温度而变化,只需将不同的温度值代入(2-99)式,就直接可以求得相应温度下反应的$\Delta_r G$。需注意的是,采用热化学方法求算反应的Gibbs自由能变化,需要同时知道反应的焓变与熵变。

2. 由生成Gibbs自由能求算

定义物质的生成Gibbs自由能为:由稳定单质生成1 mol纯化合物的反应$\Delta_r G_m$称为该化合物的摩尔生成Gibbs自由能,记为:$\Delta_r G_m$。若反应物与产物均处于标准态,则称为物质的标准摩尔生成Gibbs自由能,记为$\Delta_r G_m^\ominus$。稳定单质的标准摩尔生成Gibbs自由能定义等于零:

$$\Delta_r G_m^\ominus = 0 \quad (稳定单质) \tag{2-100}$$

化学反应的$\Delta_r G_m$可以通过物质的生成Gibbs自由能$\Delta_r G_m$求得。不难证明,反应的$\Delta_r G_m$等于产物的生成Gibbs自由能之和减去反应物的生成Gibbs自由能之和,其数学表达式为:

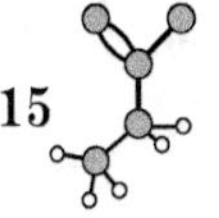

$$\Delta_r G_m^{\ominus} = \left(\sum_i v_i \Delta_f G_m^{\ominus}(i)\right)_{\text{products}} - \left(\sum_i v_i \Delta_f G_m^{\ominus}(i)\right)_{\text{reactants}} \tag{2-101}$$

上式与由生成焓求反应焓的算式类似，是产物的减去反应物的。在具体计算时特别要注意求差值的方向不能弄错，一定是产物之和减去反应物之和。

一些常见物质的标准摩尔生成 Gibbs 自由能已经被收集、整理成册，通过查表直接获得。常用的热力学数据表中给出的数据一般均为 298.15 K 的数据，从数据表获得的物质的标准摩尔生成Gibbs自由能数据只能求出 298.15 K下的反应的 $\Delta_r G_m$，而实际进行的化学反应往往并不在 298.15 K 下进行，为了求算任意温度条件下反应的 $\Delta_r G_m$，有必要先找到反应的 $\Delta_r G_m$ 随温度变化的关系。反应的 $\Delta_r G_m$ 随温度变化的关系由 Gibbs-Helmholtz 方程式给出，推导过程如下。

设有化学反应：

$$A \rightleftharpoons B$$

有：

$$\Delta_r G = G_B - G_A$$

将上式在恒压下对温度求微商：

$$\left(\frac{\partial \Delta_r G}{\partial T}\right)_p = \left(\frac{\partial G_B}{\partial T}\right)_p - \left(\frac{\partial G_A}{\partial T}\right)_p = -S_B - S_A = -\Delta_r S \tag{2-102}$$

由 G 的定义式，有：

$$\Delta G = \Delta H - \Delta(TS)$$

对于化学反应系统，反应物与产物均处于同一系统中，两者的温度和压力是一样的，故化学反应的 Gibbs 自由能的表达式中可以将括号中的 T 提出来：

$$\Delta_r G = \Delta_r H - T\Delta_r S$$

$$\therefore \quad -\Delta_r S = \frac{\Delta_r G - \Delta_r H}{T} \tag{2-103}$$

将(2-103) 式代入(2-102) 式，得：

$$\left(\frac{\partial \Delta_r G}{\partial T}\right)_p = \frac{\Delta_r G}{T} - \frac{\Delta_r H}{T}$$

将上式的两边同时除以 T，并移项整理，可得：

$$\frac{1}{T}\left(\frac{\partial \Delta_r G}{\partial T}\right)_p - \frac{\Delta_r G}{T^2} = -\frac{\Delta_r H}{T^2} \tag{2-104}$$

另外，我们求($\Delta G/T$) 对温度的微商：

$$\left(\frac{\partial(\Delta G/T)}{\partial T}\right)_p = \frac{1}{T}\left(\frac{\partial \Delta G}{\partial T}\right)_p + \Delta G \cdot \left(\frac{-1}{T^2}\right) = \frac{1}{T}\left(\frac{\partial \Delta G}{\partial T}\right)_p - \left(\frac{\Delta G}{T^2}\right)$$

将上式与(2-104) 式对比，得：

$$\left(\frac{\partial(\Delta_r G/T)}{\partial T}\right)_p = -\frac{\Delta_r H}{T^2} \tag{2-105}$$

(2-105) 式即为 Gibbs-Helmholtz 方程式 (Gibbs-Helmholtz equation)。此式是 Gibbs-Helmholtz 方程式的微分式，对其进行移项并积分，可得 Gibbs-Helmholtz 方

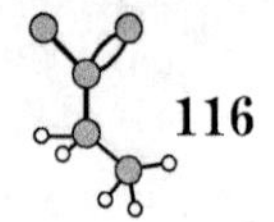

程式的积分式：

$$\int\left(\frac{\Delta_r G}{T}\right)_p = -\int \frac{\Delta_r H}{T^2}\mathrm{d}T$$

取定积分：

$$\frac{\Delta_r G_2}{T_2} - \frac{\Delta_r G_1}{T_1} = -\int_{T_1}^{T_2} \frac{\Delta_r H}{T^2}\mathrm{d}T$$

$$\frac{\Delta_r G_2}{T_2} = \frac{\Delta_r G_1}{T_1} - \int_{T_1}^{T_2} \frac{\Delta_r H}{T^2}\mathrm{d}T \tag{2-106}$$

若反应焓变不随温度而变化，则反应焓变可以提到积分符号之外，于是有：

$$\frac{\Delta_r G_2}{T_2} = \frac{\Delta_r G_1}{T_1} + \Delta_r H\left(\frac{1}{T_2} - \frac{1}{T_1}\right) \tag{2-107}$$

取不定积分：

$$\frac{\Delta_r G}{T} = -\int \frac{\Delta_r H}{T^2}\mathrm{d}T + I \tag{2-108}$$

上式中的 I 是积分常数，可以通过一已知的某温度下 $\Delta_r G$ 的值求出。(2-107) 式和 (2-108) 式分别为 Gibbs-Helmholtz 方程式的定积分式与不定积分式。一般，若知道某温度下的 $\Delta_r G$，欲求另一特定温度下的 $\Delta_r G$，则多用定积分式；若欲求 $\Delta_r G$ 与温度的一般函数关系式，则采用不定积分式。

要获得 $\Delta G = f(T)$ 的关系式，首先要求出 $\Delta H = f(T)$ 的关系式。以上关系式均为等压条件下获得的，故考虑物质的等压热容，热容可以表示为温度的函数：

$$C_{p,\mathrm{m}} = a + bT + cT^2 + \cdots$$

对于化学反应，反应的产物与反应物的等压热容之差为：

$$\Delta_r C_{p,\mathrm{m}} = \Delta a + \Delta b \cdot T + \Delta c \cdot T^2 + \cdots$$

由 Kirchhoff 定律：

$$\begin{aligned}\Delta_r H &= \int \Delta_r C_p \mathrm{d}T + \Delta H_0 = \Delta H_0 + \int(\Delta a + \Delta b \cdot T + \Delta c \cdot T^2 + \cdots)\mathrm{d}T \\ &= \Delta H_0 + \Delta a T + \frac{1}{2}\Delta b T^2 + \frac{1}{3}\Delta c T^3 + \cdots\end{aligned} \tag{2-109}$$

式中 ΔH_0 是积分常数，由某温度(如 298 K) 下的 ΔH 即可求出积分常数。将(2-109) 式代入(2-108) 式，得：

$$\frac{\Delta_r G}{T} = -\int \frac{\Delta H_0 + \Delta a T + \frac{1}{2}\Delta b T^2 + \frac{1}{3}\Delta c T^3 + \cdots}{T^2}\mathrm{d}T + I$$

$$\frac{\Delta_r G}{T} = \frac{\Delta H_0}{T} - \Delta a \ln T - \frac{1}{2}\Delta b T - \frac{1}{6}\Delta c T^2 + \cdots + I \tag{2-110}$$

上式中 I 也为积分常数，将某已知温度下的 $\Delta_r G$ 值代入上式即可获得 I 的值。将获得的积分常数代入上式并进行整理，可得：

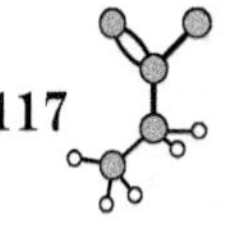

$$\Delta_r G = \Delta H_0 - \Delta a T \ln T - \frac{1}{2}\Delta b T^2 - \frac{1}{6}\Delta c T^3 + \cdots + I \cdot T \qquad (2\text{-}111)$$

(2-111) 式为反应的 $\Delta_r G$ 随温度变化的计算式，应用此式可以求算任意温度下的反应的 $\Delta_r G$。需注意的是此公式的应用范围应受热容公式 $C_{p,m} = a + bT + cT^2 + \cdots$ 适用范围的限制。

对于 F 函数，也有类似的关系式成立。根据热力学关系式 $\left(\frac{\partial F}{\partial T}\right)_V = -S$ 和定义式 $F = U - TS$，同样可以证明有下式成立：

$$\left(\frac{\partial \Delta F}{\partial T}\right)_V = \frac{\Delta F}{T} - \frac{\Delta U}{T} \qquad (2\text{-}112)$$

$$\left(\frac{\partial(\Delta F/T)}{\partial T}\right)_V = -\frac{\Delta U}{T^2} \qquad (2\text{-}113)$$

(2-112) 式和(2-113) 式也称为 Gibbs-Helmholtz 方程式。

例题 1　有反应：$2SO_3(g, 1p^\ominus) \rightarrow 2SO_2(g, 1p^\ominus) + O_2(g, 1p^\ominus)$，已知此反应在 298 K 下进行，反应的 $\Delta_r G_m = 1.4000 \times 10^5\ J \cdot mol^{-1}$，反应的 $\Delta_r H_m = 1.9656 \times 10^5\ J \cdot mol^{-1}$ 且不随温度而变化，试求反应在 873 K 时的 $\Delta_r G_m$。

解　由 Gibbs-Helmholtz 公式，有：

$$\frac{\Delta_r G_2}{T_2} = \frac{\Delta_r G_1}{T_1} + \Delta_r H\left(\frac{1}{T_2} - \frac{1}{T_1}\right)$$

$$\therefore\quad \Delta_r G_m(873K) = 1.4 \times 10^5\ J \cdot mol^{-1} \times \frac{873K}{298K} + 1.9656 \times 10^5\ J \cdot mol^{-1} \times \left(\frac{298K - 873K}{873K \times 298K} \cdot 873K\right) = 3.0866 \times 10^4\ J \cdot mol^{-1}$$

反应在 873 K 下进行时的 $\Delta_r G_m(873K) = 3.0866 \times 10^4\ J \cdot mol^{-1}$

例题 2　合成氨反应如为：$\frac{1}{2}N_2(g) + \frac{3}{2}H_2(g) \rightarrow NH_3(g)$，已知在 298 K 和一个标准压力下进行时反应的 $\Delta_r H_m = -46.16\ kJ \cdot mol^{-1}$，$\Delta_r G_m = -16.63\ kJ \cdot mol^{-1}$。试求 1000 K 时反应的 $\Delta_r G_m$。

解　通过查阅物质的热容数据可以求得本反应的热容差为：

$$\Delta_r C_{p,m} = (-25.46 + 18.33 \times 10^{-3} T - 2.05 \times 10^5 T^{-2})\ J \cdot K \cdot mol^{-1}$$

由此得反应焓变随温度而变化的数学式：

$$\Delta_r H = (\Delta H_0 - 25.46T + 9.17 \times 10^{-3} T^2 + 2.05 \times 10^5 T^{-1})\ J \cdot mol^{-1}$$

代入 298 K 下的反应焓变值，可以获得积分常数：

$$\Delta H_0 = -40100\ J \cdot mol^{-1}$$

代入反应焓的函数式中：

$$\Delta_r H = (-40100 - 25.46T + 9.17 \times 10^{-3} T^2 + 2.05 \times 10^5 T^{-1})\ J \cdot mol^{-1}$$

将上式代入(2-110) 式，积分得：

$$\frac{\Delta_r G}{T}=\frac{-40100}{T}+25.46\ln T-9.17\times10^{-3}T+1.025\times10^{5}T^{-2}+I$$

代入 298 K 下的 $\Delta_r G_m$，可以获得积分常数：

$$I=-64.81\ \mathrm{J\cdot mol^{-1}\cdot K^{-1}}$$

于是得 $\Delta_r G_m$ 随温度变化的函数式：

$$\Delta_r G=-40100+25.46T\ln T-9.17\times10^{-3}T^2+1.025\times10^{5}T^{-1}-64.81T$$

当 $T=1000$ K 时，将温度值代入上式，得 1000 K 下反应的 $\Delta_r G_m(1000\mathrm{K})=61926\ \mathrm{J\cdot mol^{-1}}$。

以上结果表明：在 298 K 条件下，合成氨反应可以自发进行（$\Delta_r G_m<0$）；而在 1000 K 下，反应不能自发进行（$\Delta_r G_m>0$）。

借助于 Gibbs-Helmholtz 方程式，可扩大标准热力学数据表的使用范围，即可由 298.15 K 的热力学数据求出其它温度条件下的 $\Delta_r G_m$，我们就没有必要给出所有温度条件下的热力学数据。

§2-11 热力学第三定律

热力学第二定律定义的熵函数是体系的熵变，而不是熵本身，在求算化学反应等过程的熵变时，需要知道物质的熵值。物质的熵需由热力学第三定律给出。

一、热力学第三定律

热力学第三定律的发现与低温条件下的化学反应有关。化学反应的 $\Delta_r H_m$ 和 $\Delta_r G_m$ 的值，当温度趋近于 0 K 时将趋于相等。在等温条件下：

$$\Delta G=\Delta(H-TS)=\Delta H-T\Delta S$$

$$\lim_{T\to 0\mathrm{K}}\Delta G=\lim_{T\to 0\mathrm{K}}(\Delta H-T\Delta S)=\Delta H$$

但是，两者数值如何趋近于相等的方式由上式无法获知。图 2-12 表示了 $\Delta_r H_m$ 和 $\Delta_r G_m$ 相互接近的几种可能性。

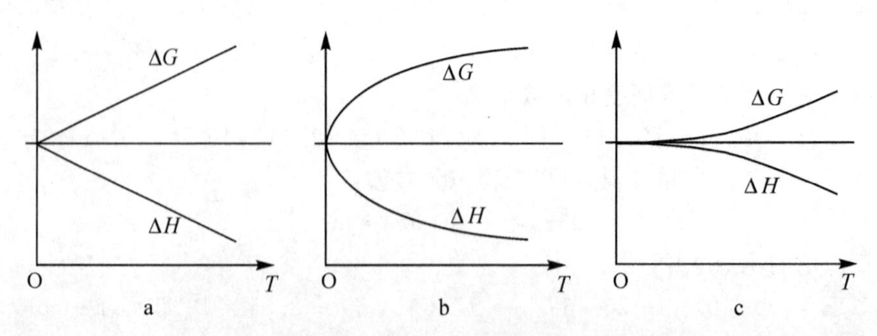

图 2-12 $\Delta_r H_m$ 与 $\Delta_r G_m$ 相互趋近的几种方式

1900年左右，美国科学家雷查德（T. W. Richard，美国科学家，1868—1926年）测量了低温条件下一些电化学反应的反应焓变 $\Delta_r H_m$ 和吉布斯自由能的改变 $\Delta_r G_m$ 与反应温度的关系，发现在接近绝对零度的条件下，所研究的化学反应的 $\Delta_r H_m$ 和 $\Delta_r G_m$ 的值趋于相等，两者趋近的方式都呈现图2-12中c的方式，即 $\Delta_r H_m$ 与 $\Delta_r G_m$ 两者的值随温度同趋近于零。由雷查德的实验结果，可以得到：

$$\lim_{T\to 0\mathrm{K}}\left(\frac{\partial \Delta G}{\partial T}\right)_p = \lim_{T\to 0\mathrm{K}}\left(\frac{\partial \Delta H}{\partial T}\right)_p = 0$$

能斯特（Walther Hermann Nernst，德国化学家和物理学家，1864—1941年）于1907年将雷查德的结果推广到所有的化学反应，故对所有的化学反应，均有：

$$\lim_{T\to 0\mathrm{K}}\left(\frac{\partial \Delta_r G_m}{\partial T}\right)_p = 0 \tag{2-114}$$

因为：

$$\left(\frac{\partial \Delta G}{\partial T}\right)_p = -\Delta S$$

将上式代入(2-99)式，于是有：

$$\lim_{T\to 0\mathrm{K}}\Delta_r S_m = 0 \tag{2-115}$$

上式的物理含义是：温度趋于绝对零度时，反应的熵变趋于零，即反应物的熵等于产物的熵。推广到所有的化学反应，即是：**一切化学反应的熵变当温度趋于绝对零度时也趋于零。**以上结果被称为能斯特热定理（Nernst heat theorem）。若所有化学反应的熵变在接近绝对零度时趋近于零，则表明反应物的熵等于产物的熵。若一切化学反应的反应物与产物的熵在接近绝对零度时均趋于相等，则可认为一切物质的熵在绝对零度时趋于相等，并取同样的数值。由此，可以获得物质熵的数值。普朗克（Max Planck，德国物理学家，1858—1947年）在能斯特热定理的基础上，于1912年进一步提出：在绝对零度时，任何纯物质的熵均等于零，其数学表达式为：

$$\lim_{T\to 0\mathrm{K}} S = 0 \tag{2-116}$$

图2-13　普朗克（Max Planck）

上式可视为热力学第三定律的数学表达式。

对于普朗克的推论，Lewis等人提出了不同的看法，他们认为并不是所有的纯物质在绝对零度时熵趋近于零，而只有完美晶体的熵值在绝对零度时才趋近于零。对于过冷液体及内部运动没有达到平衡的固体，在绝对零度时熵也不为零，如NO等。物质在绝对零度时熵值不为零是因为有“残余熵”的存在。残余熵的存在是因为物质在降温过程中，内部没有一直处于平衡状态。如完美的NO晶体的分子排列应该全部取同一个取向，即所有的分子均为NO，NO，NO，NO，… 取向，或者ON，ON，ON，

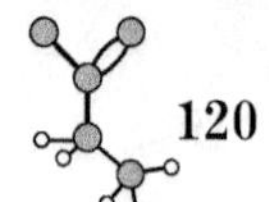

ON,… 的取向,而实际上,固态的 NO 的分子取向是随机的,NO 分子的排列不是同一个取向:NO,ON,ON,NO,…。由于 NO 分子取向的随机性,使得 NO 固体内部没有达到平衡态,这种状态若一直保持到 0 K,则会形成“残余熵”。完美晶体的分子排列是完全有序的,所有的分子的取向是一样的,整个晶体的分子排列是完全有序的,这种晶体在绝对零度时的熵趋近于零。

热力学第三定律可以表述为:

对于只涉及处于内部平衡态之纯物质的等温过程,其熵变随温度同趋于零。

热力学第三定律也常被表述为:

绝对零度不可能通过有限次过程达到。

以上表述常常简单表示为:**绝对零度不可能达到。**

热力学第三定律和热力学第一定律及第二定律一样,也是从大量实验事实中抽象出来的,无法从逻辑上推导出来,所以也是自然界的基本规律之一。

由熵的统计力学表达式,物质的熵与系统的微观运动状态数相关:

$$S = k\ln W$$

式中 k 为 Boltzmann 常数,W 为宏观系统具有的不同微观运动状态的数目。当系统温度趋近于绝对零度时,物质应该呈晶体形态,且所有分子均处于最低振动能级,振动能级只有一个量子态,绝对零度下所有分子的运动均处于最低能级,都处于相同的最低量子态,分子的状态数 $g = 1$。系统具有的状态数是所有分子拥有的微观运动状态数的乘积,设晶体含有 N 个分子,则在绝对零度下,系统的不同微观运动状态数为 $1^N = 1$,代入熵的统计力学表达式:$S = k\ln 1 = 0$。以上从微观角度推得的结果与第三定律的结论是相吻合的。

二、物质的规定熵

热力学第三定律在化学学科中的最重要的作用是确定了物质的熵,给熵定义了一个合适的参考值。由热力学第三定律定义的熵称为“规定熵”。历史上,曾经被称为“绝对熵”,但是考虑到人类对自然的认识是有限的,随着科学的发展,人类可能对熵有更深刻的认识,因此改称为“规定熵”。由热力学第三定律,当温度趋近于绝对零度时,内部运动处于平衡的纯物质的规定熵(conventional entropy) 为零:

$$S(0\text{K}) = 0 \quad (\text{处于内部平衡的纯物质}) \tag{2-117}$$

上式适用于形态为完美晶体的任何纯物质,包括单质与化合物。若规定纯物质在绝对零度的熵值为零,我们就可以用量热的方法测定物质在任何温度及压力下的熵。恒压变温过程物质的熵变为:

$$\mathrm{d}S = \frac{C_p \mathrm{d}T}{T} \tag{2-118}$$

设起始温度为绝对零度,则有:

$$\Delta S = \int_{S_{0\text{K}}}^{S} \mathrm{d}S = S - S_{0\text{K}} = \int_{0\text{K}}^{T} \frac{C_p}{T}\mathrm{d}T = \int_{0\text{K}}^{T} C_p \mathrm{d}\ln T$$

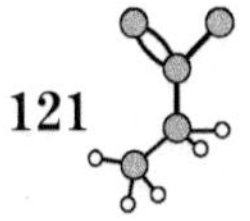

上式中 S_{0K} 表示绝对零度时物质的熵，由热力学第三定律，0 K 时物质的熵为零，于是有：

$$S_T^{\ominus} = \int_{0K}^{T} C_p \mathrm{d}\ln T \tag{2-119}$$

式中上标$^{\ominus}$ 表示物质处于标准态，固态纯物质的标准态定义为：纯固体，温度为 T，压力为 $1p^{\ominus}$。上式表示的是物质标准态的规定熵。根据(2-119) 式，只要测得物质在不同温度区间的等压热容，就可以由此式求出物质的规定熵。

当系统的温度较高时，物质往往不为固态，可能以液态或气态的形式出现。若物质处于液态或气态等形态时，仅仅由(2-119) 式不能获得物质的规定熵值，还必须将相变过程的熵变计算进去。以气体为例，温度为 T，压力为 $1p^{\ominus}$ 的纯气体，其规定熵应由下式求得：

$$S_{\mathrm{m}}^{\ominus}(T) = \int_{0K}^{T_f} \frac{C_{p,\mathrm{m}}(\mathrm{s})}{T}\mathrm{d}T + \frac{\Delta_{\mathrm{fus}} H_{\mathrm{m}}^{\ominus}}{T_f} + \int_{T_f}^{T_b} \frac{C_{p,\mathrm{m}}(\mathrm{l})}{T}\mathrm{d}T + \frac{\Delta_{\mathrm{vap}} H_{\mathrm{m}}^{\ominus}}{T_b} + \int_{T_b}^{T} \frac{C_{p,\mathrm{m}}(\mathrm{g})}{T}\mathrm{d}T \tag{2-120}$$

上式中：T_f、T_b 分别表示物质的正常熔点和正常沸点，$\Delta_{\mathrm{fus}} H_{\mathrm{m}}^{\ominus}$、$\Delta_{\mathrm{vap}} H_{\mathrm{m}}^{\ominus}$ 分别为该物质的摩尔熔化热和摩尔汽化热。如果物质的固态有几种不同的形态(如晶形不同)，晶形之间的相变熵也必须计算进去。

例题　氧气的热数据见表 2-1。请计算 298.15 K 下氧的标准摩尔规定熵。

表 2-1　**氧气的等压热容及相变热数据**

温度区间(K)	过程性质	数　　据
$0 < T < 12.97\mathrm{K}$	$C_{p,\mathrm{m}}$(Ⅲ)	$2.11 \times 10^{-3} \cdot T^3/\mathrm{K}^3 (\mathrm{J} \cdot \mathrm{mol}^{-1} \cdot \mathrm{K}^{-1})$
$12.97\mathrm{K} < T < 23.66\mathrm{K}$	$C_{p,\mathrm{m}}$(Ⅲ)	$-5.666 + 0.6927T/\mathrm{K} - 5.191 \times 10^{-3} T^2/\mathrm{K}^2 + 9.943 \times 10^{-4} T^3/\mathrm{K}^3 (\mathrm{J} \cdot \mathrm{mol}^{-1} \cdot \mathrm{K}^{-1})$
23.66K	晶 Ⅲ↔ 晶 Ⅱ	$\Delta H_{\mathrm{m}}^{\ominus} = 93.8\ \mathrm{J} \cdot \mathrm{mol}^{-1}$
$23.66\mathrm{K} < T < 43.76\mathrm{K}$	$C_{p,\mathrm{m}}$(Ⅱ)	$31.70 - 2.038T/\mathrm{K} + 0.08384T^2/\mathrm{K}^2 - 6.685 \times 10^{-4} T^3/\mathrm{K}^3 (\mathrm{J} \cdot \mathrm{mol}^{-1} \cdot \mathrm{K}^{-1})$
43.76K	晶 Ⅱ↔ 晶 Ⅰ	$\Delta H_{\mathrm{m}}^{\ominus} = 743\ \mathrm{J} \cdot \mathrm{mol}^{-1}$
$43.76\mathrm{K} < T < 54.39\mathrm{K}$	$C_{p,\mathrm{m}}$(Ⅰ)	$46.094\ (\mathrm{J} \cdot \mathrm{mol}^{-1} \cdot \mathrm{K}^{-4})$
54.39K	$s \leftrightarrow l$	$\Delta_{\mathrm{fus}} H_{\mathrm{m}}^{\ominus} = 445\ \mathrm{J} \cdot \mathrm{mol}^{-1}$
$54.39\mathrm{K} < T < 90.20\mathrm{K}$	$C_{p,\mathrm{m}}(l)$	$81.268 - 1.1467T/\mathrm{K} + 0.01516T^2/\mathrm{K}^2 - 6.407 \times 10^{-5} T^3/\mathrm{K}^3 (\mathrm{J} \cdot \mathrm{mol}^{-1} \cdot \mathrm{K}^{-1})$
90.20K	$l \leftrightarrow g$	$\Delta_{\mathrm{vap}} H_{\mathrm{m}}^{\ominus} = 6815\ \mathrm{J} \cdot \mathrm{mol}^{-1}$
$90.20\mathrm{K} < T < 298.15\mathrm{K}$	$C_{p,\mathrm{m}}(g)$	$32.71 - 0.04093T/\mathrm{K} + 1.545 \times 10^{-4} T^2/\mathrm{K}^2 - 1.819 \times 10^{-7} T^3/\mathrm{K}^3 (\mathrm{J} \cdot \mathrm{mol}^{-1} \cdot \mathrm{K}^{-1})$

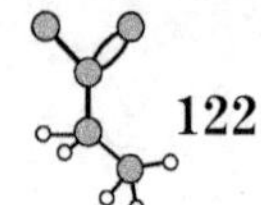

根据表 2-1 的数据,可以求得 298.15K 时氧的标准摩尔规定熵为:

$$S_{\mathrm{m}}^{\ominus}(298.15\mathrm{K}) = \int_{0}^{23.66} \frac{C_{p,\mathrm{m}}^{\mathrm{solid,III}}\mathrm{d}T}{T} + \frac{93.8\mathrm{J}}{23.66\mathrm{K}} + \int_{23.66}^{43.76} \frac{C_{p,\mathrm{m}}^{\mathrm{solid,II}}\mathrm{d}T}{T} + \frac{743\mathrm{J}}{43.76\mathrm{K}}$$

$$= \int_{43.76}^{54.39} \frac{C_{p,\mathrm{m}}^{\mathrm{solid,I}}\mathrm{d}T}{T} + \frac{445\mathrm{J}}{54.39\mathrm{K}} + \int_{54.39}^{90.20} \frac{C_{p,\mathrm{m}}^{\mathrm{liquid}}\mathrm{d}T}{T} + \frac{6815\mathrm{J}}{90.20\mathrm{K}} + \int_{90.20}^{298.15} \frac{C_{p,\mathrm{m}}^{\mathrm{gas}}\mathrm{d}T}{T}$$

将表 2-1 的数据代入上式求积分:

$$S_{\mathrm{m}}^{\ominus}(298.15\mathrm{K}) = (8.182 + 3.964 + 19.61 + 16.98 + 10.13 + 8.181 + 27.06 + 75.59 + 35.27)\ \mathrm{J \cdot K^{-1}} = 204.9\ \mathrm{J \cdot K^{-1}}$$

氧规定熵值如图 2-14 所示。氧在 298.15 K 时的规定熵为 205.0 $\mathrm{J \cdot K^{-1} \cdot mol^{-1}}$。此熵值共由 9 段熵变数据加和而得,其中包括 5 段等压升温的熵变和 4 个可逆相变的熵增,它们分别是:① 0 K 到 23.66 K 段的等压升温的熵变。此段的熵增又分为两段:0 K 到 12.97 K 为极端低温段。因为量热实验达到极端低温非常困难,且物质的热容与温度的三次方成正比,用量热的方法很难准确测定,所以此段的热容采用统计热力学理论的 Debye(德拜)公式求算得到;从 12.97 K 到 23.66 K 温度段的热容则可以由量热实验直接测得。这两段等压升温的熵变之和为 8.182 $\mathrm{J \cdot K^{-1} \cdot mol^{-1}}$。② 氧在 23.66 K 之前为固态的晶形 Ⅲ,在 23.66 K 时发生不同固态间的相变,氧从晶形 Ⅲ 转变为晶形 Ⅱ。在 23.66 K 和一个大气压下,此相变为平衡相变,相变熵等于相变焓与相变温度的比,其值为 3.964 $\mathrm{J \cdot K^{-1} \cdot mol^{-1}}$。③ 从 23.66 K 到 43.76 K,为晶形 Ⅱ 等压升温的熵变,19.61 $\mathrm{J \cdot K^{-1} \cdot mol^{-1}}$。④ 固态氧在 43.76 K 下从晶形 Ⅱ 转变为晶形 Ⅰ 的可逆相变的熵增。⑤ 从 43.76 K 到 54.39 K,为晶形 Ⅰ 等压升温的熵变,10.13 $\mathrm{J \cdot K^{-1} \cdot mol^{-1}}$。⑥ 固态氧的正常熔点为 54.39 K,在此温度下,固态氧融化为液态氧,此相变的熵变为 8.181 $\mathrm{J \cdot K^{-1} \cdot mol^{-1}}$。⑦ 从 54.39 K 到 90.20 K,为液态氧

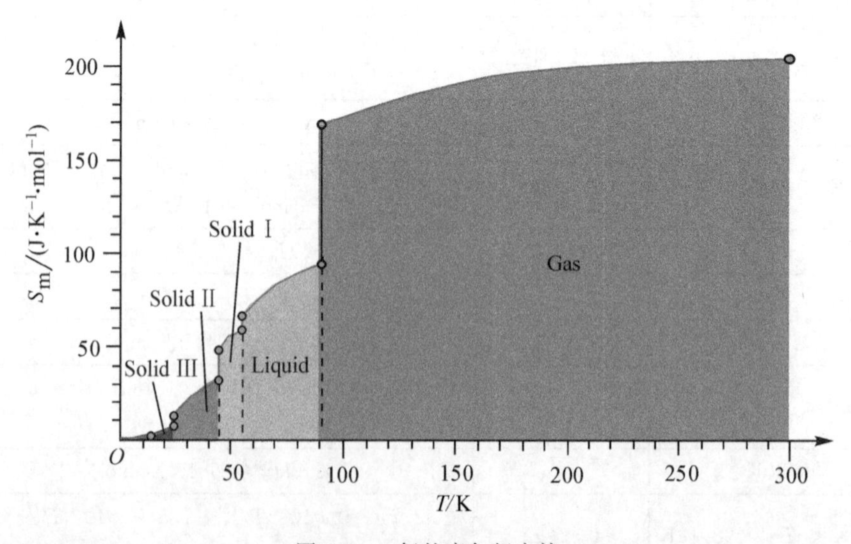

图 2-14 氧的摩尔规定熵

等压升温的熵变，27.06 J·K^{-1}·mol^{-1}。⑧ 氧的正常沸点为 90.20 K，在此温度下，氧气化为气态氧，此相变的熵变为 75.59 J·K^{-1}·mol^{-1}。⑨ 氧气从 90.20 K 等压升温到 298.15 K，此段过程的熵变为 35.27 J·K^{-1}·mol^{-1}。9 段熵变的总和等于 204.967 J·K^{-1}·mol^{-1}，约等于 205.0 J·K^{-1}·mol^{-1}。

在绝对零度附近，物质的性质会发生根本性的变化，以下我们对在绝对零度附近物质的几种最重要的特性加以介绍。

(1) 当 T 趋近于 0 K 时，物质的熵趋于常数，且与体积、压力无关。

∵
$$S \to 0 \quad (T \to 0\ \mathrm{K})$$

∴
$$\lim_{T\to 0\mathrm{K}}\left(\frac{\partial S}{\partial V}\right)_T = 0$$
$$\lim_{T\to 0\mathrm{K}}\left(\frac{\partial S}{\partial p}\right)_T = 0 \qquad (2\text{-}121)$$

以上公式说明在温度趋近于 0 K 时，物质的熵的变化会趋近于零，熵值不随体积或压力的变化而变化。

(2) 物质的热胀系数趋于零。

由热力学理论有公式：

$$\left(\frac{\partial V}{\partial T}\right)_p = -\left(\frac{\partial S}{\partial p}\right)_T$$

∴
$$\lim_{T\to 0\mathrm{K}}\left(\frac{\partial V}{\partial T}\right)_p = -\lim_{T\to 0\mathrm{K}}\left(\frac{\partial S}{\partial p}\right)_T = 0$$

故有：
$$\lim_{T\to 0\mathrm{K}}\frac{1}{V}\left(\frac{\partial V}{\partial T}\right)_p = 0 \qquad (2\text{-}122)$$

即物质的热胀系数趋于零。

(3) 物质的等压热容与等容热容将趋于相同。

有公式：

$$C_p - C_V = T\left(\frac{\partial V}{\partial T}\right)_p\left(\frac{\partial p}{\partial T}\right)_V$$

∵
$$\lim_{T\to 0\mathrm{K}}\left(\frac{\partial V}{\partial T}\right)_p = 0$$

∴
$$\lim_{T\to 0\mathrm{K}}(C_p - C_V) = 0 \qquad (2\text{-}123)$$

(4) 物质的热容在绝对零度时将趋于零。

物质的 S 可表达为：

$$S = \int_{0\mathrm{K}}^{T}\frac{C_p}{T}\mathrm{d}T$$

∵
$$S \to 0 \quad T \to 0\mathrm{K}$$

故以上积分值应该为零。因为积分号内的 $1/T$ 当物质温度趋于零时将趋于无穷大，为了使物质的熵在温度趋近于零时也趋近于零，必须要求等压热容趋近于零，等容热容也趋近于零，即：

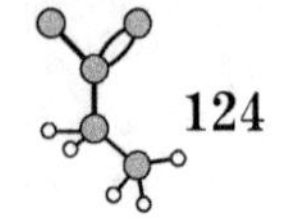

$$\lim_{T\to 0\mathrm{K}} C_p = 0$$
$$\lim_{T\to 0\mathrm{K}} C_V = 0 \quad (2\text{-}124)$$

实验证明当物质的温度在绝对零度附近时，物质的 C_V 的值与温度的三次方成正比，此实验规律也称为 T^3 定律，当温度趋近于 0 K 时，热容随之趋近于零。

§2-12　规定焓和规定吉布斯自由能

热力学理论和公式可以计算热力学函数值的改变量，但是无法获得热力学函数的绝对值，如系统的内能 U、焓 H 的绝对值等。然而事实上，我们所关心的也就是系统热力学函数的变化而不是函数的绝对数值。由于无法获得可以实用的热力学函数的绝对值，为了定量求算热力学量变化的需要，有必要对所有的热力学函数制定一套合理的相对值。这种方法在实际中是随地可见的，如地图上给出的山峰、丘陵的高度，都是一种相对高度，其基准点是令海平面的高度为零，通过测量各点与海平面的高度差而获得的相对高度，即海拔高度。我们常用的热力学函数值也是一种相对值，目前普遍运用的热力学函数值就是热力学函数规定值。上一节，我们介绍了物质的规定熵，本节将介绍物质的规定焓和规定 Gibbs 自由能。

一、规定焓(conventional enthalpy)

系统的焓与内能一样，其有用的绝对值是无法获得的。虽然我们可以由 Einstein 的相对论给出物质的能量 $E = mc^2$，但是这样获得的物质的内能 U 和 H 在实际的化学反应与各种过程中无法运用，我们不可能通过测定物质在化学变化前后的质量的变化而获得系统 U 的改变值，因为对于普通的化学反应，系统的质量因为能量的增减而引起的质量的增减极其微小，是无法测量出来的。为了获得物质焓的相对值——规定焓，首先必须选择合理的参考物质与参考态，对于化学反应过程，最合适的参考物质无疑就是纯的化学元素，参考态定为物质的标准状态。纯物质标准状态的定义如下：

气体：纯理想气体，温度为 T，压力为一个标准压力($1p^\ominus$)。

液体：纯液体，温度为 T，受到的压力等于一个标准压力($1p^\ominus$)。

固体：纯固体，温度为 T，受到的压力等于一个标准压力($1p^\ominus$)。

选定了参考物质和参考态，接下来就是给处于参考态下的参考物质一个合理的参考值，最方便与合理的数值无疑是零，于是我们定义：

$$H_\mathrm{m}^\ominus(298.15\mathrm{K}, 1p^\ominus) \equiv 0 \quad (\text{稳定元素}) \quad (2\text{-}125)$$

同种化学元素中只有一个元素的标准状态的规定焓为零，其它同位素的规定焓等于此同位素与稳定元素间的焓的差值。一般，规定焓选定为零的元素是相对最稳定的单

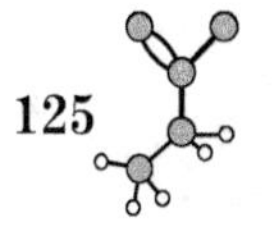

质。纯化合物的规定焓定义为：**298.15 K、一个标准压力下由稳定单质生成一摩尔纯化合物的反应焓变是该纯化合物的规定焓。**
物质的规定焓记为：$H_m^\ominus$。

由物质的规定焓求算反应焓变的方法与由物质的生成焓求反应的焓变一样，反应的焓变等于产物的规定焓之和减去反应物的规定焓之和，其计算式为：

$$\Delta_r H_m^\ominus = \left(\sum_i v_i H_m^\ominus(i)\right)_{\text{products}} - \left(\sum_i v_i H_m^\ominus(i)\right)_{\text{reactants}} \tag{2-126}$$

物质的规定焓与生成焓的用途是类似的，两者的数值在 298.15 K 是相等的，但是注意，两者的数值也仅仅在此温度下是相等的，在其它温度下，物质的规定焓与生成焓的数值是有区别的。规定焓与物质的生成焓只是在 298.15 K 时是一样的，在其它温度下并不相同。生成焓规定任何温度下稳定单质的标准生成焓均等于零；规定焓定义 298.15 K 下的稳定单质的规定焓为零，其它温度下，即使是稳定单质，其规定焓也不等于零。

引入物质的规定焓，使得每种物质的焓值的参考点减少到只有一个，即 298.15 K、一个标准压力条件下的焓值，其它任意状态下的规定焓均可从此参考态的规定焓求算得到。而物质的生成焓则不一样，每个物质的生成焓的参考值原则上具有无穷多个，因为生成焓是规定任意温度、一个标准压力下的稳定单质的生成焓等于零，故每个不同的温度下都有不同的参考值。

对于气态物质，规定焓选取的标准态是温度为 T，压力为标准压力的理想气体，这对实际气体而言是一个不存在的虚拟参考点。实际气体的行为并不服从理想气体状态方程，而规定焓的标准态要求是理想气体，所以两者的状态是不一样的，数值当然也不一样。热力学数据表中给出的气体的规定焓是对实际气体的数据作适当修正后得到的，修正后的规定焓所对应的状态是理想气体状态。在实际运用中，若涉及实际气体，注意从热力学数据表中获得的是气体标准态的数据，而实际气体的标准态是一个不存在的虚拟态，因而热力学数据不是实际状态下的数据，若想获得气体的规定焓必须对热力学数据表的数据进行处理。实际气体规定焓的求算过程如下。

设有如下过程：

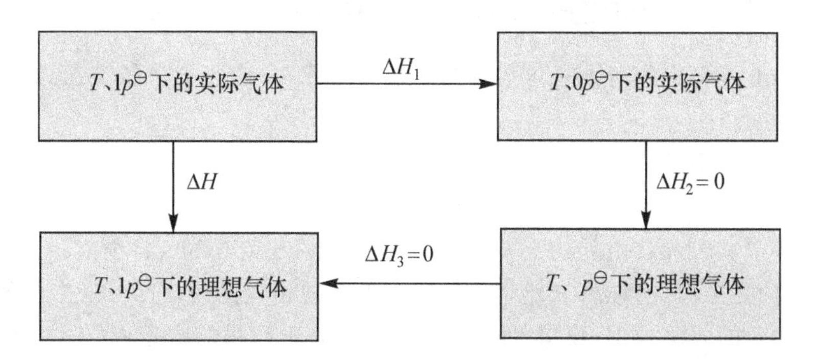

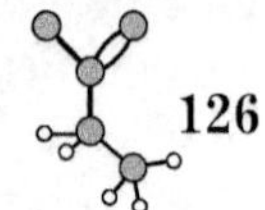

如上图所示，有：

$$H_{\text{ideal}}(T,1p^{\ominus}) - H_{\text{real}}(T,1p^{\ominus}) = \Delta H = \Delta H_1 + \Delta H_2 + \Delta H_3$$

所有的实际气体在当压力趋近于零时，都可以视为理想气体，所有压力等于零的实际气体就是理想气体，故 $\Delta H_2 = 0$，理想气体的焓只是温度的函数，温度不变而压力变化时，理想气体的焓不变，故 $\Delta H_3 = 0$，于是得：

$$H_{\text{ideal}}(T,1p^{\ominus}) - H_{\text{real}}(T,1p^{\ominus}) = \Delta H_1 \tag{2-127}$$

纯物质的 H 可以视为 T、p 的函数，取 H 的全微分：

$$\mathrm{d}H = \left(\frac{\partial H}{\partial T}\right)_p \mathrm{d}T + \left(\frac{\partial H}{\partial p}\right)_T \mathrm{d}p$$

当等温条件下：

$$\mathrm{d}H = \left(\frac{\partial H}{\partial p}\right)_T \mathrm{d}p$$

$$\because \quad \left(\frac{\partial H}{\partial p}\right)_T = V - T\left(\frac{\partial V}{\partial T}\right)_p$$

代入焓的全微分式积分：

$$\Delta H_1 = \int_{p^{\ominus}}^{0} \left(\frac{\partial H}{\partial p}\right)_T \mathrm{d}p = \int_{p^{\ominus}}^{0} \left(V - T\left(\frac{\partial V}{\partial T}\right)_p\right)\mathrm{d}p$$

将上式代入(2-126) 式：

$$H_{\text{real}}(T,1p^{\ominus}) = H_{\text{ideal}}(T,1p^{\ominus}) - \Delta H_1$$

$$H_{\text{real}}(T,1p^{\ominus}) = H_{\text{ideal}}(T,1p^{\ominus}) - \int_{p^{\ominus}}^{0} \left(V - T\left(\frac{\partial V}{\partial T}\right)_p\right)\mathrm{d}p \tag{2-128}$$

利用(2-127) 式可以获得实际气体的规定焓。

求实际气体的规定焓的关键是可以得到实际气体的状态方程。不同的状态方程，(2-128) 式中的积分式不同，积分结果也不相同。在常压下，实际气体的规定焓与理想气体的规定焓差别很小，但是对于严谨的研究工作，还必须将此差别计入。如：在 298 K、1 标准压力下，一些气体的 ΔH_1 值如下：

Ar：-8.368 J/mol，　Kr：-16.736 J/mol，　Cl_2：-96.232 J/mol。

二、规定 Gibbs 自由能(conventional Gibbs free energy)

规定 Gibbs 自由能可由规定熵和规定焓直接求得。由热力学的定义式：

$$G = H - TS$$

将以上定义式应用于函数的规定值，可得：

$$G_{\mathrm{m}}^{\ominus} = H_{\mathrm{m}}^{\ominus} - TS_{\mathrm{m}}^{\ominus} \tag{2-129}$$

上式记为规定 Gibbs 自由能的定义式，$G_{\mathrm{m}}^{\ominus}$ 是物质的规定 Gibbs 自由能。

由规定 Gibbs 自由能求算化学反应的 Gibbs 自由能的规定 Gibbs 自由能方法与求算反应焓变的方法类似，反应的 Gibbs 自由能等于产物的规定 Gibbs 自由能之和

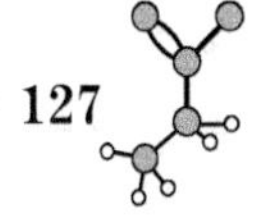

减去反应物的规定 Gibbs 自由能之和。即：

$$\Delta_r G_m^{\ominus} = \left(\sum_i v_i G_m^{\ominus}(i)\right)_{\text{products}} - \left(\sum_i v_i G_m^{\ominus}(i)\right)_{\text{reactants}} \tag{2-130}$$

物质的规定焓与生成焓在 298.15 K、标准状态下两者的数值是一样的，但是物质的规定 Gibbs 自由能与生成 Gibbs 自由能无论在何条件下均不相同。物质标准态的规定 Gibbs 自由能一般不等于零，由定义式(2-129)，在 298.15 K，标准状态下，纯单质的规定焓等于零，但是单质的规定熵不为零，而是一个较大的正值，故标准状态下的纯元素的规定 Gibbs 自由能一般是一个较大的负值。

本章基本要求

本章的核心内容是热力学第二定律，引入了热力学函数 S、F 和 G、偏摩尔量和化学势，并由热力学第二定律引出了熵判据、赫氏自由能判据和吉氏自由能判据。结合热力学第一定律和函数的定义式，推导了热力学基本关系式。介绍了热力学第三定律和物质的规定热力学函数值。本章的基本要求如下：

1. 明确热力学第二定律的意义，了解自发过程、可逆过程、非自发过程的性质。

2. 明确热力学函数 S、F、G 的定义和物理意义。

3. 能够用 dS、dF、dG 来判断过程的方向，了解其使用条件和范围。

4. 掌握热力学基本关系式，能熟练地计算简单过程 ΔS、ΔF、ΔG 等热力学函数的变化。

5. 明确热力学第三定律的意义，知道物质的规定热力学函数。

习　　题

1. 已知每克汽油燃烧热为 46861 J，若用汽油作为蒸汽机的燃料，蒸汽机的高温热库为 378 K，冷凝器为 303 K。试计算此蒸汽机的最大效率以及每克汽油燃烧时最多能做多少功？

2. 有一制冷机（冰箱），其冷冻部分必须保持在 253 K，而周围的环境温度为 298 K，估计周围环境传入制冷机的热为 $10^4\ J \cdot min^{-1}$，而该机的效率为可逆制冷机的 50%，试求开动这一制冷机所需之功率。

3. 实验室中某一大恒温槽（例如油浴）的温度为 400 K，室温为 300 K。因恒温槽绝热不良而有 4000 J 的热传给空气，计算说明这一过程是否为可逆？

4. 在 300 K 及 $1p^{\ominus}$ 下，将各为 1 mol 的气态 N_2、H_2、O_2 相混合。计算在同温同压下的混合气体的 ΔS（假设每种气体从 $1p^{\ominus}$ 膨胀到混合气压的分压力，气体为理想气体）。

5. 今有 2 mol 某理想气体，其 $C_{V,m} = 20.79\ J \cdot K^{-1} \cdot mol^{-1}$，由 323 K，100 dm^3 加

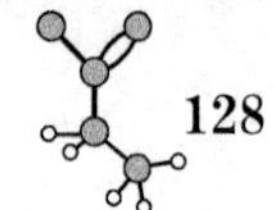

热膨胀到 423 K,150 dm^3,求此过程的 ΔS。

6. 有一绝热系统如图 2-15 所示,中间隔板为导热壁,右边容积为左边容积的 2 倍,已知气体的热容均为 $C_{V,m} = 28.03\ J\cdot K^{-1}\cdot mol^{-1}$,试求:

(1) 不抽掉隔板平衡后的 ΔS。

(2) 抽去隔板达平衡后的 ΔS。

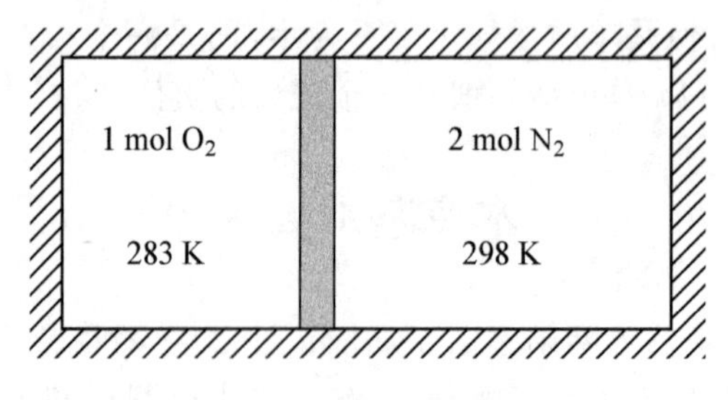

图 2-15

7. 有 5 mol 氧从 300 K 加热升温到 400 K,体积从 1.2 dm^3 变到 16.5 dm^3。试按下述不同情况计算 ΔS。(1) 氧是理想气体;(2) 氧是范德华气体。已知氧的 $C_{V,m} = 21.98\ J\cdot K^{-1}\cdot mol^{-1}$;范德华常数 $a = 0.137\ Pa\cdot m^6\cdot mol^{-2}$;$b = 0.03183\times 10^{-3}\ m^3\cdot mol^{-1}$。范德华方程为 $\left(p+\frac{a}{V_m^2}\right)(V_m - b) = RT$。

8. 试求标准压力下 268 K 的过冷液体苯变为固体苯的 ΔS,判断此凝固过程是否可能发生。已知苯的正常凝固点为 278 K,在凝固点时熔化热 $\Delta_{fus}H_m^{\ominus} = 9940\ J\cdot mol^{-1}$。

9. 在标准压力下,有 1 mol、273 K 的冰变为 373 K 的水蒸气,求此过程的 ΔS。已知冰的熔化热 $\Delta_{fus}H_m^{\ominus} = 334.7\ J\cdot g^{-1}$,水的汽化热 $\Delta_{vap}H^{\ominus} = 2259\ J\cdot g^{-1}$,水的 $C_{p,m} = 75.312\ J\cdot K^{-1}\cdot mol^{-1}$。

10. 系统经绝热不可逆过程由 A 态变到 B 态。请论证不可能用一个绝热可逆过程使系统从 B 态回到 A 态。

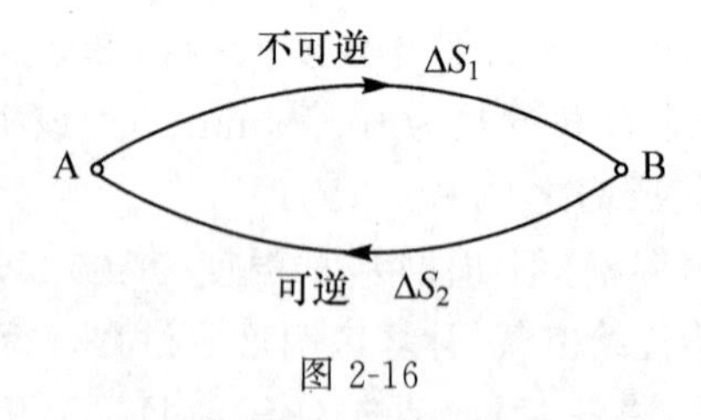

图 2-16

11. 某一化学反应若在等温等压下(298.15 K,$1p^{\ominus}$)进行,每摩尔反应放热

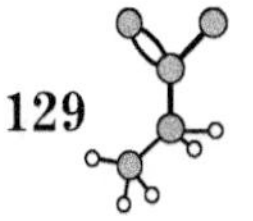

40000 J，若使该反应通过可逆电池来完成，则吸热 4000 J。(1) 计算该反应的 $\Delta_r S_m$；(2) 当该反应自发进行时(即不做电功时)，求环境的熵变及总熵变；(3) 计算体系可能做的最大功为若干？

12. 在 298.15 K 和 $1p^\ominus$ 时，反应 $H_2(g) + HgO(s) = Hg(l) + H_2O(l)$ 的 $\Delta_r H_m^\ominus = 195.8\ J \cdot mol^{-1}$。若使该反应通过可逆电池来完成，此电池的电动势为 0.9265 V，试求上述反应的 $\Delta_r S_m^\ominus$ 和 $\Delta_r G_m^\ominus$。

13. 在 298.15 K 及 $1p^\ominus$ 下，一摩尔过冷水蒸气变为同温同压下的水，求此过程的 ΔG。已知 298.15 K 时水的蒸气压为 3167 Pa。

14. 反应 $2SO_3(g) \rightleftharpoons 2SO_2(g) + O_2(g)$ 在 298 K 和 101325 Pa 时 $\Delta_r G_m = 1.4000 \times 10^5\ J \cdot mol^{-1}$，已知反应的 $\Delta_r H_m^\ominus = 1.9656 \times 10^5\ J \cdot mol^{-1}$，且不随温度而变化，求反应在 873 K 进行时的 $\Delta_r G_m^\ominus(873\ K)$。

15. 在 298.15 K 的等温情况下，两个瓶子中间有旋塞连通。开始时，一个瓶中放 0.2 mol 氧气，压力为 0.2×101325 Pa，另一个瓶中放 0.8 mol 氮气，压力为 0.8×101325 Pa，打开旋塞后，两气互相混合。计算：

(1) 终了时瓶中的压力；

(2) 混合过程中的 $Q, W, \Delta U, \Delta S, \Delta G$；

(3) 如设等温下可逆地使气体回到原状，计算过程中的 Q 和 W。

16. 2 mol 苯和 3 mol 甲苯在 298 K、101325 Pa 条件下混合，设系统为理想液体混合物，求该过程的 Q、W、ΔU、ΔH、ΔS、ΔG 和 ΔF。

17. 在 10 克沸水中加入 1 克 273 K 的冰。求该过程的 $Q, W, \Delta U, \Delta H, \Delta S$ 的值各为多少？已知冰的熔化热为 6025 $J \cdot mol^{-1}$，水的热容 $C_{p,m} = 75.31\ J \cdot K^{-1} \cdot mol^{-1}$

18. 1 mol 理想气体始态为 300 K，$10 \times p^\ominus$ 压力。求以下各过程的 $Q, W, \Delta U, \Delta H, \Delta S, \Delta G, \Delta F$。

(1)300 K 温度下，恒温可逆膨胀到 $1p^\ominus$；

(2) 恒外压膨胀，外压是 $1 \times p^\ominus$，末态压力为 $1p^\ominus$；

(3) 真空膨胀到 $1p^\ominus$。

19. 一个系统经过等压可逆过程从始态 3 dm^3，400 K，101325 Pa 等压可逆膨胀到 700 K，4 dm^3，101325 Pa。始态系统的熵是 125.52 $J \cdot K^{-1}$，计算 Q、W、ΔU、ΔH、ΔS 和 ΔG。($C_p = 83.68\ J \cdot K^{-1}$)

20. 在温度为 298 K 的恒温浴中，1 mol 理想气体发生不可逆膨胀。过程中系统对环境做功 3.5 kJ，到达终态时体积为始态的 10 倍。求此过程的 Q, W 及气体的 $\Delta U, \Delta H, \Delta S, \Delta G, \Delta F$。

21. 在中等压力下，气体的物态方程可以写作 $pV(1-\beta p) = nRT$。式中系数 β 与气体的本性和温度有关。今若在 273.2 K 时，将 0.5 mol O_2 由 1013250 Pa 的压力减到 101325 Pa，试求此过程的 ΔG。已知氧的 $\beta = -9.277 \times 10^{-9}\ Pa^{-1}$。

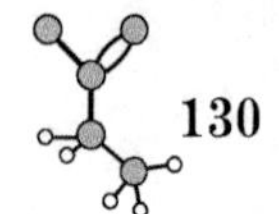

22. 利用维利方程 $pV_m = RT + bp(b = 2.67\times10^{-5}\ m^3\cdot mol^{-1})$,求解以下问题:

(1) 1 molH_2 在 298 K、$10p^{\ominus}$ 下,反抗恒外压($1p^{\ominus}$)等温膨胀,求所做的功。

(2) 如果 H_2 为理想气体,上述过程所做的功是多少?试与(1)比较,并解释原因。

(3) 计算过程(1)的 $\Delta U,\Delta H,\Delta S,\Delta G,\Delta F$。

(4) 求该气体的 $C_p - C_V$ 的值。

(5) 该气体在焦耳实验中温度如何变化?

(6) 该气体在焦耳-汤姆实验中温度如何变化?

23. 将298.2 K、1 mol氧从$1p^{\ominus}$绝热可逆压缩到$6p^{\ominus}$,试求:Q、W、ΔU、ΔH、ΔF、ΔG、ΔS和$\Delta S_{总}$。已知$S_m^{\ominus}(O_2,298\ K) = 205.03\ J\cdot K^{-1}\cdot mol^{-1}$。设氧气可以视为理想气体。

24. 取273.2 K、$3p^{\ominus}$的氧气10升,反抗恒外压$1p^{\ominus}$,进行绝热不可膨胀,求该过程的Q、W、ΔU、ΔH、ΔS、ΔG、ΔF。已知O_2在298.2 K时的规定熵为205 J·K·mol^{-1}。

25. 1 mol单原子分子理想气体进行不可逆绝热过程达到末态:273 K,$1p^{\ominus}$。此过程的$\Delta S = 20.9$ J/K·mol,$W = -1255$ J。末态气体的摩尔熵为188.3 J/K·mol。试求:

(1) 始态的温度和压力;

(2) 摩尔气体的ΔU、ΔH、ΔF、ΔG?

26. 设2 mol单原子分子理想气体,始态为300 K,$10p^{\ominus}$,经历以下三个相连的过程:(1) 在300 K下等温可逆膨胀至$2p^{\ominus}$;(2) 在$1p^{\ominus}$外压下,等温等外压膨胀至$1p^{\ominus}$;(3) 在等压条件下,系统由300 K升温至500 K,求以上三个过程的Q、W、ΔU、ΔH、ΔS、ΔF和ΔG?已知此气体的标准摩尔熵为:$S_m^{\ominus}(300K) = 154.8\ J\cdot K^{-1}\cdot mol^{-1}$。

27. 1 mol甲苯在其沸点383.15 K时蒸发为气,求该过程的$\Delta_{vap}H_m$、Q、W、ΔU、ΔG、ΔS、ΔF。已知该温度下甲苯的气化热为362 kJ·kg^{-1}。

28. 将一玻璃球放入真空容器中,球中已封入1 mol水(101325 Pa、373.15 K),真空容器内部恰好容纳1 mol的水蒸气(101325 Pa、373 K),若保持整个系统的温度为373.15 K,小球被击破后,水全部汽化成水蒸气,计算Q、W、ΔU、ΔH、ΔS、ΔG、ΔF。根据计算结果判断这一过程是否自发过程;用哪一个热力学性质作为判据?已知水的蒸发热为40668 J·mol^{-1}(条件是温度在373.15 K,压力为101325 Pa)

29. 计算1摩尔过冷苯(液)在268.2 K,$1p^{\ominus}$时凝固过程的ΔS及ΔG。已知268.2 K、外压等于$1p^{\ominus}$条件下,固态苯和液态苯的饱和蒸气压分别为2280 Pa和2675 Pa,268.2 K时苯的熔化热为9860 J·mol^{-1}。

30. 1 mol过冷水在268.2 K、$1p^{\ominus}$下凝固,试计算:

(1) 最大非膨胀功;

(2) 最大功;

(3) 此过程如在$100p^{\ominus}$进行,最大非膨胀功又为多少?

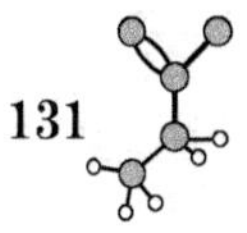

已知冰在熔点时的液态水与冰的热容差为：37.3 J·K·mol^{-1}，$\Delta_{fus}H_m$(273.2K) = 6.01 kJ·mol^{-1}，ρ(水) = 990 kg·m^{-3}，ρ(冰) = 917 kg·m^{-3}。

31. 冰在273.2 K、101325 Pa下的熔化热为6009 J·mol^{-1}，水的平均摩尔热容为75.3 J·K^{-1}·mol^{-1}；冰的为 37.6 J·K^{-1}·mol^{-1}，冰在 268.2 K 时的蒸气压为 401.0 Pa。计算过冷水在 268.2 K 时的蒸气压。

32. 在一个带活塞的容器中(设活塞无摩擦、无质量)，有氮气 0.5 mol，容器底部有一密闭小瓶，瓶中有液体水 1.5 mol。整体物系温度由热源维持为 373.15 K，压力为 $1p^{\ominus}$，今使小瓶破碎，在维持压力为 $1p^{\ominus}$ 下水蒸发为水蒸气，终态温度仍为 373.15 K。已知水在 373.15 K，$1p^{\ominus}$ 的蒸发热为 40.67 kJ·mol^{-1}，氮气和水蒸气均按理想气体处理。求此过程中的 Q、W、ΔU、ΔH、ΔS、ΔF 和 ΔG。

33. 在 298.15 K、101325 Pa 下，使 1 mol 铅与醋酸铜溶液在可逆情况下作用，环境可得电功 91839 J，同时吸热 213635 J，试计算 ΔU、ΔH、ΔS、ΔF 和 ΔG。

34. 指出下列各过程中，体系的 ΔU、ΔH、ΔS、ΔG、ΔF 何者为零？

(1) 非理想气体卡诺循环；(2) 实际气体节流膨胀；(3) 理想气体真空膨胀；(4) H_2(g) 和 O_2(g) 在绝热瓶中发生反应生成水；(5) 液态水在 373 K 及 101325 Pa 压力下蒸发成水蒸气。

35. 证明：$\left(\frac{\partial C_V}{\partial V}\right)_T = T\left(\frac{\partial^2 p}{\partial T^2}\right)$

36. 证明：$\left(\frac{\partial T}{\partial V}\right)_S = -\frac{T}{C_V}\left(\frac{\partial p}{\partial T}\right)_V$

37. 请证明：$\left(\frac{\partial T}{\partial p}\right)_S = \frac{T\left(\frac{\partial V}{\partial T}\right)_p}{C_p}$

38. 对于理想气体，试证明等式：$\left(\frac{\partial F}{\partial p}\right)_T = V$ 成立。

39. 试证明：$C_p - C_V = T\left(\frac{\partial p}{\partial T}\right)_V\left(\frac{\partial V}{\partial T}\right)_p$

40. 膨胀系数 $\alpha = \frac{1}{V}\left(\frac{\partial V}{\partial T}\right)_p$，压缩系数 $k = \frac{1}{V}\left(\frac{\partial V}{\partial p}\right)_T$，试证明：$C_p - C_V = \frac{VT\alpha^2}{k}$

41. 试证明：$T\mathrm{d}S = C_V\left(\frac{\partial T}{\partial p}\right)_V \mathrm{d}p + C_p\left(\frac{\partial T}{\partial V}\right)_p \mathrm{d}V$

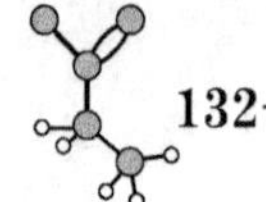

第3章　多组分系统热力学

前面我们讨论了系统热力学函数相互间的基本关系式。借助于这些关系式，可以求算各种热力学函数的差值。我们从热力学第二定律出发，推导出可以用以判断过程方向和限度的热力学判据。(2-54)～(2-57)式的主要用途就是计算系统始末态热力学函数的改变值。但是，这些关系式的适用范围是不做有用功的简单系统，即没有相变和化学变化的热力学系统。而化学反应系统必定伴随着物质的变化，如反应物转变为产物，多相反应中还含有相的变化等，因此前面推得的热力学基本关系式不能直接应用于化学反应系统。为了定量地描述多组分系统的性质，必须将前面得到的热力学理论予以推广，使热力学理论也可以适用于含有相变化和化学变化的复杂系统。

§3-1　偏摩尔量

化学反应系统均为多组分系统，含有两种或两种以上成分，这种系统的热力学性质不是纯物质相应同类型性质的简单加和。例如：50毫升水与50毫升乙醇混合组成一个两组分系统，混合系统的体积大约为96毫升，并不是水和乙醇体积的简单加和。这表明对于多组分系统，有必要采用新的热力学量来描述系统的性质。偏摩尔量就是适用于多组分系统的热力学量，采用偏摩尔量可以很好地解决物质转变过程的热力学问题。首先考虑均相的多组分系统，即整个系统的物理性质和化学性质都是处处均匀的，系统呈现为简单的一种相态，或为气体、或为液体、或为固体。多组分系统除了质量是各个组分质量的加和以外，其它热力学量一般不是纯物质性质的简单加和，系统的热力学性质与体系的组成有关，即与系统中各种成分的含量(或浓度)有关。

描述没有物质变化的简单封闭系统的状态，只需要两个独立变量，而描述多组分系统的状态，两个变量是不够的，还需考虑各种物质在体系中的浓度。对于多组分系统，若只知道系统的总物质的量及温度、压力，是无法确定系统的状态的，还必须知道系统中各个组分的浓度才能完全确定体系的状态。设有一均相多组分系统含有 k 种物质，系统的广度性质不仅仅与温度、压力有关，还与系统含有的各个组分的物质的量有关。如已知系统的 T、p 和每个组分的含量 $n_1, n_2, \cdots, n_k$，则系统的状态可以唯一地确定：

$$Z = Z(T, p, n_1, n_2, \cdots, n_k) \tag{3-1}$$

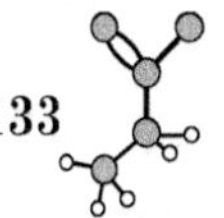

式中 Z 代表任何一种广度状态函数。若系统的温度、压力及组成发生微小的变化，其状态将随之而变，函数 Z 也会随之而变。对(3-1) 式取全微分得：

$$dZ=\left(\frac{\partial Z}{\partial T}\right)_{p,n_{\mathrm{B}}}dT+\left(\frac{\partial Z}{\partial p}\right)_{T,n_{\mathrm{B}}}dp+\left(\frac{\partial Z}{\partial n_1}\right)_{T,p,n_{\mathrm{B}\neq 1}}dn_1+\cdots+\left(\frac{\partial Z}{\partial n_k}\right)_{T,p,n_{\mathrm{B}}\neq k}dn_k$$

上式可以简化表示为：

$$dZ=\left(\frac{\partial Z}{\partial T}\right)_{p,n_{\mathrm{B}}}dT+\left(\frac{\partial Z}{\partial p}\right)_{T,n_{\mathrm{B}}}dp+\sum_{\mathrm{B}=1}^{k}\left(\frac{\partial Z}{\partial n_i}\right)_{T,p,n_{\mathrm{B}\neq i}}dn_{\mathrm{B}} \tag{3-2}$$

式中下标 B 表示各不同的组分；加和号对系统中所有的组分进行加和。若系统经历一个恒温恒压过程，Z 的微分则为：

$$dZ=\sum_{\mathrm{B}=1}^{k}\left(\frac{\partial Z}{\partial n_{\mathrm{B}}}\right)_{T,p,n_{J\neq \mathrm{B}}}dn_{\mathrm{B}}\quad (dT=0,dp=0) \tag{3-3}$$

将上式中的偏微商定义为一个新的热力学函数，定义：

$$Z_{\mathrm{B}}=\left(\frac{\partial Z}{\partial n_{\mathrm{B}}}\right)_{T,p,n_{J\neq \mathrm{B}}} \tag{3-4}$$

(3-4) 式定义的 Z_{B} 称为偏摩尔量，按照其定义式，偏摩尔量的物理含义是：

它是在系统的 T，p 和其它组分的量不变的条件下，Z 的微小增量与 i 组分摩尔数的微小增量之比。

偏摩尔量是两个广度函数的比值，故是一个强度量。偏摩尔量只取决于系统的状态，与系统的大小无关。当系统的温度、压力和各个组分的浓度均被确定之后，各组分偏摩尔量的值也被唯一地确定下来。将偏摩尔量的定义代入(3-3) 式，则有：

$$dZ=\sum_{\mathrm{B}}Z_{\mathrm{B}}dn_{\mathrm{B}}\quad (dT=0,dp=0) \tag{3-5}$$

式中的下标 B 表示对系统的所有组分进行加和。

某热力学量的偏摩尔量可以理解为在一定的温度和压力下，向一极其巨大的系统中加入 1 摩尔的 B 物质，由此引起的该热力学函数的变化，则是 B 组分该热力学函数的偏摩尔量；或者理解为在恒温、恒压、其它组分的含量不变的条件下，向一实际热力学系统中加入极微小的 B 物质，使该热力学函数发生微小的改变，函数的微小改变量与加入的 B 组分的摩尔数的微小增量之比，则为 B 组分该热力学函数的偏摩尔量。偏摩尔量是多组分系统极其重要的热力学函数，由各组分的偏摩尔量，可以求得系统其它状态函数的改变值。

系统的任何广度热力学量均具有偏摩尔量，例如体积 V，偏摩尔体积的定义是：

$$V_{\mathrm{B}}=\left(\frac{\partial V}{\partial n_{\mathrm{B}}}\right)_{T,p,n_{J\neq \mathrm{B}}} \tag{3-6}$$

上式中 $V_{i,\mathrm{m}}$ 即为 i 组分的偏摩尔体积。一个实际系统，如海水中水在常温常压下的偏摩尔体积，可以理解为向一个极其巨大的系统，如向海洋中加入 1 摩尔的纯水(约 18.02 毫升) 使海洋体积发生的变化，此体积的改变值就是海水的偏摩尔体积；海水的偏摩尔体积也等于向一定量海水(如体积为 1 升的一杯海水) 中加入极其微量(如

0.001 毫升)的纯水,由此使得杯中海水体积发生变化,杯中海水体积的变化与加入的纯水体积的比值即可视为海水中水的偏摩尔体积。严格的偏摩尔量是数学上的微商,是两个无限小量之比。以偏摩尔体积为例,如图 3-1 所示,将系统的体积对 B 组分的物质的量 n_B 作图,得到体积随 B 组分浓度的变化而改变的曲线,此条曲线的斜率即为 B 组分的偏摩尔体积。图 3-1 中的曲线表示系统的体积随组分 B 物质的量而变化的曲线,点 A 处 B 组分的浓度为 m。作 A 点的切线,此切线的斜率即为系统中 B 组分在其浓度为 m 时的偏摩尔体积。A 点切线的斜率为:

$$斜率 = \left(\frac{\partial V}{\partial n_B}\right)_{T,p,n_{J\neq B}} = V_B$$

这种方法也是计算物质的偏摩尔量的方法。

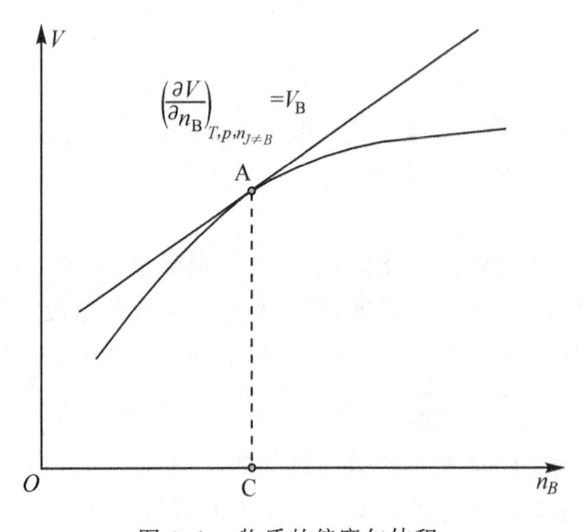

图 3-1　物质的偏摩尔体积

若系统中只有一种纯物质,则系统的所有的偏摩尔量就等于此物质的摩尔量。如偏摩尔体积就是此纯物质的摩尔体积,偏摩尔焓就是此物质的偏摩尔焓。这从偏摩尔量的定义式也可以得到同样的结论。

§ 3-2　偏摩尔量集合公式

多组分系统的热力学性质不是纯物质摩尔量的简单加和,而是各组分偏摩尔量的加和,因此,偏摩尔量表示某组分对系统相应热力学量的贡献。偏摩尔量的这种性质可表示为偏摩尔量集合公式。偏摩尔量是强度量,所以其值与系统的大小无关,只与系统的状态相关,在一定的温度和压力下,当系统中各个组分的浓度被确定时,系统的状态便被确定,所有的偏摩尔量也被确定。为了推出偏摩尔量集合公式,不妨考虑体系的热力学函数 Z，当系统状态确定时，Z 也具有确定值。函数 Z 的数值可用下式求算：

$$Z = \int_0^Z \mathrm{d}Z \tag{3-7}$$

式中积分的上下限分别为 Z 和 0，此积分表示的是一个从无到有的过程，即体系的量从无开始，逐步增加直至增加到被求算系统的大小为止。

Z 是一个状态函数，所以 Z 的值只取决于始末态，与被积过程的性质无关，我们可以寻找最方便的路径进行积分。在等温等压下展开(3-7)式，得：

$$Z = \int_0^Z \mathrm{d}Z = \int_0^{n_i} \sum_{\mathrm{B}} Z_{\mathrm{B}} \mathrm{d}n_{\mathrm{B}} = \sum_{\mathrm{B}} \int_0^{n_{\mathrm{B}}} Z_{\mathrm{B}} \mathrm{d}n_{\mathrm{B}}$$

若保持在积分过程中体系各组分的浓度不变，则各组分的偏摩尔量 $Z_{i,m}$ 的值也保持不变，$Z_{i,m}$ 可以作为常数提到积分号外，于是得：

$$Z = \sum_{\mathrm{B}} Z_{\mathrm{B}} \int_0^{n_{\mathrm{B}}} \mathrm{d}n_{\mathrm{B}} = \sum_{\mathrm{B}} Z_{\mathrm{B}} (n_{\mathrm{B}} - 0)$$

$$Z = \sum_{\mathrm{B}} n_{\mathrm{B}} \cdot Z_{\mathrm{B}} \tag{3-8}$$

(3-8)式即为偏摩尔量集合公式，式中的加和号表示对体系中所有组分进行加和。

图3-2所示即为(3-8)式积分过程。设将纯水与乙醇按体积比等于1∶1的比例混合得到乙醇与水的混合体系。如图，向容器中注入乙醇和水，两者的流速恒定并相等，如均为每分钟100毫升的流速。当乙醇和水逐渐加入到容器中时，容器中的混合体系的量从无到有逐渐增加，而且在整个过程中，容器中乙醇与水的混合体系的浓度始终保持不变，所以在整个混合过程中，乙醇和水的偏摩尔量一直保持不变。若沿此路径积分，系统各个组分的所有的偏摩尔量均可以视为常数。(3-8)式的结果表示，体系的任意一个广度函数均可以表示为各组分偏摩尔量的加和。偏摩尔量集合公式成分说明了偏摩尔量在多组分系统中的重要性。对于多组分系统，组分对于系统热力学函数的贡献不取决于纯物质的摩尔量，而是取决于物质的偏摩尔量。偏摩尔量集合公式的物理含义是：

多组分系统的热力学量等于各组分的摩尔数与其相应的偏摩尔量乘积的总和。

以偏摩尔体积为例，设A与B混合形成溶液，由偏摩尔量集合公式，溶液的体积可以表示为：

$$V = n_{\mathrm{A}} V_{\mathrm{A,m}} + n_{\mathrm{B}} V_{\mathrm{B,m}}$$

式中：V 是系统的总体积，$V_{\mathrm{A,m}}$ 和 $V_{\mathrm{B,m}}$ 分别为A与B的偏摩尔体积，n_{A}、n_{B} 为A与B的摩尔数。上式表示系统的体积等于组分偏摩尔体积与摩尔数乘积的加和。

偏摩尔量是系统广度性质的偏微商，求偏微商的条件是：恒温、恒压、其它组分的物质的量不变。若变换了求微商的条件，所得结果便不是偏摩尔量。

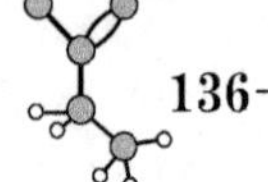

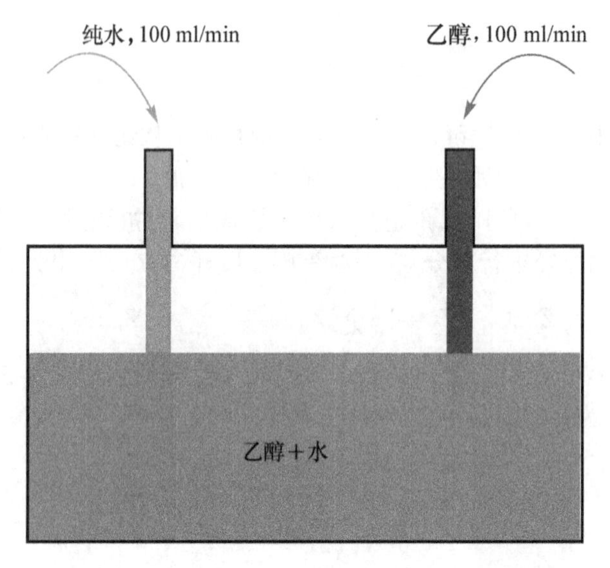

图 3-2　乙醇与水体系从无到有积分过程示意图

§3-3　偏摩尔量的测定

偏摩尔量通过实验测得，以下举例说明测定偏摩尔量的一般方法。

偏摩尔体积：设组分 A 与 B 混合形成二元溶液。为测定 B 组分的偏摩尔体积，可以采用如下方法：在要求的温度和压力条件下配制一系列溶液，所有溶液中组分 A 的摩尔数是一定的，但是 B 的摩尔数是变化的。测定此系列溶液的体积，将体积对 B 的摩尔数 n_B 作图，得到体积 V 随 n_B 变化的曲线，曲线上面任意一点的切线的斜率就是对应溶液中组分 B 的偏摩尔体积。图 3-3 为 $MgSO_4$ 水溶液的 V-n_{MgSO_4} 曲线图。溶液中水的量均为 1000 克，即 55.5 mol；溶液中 $MgSO_4$ 的含量从 0 变化到约 0.3 mol，溶液的温度恒定在 20℃。曲线上的点 A 的浓度为 0.1m，作 A 点的切线，求得切线的斜率为 1 cm^3/mol，即 $MgSO_4$ 水溶液在浓度为 0.1m 处 $MgSO_4$ 的偏摩尔体积为 1 cm^3/mol。曲线在 $MgSO_4$ 含量为 0.07 mol 时有最低值，大于 0.07m 时曲线斜率为正值，浓度小于 0.07m 时曲线斜率为负值。这表明当溶液的浓度小于 0.07m 时，$MgSO_4$ 的偏摩尔体积为负值，即在此浓度范围内，若向溶液中加入 $MgSO_4$ 固体，溶液的体积不但不增大，反而缩小。大多数水的盐类溶液的偏摩尔体积为正值，$MgSO_4$ 水溶液是比较少见的类型。盐的偏摩尔体积呈现负值且与离子间的作用力有关。

偏摩尔体积还可以用解析的方法求出。若能将溶液体积与组成的关系表达为数学式，则可以直接用求偏微商的方法获得组分的偏摩尔体积。

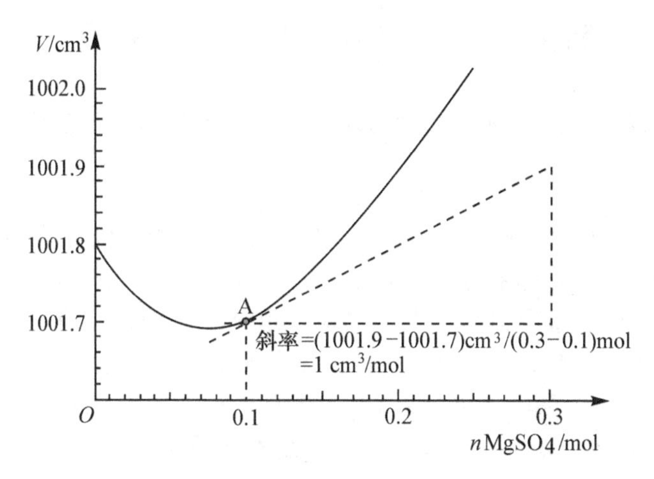

图 3-3 20℃下 $MgSO_4$ 水溶液体积与溶质含量的关系

例如，在常温常压下，向1 kg水中加入NaBr，溶液体积与NaBr浓度 m 的关系可用下式表示：

$$V = 1002.93 + 23.189m + 2.197m^{1.5} - 0.178m^2 \tag{3-9}$$

式中 m 为NaBr的质量摩尔浓度，即1.000 kg水中溶解的NaBr的摩尔数。由上式，可以求出溶液在任意浓度下的水及NaBr的偏摩尔体积。如求 m 为0.25 mol/kg和0.50 mol/kg时水与NaBr的偏摩尔体积。分别以A和B代表水与NaBr，求(3-9)式对 m_B 的偏微商：

$$V_B = \left(\frac{\partial V}{\partial m_B}\right)_{T,p,n_A} = 23.189 + 1.5 \times 2.197m^{0.5} - 2 \times 0.178m \tag{3-10}$$

代入NaBr的浓度值，就直接得到不同浓度下NaBr的偏摩尔体积：

$$m_{NaBr} = 0.25\ \mathrm{mol \cdot kg^{-1}} \quad V_{NaBr,m} = 24.748\ \mathrm{cm^3 \cdot mol^{-1}}$$

$$m_{NaBr} = 0.50\ \mathrm{mol \cdot kg^{-1}} \quad V_{NaBr,m} = 25.340\ \mathrm{cm^3 \cdot mol^{-1}}$$

根据偏摩尔量集合公式，可以推得：

$$V = n_A V_{A,m} + n_B V_{B,m}$$

$$V_{A,m} = \frac{V - n_B V_{B,m}}{n_A} \tag{3-11}$$

由(3-11)式求得：

$$m_{NaBr} = 0.25\ \mathrm{mol \cdot kg^{-1}} \quad V_{H_2O,m} = 18.067\ \mathrm{cm^3 \cdot mol^{-1}}$$

$$m_{NaBr} = 0.50\ \mathrm{mol \cdot kg^{-1}} \quad V_{H_2O,m} = 18.045\ \mathrm{cm^3 \cdot mol^{-1}}$$

上例说明当溶液浓度不同时，各组分的偏摩尔体积是不同的。

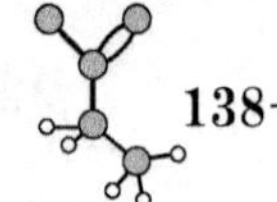

§3-4 化学势及广义 Gibbs 关系式

在所有的偏摩尔量中,最常用到的是偏摩尔吉布斯自由能,它被定义为化学势:

$$\mu_{\mathrm{B}} \equiv \left(\frac{\partial G}{\partial n_{\mathrm{B}}}\right)_{T,p,n_{J\neq\mathrm{B}}} \tag{3-12}$$

式中:μ_i称为i组分的化学势,也就是偏摩尔吉布斯自由能。化学势与其它偏摩尔量一样,也是强度量,其值与体系的大小无关。

化学势在化学领域中很重要,特别是对多组分系统,如在溶液、相平衡及化学平衡中应用非常普遍。借助于化学势,我们可以方便地将热力学基本关系式,及 Gibbs 关系式推广到多组分系统。多组分系统的状态函数可以表达为温度、压力和各组分物质的量的函数,以吉布斯自由能为例,若系统含有 k 种组分,有:

$$G = G(T,p,n_1,\cdots,n_k)$$

对 G 作全微分展开:

$$\mathrm{d}G = \left(\frac{\partial G}{\partial T}\right)_{p,n_{\mathrm{B}}}\mathrm{d}T + \left(\frac{\partial G}{\partial p}\right)_{T,n_{\mathrm{B}}}\mathrm{d}p + \sum_{\mathrm{B}=1}^{k}\left(\frac{\partial G}{\partial n_{\mathrm{B}}}\right)_{T,p,n_{J\neq\mathrm{B}}}\mathrm{d}n_{\mathrm{B}} \tag{3-13}$$

上式第三项中的偏微商就是化学势,将化学势的定义式代入上式,即得:

$$\mathrm{d}G = \left(\frac{\partial G}{\partial T}\right)_{p,n_{\mathrm{B}}}\mathrm{d}T + \left(\frac{\partial G}{\partial p}\right)_{T,n_{\mathrm{B}}}\mathrm{d}p + \sum_{\mathrm{B}=1}^{k}\mu_{\mathrm{B}}\mathrm{d}n_{\mathrm{B}}$$

$$\mathrm{d}G = -S\mathrm{d}T + V\mathrm{d}p + \sum_{\mathrm{B}=1}^{k}\mu_{\mathrm{B}}\mathrm{d}n_{\mathrm{B}} \tag{3-14}$$

(3-14) 式为推广的热力学基本关系式,可以适用于多组分系统,如溶液及化学反应系统等。类似地,可以将 U、H、F 的微分式作相应的推广。因为我们已经得到了推广的吉布斯自由能全微分表达式,结合状态函数的定义式,就可以直接得到这些状态函数的全微分推广式。以内能 U 为例,由热力学函数的定义式,U 可以表达为:

$$U = G + TS - pV$$

$$\mathrm{d}U = \mathrm{d}G + T\mathrm{d}S + S\mathrm{d}T - p\mathrm{d}V - V\mathrm{d}p$$

将 G 的全微分展开式代入上式:

$$\mathrm{d}U = -S\mathrm{d}T + V\mathrm{d}p + \sum_{\mathrm{B}=1}^{k}\mu_{\mathrm{B}}\mathrm{d}n_{\mathrm{B}} + T\mathrm{d}S + S\mathrm{d}T - p\mathrm{d}V - V\mathrm{d}p$$

整理:

$$\mathrm{d}U = T\mathrm{d}S - p\mathrm{d}V + \sum_{\mathrm{B}=1}^{k}\mu_{\mathrm{B}}\mathrm{d}n_{\mathrm{B}}$$

采用类似的方法,可以得到其它状态函数的推广式。将其归纳如下:

$$\mathrm{d}U = T\mathrm{d}S - p\mathrm{d}V + \sum_{\mathrm{B}}\mu_{\mathrm{B}}\mathrm{d}n_{\mathrm{B}} \tag{3-15}$$

$$\mathrm{d}H = T\mathrm{d}S + V\mathrm{d}p + \sum_{\mathrm{B}}\mu_{\mathrm{B}}\mathrm{d}n_{\mathrm{B}} \tag{3-16}$$

$$dF = -SdT - pdV + \sum_{B} \mu_B dn_B \tag{3-17}$$

$$dG = -SdT + Vdp + \sum_{B} \mu_B dn_B \tag{3-18}$$

(3-15)～(3-18)式称为推广的Gibbs关系式，适用于均相的多组分系统。以上各式的独立变量是有区别的，在以上各式中，化学势可以表达为不同状态函数的偏微商，它们分别是：

$$\mu_B = \left(\frac{\partial U}{\partial n_B}\right)_{S,V,n_{J\neq B}} \tag{3-19}$$

$$\mu_B = \left(\frac{\partial H}{\partial n_B}\right)_{S,p,n_{J\neq B}} \tag{3-20}$$

$$\mu_B = \left(\frac{\partial F}{\partial n_B}\right)_{T,V,n_{J\neq B}} \tag{3-21}$$

$$\mu_B = \left(\frac{\partial G}{\partial n_B}\right)_{T,p,n_{J\neq B}} \tag{3-22}$$

以上各式均为化学势的定义式，这四个定义式是等价的。四个定义式中，只有用 G 定义的是偏摩尔量，其它均为偏微商，而不是偏摩尔量。

以上虽得到多组分系统的热力学基本关系式，但是只能用来处理均相化学反应，对于多相系统中的化学反应，还得将其作进一步推广。许多化学反应为复相反应，及参加反应的物质可能处于不同的相，例如 NH_4Cl 的分解反应：

$$NH_4Cl(s) \rightleftharpoons NH_3(g) + HCl(g)$$

此反应系统中存在两个不同的相：NH_4Cl 为固相，NH_3 和 HCl 组成气相。另外，如水与高温下的炭生成水煤气、石灰石分解生成生石灰等反应均为多相反应。

复相系统需要考虑不同相的性质以及相间的界面性质对系统热力学性质的影响。但是对于常见的复相反应，在一般情况下，界面部分的质量与系统的质量相比极其微小，即相界面部分的分子数在体系总分子数中，所占比例极小，所以界面的性质对于系统性质的影响完全可以忽略不计。一般的多组分系统，体系的热力学函数可以视为各个相相应热力学函数值的简单加和，以吉布斯自由能 G 为例：

$$\begin{aligned} G &= \sum_{\alpha} G^{\alpha} \\ dG &= \sum_{\alpha} dG^{\alpha} \end{aligned} \tag{3-23}$$

式中下标 α 代表各相，加和号是对系统中所有的相进行加和。上式中某一相的吉布斯自由能的全微分展开式可用(3-18)式表示，即：

$$dG^{\alpha} = -S^{\alpha} dT + V^{\alpha} dp + \sum_{B} \mu_B^{\alpha} dn_B^{\alpha}$$

系统吉布斯自由能的全微分为：

$$dG = -\sum_{\alpha} S^{\alpha} dT + \sum_{\alpha} V^{\alpha} dp + \sum_{\alpha}\sum_{B} \mu_B^{\alpha} dn_B^{\alpha}$$

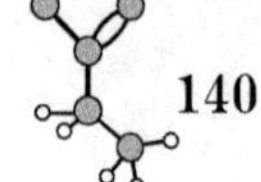

式中：下标 α 代表各相；B 代表各组分，加和号是对系统中的各个相，或者各个组分进行加和。因为系统广度量是各个相相应广度量的加和，故有：

$$\sum_{\alpha} S^{\alpha} = S \quad \sum_{\alpha} V^{\alpha} = V$$

代入 G 的微分式，得复相系统的 $\mathrm{d}G$ 全微分展开式：

$$\mathrm{d}G = -S\mathrm{d}T + V\mathrm{d}p + \sum_{\alpha}\sum_{\mathrm{B}} \mu_{\mathrm{B}}^{\alpha}\mathrm{d}n_{\mathrm{B}}^{\alpha}$$

采用类似的方法，可以将其它状态函数的微分式推广到复相的多组分系统：

$$\mathrm{d}U = T\mathrm{d}S - p\mathrm{d}V + \sum_{\alpha}\sum_{\mathrm{B}} \mu_{\mathrm{B}}^{\alpha}\mathrm{d}n_{\mathrm{B}}^{\alpha} \tag{3-24}$$

$$\mathrm{d}H = T\mathrm{d}S + V\mathrm{d}p + \sum_{\alpha}\sum_{\mathrm{B}} \mu_{\mathrm{B}}^{\alpha}\mathrm{d}n_{\mathrm{B}}^{\alpha} \tag{3-25}$$

$$\mathrm{d}F = -S\mathrm{d}T - p\mathrm{d}V + \sum_{\alpha}\sum_{\mathrm{B}} \mu_{\mathrm{B}}^{\alpha}\mathrm{d}n_{\mathrm{B}}^{\alpha} \tag{3-26}$$

$$\mathrm{d}G = -S\mathrm{d}T + V\mathrm{d}p + \sum_{\alpha}\sum_{\mathrm{B}} \mu_{\mathrm{B}}^{\alpha}\mathrm{d}n_{\mathrm{B}}^{\alpha} \tag{3-27}$$

(3-24) 式至(3-27) 式为复相多组分系统的 Gibbs 关系式，其适用范围是：

已达力平衡、热平衡，且只作体积功的复相多组分系统。

复相系统的组分化学势的表达式为：

$$\mu_{\mathrm{B}}^{\alpha} = \left(\frac{\partial U}{\partial n_{\mathrm{B}}^{\alpha}}\right)_{S,V,n_{J\neq \mathrm{B}}^{\alpha}} = \left(\frac{\partial H}{\partial n_{\mathrm{B}}^{\alpha}}\right)_{S,p,n_{J\neq \mathrm{B}}^{\alpha}} = \left(\frac{\partial F}{\partial n_{\mathrm{B}}^{\alpha}}\right)_{T,V,n_{J\neq \mathrm{B}}^{\alpha}} = \left(\frac{\partial G}{\partial n_{\mathrm{B}}^{\alpha}}\right)_{T,p,n_{J\neq \mathrm{B}}^{\alpha}} \tag{3-28}$$

上面推导的热力学基本关系式，完全忽略了界面部分对系统热力学函数的贡献，可以适用于一般的复相系统。但是对于物质颗粒很小的系统，界面分子的数量在总分子数中所占比例比较大，不能忽略界面部分对系统性质的影响，就有必要考虑界面部分对系统热力学函数的贡献。

§3-5　物质平衡判据

热力学平衡包括热平衡、力平衡、相平衡和化学平衡，其中，相平衡与化学平衡统称为物质平衡。若体系达到了热力学平衡，必定也达到了物质平衡。下面，我们对物质平衡的条件进行分析。

在恒温恒压条件下，吉布斯自由能是体系是否达到平衡的热力学判据，当系统达到平衡时，有：

$$\mathrm{d}G = 0 \quad \text{(恒温、恒压过程)}$$

对照 G 的全微分展开式：

$$\mathrm{d}G = -S\mathrm{d}T + V\mathrm{d}p + \sum_{\alpha}\sum_{\mathrm{B}} \mu_{\mathrm{B}}^{\alpha}\mathrm{d}n_{\mathrm{B}}^{\alpha}$$

当体系达到热力学平衡时，必有：

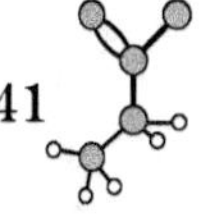

$$\sum_{\alpha}\sum_{B}\mu_B^{\alpha}dn_B^{\alpha}=0 \tag{3-29}$$

因此,上式是恒温恒压下体系达到物质平衡的标志。

同样,在恒温恒容条件下,亥姆霍兹自由能是体系是否达到平衡的热力学判据,当系统达到平衡时,有:

$$dF=0 \quad (恒温、恒容过程)$$

对照 F 的全微分展开式:

$$dF=-SdT-pdV+\sum_{\alpha}\sum_{B}\mu_B^{\alpha}dn_B^{\alpha}$$

当系统达到热力学平衡时,也必有:

$$\sum_{\alpha}\sum_{B}\mu_B^{\alpha}dn_B^{\alpha}=0$$

以上分析说明,(3-29)式不仅是恒温恒压过程的物质平衡的条件,也是恒温恒容过程物质平衡的条件,实际上,(3-29)式适用于任何可逆过程。(3-29)式的适用条件是:

封闭系统,可逆过程,只做体积功。

对于只做体积功的任何封闭系统中的可逆过程,(3-29)式均成立,此过程可以不等温、不等压或者不等容等。

(3-29)式为物质平衡条件,由此式可知化学势就是物质平衡的判据。恒温、恒压下,过程的性质可以由吉布斯自由能判据确定,对于恒温、恒压过程,热力学判据为:

$$dG\leqslant 0 \quad (dT=0,\quad dp=0,\quad W_f=0)$$

等于号表示可逆过程,小于号表示不可逆的自发过程。我们以相转变过程为例,说明化学势为物质平衡的热力学判据。设B组分存在于α相和β相,且达到了相平衡,平衡相变过程是恒温、恒压过程,由吉布斯自由能判据,有:

$$\sum_{\alpha}\sum_{B}\mu_B^{\alpha}dn_B^{\alpha}=0$$

设微量B组分物质从β相流入α相,因为体系已经达到相平衡,且系统中没有其它物质流动,上式中其它组分的量不发生变化,且除了α相和β相之外,其它相中的B组分的量也不发生变化,故上式变为:

$$\mu_B^{\alpha}dn_B^{\alpha}+\mu_B^{\beta}dn_B^{\beta}=0 \tag{3-30}$$

由物质不灭定律,故有:

$$dn_B^{\alpha}=-dn_B^{\beta}$$

将上式代入(3-30)式:

$$\mu_B^{\alpha}dn_B^{\alpha}-\mu_B^{\beta}dn_B^{\beta}=0$$

$$(\mu_B^{\alpha}-\mu_B^{\beta})dn_B^{\alpha}=0$$

因为 $dn_B^{\alpha}>0$,故上式为零的条件是括号部分等于零,故必有:

$$\mu_B^{\alpha}=\mu_B^{\beta} \tag{3-31}$$

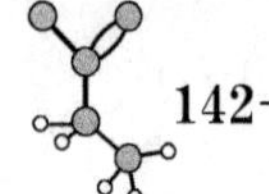

若B组分物质在恒温恒压条件下自发地从β相流入α相，则此过程是自发过程，由吉布斯自由能判据，此过程的$dG<0$，即：

$$\sum_{\alpha}\sum_{B}\mu_B^{\alpha}dn_B^{\alpha}<0$$

因为系统中其它组分的量不发生变化，且除了α相和β相之外，其它相中的B组分的量也不发生变化，故上式变为：

$$\mu_B^{\alpha}dn_B^{\alpha}+\mu_B^{\beta}dn_B^{\beta}<0 \tag{3-32}$$

因为是由β相流向α相，所以$dn_B^{\alpha}>0$，采用类似方法，上式变为：

$$(\mu_B^{\alpha}-\mu_B^{\beta})dn_B^{\alpha}<0$$

$$\mu_B^{\alpha}-\mu_B^{\beta}<0$$

当B物质自发地由β相流向α相时，必有：

$$\mu_B^{\beta}>\mu_B^{\alpha}$$

若B物质自发地由α相流向β相时，则有：

$$\mu_B^{\beta}<\mu_B^{\alpha}$$

以上结果说明，化学势为物质平衡的判据，物质自发地由化学势较大的一方流向化学势较小的一方，若两者的化学势相等，则达到平衡。化学势判据可以归纳如下：

$\mu_B^{\beta}>\mu_B^{\alpha}$　B物质将自发地由β相流向α相

$\mu_B^{\beta}<\mu_B^{\alpha}$　B物质将自发地由α相流向β相

$\mu_B^{\beta}=\mu_B^{\alpha}$　β相与α相达成物质平衡

以上分析是对于恒温、恒压过程，利用吉布斯自由能判据推出的结果。实际上，化学势作为物质平衡判据，可以适用于其它过程，如：在恒温、恒容条件下，由赫氏自由能判据也可以推得同样的结果；在恒熵、恒容条件下；在恒熵、恒压条件下，分别利用U判据和H判据，均可以推得相同的结果。

§3-6　化学势的性质

本节讨论化学势的性质，讨论的内容主要包括化学势与温度和压力的关系。化学势与温度及压力的关系类似于Gibbs自由能与温度及压力的关系。

一、化学势与压力的关系

在恒温条件下，将化学势求对压力的偏微商：

$$\left(\frac{\partial\mu_B}{\partial p}\right)_{T,n_J}=\left(\frac{\partial}{\partial p}\left(\frac{\partial G}{\partial n_B}\right)_{T,p,n_{J\neq B}}\right)_{T,n_J}$$

上式是一个二阶微商，将求偏微商的次序交换，注意下标也必须随之交换，得：

$$\left(\frac{\partial\mu_B}{\partial p}\right)_{T,n_J}=\left(\frac{\partial}{\partial n_B}\left(\frac{\partial G}{\partial p}\right)_{T,n_J}\right)_{T,p,n_{J\neq B}} \tag{3-33}$$

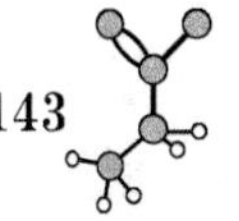

由热力学基本关系式：

$$\left(\frac{\partial G}{\partial p}\right)_{T,n_J}=V$$

将上式代入(3-33)式，得：

$$\left(\frac{\partial \mu_{\mathrm{B}}}{\partial p}\right)_{T,n_J}=\left(\frac{\partial V}{\partial n_{\mathrm{B}}}\right)_{T,p,n_J}=V_{\mathrm{B}} \tag{3-34}$$

上式表明物质的化学势对压力的偏微商等于此种物质的偏摩尔体积。

二、化学势与温度的关系

在恒压条件下，将化学势对温度求偏微商，推导过程与前节类似：

$$\left(\frac{\partial \mu_{\mathrm{B}}}{\partial T}\right)_{p,n_J}=\left(\frac{\partial}{\partial T}\left(\frac{\partial G}{\partial n_{\mathrm{B}}}\right)_{T,p,n_{J\neq \mathrm{B}}}\right)_{p,n_J}=\left(\frac{\partial}{\partial n_{\mathrm{B}}}\left(\frac{\partial G}{\partial T}\right)_{p,n_J}\right)_{T,p,n_{J\neq \mathrm{B}}}=\left(\frac{\partial(-S)}{\partial n_{\mathrm{B}}}\right)_{T,p,n_{J\neq \mathrm{B}}}$$

$$\left(\frac{\partial \mu_{\mathrm{B}}}{\partial T}\right)_{p,n_J}=-S_{\mathrm{B}} \tag{3-35}$$

上式表明化学势对温度的偏微商等于负偏摩尔熵。

由 Gibbs 自由能的定义式：

$$G=H-TS$$

将上式中的广度量对 i 组分的物质的量求偏微商：

$$\left(\frac{\partial G}{\partial n_{\mathrm{B}}}\right)_{T,p,n_{J\neq \mathrm{B}}}=\left(\frac{\partial H}{\partial n_{\mathrm{B}}}\right)_{T,p,n_{J\neq \mathrm{B}}}-T\left(\frac{\partial S}{\partial n_{\mathrm{B}}}\right)_{T,p,n_{J\neq \mathrm{B}}}$$

上式中的三个偏微商均代表偏摩尔量，代入相应的偏摩尔量，故有：

$$\mu_{\mathrm{B}}=H_{\mathrm{B}}-TS_{\mathrm{B}} \tag{3-36}$$

求下列微商：

$$\left(\frac{\partial(\mu_{\mathrm{B}}/T)}{\partial T}\right)_{p,n_J}=\frac{1}{T}\left(\frac{\partial \mu_{\mathrm{B}}}{\partial T}\right)_{p,n_J}+\mu_{\mathrm{B}}\left(\frac{-1}{T^2}\right)=\frac{-S_{\mathrm{B}}}{T}+\mu_{\mathrm{B}}\left(\frac{-1}{T^2}\right)=-\frac{TS_{\mathrm{B}}+\mu_{\mathrm{B}}}{T^2}$$

将(3-36)式代入上式：

$$\left(\frac{\partial(\mu_{\mathrm{B}}/T)}{\partial T}\right)_{p,n_J}=-\frac{H_{\mathrm{B}}}{T^2} \tag{3-37}$$

化学势是 G 的偏摩尔量，化学势的性质与 G 的性质非常类似，只是所得结果将摩尔量换为偏摩尔量即可。如 G 对温度的偏微商等于 $-S$，则化学势对温度的偏微商等于 $-S_{\mathrm{B}}$；G 对压力的偏微商等于 V，化学势对压力的偏微商等于偏摩尔体积 V_{B}，其它的关系可以类推。纯物质的偏摩尔量等于其摩尔量，如纯物质的化学势等于物质的摩尔 Gibbs 自由能：

$$\mu_{\mathrm{B}}^{*}=G_m(\mathrm{B}) \tag{3-38}$$

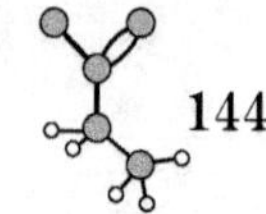

本章基本要求

本章将热力学基本公式推广到多组分系统和多相系统。介绍了热力学函数偏摩尔量、化学势,并推出了物质平衡判据。

1. 明确偏摩尔量、化学势的定义与物理意义。

2. 了解偏摩尔量集合公式。

3. 能运用化学势判断物质流动的方向。

4. 了解化学势的基本性质。

习　　题

1. 298 K 时有物质的量分数为 0.4 的甲醇水溶液,如果往大量此溶液中加 1 mol 水,溶液的体积增加 17.35 ml;如果往大量的此种溶液中加 1 mol 甲醇,溶液的体积增加 39.01 ml;试计算将 0.4 mol 的甲醇和 6 mol 的水混合时此溶液的体积;计算此混合过程中体积的变化。已知 298 K 时甲醇的密度为 $0.7911\ g\cdot ml^{-1}$,水的密度为 $0.9971\ g\cdot ml^{-1}$。

2. 已知某 NaCl 溶液在 1 kg 水中含 n 摩尔 NaCl,体积 V 随 n 的变化关系为:

$$V/m^3 = 1.00138\times10^{-3}+1.66263\times10^{-5}n/mol+1.7738\times10^{-3}(n/mol)^{3/2}+1.194\times10^{-7}(n/mol)^2$$

求当 n 为 2 mol 时 H_2O 和 NaCl 的偏摩尔体积为多少?

3. 15℃ 下,将 96%(W) 的酒精溶液 1×10^4 ml 稀释为 56%(W) 的酒精溶液,试问:

(1) 应加水多少毫升;

(2) 稀释后溶液的总体积为多少?

已知:15℃ 下,水的密度为 $0.9991\ g\cdot cm^{-3}$,在 96% 酒精的溶液中,水和酒精的偏摩尔体积分别为 $14.61\ ml\cdot mol^{-1}$ 和 $58.01\ ml\cdot mol^{-1}$,在 56% 酒精的溶液中,则分别为 $17.11 mol\cdot mol^{-1}$ 和 $56.58\ ml\cdot mol^{-1}$,酒精的分子量为 $46\ g\cdot mol^{-1}$。

4. 请证明理想气体的标准化学势与压力无关。

5. 证明:(1)

$$\mu_i=-T\left(\frac{\partial S}{\partial n_i}\right)_{V,U,n_{j\neq i}}$$

(2)

$$\left(\frac{\partial S}{\partial n_i}\right)_{V,V,n_{j\neq i}}=S_{i,m}-V_{i,m}\left(\frac{\partial p}{\partial T}\right)_{V,n_{j\neq i}}$$

6. 偏摩尔等压热容的定义为:$(C_p)_{i,m}=\left(\frac{\partial C_p}{\partial n_i}\right)_{T,p,n_{j\neq i}}$,请证明以下各式成立:

$$(C_p)_{i,m} = \left(\frac{\partial H_{i,m}}{\partial T}\right)_{p,n} = T\left(\frac{\partial S_{i,m}}{\partial T}\right)_{p,n} = -T\left(\frac{\partial \mu_i}{\partial T^2}\right)_{p,n}$$

7. 298 K 下，K_2SO_4 在水溶液中的偏摩尔体积为：$V_{2,m} = 32.280 + 18.22m^{0.5} + 0.0222m$。已知水的摩尔体积为 17.96ml・$mol^{-1}$，试求在此溶液中水的偏摩尔体积的数学表达式。

第4章　气体热力学

气体是最简单的一类热力学系统，本章专门讨论热力学基本理论在气体中的应用。化学反应系统均为多组分系统，因此，气体一章主要讨论多组分气体系统。多组分系统最关键的热力学函数是组分的化学势，若掌握了组分的化学势，则可以由此导出组分其它的热力学性质，所以本章讨论的重点是气体的化学势及其应用。

§4-1　理 想 气 体

理想气体是最简单的热力学系统，是人们从实践中抽象出来的假想的模型化合物。理想气体模型是高度抽象与简化的，理论上处理起来特别方便、简单，但是通过对于理想气体热力学性质的讨论，可以得到许多极其重要的热力学公式。这些热力学公式虽然从理论上只能严格地适用于理想气体系统，但许多实际热力学系统的行为与理想气体非常近似，故根据理想气体性质推导得到的结果可以推广应用于许多实际的热力学系统，如常温常压下的实际气体等。对于那些与理想气体相差较远的热力学系统，常常是将理想气体的热力学公式加以适当修正后再应用于这些较复杂的热力学系统，如实际系统的组分化学势等都是在理想气体化学势的基础上经过适当修正而得到的。

一、纯理想气体

首先讨论纯理想气体的化学势(chemical potential of pure ideal gas)。设有一个由纯物质组成的理想气体系统，纯气体的化学势 μ 即为物质的摩尔吉布斯自由能 G_m。在等温条件下将化学势对压力求微商，有：

$$\left(\frac{\partial \mu}{\partial p}\right)_T = \left(\frac{\partial G_m}{\partial p}\right)_T = V_m$$

移项后在等温条件下积分，取积分下限为标准压力：

$$\int_{p^{\ominus}}^{p} \mathrm{d}\mu = \int_{p^{\ominus}}^{p} V_m \mathrm{d}p \quad (\mathrm{d}T = 0, \quad pV_m = RT)$$

$$\mu(p) - \mu(p^{\ominus}) = \int_{p^{\ominus}}^{p} \frac{RT}{p} \mathrm{d}p$$

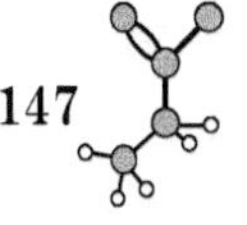

得：
$$\mu(T,p)=\mu^{\ominus}(T,p^{\ominus})+RT\ln\frac{p}{p^{\ominus}} \tag{4-1}$$

上式即为任意温度、压力条件下的纯理想气体化学势的数学表达式，式中 $\mu(T,p)$ 为理想气体化学势，是温度与压力的函数；$\mu^{\ominus}(T,p^{\ominus})$ 为标准状态条件下的理想气体化学势，也称为标态化学势，标准状态的气体压力规定为 $1p^{\ominus}$，所以标态化学势只是温度的函数。理想气体的标准状态(standard state) 规定为：

纯理想气体，温度等于系统温度 T，压力等于一个标准压力 $p^{\ominus}$。

标准压力的规定是：
$$1p^{\ominus}=100\ 000\ \text{Pa} \tag{4-2}$$

物质化学势的绝对值是无法确定的，我们只能获得化学势的相对值。纯物质的标准状态化学势等于此物质在标准状态下的摩尔 Gibbs 自由能 $G_m^{\ominus}$。

二、理想气体混合物(mixture of ideal gases)

若一化学反应为气体反应，此气体系统必为多组分系统，最简单的反应系统是理想气体混合物系统。纯理想气体的性质在第 1 章已经介绍过，这里有必要进一步讨论理想气体混合物的性质。理想气体混合物的理论模型与纯理想气体模型相类似，成为理想气体混合物的条件是：

(1) 系统所有分子对之间均没有作用势能。不论是同种分子对还是不同种分子对之间都不存在作用力，如 A、B 两组分形成的理想气体混合系统，要求 A－A、A－B、B－B 分子对之间均不存在作用势能。

(2) 系统中所有分子的体积为零，分子可以视为数学上的点。

凡是满足以上两个要求的系统就是理想气体混合物。由此模型可以推出理想气体混合物具有以下宏观热力学性质：

(1) 理想气体混合物在所有温度和压力条件下均遵守理想气体状态方程：

$$pV=\left(\sum_{\mathrm{B}}n_{\mathrm{B}}\right)RT=n_{\mathrm{tot}}RT$$

式中：n_{B} 是 B 组分的物质的量，n_{tot} 是系统的总物质的量。

(2) 将各组分的纯理想气体在等温等压下混合，其混合热为零。

由于理想气体混合物的分子之间没有作用力，系统的总能量等于单个分子能量的简单加和，单个分子的能量仅仅是温度的函数，故理想气体混合物系统的内能也仅仅是温度的函数，当在等温条件下将纯气体混合形成理想气体混合物时，系统的温度不变，故分子的能量不变，分子能量的加和也不变，整个系统在混合前与混合后的能量不发生变化，由此理想气体混合过程的热量为零。

根据理想气体混合物的性质，我们可以推导出理想气体混合物中各组分的化学势表达式。有一理想气体混合物系统，求组分 B 的化学势，可设想将理想气体混合物系统与纯 B 气体放置在同一容器中，但两者用半透膜分开，半透膜只允许 B 分子自由

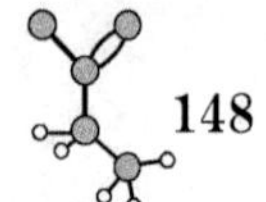

通过而不让其它组分分子通过，此装置如图 4-1 所示。容器的左边为理想气体混合物，右边为纯 B 理想气体，中间是只让 B 分子通过的半透膜。因为是理想气体，分子间没有作用力，B 分子可以自由地在整个容器中运动，半透膜对于 B 分子的运动没有任何影响，B 气体在整个容器内的压强处处相同，即半透膜左边的 B 组分分压与右边纯 B 气体的分压相等：

$$p_B = p_B^* \tag{4-3}$$

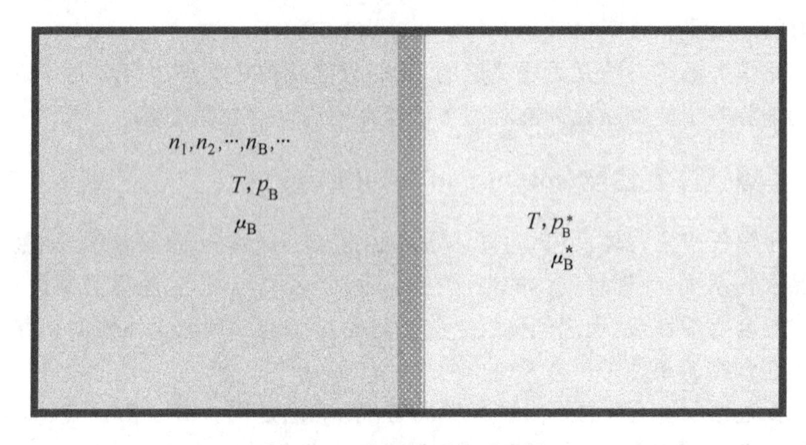

图 4-1　半透膜平衡示意图

容器的左边是理想气体混合物，从整体上也服从理想气体状态方程，故有：

$$pV = n_{tot}RT = \sum_B n_B RT \tag{4-4}$$

p 为右边气体的总压。混合物中的每个组分也是理想气体，故每个组分也各自服从理想气体状态方程：

$$p_1 V_1 = n_1 RT$$

$$\cdots\cdots$$

$$p_B V_B = n_B RT \cdots$$

每个组分的分子均可以自由地在容器的右边运动，所以其占据的体积与混合物的体积是一样的，有：

$$V_1 = V_2 = \cdots = V_B = \cdots = V$$

取组分压力与体积乘积的加和：

$$\sum_B p_B V_B = \sum_B n_B RT = V\left(\sum_B p_B\right)$$

将(4-3)式代入上式：

$$\sum_B n_B RT = pV = V\left(\sum_B p_B\right)$$

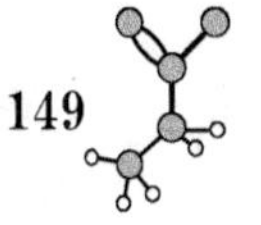

即得理想气体混合物的总压等于各个组分分压的加和：

$$p_1 + p_2 + \cdots + p_B + \cdots = \sum_B p_B = p$$

任一组分的分压与总压的比为：

$$\frac{p_B}{p} = \frac{n_B RT/V}{n_{tot} RT/V} = \frac{n_B}{\sum_B n_B} = x_B$$

∴

$$p_B = x_B p \tag{4-5}$$

上式表明理想气体混合物中组分的分压等于系统的总压与此组分的摩尔分数的乘积，(4-5) 式首先由道尔顿提出，故称为道尔顿(Dalton) 分压定律。

当半透膜两边达到渗透平衡后，两边 B 组分的化学势相等，即有：

$$\mu_B = \mu_B^* \tag{4-6}$$

上式 μ_B 表示理想气体混合物中B气体的化学势，μ_B^* 表示纯B气体的化学势，两者在达到平衡后是相等的。我们已经知道纯理想气体化学势的表达式，将纯理想气体化学势表达式代入(4-6) 式即可得到理想气体混合物系统的组分化学势的表达式。

$$\mu_B = \mu_B^* = \mu_B^{\ominus} + RT\ln\frac{p_B^*}{p^{\ominus}}$$

式中 p_B^* 表示容器右边纯B组分的压力，上标 * 表示纯物质。将(4-3) 式和(4-5) 式代入上式，可得：

$$\mu_B(T,p_B) = \mu_B^{\ominus} + RT\ln\frac{p_B}{p^{\ominus}} = \mu_B^{\ominus} + RT\ln\frac{p \cdot x_B}{p^{\ominus}}$$

即：

$$\mu_B(T,p_B) = \mu_B^{\ominus} + RT\ln\frac{p}{p^{\ominus}} + RT\ln x_B \tag{4-7}$$

(4-7) 式为理想气体混合物中B组分的化学势。理想气体混合物中的组分化学势等于该组分的纯气体处于相同温度和相同(分) 压力下所具有的化学势。(4-7) 式中的 $\mu_B^{\ominus}$ 是组分的标态化学势，理想气体混合物的标准状态的定义与纯理想气体的标态是一样的，即：

温度为 T、压力为一个标准压力($1p^{\ominus}$) 的纯气体。

得到了理想气体化学势的数学表达式，通过化学势我们可以推求理想气体系统的一系列热力学性质，如理想气体混合过程的热效应、体积变化、化学反应平衡常数等。下面以等温等压下理想气体混合过程的热效应为例说明化学势的应用方法。

在等温等压下，混合过程的热效应等于系统的焓变，故混合过程的热效应为：

$$\Delta_r H_{mix} = H_{after} - H_{before} \tag{4-8}$$

式中：H_{ofter} 为混合后系统的焓，H_{before} 为混合前系统的焓。混合前各组分为纯气体，故有：

$$H_{before} = \sum_B n_B H_m(B)$$

混合后为多组分系统，由偏摩尔量集合公式：

$$H_{\text{after}} = \sum_{B} n_B H_B$$

根据理想气体化学势性质，有公式：

$$\left(\frac{\partial(\mu_B/T)}{\partial T}\right)_{p,n_J} = -\frac{H_B}{T^2} \tag{4-9}$$

另对理想气体化学势进行相同的处理：

$$\left(\frac{\partial(\mu_B/T)}{\partial T}\right)_{p,n_J} = \left(\frac{\partial}{\partial T}\left(\frac{\mu_B^{\ominus}}{T} + R\ln\frac{p}{p^{\ominus}} + R\ln x_B\right)\right)_{p,n_J} = \left(\frac{\partial}{\partial T}\left(\frac{\mu_B^{\ominus}}{T}\right)\right)_{p,n_J}$$

上式在求微商中，注意后边两项均为常数，偏微商等于零，结果中的$\mu_B^{\ominus}$是理想气体标态化学势，理想气体的标态为：纯气体，温度为T，压力为$1p^{\ominus}$，纯组分的化学势等于摩尔 Gibbs 自由能，故有：

$$\left(\frac{\partial}{\partial T}\left(\frac{\mu_B}{T}\right)\right)_{p,n_J} = \left(\frac{\partial}{\partial T}\left(\frac{G_m^{\ominus}(B)}{T}\right)\right)_{p,n_J} = -\frac{H_m^{\ominus}}{T^2} \tag{4-10}$$

对照(4-9) 与(4-10) 式，两者均为理想气体化学势的偏微商，所以两式应该是相等的，所以：

$$\frac{H_B}{T^2} = \frac{H_m^{\ominus}(B)}{T^2}$$

$$\therefore \qquad H_B = H_m(B) \quad (理想气体) \tag{4-11}$$

注意对于理想气体，焓H只是温度的函数，其值与压力无关，故在上式中摩尔焓去掉了代表标准状态的上标。将(4-11) 式代入计算混合热的公式，即得：

$$\Delta_r H_{\text{mix}} = \sum_{B} n_B H_B - \sum_{B} n_B H_m(B) = 0 \tag{4-12}$$

以上结果说明理想气体等温、等压混合过程的热效应等于零。

§4-2 实际气体化学势

实际气体与理想气体的区别在于：实际气体的分子之间的作用势能较强；分子自身的体积不能视为零。正是因为微观结构的不同，所以实际气体的行为会偏离理想气体的行为，其偏离理想气体的程度取决于两者微观结构相差的程度。理想气体状态方程也不适用于实际气体，实际气体的p、V、T三者间的关系，不能用方程$pV = nRT$描述。理想气体的化学势表达式是从理想气体状态方程推导而得的，实际气体的行为不能用理想气体状态方程描述，故理想气体化学势表达式不能用于实际气体。

一、纯实际气体化学势

为了获得实际气体的化学势，我们首先讨论只含一种组分的实际气体系统。纯物质有以下公式：

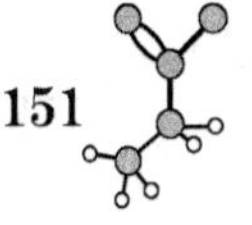

$$\left(\frac{\partial \mu}{\partial p}\right)_T=\left(\frac{\partial G_m}{\partial p}\right)_T=V_m$$

分离变量后在恒温条件下取微商：

$$\Delta\mu=\int V_{\mathrm{m}}\mathrm{d}p \tag{4-13}$$

原理上对上式求积分可以得到实际气体的化学势表达式。

但为了使实际气体化学势的表达式具有比较简单的形式，特别是能与理想气体化学势的表达式联系起来可以比较方便地比较实际气体与理想气体两者的性质，路易斯(G. Lewis)首先提出了逸度的概念，把实际气体与理想气体的化学势的偏差，集中归结到化学势表达式中的压力项上来。Lewis 给出了非理想气体(即实际气体)化学势的表达式为：

$$\mu=\mu^{\ominus}(T)+RT\ln\frac{f}{p^{\ominus}} \tag{4-14}$$

上式与理想气体化学势的表达式$\mu(T,p)=\mu^{\ominus}(T)+RT\ln\frac{p}{p^{\ominus}}$的区别就是理想气体化学势中的压力项被新函数 f 所取代。f 被 Lewis 定义为逸度(fugacity)，逸度与压力的关系是：

$$f=p\cdot\gamma \tag{4-15}$$

γ 称为逸度系数(fugacity coefficient)，逸度系数与压力的乘积等于逸度，逸度在某种程度上，可以视为被修正以后的压力。逸度的单位与压力一样，逸度系数是一个无量纲的纯数，其值等于逸度与气体实际压力的比值。

$$\gamma=\frac{f}{p} \tag{4-16}$$

逸度与逸度系数都是温度和压力的函数。

(4-14)式中的 $\mu^{\ominus}(T)$ 是实际气体的标准态化学势。如图 4-2 所示，实际气体的标准态是图中的 A 点。A 点是假设实际气体在压力等于一个标准压力时，仍然服从理想气体状态方程的虚拟态。实际气体的标准状态定义为：

温度为 T，压力为 $1p^{\ominus}$ 且其行为服从理想气体状态方程的纯气体。

以上定义的实际气体标准状态实质上就是理想气体的标准状态，两者的标准状态是一样的。但是实际气体在处于一个标准压力条件下时，其行为已经偏离了理想气体而不再服从理想气体状态方程，故实际气体的标准态是一个不存在的虚拟态，是一个从压力为零的实际状态外推而得的虚拟态。图 4-2 中的 A 点气体的压力为 $1p^{\ominus}$，逸度 f 也等于 $1p^{\ominus}$。因为各种实际气体与理想气体的偏离程度不尽相同，故当气体的逸度等于 $1p^{\ominus}$ 时，各种实际气体的压力不尽相同，即对于不同的气体，点 R 的位置不一样，所以在确定实际气体的标准状态时，不以 $f=1$ 的 R 点作为实际气体的标准状态，而选择温度为 T，压力为一个标准压力的理想气体作为实际气体的标准状态，这样使得气体的标准状态有了统一的规定。

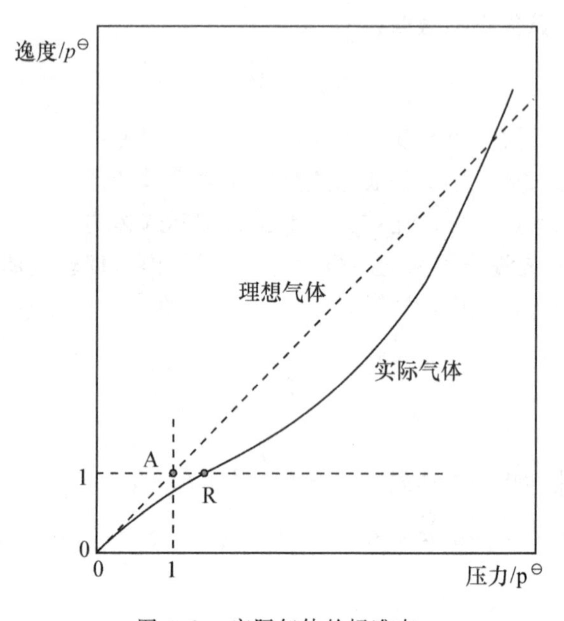

图 4-2　实际气体的标准态

理想气体与非理想气体的化学势都可以统一由(4-14)式表示,对于理想气体,其逸度 f 等于压力 p,逸度系数 γ 等于1;对于非理想气体,逸度与压力不相等,逸度系数一般不等于 1。

任何一种实际气体,在一定温度下,当气体的压力 p 趋近于零时,气体的体积将趋近于无穷大,分子间的平均距离也随之趋近于无穷大,分子间的作用势能则趋近于零;分子的体积是不变的,随着系统体积趋近于无穷大,分子体积所占系统总体积的比率趋近于零,故分子的体积可以忽略不计,以上两者表明在实际气体压力趋近于零时,实际气体的结构满足理想气体的要求,于是实际气体成为理想气体,实际气体的行为将服从理想气体状态方程。由此可知,对于任何一种实际气体,均有下式成立:

$$\lim_{p\to 0} f \to p \qquad \lim_{p\to 0} \gamma \to 1 \tag{4-17}$$

上式说明当气体压力趋近于零时,实际气体的逸度趋近于压力,逸度系数趋近于 1。

二、实际气体混合物的化学势

对于实际气体混合物,主要讨论各个组分的化学势,与理想气体组分化学势类似,实际气体组分化学势的表达式为:

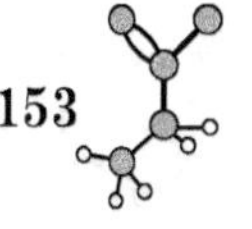

$$\mu_B = \mu_B^{\ominus}(T) + RT\ln\frac{f_B}{p^{\ominus}} \tag{4-18}$$

式中 f_B 是 B 组分的逸度，$\mu_B^{\ominus}(T)$ 是 B 组分气体的标准态化学势。实际气体混合物中组分的标准状态的定义与单组分实际气体标准态的定义是一样的，将温度为 T，压力为一个标准压力的纯 B 理想气体定义为 B 组分的标准状态，此状态具有的化学势为此组分的标准态化学势。对于同一种实际气体，其纯气体的标准状态与其在混合气体系统中的标准态化学势是相同的，且它们的标准状态均为不存在的虚拟态。与 f_B 相应，定义混合气体中 B 组分的逸度系数为：

$$\gamma_B = \frac{f_B}{p_B} \tag{4-19}$$

与纯实际气体类似，当混合系统的总压力趋近于零时，实际气体中各个组分的行为均趋近于理想气体，逸度与分压趋近于相等，逸度趋近于 1。

$$\lim_{p\to 0}\frac{f_B}{p_B} = \lim_{p\to 0}\gamma_B \to 1 \tag{4-20}$$

上式中，当系统的总压 p 趋近于零时，各个组分的分压必然也趋近于零。逸度系数是温度、压力和混合气体组成的函数。

对于理想气体，不论是纯气体或是气体混合物，也不论压力大小，其逸度系数总是等于 1，实际气体的逸度系数可能等于 1、大于 1 或小于 1。

非理想气体混合物的组分化学势可以用路易斯 - 南道尔（Lewis-Randoll）规则近似计算，Lewis-Randoll 规则的数学表达式为：

$$f_B = f_B^* \cdot x_B \tag{4-21}$$

式中 f_B 是混合气体中 B 组分的逸度，x_B 为 B 组分在气体混合物中的摩尔分数，f_B^* 是纯 B 气体在温度为 T，压力等于混合气体总压力的条件下的逸度。Lewis-Randoll 规则是一个近似的经验规则，对于常见的实际气体混合物，在 100 个大气压之内 此规则不会产生较大的偏差，但是当压力更大时，会产生比较大的误差。由（4-21）式可知，要求算实际气体混合物的某组分的逸度，关键还是在于求纯气体的逸度。纯实际气体的逸度的求算方法很多，下一节将介绍几种常用的方法。

§4-3　逸度及逸度系数的求算

获得实际气体系统逸度的关键是纯气体逸度的求解，混合气体中某组分的逸度的求解也需先获得纯气体的逸度，故本节主要讨论纯组分实际气体逸度的求解。

一、数学解析法

数学解析法是运用热力学理论和气体状态方程，从理论上解析出气体逸度的数

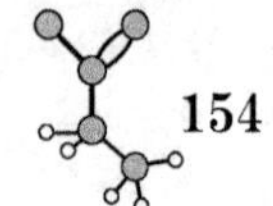

学计算式。这种方法的优点在于能给出逸度的数学表达式，将有关数据代入计算式就可以直接求得气体的逸度，一旦获得数学表达式，求算逸度特别简单。

数学解析法的关键在于能获得描述实际气体 p-V-T 关系的状态方程，若状态方程能很好地描述此气体的 p-V-T 关系，那么用数学解析法获得的逸度将也很准确。若一实际气体服从某状态方程，则该气体的热力学性质可以由此状态方程求得。当系统状态发生改变时，通过状态方程可以得到系统 p-V-T 的改变值，由此可以推出其它热力学函数的改变值，其中也包括逸度的数值。

纯物质的化学势等于其摩尔 Gibbs 自由能，由热力学基本关系式，可知：

$$\mathrm{d}\mu = \mathrm{d}G_\mathrm{m} = V_\mathrm{m}\mathrm{d}p \quad (\mathrm{d}T = 0)$$

纯实际气体的化学势为 $\mu = \mu^{\ominus}(T) + RT\ln\dfrac{f}{p^{\ominus}}$，在等温条件下对其取微分：

$$\mathrm{d}\mu = RT\mathrm{d}\ln f$$

比较 μ 的两个微分式，两者结果应该是等同的，于是有：

$$RT\mathrm{d}\ln f = V_\mathrm{m}\mathrm{d}p \tag{4-22}$$

上式为实际气体逸度的基本微分方程，求解上式即可得到实际气体逸度的解析解。为求解以上方程，对两边进行积分，积分下限取 $p^* \to 0$，得：

$$\int_{f^*}^{f} RT\mathrm{d}\ln f = \int_{p^*}^{p} V_\mathrm{m}\mathrm{d}p \tag{4-23}$$

$$\ln\frac{f}{f^*} = \frac{1}{RT}\int_{p^*}^{p} V_\mathrm{m}\mathrm{d}p = \frac{1}{RT}\left[\int_{p^*}^{p}\mathrm{d}(pV_\mathrm{m}) - \int_{V_\mathrm{m}^*}^{V_\mathrm{m}} p\mathrm{d}V_\mathrm{m}\right]$$

$$= \frac{1}{RT}\left[pV_\mathrm{m} - p^*V_\mathrm{m} - \int_{V_\mathrm{m}^*}^{V_\mathrm{m}} p\mathrm{d}V_\mathrm{m}\right]$$

在以上推导中，p 为气体压力，p^* 为积分的下限，p^* 的值趋近于零但不等于零，上面将对压力的积分转换成为对体积的积分，这是因为对于一般的气体系统，将压力表达为体积的函数比较方便，而将体积表达为压力的函数却很复杂，求积分不方便。在恒温下，当 $p^* \to 0$ 时，任何实际气体均趋近于理想气体，所以有：

$$p^* \to 0 \tag{4-24}$$

$$f^* \to p^* \quad \gamma \to 1 \quad p^*V_\mathrm{m}^* = RT$$

将以上结果代入积分式中：

$$\ln f - \ln f^* = \frac{1}{RT}\left[pV_\mathrm{m} - RT - \int_{V_\mathrm{m}^*}^{V_\mathrm{m}} p\mathrm{d}V_\mathrm{m}\right]$$

$$\ln f = \ln p^* + \frac{1}{RT}\left[pV_\mathrm{m} - RT - \int_{V_\mathrm{m}^*}^{V_\mathrm{m}} p\mathrm{d}V_\mathrm{m}\right] \tag{4-25}$$

上式为实际气体逸度的一般计算式，只要将气体所服从的状态方程代入上式进行积分，就可以获得该气体的逸度。

例题　求范德华气体的逸度。

解　范德华(van der Waals)方程为：

$$\left(p+\frac{a}{V_{\mathrm{m}}^2}\right)(V_{\mathrm{m}}-b)=RT$$

将压力 p 表示为体积 V 的函数：

$$p=\frac{RT}{V_{\mathrm{m}}-b}-\frac{a}{V_{\mathrm{m}}^2}$$

将上式代入(4-24)式，即得：

$$\ln f=\ln p^*+\frac{1}{RT}\left[pV_{\mathrm{m}}-RT-\int_{V_{\mathrm{m}}^*}^{V_{\mathrm{m}}}\left(\frac{RT}{V_{\mathrm{m}}-b}-\frac{a}{V_{\mathrm{m}}^2}\right)\mathrm{d}V_{\mathrm{m}}\right]$$

求上式中右边的积分：

$$\int_{V_{\mathrm{m}}^*}^{V_{\mathrm{m}}}\left(\frac{RT}{V_{\mathrm{m}}-b}-\frac{a}{V_{\mathrm{m}}^2}\right)\mathrm{d}V_{\mathrm{m}}=RT\ln\frac{V_{\mathrm{m}}-b}{V_{\mathrm{m}}^*-b}+\frac{a}{V_{\mathrm{m}}}-\frac{a}{V_{\mathrm{m}}^*}$$

当 $p^*\to 0$ 时，$V_{\mathrm{m}}^*\to\infty$，此时有：

$$\frac{a}{V_m^*}\to 0\quad V_{\mathrm{m}}^*-b\approx V_{\mathrm{m}}^*$$

将以上结果代入积分式：

$$\int_{V_{\mathrm{m}}^*}^{V_{\mathrm{m}}}\left(\frac{RT}{V_{\mathrm{m}}-b}-\frac{a}{V_{\mathrm{m}}^2}\right)\mathrm{d}V_{\mathrm{m}}=RT\ln\frac{V_{\mathrm{m}}-b}{V_{\mathrm{m}}^*}+\frac{a}{V_{\mathrm{m}}}$$

$\because$

$$V_{\mathrm{m}}^*=\frac{RT}{p^*}$$

$\therefore$

$$\int_{V_{\mathrm{m}}^*}^{V_{\mathrm{m}}}\left(\frac{RT}{V_{\mathrm{m}}-b}-\frac{a}{V_{\mathrm{m}}^2}\right)\mathrm{d}V_{\mathrm{m}}=RT\ln\frac{V_{\mathrm{m}}-b}{RT}+RT\ln p^*+\frac{a}{V_{\mathrm{m}}}$$

将以上积分结果代入逸度的计算式：

$$\ln f=\frac{1}{RT}\left[pV_{\mathrm{m}}-RT-RT\ln\frac{V_{\mathrm{m}}-b}{RT}-\frac{a}{V_{\mathrm{m}}}\right]$$

对 van der Waals 方程进行重排：

$$pV_{\mathrm{m}}-RT=\frac{RTb}{V_{\mathrm{m}}-b}-\frac{a}{V_{\mathrm{m}}}$$

$\therefore$

$$\ln f=\ln\frac{RT}{V_{\mathrm{m}}-b}+\frac{b}{V_{\mathrm{m}}-b}-\frac{2a}{RTV_{\mathrm{m}}}\qquad(4\text{-}26)$$

(4-25)式为 van der Waals 气体的逸度计算式。

二、对比状态法

这种方法的理论基础源于对比态原理。对比态原理内容是：当不同气体处于相同的对比状态时，它们的逸度系数等参数的值近似相等。对比态原理不是精确的定律，只是一个近似原理，应用于对计算精度要求不太高的场合。物质的对比态由对比性质，如对比温度、对比压力及对比体积等描述。在介绍对比性质之前，有必要先介绍物质的临界性质。物质的临界性质是指当物质处于临界状态时所具有的热力学性质。临界状态是当物质的液态与气态的界限刚刚消失的状态，物质在此状态下具有的热力学性质成为临界性质，如临界温度、临界压力等。对比性质定义为物质某状态下具有的热力学性质与其临界性质的比，定义式如下：

$$T_r = \frac{T}{T_c}$$

$$p_r = \frac{p}{p_c} \tag{4-27}$$

$$V_r = \frac{V}{V_c}$$

式中：T_c、p_c、V_c 分别为该气体的临界温度(critical temperature)、临界压力(critical pressure) 和临界体积(critical volume)，T_r、p_r、V_r 分别为该气体的对比温度(reduced temperature)、对比压力(reduced pressure) 和对比体积(reduced volume)。

根据对比态原理，我们只要能获得物质所有对比状态下的逸度或逸度系数，就可以求出一般实际气体在各种不同状态下的逸度。须注意的是，当不同的气体的对比态相同(即具有相同的对比温度、对比压力等) 时，它们的热力学状态是不相同的，因为不同的气体具有不同的临界性质。

1 mol 实际气体的体积记为 V_m^{re}，1 mol 理想气体的体积记为 V_m^{id}，令 α 为处于相同条件下的 1 mol 的理想气体与实际气体的体积之差，即：

$$\alpha = V_m^{id} - V_m^{re} = \frac{RT}{p} - V_m^{re} \tag{4-28}$$

定义压缩因子 z(compressibility factor) 为：

$$z = \frac{pV_m^{re}}{RT} \tag{4-29}$$

则有：

$$\alpha = \frac{RT}{p}\left(1 - \frac{pV_m^{re}}{RT}\right)$$

$$\alpha = \frac{RT}{p}(1 - z) \tag{4-30}$$

将(4-28) 式代入逸度的积分式(4-23) 式：

$$\int_{f^*}^{f} RT\,\mathrm{d}\ln f = \int_{p^*}^{p} V_m\,\mathrm{d}p = \int_{p^*}^{p}\left(\frac{RT}{p} - \alpha\right)\mathrm{d}p$$

$$RT\ln f - RT\ln f^* = RT\ln p - RT\ln p^* - \int_{p^*}^{p} \alpha\,\mathrm{d}p$$

当 $p^* \to 0$ 时，$f^* = p^*$，代入上式，得：

$$RT\ln f = RT\ln p - \int_{p^*}^{p} \alpha\,\mathrm{d}p$$

$$\therefore \qquad RT\ln\gamma = RT\ln\frac{f}{p} = -\int_{p^*}^{p}\alpha \mathrm{d}p \tag{4-31}$$

将(4-30)式代入(4-31)式

$$\ln\gamma = \int_{p^*}^{p}\frac{z-1}{p}\mathrm{d}p \tag{4-32}$$

将压力变换为对比压力：

$$\because \qquad p_r = \frac{p}{p_c} \quad \therefore \quad p = p_r \cdot p_c$$

$$\frac{\mathrm{d}p}{p} = \frac{\mathrm{d}(p_r p_c)}{p_r p_c} = \frac{p_c \mathrm{d}p_r}{p_r p_c} = \frac{\mathrm{d}p_r}{p_r}$$

将上式代入(4-32)式，将下限取为零：

$$\ln\gamma = \int_{0}^{p_r}\frac{z-1}{p_r}\mathrm{d}p_r \tag{4-33}$$

上式的积分值可以用作图法求得。从实际气体的压缩因子图（z-p_r 图，见图 4-3）得到压缩因子 z 的值，进而求出$\frac{z-1}{p_r}$的值，将$\frac{z-1}{p_r}$对 p_r 作图，得到 $y = f(p_r) = \frac{z-1}{p_r}$ 的曲线，求曲线下的面积可获得积分值，即 $\ln\gamma$ 的数值，因此可以求得逸度系数 γ。

若将逸度系数对 p_r 作图，可得到逸度系数与实际气体对比性质的关系曲线，这种图称为牛顿(Newton)图（见图 4-4）。Newton 图中有多条曲线，每一条曲线均与某一温度 T_r 相对应。根据 Newton 图，可以直接从气体的对比压力和对比温度求出相应对比状态的逸度系数，进而可以求出气体的逸度。在常见的 Newton 图中，对比压力用 π 表示，对比温度用 τ 表示。根据对比态原理，不同气体处于相同的对比状态时，具有大致相同的压缩因子与逸度系数，所以 Newton 图具有普遍性，适用于一般常见气体。为了帮助读者弄清 Newton 图的运用方法，下面通过一个实例加以说明。

例题 有由 O_2 与 N_2 组成的气体混合物，温度为 273.15 K，系统总压为 $100p^{\ominus}$，N_2 的摩尔分数为 0.5，求此系统中氮气的逸度。

解 已知 N_2 的临界性质为：$T_c = 126$ K，$p_c = 33.5p^{\ominus}$。为求混合气体中氮气的逸度，首先求 $f_{N_2}^0$，即纯氮气，在 273.15 K，$100p^{\ominus}$ 条件下的逸度。此状态的对比性质为：

$$\pi = \frac{p}{p_c} = \frac{100p^{\ominus}}{33.5p^{\ominus}} = 3.0$$

对比压力：

$$\tau = \frac{T}{T_c} = \frac{273.15\mathrm{K}}{126\mathrm{K}} = 2.2$$

在 Newton 图上查得与对比压力为 3.0，对比温度为 2.2 所对应的逸度系数 $\gamma = 0.97$，故得：

$$f_{N_2}^0 = \gamma \cdot p = 0.97 \times 100p^{\ominus} = 97p^{\ominus}$$

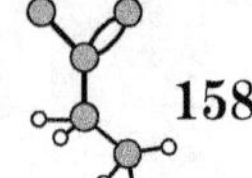

氮气的摩尔分数为0.5,得混合气体中氮气的逸度为:

$$f_{N_2}=f_{N_2}^0\cdot x_{N_2}=97p^{\ominus}\times 0.5=48.5p^{\ominus}$$

解得 N_2 的逸度为 $48.5p^{\ominus}$。

三、近似法

当气体的压力不大时,α 可近似认为是一常数,代入(4-31)式积分,取下限为零:

$$\ln\gamma=\ln\frac{f}{p}=-\frac{1}{RT}\int_0^p\alpha\mathrm{d}p=-\frac{\alpha p}{RT}$$

$$\frac{f}{p}=e^{-\frac{\alpha p}{RT}}$$

将指数项展开,因 α 值较小,故$\dfrac{\alpha p}{RT}$ 的值也很小,展开式中略去高次项,得:

$$\frac{f}{p}=1-\frac{\alpha p}{RT}=1-\frac{p}{RT}\left(\frac{RT}{p}-V_{\mathrm{m}}^{\mathrm{re}}\right)=1-1+\frac{p\cdot V_{\mathrm{m}}^{\mathrm{re}}}{RT}=\frac{p\cdot V_{\mathrm{m}}^{\mathrm{re}}}{RT}$$

令:

$$p^{id}\approx\frac{RT}{V_{\mathrm{m}}^{\mathrm{re}}}\quad\therefore\quad\frac{f}{p}=\frac{p}{p^{id}}$$

得:

$$f=\frac{p^2}{p^{id}}\tag{4-34}$$

上式是当压力不大时,实际气体逸度的近似计算式,式中 p 为气体压力,p^{id} 是按气体的实际体积由理想气体状态方程求得的压力。(4-34) 式表明当气体的压力不大时,实际气体的压力是逸度 f 和 p^{id} 的几何平均值。这种方法运用起来比较简单,但是精度较差,且只适用于压力较低的场合。

本章基本要求

本章将热力学第一定律和第二定律运用于气体系统,主要介绍了理想气体和实际气体的热力学理论,介绍了纯理想气体、理想气体混合物和实际气体的化学势表达式,引入了逸度、逸度系数等概念,介绍了逸度和逸度系数的求算方法。本章的具体要求是:

1. 明确理想气体、理想气体混合物的概念,熟悉理想气体化学势表达式。
2. 了解实际气体逸度和逸度系数的概念及表达式。
3. 了解逸度和逸度系数的求解方法。

习　题

1. 理想气体模型的要点是什么?"当压力趋近于零时,任何实际气体均趋近于理

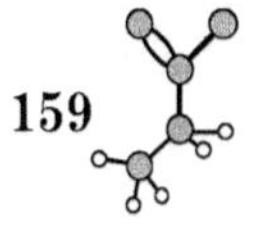

想气体。”这种说法对否，为什么？

2. 若气体的状态方程式为 $pV_m(1-\beta p)=RT$，其中 β 是常数，求其逸度表达式？

3. 某实际气体遵循下列状态方程：$pV=RT+Ap+Bp^2$，试导出该气体的逸度表达式。式中 V 为气体的摩尔体积，A、B 为常数。

4. 某气体的状态方程为：$pV_m=RT+ap+bp^2$，式中 V_m 是气体的摩尔体积，a、b 均为常数。在一定温度下，将1摩尔该气体从 p_1 压缩至 p_2，求此过程的 ΔF 和 ΔG？

5. 一范德华气体的参数为：$a=0.136\text{m}^6\cdot\text{Pa}\cdot\text{mol}^{-2}$，$b=0.039\times10^{-3}\text{m}^3\cdot\text{mol}^{-1}$。在300K下，将1摩尔气体从24.927升压缩到0.5升。求体系的 ΔU，ΔH 和末态下气体的逸度及逸度系数？

6. 计算 $NH_3(g)$ 在473K、$100p^\ominus$ 下的逸度系数。已知 $NH_3(g)$ 的范德华常数 $a=0.423\text{m}^6\cdot\text{Pa}\cdot\text{mol}^{-2}$，$b=3.71\times10^{-5}\text{m}^3\cdot\text{mol}^{-1}$。

7. 当1摩尔范德华气体在温度 T 下，从 V_1 体积变化到 V_2 体积时，求此过程气体的熵变？

8. 气体的状态方程为：$pV_m=RT+bp$，系统的始态为 p_1、T_1，经绝热真空膨胀后到达末态，压力为 p_2。试求此过程的 Q，W 和系统的 ΔU、ΔH、ΔS、ΔF、ΔG 和末态温度 T_2，并判断此过程的方向性。（提示：需求$[\partial U/\partial V]_T$）

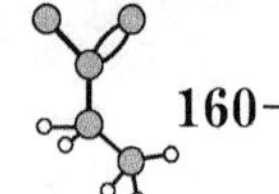

第5章 溶液热力学

溶液(solution)是化学领域中极其重要并被广泛研究的对象。在自然界中,溶液是物质存在的最主要形式,自然界中的绝大多数过程都是在溶液系统中进行并完成的。化学反应大多在溶液中进行,如人体和生物体内所进行的生物化学反应几乎在溶液中进行。空气就是由氧气、氮气、二氧化碳及惰性气体等组成的气态溶液;黄铜是由铜和锌组成的固态溶液;自然界里江河湖海中的水,就是含有各种成分的复杂的溶液系统。要了解这些物质的性质,就必要了解决定溶液性质的基本规律和内在原因。大多数化学反应,包括化工、冶金、制药等行业的各种反应都是在溶液系统中进行的,溶液的组成、溶剂的性质等影响着反应的机理和速率;工业生产中常采用的精馏、萃取、沉淀、盐析等工艺操作的制定有待于对溶液系统性质的了解。自然界演化过程的各种进程的解释,如地壳的形成、矿产的生成等也涉及溶液理论。因此,有关的溶液问题的基础理论在化学和相关学科中占有很重要的位置。

广义的溶液的定义是指凡两种或两种以上的物质达到分子水平的均匀混合系统。广义的溶液包括气态溶液、固态溶液和常见的液态溶液,若不加说明,一般的溶液是指液态溶液。有关气体的均匀混合物我们在气体热力学中一般已经进行了较为详细的讨论,本章主要介绍常见的液态的溶液系统。对于液态溶液,通常将含量较多的组分称为溶剂(solvent),含量较少的组分称为溶质(solute),这种分类法只具有相对意义。在研究溶液系统的热力学性质时,常常采用不同的方法对溶剂和溶质的性质进行研究;若对溶液中的所有组分都用相同的方法进行研究,则这种系统称为混合物(mixture)。

溶液系统有水溶液系统和非水溶液系统两种类型。本章所讨论的对象主要是以水为溶剂的水溶液系统。水溶液一般可以分为电解质溶液和非电解质溶液。若组成溶液的分子在水分子的作用下会电离为正、负离子,这种溶液称为电解质溶液,如无机酸、碱和盐类的水溶液等;若溶液中的各组分的分子不电离或基本上不电离,这类溶液称为非电解质溶液,如糖类等有机化合物的水溶液等。

在介绍有关溶液的热力学理论之前,首先介绍溶液系统组分的表示方法。

§5-1 溶液组成表示法

一个给定的溶液系统,其组成是固定的,但是如何表示此溶液的组成可以采用不同的方法，本节介绍几种常用的表示溶液组成的方法。

一、物质的量分数

物质的量分数也称为摩尔分数(mole fraction)。在热力学理论的推导中，摩尔分数表示法使用起来最为方便。摩尔分数的符号为 x，溶液中组分 B 的摩尔分数的定义是：

$$x_B \equiv \frac{n_B}{n_{tot}} \tag{5-1}$$

式中 n_B 是溶液系统中 B 组分的摩尔数，n_{not} 是溶液中各组分物质的量的总和，即 $n_{tot}=\sum_B n_B$。n_B 和 n_{tot} 的单位均为摩尔，故摩尔分数 x_B 没有量纲，是一个无单位的纯数。根据摩尔分数的定义，显然对于任何溶液，其所有组分的摩尔分数的总和等于 1，即有：

$$\sum_B x_B = 1 \tag{5-2}$$

二、质量摩尔浓度

质量摩尔浓度(molality)一般用来表示溶液中溶质的含量，符号为 m。某组分 B 的质量摩尔浓度 m_B 的定义是：

$$m_B = \frac{n_B}{W_A} \tag{5-3}$$

式中 n_B 是溶质 B 的摩尔数(mol)，W_A 是溶液中溶剂 A 的质量(kg)，质量摩尔浓度的单位是摩尔 / 千克($mol \cdot kg^{-1}$)，质量摩尔浓度的物理含义是单位质量溶剂(1 kg)所溶解的溶质的摩尔数。对于溶质 B，其摩尔分数与质量摩尔浓度的关系是：

$$x_B = \frac{n_B}{n_A + \sum_J n_J}$$

式中 n_A 是溶剂 A 的摩尔数，n_B 是溶质 B 的摩尔数，J 表示对除溶剂和溶质 B 之外的组分(溶质)的摩尔数的加和。若取 A 的质量为 1 kg，则溶液中各个溶质的摩尔数 n_J 刚好等于其质量摩尔浓度，于是上式可以表达为：

$$x_B = \frac{m_B}{\frac{1}{M_A} + \sum_J m_J} = \frac{m_B \cdot M_A}{1 + M_A \cdot \sum_J m_J} \tag{5-4}$$

式中 M_A 是溶剂 A 的摩尔质量，单位为 $kg \cdot mol^{-1}$。二组分系统的摩尔分数与质量摩尔浓度的关系为：

$$x_B = \frac{m_B \cdot M_A}{1 + m_B \cdot M_A} \tag{5-5}$$

若是极稀的溶液，溶质的浓度均非常小时，由：

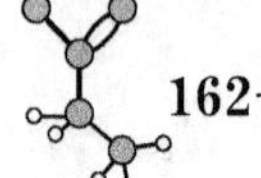

$$m_J \ll 1, \text{且 } M_A \cdot \sum_J m_J \ll 1$$

于是(5-4)式和(5-5)式共同简化为：

$$x_B \approx m_B \cdot M_A \quad (\text{稀溶液}) \tag{5-6}$$

三、物质的量浓度

物质的量浓度(molarity)c_B 的定义为：

$$c_B = \frac{n_B}{V} \tag{5-7}$$

式中 V 是溶液的体积，单位为升(dm^3)，c_B 等于 B 的摩尔数与溶液总体积之比，表示每一单位体积中含有的溶质 B 的摩尔数，单位为摩尔 / 升($mol \cdot L^{-1}$ 或 $mol \cdot dm^{-3}$)。

若溶液的密度为 ρ($kg \cdot dm^{-3}$)，总质量为 W(kg)，则溶液的体积为：

$$V = \frac{W}{\rho} = \frac{n_A M_A + \sum_J n_J M_J}{\rho}$$

将上式代入 c_B 的表达式，得：

$$c_B = \frac{\rho \cdot n_B}{n_A M_A + \sum_J n_J M_J}$$

式中的下标 J 是对溶液中所有的溶质进行加合。可以由此推出摩尔分数与物质的量浓度的关系为：

$$x_B = \frac{n_A M_A + \sum_J n_J M_J}{\rho\left(n_A + \sum_J n_J\right)} \cdot c_B \tag{5-8}$$

当溶液非常稀，所有溶质的浓度均非常小时，则有：

$$\sum_J n_J \ll n_A \qquad \sum_J n_J M_J \ll n_A M_A$$

$$x_B \approx \frac{n_A M_A}{\rho(n_A)} \cdot c_B = \frac{M_A \cdot c_B}{\rho} \tag{5-9}$$

将上式代入(5-6)式，可得稀溶液的质量摩尔浓度与物质的量浓度的关系：

$$m_B \approx \frac{c_B}{\rho} \quad (\text{稀溶液}) \tag{5-10}$$

对于常温下的极稀水溶液，溶液的密度可以近似认为等于纯水的密度，即有：

$$\rho(\text{极稀水溶液}) \approx \rho(\text{水}) \approx 1.0 \text{ kg} \cdot \text{dm}^{-3}$$

将以上结果，代入(5-10)式，可知极稀水溶液溶质的质量摩尔浓度的数值与物质的量浓度的数值几乎相等。

以上介绍的三种浓度中，x_B 和 m_B 的值只与溶液的组成有关而与溶液的温度无关，而 c_B 的表达式中含有体积项，溶液的体积会随温度的变化而变化，因此物质的量浓度不仅是溶液组成的函数，还是温度的函数。为了尽量减少变量数，方便公式的推导和数据的处理，故在物理化学中通常选用摩尔分数或质量摩尔浓度，很少使用物质的量浓度。在分析化学中，为了取量的方面，常常使用物质的量浓度。

四、质量分数

除了以上三种浓度表示法外，物理化学的一些场合，如相图的绘制等，经常采用质量分数来表示溶液系统的组成。质量分数(mass fraction) 定义为溶液中某组分的质量与溶液总质量的比：

$$w_B = \frac{W_B}{W_{tot}} \tag{5-11}$$

式中 w_B 为B组分的质量分数，W_B 为B组分的质量，W_{tot} 是溶液的总质量。质量分数 w_B 为一个无量纲的纯数。

所有的浓度表示法之间都可以相互换算，以下例说明浓度间换算的一般方法。

例题　质量分数为0.12的 $AgNO_3$ 水溶液在20℃和一个标准压力下的密度等于 $1.1080\ kg \cdot dm^{-3}$，试求此溶液中溶质的摩尔分数、质量摩尔浓度和物质的量浓度各为多少。

解　$AgNO_3$ 和水的摩尔质量分别为 $169.87\ g \cdot mol^{-1}$ 和 $18.015\ g \cdot mol^{-1}$，根据题给条件，每1000克溶液中含有120克 $AgNO_3$，余下的880克是水。根据以上数值，可得：

$$x_B = \frac{x_B}{x_A + x_B} = \frac{\dfrac{120\ g}{169.87\ g \cdot mol^{-1}}}{\dfrac{880\ g}{18.015\ g \cdot mol^{-1}} + \dfrac{120\ g}{169.87\ g \cdot mol^{-1}}}$$

$$= \frac{0.7064\ mol^{-1}}{48.85\ mol^{-1} + 0.7064\ mol^{-1}} = 0.01426$$

1 kg 溶液的体积为：

$$V = \frac{1\ kg}{1.1080\ kg \cdot dm^{-3}} = 0.9025\ dm^3$$

$$\therefore \qquad m_B = \frac{n_B}{n_A \cdot M_A} = 0.8028\ mol \cdot kg^{-1}$$

$$c_B = \frac{n_B}{V} = 0.7827\ mol \cdot dm^{-3}$$

§5-2　拉乌尔定律和亨利定律

在讨论具体的溶液系统之前，先介绍两个有关溶液性质的重要经验定律，即拉乌

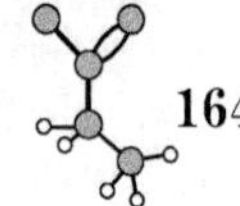

尔定律和亨利定律。

一、拉乌尔定律(Raoult's Law)

法国科学家拉乌尔(F. M. Raoult,1830—1901 年)在对溶液性质进行研究时发现,向溶剂中加入非挥发性溶质后,溶剂的蒸气压会降低。经过对大量实验数据的归纳分析,Raoult 于 1887 年发表了 Raoult 定律:在温度恒定的条件下,稀溶液中溶剂的饱和蒸气压等于纯溶剂的蒸气压乘以溶剂在此溶液中的摩尔分数,其数学表达式如下:

$$p_A = p_A^* \cdot x_A \tag{5-12}$$

式中 p_A 是溶剂的饱和蒸气压,p_A^* 是当纯溶剂处于相同环境条件下的饱和蒸气压,x_A 是溶液中溶剂 A 的摩尔分数,下标 A 表示溶剂。

Raoult 定律揭示了溶液系统所遵守的规律,当向溶液中增加入某一组分的浓度时,其它组分的蒸气压将会降低。

Raoult 定律一般只适用于非电解质溶液,电解质溶液的组分分子会产生电离,离子间有很强的静电作用力,故 Raoult 定律不再适用。

在使用 Raoult 定律计算溶剂的蒸气压时,溶剂的摩尔质量应采用其呈气态时的摩尔质量,而不考虑溶剂分子在溶液中的缔合等因素。例如在计算水溶液的水的蒸气压时,虽然水溶液中的水分子间存在分子缔合现象,但是水的摩尔质量仍以 18.015 $g \cdot mol^{-1}$ 计算。

Raoult 定律所揭示的是稀溶液中溶剂所遵循的规律,在实践中应用非常广泛。

二、亨利定律(Henry's Law)

英国化学家(Wilian Henry,1775—1836 年)早在 1803 年就总结出了稀溶液的另一条重要经验定律,即 Henry 定律:在一定温度下,当溶液与气相达平衡时,气体在溶液中的溶解度与该气体在气相的分压成正比,其数学表达式为:

$$p_B = k_x \cdot x_B \tag{5-13}$$

式中 x_B 是溶质(即气体)在溶液中的摩尔分数,p_B 是该气体在与溶液相达平衡后的分压,k_x 是比例常数,称为 Henry 常数(Henry's Law constant),k_x 的数值与温度、溶质与溶剂的性质等因素有关。(5-13) 式中溶质的浓度用摩尔分数表示,溶质的浓度也可以用质量摩尔浓度或物质的量浓度表示。以两组分溶液系统为例,当溶液浓度很稀时,有:

$$p_B = k_x \cdot x_B = k_x \frac{n_B}{n_A + n_B}$$

$$\because \quad n_B \ll n_A \quad n_A + n_B \approx n_A$$

$$\therefore \quad p_B \approx k_x \frac{n_B}{n_A} = k_x M_A \frac{n_B}{W_A} = k_x M_A \cdot m_B$$

令：
$$k_m = k_x M_A \tag{5-14}$$
有：
$$p_B = k_m \cdot m_B \tag{5-15}$$
式中 m_B 是溶质的质量摩尔浓度，k_m 也称为 Henry 常数，是与质量摩尔浓度相对应的 Henry 常数。

同理，对于稀溶液，Henry 定律还可以表示为：
$$p_B = k_c \cdot c_B \tag{5-16}$$
式中 c_B 是溶质的物质的量浓度，k_c 是与质量摩尔浓度相对应的 Henry 常数。

(5-13)、(5-15) 和(5-16) 式中的 k_x、k_m 和 k_c 均为 Henry 常数，对应着摩尔分数、质量摩尔浓度和物质的量浓度等三种不同的浓度表示法。对同一种溶液，溶质的浓度可以用三种不同的浓度表示，采用相应的 Henry 常数，但是求出的气相中溶质的分压 p_B 的值却必定是相同的。

若溶液中含有多种溶质，可以分别应用 Henry 定律求出各种溶质在气相中的分压。在运用 Henry 定律时，须注意溶质在气相和液相中的分子形态要一致，否则不适用。例如 Henry 定律不能用来计算盐酸液面上 HCl 的分压，因为氯化氢在气相中以 HCl 的形式存在，而在水溶液中，HCl 电离为 H^+ 离子和 Cl^- 离子，两相中的形态不一样。气体在液相溶剂中的溶解度一般随时温度的升高而降低，所以 Henry 常数的值随温度的升高而减小。但是对于某些有机溶剂，也有气体的溶解度随温度的升高而增大的情况。与 Raoult 定律一样，Henry 定律一般只适用于稀溶液，当溶液的浓度较大时，Henry 定律会产生较大的偏差。

Henry 定律和 Raoult 定律是溶液系统的两条基本定律，分别适用于溶剂与溶质，虽然是两条经验定律，但是直到如今这两条定律还是有非常重要和广泛的应用。

§5-3　理想液态混合物

理想液态混合物（以下简称理想溶液）属于人为规定的模型物质系统。液态溶液中的分子所处的状态与气体不一样，气体分子之间的距离很大，分子间的作用力很小，分子的体积与气体系统的体积相比很小，而溶液中的分子的间距很小，分子间存在很强的作用力，分子的体积所占的体积份额也很高。因为液体与气体的以上不同，所以理想溶液（ideal solution）的模型与理想气体混合物的模型有本质的区别。理想溶液模型不能要求分子间没有作用力，也不能忽略分子的体积，理想溶液是从分子的相似性方面对组分分子的性质提出了要求。从微观角度，理想溶液必须满足以下两个条件：

(1) 组成理想溶液各组分分子的大小相同、形状相似；

(2) 各种分子对之间的作用势能相同。

以上两个条件的物理涵义是要求理想溶液各种组分的分子彼此相似并趋于无限

接近的程度。当理想溶液中的一种组分的分子被另一种组分的分子所取代时，不会发生微观空间结构的变化和分子间作用势能的变化。从宏观上讲，由各组分混合组成理想溶液时，整个系统不会发生体积的变化，混合时也没有热效应。

从宏观热力学的角度，理想溶液的定义是：

任一组分在全部浓度范围内均服从 Raoult 定律的溶液为理想溶液。

虽然严格意义上的理想溶液只是一种抽象的模型，但在实际上，有许多热力学系统非常接近理想溶液。例如由同分异构体、同位素化合物以及由同系化合物组成的溶液都与理想溶液非常接近；一般的实际溶液虽不具有理想溶液的性质，但是在一定的浓度范围内，溶液的某些性质与理想溶液很接近。综上所述，引入理想溶液的概念，不论在理论上还是在实际应用上都具有十分重要的意义。

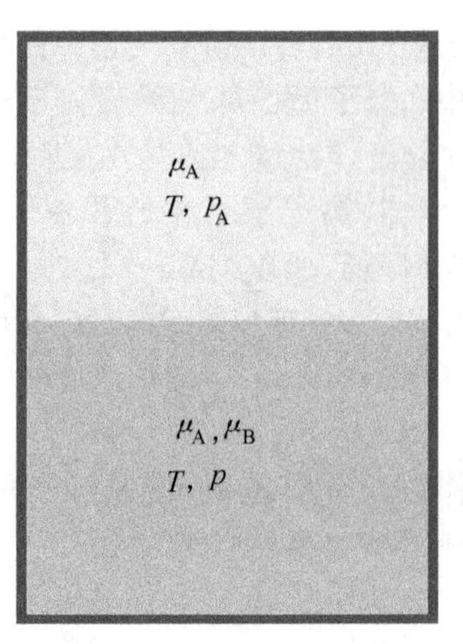

图 5-1　理想溶液化学势

单组分系统的关键热力学函数是物质的化学势，理想溶液也一样，首先，我们将推导理想溶液组分化学势的数学表达式。推导理想溶液化学势的基本理论原理就是将不同形态的同种物质放置于同一个热力学系统中(如图 5-1 所示)，并让其达到物质平衡，因达到平衡的物质在各相中化学势相等，由此推得所要求的化学势表达式。前面我们已经得到理想气体混合物的化学势表达式，下面，我们将通过气体的化学势推导出理想溶液组分的化学势表达式。考虑组分 A 的化学势。当溶液与溶液上方的气相达成平衡之后，根据物质平衡原理，溶液相与气相中 A 的化学势必定相等，于是有：

$$\mu_A(\text{gas}) = \mu_A(\text{solution})$$

常温下气相中 A 的分压一般都很低，可以将其视为理想气体，由理想气体化学势表达式，故有：

$$\mu_A^{\text{sol}}(T,p) = \mu_A^{\ominus} + RT\ln\frac{p_A}{p^{\ominus}} \qquad (5\text{-}17)$$

因为理想溶液遵循 Raoult 定律，有：

$$p_A = p_A^* \cdot x_A$$

将上式代入(5-17)式：

$$\mu_A^{\text{sol}}(T,p) = \mu_A^{\ominus} + RT\ln\frac{p_A^* x_A}{p^{\ominus}}$$

将上式中的浓度项分离出来：

$$\mu_A^{\text{sol}}(T,p) = \mu_A^{\ominus} + RT\ln\frac{p_A^*}{p^{\ominus}} + RT\ln x_A$$

将上式的前两项合并为一项，并定义为理想溶液 A 组分的标准态化学势，则得：

$$\mu_A = \mu_A^*(T,p) + RT\ln x_A \tag{5-18}$$

上式即为理想气体化学势的表达式，μ_A 是溶液中 A 组分的化学势，$\mu_A^*(T,p)$ 是溶液 A 组分的标准态化学势，x_A 是 A 组分在溶液中的摩尔分数。理想溶液标准态的定义是：

温度为 T，所受压力等于系统总压的纯液态组分。

此标准态是一个实际存在的标准态，标准态具有的化学势为理想溶液组分标准态化学势。以上定义的标准态化学势是温度与压力的函数。

化学势的绝对值是无法获得的，但是人们可以规定一种相对值。纯物质的化学势等于此纯物质的摩尔 Gibbs 自由能，因而纯物质的化学势可以定义为纯物质的摩尔 Gibbs 自由能。(5-18) 式中的标准态化学势是压力的函数，其与压力的关系推导如下。对于纯物质，由热力学关系式可以得到：

$$\left(\frac{\partial \mu_A^*}{\partial p}\right)_T = \left(\frac{\partial G_m(A)}{\partial p}\right)_T = V_m(A)$$

在恒温条件下，对上式分离变量并积分：

$$\int_{p^\ominus}^{p} d\mu_A^* = \int_{p^\ominus}^{p} dV_m(A)$$

$$\mu_A^*(T,p) = \mu_A^*(T,p^\ominus) + \int_{p^\ominus}^{p} dV_m(A)$$

液态溶液等凝聚相的体积基本上不随压力的变化而变化，故以上积分项中的体积可以视为常数，于是有：

$$\mu_A^*(T,p) \approx \mu_A^*(T,p^\ominus) + V_m(A)(p - p^\ominus)$$

将上式代入理想溶液化学势表达式(5-18)，得：

$$\mu_A = \mu_A^*(T,p^\ominus) + RT\ln x_A + V_m(A)(p - p^\ominus)$$

在常温常压条件下，上式的体积项的积分值非常小，可以忽略不计：

$$\mu_A(T,p) \approx \mu_A^*(T,p^\ominus) + RT\ln x_A \tag{5-19}$$

以上结果对于理想溶液系统中的任何组分均适用，上式可以一般表达为：

$$\mu_B(T,p) = \mu_B^*(T,p) + RT\ln x_B = \mu_B^*(T,p^\ominus) + RT\ln x_B + \int_{p^\ominus}^{p} V_m(B)dp$$

$$\approx \mu_B^*(T,p^\ominus) + RT\ln x_B \tag{5-20}$$

上式中的 $\mu_B(T,p)$ 是理想溶液中 B 的化学势，(5-20) 式可以视为理想溶液的热力学定义式。

§ 5-4　理想溶液通性

理想溶液的许多性质与具体组成溶液的组分的性质无关，只与系统各组分的含

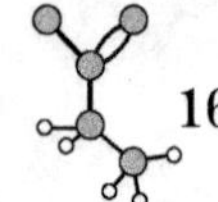

量有关，这类性质称为理想溶液的通性。理想溶液通性可以根据理想溶液理论模型及化学势直接推导出来。常用的理想溶液通性的推导如下。

一、理想溶液的 $\Delta_{\text{mix}}V$

在恒温下，对理想溶液组分化学势，即(5-20)式求偏微商：

$$\left(\frac{\partial \mu_{\text{B}}}{\partial p}\right)_{T,n_J} = \left(\frac{\partial}{\partial p}\left(\mu_{\text{B}}^*(T,p^{\ominus}) + RT\ln x_{\text{B}} + \int_{p^{\ominus}}^{p} V_{\text{m}}(\text{B})\text{d}p\right)\right)_{T,n_J}$$

注意上式右边中的组分摩尔分数与标准态化学势均不是压力的函数，对压力求偏微商为零，故得：

$$\left(\frac{\partial \mu_{\text{B}}}{\partial p}\right)_{T,n_J} = V_{\text{m}}(\text{B}) \tag{5-21}$$

另外，将化学势的定义式代入上式的左边求微商：

$$\left(\frac{\partial \mu_{\text{B}}}{\partial p}\right)_{T,n_J} = \left(\frac{\partial}{\partial p}\left(\frac{\partial G}{\partial n_{\text{B}}}\right)_{T,p,n_{J\neq\text{B}}}\right)_{T,n_J} = \left(\frac{\partial}{\partial n_{\text{B}}}\left(\frac{\partial G}{\partial p}\right)_{T,n_J}\right)_{T,p,n_{J\neq\text{B}}} = \left(\frac{\partial V}{\partial n_{\text{B}}}\right)_{T,p,n_{J\neq\text{B}}}$$

上式的结果即为偏摩尔体积，故得：

$$\left(\frac{\partial \mu_{\text{B}}}{\partial p}\right)_{T,n_J} = V_{\text{B}} \tag{5-22}$$

比较(5-22)式与(5-21)式，可知对于理想溶液，组分的偏摩尔体积与纯组分的摩尔体积相等：

$$V_{\text{m}}(\text{B}) = V_{\text{B}} \quad (\text{理想溶液}) \tag{5-23}$$

由偏摩尔量集合公式，可以求得理想溶液在恒温恒压条件下的 $\Delta_{\text{mix}}V$ 为：

$$\begin{aligned}\Delta_{\text{mix}}V &= V(\text{solution}) - V(\text{before mixture}) \\ &= \sum_{\text{B}} n_{\text{B}}V_{\text{B}} - \sum_{\text{B}} n_{\text{B}}V_{\text{m}}(\text{B})\end{aligned}$$

因 $$V_{\text{m}}(\text{B}) = V_{\text{B}}$$

故 $$\Delta_{\text{mix}}V = 0 \tag{5-24}$$

上式表明，当形成理想溶液时，系统的总体积不变。以上结果是从化学势的热力学表达式推导而得，从理想溶液的微观模型也可以推出相同的结论。

理想溶液中各个组分的分子大小相同、形状相似，各种分子对之间的作用力也相同，所以在进行混合时，当一种分子被另一种分子所取代时，既不会发生因不同种分子对间作用势能的不同而使分子的平均间距有所变化的现象，也不会产生因不同种分子的大小、形状的不同而使分子的空间微观结构发生变化的现象，从宏观上看，在进行混合时，系统的总体积保持不变。

二、理想溶液的 $\Delta_{\text{mix}}H$

从理想溶液的化学势也可以推得理想溶液混合过程的焓变为零。对(5-20)式的

两边除以 T，并对温度求偏微商，注意摩尔分数不是温度的函数，纯物质的化学势等于物质的摩尔 Gibbs 自由能，有：

$$\left(\frac{\partial(\mu_B/T)}{\partial T}\right)_{p,n_J}=\left(\frac{\partial}{\partial T}\left(\frac{\mu_B^*(T,p)}{T}+\frac{RT\ln x_B}{T}\right)\right)_{p,n_J}=\left(\frac{\partial}{\partial T}\left(\frac{G_m(B)}{T}\right)\right)_p$$

由 Gibbs-Helmholtz 公式，上式为：

$$\left(\frac{\partial(\mu_B/T)}{\partial T}\right)_{p,n_J}=-\frac{H_m(B)}{T^2}$$

另由化学势的性质，有下式：

$$\left(\frac{\partial(\mu_B/T)}{\partial T}\right)_{p,n_J}=-\frac{H_B}{T^2}$$

以上两式的右边应该相等，对比两式，可知理想溶液组分的摩尔规定焓等于其偏摩尔焓：

$$H_B=H_m(B)$$

理想溶液混合过程的焓变为：

$$\Delta_{mix}H=H(\text{solution})-H(\text{before mixture})=\sum_B n_BH_B-\sum_B n_BH_m(B)=0 \tag{5-25}$$

混合过程是一个等温等压过程，所以过程的焓变等于热效应，因此有：

$$Q_{mix}=\Delta_{mix}H=0 \tag{5-26}$$

从微观角度，上一节已经解释了理想溶液的混合体积变化为零，若理想溶液混合时总体积不变，自然分子对的平均距离不变，因为理想溶液中各种不同分子对间的作用势能相同，当分子对的平均间距不变时，分子对间的平均作用势能也不会发生变化，故系统分子间的总势能不变。在恒温恒压下，分子在各能级的分布不变，分子间的势能不变，故系统的总能量不变，即内能 U 保持恒定值。系统的总体积不变，所以焓 H 的值也不变，所以理想溶液混合时的焓变等于零，即混合时的热效应等于零。

三、理想溶液的 $\Delta_{mix}S$

从化学势表达式可以推得混合过程的熵变。在恒压条件下对理想溶液化学势求偏微商：

$$\left(\frac{\partial\mu_B}{\partial T}\right)_{p,n_J}=\left(\frac{\partial}{\partial T}(\mu_B^*+RT\ln x_B)\right)_{p,n_J}=\left(\frac{\partial\mu_B^*}{\partial T}\right)_{p,n_J}+R\ln x_B\left(\frac{\partial T}{\partial T}\right)_{p,n_J}$$

注意摩尔分数为常数，故可以提出到微分运算符号之外，纯物质的化学势等于此物质的摩尔规定 Gibbs 自由能，故上式右边第一项偏微商为物质的摩尔熵(符号为负)，整理上式得：

$$\left(\frac{\partial\mu_B}{\partial T}\right)_{p,n_J}=-S_m(B)+R\ln x_B \tag{5-27}$$

由化学势的性质:化学势对温度的偏微商等于负偏摩尔熵:

$$\left(\frac{\partial \mu_B}{\partial T}\right)_{p,n_J} = -S_B \tag{5-28}$$

(5-27)式与(5-28)式是相等的,于是有:

$$\begin{aligned} S_B &= S_m(B) - R\ln x_B \\ S_B - S_m(B) &= -R\ln x_B \end{aligned} \tag{5-29}$$

理想溶液混合过程的熵变为:

$$\begin{aligned} \Delta_{mix}S &= S(\text{solution}) - S(\text{before mixture}) \\ &= \sum_B n_B S_B - \sum_B n_B S_m(B) \end{aligned}$$

将(5-29)式代入上式,得:

$$\Delta_{mix}S = -R\sum_B n_B \ln x_B \tag{5-30}$$

上式为理想溶液混合过程系统的熵变。因为任何组分的摩尔分数均小于1,故加和号的每一项都为负值,因上式右边前面存在符号,所以混合过程的熵变总是大于零的正值。上式说明理想溶液的混合熵只与各组分的摩尔数及浓度有关,与物质本身的性质无关。

四、理想溶液的 $\Delta_{mix}G$

理想溶液混合 Gibbs 自由能可以直接由定义式求出,由 Gibbs 自由能的定义式,在恒温下,有:

$$\Delta G = \Delta H - T\Delta S$$

将前面推得的混合过程的焓变与熵变代入上式,即得:

$$\begin{aligned} \Delta_{mix}G = \Delta_{mix}H - T\Delta_{mix}S &= 0 - T\left(-R\sum_B n_B \ln x_B\right) \\ \Delta_{mix}G &= RT\sum_B n_B \ln x_B \end{aligned} \tag{5-31}$$

因为所有的 $x_B < 0$,所以 $\Delta_{mix}G < 0$,因此,理想溶液混合过程系统的 Gibbs 自由能减少。由于此混合过程是一个恒温恒压过程,由热力学判据可知理想溶液的混合过程是一个自发过程。

综上所述,理想溶液的通性可以总结如下:

$$\begin{aligned} \Delta_{mix}V &= 0 \\ \Delta_{mix}H &= 0 \\ \Delta_{mix}S &= -R\sum_B n_B \ln x_B > 0 \\ \Delta_{mix}G &= RT\sum_B n_B \ln x_B < 0 \end{aligned} \tag{5-32}$$

若将 Raoult 定律和 Henry 定律同时应用于溶液中的同一组分 B,则有：

$$p_B = p_B^* x_B \quad (\text{Raoult 定律})$$

$$p_B = k_x x_B \quad (\text{Henry 定律})$$

两式的形式相似,但是比例常数的含义不同,p_B^* 是纯 B 组分的饱和蒸气压,k_x 是 Henry 常数,实际溶液的这两个常数一般是不相等的。当溶液中 B 的摩尔分数很大,接近于 1 时,常用 Raoult 定律计算组分 B 的气相分压;当溶液中 B 的摩尔分数很小,接近于 0 时,常用 Henry 定律计算组分 B 的气相分压。但是对于理想溶液,任何组分在所有浓度范围内均服从 Raoult 定律,所以不论 B 组分的摩尔分数 $x_B \to 1$ 还是 $x_B \to 0$,B 的蒸气压都为 $p_B = p_B^* x_B$。这说明当 B 组分的浓度很稀时,公式中的比例常数仍然为 p_B^*,所以有：

$$k_x = p_B^* \quad (\text{理想溶液})$$

上述结果说明,从热力学的角度,对于理想溶液,Raoult 定律和 Henry 定律没有区别。

理想溶液通性与组分本身的物理化学性质无关,只与溶液的组成有关。据此,可以由以上推导的公式求出形成 1 摩尔理想溶液的各热力学函数的改变值。具体结果如下：

A/mol：	0.05	0.10	0.20	0.30	0.40	0.50	0.60	0.70	0.80	0.90	0.95
B/mol：	0.95	0.90	0.80	0.70	0.60	0.50	0.40	0.30	0.20	0.10	0.05
$-\Delta G/(\mathrm{J \cdot mol^{-1}})$：	491	805	1240	1513	1667	1717	1667	1513	1240	805	491
$T\Delta S/(\mathrm{J \cdot mol^{-1}})$：	491	805	1240	1513	1667	1717	1667	1513	1240	805	491
$\Delta H/(\mathrm{J \cdot mol^{-1}})$：	0	0	0	0	0	0	0	0	0	0	0

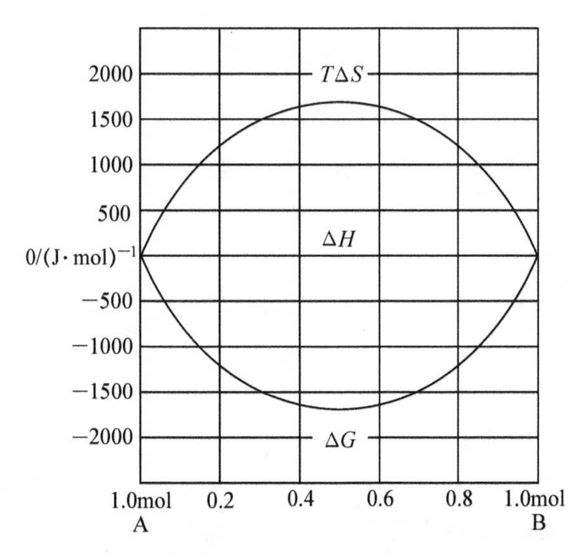

图 5-2 二元理想溶液混合摩尔量与组成的关系

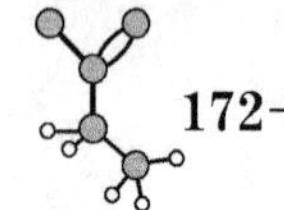

§5-5 理想稀溶液

稀溶液是常见的一类溶液系统，对稀溶液性质的研究是溶液热力学的重要内容之一。为了理论表述的严谨性，所以选择稀溶液的极限状态 —— 理想稀溶液作为理论研究的对象。理想稀溶液简单而言就是无限稀的溶液，其定义为：满足 $x_A \to 1$，$\sum_B x_B \to 0$ 条件的溶液称为理想稀溶液。在理想稀溶液中，少量溶质分子分散在大量溶剂分子之中，可以认为溶质分子只与溶剂分子有相互作用，溶质分子几乎没有相互作用。实际溶液当浓度很低时，其性质将非常接近理想稀溶液，可以作为理想稀溶液来处理，所以理想稀溶液理论在实践中的应用非常广泛。

理想溶液的所有组分均服从 Raoult 定律，理想稀溶液与理想溶液不同，理想稀溶液溶剂的行为与理想溶液的组分一样，服从 Raoult 定律，而溶质的行为则服从 Henry 定律。下面以二元理想稀溶液为例推导组分化学势的表达式。令溶剂为 A，溶质为 B，对于溶剂 A，其行为服从 Raoult 定律，所以 A 的化学势表达式与理想溶液化学势的一样：

$$\mu_A = \mu_A^*(T,p) + RT\ln x_A \tag{5-33}$$

式中 $\mu_A^*(T,p)$ 是标准态化学势，A 的标准状态与理想溶液的标准状态相同，即是温度为 T，压力为 p 的纯 A 液体。

将理想稀溶液与组分的气相放置于同一容器中，当系统达平衡时，气相与液相中溶质 B 的化学势相等：

$$\mu_B(\text{gas}) = \mu_B(\text{solution})$$

若气相可以视为理想气体，则有：

$$\mu_B = \mu_B^\ominus + RT\ln\frac{p_B}{p^\ominus}$$

式中的 p_B 是溶质 B 在气相中的平衡分压，因为溶质 B 遵守 Henry 定律，故有：

$$p_B = k_x \cdot x_B$$

代入化学势的表达式：

$$\mu_B = \mu_B^\ominus + RT\ln\frac{k_x \cdot x_B}{p^\ominus} = \mu_B^\ominus + RT\ln\frac{k_x}{p^\ominus} + RT\ln x_B$$

令：

$$\mu_B^\circ(T,p) = \mu_B^\ominus + RT\ln\frac{k_x}{p^\ominus} \tag{5-34}$$

上式定义的 $\mu_B^\circ(T,p)$ 是理想稀溶液的标准态化学势，理想稀溶液溶质的标准态是假设当溶质的浓度 $x_B \to 1$ 时，B 仍然服从 Henry 定律的状态。理想稀溶液溶质的标准态是一个不存在的虚拟态，是将溶质的浓度从无限稀外推到无限浓，并假设溶质仍然服从 Henry 定律的假想状态。理想稀溶液为无限稀的溶液，所以溶质分子周围几乎都是溶剂 A 的分子，溶质 B 分子受到的力场是 A 分子形成的力场；当溶质的摩尔分数趋近于 1 时，溶质分子的周围几乎都是溶质分子 B，B 分子此时受到的力场是 B 分子形成的力场。实际上，当 $x_B \to 1$ 时，溶质 B 受到的力与无限稀的情况是完全不一样的，故实际溶液在此浓度时必然偏离 Henry 定律。从微观角度，理想稀溶液的标准态是假设在当 $x_B \to 1$ 时，尽管 B 分子周围都是 A 分子，但是 B 分子受到的力场与 B 的浓度无限稀时受到的力场一样，即周围都是 A 分子所形成的力场，所以 B 分子的行为仍然与无限稀时的行为一样，还是服从 Henry 定律，这种状态自然是不真实的，是一种虚拟的状态。将上式代入溶质化学势的表达式，得：

$$\mu_B = \mu_B^\circ(T, p) + RT\ln x_B \tag{5-35}$$

上式即为理想稀溶液溶质的化学势表达式，理想稀溶液溶质的化学势由两项组成，第一项是溶质的标准态化学势，第二项是浓度项。

$\mu_B^\circ(T, p)$ 是溶质 B 的标准态化学势，如图 5-3 所示，图中的 R 点即为 B 的标准态，此点具有的化学势即为标准态化学势。

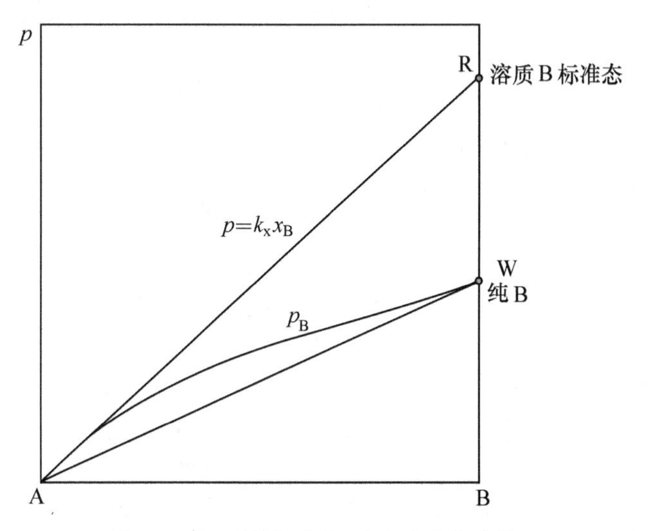

图 5-3　溶质的标准态(浓度为摩尔分数)

溶质的浓度还可以用质量摩尔浓度和物质的量浓度等表示法表示，不同的浓度表示法，溶质的标准态与标准态化学势都不相同，但是溶质 B 本身的化学势的值却是不变的。当采用质量摩尔浓度时，组分 B 的标准状态是假设当 $m_B = 1$ 时，溶质 B 仍然服从 Henry 定律的虚拟态，此虚拟态所具有的化学势即为组分 B 的标准态化学势。图 5-4 中的 R 点是溶质 B 的标准态，是当 $m_B = 1$ 且服从 Henry 定律的外推点，此点具有的化学势即为 B 的标准态化学势。运用与上节相似的方法即可得到溶质化学势的表达式。当气液两相达平衡时，有：

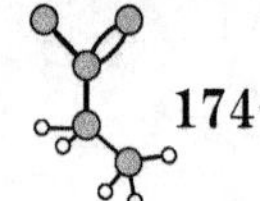

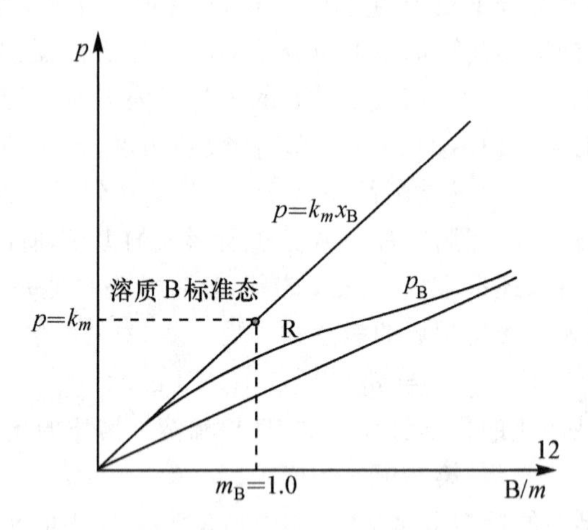

图 5-4 溶质的标准态(浓度为 m)

$$\mu_B(\text{solution}) = \mu_B(\text{gas})$$

由 Henry 定律:

$$p_B = k_m \cdot m_B$$

并设气相为理想气体,于是有:

$$\mu_B = \mu_B^{\ominus} + RT\ln\frac{k_m \cdot m_B}{p^{\ominus}} = \mu_B^{\ominus} + RT\ln\frac{k_m m^{\ominus}}{p^{\ominus}} + RT\ln\frac{m_B}{m^{\ominus}}$$

令标准态化学势为:

$$\mu_B^{\square}(T,p) = \mu_B^{\ominus} + RT\ln\frac{k_m \cdot m^{\ominus}}{p^{\ominus}} \tag{5-36}$$

代入溶质化学势表达式中:

$$\mu_B = \mu_B^{\square}(T,p) + RT\ln\frac{m_B}{m^{\ominus}} \tag{5-37}$$

(5-37) 式为采用质量摩尔浓度的溶质化学势表达式。注意上式中的浓度项是一个无量纲的纯数,其值等于溶质的浓度与单位浓度的比值,单位全部消去了。在化学势的表达式中,所有在对数符号内的数值,都要处理成无量纲的纯数,所以在(5-37) 式的浓度项中,没有直接采用质量摩尔浓度,而是质量摩尔浓度与单位浓度的比值。

若采用物质的量浓度时,溶质 B 的化学势表达式为:

$$\mu_B = \mu_B^{\triangle}(T,p) + RT\ln\frac{c_B}{c^{\ominus}} \tag{5-38}$$

上式第一项是标准态化学势,其定义式为:

$$\mu_B^{\triangle}(T,p) = \mu_B^{\ominus} + RT\ln\frac{k_c \cdot c^{\ominus}}{p^{\ominus}} \tag{5-39}$$

$\mu_B^{\Delta}(T,p)$ 是溶质B的标准态化学势，是当B的浓度 $c_B = 1\ mol \cdot dm^{-3}$，且服从Henry定律的假想状态所具有的化学势的值。

上述的理想稀溶液理论只适用于非电解质溶液，电解质溶液由于有正、负离子的存在，带电离子即使在高度稀释的条件下仍然存在显著的相互作用，故理想稀溶液一般不适用于电解质溶液。

任何非电解质溶液在充分稀释的条件下都将成为理想稀溶液，其溶剂的行为服从Raoult定律，溶质的行为服从Henry定律。实际溶液在浓度比较大时，一般会偏离Raoult定律与Henry定律，此时的溶液不再是理想溶液而是非理想溶液。在描述非理想溶液的行为时，必须考虑组分的活度与活度系数。

§5-6　理想稀溶液的依数性

溶液与纯液体的性质必然有区别，稀溶液的性质与纯溶剂的性质当然也有区别，当溶液浓度非常稀时，纯溶剂与溶液的某些性质之间的区别(如凝固点、沸点、渗透压等)具有某种规律性，即两者之间的差别的大小与溶液中溶质的种类及性质无关，只与溶质的浓度相关，这一类性质称为稀溶液的依数性。下面我们以二元溶液为例，讨论理想稀溶液依数性(colligative properties)的定量关系。

一、凝固点降低(freezing point lowering)

此性质描述的是稀溶液的一种现象：在恒压下向纯溶剂中加入溶质会使溶剂的凝固点降低。从微观的角度可以对理想稀溶液的凝固点降低现象进行解释：当纯溶剂A的固体与纯A液体两相在标准压力和正常凝固点下达到相平衡时，在单位纯固体表面积上，固相中的A分子溶入液相中的速率与液相中的A分子在固体表面凝析的速率相等。此时若向纯A液体中加入少量溶质B后，液相中A的摩尔分数减少，因而在单位表面积上与固相发生碰撞的液相A分子的次数随之减少，使得A分子从液相向固相凝析的速率减慢，但是固相仍为纯A固体，固相中的A分子溶于液相的速率仍然保持不变，这样就打破了原来的平衡。由于从固相溶解的速率不变，而从液相向固相凝固的速率降低，使得A分子由固相进入液相的速率大于从液相进入固相的速率，固体A的量会逐渐减少以至于完全溶解而变成单项溶液。为了恢复固液两相的平衡，须降低系统的温度以有利于固体的生成，当温度降低到适当的程度时，固液两相将在新的条件下达成新的平衡，而新的平衡是纯固相与含有溶质的溶液达成两相平衡，而不是纯固相与纯A液相的平衡，新的平衡点的温度较纯A的凝固点温度要低，即稀溶液的凝固点降低了。

现从热力学角度推导理想稀溶液凝固点下降的定量关系式。在以下的推导中，均假设与液相达平衡的固相为纯A的固体，不考虑溶剂与溶质形成固熔体的情况。设

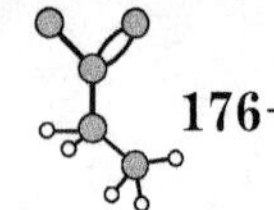

有二元溶液系统与纯溶剂A的固体在标准压力下达平衡，由热力学平衡条件，纯A固体的化学势与溶液中溶剂A的化学势必然相等：

$$\mu_A^*(T,p^\ominus,\text{solid})=\mu_A^{\text{solution}}(T,p^\ominus)$$

上式中$\mu_A^*(T,p^\ominus,\text{solid})$是纯A固体的化学势，$\mu_A^{\text{solution}}(T,p^\ominus)$是理想稀溶液中A的化学势。由稀溶液化学势的表达式，可得：

$$\mu_A^*(T,p^\ominus,\text{solid})=\mu_A^*(T,p^\ominus,\text{liquid})+RT\ln x_A \tag{5-40}$$

式中的$\mu_A^*(T,p^\ominus,\text{liquid})$是纯A液体在温度$T$，压力$p^\ominus$下具有的化学势，即A在$T$时的标准态化学势。纯物质的化学势等于其摩尔Gibbs自由能，对上式进行整理得：

$$\mu_A^*(T,p^\ominus,\text{liquid})-\mu_A^*(T,p^\ominus,\text{solid})=\Delta_{\text{fus}}G_m=-RT\ln x_A \tag{5-41}$$

上式中的$\Delta_{\text{fus}}G_m$是1摩尔纯A固体融化成液体的摩尔Gibbs自由能变化值。将上式重排后对温度求偏微商：

$$\left(\frac{\partial}{\partial T}\left(\frac{\Delta_{\text{fus}}G_m}{T}\right)\right)_p=-R\left(\frac{\partial\ln x_A}{\partial T}\right)_p \tag{5-42}$$

上式的左边由Gibbs-Helmholtz关系式，可得：

$$\left(\frac{\partial}{\partial T}\left(\frac{\Delta_{\text{fus}}G_m}{T}\right)\right)_p=-\frac{\Delta_{\text{fus}}H_m}{T^2}$$

将上式代入(5-41)式并分离变量，有：

$$\mathrm{d}\ln x_A=\frac{\Delta_{\text{fus}}H_m}{RT^2}\mathrm{d}T$$

对上式的两边进行积分，取积分下限为$x_A=1$，此时为纯溶剂，对应的相变温度为纯A的正常凝固点T_f^*，稀溶液中溶剂的凝固点为T_f。上式变为：

$$\int_1^{x_A}\mathrm{d}\ln x_A=\int_{T_f^*}^{T_f}\frac{\Delta_{\text{fus}}H_m}{RT^2}\mathrm{d}T$$

对于稀溶液，凝固点的下降值一般只有几度，变化范围不大，在此温度范围内相变潜热可以近似视为常数，在此条件下积分得：

$$\ln x_A=\frac{\Delta_{\text{fus}}H_m}{R}\left(\frac{1}{T_f^*}-\frac{1}{T_f}\right)=\frac{\Delta_{\text{fus}}H_m}{R}\left(\frac{T_f-T_f^*}{T_f^*T_f}\right) \tag{5-43}$$

注意在以上求积分的过程中，$\Delta_{\text{fus}}H_m$应该是一不可逆相变化过程的焓变，严格来讲，应该设计以热力学过程来求算。但当凝固点温度变化不大时，相变焓变的值变化很小可以近似视为常数，且可以用纯液体A在正常凝固点的相变热代替。另外，设：

$$T_f^*T_f\approx(T_f^*)^2$$

$$\Delta T_f=T_f^*-T_f$$

则有：

$$-\ln x_A\approx\frac{\Delta_{\text{fus}}H_m}{R}\frac{\Delta T_f}{(T_f^*)^2} \tag{5-44}$$

对于理想稀溶液有：$x_A\to1,x_B\to0$将上式左边的对数作级数展开并略去高次项：

$$-\ln x_A = -\ln(1-x_B) = -\left(-x_B - \frac{x_B^2}{2} - \frac{x_B^3}{3} - \cdots\right)$$

$$-\ln x_A \approx x_B$$

代入(5-43) 式：

$$x_B = \frac{\Delta_{fus} H_m}{R} \frac{\Delta T_f}{(T_f^*)^2} \tag{5-45}$$

$$\Delta T_f = \frac{R(T_f^*)^2}{\Delta_{fus} H_m} \cdot x_B$$

式中 x_B 是溶质 B 的摩尔分数，若将摩尔分数换算成质量摩尔浓度，有：

$$x_B = \frac{n_B}{n_A + n_B} \approx \frac{n_B}{n_A} \quad (\because \quad n_B \ll n_A)$$

将上式代入(5-44) 式，得到凝固点下降与质量摩尔浓度的关系为：

$$\Delta T_f \approx \frac{R(T_f^*)^2}{\Delta_{fus} H_m} \cdot \frac{n_B}{n_A} = \frac{R(T_f^*)^2}{\Delta_{fus} H_m} \cdot M_A \cdot \left(\frac{n_B}{W_A}\right)$$

其中：M_A 是 A 分子的摩尔质量，W_A 是系统含有的 A 的质量，故 $n_B/W_A = m_B$ 是 B 的质量摩尔浓度。引入一个新的常数 K_f，定义其为：

$$K_f = \frac{R(T_f^*)^2}{\Delta_{fus} H_m} \cdot M_A \tag{5-46}$$

将上式代入凝固点下降公式：

$$\Delta T_f = K_f \cdot m_B \tag{5-47}$$

(5-46) 式和(5-44) 式均为理想稀溶液的凝固点下降公式。K_f 称为摩尔质量凝固点降低常数，简称凝固点降低常数(cryoscopic constant)，常数的单位是 $K \cdot kg \cdot mol^{-1}$。由(5-45) 式可知，$K_f$ 的值只与溶剂 A 的性质有关，与溶质的种类和性质均无关，即凝固点降低常数只取决于溶剂的性质。几种常见物质的凝固点降低常数如下：

	水	醋酸	苯	环己烷	萘	三溴甲烷
$K_f/(K \cdot kg \cdot mol^{-1})$：	1.86	3.90	5.12	20	6.9	14.4

在实际测定凝固点降低值时，一般所研究的系统对大气是敞开的，空气会溶解于溶液系统中，这也会引起凝固点的降低。但是对于稀溶液，溶解的空气使纯溶剂 A 的凝固点下降值与使稀溶液的凝固点下降值基本相等，故根据实验数据求算溶剂的凝固点下降值时，空气的影响相互抵消掉了。

若溶液中含有多种溶质，每一种溶质都会使溶液的凝固点降低，故总的降低值应为各溶质对凝固点影响的总和。在凝固点下降的计算式中，此时 $x_A = 1 - \sum_B x_B$，且 $-\ln x_A = \ln\left(1 - \sum_B x_B\right) \approx \sum_B x_B$。采用类似的推导方法，可得：

$$\Delta T_f = K_f \cdot \left(\sum_B m_B\right) \tag{5-48}$$

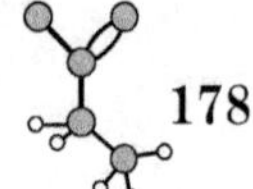

式中的下标B是对所有的溶质进行加和。(3-47)式充分说明了理想稀溶液的依数性,式中的凝固点下降值只与溶质的总浓度有关,而与溶质的性质和种类的多少无关。

此节有关理想稀溶液凝固点下降公式的适用条件是析出的固体一定是纯溶剂固体,固相中不含有溶质分子,若析出的固相中含有溶质分子,如溶剂与溶质形成固熔体,那么溶液的凝固点可能下降也可能升高,就是下降,其凝固点下降值也不能简单地用以上公式计算。具体的讨论可以参照以上的推导方法加以推导。

例题 某含有元素硫的苯溶液的凝固点比纯苯的凝固点低0.088 K,已知此溶液含硫的质量百分浓度为0.45%,苯的凝固点降低常数$K_f = 5.12\ \mathrm{K\cdot kg\cdot mol^{-1}}$。试求硫在苯中的化学式。

解 此溶液浓度很稀,可以视为理想稀溶液。由凝固点下降公式可以求得苯溶液中硫的质量摩尔浓度为:

$$m_{\mathrm{B}} = \frac{\Delta T_f}{K_f} = \frac{0.088\ \mathrm{K}}{5.12\ \mathrm{K\cdot kg\cdot mol^{-1}}} = 0.0172\ \mathrm{mol\cdot kg^{-1}}$$

∵
$$m_{\mathrm{B}} = \frac{n_{\mathrm{B}}}{W_{\mathrm{A}}}$$

可得1 kg苯中溶解的硫的摩尔数为:

$$n_{\mathrm{B}} = m_{\mathrm{B}}\cdot W_{\mathrm{A}} = 0.01736\ \mathrm{mol}$$

由硫的浓度可求得每1 kg苯中含有的硫元素的质量为:

$$\frac{1\ \mathrm{kg}}{1\ \mathrm{kg} - 0.0045\ \mathrm{kg}} \times 0.0045 = 0.00452\ \mathrm{kg}$$

在苯中硫元素的摩尔质量为:

$$\frac{0.00452\ \mathrm{kg}}{0.01736\ \mathrm{mol}} = 0.260\ \mathrm{kg\cdot mol^{-1}}$$

$$\frac{0.260\ \mathrm{kg\cdot mol^{-1}}}{0.03206\ \mathrm{kg\cdot mol^{-1}}} \approx 8$$

得硫元素在苯溶液中的化学式为S_8。

二、沸点升高(boiling point elevation)

沸点是液相的平衡蒸气压与外界环境的压力相等时的温度,正常沸点是当外界大气压等于一个标准压力时液相的沸点。沸点升高是对含有非挥发性溶质的溶液而言,即向溶液中加入非挥发性溶质时,溶液的沸点会升高,升高的程度与加入的溶质的量成正比关系。设有一两组分溶液,溶质B是非挥发性溶质,故溶液上方的总蒸气压就是溶剂A的饱和分压。当溶液浓度非常稀时,溶剂的行为遵守Raoult定律,溶剂的平衡分压为:

$$p_{\mathrm{A}} = p_{\mathrm{A}}^{*} x_{\mathrm{A}}$$

因为任何组分的摩尔分数都小于1,故溶液的蒸气压p_{A}必低于纯溶剂的蒸气压p_{A}^{*}。

设纯溶剂的沸点为T，即在此温度下，纯A的饱和蒸气压p_A^*等于外界压力，若要使溶液沸腾，必须使溶液的蒸气压也达到p_A^*，欲达此目的，必须升高溶液的温度直至T'，使溶液的蒸气压从p_A升高到p_A^*。T'比T要高，这种现象便为稀溶液的沸点升高。

沸点升高的基本热力学原理在本质上与凝固点降低的原理相同，都可以用化学势来解释。这两种依数性的原理如图5-5所示。图中横坐标为温度T，纵坐标为化学势μ，图中有四条表示μ-T关系的曲线，这四条曲线分别代表纯A的液体、固体、气体和稀溶液的化学势与温度的关系。由溶液化学势的表达式：

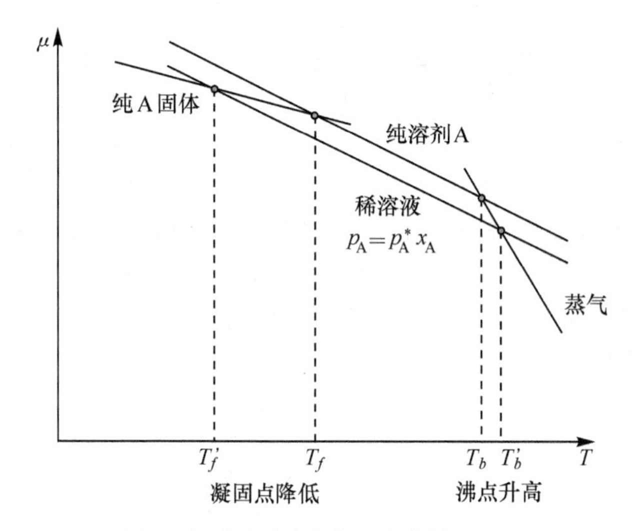

图5-5 沸点升高与凝固点降低原理图

$$\mu_A = \mu_A^* + RT\ln x_A$$

由于A的摩尔分数必小于1，故溶液中A的化学势必定小于纯A液体的化学式，因而溶液的曲线在纯溶剂曲线的下面。从图中蒸气的曲线与纯溶剂和溶液的曲线的交点（两相平衡点）可知，溶液与蒸气的化学势相等的平衡温度较纯溶剂与蒸气的平衡温度为高，即溶液的沸点比纯溶剂的沸点高；从固体的曲线与纯溶剂和溶液的曲线的交点可知，溶液与固体的化学势相等的平衡温度较纯溶剂与固体的平衡温度为低，即溶液的凝固点比纯溶剂的凝固点低。图5-5从化学势的角度对稀溶液的沸点升高和凝固点降低现象进行了较好的解释。下面对沸点升高的数学表达式作简要说明。

设某理想稀溶液在温度为T时，气液两相达平衡，平衡压力为p，溶剂A与气相的化学势必然相等：

$$\mu_A^{gas} = \mu_A^*(T, p^\ominus) + RT\ln x_A$$

式中$\mu_A^*(T, p^\ominus)$是纯A液体在温度为T，压力为标准压力$p^\ominus$时的化学势，μ_A^{gas}是与溶液达平衡的气相中A的化学势。纯物质的化学势等于此物质的摩尔Gibbs自由能，对

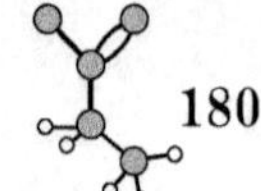

上式整理可得：

$$\Delta_{vap}G_m(T) = -RT\ln x_A$$

采用上节相似的方法，可以得到稀溶液沸点上升公式为：

$$\Delta T_b = \frac{R(T_b^*)^2}{\Delta_{vap}H_m} \cdot x_B \tag{5-49}$$

采取类似的方法，可得：

$$\Delta T_b = K_b \cdot m_B \tag{5-50}$$

$$K_b = \frac{R(T_b^*)^2}{\Delta_{vap}H_m} \cdot M_A \tag{5-51}$$

以上各式中，K_b 称为沸点上升常数(ebullioscopic constant)，单位为 $K \cdot kg \cdot mol^{-1}$，$\Delta_{vap}H_m$ 是纯溶剂A的摩尔蒸发热，T_b^* 是纯A的正常沸点。几种常见物质的 K_b 如下：

	水	苯	萘	乙酸	CCl_4
$K_b/(K \cdot kg \cdot mol^{-1})$：	0.51	2.53	5.8	3.07	4.95

例题 0.5126 g萘溶于50 gCCl_4中，测得溶液的沸点比纯溶剂CCl_4的正常沸点高0.402 K；若在同量的CCl_4中溶于0.6216 g的未知物，测得沸点升高值为0.647 K。试求CCl_4的沸点升高常数K_b和未知物的摩尔质量。

解 已知萘的分子量为128.16

由

$$\Delta T_b = K_b \cdot m_B$$

$$\Delta T_b = K_b \cdot \frac{W_B}{M_B \cdot W_A}$$

由题给条件：

$$0.402\ K = K_b \cdot \frac{0.005126\ kg}{0.12816\ kg \cdot mol^{-1} \times 0.05\ kg}$$

$$K_b = 5.03\ K \cdot kg \cdot mol^{-1}$$

设未知物的摩尔质量为M_B，有下式成立：

$$0.647\ K = K_b \cdot \frac{0.0006216\ kg}{M_B \times 0.05\ kg}$$

解得：

$$M_B = 0.0966\ kg \cdot mol^{-1}$$

此未知物的摩尔质量为 $M_B = 0.0966\ kg \cdot mol^{-1}$ 或 $96.6\ g \cdot mol^{-1}$。

以上推导的结果只适用于溶质是非挥发性物质的情况，若溶质本身也具有挥发性，情况会发生变化。当溶质也具有挥发性时，当加入溶质时，溶液的沸点可能升高，也可能下降，溶液的沸点到底是升高还是下降，取决于溶质与溶剂两者的挥发性的高低。以二元溶液为例，若组分B的挥发性较A为高，向溶液中加入B之后，溶液的沸点不但不升高，一般反而会下降；若组分B的挥发性较A为低，加入B之后，溶液的沸点一般会升高。利用当两相达平衡时，各组分在两相中的化学势相等的原理，可以推得以下公式：

$$\Delta T_b = K_b \cdot m_B \left(1 - \frac{x_B^{gas}}{x_B^{solution}}\right) \tag{5-52}$$

式中：$x_B^{solution}$ 是两相达平衡时，B 在溶液相中的摩尔分数，x_B^{gas} 是 B 在气相中的摩尔分数。若溶质是非挥发性物质，有 $x_B^{gas}=0$，于是(5-51)式还原为(5-49)式。

三、渗透压(osmotic pressure)

渗透现象是指若将纯溶剂与溶液用一半透膜隔开时，A 分子将具有自发地从纯溶剂一方流向溶液一方的倾向，半透膜只让溶剂 A 的分子自由通过，而不让溶质分子通过。若欲抑制这种渗透现象，可以在溶液一方施加额外的压力，让溶剂分子不再向溶液方渗透，需要施加的最小压力即为溶液的渗透压。溶液的渗透压原理见图 5-6。设纯溶剂 A 与 A、B 二元溶液放置在如图 5-6 的容器中，纯溶剂与溶液间用一刚性的半透膜隔开，半透膜只允许 A 分子自由通过而不允许 B 分子通过，整个装置的温度相等。开始，两边受到的压力相等，均为 p。设右边一方的系统可以视为理想稀溶液，其溶剂 A 的化学势为：

$$\mu_A=\mu_A^*+RT\ln x_A$$

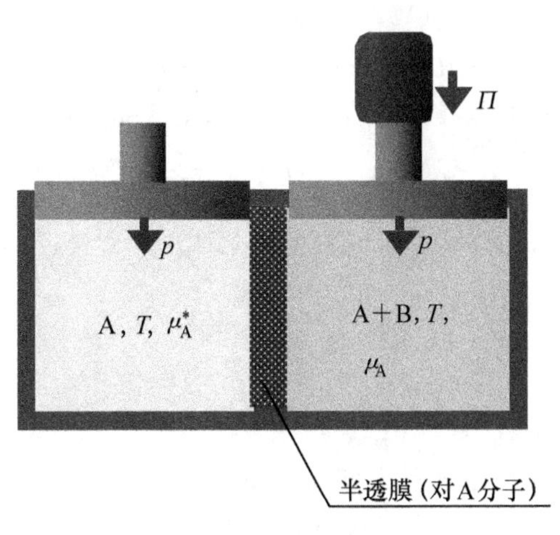

图 5-6 渗透压原理图

左边为纯溶剂，化学势为 μ_A^*，很明显：

$$\mu_A^*>\mu_A$$

因此，A 分子将自发地从纯溶剂方向溶液方渗透。若想制止溶剂分子的渗透，可以将溶液的化学势提高，溶剂 A 的化学势也会随之提高，当右边 A 的化学势提高到与左边纯溶剂的化学势一样高时，装置的两边 A 的化学势相等，于是就达到了物质平衡，由热力学理论，达到物质平衡时，宏观的状态不再改变，即 A 分子从纯溶剂方流向溶液方的速率与 A 分子从溶液方流入纯溶剂方的速率相等，此时称整个系统达到了渗透平衡。在温度不改变的情况下，提高溶液化学势的方法之一是增加溶液上方的压

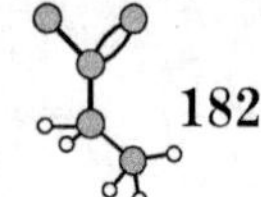

力,如图 5-6 右边的上方增加了一个重物,由此对溶液方施加的额外压力为 Π,使得溶液中 A 的化学势升高到等于左边纯溶剂的化学势,这个额外施加的压力称 Π 为渗透压。下面,我们推导渗透压的具体数学表达式。

如图,当纯溶剂与溶液达成渗透平衡时,两边受到的压力是不一样的,纯溶剂受到的压力为 p,溶液受到的压力为 $p+\Pi$。当达到渗透平衡后,图 5-6 中左、右两方的化学势相等,于是有:

$$\mu_{A}^{*}(T,p)=\mu_{A}(T,p+\Pi)=\mu_{A}^{*}(T,p+\Pi)+RT\ln x_{A} \tag{5-53}$$

求不同压力下纯 A 化学势的差值:

$$\because \qquad \left(\frac{\partial \mu_{A}^{*}}{\partial p}\right)_{T}=V_{m}(A)$$

$$\therefore \qquad \Delta\mu_{A}^{*}=\mu_{A}^{*}(T,p+\Pi)-\mu_{A}^{*}(T,p)=\int_{p}^{p+\Pi}V_{m}(A)\mathrm{d}p$$

在不太高的压力范围内,凝聚系统的体积可以视为常数,对上式求积分,得:

$$\mu_{A}^{*}(T,p+\Pi)=\mu_{A}^{*}(T,p)+V_{m}(A)\cdot\Pi$$

故有:

$$V_{m}(A)\cdot\Pi=-RT\ln x_{A}=-RT\ln(1-x_{B})$$

当溶液浓度非常稀时,将对数展开并略去高次项,上式变为:

$$V_{m}(A)\cdot\pi\approx RT\cdot x_{B}\approx RT\,\frac{n_{B}}{n_{A}} \tag{5-54}$$

对于稀溶液,溶剂的偏摩尔体积与纯溶剂的摩尔体积非常接近,溶液的总体积可以表示为:

$$\begin{aligned}V&=n_{A}V_{A}+n_{B}V_{B}\\&\approx n_{A}V_{A}\qquad(\because n_{B}\ll n_{A})\\&\approx n_{A}V_{m}(A)\end{aligned}$$

式中 V 是溶液的总体积。将上式代入(5-53) 式:

$$n_{A}V_{m}(A)\cdot\Pi=RT\cdot n_{B}$$

$$\Pi\cdot V=n_{B}RT \tag{5-55}$$

(5-55) 式即为稀溶液渗透压的数学表达式,称为范霍夫(van't Hoff) 公式。式中 Π 是渗透压,V 是溶液的总体积,n_{B} 是此溶液中含有的溶质 B 的摩尔数。因为 B 的物质的量浓度为:$c_{B}=n_{B}/V$,(5-54) 式也可以表达为:

$$\Pi=c_{B}RT \tag{5-56}$$

(5-56) 式也为渗透压的数学表达式。渗透压公式与理想气体状态方程($pV=nRT$)形式上很相似,不同的是用渗透压取代了系统压力,用溶质的摩尔数取代了气体的摩尔数,用溶液的体积取代了气体的体积。

例题 有一稀水溶液,测得在 298.15 K 下的渗透压为 1.38×10^{6} Pa,试求:

(1) 该水溶液中溶质 B 的浓度 x_{B};

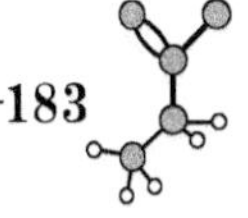

(2) 若溶质B是非挥发性物质，该溶液的沸点升高值为多少。

解　(1) 由渗透压公式：

$$\Pi = c_B RT$$

$$c_B = \frac{\Pi}{RT} = \frac{1.38 \times 10^6 \text{ Pa}}{8.314 \text{ J} \cdot \text{mol}^{-1} \cdot \text{K}^{-1} \times 298.15 \text{ K}} = 0.0556 \text{ mol} \cdot \text{dm}^{-3}$$

稀的水溶液的密度与纯水的密度非常接近，单位溶液体积含有水的摩尔数约等于单位体积纯水含有的摩尔数，故有：

$$x_B = \frac{n_B}{n_A + n_B} = \frac{0.566 \text{ mol}}{\dfrac{1000 \text{ kg}}{18.02 \text{ kg} \cdot \text{mol}^{-1}} + 0.566 \text{ mol}} = 0.01$$

对于稀水溶液，物质的量浓度约等于其质量摩尔浓度：

$$m_B \approx c_B = 0.566 \text{ mol} \cdot \text{kg}^{-1}$$

(2) 由沸点升高公式：

$$\Delta T_b = K_b \cdot m_B = 0.51 \text{ K} \cdot \text{kg} \cdot \text{mol}^{-1} \times 0.566 \text{ mol} \cdot \text{kg}^{-1} = 0.29 \text{ K}$$

此水溶液沸点升高值为0.29 K。

从上例可以看出，溶液的浓度很稀时，其渗透压的值也很大。从渗透压的推导过程可知，液体物质的化学势对于压力很不敏感，欲通过加压使溶液中A的化学势增大至纯溶剂的化学势，虽然两者化学势的值相差不大，也需要施加相当大的压力。利用稀溶液的渗透压比较大的性质，可以较精确地测定物质的分子量，如高分子化合物的分子量。

渗透作用在生命过程中十分重要，例如植物的根系靠渗透作用从土壤中吸收水分和养料；动物体内的细胞也靠渗透作用完成新陈代谢，细胞膜犹如一层半透膜，可以让水分子、CO_2、O_2及有机小分子通过，而不让分子量大的高聚体如多糖、蛋白质等通过。

渗透现象是指溶剂分子A在渗透压的作用下，从纯溶剂一方流向溶液一方的现象。如果在溶液一方施加足够高的额外压力，使得溶液一方受到的压力高于环境压力与渗透压之和($p + \Pi$)时，溶液中A的化学势将比纯溶剂方A的化学势高，由物质平衡原理，A将会从化学势高的溶液方流向化学势较低的纯溶剂一方，这种与渗透流相反的流动现象称为反渗析。反渗析作用在实际中具有很广泛的应用，如可以通过反渗析作用使海水淡化而制取淡水。

§5-7　吉布斯-杜亥姆方程

一、吉布斯-杜亥姆方程(Gibbs-Duhem equation)

吉布斯-杜亥姆方程是热力学基本理论在溶液系统中的应用，对于我们掌握溶

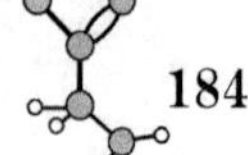

液的基本规律有着重要的作用。溶液是典型的多组分系统，多组分溶液系统的 Gibbs 自由能可以表示为温度、压力及组成的函数：

$$G = G(T, p, n_1, \cdots, n_B, \cdots)$$

对 G 求全微分：

$$dG = -SdT + Vdp + \sum_B \mu_B dn_B \tag{5-57}$$

另由偏摩尔量集合公式，平衡系统的 Gibbs 可表示为：

$$G = \sum_B n_B \mu_B$$

对上式微分：

$$dG = d\left(\sum_B n_B \mu_B\right) = \sum_B n_B d\mu_B + \sum_B \mu_B dn_B \tag{5-58}$$

(5-56) 式与(5-57) 式都是 Gibbs 自由能的全微分式，两者应该是相等的，比较两式可得：

$$\sum_B n_B d\mu_B + SdT - Vdp = 0 \tag{5-59}$$

(5-58) 式即为 Gibbs-Duhem 方程。此方程在推导过程中没有引入任何限定，故此式可以适用于任何过程。溶液中的过程通常在恒温恒压条件下进行，在此条件下，上式可以简化为：

$$\sum_B n_B d\mu_B = 0 \tag{5-60}$$

上式也是Gibbs-Duhem 方程。(5-58) 式与(5-59) 式反映出溶液中的各组分的化学势不是各自独立的，而是互相关联的。

Gibbs-Duhem方程还可以进一步推广到其它热力学函数，实质上，对于任何广度性质都有类似关系存在。设 Y 是溶液的某广度热力学性质，Y 可以视为温度、压力和组成的函数，对性质 Y，有下式成立：

$$Y = Y(T, p, n_B)$$

$$Y = \sum_B n_B Y_B$$

采用以上类似的方法，对 Y 的两种微分式进行比较后，在恒温恒压条件下，同样可得：

$$\sum_B n_B dY_B = 0 \quad (dT = 0, dp = 0) \tag{5-61}$$

上式也称为 Gibbs-Duhem 方程。Gibbs-Duhem 方程反映了溶液系统各组分偏摩尔量之间的关系。

例题　设物质 A、B 组分二元溶液，$x_A = 0.2$，在恒温恒压下，向此溶液中加入极微量的 A 和 B，由此使 A 和 B 的偏摩尔体积改变 dV_A 和 dV_B。试求 dV_A 和 dV_B 之间的关系。

解　令 $Y = V$，由(5-60) 式，有：

$$\sum_B n_B dV_B = 0$$

$$n_A dV_A + n_B dV_B = 0$$

方程两边同除以溶液的总摩尔数：

$$x_A dV_A + x_B dV_B = 0$$

$$dV_A = -\frac{x_B}{x_A}dV_B = -\frac{0.8}{0.2}dV_B$$

解得：

$$dV_A = -4dV_B$$

二、杜亥姆-马居尔方程(Duhem-Margules equation)

溶液系统中除了偏摩尔量之间存在关系之外，溶液各组分蒸气压之间也存在一定的关系。设有一溶液系统，体积为 V，总压力为 p，与溶液达平衡的气相可视为理想气体混合物，则溶液中任一组分的化学势可以表达为：

$$\mu_B^{solution} = \mu_B^{gas} = \mu_B^{\ominus}(T) + RT\ln\frac{p_B}{p^{\ominus}}$$

式中 p_B 是B组分在气相中的平衡分压。在恒温条件下对上式求微分：

$$d\mu_B = d(\mu_B^{\ominus}(T) + RT\ln p_B - RT\ln p^{\ominus})$$

式中 μ_B 为溶液中B组分的化学势，注意上式中的标准态化学势与标准压力均为常数，求微分等于零，于是有：

$$d\mu_B = RT d\ln p_B \quad (恒温过程) \tag{5-62}$$

在恒温条件下，(5-58)式变为：

$$\sum_B n_B d\mu_B - Vdp = 0 \quad (恒温过程) \tag{5-63}$$

将(5-61)式代入(5-62)式，整理得：

$$RT\sum_B n_B d\ln p_B = Vdp \tag{5-64}$$

方程两边均除以 $RT\sum_B n_B = n_{tot}RT$，得：

$$\sum_B x_B d\ln p_B = \frac{V(l)}{n_{tot}RT}dp = \frac{V(l)}{pV(g)}dp$$

上式中，分母上的摩尔数为溶液的总摩尔数，因此，式中气体的总体积 $V(g)$ 是：假设溶液全部变为气体(可视为理想气体)，此气体所占据的体积，故此气体的总摩尔数与溶液的总摩尔数是相等的。因此上式可以表达为：

$$\sum_B x_B d\ln p_B = \frac{V_m(l)}{V_m(g)}d\ln p \tag{5-65}$$

上式中：$V_m(l)$ 表示1摩尔溶液的体积，其值等于溶液的总体积除以溶液所含有物质的总摩尔数，$V_m(g)$ 则是若将此溶液变为同温同压条件下的气体时，1摩尔混合气体的体积。一般条件下均有：$\frac{V_m(l)}{V_m(g)} \ll 1$。

若维持系统的总压 p 不变，例如用不溶于溶液的惰性气体维持系统的总压恒定，则(5-64)式的左边为零，于是有：

$$\sum_B x_B \mathrm{d}\ln p_B = 0 \tag{5-66}$$

上式称为杜亥姆-马居尔方程(Duhem-Margules equation)，上式可以适用于系统压力不变的情况。但在实际操作中，溶液系统与大气相连，大气可以维持系统的总压不变，大气中的 O_2、N_2 等气体虽然可以溶于液体，但是溶解度一般很小，再加之 $\frac{V_m(l)}{V_m(g)}$ 的值一般非常小，故(5-65)式在常温常压下是适用的。

三、Duhem-Margules 方程在二元溶液中的应用

对于二元溶液系统，(5-65)式可以写为：

$$x_A \mathrm{d}\ln p_A + x_B \mathrm{d}\ln p_B = 0 \tag{5-67}$$

二元系统的浓度只有一个变量：x_A 或 x_B，且有 $\mathrm{d}x_A = -\mathrm{d}x_B$，对上式变形：

$$x_A \mathrm{d}\ln p_A \frac{\mathrm{d}x_A}{\mathrm{d}x_A} + x_B \mathrm{d}\ln p_B \frac{\mathrm{d}x_A}{\mathrm{d}x_A} = 0$$

$$\left(x_A \frac{\mathrm{d}\ln p_A}{\mathrm{d}x_A} - x_B \frac{\mathrm{d}\ln p_B}{\mathrm{d}x_B}\right)_T \mathrm{d}x_A = 0 \tag{5-68}$$

$$\therefore \quad x_A \left(\frac{\mathrm{d}\ln p_A}{\mathrm{d}x_A}\right)_T - x_B \left(\frac{\mathrm{d}\ln p_B}{\mathrm{d}x_B}\right)_T = 0 \tag{5-69}$$

$$\left(\frac{\partial \ln p_A}{\partial \ln x_A}\right)_T - \left(\frac{\partial \ln p_B}{\partial \ln x_B}\right)_T = 0 \tag{5-70}$$

$$\left(\frac{\partial \ln p_A}{\partial \ln x_A}\right)_T = \left(\frac{\partial \ln p_B}{\partial \ln x_B}\right)_T \tag{5-71}$$

(5-65)～(5-70)式均为 Duhem-Margules 方程。将以上方程应用于二元溶液系统，可以获得二元溶液所具有的通性。

通性1　若组分 A 在某浓度区间的蒸气分压与 A 在溶液中的浓度 x_A 成正比，则组分 B 在此浓度范围内，其蒸气分压也与 B 在溶液中的浓度 x_A 成正比。

不妨设 A 在某浓度区间遵守 Raoult 定律：

$$p_A = p_A^* \cdot x_A$$

对上式取对数：

$$\ln p_A = \ln p_A^* + \ln x_A$$

恒温下取微分：$\mathrm{d}\ln p_A = \mathrm{d}\ln x_A$　（p_A^* 为常数）

$$\therefore \quad \left(\frac{\partial \ln p_A}{\partial \ln x_A}\right)_T = 1$$

由(5-70)式，有：

$$\left(\frac{\partial \ln p_B}{\partial \ln x_B}\right)_T = \left(\frac{\partial \ln p_A}{\partial \ln x_A}\right)_T = 1$$

于是得，恒温下：

$$\mathrm{d}\ln p_B = \mathrm{d}\ln x_B$$

$$\therefore \qquad \ln p_B = \ln x_B + c'$$

$$p_B = c \cdot x_B$$

上式说明，组分B在此浓度区间的蒸气压也与其浓度成正比，以上推导过程中的c'为积分常数，c为比例常数。若溶液系统为理想溶液，则$c = p_B^*$，B组分也遵守Raoult定律；若$c \neq p_B^*$，可令$c = k_x$，为Henry常数，B组分在此浓度区间遵守Henry定律。此性质的原理示意图见图5-7。

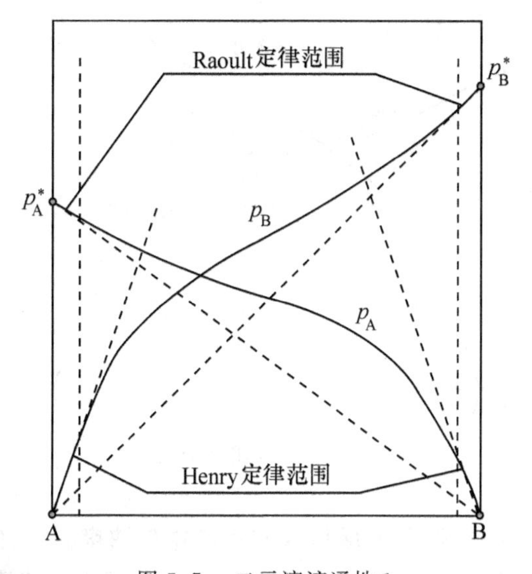

图5-7　二元溶液通性1

通性2　若增加溶液中某一组分的浓度会使其气相中的分压上升，则此时气相中另一组分的分压必定下降。

改写(5-70)式：

$$\frac{x_A}{p_A}\left(\frac{\partial p_A}{\partial x_A}\right)_T = \frac{x_B}{p_B}\left(\frac{\partial p_B}{\partial x_B}\right)_T$$

因为x_A，x_B，p_A，p_B皆为正值，设A在气相的分压随其在溶液中的浓度而上升，即：

$$\left(\frac{\partial p_A}{\partial x_A}\right)_T > 0$$

必有：

$$\left(\frac{\partial p_B}{\partial x_B}\right)_T > 0$$

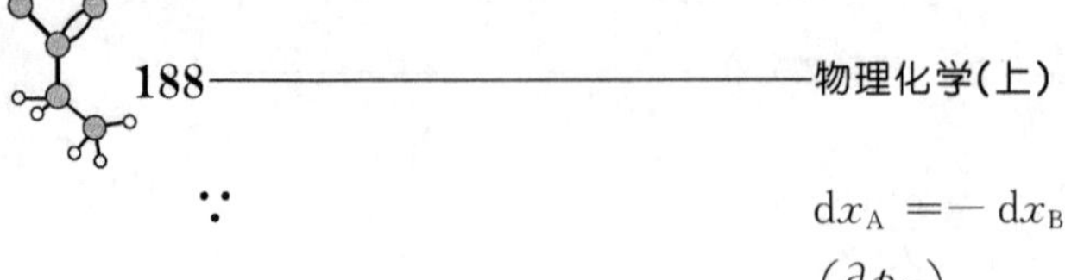

∵ $$dx_A = - dx_B$$

∴ $$\left(\frac{\partial p_B}{\partial x_A}\right)_T < 0$$

以上结果说明当A组分分压上升时,B组分的分压必下降。以上性质可见图5-8所示。Duhem-Margules方程的推导没有对溶液组分的性质没任何附加条件,可以适用于任何二元溶液系统,因而可以用来检验实验结果的正确性,对研究溶液的性质具有指导性意义。

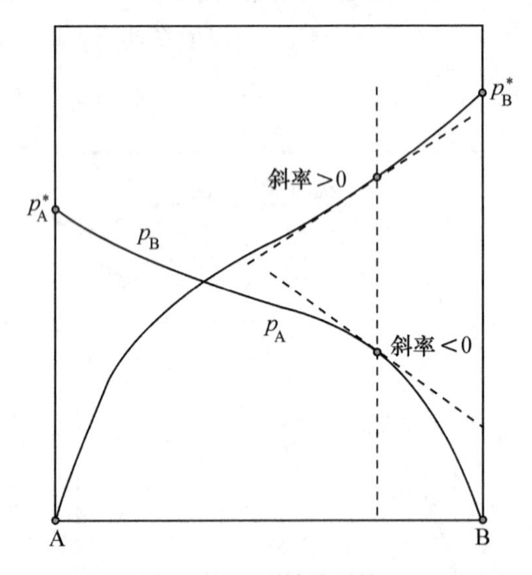

图5-8 二元溶液通性2

通性3 柯诺瓦诺夫规则:若增加A在气相中的浓度,体系的总压增加,则A在气相中的浓度大于A在液相中的浓度;若增加A在气相中的浓度,体系的总压降低,则A在气相中的浓度小于A在液相中的浓度;若增加A在气相中的浓度,体系的总压不变,则A在气相中的浓度等于A在液相中的浓度。

将(5-64)式应用于二元溶液,有:

$$x_A^l \mathrm{d}\ln p_A + x_B^l \mathrm{d}\ln p_B = \frac{V_m(l)}{V_m(g)} \mathrm{d}\ln p$$

式中x_A^l,x_B^l表示溶液中组分A和组分B的摩尔分数,设气相为理想气体混合物,上式可以表示为:

$$x_A^l \mathrm{d}\ln(p x_A^g) + (1 - x_A^l) \mathrm{d}\ln(p(1 - x_A^g))$$

$$x_A^l \mathrm{d}\ln p + x_A^l \mathrm{d}\ln x_A^g + (1 - x_A^l) \mathrm{d}\ln p + (1 - x_A^l) \mathrm{d}\ln(1 - x_A^g) = \frac{V_m(l)}{V_m(g)} \mathrm{d}\ln p$$

展开上式,整理后可得:

$$\frac{x_A^l}{x_A^g}dx_A^g + \frac{1-x_A^l}{1-x_A^g}d(1-x_A^g) + d\ln p = \frac{V_m(l)}{V_m(g)}d\ln p$$

$$\left(\frac{x_A^l}{x_A^g} - \frac{1-x_A^l}{1-x_A^g}\right)dx_A^g = \left(\frac{V_m(l)}{V_m(g)} - 1\right)d\ln p$$

因为 $V_m(l) \ll V_m(g)$，故有 $V_m(l)/V_m(g) - 1 \approx -1$，代入上式，并通分：

$$\left(\frac{\partial \ln p}{\partial x_A^g}\right)_T = -\frac{x_A^l - x_A^l x_A^g - x_A^g + x_A^g x_A^l}{x_A^g(1-x_A^g)} = \frac{x_A^g - x_A^l}{x_A^g(1-x_A^g)}$$

注意 $1 - x_A^g = x_B^g$，上式为：

$$\left(\frac{\partial \ln p}{\partial x_A^g}\right)_T = \frac{x_A^g - x_A^l}{x_A^g x_B^g}$$

因为 p, x_A^g, x_B^g, x_A^l 均为正值，故 $\left(\frac{\partial \ln p}{\partial x_A^g}\right)_T$ 与 $(x_A^g - x_A^l)$ 同号，由此不难推出柯诺瓦诺夫规则。

§5-8 非理想溶液

以上我们介绍了理想溶液和理想稀溶液，但实际的溶液大多为非理想溶液，其行为既不遵守 Raoult 定律，也不遵守 Henry 定律。为了描述此类溶液系统的热力学性质，须考虑溶液对相对于理想溶液或理想稀溶液的偏离行为，为此引入了活度与活度系数的概念。

一、非理想溶液化学势及活度

理想溶液和理想稀溶液溶剂的化学势表达式为：

$$\mu_B = \mu_B^*(T, p) + RT\ln x_B$$

理想稀溶液溶质的化学势表达式为：

$$\mu_B = \mu_B^\circ(T, p) + RT\ln x_B$$

以上两式的基础分别是 Raoult 定律和 Henry 定律。实际溶液的结构与理想溶液和理想稀溶液均有差别，因此，实际溶液的化学势不能用以上公式表示。但是，理想溶液和理想稀溶液是实际溶液系统的极限情况，我们可以参照这两者的化学势表达式来定义实际溶液的化学势。以理想溶液为例，将理想溶液组分化学势表达式重排，即得：

$$x_B = e^{[(\mu_B - \mu_B^*(T,p))/RT]} \tag{5-72}$$

上式表示理想溶液组分浓度与化学势之间的关系。由于实际溶液与理想溶液有区别，上式不能适用于实际溶液，即对于实际溶液，上式的右边不等于其组分浓度。为了便于比较非理想溶液性质偏离理想溶液或理想稀溶液性质的程度，在选择非理

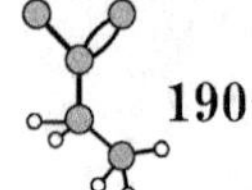

想溶液化学势时，应尽可能采用与理想溶液化学势类似的形式。为此，参照(5-71)式，定义一个新的热力学函数——活度，定义实际溶液组分活度与其化学势的关系为：

$$a_B \equiv e^{[(\mu_B - \mu_B^*(T,p))/RT]} \tag{5-73}$$

上式中：被定义的函数 a_B 称为组分 B 的活度(activity)，由此式即可得到非理想溶液化学势的表达式：

$$\mu_B = \mu_B^*(T,p) + RT\ln a_B \tag{5-74}$$

式中 μ_B 是实际溶液中 B 组分的化学势，$\mu_B^*(T,p)$ 是 B 组分的标准态化学势，此标准态的定义与理想溶液标准态的定义是一样的：

温度为 *T*，所受压力等于系统总压的纯 B 液体。

此标准态是一个实际存在的状态，此状态具有的化学势是 B 组分的标准态化学势。式中 a_B 是 B 的活度，活度与摩尔分数一样是一个无量纲的纯数。理想溶液的化学势也可以用(5-73)式表示，与前面给出的理想溶液化学势表达式比较，可知理想溶液的活度等于浓度。而实际溶液的行为与理想溶液有区别，故实际溶液的活度与浓度一般是不相等的，为了联系组分的活度与浓度，特定义一个新的热力学函数：活度系数，其数学定义式为：

$$\gamma_B \equiv \frac{a_B}{x_B} \tag{5-75}$$

由上式即得组分活度与浓度之间的关系为：

$$a_B \equiv \gamma_B \cdot x_B \tag{5-76}$$

以上定义的 γ_B 称为活度系数(activity coefficient)，组分的活度等于其浓度与活度系数的乘积。对于理想溶液，活度等于浓度，故理想溶液的活度系数等于 1。

$$\gamma_B = 1 \quad (\text{理想溶液})$$

实际溶液的活度系数一般不等于 1，γ_B 与 1 之间的差别可以用来度量非理想溶液偏离理想溶液的程度，若两者之间的差别愈大，表明实际溶液与理想溶液之间的差别愈大；两者之间的差别愈小，表明实际溶液愈接近于理想溶液。将(5-75)式代入实际溶液化学势的表达式，有：

$$\mu_B = \mu_B^*(T,p) + RT\ln(\gamma_B x_B) \tag{5-77}$$

(5-76)式与(5-73)式均为溶液组分化学势的数学表达式，对于理想溶液，化学势中的活度等于浓度；对于非理想溶液，活度一般不等于浓度，活度系数不等于 1。活度与活度系数都是无量纲的纯数，它们都是温度、压力和溶液的函数。

(5-73)式定义的非理想溶液化学势一般用来描述溶液中溶剂的化学势，式中活度与浓度的偏差可以用来度量实际溶液与理想溶液行为的偏离程度，即实际溶液组分行为相对于 Raoult 定律的偏离程度。而非理想溶液的溶质的化学势是参照理想稀溶液溶质的化学势而定义的，其定义式为：

$$\mu_B = \mu_B^{\circ}(T,p) + RT\ln a_B \tag{5-78}$$

以上定义式与(5-73)式很相似,但是上式中的标准态化学势的含义是不一样的,上式的标准态化学势等同于理想稀溶液溶质的标准态化学势,即为:

溶质 B 的温度为 T,压力为 p,当浓度 $x_B \to 1$ 时,B 仍然服从 Henry 定律的虚拟态。

此状态是从 $x_B \to 0$ 的无限稀状态外推到 $x_B \to 1$ 的无限浓的状态,假设溶质 B 仍然服从 Henry 定律的假想态,是一个不存在的虚拟状态。(5-73)式与(5-77)式均为实际溶液化学势的表达式,前者一般用于表示溶液中溶剂的化学势,后者用于表示溶质的化学势,两式的区别主要是标准态的定义不同,前者的标准态是实际存在的状态,后者的标准态是实际上不存在的虚拟态。

二、非理想溶液的标准态

非理想溶液的活度及活度系数是针对其相对于理想溶液及理想稀溶液性质的偏离而提出的,但在不同的组分及不同的浓度表示法,活度及活度系数的含义有所不同,对应的标准态的定义也不相同。要较好地掌握溶液活度的概念,必须弄清标准状态的不同规定及其含义,并须清楚地了解不同规定间的区别与关系。溶液的标准状态有两种不同的规定,现分别介绍如下。

第一种规定　规定 Ⅰ 的参照系是理想溶液。溶液中所有组分的标准状态均为与溶液系统的温度及压力均相同的纯液态组分。标准态化学势定义为:

$$\mu_B(\text{标准态,规定 Ⅰ}) \equiv \mu_B^{*}(T,p) \tag{5-79}$$

上式中的 B 可以是溶液中的任意组分。此标准态是实际上存在的状态,此规定与理想溶液和 Raoult 定律所要求的标准状态是一致的。按规定 Ⅰ 所获得的组分活度系数 γ_B 是对实际溶液偏离理想溶液程度的度量。按规定 Ⅰ,溶液中组分 B 的化学势为:

$$\mu_B = \mu_B^{*}(T,p) + RT\ln a_B = \mu_B^{*}(T,p) + RT\ln(\gamma_B x_B) \tag{5-80}$$

当 $x_B \to 1$ 时,溶液变为纯 B 液体,即趋向于 B 的标准状态,此时 B 的化学势应该等于其标准态化学势:

$$\mu_B = \mu_B^{*} \quad (\text{当 } x_B \to 1)$$

对比(5-73)式,有:

$$\ln a_B = \ln(\gamma_B x_B) \to 0 \quad (\text{当 } x_B \to 1)$$

必有:

$$\gamma_B \to 1 \quad (\text{当 } x_B \to 1)$$

按照规定 Ⅰ,对于溶液中的任一组分,均有:

$$x_B \to 1 \quad \gamma_B \to 1 \quad a_B \to x_B \tag{5-81}$$

规定 Ⅰ 所定义的组分化学势的参照标准为理想溶液,与理想溶液一样,溶液中的所有组分均处于相同的地位,没有溶剂与溶质之分。此规定比较适合于其溶液性质接近理想溶液的实际溶液系统,如可无限互溶、或在相当大的浓度范围内可互溶的实际溶

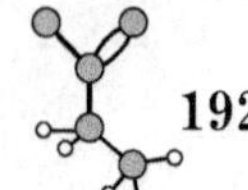

液系统，这类实际溶液的各组分的性质比较相近，例如都具有较强的极性或均为非极性物质等。常见的水-乙醇、苯-甲苯等双液系一般采用这种标准状态。

第二种规定 规定Ⅱ的参照系是理想稀溶液。规定Ⅱ将溶液的组分分为溶剂与溶质两类，一般含有较多的组分为溶剂，其余组分均为溶质，两者标准状态的规定是不相同的。

溶剂：用A代表溶剂，A的标准态与规定Ⅰ相同，即为与溶液系统同温、同压的纯A液体。溶剂A的化学势与规定Ⅰ所定义的化学势一样：

$$\mu_A = \mu_A^*(T,p) + RT\ln a_A = \mu_A(T,p) + RT\ln(\gamma_A x_A) \tag{5-82}$$

对溶剂A，同样有：

$$x_A \to 1 \quad \gamma_A \to 1 \quad a_A \to x_A$$

溶质：对任一种溶质B，规定Ⅱ要求当溶剂A的摩尔分数$x_A \to 1$，溶质的摩尔分数$x_B \to 0$时，溶质B的活度系数$\gamma_B \to 1$，即要求当溶液浓度趋于无限稀时，溶质的活度趋近于溶质的浓度，其活度系数趋近于1。溶质化学势的表达式为：

$$\mu_B = \mu_B^\circ(T,p) + RT\ln a_{x,B} = \mu_B^\circ(T,p) + RT\ln(\gamma_{x,B} \cdot x_B) \tag{5-83}$$

上式为实际溶液溶质化学势表达式，对应的浓度为摩尔分数，$a_{x,B}$是溶质B的活度，$\gamma_{x,B}$是B的活度系数，下标x表示此活度与活度系数所对应的浓度表示法为摩尔分数。$\mu_B^\circ(T,p)$是标准态化学势，非理想溶液溶质的标准态的定义与理想稀溶液溶质的标准态相一致，此标准态为：溶质B的温度为T，压力为p，当浓度$x_B \to 1$时，B仍然服从Henry定律的虚拟态。规定Ⅱ的溶质标准态化学势是沿Henry定律曲线将B的摩尔分数延伸到等于1时的外推值。

规定Ⅱ定义的标准状态与理想稀溶液的标准状态相一致，理想稀溶液中所有溶质的活度系数都等于1，实际溶液中溶质的活度系数会偏离1，活度系数与1之间的偏差可视为实际溶液对于理想稀溶液偏离程度的度量。

溶液中溶质的浓度除了用摩尔分数表示之外，还有其它一些常用的浓度表示法，对不同的浓度表示法，溶质的标准态不同，标准态化学势不同，活度与活度系数也将不同。当采用质量摩尔浓度时，组分B的质量摩尔浓度与摩尔分数的关系为：

$$m_B = \frac{n_B}{W_A} = \frac{n_B}{n_A M_A}$$

式中M_A是溶剂A的摩尔质量，等式右边的分子与分母同时除以溶液的总摩尔数：

$$m_B = \frac{x_B}{x_A M_A}$$

得：

$$x_B = m_B \cdot x_A M_A \tag{5-84}$$

将(5-83)式代入B的化学势表达式中：

$$\begin{aligned}\mu_B &= \mu_B^\circ(T,p) + RT\ln(\gamma_{x,B} \cdot x_B) = \mu_B^\circ(T,p) + RT\ln(\gamma_{x,B} \cdot x_A M_A \cdot m_B) \\ &= \mu_B^\circ(T,p) + RT\ln(M_A \cdot m^\ominus) + RT\ln\left(\gamma_{x,B} \cdot x_A \cdot \frac{m_B}{m^\ominus}\right)\end{aligned}$$

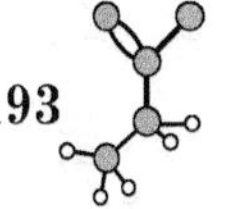

定义 B 的标准状态化学势(对应于质量摩尔浓度)为:

$$\mu_{\mathrm{B}}^{\square}(T,p)=\mu_{\mathrm{B}}^{\circ}(T,p)+RT\ln(M_{\mathrm{A}}\cdot m^{\ominus}) \tag{5-85}$$

定义 B 的活度系数(对应于质量摩尔浓度)为:

$$\gamma_{m,\mathrm{B}}=\gamma_{x,\mathrm{B}}\cdot x_{\mathrm{A}} \tag{5-86}$$

将以上定义式代入 B 的化学势表达式中:

$$\mu_{\mathrm{B}}=\mu_{\mathrm{B}}^{\square}(T,p)+RT\ln\left(\gamma_{m,\mathrm{B}}\cdot\frac{m_{\mathrm{B}}}{m^{\ominus}}\right)=\mu_{\mathrm{B}}^{\square}(T,p)+RT\ln a_{m,\mathrm{B}} \tag{5-87}$$

上式为采用质量摩尔浓度时非理想溶液的溶质 B 的化学势表达式,式中 $\mu_{\mathrm{B}}^{\square}$ 是 B 的标准态化学势,$\gamma_{m,\mathrm{B}}$ 是 B 的活度系数,B 的活度为:

$$a_{m,\mathrm{B}}=\gamma_{m,\mathrm{B}}\cdot\frac{m_{\mathrm{B}}}{m^{\ominus}} \tag{5-88}$$

此处的标准态化学势是假定当溶质 B 的浓度为 1.0 mol·kg^{-1} 时,B 的活度系数 $\gamma_{m,\mathrm{B}}$ 仍等于 1,B 的行为仍然服从 Henry 定律的虚拟态。

当溶质浓度无限稀时,任何实际溶液都将称为理想稀溶液,即溶剂的行为服从 Raoult 定律,溶质的行为服从 Henry 定律。故对于组分 B 有:

当 $x_{\mathrm{A}}\to 1, x_{\mathrm{B}}\to 0$ 时,$\gamma_{m,\mathrm{B}}\to 1, a_{\mathrm{B}}\to\frac{m_{\mathrm{B}}}{m^{\ominus}}$。

当采用物质的量浓度时,运用类似的方法,可得物质的量浓度所对应的溶质 B 的化学势表达式:

$$\mu_{\mathrm{B}}=\mu_{\mathrm{B}}^{\triangle}(T,p)+RT\ln a_{c,\mathrm{B}}=\mu_{\mathrm{B}}^{\triangle}(T,p)+RT\ln\left(\gamma_{c,\mathrm{B}}\cdot\frac{c_{\mathrm{B}}}{c^{\ominus}}\right) \tag{5-89}$$

上式为采用物质的量浓度时非理想溶液的溶质 B 的化学势表达式,式中 $\mu_{\mathrm{B}}^{\triangle}$ 是 B 的标准态化学势,$\gamma_{c,\mathrm{B}}$ 是 B 的活度系数,活度系数与活度的关系为:

$$\gamma_{c,\mathrm{B}}=a_{c,\mathrm{B}}\cdot\frac{c^{\ominus}}{c_{\mathrm{B}}} \tag{5-90}$$

对物质的量表示法,同样有以下关系成立:

当 $x_{\mathrm{A}}\to 1, x_{\mathrm{B}}\to 0$ 时,$\gamma_{c,\mathrm{B}}\to 1, a_{\mathrm{B}}\to\frac{c_{\mathrm{B}}}{c^{\ominus}}$。

对于同一个溶液系统,物质的浓度可以采用不同的表示法,每种表示法所规定的标准状态都不一样,相应的标准态化学势也不一样,但是不论采用何种浓度表示法,组分本身的化学势的数值是不变的,必定是同一数值。以上介绍了 3 种浓度表示法,有 3 种不同的活度及活度系数,它们的数值虽不相同,但是 3 种活度都有一个相同点,即均为无量纲的纯数,活度都没有单位。如以质量摩尔浓度表示的活度为 $a_{m,\mathrm{B}}=\gamma_{m,\mathrm{B}}\cdot\frac{m_{\mathrm{B}}}{m^{\ominus}}$,之所以要加上因子 $\frac{1}{m^{\ominus}}$,就是为了使得活度成为无量纲

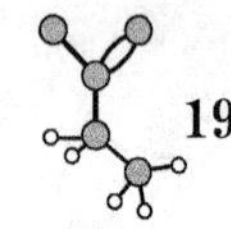

的值。

三、两种规定的关系

理想溶液与理想稀溶液是实际溶液的极限情况，实际溶液的性质相对于理想溶液及理想稀溶液存在偏差，从热力学的角度，则为实际溶液的性质对 Raoult 定律及 Henry 定律存在偏差。理想溶液和理想稀溶液溶剂的化学势表达式是从 Raoult 定律 $p_A = p_A^* x_A$ 推出来的：

$$\mu_A(\text{solution}) = \mu_A(\text{gas}) = \mu_A^{\ominus} + RT\ln\frac{p_A}{p^{\ominus}} = \mu_A^{\ominus} + RT\ln\frac{p_A^* \cdot x_A}{p^{\ominus}}$$

$$\mu_A = \mu_A^*(T,p) + RT\ln x_A$$

对于实际溶液，由于气液两相化学势相等，有：

$$\mu_A(\text{solution}) = \mu_A(\text{gas}) = \mu_A^{\ominus} + RT\ln\frac{p_A}{p^{\ominus}} = \mu_A^{\ominus} + RT\ln\frac{p_A}{p^{\ominus}}\frac{p_A^*}{p_A}$$

$$= \mu_A^{\ominus}(T,p) + RT\ln\frac{p_A^*}{p^{\ominus}} + RT\ln\frac{p_A}{p_A^*}$$

因为实际溶液溶剂的标准态化学势与理想溶液的标态化学势等同，代入理想溶液的标态化学势，得：

$$\mu_A = \mu_A^*(T,p) + RT\ln\frac{p_A}{p_A^*} \tag{5-91}$$

由规定 Ⅰ 及规定 Ⅱ 溶剂的化学势表达式，A 的化学势为：

$$\mu_A = \mu_A^*(T,p) + RT\ln a_A$$

上式与(5-91) 式是相等的，对比两式，于是有：

$$a_A = \frac{p_A}{p_A^*}$$

$$p_A = p_A^* \cdot a_A \tag{5-92}$$

上式可以视为 Raoult 定律在实际溶液中的表达形式，组分的蒸气压不是直接与其浓度成正比，而是与组分的活度成正比，活度与浓度的关系为：

$$p_A = p_A^* \cdot a_A = p_A^* \cdot \gamma_A x_A$$

$$a_A = \gamma_A \cdot x_A \tag{5-93}$$

$$\gamma_A = \frac{a_A}{x_A}$$

采用类似的方法，可以得到规定 Ⅱ 中溶质 B 的蒸气压与活度的关系为：

$$p_B = k_{x,B} \cdot a_B \tag{5-94}$$

实际溶液溶质的蒸气压与溶液中的活度成正比，比例常数不等于纯 B 液体的饱和蒸气压，而是 Henry 常数。B 的活度与浓度的关系为：

$$a_B = \gamma_B \cdot x_B$$
$$\gamma_B = \frac{a_B}{x_B} \tag{5-95}$$

图 5-9 为规定 Ⅰ 所定义的标准状态的示意图。非理想液态混合物的组分 A 与 B 的标准态分别为 G 点和 R 点，实线是实际溶液的蒸气压曲线，虚线是理想溶液的蒸气压曲线。若设 A 为溶剂，从图中可知，当 B 的浓度比较大时，溶液的行为就偏离了理想溶液的行为，此图中的溶液组分相对于理想溶液产生正偏差，当溶液行为偏离理想溶液时，组分的实际蒸气压比理想溶液的蒸气压高。设溶液的 B 的浓度为 x_B，其状态由 N 点表示，相应的蒸气压为 $p_B = p_B^* \cdot (\gamma_B x_B)$，若 B 组分遵守 Raoult 定律，则其状态由 M 点表示，蒸气压为 $p_{ideal} = p_B^* x_B$。由于此溶液相对理想溶液产生正偏差，故 $p_B > p_{ideal}$，B 组分的活度系数 $\gamma_B > 1$。按照规定 Ⅰ，所有组分的标准态是实际存在的状态，如图中的 G 点和 R 点均为实际存在的相点，分别代表 A 与 B 的标准状态。

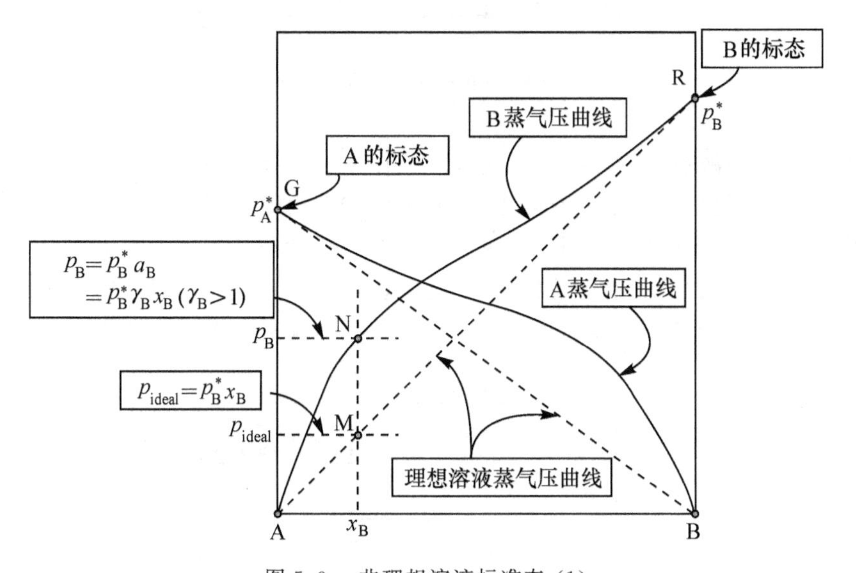

图 5-9 非理想溶液标准态（1）

图 5-10 为规定 Ⅱ 定义的标准状态的示意图。溶剂 A 的标准态在 G 点，与规定 Ⅰ 定义的标态相同，是纯 A 液态；但溶质 B 的标准态不在纯 B，而在 R 点，R 点是假设 B 组分的浓度 $x_B = 1$ 并仍然遵守 Henry 定律的假想状态，是沿着 Henry 定律蒸气压曲线的外推点，是实际上不存在的虚拟态。取 B 的浓度为 x_B，其状态在 N 点，若 B 组分遵守 Henry 定律，则应处在 M 点，M 点的蒸气压为 $k_{x,B} \cdot x_B$，而实际上 B 的状态位于 N 点，此点的蒸气压为 $p_B = k_{x,B} \cdot a_B = k_{x,B} \cdot \gamma_B x_B$，此点的压力低于 M 点的压力，B 的活度系数 $\gamma_B < 1$。

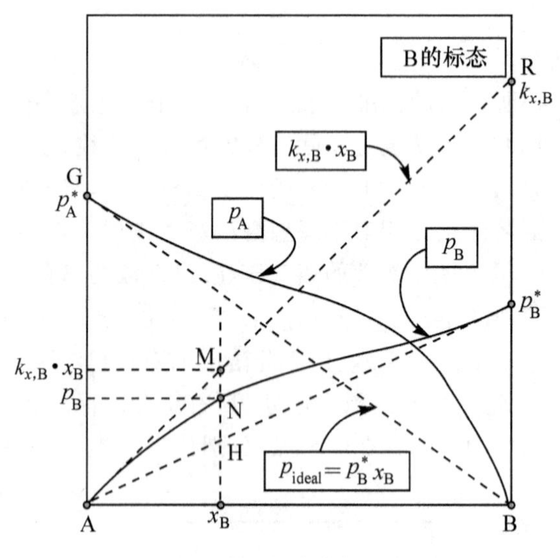

图 5-10　非理想溶液标准态（2）

对于实际溶液系统,某组分的活度可以采用规定 Ⅰ,也可以采用规定 Ⅱ。当采用不同的规定时,组分的化学势不会变化,但是标准态会不同,标准态化学势的值也将不相同。同一系统中的同一组分,在两种规定中的活度与活度系数一般不相同。两种规定间的关系如图 5-11 所示。图中的实线代表组分 B 的蒸气压,两条虚线,一条(下方) 表示 Raoult 定律蒸气压曲线,一条(上方) 表示 Henry 定律蒸气压曲线。按规定

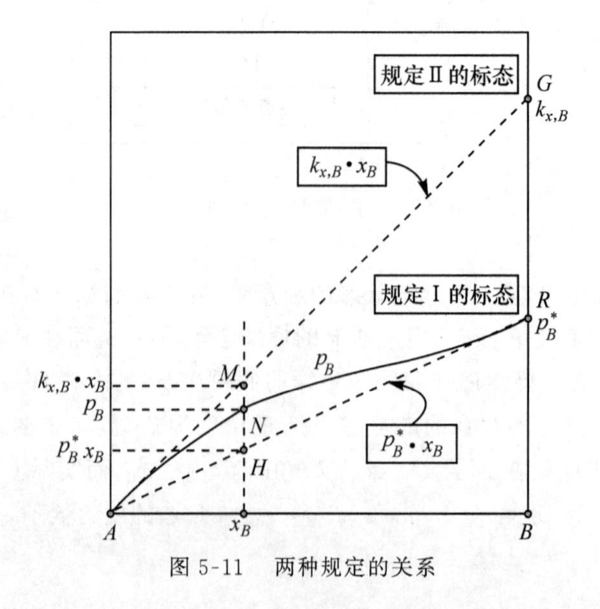

图 5-11　两种规定的关系

Ⅰ,B的标准态为纯B,此标准态由R点表示;若按规定Ⅱ,B的标准态是假设B一直服从Henry定律的外推点,此标准态在G点,这两个标准态是完全不同的两点,两者的蒸气压不同,化学势也不相同。取B的摩尔分数为x_B,B的状态用N点表示,压力为p_B。按规定Ⅰ,N点的蒸气压计算式为:

$$p_B = p_B^* \cdot a_B = p_B^* \cdot \gamma_{\text{I},B} x_B$$

从图中可知,若B行为服从Raoult定律,则应处在H点,蒸气压低于N点,故有:

$$\gamma_{\text{I},B} > 1$$

但按规定Ⅱ,N点的蒸气压为:

$$p_B = k_{x,B} \cdot a_B = k_{x,B} \cdot \gamma_{\text{II},B} x_B$$

从图可知,若B行为服从Henry定律,则应处在M点,蒸气压高于N点,故有:

$$\gamma_{\text{II},B} < 1$$

一般当讨论低浓度组分的行为时,采用规定Ⅱ;若讨论理论问题及浓度很高的组分行为时,采用规定Ⅰ。

§5-9 活度的测定

活度是溶液理论中极为重要的热力学函数。溶液系统的性质由组分化学势确定,而只有知道组分的活度及活度系数才能得到组分的化学势,从而进一步推出溶液系统的其它热力学函数值。前面,我们只是规定了实际溶液化学势与活度间的关系,定义了活度的表达式,但是如何获得实际系统中组分的活度及活度系数的具体方法,却没有加以介绍。本节将介绍测定溶液活度的最常采用的方法。测定活度的方法很多,运用最多的方法是蒸气压法,即通过测定溶液上方气相中的平衡蒸气压求取组分的活度。

一、挥发性物质活度的测定

若物质有挥发性,可以直接通过测定其在气相的饱和蒸气压获得此组分在溶液中的活度与活度系数。以二元溶液系统为例,其溶剂的化学势可表示为:

$$\mu_A = \mu_A^*(T,p) + RT\ln a_A$$

前面已经给出服从上式的组分蒸气压与活度的关系为:

$$p_A = p_A^* \cdot a_A \tag{5-92}$$

A组分的活度为:

$$a_A = \frac{p_A}{p_A^*} \tag{5-96}$$

式中p_A^*是纯A液体的饱和蒸气压,p_A是与溶液达平衡的气相中A的分压。通过实验测得p_A^*和p_A的值,即可由(5-96)式求得A组分的活度,若知道溶液中A的浓度,便

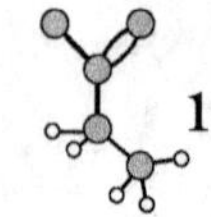

可得到 A 的活度系数：

$$\gamma_A = \frac{a_A}{x_A}$$

p_A 可以由气相中 A 的摩尔分数获得。若气相可以视为理想气体混合物，则有：

$$p_A = p_{tot} x_A^g$$

将上式与(5-92)式联立：

$$p_A = p_{tot} x_A^g = p_A^* \cdot a_A = p_A^* \cdot \gamma_A x_A \qquad (5-97)$$

式中 x_A^g 是 A 在气相中的摩尔分数。在实际测定中，可通过测定溶液的总蒸气压以及组分 A 在液相与气相中的摩尔分数，利用(5-96)式和(5-97)式，即可获得 A 的活度与活度系数。如果气相中的气体的行为与理想气体有较大的偏离，则应采用气体的逸度取代压力。

对于规定 Ⅱ 所描述的溶质 B，其活度与蒸气压的关系为：

$$p_B = k_{x,B} \cdot a_B$$

$$a_B = \gamma_B \cdot x_B$$

当溶液充分稀时，任何非理想溶液的行为都趋近于理想稀溶液，此时有：

$$p_B = k_{x,B} \cdot x_B \quad \gamma_B \to 1 \quad (x_A \to 1 \quad x_B \to 0)$$

由以上关系，实际溶液的 Henry 常数可由稀溶液的蒸气压数据获得。在实际测定中，一般测定多组不同浓度的稀溶液的蒸气压数据，用作图法将组分的蒸气压外推至无限稀($x_B \to 0$)，从而得到 Henry 常数。一般常见物质的 Henry 常数已经被精确测定，并列成热力学数据表，可以通过查阅热力学数据表直接获得。获得溶液中组分的 Henry 常数后，采用与规定 Ⅰ 类似的方法，由实验测定获得溶质的活度与活度系数。

二、非挥发性物质活度的测定

若溶质是固体或蒸气压极低的非挥发性物质时，其在气相中的平衡分压非常低以至实际上测量不出来。与这类溶液达平衡的气相中只有可挥发性组分的蒸气，若溶液系统的溶质均为非挥发性物质，只有溶剂具有挥发性，则与溶液达平衡的气相压力即为溶剂的饱和蒸气压。由于非挥发性物质在气相中没有蒸气压，故无法通过测定气相平衡分压的方法直接获得这类组分的活度与活度系数，但是我们可以通过测定溶剂的活度间接地获得非挥发性物质的活度及活度系数。

以二元溶液为例。两组分溶液的 Gibbs-Duhem 方程为：

$$x_A \mathrm{d}\mu_A + x_B \mathrm{d}\mu_B = 0$$

溶剂 A 的化学势为：

$$\mu_A = \mu_A^*(T,p) + RT\ln\gamma_A + RT\ln x_A$$

微分：

$$\mathrm{d}\mu_A = RT\,\mathrm{d}\ln\gamma_A + \frac{RT}{x_A}\mathrm{d}x_A$$

对溶质同样有：

$$\mu_B = \mu_B^\circ(T,p) + RT\ln\gamma_B + RT\ln x_B$$

$$d\mu_B = RT\,d\ln\gamma_B + \frac{RT}{x_B}dx_B$$

将以上结果代入 Gibbs-Duhem 方程，整理得：

$$x_A d\ln\gamma_A + dx_A + x_B d\ln\gamma_B + dx_B = 0$$

对于二元系统有：

$$dx_A = -dx_B$$

代入上式，得：

$$d\ln\gamma_B = -\frac{x_A}{x_B}d\ln\gamma_A$$

对上式积分，积分下限取纯溶剂：

$$\int_{\gamma_{B,s}}^{\gamma_B} d\ln\gamma_B = -\int_{\gamma_A \to 1}^{\gamma_A} \frac{x_A}{1-x_A}d\ln\gamma_A$$

$$\ln\gamma_B - \ln\gamma_{B,s} = -\int_{\gamma_A \to 1}^{\gamma_A} \frac{x_A}{1-x_A}d\ln\gamma_A \tag{5-98}$$

上式左边是非挥发性物质B的活度系数，是无法测量的值，而右边是可以测量的值，通过测定溶剂A的蒸气压，便可得到A的活度系数，再利用(5-98)式从而求得溶质B的活度系数。但是上式右边的积分在溶剂A的浓度 $x_A \to 1$ 时，被积函数 $\frac{x_A}{1-x_A} \to \infty$。在实际积分时，可从某一合适浓度 $x_{B,s}$ 开始，相应地有值 $\gamma_{B,s}$。从浓度 $x_{B,s}$ 开始，将B的浓度稀释向下延伸，通过以上所描述的方法得到一系列的活度系数比值：$\gamma_B/\gamma_{B,s}$，将 $\gamma_B/\gamma_{B,s}$ 对 x_B 作图，并外推至 $x_B = 0$，则曲线必与纵坐标相交得截距 b，如图 5-12 所示。在 B 点，有：

$$\lim_{x_B \to 0}(\gamma_B/\gamma_{B,s}) = b$$

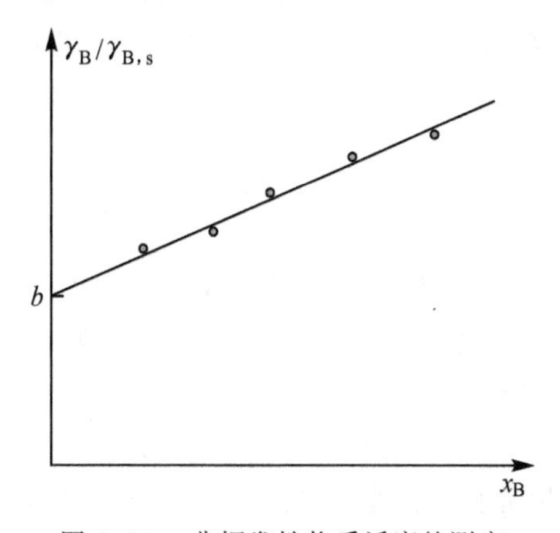

图 5-12　非挥发性物质活度的测定

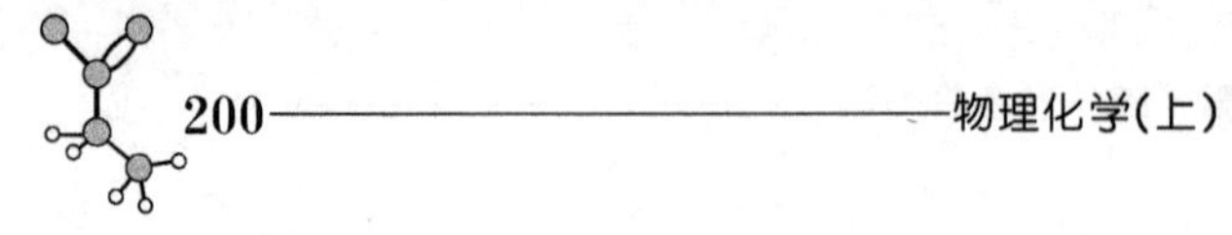

即：
$$\frac{\gamma_B}{\gamma_{B,s}} = b$$

在B点：
$$\gamma_B = 1 \quad (\because x_B = 0)$$

故有：
$$\gamma_{B,s} = \frac{1}{b}$$

将以上数值代入(5-98)式：

$$\ln\gamma_B - \ln(1/b) = -\int_{\gamma_A \to 1}^{\gamma_A} \frac{x_A}{1-x_A} \mathrm{d}\ln\gamma_A \tag{5-99}$$

由上式，即可得非挥发性物质的活度系数。

非理想溶液的活度即活度系数除了采用蒸气压法测量外，还可以用电化学方法、凝固点下降法、渗透压法以及色谱法等实验手段进行测定。有关内容请参考有关专著与文献。

§5-10 渗透系数

原则上用活度就可以描述非理想溶液的性质，但在实际应用中，人们发现活度与活度系数对溶质行为的描述比较适合，可以很灵敏地判断非理想溶液相对于理想溶液的偏离程度，而对溶剂偏离理想溶液行为的度量不灵敏。为了较灵敏地衡量溶剂行为相对于理想溶液的偏差，贝耶伦(Bjerrum)建议用渗透系数(osmotic coefficient)φ代替溶剂的活度系数γ。渗透系数的定义如下：

$$\mu_A = \mu_A^*(T,p) + \varphi RT\ln x_A \tag{5-100}$$

即：
$$\varphi = \frac{\mu_A - \mu_A^*(T,p)}{RT\ln x_A} \tag{5-101}$$

上两式即为渗透系数的定义式。当溶剂浓度$x_A \to 1$时，溶液成为理想稀溶液，溶剂行为服从Raoult定律，故当$x_A \to 1$时，$\varphi \to 1$。将渗透系数的定义式与以活度系数表示的溶剂化学势$\mu_A = \mu_A^*(T,p) + RT\ln(\gamma_A x_A)$进行比较，有：

$$\ln\gamma_A + \ln x_A = \varphi\ln x_A$$

$$\varphi = \frac{\ln\gamma_A + \ln x_A}{\ln x_A} = 1 + \frac{\ln\gamma_A}{\ln x_A} \tag{5-102}$$

从上式可知，渗透系数与活度系数可以相互换算。从本质上，渗透系数与活度系数都是对非理想溶液偏离理想溶液程度的度量，但是渗透系数比活度系数更灵敏地度量了溶剂对理想溶液的偏离程度。

例如有KCl溶液，当溶液组成为：$x_{H_2O} = 0.9328$时，测量得到溶剂水的活度为$a_{H_2O} = 0.9364$。由此可以计算得到水的活度系数与渗透系数分别为：

水的活度系数为：$a_{H_2O} = 1.004$，与1相差0.004；

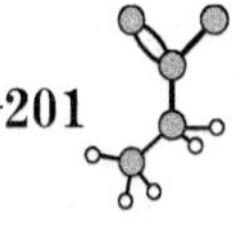

水的渗透系数为：$\varphi_{H_2O} = 0.944$，与 1 相差 0.056.

两者与理想溶液的偏差值相差 0.056/0.004 = 16 倍。从此例可见渗透系数能较好地描述溶剂的行为。但归根结底，渗透系数的引入只是表示方法有所变化，本质上并没有新的突破。

§5-11　超额函数

活度与活度系数对于溶液系统中单个组分性质的描述很方便，但是从整体上用活度及活度系数来衡量实际溶液行为对理想溶液偏离的程度则不太方便。若欲从整体上把握实际溶液行为相对于理想溶液的偏差，采用超额函数比较方便。超额函数 (excess function) 就是实际溶液混合过程的热力学量与理想溶液混合过程的热力学量之差。理想溶液混合过程的热力学函数的变化可以从理想溶液通性直接计算得到，实际溶液混合过程的热力学量的变化一般需通过实验测量得到。两者的数值差别愈大，则说明实际溶液在整体上与理想溶液的行为偏离愈大；两者的数值差别愈小，说明实际溶液在整体上与理想溶液的行为偏离愈小。下面我们将介绍几种最主要的超额函数。

一、超额吉布斯自由能 G^E(excess Gibbs free energy)

超额 Gibbs 自由能的定义式为：

$$G^E \equiv \Delta_{mix}G^{real} - \Delta_{mix}G^{ideal} \tag{5-103}$$

式中 G^E 是实际溶液混合过程的超额 Gibbs 自由能，$\Delta_{mix}G^{real}$ 是实际溶液混合过程的 Gibbs 自由能变化，$\Delta_{mix}G^{ideal}$ 是理想溶液在相同条件下混合过程的 Gibbs 自由能变化。理想溶液混合过程的 Gibbs 自由能可以直接由公式求得：

$$\Delta_{mix}G^{ideal} = RT\sum_B n_B \ln x_B$$

实际溶液的 $\Delta_{mix}G^{real}$ 的值可表达为：

$$\Delta_{mix}G^{real} = \sum_B n_B\mu_B - \sum_B n_B\mu_B^*$$

μ_B^* 是没有混合前纯 B 的化学势。μ_B 是实际溶液中 B 组分的化学势，其值为：

$$\mu_B = \mu_B^* + RT\ln(\gamma_B x_B)$$

将上式代入 $\Delta_{mix}G^{real}$ 的计算式，可得：

$$\Delta_{mix}G^{real} = RT\left(\sum_B n_B \ln x_B + \sum_B n_B \ln\gamma_B\right)$$

将上式代入(5-103) 式即得实际溶液超额 Gibbs 自由能的值：

$$G^E = RT\sum_B n_B \ln\gamma_B \tag{5-104}$$

上式说明,若知道溶液中各组分的活度系数,便可求得溶液的超额 Gibbs 自由能。

二、超额体积 V^E(excess volume)

理想溶液混合过程体积不变,故有 $\Delta_{mix}V^{ideal}=0$,实际溶液的超额体积就等于其自身的混合过程的体积变化值。

$$V^E \equiv \Delta_{mix}V^{real}-\Delta_{mix}V^{ideal}=\Delta_{mix}V^{real}$$

纯物质的 Gibbs 自由能对压力的偏微商等于物质的体积,类似地,溶液的超额 Gibbs 自由能对压力的偏微商等于溶液的超额体积:

$$V^E=\left(\frac{\partial G^E}{\partial p}\right)_T \tag{5-105}$$

将(5-104)式代入上式,可得:

$$V^E=RT\sum_B n_B\left(\frac{\partial \ln\gamma_B}{\partial p}\right)_T \tag{5-106}$$

上式即为超额体积的计算式。溶液的超额体积是比较容易测量的物理量,故超额体积的测量是研究溶液系统热力学性质的重要手段。

三、超额焓 H^E(excess enthalpy)

理想溶液的混合过程的焓变等于零,故溶液的超额焓与超额体积一样,直接等于实际溶液混合过程的焓变。

$$H^E \equiv \Delta_{mix}H^{real}-\Delta_{mix}H^{ideal}=\Delta_{mix}H^{real}$$

物质的焓可以表示为:

$$H=-T^2\left(\frac{\partial(G/T)}{\partial T}\right)_p$$

对于超额焓,也有类似的关系式:

$$H^E=-T^2\left(\frac{\partial(G^E/T)}{\partial T}\right)_p=-T^2\left(\frac{\partial}{\partial T}\left(\frac{RT\sum_B n_B\ln\gamma_B}{T}\right)\right)_p$$

$$H^E=-RT^2\sum_B n_B\left(\frac{\partial \ln\gamma_B}{\partial T}\right)_p \tag{5-107}$$

上式为超额焓的计算式。

四、超额熵 S^E(excess entropy)

由超额焓与超额 Gibbs 自由能可以得到超额熵:

$$S^E=\frac{H^E-G^E}{T} \tag{5-108}$$

将 H^E 及 G^E 的值代入上式,整理后得:

$$S^{E} = -R\sum_{B} n_{B}\ln\gamma_{B} - RT\sum_{B} n_{B}\left(\frac{\partial \ln\gamma_{B}}{\partial T}\right)_{p} \tag{5-109}$$

超额函数与活度是描述实际溶液系统的两种理论,两者的特点不同,两者的应用范围相互补充,组成较完善的溶液热力学理论体系。超额函数是从整体上对实际溶液的性质进行研究,由超额函数可以清楚地从整体上判断实际溶液对理想溶液的偏离程度;活度是通过对个别组分性质的探究来研究溶液系统的性质,由活度可以很详细地确定各个组分的热力学性质,但是活度理论不能从整体上对实际溶液的特性给出明晰的描述。

§5-12 正 规 溶 液

非理想溶液主要在两方面与理想溶液存在偏差,一个是微观结构方面的不同,此方面的区别的主要标志是超额熵;另一方面的差别是分子间作用势能函数的不同,这方面区别的主要标志是超额焓。非理想溶液的种类很多,本节主要介绍正规溶液。

一、正规溶液(regular solution)理论

正规溶液的微观结构与理想溶液相似,混合时正规溶液的微观结构基本不变,正规溶液的混合熵与理想溶液相同,故其超额熵等于零,正规溶液的非理想性主要因混合热引起。以下以二元体系为例对正规溶液的性质进行研究。正规溶液的数学模型是:

(1) 假设正规溶液中溶液分子的排列与固体分子相似,也具有空间点阵结构;

(2) 溶液中不同种分子的大小与形状相似,混合时不同种分子完全随机分布,混合时溶液系统的体积不变,即 $\Delta_{mix}V = 0$;

(3) 计算溶液的分子间势能时,只考虑最邻近分子对之间的作用能,非邻近分子对间的作用势能可以忽略不计。

1. 正规溶液的熵变

正规溶液分子在混合时完全随机分布,又因为各种不同分子的大小相同,形状相似,可以推知正规溶液在混合时的熵变与理想溶液的熵变相同:

$$\Delta_{mix}S = -R(n_{A}\ln x_{A} + n_{B}\ln x_{B}) > 0 \tag{5-110}$$

2. 正规溶液的焓变

由正规溶液模型,其混合过程的体积不变,故有:

$$\Delta_{mix}U = \Delta_{mix}H$$

即正规溶液混合过程的内能的变化等于焓的变化。正规溶液的 $\Delta_{mix}H$ 是因为不同分子对间的作用势能不相同而引起的,若能求出不同分子对间势能的差别,便可以推得正规溶液的 $\Delta_{mix}H$。

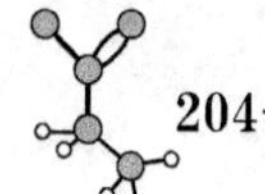

由正规溶液的模型,可以认为溶液具有与晶体的点阵类似的微观结构,设正规溶液系统含有 N 个分子,$N=N_A+N_B$;每个分子周围具有相同的 z 个最邻近分子(如立方面心点阵的 $z=12$)。在没有混合前,纯A液体的邻近分子对总共有 $N_A\cdot z$ 对,因为每个分子对均含有两个分子,故AA型邻近分子对的数目为 $1/2(N_A\cdot z)$;相应地,BB型邻近分子对的数目为 $1/2(N_B\cdot z)$。没有混合前,系统分子间的总作用势能等于A液体和B液体分子作用势能的总和:

$$U_{\text{before}}=\frac{1}{2}(N_A\cdot z\cdot u_{AA}+N_B\cdot z\cdot u_{BB}) \tag{5-111}$$

上式为混和前溶液系统具有的分子间作用势能的总和,z 是溶液中每个分子周围最邻近分子的数目,u_{AA} 和 u_{BB} 分别为AA分子对和BB分子对的平均作用势能。混合后溶液的分子间作用势能的情况要复杂得多。溶液含有的邻近分子对总数为 $1/2(N\cdot z)$,二元溶液的邻近分子对共分为三类:AA型、BB型、AB型;相应的分子将平均作用势能记为:u_{AA}、u_{BB} 和 u_{AB};每种邻近分子对的数量为 N_{AA}、N_{BB} 和 N_{AB},则混合后溶液的分子间总作用势能为:

$$U_{\text{solution}}=N_{AA}\cdot u_{AA}+N_{BB}\cdot u_{BB}+N_{AB}\cdot u_{AB} \tag{5-112}$$

上式为溶液的分子间作用势能表达式。为了求解上式,对其作进一步分析。首先考虑A分子周围邻近分子对的数量:每个A分子周围有 z 个邻近分子,A分子周围只可能出现AA型与AB型分子对,溶液中A分子周围总的邻近分子数量为:

$$N_A\cdot z=N_{AB}+2N_{AA}\quad(\text{AA 型计算两次})$$

由上式,可得:

$$N_{AA}=0.5(N_A\cdot z-N_{AB})$$

同理可得:

$$N_{BB}=0.5(N_B\cdot z-N_{AB})$$

将以上结果代入总势能表达式(5-111)中,有:

$$\begin{aligned}U_{\text{solution}}&=\frac{1}{2}(N_A\cdot z-N_{AB})\cdot u_{AA}+\frac{1}{2}(N_B\cdot z-N_{AB})\cdot u_{BB}+N_{AB}\cdot u_{AB}\\&=\frac{1}{2}N_Az\cdot u_{AA}+\frac{1}{2}N_Bz\cdot u_{BB}+N_{AB}\left(u_{AB}-\frac{1}{2}u_{AA}-\frac{1}{2}u_{BB}\right)\end{aligned} \tag{5-113}$$

正规溶液混合过程内能的变化为:

$$\Delta_{\text{mix}}U=U_{\text{solution}}-U_{\text{before}}$$

将(5-113)式和(5-111)式代入上式:

$$\Delta_{\text{mix}}U=N_{AB}\left(u_{AB}-\frac{1}{2}u_{AA}-\frac{1}{2}u_{BB}\right) \tag{5-114}$$

令:

$$u=u_{AB}-\frac{1}{2}u_{AA}-\frac{1}{2}u_{BB} \tag{5-115}$$

u 为AB型分子对势能与AA、BB分子对作用势能平均值之差。将(5-115)式代入

(5-114) 式：

$$\Delta_{mix}U = N_{AB} \cdot u \tag{5-116}$$

上式为溶液混合过程内能的改变值，其中 u 值可以从分子间的作用势能函数求得，关键在于知道 AB 型分子对的数量 N_{AB}。溶液中存在三种不同的分子对，我们已经知道邻近分子对的总数为 $1/2(N \cdot z)$，若能求出 N_{AB} 在分子对总数中的分数，便可以求出 N_{AB}。我们可以合理地假设 AB 型邻近分子对占总邻近分子对总数的分数等于溶液中 AB 型分子对总数占溶液总分子对数目的分数。溶液的总分子对数量为：

$$C_N^2 = \frac{N(N-1)}{2} \approx \frac{N^2}{2} \tag{5-117}$$

AB 型分子对的总数为：

$$N_A \cdot N_B$$

溶液中 AB 型分子对占所有分子对总数的份额为：

$$\frac{\text{AB 分子对数量}}{\text{总分子对数量}} = \frac{2N_A N_B}{N^2} \tag{5-118}$$

AB 型邻近分子对的数量为：

$$N_{AB} = \frac{1}{2}N \cdot z \cdot \frac{2N_A N_B}{N^2} = \frac{zN_A N_B}{N} \tag{5-119}$$

将上式代入(5-113) 式即得溶液混合过程内能改变值：

$$\Delta_{mix}U = N_{AB} \cdot u = \frac{N_A N_B z \cdot u}{N} = \frac{n_A n_B L^2 z \cdot u}{nL} \cdot \frac{n}{n}$$

$$= nLzu \cdot \frac{n_A}{n} \cdot \frac{n_B}{n} = Nzu \cdot x_A x_B$$

正规溶液的焓变等于内能的变化，故有：

$$\Delta_{mix}H = \Delta_{mix}U = Nzu \cdot x_A x_B \tag{5-120}$$

在以上推导中，n 是溶液的总摩尔数，L 是阿伏伽德罗常数，x_A、x_B 分别为 A 组分与 B 组分的摩尔分数。

3. 正规溶液 Gibbs 自由能变化

由热力学基本定义式，混合过程的 $\Delta_{mix}U$ 等于：

$$\Delta_{mix}G = \Delta_{mix}H - T\Delta_{mix}S$$

将求得的 $\Delta_{mix}H$ 和 $\Delta_{mix}S$ 值代入上式，整理可得：

$$\Delta_{mix}G = Nzu \cdot x_A x_B + RT(n_A \ln x_A + n_B \ln x_B) \tag{5-121}$$

上式即为正规溶液 $\Delta_{mix}G$ 的计算式。

4. 正规溶液的组分化学势

以推导组分 A 的化学势为例。溶液的规定 Gibbs 自由能为：

$$G = G_A^* + G_B^* + \Delta_{mix}G$$

根据化学势的定义式，A 的化学势为：

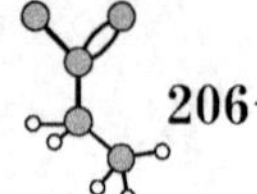

$$\mu_A = \left(\frac{\partial G}{\partial n_A}\right)_{T,p,n_B} = \left(\frac{\partial G_A^*}{\partial n_A}\right)_{T,p,n_B} + 0 + \left(\frac{\partial \Delta_{mix} G}{\partial n_A}\right)_{T,p,n_B}$$

$$= \mu_A^* + \left(\frac{\partial \Delta_{mix} G}{\partial n_A}\right)_{T,p,n_B}$$

求上式中的偏微商：

$$\left(\frac{\partial \Delta_{mix} G}{\partial n_A}\right)_{T,p,n_B} = \left[\frac{\partial}{\partial n_A}\left(N\frac{1}{n}zu \cdot n_A \frac{n_B}{n_A+n_B} + RT\left(n_A \ln\frac{n_A}{n_A+n_B} + n_B \ln\frac{n_B}{n_A+n_B}\right)\right)\right]_{T,p,n_B}$$

$$= \left[\frac{\partial}{\partial n_A}\left(Lzu \cdot \frac{n_A n_B}{n_A+n_B} + RT\left(n_A \ln\frac{n_A}{n_A+n_B} + n_B \ln\frac{n_B}{n_A+n_B}\right)\right)\right]_{T,p,n_B}$$

$$= Lzu \cdot \frac{n_B(n_A+n_B) - n_A n_B}{(n_A+n_B)^2}$$

$$+ RT\left(\ln x_A + n_A \frac{n_A+n_B}{n_A} \frac{(n_A+n_B)-n_A}{(n_A+n_B)^2} + n_B \frac{n_A+n_B}{n_B} \cdot \frac{-n_B}{(n_A+n_B)^2}\right)$$

对上式进行整理，可得：

$$\left(\frac{\partial \Delta_{mix} G}{\partial n_A}\right)_{T,p,n_B} = Lzu \cdot x_B^2 + RT\ln x_A$$

将上式代入 A 的化学势表达式中：

$$\mu_A = \mu_A^* + RT\ln x_A + Lzu \cdot x_B^2$$

令：
$$\alpha = \frac{z \cdot u}{kT} \tag{5-122}$$

A 的化学势可表达为：

$$\mu_A = \mu_A^* + RT(\ln x_A + \alpha x_B^2) \tag{5-123}$$

采用相同的方法，可以推得组分 B 的化学势为：

$$\mu_B = \mu_B^* + RT(\ln x_B + \alpha x_A^2) \tag{5-124}$$

以上推导了正规溶液系统主要热力学函数的表达式，下面将介绍正规溶液理论的一些具体应用。

二、正规溶液理论的应用

由以上推导出的热力学基本函数，可以讨论正规溶液的一些主要性质，以下均按规定 Ⅰ 讨论正规溶液的性质。

1. 正规溶液的活度及活度系数

由溶液的热力学理论，溶液组分的活度可以表达为：

$$\mu_A = \mu_A^* + RT\ln a_A = \mu_A^* + RT\ln(\gamma_A x_A) \tag{5-125}$$

由正规溶液理论，A 的化学势可表达为(5-122) 式，对比两式，可得 A 的活度为：

$$\ln a_A = \ln x_A + \alpha x_B^2 \tag{5-126}$$

同理：
$$\ln a_B = \ln x_B + \alpha x_A^2 \tag{5-127}$$

比较(5-125) 式与(5-126) 式，可得：

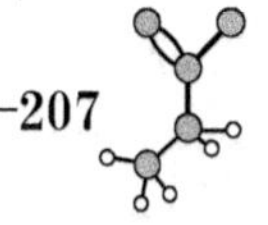

$$\ln\gamma_A = \alpha x_B^2$$

同理：
$$\ln\gamma_B = \alpha x_A^2$$

去对数：

$$\gamma_A = e^{\alpha x_B^2}$$
$$\gamma_B = e^{\alpha x_A^2} \tag{5-128}$$

2. 正规溶液的蒸气压

正规溶液的组分 A 的饱和蒸气压为：

$$p_A = p_A^* \cdot a_A = p_A^* \cdot \gamma_A x_A$$

代入正规溶液活度系数的表达式，可得：

$$p_A = p_A^* \cdot x_A \cdot e^{\alpha x_B^2} \tag{5-129}$$

同理：
$$p_B = p_B^* \cdot x_B \cdot e^{\alpha x_A^2} \tag{5-130}$$

下面，我们对正规溶液的蒸气压表达式进行讨论（以组分 B 为例）：由蒸气压的数学表达式，因为 x_A 和 x_B 均为正值，故对所有组分均有：若 $\alpha > 0$，则必有 $e^{\alpha x_B^2} > 1$，组分蒸气压 $p_B > p_B^* \cdot x_B$，对 Raoult 定律产生正偏差；若 $\alpha < 0$，则必有 $e^{\alpha x_B^2} < 1$，组分蒸气压 $p_B < p_B^* \cdot x_B$，对 Raoult 定律产生负偏差，如图 5-13 所示。

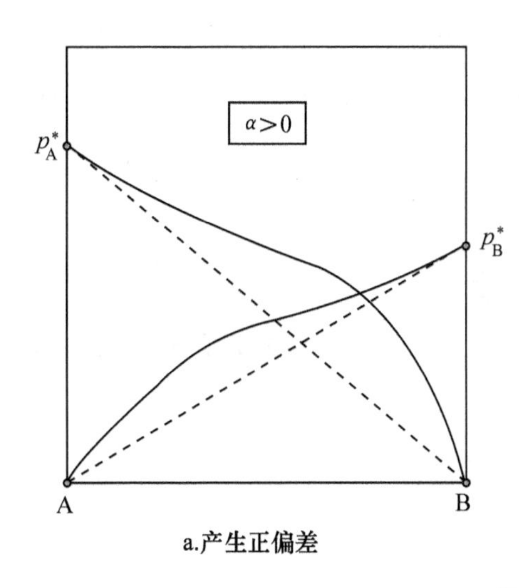

a.产生正偏差

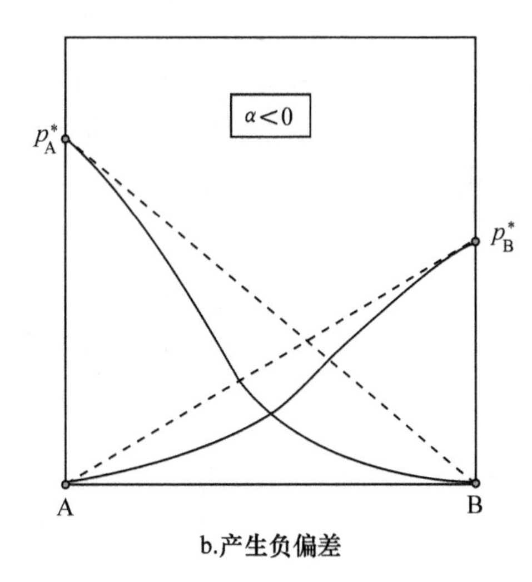

b.产生负偏差

图 5-13

3. 正规溶液的混合过程

前面已经推得正规溶液混合过程的 Gibbs 自由能变化的数学表达式：

$$\Delta_{\text{mix}} G = Nzu \cdot x_A x_B + RT(n_A \ln x_A + n_B \ln x_B) \tag{5-131}$$

上式的两边均除以 nRT：

$$\frac{\Delta_{\text{mix}}G}{nRT} = \frac{Nzu}{nRT}x_A x_B + x_A \ln x_A + x_B \ln x_B$$

注意：$R = N_A \cdot k, N = n \cdot N_A, \alpha = \dfrac{z \cdot u}{kT}$，故上式可整理为：

$$\frac{\Delta_{\text{mix}}G}{nRT} = \alpha \cdot x_A x_B + x_A \ln x_A + x_B \ln x_B$$

令：
$$y = \frac{\Delta_{\text{mix}}G}{nRT} \tag{5-132}$$

则得：
$$y = \alpha \cdot x_A x_B + x_A \ln x_A + x_B \ln x_B$$

将上式表达为 x_A 的函数：

$$y = \alpha \cdot x_A(1 - x_A) + x_A \ln x_A + \ln(1 - x_A) - x_A \ln(1 - x_A) \tag{5-133}$$

对上式进行讨论，可以了解正规溶液混合过程的特点。将上式对 x_A 取微商：

$$\frac{dy}{dx_A} = \alpha - 2\alpha x_A + \ln x_A + \frac{x_A}{x_A} + \frac{-1}{1 - x_A} - \ln(1 - x_A) + \frac{x_A}{1 - x_A}$$

整理：
$$\frac{dy}{dx_A} = \alpha(x_B - x_A) + \ln\frac{x_A}{x_B} \tag{5-134}$$

令函数 y 的一级微商为零，可得函数的极值条件。

令：
$$\frac{dy}{dx_A} = \alpha(x_B - x_A) + \ln\frac{x_A}{x_B} = 0$$

解得：当 $x_A = x_B = 0.5$ 时，函数 y 有极值，即正规溶液混合过程的 Gibbs 自由能有极值。对上式进一步取微商可以得知极值的性质。

$$\frac{d^2y}{dx_A^2} = \frac{dy}{dx_A}\left[\alpha(x_B - x_A) + \ln\frac{x_A}{x_B}\right] = \frac{dy}{dx_A}[\alpha(1 - 2x_A) + \ln x_A - \ln(1 - x_A)]$$

$$\frac{d^2y}{dx_A^2} = -2\alpha + \frac{1}{x_A} + \frac{1}{x_B}$$

将极值条件 $x_A = x_B = 0.5$ 代入上式，得函数 y 极值点的二级微商值为：

$$\frac{d^2y}{dx_A^2} = 4 - 2\alpha \tag{5-135}$$

上式说明函数 y 极值点的二级微商值与 α 的取值有关：

$$\alpha < 2 \quad \frac{d^2y}{dx_A^2} > 0 \quad y\text{有极小值}$$

$$\alpha > 2 \quad \frac{d^2y}{dx_A^2} < 0 \quad y\text{有极大值}$$

图 5-14 表示当 α 值逐步变化时，正规溶液混合过程 y-x_A 曲线形状的变化情况。

当 $\alpha > 2$ 以后，图中的 y-x_A 曲线会出现极大值。由 y 的定义式，当系统的物质总量一定时，在给定温度条件下，y 与 $\Delta_{\text{mix}}G$ 只相差一个常数，故当 y 取极值时，$\Delta_{\text{mix}}G$ 也取类似的极值。如图 5-14 中 $\alpha = 2.5$ 的曲线存在一个极大值和两个极小值。当 $\Delta_{\text{mix}}G$ 取极小值时，混合系统处于热力学稳定状态；当 $\Delta_{\text{mix}}G$ 取极大值时，系统处于非稳定

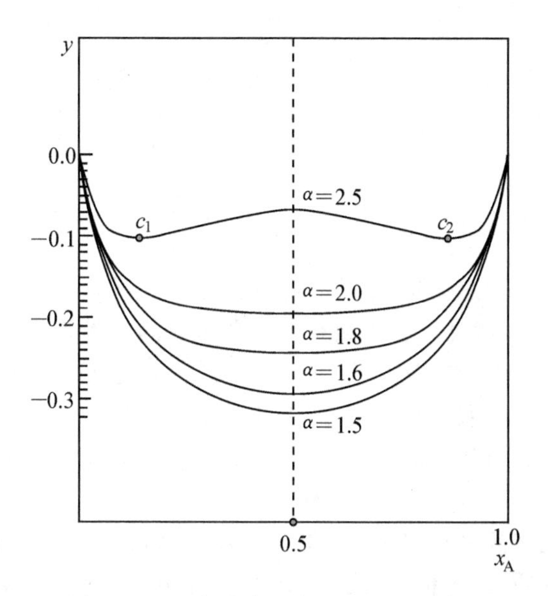

图 5-14　正规溶液混合过程的 y-x 关系

状态。当溶液系统的物系点在 c_1 与 c_2 两点之间时，将出现分层现象，一相溶液的组成为 c_1，另一相组成为 c_2，两相的量由杠杆原理确定。正规溶液系统混合过程的现象可以小结为：

$\alpha = \dfrac{z \cdot u}{kT} > 2$：A，B 组成的正规溶液不完全互溶，有分层现象；

$\alpha = \dfrac{z \cdot u}{kT} < 2$：A，B 组成的正规溶液完全互溶，没有分层现象；

$\alpha = \dfrac{z \cdot u}{kT} = 2$：$T_c = \dfrac{N_A \cdot zu}{2R}$，$T_c$ 称为会熔温度，是溶液分层现象刚刚消失的临界溶解温度。

三、无热溶液(athermal solution)

除了正规溶液之外，还有许多种类的非理想溶液，另一种比较常见的是无热溶液。

顾名思义，无热溶液的混合热等于零，故无热溶液的超额焓为零：

$$H^E = 0$$

一些高分子物质混合时几乎没有热效应，这类高分子混合物可视为无热溶液。无热溶液的其它超额函数为：

$$G^E = RT\sum_B n_B \ln\gamma_B$$

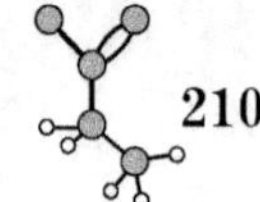

$$S^{E}=\frac{H^{E}-G^{E}}{T}=-\frac{G^{E}}{T}=-R\sum_{B}n_{B}\ln\gamma_{B} \tag{5-136}$$

对比超额熵的一般表达式(5-107),上式说明无热溶液的超额熵与温度无关,其活度系数也与温度无关。

本章基本要求

本章将热力学第一定律和第二定律运用于溶液系统,主要介绍了非电解质溶液的基本热力学理论。本章推导了溶液系统中各组成的化学势表达式,介绍了理想溶液、理想稀溶液、非理想溶液、逸度、活度、标准状态、超额函数等概念;对稀溶液的依数性进行了讨论;介绍了拉乌尔定律、亨利定律,推导了吉布斯-杜亥姆公式和杜亥姆-马居尔公式;对正规溶液、无热溶液等非理想溶液理论作了简单介绍。本章的具体要求是:

1. 熟悉溶液浓度的各种表示法及其相互关系;熟悉拉乌尔定律和亨利定律。
2. 掌握理想溶液、理想稀溶液的概念,熟悉理想溶液通性和理想稀溶液依数性。
3. 知道非理想溶液、活度、活度系数的概念,了解活度的测定方法;了解正规溶液、无热溶液。
4. 熟悉溶液中各组分化学势的表达式,理解各种标准状态的含义。
5. 了解吉布斯-杜亥姆公式和杜亥姆-马居尔公式的推导和简单应用。
6. 了解超额函数的概念。

习　　题

1. 试从分子运动的观点解释理想溶液中的各组分在全部浓度范围内服从拉乌尔定律。

2. 理想溶液模型的要点是什么?"当溶液中 i 组分无限稀释时,其性质趋近于理想溶液。"这种说法对否,为什么?

3. 试从分子运动的观点解释亨利定律中常数 k 的物理意义。

4. 是否一切纯物质的凝固点都随外压的增大而上升?试举例说明。

5. 稀溶液中溶质B的浓度可分别用 x_B、m_B、c_B 表示,相应有不同的标准态和标准态化学势,那么溶质B的化学势是否也随之而不同?为什么?

6. 在相同温度和压力下,相同质量摩尔浓度的葡萄糖和食盐水溶液的渗透压是否相同?为什么?

7. 活度有没有量纲,举例说明。

8. 海中的水生生物有的可能有数百公尺长,而陆地上植物的生长高度有一定程度，试解释其原因。

9. 稀溶液的沸点是否一定比纯溶剂高？为什么？

10. 在稀溶液中，沸点升高，凝固点降低和渗透压等依数性出于同一原因，这个原因是什么？能否把它们的计算公式用同一个式子联系起来？

11. 若用 x 代表物质的量分数，m 代表质量摩尔浓度，c 代表物质的量浓度。

(1) 证明这三种浓度表示法之间有如下关系：

$$x_B = \frac{c_B M_A}{\rho - c_B(M_B - M_A)} = \frac{m_B M_A}{1 + m_B M_A}$$

式中 ρ 为溶液的密度，M_A、M_B 分别为溶剂和溶质的摩尔质量。

(2) 证明当溶液很稀时，有如下关系：

$$x_B = \frac{c_B M_A}{\rho_A} = m_B M_A$$

(3) 说明为何物质的量分数、质量摩尔浓度与温度无关，而物质的量浓度与温度有关？

12. 在293.15 K时，0.164 mgH_2溶解在100.0 g水中，水面上H_2的平衡分压为101325 Pa。试求：

(1) 293.15 K时，H_2气在水中的亨利常数 k；

(2) 当水面上H_2的平衡压力为1013250 Pa时，在293.15 K下，1 kg水中可溶解多少氢气？

13. 空气中含有21%O_2的78%N_2(体积百分数)，试求293.15 K时100.0 g水中溶解O_2和N_2的质量。已知水面上空气的平衡压力为101325 Pa，温度293.15 K时，O_2与N_2在水中的亨利常数为：

$$k(O_2) = 3.933 \times 10^6\ \text{kPa} \quad k(N_2) = 7.666 \times 10^6\ \text{kPa}$$

14. 293.15 K时，纯苯和纯甲苯的蒸气压分别为9.919 kPa及2.933 kPa，若将质量相等的苯与甲苯混合形成理想溶液，试求：

(1) 苯的分压及甲苯的分压；

(2) 气相总平衡压力；

(3) 气相中苯的甲苯的摩尔分数。

15. A与B形成理想溶液，在320 K溶液Ⅰ中含3 molA和1 mol B，总蒸气压为5.33×10^4 Pa，再加入2 molB形成溶液Ⅱ，总蒸气压为6.13×10^4 Pa，试求：

(1) 纯液体的蒸气压 p_A^* 与 p_B^*

(2) 理想溶液Ⅰ的平衡气相组成；

(3) 理想溶液Ⅰ的 $\Delta_{\min}G$

(4) 若在溶液Ⅱ中再加入3 molB形成理想溶液Ⅲ，其总蒸气压为多少？

16. 乙醇和正丙醇的某混合物在353.15 K和1.01×10^5 Pa时沸腾。已知353.15 K

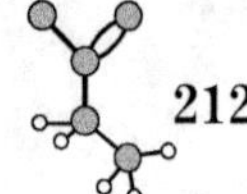

时乙醇和正丙醇的蒸气压分别为1.08×10^5 Pa和5.01×10^4 Pa,两者可以形成理想溶液,试计算该混合物的组成和蒸气组成?

17. 在333.15 K时,液体A和B的饱和蒸气压分别为40.02 kPa和79.95 kPa,在该温度下可形成稳定化合物AB,其蒸气压为13.37 kPa,并设三者之间均可形成理想液体混合物。在333.15 K下,将1 molA与4 molB混合,试求此系统的蒸气总压和气相的组成。

18. 液体A与B可形成理想溶液,在298.15 K时,$p_A^* = 13.3$ kPa,$p_B^* \approx 0$,如果把1.00 g组分B加到10.00 g组分A中,则形成的溶液在298.15 K时的总蒸气压为12.6 kPa,求组分B与组分A的摩尔质量比。

19. 液体A与B可形成理想溶液,将A与B的气体混合物放入带活塞的汽缸内,A的摩尔分数为0.4,在恒温下逐渐压缩直到开始有液相出现为止。已知在此温度下$p_A^* = 0.4p^\ominus$,$p_B^* = 1.2p^\ominus$,试求:

(1) 当开始出现液相时体系的总压及液相组成;

(2) 欲使A、B组成的理想溶液的正常沸点等于上述温度,溶液的组成应如何?

20. 庚烷和辛烷可形成理想溶液,在313.15 K时2 mol庚烷和1 mol辛烷混合物的蒸气压为9.56×10^3 Pa,若用高效分馏柱分离出1 mol庚烷,剩余液体在313.15 K时的蒸气压为8.20×10^3 Pa,试求庚烷和辛烷的纯液体饱和蒸气压为多少?

21. 纯δ铁的熔点是1808 K,熔化热是15355 J/mol。在1673 K下,固体的δ铁与$x_{Fe} = 0.870$的铁—硫化铁液体混合物达平衡。求液相中铁的活度系数,并指明所采用的参考态。已知液态铁的热容比固态铁的热容大1.255 J/K·mol。

22. 在298.15 K,$1p^\ominus$下,1 mol苯与1 mol甲苯形成理想溶液,试求此过程的$\Delta_{mix}V$、$\Delta_{mix}H$、$\Delta_{mix}S$、$\Delta_{mix}G$和$\Delta_{mix}F$。

23. 对于理想溶液,试证明:

(1) $\left[\dfrac{\partial\Delta_{mix}G}{\partial p}\right]_T = 0$

(2) $\left[\dfrac{\partial(\Delta_{mix}G/T)}{\partial T}\right]_p = 0$

24. 在298.15 K时,要从下列混合物中分出1 mol纯A,试求至少需做功的值(设A、B形成理想混合物)。

(1) 大量的A和B的等物质的量混合物。

(2) 含A和B各为2 mol的混合物。

25. 在293.15 K时,乙醚的蒸气压为58.95 kPa,若在100 g乙醚中溶入某非挥发性有机物质10 g,乙醚的蒸气压降低到56.79 kPa,试求该有机化合物的摩尔质量。

26. 0.900 g HAc溶解在50.0 g水中,凝固点为−0.558℃,2.321g HAc溶解在100 g苯中,凝固点较纯苯凝固点下降了0.970℃,试分别计算HAc在水中及在苯中的

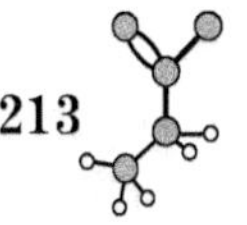

分子量。两者的分子量为什么不同？已知：K_f(水) $= 1.86\ K \cdot mol^{-1} \cdot kg$ K_f(苯) $=$ $5.12\ K \cdot mol^{-1} \cdot kg$。

27. 某稀溶液中1 kg溶剂含有m摩尔溶质，如果溶液中溶质按反应$2A \rightleftharpoons A_2$聚合，其平衡常数为$K$，试证明：

$$K = \frac{K_b(K_b \cdot m - \Delta T_b)}{(2\Delta T_b - K_b m^2)}$$

28. 某水溶液含有非挥发性溶质，在271.7 K时凝固。试求：

(1) 该溶液的正常沸点；

(2) 298.15 K时该溶液的蒸气压($p_{H_2O} = 3178\ Pa$)

(3) 该溶液在298.15 K时的渗透压。

29. 人的血浆的凝固点为-0.56 ℃，求人体中血浆的渗透压为多少？(人的体温为37 ℃)

30. 298.15 K时有一稀的水溶液，测得渗透压为1.38×10^6 Pa，试求。

(1) 该溶液中溶质B的浓度x_B；

(2) 若B为非挥发性溶质，该溶液沸点升高值为多少？

(3) 从大量该溶液中取出1 mol纯水，需做功多少？

31. 将摩尔质量为$110.1\ g \cdot mol^{-1}$的不挥发物B_1 2.22 g溶于0.1 kg水中，沸点升高0.105 K；若再加入另一不挥发物质B_2 2.16 g，沸点又升高0.107 K，试求：

(1) 水的沸点升高常数K_b；

(2) B_2的摩尔质量；

(3) 水的摩尔蒸发热$\Delta_{vap}H_m^{\ominus}$；

(4) 该溶液在298.15 K时的蒸气压(设为理想稀溶液)

32. 吸烟对人体有害，香烟中含有致癌物质尼古丁。经分析得知其中含9.3%H，72%的C和18.7%的N。现将0.6 g尼古丁溶于12.0 g水中，所得溶液在$1p^{\ominus}$下的凝固点为-0.62 ℃，试确定尼古丁的化学式。

33. 三氯甲烷(A)和丙酮(B)所组成的溶液，若液相组成为$x_B = 0.713$，则在301.35 K时的总蒸气压为29.39 kPa，在蒸气中$y_B = 0.818$。已知在该温度下，纯三氯甲烷的蒸气压为29.57 kPa。试求：

(1) 该溶液中三氯甲烷的活度；

(2) 三氯甲烷的活度系数。

34. 在275 K时，纯液体A与B的蒸气压分别为2.95×10^4 Pa和2.00×10^4 Pa。若取A、B各3 mol混合，则气相总压为2.24×10^4 Pa，气相中A的摩尔分数为0.52。设蒸气为理想气体，试求：

(1) 溶液中各物质的活度及活度系数(以纯态为标准态)；

(2) 此溶液形成过程的混合吉布斯自由能。

35. 323 K 时,醋酸(A) 和苯(B) 溶液的蒸气压数据为:

x_A	0.0000	0.0835	0.2973	0.6604	0.9931	1.000
p_A/Pa	—	1535	3306	5360	7293	7333
P_B/Pa	35197	33277	28158	18012	466.6	—

(1) 以拉乌尔定律为基准,求 $x_A = 0.6604$ 时组分 A 和 B 的活度和活度系数;

(2) 以亨利定律为基准,求上述浓度时组分 B 的活度和活度系数;

(3) 求出 323 K 时上述溶液的超额吉布斯自由能和混合吉布斯自由能。

36. 在 660.7 K 时,纯金属 K 和 Hg 的蒸气压分别是 433.2 kPa 和 170.6 kPa。以等物质的量混合所形成的溶液上方,K 与 Hg 的蒸气压分别为 142.6 kPa 和 1.733 kPa。试求:

(1) 溶液中 K 和 Hg 的活度及活度系数;

(2) 若 K 与 Hg 各为 0.5 mol,求混合过程的 $\Delta_{mix}G$。

37. 288 K 时,1 mol NaOH 溶解在 4.559 mol 水中,溶液的蒸气压为 596.5 Pa。已知,在此温度下,纯水的饱和蒸气压为 1704.9 Pa。试求:

(1) 溶液中水的活度与活度系数;

(2) 在此溶液和纯水中,水的化学势相差多少?

38. 由 A 和 B 形成的溶液的正常沸点为 333.15 K,A 和 B 的活度系数分别为 1.3 和 1.6,A 的活度为 0.6,$p_A^* = 5.333 \times 10^4$ Pa,试求纯 B 的蒸气压为多少?

39. 某一个二组分非理想溶液中组分 1 和组分 2 的化学势分别为:

$$\mu_1 = \mu_1^* + RT\ln x_1 + \omega T^2(1 - x_1)^2$$

$$\mu_1 = \mu_2^* + RT\ln(1 - x_1) + \omega T^2 x_1^2$$

式中,x_1 是组分 1 的摩尔分数,ω 是常数。试计算形成 1 mol 此非理想溶液过程的 $\Delta_{mix}H$、$\Delta_{mix}S$、$\Delta_{mix}G$ 和 $\Delta_{mix}V$。

40. 25℃ 下,Zn(2) 在汞齐(1) 中的活度系数服从公式:$\gamma_2 = 1 - 3.92x_2$,试求:

(1) 将汞齐的活度系数表示为其摩尔分数的函数;

(2) 求 $x_2 = 0.06$ 的溶液中汞齐的活度与活度系数;

(3) 求 $x_2 = 0.06$ 的溶液中 Zn 的活度与活度系数。

41. 在 325℃ 下,含铊(2) 的汞齐中汞(1) 的活度系数在 $x_2 = 1 \sim x_2 = 0.2$ 的浓度范围内服从公式:$\ln\gamma_1 = -0.22105\left(1 + 0.263\dfrac{x_1}{x_2}\right)^{-2}$。在 $x_2 = 0.5$ 的汞齐中,试求:

(1) 按照溶液标准态的第一种规定求算铊(2) 的活度系数;

(2) 按照溶液标准态的第一种规定求算铊(2) 的活度系数。

42. 有二元溶液，在 298 K 下，当溶液中 A 的摩尔分数为 $x_A = 0.1791$ 时，气相的平衡总压为 159.8 mmHg，气相中 A 的摩尔分数为 $y_A = 0.8782$。请按两种规定计算此溶液中 A 的活度与活度系数？

已知：298 K 下：$p_A^* = 229.6$ mmHg，$p_B^* = 23.7$ mmHg，且当溶液中 $x_A = 0.0194$ 时，$p_{总} = 50.1$ mmHg。

第6章　统计热力学

量子力学和量子化学以分子、原子等微观粒子为研究对象，揭示了基本粒子所遵循的运动规律。经典热力学则是以由大量微观粒子组成的宏观系统，从宏观上揭示了自然界中各种运动所遵循的普遍规律，即热力学第一定律、第二定律和第三定律等。宏观世界是由分子、原子等微观粒子所组成的，所以宏观热力学系统的性质归根结底是组成宏观体系的微观粒子运动的综合反映。如何从微观粒子的基本性质推导出宏观系统的热力学性质，则是统计力学的任务。人们常形象地将统计力学称为量子力学与经典热力学之间的桥梁。

与热力学类似，统计力学也具有平衡态统计力学与非平衡态统计力学两大领域。本章所讨论的内容局限于平衡态的统计力学，且重点讨论宏观系统的热力学函数值及其变化，如内能、熵、平衡常数等，讨论的重点是化学反应系统，故称为化学统计热力学。本章研究的对象是热力学平衡系统，有关非平衡态统计力学的内容，请参阅有关的论著。

统计力学从19世纪开始发展。首先由麦克斯韦(Maxwell)和玻耳兹曼(Boltzmann)在气体分子运动论方面作出了奠基性工作。他们从气体分子的运动规律推导出气体的压力、导热系数等宏观性质。1902年，美国伟大的物理化学家吉布斯(Gibbs)出版了《统计力学基本原理》一书，首次提出了统计力学的系综理论，在更高的层次上对统计力学作了理论上的概括。

早期的统计力学建立在牛顿力学的基础之上，认为分子的运动也遵循经典力学，微观粒子的运动状态可以用广义空间坐标和广义动量坐标来描述。建立在牛顿力学基础上的统计力学称为经典统计力学。经典统计力学没有考虑测不准原理和基本粒子能量量子化等因素，从而导致经典统计力学的结论在某些情况下与事实不符，例如多原子气体的热容及其低温下固体物质比热的统计计算值与实际测量值不符。20世纪初，物理学在其全部范围内掀起了一场量子力学的革命，统计力学也相应地得到了修正与发展。现代统计力学的力学基础不再是牛顿力学而是量子力学，而且统计方法也需作相应的改变。在此期间，波色(Bose)和爱因斯坦(Einstein)提出了波色子所遵循的波色-爱因斯坦统计法；费米(Fermi)和狄拉克(Dirac)提出了费米子所遵循的费米-狄拉克统计法；爱因斯坦和德拜(Debye)提出了适用于晶体体系的固体统计理论，使经典统计力学理论发展为量子统计理论。

§6-1　热力学的统计基础

一、系统状态的描述

平衡态统计热力学与经典热力学一样，其基本问题是如何定量地描述宏观系统平衡态的性质。经典热力学的状态就是热力学平衡态，但在统计力学中，针对不同的对象其状态的含义有所不同。所以，在介绍统计力学基本理论之前，首先要弄清有关系统与系统的状态等概念。

统计力学与经典热力学一样，定义系统即是被研究的对象，也就是宏观的热力学系统。在化学学科的研究领域中，宏观系统一般由基本微观粒子组成，组成系统的微观粒子简称为粒子。组成系统的粒子通常是分子或原子，但是某些特殊系统，也可能由其它粒子组成，如电子、声子等。

在经典热力学中，系统的状态是指体系的某一热力学平衡态，此平衡态与一组状态函数（如 T、p、V 等）相对应。但是，统计力学对于状态的描述更为细致与复杂。统计力学对于系统状态的描述有两种不同的含义，一种是指系统的宏观状态，也就是经典热力学中所指定的系统的热力学平衡态；另一种是指系统的微观运动状态，即在某一瞬间，系统中全体微观粒子所具有的微观运动状态的综合。统计力学的宏观状态由状态函数（T、p、V 等）描述，当环境条件不发生变化时，系统的宏观运动状态是一个稳定的状态，可以持久地保持下去。而系统的微观运动状态是瞬息万变的，只要系统中任何一个微观粒子的运动状态发生变化，系统的微观运动状态就随之发生变化，故系统的每一个微观运动状态存在的时间是极其短暂的。

统计力学按照其力学基础的不同而分为经典统计力学和量子统计力学。经典统计力学的力学基础是牛顿力学；量子统计力学的力学基础是量子力学。在经典统计力学中，系统及组成体系的微观粒子的微观运动状态由相宇中的点来描述；在量子统计力学中，系统与微观粒子的微观运动状态由量子态来描述。原则上，系统的量子态即微观运动状态由薛定谔（Schrödinger）方程确定：

$$\mathscr{H}\Psi = \mathscr{E}\Psi \tag{6-1}$$

式中：$\mathscr{H}$是系统的哈密顿（Hamilton）算符，$\mathscr{E}$ 为系统的本征能量，Ψ 是系统的本征矢量，即系统的本征波函数。统计力学中的系统微观运动状态就是体系的薛定谔方程中的波函数 Ψ，每一个不同的波函数就对应着一个不同的微观状态。

组成化学反应系统的微观粒子通常是分子，当讨论系统中单个粒子的运动状态时，一般是指分子的微观运动状态，即分子的量子态。分子的量子态由分子的薛定谔（Schrödinger）方程确定：

$$\boldsymbol{H}\psi = \boldsymbol{E}\psi \tag{6-2}$$

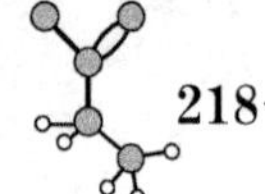

分子的运动状态就是分子的波函数 ψ。

系统的宏观状态和微观状态虽然都是系统运动状态的描述,但是两者之间存在本质的区别,它们对系统运动状态描述的角度是全然不同的。宏观态是从总的、宏观的角度来描述系统的性质,不具体涉及任何一个微观粒子的运动状态。系统的宏观状态可以保持很长的时间。例如,一个具有恒定温度和恒定体积的简单单组分气体系统,其宏观状态可以用状态函数 T、V 等定量地予以描述,只要外界环境条件(温度、压力等)不发生变化,此气体系统就可以始终处于同一个宏观状态。而微观运动状态是从微观、瞬间的角度来描述系统的运动状态,每一个微观运动状态能保持的时间是非常短暂的,系统的微观状态总是处于不断的变更之中。

系统的宏观状态与微观状态之间虽然存在本质的区别,但是两者间又有着密切的联系。从统计力学的角度看,系统的宏观状态(即热力学平衡态)是其微观运动状态的总体体现。系统的某一个宏观状态可以与几乎数不清的微观运动状态相对应,宏观状态具有的性质是此宏观态拥有的所有微观运动状态的微观性质统计平均的结果。以下,举例说明宏观状态与微观状态的区别与联系:设有一个由 3 个简谐振子(A,B,C)组成的"宏观"系统,体系的总能量为 11/2 hv,试描述能满足此(宏观状态)要求的微观状态。

由量子力学理论,简谐振子的能量是量子化的,其能级公式为:

$$E_V = (n + 1/2)\ \text{hv} \tag{6-3}$$

$$n = 0,1,2,3,4,\cdots \qquad n\text{ 是振动量子数}$$

有简谐振子的能级公式,可以求出振动能级的能量为:

$$E_V = \frac{1}{2}\ \text{hv}, \frac{3}{2}\ \text{hv}, \frac{5}{2}\ \text{hv}, \frac{7}{2}\ \text{hv}, \frac{9}{2}\ \text{hv}, \cdots \tag{6-4}$$

由题给条件,系统由 3 个粒子组成,系统的总能量为 11/2 hv,这就给每个简谐振子的运动状态一定的限制条件。由谐振子的能级公式,当其处于最低能级时,振子的能量也不为零,而为 1/2 hv,此能量称为简谐振子的零点能,即简谐振子最低运动状态所拥有的能量。结合题给的系统总能量为 11/2 hv 的条件,此系统中的任何一个振子的能量不能超过 9/2 hv,否则,系统的总能量将超过 11/2 hv。能满足此"宏观"状态条件的微观状态共有 15 种,系统的微观运动状态是 3 个简谐振子微观状态的综合,具体的微观运动状态见图 6-1。每个微观状态必须具有相同的粒子数和能量,例如:

微观状态 1:A 分子、B 分子均处于基态,C 分子处于第四激发态。A、B 分子的能量均为 1/2 hv,C 分子的能量为 9/2 hv,3 分子能量的综合刚好等于 11/2 hv。

微观状态 15:A 分子、B 分子处于第一个激发态,C 分子处于第二个激发态。A、B 分子的能量均为 3/2 hv,C 分子的能量为 5/2 hv,3 者之和也为 11/2 hv。

图中标明的 15 种微观状态均满足此宏观体系的要求,故此"宏观"热力学状态具有 15 个微观运动状态。此外,再也没有哪一种含有 3 个分子的微观状态能满足总能

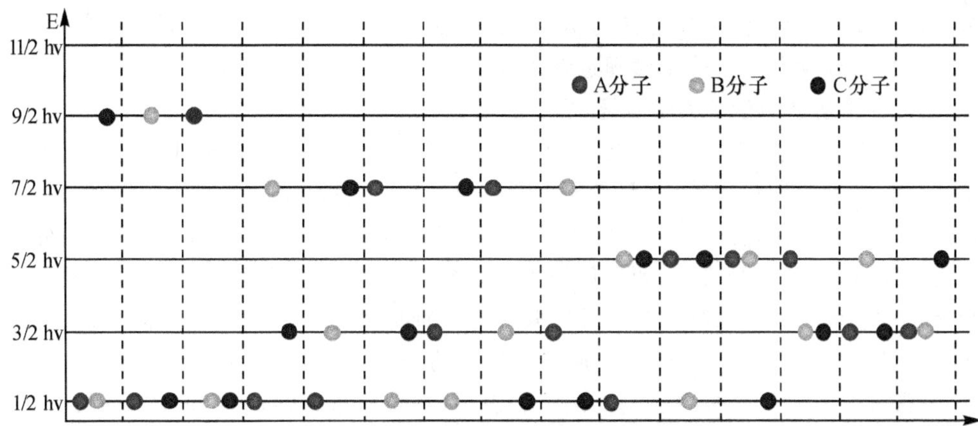

图 6-1　总能量为 11/2 hv 的 3 粒子体系拥有的 15 种微观运动状态

量等于 11/2 hv 的要求。

随着系统分子数的增多和能量的增加，系统宏观状态拥有的微观运动状态的数量将急剧增加。以上面的系统为例，同样为简谐振子组成的系统，若系统的粒子数增加为 5 个，系统的总能量增加为 15/2 hv 时，满足新条件的微观运动状态的数量就从 15 种增加到 126 种。而热力学宏观系统大约含有 10^{23} 个分子，能量也足够高，故普通的系统的宏观状态，即热力学平衡态，拥有几乎数不清的微观运动状态。

二、粒子运动状态的描述

系统的微观运动状态是组成系统的全部粒子所具有的微观运动状态的综合，因而在讨论系统的状态时必定会涉及粒子的微观状态。化学系统中的体系一般由分子组成，因此，本节主要讨论分子微观运动状态的描述。在一般温度条件下，分子由原子组成，原子又由原子核和核外电子组成。分子的运动形式一般含有以下 6 种：核运动、电子运动、平动、转动、振动和分子间的相互作用。

化学反应系统中的分子的核运动和电子运动均处于最低能级，处于激发态能级的粒子数极其微少。由于这两种运动一般处于基态，故处理起来比较简单。若考虑常温常压下的气体系统，分子间的作用势能很弱，可以当成理想气体，分子间的作用势能可以忽略不计。这样，主要需要讨论的是分子的平动、转动和振动这三种运动形式。分子微观运动状态的描述存在两种方式，一种是经典力学的描述方式；另一种是量子力学的描述方式。从理论上讲，用量子力学理论来描述分子的运动更为严谨、准确，用

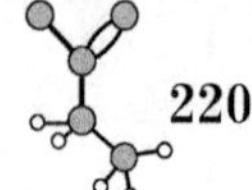

经典力学来描述不够准确。但是,在一定条件下,用经典力学也可以非常准确地描述分子的一些运动状态。采用经典力学的描述方法的好处是数学上的处理要简单得多。以下从两方面简单介绍分子微观运动的描述方法。

1. 分子运动的量子力学表述

若不考虑分子间的作用势能,分子的运动形式一般有 5 种形式:核运动、电子运动、平动、转动和振动运动。按照量子力学的观点,分子各运动自由度的能量都是量子化的。分子的运动形态处于各个能级,能级所具有的能量是一定的,能级能量的分布不是连续的,而是跳跃式的,即呈量子化的分布。对于一个分子而言,这 5 种运动是一个有机的整体。为了求解的方便,可以假设这 5 种运动形式是相互独立的,所以可以将分子的 5 种运动形式解析为 5 种独立的运动,相互之间的影响可以忽略不计。这样,只要能分别求解 5 种分运动的能级和能量,综合起来,就可以全面地了解分子的运动状态。这 5 种分运动形式的量子力学描述分别为:

核运动:原子核的运动,核运动的能级由核自旋量子数确定;

电子运动:核外电子绕原子核的运动,电子运动的能级由电子总轨道角动量量子数确定;

平动运动:分子的质心在空间的移动,平动运动的能级由平动量子数确定;

转动运动:分子整体围绕某对称元素的旋转运动,转动运动的能级由转动量子数确定;

振动运动:分子中的原子在其平衡位置的邻域的来回运动,振动运动的能级由振动量子数确定。

因此,为了全面地描述分子的微观运动状态,需要一套量子数(核自旋量子数、电子总轨道角动量量子数、平动量子数、转动量子数和振动量子数),每一套量子数均代表分子的一个微观运动状态。当分子的微观状态变化时,相应的量子数也会发生变化。

2. 分子运动的经典力学表述

在经典力学中,分子中的原子一般被视为数学上的点,所以不考虑原子内部的运动形式,即不考虑核运动和电子运动,主要考虑分子的平动、转动和振动。对于单原子分子,其运动状态可以由原子质心在空间的 3 个平动运动予以完全的描述,原子的运动自由度等于 3。若一个分子含有 N 个原子,则分子的运动自由度等于 $3N$,即若要全面描述此分子的运动状态,必须有 $3N$ 个独立变量,需要 $3N$ 个坐标。分子的运动形式有平动、转动和振动,故此分子的运动自由度将分配为平动、转动和振动 3 种运动自由度。

首先考虑分子的平动自由度,任何分子的平动是其质心在三维空间的自由运动,为了描述分子的平动,需要空间 3 维方向上的 3 个运动坐标,如速度坐标或动量坐标等,因此分子的平动自由度等于 3。对于单原子分子,只需要 3 个平动自由度就可以完全描述其运动形态(不含核运动和电子运动),单原子分子没有转动和振动运动,当然也不存在相应的运动自由度。

其次，考虑分子的转动运动。转动是分子绕某对称元素的旋转运动，主要考虑线性分子与非线性分子两种情况。对于线性分子，以双原子分子为例，分子的转动运动如图6-2所示，有两种不同的转动运动模式，即两个转动自由度，即图6-2中分子绕 y 轴的转动与绕 z 轴的转动。分子绕 x 轴的转动运动与核自旋运动无法分开，故绕 x 轴的转动运动不能予以考虑，而由核自旋运动来描述。根据相似的原理，凡是线性分子(如 CO_2)，不论组成分子的原子数目的多少，都只有两个转动运动自由度。非线性分子的转动运动具有3个运动自由度，即绕 x 轴、y 轴和 z 轴的转动运动。

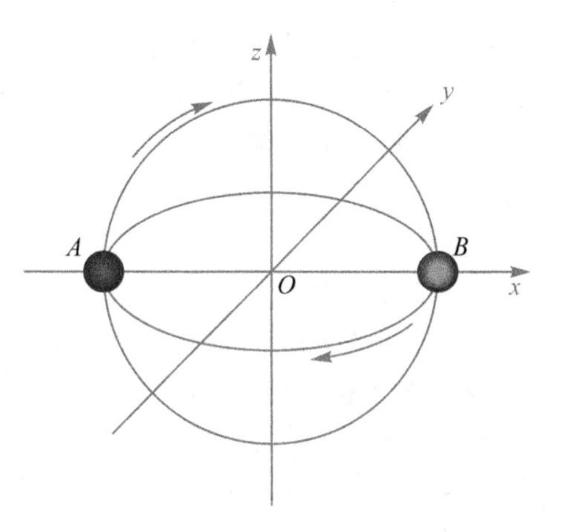

图6-2　双原子分子的转动

分子的振动运动的自由度取决于平动与转动自由度的数量。分子的总运动自由度为 $3N$，除去平动自由度和转动自由度之外，余下的均为振动自由度。例如双原子分子，其总的运动自由度为：$2\times3=6$。双原子分子有3个平动自由度、2个转动自由度，余下的只有一个自由度，所以双原子分子只有一个振动自由度。双原子分子的振动可以近似地视为简谐振动，是两个原子在各自平衡位置附近的来回摆动。对于一般的多原子分子，其运动自由度的分配如下：

$$3N\begin{cases}\text{平动自由度：}\ 3\\ \text{转动自由度：}\begin{cases}\text{线性分子：}\ 2\\ \text{非线性分子：}\ 3\end{cases}\\ \text{振动自由度：}\begin{cases}\text{线性分子：}\ 3N-5\\ \text{非线性分子：}\ 3N-6\end{cases}\end{cases}$$

严格地描述分子的运动状态，必须采用量子力学的描述方法。但是，当一定条件下，分子的某些运动形态的能级非常密集，以致可以认为能级的能量分布是连续的，这时，便可以采用经典力学来描述此类运动。如分子的平动运动，一般宏观热力学体系中分子的平动能级极其密集，故分子平动运动的能级能量可以视为是连续的，可以采用经典力学的方法进行处理。此外，常温常压下的转动运动和分子间的作用势能，也常常采用经典力学的方法进行处理。

3. 相空间

在经典统计力学中，为了形象地描述物质的运动形态，人们引入了一类特殊的坐标系来描述体系与微观粒子的运动状态。若要完全描述分子的运动形态，必须弄清分

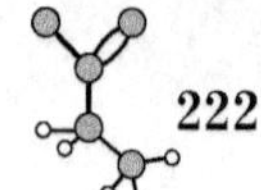

子在空间的位置和分子运动的速度与方向。粒子在空间所处的位置可以采用空间坐标描述,如直角坐标或球坐标等;粒子的运动形态则采用运动坐标进行描述,如速度坐标或动量坐标等。以单原子分子为例,单原子分子的运动自由度等于3,即需要3个独立变量才能完整地描述其运动状态;单原子分子的空间自由度等于3,需要3个坐标才能完全确定其在空间的位置。因而,欲全面地描述一个单原子分子的运动状态,需要6个坐标,其中,3个空间坐标,3个运动坐标。由空间坐标与运动坐标组成的坐标系称为相空间。

在统计力学中,一般采用广义空间坐标描述粒子在空间的位置;采用广义动量坐标描述粒子的运动形态。这种由广义空间坐标和广义动量坐标组成的相空间称为相宇。采用相宇描述粒子的运动状态的优越性在于,当进行坐标变换时,坐标变换的雅可比(Jacobi)行列式常等于1,因而使用起来比较方便。

若某分子由 N 个原子组成,分子的运动自由度 f 等于 $3N$,分子的状态可以用 f 个广义空间坐标和 f 个广义动量坐标来描述。这 $2f$ 个变量组成 $2f$ 维的抽象空间,这种抽象空间称为 μ- 空间或 μ- 相宇(μ-phase space),μ- 相宇如图6-3所示。图中的 q_i 表示空间坐标,p_i 表示动量坐标。μ- 空间中的点称为相点(phase point)。每个相点均代表分子的一个微观运动状态,相点有 $2f$ 个坐标,f 个空间坐标描述分子的空间位置;f 个动量坐标描述分子的运动形态。μ- 空间中的一条曲线则表示单个粒子随时间而变化的运动轨迹。若采用 μ- 相宇来描述系统的微观状态,需要一群点。一般的化学系统体系含有约 10^{23} 个分子,系统的微观状态就需要 10^{23} 个相点来表示,系统微观运动的轨迹在 μ- 相宇中则是一簇曲线。μ- 相宇可以很方便地描述分子的微观运动状态,但是,整个系统的微观状态用 μ- 相宇描述就很不方便。为了比较方便地描述系统的微观运动状态,需要维数更高的空间。

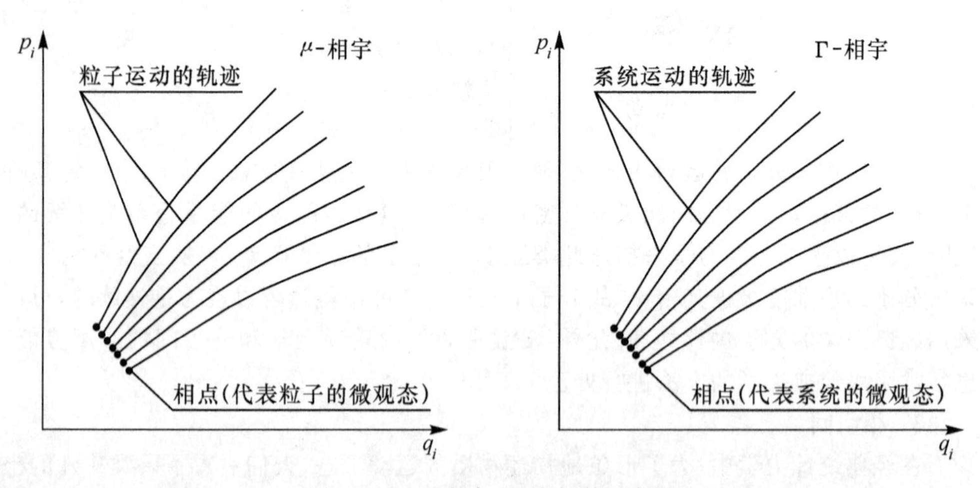

图6-3 μ- 空间与 Γ- 空间的示意图

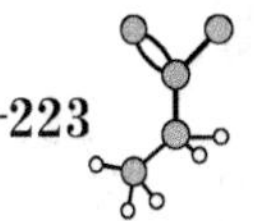

设宏观系统有 N 个粒子，每个粒子的自由度为 f'，系统的自由度 $f = N \cdot f'$。要完全描述系统的微观运动状态，需要 $2f$ 个坐标，其中有 f 个空间坐标，描述体系中各个分子的空间位置；f 个动量坐标描述体系中所有分子的运动形态。由此 $2f$ 个坐标组成的坐标系称为 Γ- 空间或 Γ- 相宇（Γ-phase space）。Γ- 相宇是维数更高的抽象空间，相宇中的一个点含有整个系统微观运动状态的所有信息。Γ- 空间的一个点代表体系的一个微观运动状态，Γ- 空间中的一条曲线代表整个系统微观运动的轨迹。不论是 μ- 空间还是 Γ- 空间，都是人们想象出来的抽象空间，实际上并不存在，但是相空间概念的引入使统计力学的基本原理表达得比较直观、形象。

三、统计系统的分类

在统计力学中，根据被研究对象的不同性质，将其划分为不同的类型。从不同的角度出发，统计系统的划分标准也不相同。统计系统的分类存在两种划分方法：一种按系统中的粒子的分辨性进行分类；另一种是按粒子间作用势能的强弱进行分类。

如果系统中的粒子是可以分辨的，这种系统称为定位体系（localized system），也可称为可别粒子系统或定域子系统；若系统中的粒子无法分辨，这种系统称为非定位系统（non-localized system），也称为不可别粒子系统或离域子系统。对于由纯物质组成的系统，系统只含有一种分子，微观粒子是全同的，不可分别的。粒子是否可分辨，取决于系统中的粒子的运动形态。若系统中的粒子可以自由运动，则任意两个分子都可能交换空间位置，而因为微观粒子的全同性，交换位置前后的状态是不可分辨的；若系统中的粒子处在一定的局域，即具有固定的位置，虽然微观粒子本身是全同、不可分辨的，但可以通过每个分子所处位置的不同而加以区别，这种系统中的粒子则是可以分辨的。对于气体系统，气体分子可以在系统中自由运动，且分子是全同、不可分辨的，故气体系统是不可别粒子系统，即非定位系统。当非定位系统中的任意两个分子相互交换运动状态时，由于分子是无法分辨的，所以体系的微观状态也无法分辨，因此，对于非定位系统，因分子运动的交换而产生的不同微观状态均只能视为同一个微观状态。晶体系统中的分子不能自由活动，只能在其平衡位置附近作振动运动。每个晶格均可以想象为加上编号而相互区别，所以晶体是定位系统。对于定位系统，当两个分子的运动状态相互交换时，由于分子所处的位置是可以区别的，故系统的微观状态不相同。从以上的阐述可知：当系统中粒子的运动状态相互交换时，对于定位系统，系统会产生新的微观运动状态；而对于非定位系统，系统并不产生新的微观运动状态。

统计力学除按粒子是否可以区别对体系进行分类外，还可按粒子间相互作用势能的强弱而分类。若系统中的粒子相互间的作用非常微弱，以致可以忽略不计，这类系统称为近独立子系统（assembly of quasi-independent particles）或独立子系

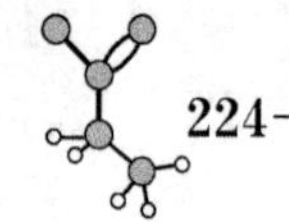

(assembly of independent particles)。例如理想气体就是这类系统。近独立子系统的内 能等于各个粒子具有的能量的总和,粒子间的作用势能极其微小,可以忽略不计。

$$U = \sum_i N_i \varepsilon_i \tag{6-5}$$

若系统中的粒子相互间的作用非常强烈,粒子间的作用势能不能忽略,这类系统称为相依粒子系统(assembly of interacting particles)。相依粒子系统分子间的作用势能不能忽略,系统的总能量除了包括每个粒子的能量之外,还包含粒子之间的作用势能。

$$U = \sum_i N_i \varepsilon_i + V \tag{6-6}$$

式中 ε_i 是粒子的能量,V 是体系中所有粒子相互之间作用势能的总和。凝聚系统的分子间作用力很强,一般为相依粒子系统,所以液体、溶液均为相依粒子系统。实际气体也属于相依粒子系统。从统计力学的角度,近独立子系统的处理比较简单,而相依粒子系统的数学处理非常复杂。本章主要讨论近独立子系统,以下,若不作特别说明,所讨论的系统均为近独立子系统。

§6-2　统计热力学的基本假设

统计力学的基本思想是:宏观系统的性质是组成系统的微观粒子性质的体现,宏观系统的热力学量是相应的微观量的总体体现。所以,由统计力学计算得出的系统的热力学量 $\overline{A}$,是系统微观状态所具有的相应微观量 A 的统计平均值。即:

$$\overline{A} = \langle A \rangle \tag{6-7}$$

式中 $\overline{A}$ 表示系统某热力学量,$\langle A \rangle$ 表示对微观量 A 取统计平均。系统的微观量的值若为离散的,其统计平均值等于微观量与概率乘积的加和;若微观量是连续的,其统计平均值等于微观量与概率分布函乘积的积分:

$$\overline{A} = \sum_i P_i A_i = \int_{\Omega} \rho_i A_i \, d\Omega \tag{6-8}$$

式中:P_i 为 i 微观状态出现的概率,A_i 是此微观状态具有的微观量,如微观内能等,ρ_i 是系统微观状态的概率分布函数,Ω 是描述系统微观运动状态的 Γ- 相宇的全部区域。

若要求算系统的热力学量,必须知道所有微观状态出现的概率,而这种概率实际上是无法测定的。因此,统计力学首先遇到的问题就是微观状态概率的确定。为了解决此难题,统计力学提出了一个基本假设:**组成与体积恒定的系统,其微观状态出现的概率 P 只是此微观状态所具有的能量 E 的函数。**

以上假设不能从理论上推导得到,而是一种人为的设定,此假设的准确性要靠实验来证明。若由此推求得到的理论计算值与实验的实际测定值相符,则表明此假设是合理的;若理论推导结果与实测数据不相符,则说明此假设是不合理的。须注意,在此基本假设中,系统的体积和组成必须是恒定的,但是对系统的能量没有此限定,系统与环境间可以存在能量的交换,如热量的交换等,但是系统与环境间不能有物质的交换与体积功的交换。在这种条件下,系统的微观运动状态的概率只与此微观状态所具有的能量有关,与其它因素无关。此假设的数学表达式为:

$$\begin{gathered} P = P(E) \\ \rho = \rho(E) \end{gathered} \tag{6-9}$$

如果系统是一个达到平衡的孤立体系,系统的能量是一恒量,系统所有的微观运动状态具有的能量就都是一样的,而孤立系统的组成和体积也是恒定的,于是,孤立系统的某一个微观运动状态出现的概率是一样的。即:

孤立系统的所有微观状态出现的概率相等。

以上即为等概率原理(equal a priori probability principle),其数学表达式为:

$$P_i = \text{const}$$

等概率原理是统计力学的基本假设。等概率原理在统计力学中具有极其重要的地位,可以说,平衡态统计热力学的一切理论计算值都是建立在等概率原理的基础上的。

§6-3　正则系综理论

系统的宏观性质是对与宏观状态对应的一切可能出现的微观运动状态求平均的结果。要计算微观量的统计平均值,需要观察系统的所有的微观运动状态,而实际系统的微观状态是瞬息万变的,我们根本无法跟踪系统微观状态的变化。为了求算微观量的平均值,统计力学引入了统计系综的概念。设想有无限多个与被研究系统完全相同的系统,这些宏观上完全相同的系统均处于相同的宏观条件下,这些系统的宏观状态是一样的,但是,在同一时刻,各个系统可以具有不同的微观运动状态。这些相同的宏观系统的集合称为统计系综,简称系综。统计系综是宏观系统的集合,这种集合实际上并不存在,是人们设想出来的一种抽象的集合。统计力学将对系统微观状态的微观量的统计平均转变为对系综里的系统的微观量进行平均。统计系综的平均值实际上就是系统微观量的平均值。

一、各态历经假设(ergodic hypothesis)

热力学体系的状态函数的数值是由实验测定的,实验测定的数值也是微观量的平均值。如测定系统的压力时,压力计所表示出来的压力是压力传感元件感测到周围分子碰撞的总结果,而分子的碰撞频率很快,元件感受到的压强也是不断变化的,所以压力计得到的无数个分子在元件壁上碰撞的时间平均。对于压力为1个标准压力

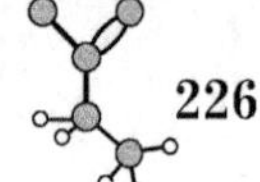

的理想气体,每微秒(1×10^{-6} 秒)在 1 cm^2 的壁上大约有 10^{17} 次碰撞。要使计算结果与测量结果相符,原理上应对系统所经历的微观状态取时间平均。但是这种方法除了某些简单情况(如计算理想气体的压力)之外,一般而言,对系统微观运动状态取时间平均是行不通的。为了解决这种计算上的困难,统计力学用统计系综的平均值取代时间平均值,这是统计力学的另一个基本假设要解决的问题。

统计系综的平均值与时间平均值是否相等呢?为了解决这个问题,人们提出了"各态历经假设"。各态历经假设认为:宏观系统在一个宏观短、微观长的时间内,所经历微观运动状态将包括此宏观态拥有的所有的微观状态,由此对所有微观状态的平均(系综平均)与时间平均是一样的,故微观状态的统计系综平均值与实际测定的时间平均值相等:

统计系综平均值 = 时间平均值 (6-10)

有关各态历经假设人们还进行过许多研究与争论,还有学者提出"准各态历经假设"等理论,直到现在,有关各态历经假设还有不同的见解。不过,统计系综平均值与时间平均值相等是被实验所验证的事实。统计力学的理论计算值在误差范围内,与实际测定值相符得很好,这说明(6-10)式是正确的。

在建立系综时,根据系统所处的条件不同而有不同的统计系综,其中最常见的是正则系综。

二、正则系综(canonical ensembles)

设某系统已达热力学平衡态,其温度、体积和组成都恒定,系统被刚性(V 不变)、不可穿透(组成不变)的导热壁(可传热)所包围,并浸入具有相同温度的恒温浴中。系统与环境(恒温浴)之间存在热的交换,而热的交换在微观上是不可能绝对平衡的,因此系统的能量会围绕一平均值上下波动,这种波动称为涨落。由于宏观系统拥有极其大量的分子,这种涨落一般是极其微小的,以致宏观上无法觉察。这个系统的宏观状态是不变的,但是,系统的微观运动状态是不断改变的,其微观状态的本征值(即微观状态具有的能量)也是不断变化的。为了计算微观状态的平均值,可以想象由无数个与被研究系统宏观上完全相同的系统,每个系统具有相同的温度、体积和组成,它们都放在一个具有相同温度的巨大恒温热源之中(见图 6-4)。这种由无数个相同系统组成的集合称为正则系综。

正则系综是由无穷多个已达到热平衡,具有相同温度、体积和组成的系统组成的集合;正则系综中的系统与其环境只有热量的交换,没有物质和功的交换。

根据统计力学理论,热力学系统的任何宏观热力学性质都是统计系综的统计平均值。例如系统的热力学内能 U 等于系综中各系统具有的微观内能的统计平均:

$$U = \langle E_i \rangle = \sum_i P_i E_i \tag{6-11}$$

图 6-4 正则系综示意图

式中：E_i 表示体系处于 i 量子态时所具有的能量，P_i 是此量子态出现的概率，$\langle E_i \rangle$ 表示对微观能量 E_i 取平均值。根据统计力学的基本假设，对于温度、体积和组成均恒定的系统，其量子态出现的概率 P_i 只是此微观态具有的能量 E_i 的函数，即：$P_i = f(E_i)$。以下我们将求解正则系综概率函数 P 的数学表达式。

考虑系综中的任何两个系统 1 和系统 2，分别处于不同的量子态，相应的能量为 E_1 和 E_2，两个系统所代表的量子态出现的概率分别为 $P_1(E_1)$ 和 $P_2(E_2)$。由于两个系统处于热平衡，所以因热传递所引起的能量交换项与系统具有的能量相比极其微小，完全可以忽略不计，所以两个系统的微观运动状态可以视为是独立的，相互没有影响的。由概率论理论，系统 1 处于量子态 1，系统 2 处于量子态 2 都是独立事件。独立事件同时出现的概率是每个事件出现概率的乘积。所以，在系综中，当系统 1 处于量子态 1 时，系统 2 处于量子态 2 的概率为：

$$P_1(E_1) \cdot P_2(E_2)$$

若将系统 1 和系统 2 组成一个耦合系统，此耦合系统的能量可认为等于两个系统能量的加和，而忽略因热传递引起的热交换项。由统计力学的基本假设，此耦合系统某微观状态出现的概率也只是能量的函数，即：

$$P = P(E_1 + E_2)$$

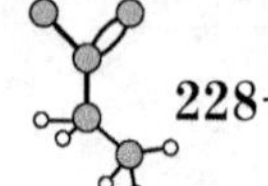

不论两个系统分开考虑还是作为一个耦合系统整体上加以考虑，描述的都是同一个事件，所以两种描述的事件的概率是相同的，于是有：

$$P_1(E_1)\cdot P_2(E_2)=P(E_1+E_2) \tag{6-12}$$

将上式分别对 E_1、E_2 求偏微商：

对 E_1 求导： $$P_1'(E_1)\cdot P_2(E_2)=P'(E_1+E_2)$$

对 E_2 求导： $$P_1(E_1)\cdot P_2'(E_2)=P'(E_1+E_2)$$

以上两式的右边，不论对 E_1 求导，还是对 E_2 求导，都是对耦合系统的能量求导，所以两个方程的右边是相等的，因此，方程的左边也是相等的：

$$P_1'(E_1)\cdot P_2(E_2)=P_1(E_1)\cdot P_2'(E_2)$$

分离变量： $$\frac{1}{P_1(E_1)}\frac{\partial P_1(E_1)}{\partial E_1}=\frac{1}{P_2(E_2)}\frac{\partial P_2(E_2)}{\partial E_2}$$

由于上式的左边的变量只与系统 1 有关，右边的变量只与系统 2 有关，若要两式相等，除非两边都等于一个共同的常数，设此常数为 $-\beta$，故有：

$$\frac{1}{P_1(E_1)}\frac{\partial P_1(E_1)}{\partial E_1}=\frac{1}{P_2(E_2)}\frac{\partial P_2(E_2)}{\partial E_2}=-\beta \tag{6-13}$$

对系统 1 求解，有微分方程：

$$\frac{1}{P_1(E_1)}\frac{\partial P_1(E_1)}{\partial E_1}=-\beta \tag{6-14}$$

分离变量：

$$\mathrm{d}\ln P_1=-\beta\mathrm{d}E_1$$

积分求解：

$$\ln(P_1(E_1))=-\beta E_1-C$$

解得： $$P_1(E_1)=\mathrm{e}^{-C-\beta E_1} \tag{6-15}$$

因为系统 1 是任选的，上面所得之解具有普适性，可以适用于系综里的所有系统，略去角标：

$$P(E)=\mathrm{e}^{-C-\beta E} \tag{6-16}$$

式中：$P(E)$ 是能量为 E 的量子态出现的概率，C、β 均为常数，C 为积分常数，可以由概率的归一化条件求出。概率的归一化条件(normalizing condition) 是体系所有微观状态出现的数学概率之和必等于 1，由归一化条件：

$$\sum_i P_i=1$$

将(6-16) 式代入上式：

$$\sum_i \mathrm{e}^{-C-\beta E_i}=\mathrm{e}^{-C}\cdot\sum_i \mathrm{e}^{-\beta E_i}=1$$

得： $$\mathrm{e}^C=\sum_i \mathrm{e}^{-\beta E_i} \tag{6-17}$$

令： $$Q\equiv \mathrm{e}^C=\sum_i \mathrm{e}^{-\beta E_i} \tag{6-18}$$

Q 称为系统的正则配分函数(canonical partition function),$e^{-\beta E_i}$ 称为 Boltzmann 因子,系统配分函数是对系统所有量子态的 Boltzmann 因子求和。E_i 是此量子态具有的能量,常数 β 对于正则系综里所有的系统均是一样的。(6-13) 式说明,当两个系统达到热平衡时,具有一个共同的物理量 β。由经典热力学,当系统间达到热平衡时,两者的温度相同,故统计力学的常数 β 相当于热力学中的温度 T,可以证明,β 与 T 之间存在下列关系:

$$\beta = \frac{1}{kT} \tag{6-19}$$

式中:k 为 Boltzmann 常数。将(6-19) 式代入(6-18) 式,有:

$$Q \equiv \sum_i e^{-E_i/kT} \tag{6-20}$$

Boltzmann 因子 $e^{-E_i/kT}$ 的值表示 i 量子态出现概率的大小,将配分函数 Q 代入概率 P 的表达式中,得:

$$P_i(E_i) = \frac{1}{Q}e^{-E_i/kT} = \frac{e^{-E_i/kT}}{\sum_i e^{-E_i/kT}} \tag{6-21}$$

上式表明量子态出现的概率等于此量子态的 Boltzmann 因子与配分函数之比。

三、正则系综热力学函数表达式

由系统配分函数 Q 可以求出宏观热力学函数的统计力学表达式。

1. 内能 U

由统计力学原理,系统的内能是体系所有微观运动状态具有的微观内能的平均值。正则系综里的系统处于热平衡状态,所以系统的能量就是全体分子的能量和分子间作用势能之和,系统与其它体系和环境的热交换量可以忽略不计。因此有:

$$U = \langle E_i \rangle = \sum_i P_i E_i + V \approx \sum_i P_i E_i$$

将量子态概率的表达式(6-21) 式代入上式,即得:

$$U = \sum_i E_i \cdot \frac{e^{-E_i/kT}}{Q} \tag{6-22}$$

另计算下式:

$$kT^2\left(\frac{\partial \ln Q}{\partial T}\right)_{N,V} = \frac{kT^2}{Q}\left(\frac{\partial}{\partial T}\left(\sum_i e^{-E_i/kT}\right)\right)_{N,V} = \sum_i \frac{kT^2}{Q} \cdot e^{-E_i/kT} \cdot \left(\frac{-E_i}{k}\right) \cdot \left(\frac{-1}{T^2}\right)$$

$$kT^2\left(\frac{\partial \ln Q}{\partial T}\right)_{N,V} = \sum_i \frac{1}{Q} \cdot e^{-E_i/kT} \cdot E_i \tag{6-23}$$

比较(6-22) 式与(6-23) 式,可得:

$$U = kT^2\left(\frac{\partial \ln Q}{\partial T}\right)_{N,V} \tag{6-24}$$

上式即为系统内能的统计力学表达式。以上获得的系统内能数学表达式,对于系统没

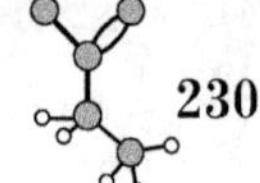

有任何要求,所以,(6-24) 式原则上可用来求算任何系统的内能,关键在于配分函数 Q 能否准确地求算出来。正则系综的热力学量的数学表达式,原则都可以适用于任何宏观系统,但是难点在于能否求出系统的配分函数 Q。

2. Helmholtz 自由能

首先,定义一个函数,令:

$$F = -kT\ln Q \tag{6-25}$$

可以证明(6-25) 式定义的函数就是经典热力学中的 Helmholtz 自由能。计算下式:

$$-kT^2\left[\frac{\partial}{\partial T}\left(\frac{F}{kT}\right)\right]_{V,N} = -kT^2\left[\frac{\partial}{\partial T}\left(\frac{-kT\ln Q}{kT}\right)\right]_{V,N} = -kT^2\left[-\frac{\partial \ln Q}{\partial T}\right]_{V,N}$$

$$= kT^2\left[\frac{\partial \ln Q}{\partial T}\right]_{V,N} = U$$

上式是对统计力学中所定义的函数 F 求微商的结果,为了证明 F 就是热力学中的 Helmholtz 自由能(记为 F_T),再对 F_T 作相同的处理:

$$-kT^2\left[\frac{\partial}{\partial T}\left(\frac{F_T}{kT}\right)\right]_{V,N} = -kT^2\left[\frac{F_T}{k}\left(\frac{-1}{T^2}\right) + \frac{1}{kT}\left(\frac{\partial F_T}{\partial T}\right)_{V,N}\right]$$

$$= F_T - kT^2 \cdot \frac{1}{kT} \cdot (-S)$$

$$= F_T + TS = U$$

以上结果说明对 F 与 F_T 求微商的结果是相同的,均等于系统的内能。将以上两微分式相减可以得到:

$$\left[\frac{\partial}{\partial T}\left(\frac{F - F_T}{kT}\right)\right]_{V,N} = 0 \tag{6-26}$$

上式说明 F 与 F_T 的数学表达式是一样的,但两者之间可以相差一个常数。若能选择一个适当的参考点及参考点的值,使 F 与 F_T 的值相等,则两者在其它条件下也必然相等,于是两者恒等,这样就证明了所定义的函数 F 就是所要求的热力学 Helmholtz 自由能。

考虑正则系综的系统处于激发能级量子态的考虑与处于基态能级量子态的概率之比:

$$\frac{P_i(E_i)}{P_0(E_0)} = \frac{e^{-E_i/kT}/Q}{e^{-E_0/kT}/Q} = e^{-(E_i-E_0)/kT}$$

当系统的温度趋近于绝对零度时,以上的概率之比为:

$$\lim_{T\to 0} e^{-(E_i-E_0)/kT} = e^{-\infty} = \frac{1}{e^{\infty}} = 0$$

以上式子中的 i 表示各激发态。上式说明当温度趋近于绝对零度时,正则系综里的系统处于基态,处于激发态的概率几乎为零。设基态能级的能量为 E_0,基态能级的简并度为 g_0,在 0K 时,正则系综的配分函数 Q 等于:

$$Q(0\text{K}) = \sum_i g_i e^{-E_i/kT} = g_0 e^{-E_0/kT} + g_1 e^{-E_1/kT} + g_2 e^{-E_2/kT} + \cdots$$
$$= g_0 e^{-E_0/kT}\left(1 + \sum_i \frac{g_i}{g_0} e^{-(E_i - E_0)/kT}\right)$$
$$\approx g_0 e^{-E_0/kT} \tag{6-27}$$

将以上 Q 的值代入(6-25) 式可得 0K 时函数 F 的值：

$$F(0\text{K}) = -kT\ln Q_{0\text{K}} = -kT\ln(g_0 e^{-E_0/kT})$$
$$F(0\text{K}) = E_0 - T\cdot k\ln g_0 \tag{6-28}$$

令 0K 时物质的熵为：

$$S(0\text{K}) = k\ln g_0 \tag{6-29}$$

将上式代入(6-28) 式，得：

$$F(0\text{K}) = E_0 - TS_0 \tag{6-30}$$

上式与经典热力学中的 Helmholtz 自由能的定义式完全相同：

$$F_T(0\text{K}) = E_0 - TS_0$$

即得：

$$F(0\text{K}) = F_T(0\text{K}) \tag{6-31}$$

这样，在绝对零度下，我们定义的函数 F 与热力学的 Helmholtz 自由能 F_T 是相等的，于是这两个函数恒等：

$$F \equiv F_T$$

这样，就证明了 F 函数就是热力学中的亥氏自由能。(6-25) 式就是 F 函数的统计力学表达式。

在以上的推导中，定义了绝对零度下物质的熵，熵的这个定义与热力学第三定律是否相容呢？

设体系有 N 个原子，每个原子的运动自由度等于 3，系统的运动自由度为 $3N$，由于晶体的平动和转动运动可以忽略不计，故系统的 $3N$ 个运动自由度可以视为均是振动自由度。在 0K 下，体系中所有的振动运动均处于最低能级，振动运动基态能级的简并度等于 1：

$$g_0(\text{振子}) = 1$$

于是在 0K 时，所有振子的微观运动状态只有一个，就是基态能级的量子态。0K 下所有的振动运动均处于最低能级，且只有一个量子态，所有振动运动的状态是一样的。0K 下系统处于基态能级，系统能级的简并度等于处于此能级的所有分子的分子能级简并度的乘积，于是系统基态能级拥有的微观运动状态数(即基态能级的简并度)为：

$$g_0(\text{系统}) = [g_0(\text{振子})]^{3N} = 1^{3N} = 1$$

代入 0K 时物质的熵的定义(6-29) 式：

$$S(0\text{K}) = k\ln 1 = 0$$

以上结果与热力学第三定律是一致的，热力学第三定律认为完美晶体的熵在 0K 时

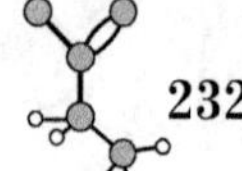

等于零。这说明(6-29)式对于绝对零度下物质的熵的定义是合理的,(6-29)式实质上是从统计力学角度对热力学第三定律的解释。由此定义式,若物质的基态能级的简并度不等于零,即使在绝对零度下,此物质的熵也不为零,会存在残余熵。这也是统计力学与经典热力学的区别之处,而统计力学有关绝对零度时物质的熵的定义使热力学第三定律建立在更深刻的基础之上。

3. 熵 S

获得内能与亥氏自由能的统计力学表达式后,可以更方便地通过函数的定义式得到其它所有热力学函数的统计力学表达式。由熵的热力学关系式:

$$S = \frac{U - F}{T} \tag{6-32}$$

将 U 和 F 的表达式代入上式:

$$S = \frac{1}{T}\left[kT^2\left(\frac{\partial \ln Q}{\partial T}\right)_{V,N} - (-kT\ln Q)\right]$$

$$S = kT\left(\frac{\partial \ln Q}{\partial T}\right)_{V,N} + k\ln Q \tag{6-33}$$

(6-33)式为熵的统计力学表达式。

在绝对零度时,上式成为:

$$\begin{aligned} S &= kT\left(\frac{\partial}{\partial T}\ln(g_0 e^{-E_0/kT})\right)_{V,N} + k\ln(g_0 e^{-E_0/kT}) \\ &= kT\left(\frac{\partial}{\partial T}\left(\frac{-E_0}{kT}\right)\right)_{V,N} + k\ln g_0 - k\frac{E_0}{kT} \\ &= kT\frac{E_0}{k}\cdot\frac{1}{T^2} + k\ln g_0 - \frac{E_0}{T} = k\ln g_0 \end{aligned}$$

上述结果说明熵的统计力学表达式与规定在绝对零度时物质的熵为 $k\ln g_0$ 是相容的。

4. 压力 p

由热力学基本关系式:

$$\mathrm{d}F = -S\mathrm{d}T - p\mathrm{d}V$$

$$p = -\left(\frac{\partial F}{\partial V}\right)_V$$

将 F 函数的统计力学表达式代入上式:

$$p = -\left(\frac{\partial}{\partial V}(-kT\ln Q)\right)_{T,N}$$

$$p = kT\left(\frac{\partial \ln Q}{\partial V}\right)_{T,N} \tag{6-34}$$

5. 焓 H

由焓的热力学定义式:

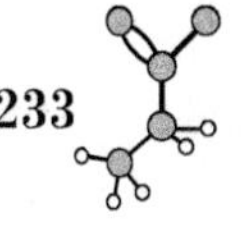

$$H = U + pV = kT^2\left(\frac{\partial \ln Q}{\partial T}\right)_{V,N} + kTV\left(\frac{\partial \ln Q}{\partial V}\right)_{T,N}$$

整理得：

$$H = kT\left[\left(\frac{\partial \ln Q}{\partial \ln T}\right)_{V,N} + \left(\frac{\partial \ln Q}{\partial \ln V}\right)_{T,N}\right] \tag{6-35}$$

上式为焓的统计力学表达式。

6. Gibbs 自由能 G

由 G 的定义式：

$$G = F + pV = -kT\ln Q + kTV\left(\frac{\partial \ln Q}{\partial V}\right)_{T,N} = kT\left[\left(\frac{\partial \ln Q}{\partial \ln V}\right)_{T,N} - \ln Q\right] \tag{6-36}$$

上式为 Gibbs 自由能的统计力学表达式。

读者可以用类似的方法推出其它热力学函数。须指出的是，本节所推导的热力学函数表达式中的配分函数 Q 是体系配分函数，是对系统宏观状态拥有的所有可能的量子态 Boltzmann 因子的加合。Boltzmann 因子中的能量 E_i 是系统量子态具有的能量，E_i 虽然是一个微观量，但其数值的大小一般说来与系统内能 U 的值差不多。在热力学公式的推导过程中，我们只引入了两个假设：一个是等概率原理；另一个是认为当正则系综达平衡以后，系统与环境间交换的能量与系统自身具有的能量相比非常小，以至可以忽略不计。除此之外，在推导过程中没有引入其它的假设与限制条件，特别是对系统能量的表达形式没有任何限制，因而一个系统的组成无论多么复杂，系统能量的影响因素无论如何多，上面所推出的热力学统计力学表达式都是适用的。因此，正则系综理论推导的公式原则上可以适用于任何宏观系统，不论系统中的粒子之间有无相互作用，也不论系统中粒子间的相互作用的复杂程度如何，关键在于能否求出系统的配分函数 Q。只要能准确地求出配分函数 Q，就可以获得宏观系统所有的热力学量。然而，对于统计力学而言，真正的难点正在于如何求出各种不同系统的配分函数。

§6-4　量子统计法

自然界中的粒子分为两大类，一类是波色子(Bose particles)，另一类是费米子(Feimi particles)。波色子不遵守泡利不相容原理(Pauli exclusion principle)；费米子遵守泡利不相容原理，它们遵循不同的统计规律。泡利不相容原理是量子力学的基本规律之一，即两个自旋量子数为半整数的粒子不能处于同一个量子态。Bose 和 Einstein 首先创立波色子所遵守的统计规律，此统计规律称为 Bose-Eintein 统计；Feimi 和 Dirac 首先创立费米子所遵守的统计规律，此统计规律称为 Feimi-Dirac 统计。

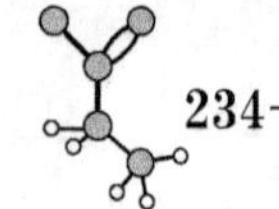

一、波色-爱因斯坦统计

波色子不遵守泡利不相容原理,波色子系统中的粒子可以同时处于相同的量子态。这类粒子服从波色-爱因斯坦统计(Bose-Einstein statistics)。

首先,我们求算波色子系统具有的微观运动状态的数量。设有某系统含有 N 个波色子,粒子的能量是量子化的,波色子之间的作用势能可以忽略不计,系统的总能量、体积和粒子数均恒定。设系统的 N 个粒子按下列方法分配到各个能级。

粒子能级:$\varepsilon_0, \varepsilon_1, \varepsilon_2, \varepsilon_3, \cdots, \varepsilon_i, \cdots$

能级粒子数:$N_0, N_1, N_2, N_3, \cdots, N_i, \cdots$

以上粒子在各个能级上的分配方式必须满足系统的总能量和粒子数均恒定的条件:

$$\sum_i N_i = N \qquad \sum_i N_i \varepsilon_i = E \tag{6-37}$$

式中:E 为波色子系统的总能量,即系统的内能 U,ε_i 是单个波色子的能量。凡满足(6-37)式要求的一种粒子的分配方式称为一种分布,记为$\{N_i\}$。一个热力学宏观系统的平衡态拥有多种满足(6-37)式要求的不同分布,而每一种分布都拥有很多不同的系统微观运动状态,系统热力学宏观态拥有的微观运动状态数是满足(6-37)式要求的所有分布拥有的微观状态数之和。为了求算系统宏观态拥有的微观运动状态数,首先考虑分布拥有的微观状态数。

设系统的 N 个波色子是全同的、各自独立的,粒子间没有作用势能,N 个粒子按分布$\{N_i\}$分配到各个能级,能级的简并度等于 g_i。因为系统由波色子组成,波色子不遵守泡利不相容原理,故每个粒子的量子态可以容纳任意多个波色子。先考虑分配到某一能级上的粒子可能具有的不同的状态数。设有能级 i,能级的简并度为 g_i,即此能级有 g_i 个不同的量子态,分配此能级的粒子数为 N_i,这 N_i 个波色子可能以多种不同的方式分配到能级的各量子态。能级上的粒子分配到各量子态的一种方式称为一种配容,能级上的粒子各种不同配容的总数称为能级的配容数。为求能级的配容数,不妨将 g_i 个量子态比作 g_i 个盒子,将 N_i 个波色子比作 N_i 个小球,每个盒子可以装进任意个小球,即每个量子态可以容纳任意多个波色子,求算盒子与小球的不同排列组合的方式有多少。此问题共有 g_i+N_i 个元素,将所有的盒子与小球排成一行,规定最左边的位置必定是一个盒子,并规定排在两个盒子之间的小球(波色子)属于左边的一个盒子(即取此量子态),每个盒子可能装有小球或没有小球,这种排法如图6-5所示,图中上排表示波色子的某一种排列,下排为此排列的各粒子在各量子态分布的示意图。

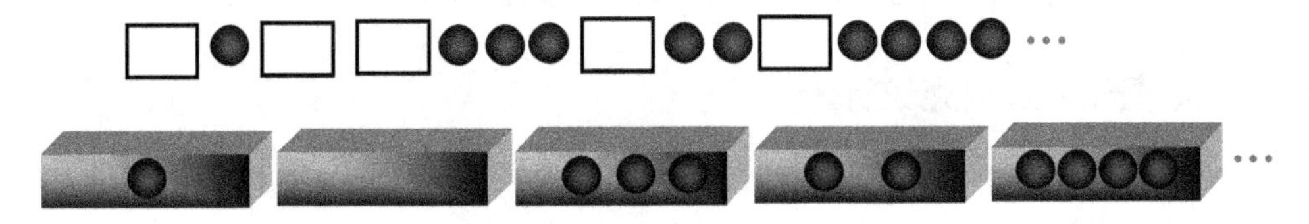

图 6-5　波色子体系能级配容示意图

每个盒子均可以派在最左边，所以第一个盒子有 g_i 个不同的选择方式。当第一个位置选定以后，余下的元素就可以任意排列，其不同的排列方法等于 (N_i+g_i-1) 个元素全排列的数值，即 $(N_i+g_i-1)!$。因此，在 i 能级上 N_i 个波色子最多有 $g_i(N_i+g_i-1)!$ 种不同的分配方法。但是，以上的计算没有考虑粒子的全同性和量子态的位置无关性。因为体系中的波色子是全同、不可分辨的，两个波色子互换位置不会产生新的态；能级的简并量子态也无所谓位置排列的先后问题，两个盒子位置的交换也不产生新的排法，因此，此能级的不同配容数为：

$$W_i=\frac{g_i(N_i+g_i-1)!}{N_i!g_i!}=\frac{g_i(N_i+g_i-1)!}{N_i!g_i(g_i-1)!}$$

$$W_i=\frac{(N_i+g_i-1)!}{N_i!(g_i-1)!} \tag{6-38}$$

式中：W_i 是 i 能级的配容数，即为 N_i 个波色子在 g_i 个量子态上不同的分配方式。对于分布 $\{N_i\}$ 而言，其拥有的微观状态数 W 等于各个能级配容数的乘积，即：

$$W=\prod_i W_i=\prod_i\frac{(N_i+g_i-1)!}{N_i!(g_i-1)!} \tag{6-39}$$

式中 W 为分布 $\{N_i\}$ 拥有的系统微观状态的数目。系统的热力学平衡态有许多可达的分布，系统在能量、体积和组成均恒定的条件下，拥有的微观状态总数 Ω 等于所有可达分布的微观状态数的总和：

$$\Omega=\sum W=\sum_{\substack{\sum_i N_i=N\\ \sum_i N_i\varepsilon_i=E}}\left(\prod_i\frac{(N_i+g_i-1)!}{N_i!(g_i-1)!}\right) \tag{6-40}$$

在各种分布中，必定存在一种分布，其拥有的微观运动状态数最多，根据等概率原理，此分布出现的概率最大，故称为最概然分布。用求极值的方法，可以得到 Bose-Einstein 统计中最概然分布的能级分布公式，其数学表达式如下：

$$N_i=\frac{g_i}{\mathrm{e}^{-\alpha-\beta\varepsilon_i}-1} \tag{6-41}$$

上式中 $\beta=\dfrac{1}{kT}$，N_i 是最概然分布中分配到 i 能级的粒子数，α 是常数，可以由条件：

$\sum_i N_i = N$ 求出。(6-41) 式为 Bose-Einstein 分布(Bose-Einstein distribution)。

二、费米-狄拉克统计

费米子遵守泡利不相容原理,费米子系统中的粒子不能同时处于同一个量子态。这类粒子服从 Feimi-Dirac 统计(Feimi-Dirac statistics)。

设系统由 N 个全同且相互独立的费米子组成,系统的粒子数和总能量一定。系统的总微观运动状态数等于各分布拥有的微观运动状态数的加和,分布的状态数求算如下:设有一种分布,记为$\{N_i\}$,此分布表示将系统的 N 个粒子按下列方法分配到各个能级。

粒子能级:$\varepsilon_0, \varepsilon_1, \varepsilon_2, \varepsilon_3, \cdots, \varepsilon_i, \cdots$

能级粒子数:$N_0, N_1, N_2, N_3, \cdots, N_i, \cdots$

以上粒子在各个能级上的分配方式必须满足系统的总能量和粒子数均恒定的条件:

$$\sum_i N_i = N$$
$$\sum_i N_i \varepsilon_i = E \tag{6-42}$$

式中:E 为费米子系统的总能量,即系统的内能 U,ε_i 是单个费米子的能量。凡满足(6-42) 式要求的一种粒子的分配方式称为一种分布。为了求算某分布拥有的量子态的数量,先求某一个能级具有的微观运动状态数,即能级的配容数。设能级的能量为 ε_i,能级的简并度为 g_i,分配到此能级的粒子数为 N_i。此能级的 N_i 个粒子的不同的分配方法的数目就好比将 N_i 个小球装入 g_i 个盒子中有多少种不同的装法。由于费米子遵守泡利不相容原理,一个量子态只能容纳一个粒子,即一个盒子中只能装入一个小球,能级的一种配容,就相当于把 g_i 个盒子分为两组,一组盒子中装了小球,这组装了小球的盒子共有 N_i 个;另一组盒子中没有装入小球,这组盒子的数目为 $g_i - N_i$ 个。这种分配方法在数学上属于组合问题,即:从 g_i 个元素中每次取 N_i 个元素(即 N_i 个粒子占有 N_i 个不同的量子态,注意:能级可以容纳的不同量子态的数量是 g_i 个),共有多少种不同的取法,由排列组合公式,此组合问题解为:

$$W_i = \frac{g_i}{N_i!(g_1 - N_i)!} \tag{6-43}$$

上式为一个能级拥有的不同配容数。分布$\{N_i\}$ 具有的微观运动状态数等于各个能级配容数的乘积:

$$W = \prod_i \frac{g_i}{N_i!(g_i - N_i)!} \tag{6-44}$$

对于处于一定宏观条件下的费米子系统,具有各种不同的分布,系统的总微观运动状态数 Ω 等于系统所有分布微观运动状态数目之和:

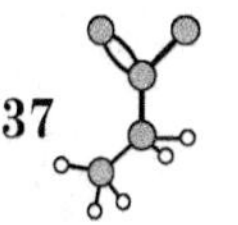

$$\Omega = \sum W = \sum_{\substack{\sum_i N_i = N \\ \sum_i N_i \varepsilon_i = E}} \left[\prod_i \frac{g_i}{N_i!(g_i - N_i)!} \right] \tag{6-45}$$

在系统的各种分布中，必存在一种分布，其具有的微观运动状态数最多，出现的几率最大，此分布即为最概然分布。费米子系统的最概然分布的粒子在各个能级的分布公式为：

$$N_i = \frac{g_i}{e^{-\alpha-\beta\varepsilon_i} + 1} \tag{6-46}$$

上式中 $\beta = \frac{1}{kT}$，N_i 是最概然分布中分配到 i 能级的粒子数，α 是常数，可以由条件：$\sum_i N_i = N$ 求出。(6-46) 式为 Feimi-Dirac 分布(Feimi-Dirac distribution)。

三、玻耳兹曼统计

理论上讲，用以上两种分布律就可以处理所有的粒子系统，因为自然界的粒子无非分属于 Feimi 子和 Bose 子两大类。但是当粒子系统满足一定的条件时，Bose-Einstein 统计和 Feimi-Dirac 统计会趋于同一个极限，此极限就是 Boltzmann 统计(Boltzmann statistics)。两种粒子系统趋于同一极限的条件是宏观系统所拥有的不同微观运动状态数远远大于系统所拥有的粒子数。在一般情况下，化学系统均满足这一条件，所以化学系统都服从 Boltzmann 统计。Boltzmann 统计可以由以上两种统计公式直接推导而得。

例如由 Bose-Einstein 统计理论，独立的 Bose 粒子系统的微观运动状态总数等于各种分布拥有的微观运动状态数的和，分布的状态数又等于粒子各个能级的配容数的乘积，其能级 ε_i 的配容数为：

$$W_i = \frac{(N_i + g_i - 1)!}{N_i!(g_i - 1)!} \tag{6-38}$$

若系统的微观运动状态数远大于系统的粒子数，则粒子能级拥有的配容数必将远大于分配到此能级的粒子数，即有：

$$g_i \gg N_i，自然有：g_i \gg 1$$

故有：$g_i + 1 \approx g_i, g_i + 2 \approx g_i, \cdots, g_i + N_i - 1 \approx g_i$，代入(6-38) 式：

$$W_i = \frac{(N_i + g_i - 1)!}{N_i!(g_i - 1)!} = \frac{(N_i + g_i - 1)(N_i + g_i - 2)\cdots(g_i + 2)(g_i + 1)g_i \cdot (g_i - 1)!}{N_i!(g_i - 1)!}$$

$$= \frac{\overbrace{(N_i + g_i - 1)(N_i + g_i - 2)\cdots(g_i + 2)(g_i + 1)g_i}^{共有 N_i 个因子}}{N_i!} \approx \frac{g_i^{N_i}}{N_i!}$$

对于分布 $\{N_i\}$，它拥有的微观状态数等于各个能级配容数的乘积：

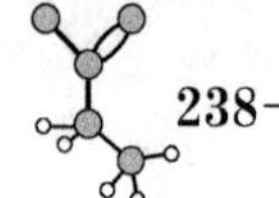

$$W = \prod_i W_i = \prod_i \frac{g_i^{N_i}}{N_i!} \tag{6-47}$$

上式便是 Boltzmann 统计，它是当 $g_i \gg N_i$，即系统的微观状态数远远大于系统拥有的粒子数时，Bose-Einstein 统计的极限。采用类似的方法，也可以证明当满足上述条件时，Feimi-Dirac 统计也趋近于同一极限。由 Feimi-Dirac 统计，有公式：

$$W_i = \frac{g_i!}{N_i!(g_i - N_i)!}$$

当 $g_i \gg N_i$ 时，自然有：$g_i \gg 1$，故有：

$g_i - 1 \approx g_i, g_i - 2 \approx g_i, \cdots, g_i - N_i + 1 \approx g_i$，代入(6-38) 式：

$$\begin{aligned} W_i &= \frac{g_i!}{N_i!(g_i - N_i)!} = \frac{g_i(g_i-1)\cdots(g_i-N_i+1)(g_i-N_i)!}{N_i!(g_i-N_i)!} \\ &= \frac{g_i(g_i-1)\cdots(g_i-N_i+1)}{N_i!} \\ &= \frac{\overbrace{g_i \cdot g_i \cdot g_i \cdot g_i \cdots g_i}^{\text{共有}N_i\text{个因子}}}{N_i!} \approx \frac{g_i^{N_i}}{N_i!} \end{aligned}$$

对于分布$\{N_i\}$，它拥有的微观状态数为：

$$W = \prod_i W_i = \prod_i \frac{g_i^{N_i}}{N_i!}$$

上式与由 Bose-Einstein 统计推得的结果(6-47) 式完全一样，上式也是 Boltzmann 统计的计算式。

虽然严格地讲，Boltzmann 统计法只是一种近似的统计法，但对于一般的化学反应系统，均能满足 $g_i \gg N_i$ 的要求，所以化学系统均能遵守 Boltzmann 统计法。Boltzmann 统计法也是化学领域中应用最广泛的统计法。

一个给定的宏观化学反应系统，在 U、V、N 均恒定的条件下，拥有各种不同的分布，在这所有不同的分布中，必然存在一种分布具有最多的微观运动状态数。根据等概率原理，所有微观运动状态出现的概率是一样的。若某分布拥有的微观运动状态数较多，此分布出现的概率必然较大，对于具有最多微观运动状态数的分布，此分布出现的概率最大，这个分布即为最概然分布。采用拉格朗日(Lagrange) 条件极值计算法，我们可以求出 Boltzmann 统计中的最概然分布。

设有分布$\{N_i\}$，其拥有的微观状态数为：

$$W = \prod_i \frac{g_i^{N_i}}{N_i!}$$

为了求出最概然分布，需求 W 为极大值的条件。因为 W 是正定的，故求 W 的极大值与求 $\ln W$ 的极大值的结果是相同的，为了求算的方便，不妨求 $\ln W$ 的极大值以获得 W 为极大值的条件。当粒子数 N 很大时，可以采用斯特林(Stirling) 公式简化运算。由 Stirling 公式：

$$\ln N! = N\ln N - N \tag{6-48}$$

将上式代入 $\ln W$ 的计算式中：

$$\ln W = \ln\left(\prod_i \frac{g_i^{N_i}}{N_i!}\right) = \sum_i (N_i \ln g_i - N_i \ln N_i + N_i)$$

令：

$$f = \ln W = \sum_i (N_i \ln g_i - N_i \ln N_i + N_i) \tag{6-49}$$

系统的每种分布应满足总粒子数和总能量恒定这两个条件：

$$y_1 = \sum_i N_i - N = 0 \tag{6-50}$$

$$y_2 = \sum_i N_i \varepsilon_i - E = 0 \tag{6-51}$$

将(6-49)式、(6-50)式、(6-51)式对 N_i 求偏微商，得：

$$\frac{\partial f}{\partial N_i} = \ln g_i - \ln N_i - \frac{N_i}{N_i} + 1 = \ln \frac{g_i}{N_i} \tag{6-52}$$

$$\frac{\partial y_1}{\partial N_i} = 1 \tag{6-53}$$

$$\frac{\partial y_2}{\partial N_i} = \varepsilon_i \tag{6-54}$$

对以上三式均有：$i = 1,2,3,\cdots$

由 Lagrange 条件极值法，将(6-53)式乘以$(-\alpha)$，(6-54)式乘以$(-\beta)$，再与(6-52)式相加，并令所得方程为零，α、β 均为待定常数，得：

$$\ln \frac{g_i}{N_i} - \alpha - \beta\varepsilon_i = 0 \quad i = 1,2,3,\cdots$$

$$\ln \frac{g_i}{N_i} = \alpha + \beta\varepsilon_i$$

$$\frac{N_i}{g_i} = e^{-\alpha-\beta\varepsilon_i}$$

$$N_i^* = g_i e^{-\alpha-\beta\varepsilon_i} \tag{6-55}$$

上式中的 N^* 表示最概然分布时分配到 ε_i 能级的粒子数，上标 * 特指最概然分布。将上式代入(6-50)式即可求出常数 α 的值。

因
$$\sum_i N_i^* = N$$

故
$$\sum_i g_i e^{-\alpha-\beta\varepsilon_i} = N$$

$$e^{-\alpha} \cdot \sum_i g_i e^{-\beta\varepsilon_i} = N$$

$$e^{-\alpha} = \frac{N}{\sum_i g_i e^{-\beta\varepsilon_i}} \tag{6-56}$$

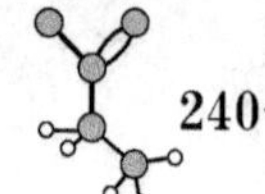

将(6-56)式代入(6-55)式：

$$N_i^* = N\frac{g_i e^{-\beta\varepsilon_i}}{\sum\limits_i g_i e^{-\beta\varepsilon_i}} \tag{6-57}$$

式中 $e^{-\beta\varepsilon_i}$ 称为分子能级的玻耳兹曼因子(Boltzmann factor)，常数 β 的值可以证明与正则系综理论中的 β 值一样，等于 $1/kT$，下标 i 表示对分子的各个能级进行加和。上式中的分母是对分子能级的 Boltzmann 因子求和，引入函数 q，令 q 等于：

$$q = \sum_i g_i e^{-\varepsilon_i/kT} \quad i\text{对分子各能级求和} \tag{6-58}$$

$$q = \sum_i e^{-\varepsilon_i/kT} \quad i\text{对分子的各量子态求和} \tag{6-59}$$

q 称为分子的配分函数。配分函数以上两种定义的物理意义是一样的，均表示为分子所有量子态的 Boltzmann 因子之和。将分子配分函数代入(6-57)式即得最概然分布各个能级分配到的粒子数的表达式：

$$N_i^* = \frac{N}{q}\cdot g_i e^{-\beta\varepsilon_i} \tag{6-60}$$

(6-57)式和(6-60)式均称为玻耳兹曼分布(Boltzmann distribution)，表示当系统处于最概然分布时，粒子在各个能级上分配的情况。

本节引出的 q 是分子的配分函数，而在正则系综理论中引入的 Q 是系统的配分函数，两者都是 Boltzmann 因子之和，但是含义是不一样的。分子配分函数是对分子的所有量子态的 Boltzmann 因子求和；而 Q 是对系统各量子态的 Boltzmann 因子求和，两者不可混淆。在理想气体统计理论一节，我们将讨论两者的联系与区别。

Boltzmann分布应用极其广泛，自然界的许多现象都可以用Boltzmann分布来描述，如气体分子在重力场中的分布、分子运动速度的分布、热力学系统中分子能量的分布等均服从 Boltzmann 分布。

§6-5　理想气体的统计理论

在上节，已经推出正则系综的系统配分函数 Q 以及由 Q 与热力学函数的关系式。原则上，只要知道了系统配分函数 Q，便可以得到系统的宏观热力学函数值。但是系统的配分函数的求算是极其困难的，只有少数几种热力学系统的配分函数可以获得严格的解析解，其中最简单的就是理想气体系统。

一、配分函数 Q 的分解

严格意义上的理想气体只是一种抽象的数学模型，实际上并不存在。理想气体模型假设组成系统的分子体积为零，可以视为数学上的点；分子之间没有任何相互作用，分子间的作用势能等于零。理想气体属于统计力学中的独立子系统，也是非定位系统。单组分理想气体系统的分子是全同的、不可分辨的。因为理想气体分子间的作用势能等于零，所以系统的能量等于每个分子具有能量的加和。理想气体系统中的分子都可以视为各自独立运动、互不干扰的粒子，系统的波函数等于分子波函数的乘积，系统量子态的能量等于分子能量的加和：

$$\begin{aligned}\Psi &= \psi_1 \cdot \psi_2 \cdot \psi_3, \cdots, \psi_i, \cdots \\ E &= \varepsilon_1 \cdot \varepsilon_2 \cdot \varepsilon_3, \cdots, \varepsilon_i, \cdots\end{aligned} \tag{6-61}$$

式中：Ψ是系统的波函数，ψ是分子的波函数，E是系统的微观能量，ε是分子某量子态的能量。理想气体的配分函数可表达为：

$$Q = \sum_j \mathrm{e}^{-E_j/kT} = \sum_j \mathrm{e}^{-(\varepsilon_1+\varepsilon_2+\cdots+\varepsilon_i+\cdots)_j/kT} \tag{6-62}$$

式中下标 j 表示对系统的量子态进行加和；下标 i 表示对所有的分子进行加合。

在求算理想气体配分函数的解析式之前，先假设系统中的分子是可以分辨的。设由 a、b 两分子组成一个系统，由于粒子的可别性，两个分子的量子态相互交换组成的态是另一个量子态，如 $\psi_\gamma(a) \cdot \psi_\omega(b)$ 和 $\psi_\omega(a) \cdot \psi_\gamma(b)$ 是两个不同的量子态。故可别粒子系统拥有的微观运动状态数等于各个分子具有的微观状态数的乘积，可别的近独立子系统的配分函数 Q 可以分解为分子配分函数的乘积：

$$\begin{aligned}Q &= \sum_j \mathrm{e}^{-E_j/kT} = \sum_j \left[\mathrm{e}^{-\varepsilon_{1,j}/kT} \cdot \mathrm{e}^{-\varepsilon_{2,j}/kT} \cdots \mathrm{e}^{-\varepsilon_{N,j}/kT}\right] \\ &= \left(\sum_i \mathrm{e}^{-\varepsilon_{1,i}/kT}\right)\left(\sum_i \mathrm{e}^{-\varepsilon_{2,i}/kT}\right)\cdots\left(\sum_i \mathrm{e}^{-\varepsilon_{N,i}/kT}\right)\end{aligned}$$

式中：下标 j 表示对系统的量子态进行加合；下标 i 表示对分子的量子态进行加和。若系统由纯物质组成，系统中所有的分子是全同的，分子的量子态的能级公式与简并度都是一样的，各分子的 Boltzmann 因子加合也全同，于是系统的配分函数可以表达为：

$$Q = \left(\sum_i \mathrm{e}^{-\varepsilon_i/kT}\right)^N = q^N \tag{6-63}$$

令：

$$q \equiv \sum_i \mathrm{e}^{-\varepsilon_i/kT} \tag{6-64}$$

q 称为分子配分函数，其值等于分子各量子态的 Boltzmann 因子之和。可别的独立子系统的系统配分函数等于分子配分函数的乘积，而理想气体系统是不可别的粒子系统，所以上面的式子必须进行修正。理想气体的分子是可以自由运动的，由于分子的全同性，理想气体中的分子是无法分辨的，当任意两个分子的量子态发生交换时，体系不产生新的微观运动状态。如 $\psi_\gamma(a) \cdot \psi_\omega(b)$ 和 $\psi_\omega(a) \cdot \psi_\gamma(b)$，由于理想气体系统无法分辨哪一个是 a 分子，哪一个是 b 分子，故以上两个波函数应视为同一个量子态。

一般的热力学系统均满足 Boltzmann 统计的要求，即能级的简并度远大于能级上的粒子数，即 $g_i \gg N_i$，所以分子量子态的数目比系统的分子数 N 要多很多，一般

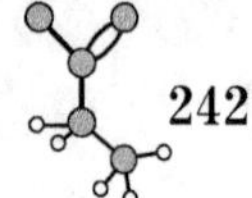

情况下，系统中的分子都处于不同的量子态，两个及两个以上的分子同时处于同一个量子态的概率极其微小，可以忽略不计。对于理想气体系统，一般情况下其 N 个分子均处于各自不同的量子态，没有任何两个分子处于相同的量子态。考虑系统处于某微观运动状态，系统的微观状态是组成系统的所有分子所处微观状态的综合，与此对应的是分子的 N 个不同的量子态，若固定此 N 个分子的量子态不变，当任意两个分子互换其占有的量子态时，对可别粒子体系而言，系统的微观状态也发生了变化，故形成系统的新的微观状态。这种因分子占有的量子态的互换而形成的不同的系统微观状态共有 $N!$ 个。这 $N!$ 个量子态对于不可别的理想气体系统，由于分子的全同性和不可分辨性，这些因分子的量子态互换而形成的态均为同一个微观状态。在求算理想气体的系统配分函数 Q 时，应该对粒子的全同性进行修正，修正因子即为 $1/N!$。于是理想气体的配分函数为：

$$Q = \frac{q^N}{N!} \tag{6-65}$$

上式为不可别粒子、近独立子系统的配分函数表达式，其中 N 为系统拥有的分子数，q 为分子的配分函数。(6-41) 式将理想气体系统的配分函数分解为分子的配分函数的乘积，从而使热力学量的求算过程大大简化。将(6-41) 式代入正则系综热力学函数的统计力学表达式中，就可以得到理想气体热力学函数的数学表达式。

二、理想气体热力学函数的统计力学表达式

对理想气体的配分函数取对数：

$$\ln Q = \ln\left(\frac{q^N}{N!}\right) = N\ln q - \ln(N!)$$

因为 N 是一个很大的数，可以用 Stirling(斯特林) 公式对 $N!$ 取近似，即 $\ln N! \approx N\ln N - N$，将此近似值代入上式，有：

$$\begin{aligned}\ln Q &= N\ln q - (N\ln N - N) = N\ln q - N\ln N + N \\ &= N(\ln q - \ln N + 1) = N\ln\left(\frac{\mathrm{e}q}{N}\right)\end{aligned}$$

$$\ln Q = N\ln\left(\frac{\mathrm{e}q}{N}\right) = \ln\left(\frac{\mathrm{e}q}{N}\right)^N \tag{6-66}$$

将(6-42) 式代入正则系综热力学统计力学表达式中，即可得到用分子配分函数 q 表示的理想气体热力学函数表达式。

1. 内能 U

由正则系综理论：

$$U = kT^2\left(\frac{\partial \ln Q}{\partial T}\right)_{V,N} = kT^2\left(\frac{\partial}{\partial T}\left(\ln\left(\frac{\mathrm{e}q}{N}\right)^N\right)\right)_{V,N} = NkT^2\left(\frac{\partial}{\partial T}\ln\left(\frac{\mathrm{e}}{N}\cdot q\right)\right)_{V,N}$$

上式中 e、N 均为常数，求微商等于零，于是理想气体的内能为：

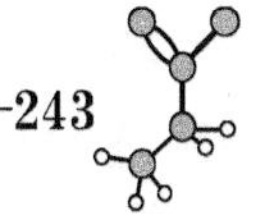

$$U = NkT^2\left(\frac{\partial \ln q}{\partial T}\right)_{V,N}$$

2. 亥氏自由能 F

$$F = -kT\ln Q = -kT\ln\left(\frac{\mathrm{e}}{N}q\right)^N$$

$$F = -NkT\ln\left(\frac{\mathrm{e}\cdot q}{N}\right)$$

3. 熵 S

$$S = kT\left(\frac{\partial \ln Q}{\partial T}\right)_{V,N} + k\ln Q$$

$$S = NkT\left(\frac{\partial \ln\left(\frac{\mathrm{e}q}{N}\right)}{\partial T}\right)_{V,N} + Nk\ln\left(\frac{\mathrm{e}q}{N}\right) = NkT\left(\frac{\partial \ln q}{\partial T}\right)_{V,N} + Nk\ln\left(\frac{\mathrm{e}q}{N}\right)$$

4. 吉氏自由能 G

$$G = kT\left[\left(\frac{\partial \ln Q}{\partial \ln V}\right)_{T,N} - \ln Q\right] = kT\left[\left(\frac{\partial}{\partial \ln V}\ln\left(\frac{\mathrm{e}q}{N}\right)^N\right)_{T,N} - \ln\left(\frac{\mathrm{e}q}{N}\right)^N\right]$$

$$= NkT\left[\left(\frac{\partial \ln q}{\partial \ln V}\right)_{T,N} - \ln\left(\frac{\mathrm{e}q}{N}\right)\right]$$

类似地，可以推出其它热力学表达式，理想气体几种主要的热力学函数的统计力学表达式归纳如下：

$$U = NkT^2\left(\frac{\partial \ln q}{\partial T}\right)_{V,N} \tag{6-67}$$

$$H = NkT^2\left(\frac{\partial \ln q}{\partial T}\right)_{V,N} + NkT\left(\frac{\partial \ln q}{\partial \ln V}\right)_{T,N} \tag{6-68}$$

$$S = NkT\left(\frac{\partial \ln q}{\partial T}\right)_{V,N} + Nk\ln\left(\frac{\mathrm{e}q}{N}\right) \tag{6-69}$$

$$F = -NkT\ln\left(\frac{\mathrm{e}q}{N}\right) \tag{6-70}$$

$$G = NkT\left[\left(\frac{\partial \ln q}{\partial \ln V}\right)_{T,N} - \ln\left(\frac{\mathrm{e}q}{N}\right)\right] \tag{6-71}$$

$$p = NkT\left(\frac{\partial \ln q}{\partial V}\right)_{T,N} \tag{6-72}$$

在以上各式中，q 是分子配分函数，其可以表达为两种形式：

$$q = \sum_i \mathrm{e}^{-\varepsilon_i/kT}$$

$$q = \sum_i g_i \mathrm{e}^{-\varepsilon_i/kT} \tag{6-73}$$

其中第一式是对分子的量子态进行加合，第二式是对分子的能级进行加合，g_i 是该能级的简并度。能级的简并度是此能级拥有的不同量子态的数目，如：若某能级具有

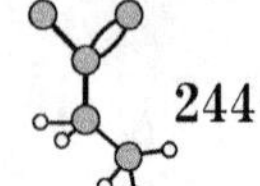

3 个不同的量子态,则此能级的简并度等于 3;若能级只能容纳一个量子态,此能级的简并度等于 1,这种能级是非简并的。

三、熵的统计意义

热力学第二定律往往被简单表达为熵增原理,即隔离系统的熵只会单调地增加,当系统达平衡态时,系统的熵最大。统计力学认为,当系统达平衡时,系统的微观状态基本上处于最可几分布所包含的微观态之中。因为平衡态的熵与分布拥有的微观状态数之间存在某种联系,所以平衡态的熵与分布的微观状态数之间应存在某种联系。Boltzmann 首先提出宏观系统的热力学函数熵 S 与微观状态数之间存在下列关系:

$$S = k\ln\Omega \approx k\ln W_{\max} \tag{6-74}$$

式中:Ω 为系统热力学平衡态拥有的微观状态的总数;$W_{\max}$ 为最可几分布拥有的微观状态数;k 为 Boltzmann 常数,S 为系统的熵,此式称为 Boltzmann 关系式。(6-74) 式表明系统的熵在平衡态取最大值,即系统达平衡时,微观运动状态数最多,系统处于最混乱的状态,隔离系统的熵趋于最大,就是因为隔离系统的状态会自动地趋向于最混乱状态,即微观状态数极大的最可几分布所对应的状态。以理想气体为例,可以证明上式与熵的统计力学表达式(6-45) 式是相等的。

设一单组分理想气体系统有 N 个分子,系统达平衡时处于最可几分布,理想气体服从 Boltzmann 分布:

$$W = \prod_i \frac{g_i^{N_i}}{N_i!}$$

$$\ln W = \sum_i N_i \ln\left(\frac{\mathrm{e}}{N_i} g_i\right)$$

$$S = k\ln W_{\max} = \sum_i N_i k \ln\left(\frac{\mathrm{e}}{N_i} g_i\right)$$

最概然分布时,能级上的粒子数 N_i 为:

$$N_i^* = \frac{N}{q} g_i \cdot \mathrm{e}^{-\varepsilon_i/kT}$$

代入 S 的表达式中:

$$\begin{aligned}
S &= \sum_i N_i k[1 + \ln g_i - \ln N_i] = \sum_i N_i k\left[1 + \ln g_i - \ln\left(\frac{N}{q} g_i \cdot \mathrm{e}^{-\varepsilon_i/kT}\right)\right] \\
&= \sum_i N_i k\left[1 + \ln g_i - \ln\frac{N}{q} - \ln g_i + \frac{\varepsilon_i}{kT}\right] = \sum_i N_i k\left[\ln\frac{\mathrm{e}q}{N} + \frac{\varepsilon_i}{kT}\right] \\
&= \sum_i \frac{N_i \varepsilon_i}{T} + \sum_i N_i k \ln\frac{\mathrm{e}q}{N} = \frac{U}{T} + Nk\ln\left(\frac{\mathrm{e}q}{N}\right) \\
&= NkT\left(\frac{\partial \ln q}{\partial T}\right)_{V,N} + Nk\ln\left(\frac{\mathrm{e}q}{N}\right)
\end{aligned}$$

上式与熵的统计力学表达式(6-45) 式完全等同的,故 Boltzmann 关系式是成立的。

综上所述，熵具有统计意义，它是系统混乱程度的度量。熵值小的状态，对应于比较有序的状态；熵值大的状态，对应于比较无序的状态。当系统处于隔离状态时，系统将自动地趋于最混乱的状态，即系统的熵值趋于最大。在隔离系统中，由比较有序的状态向比较无序的状态的变化，是自发变化的方向，这就是热力学第二定律的本质。

§6-6 分子配分函数

理想气体的系统配分函数 Q 是分子配分函数 q 的乘积，分子配分函数是分子所有量子态的 Boltzmann 因子之和，若直接求算此加合也是极其复杂的。分子本身一般具有多种不同的运动形态，每种运动形态都有各自的能级与量子态，分子的某一量子态是分子各种运动形态具有的量子态的综合。为了简化分子配分函数 q 的计算，还需要对分子配分函数作进一步的分解。

化学系统的分子，一般具有核运动、电子运动、平动、转动、振动等五种运动形态。分子的这五种运动形态，可以近似地看成各自独立的运动，相互之间互不干扰，分子的能量为五种运动形态所具有能量的总和。采用将理想气体系统配分函数 Q 分解为分子配分函数 q 的乘积的方法，也可以将分子的配分函数分解为各分运动形态的分配分函数的乘积。

$$q = \sum_j e^{-\varepsilon_j/kT} = \sum_j e^{-(\varepsilon_n+\varepsilon_e+\varepsilon_t+\varepsilon_r+\varepsilon_v)_j/kT} \tag{6-75}$$

上式中：下标 j 表示对分子的各量子态进行加合，ε_j 为分子的 j 量子态所处能级的能量，此量子态的能量等于与此量子态相应的各分运动形态能量的总和，下标 n、e、t、r、v 分别代表分子的核运动、电子运动、平动、转动和振动。指数上的加合可以分解为各个因子的乘积，于是有：

$$\begin{aligned} q &= \sum_j (e^{-\varepsilon_n/kT} \cdot e^{-\varepsilon_e/kT} \cdot e^{-\varepsilon_t/kT} \cdot e^{-\varepsilon_r/kT} \cdot e^{-\varepsilon_v/kT})_j \\ &= \left(\sum_i e^{-\varepsilon_i/kT}\right)_n \cdot \left(\sum_i e^{-\varepsilon_i/kT}\right)_e \cdot \left(\sum_i e^{-\varepsilon_i/kT}\right)_t \cdot \left(\sum_i e^{-\varepsilon_i/kT}\right)_r \cdot \left(\sum_i e^{-\varepsilon_i/kT}\right)_v \end{aligned}$$

$$q = q_n \cdot q_e \cdot q_t \cdot q_r \cdot q_v \tag{6-76}$$

上式中的右边为分子各运动形态的分配分函数：

$$q_n = \sum_i e^{-\varepsilon_i^n/kT} \quad 核配分函数$$

$$q_e = \sum_i e^{-\varepsilon_i^e/kT} \quad 电子配分函数$$

$$q_t = \sum_i e^{-\varepsilon_i^t/kT} \quad 平动配分函数$$

$$q_r = \sum_i e^{-\varepsilon_i^r/kT} \quad 转动配分函数$$

$$q_v = \sum_i e^{-\varepsilon_i^v/kT} \quad \text{振动配分函数}$$

分子配分函数是其各分运动形态配分函数的乘积，所以分子配分函数的对数为分运动形态配分函数对数的加和。由理想气体统计理论可知，系统的热力学函数值与分子配分函数的对数之间呈某种函数关系，故系统的热力学函数应该为分子各分运动形态热力学函数的加和。以赫氏自由能 F 为例说明此问题。上一节推得，理想气体的 F 函数表达式为：

$$F = -NkT\ln\left(\frac{eq}{N}\right)$$

将(6-76)式代入上式：

$$F = -NkT\ln\left(\frac{e}{N}q_n q_e q_t q_r q_v\right) = -NkT\left(\ln q_n + \ln q_e + \ln\left(\frac{e}{N}q_t\right) + \ln q_r + \ln q_v\right)$$

得：
$$F = F_n + F_e + F_t + F_r + F_v$$

上式表示系统的赫氏自由能 F 可以分解为各运动形态对 F 函数贡献的加和。其它热力学函数也存在类似的关系。

需要注意的是，理想气体的分子配分函数的表达式中，因为分子的全同性引入了修正因子$\frac{e}{N}$，它是因为气体分子可以在系统内自由运动使分子不可分辨而引入的，而造成分子不可分辨的为分子的平动运动，故修正因子$\frac{e}{N}$总是与分子的平动配分函数一起计算。在求算系统的热力学函数值时，在计算平动运动对热力学函数的贡献时就已经考虑了分子全同性的修正，所以在计算其它运动形式的配分函数时，不再引入修正因子。简而言之，对分子全同性的修正只随平动走。

一、核配分函数(nuclear partition function)

分子的核配分函数的表达式为：

$$q_n = \sum_i e^{-\varepsilon_i^n/kT} = \sum_i g_i^n e^{-\varepsilon_i^n/kT} \tag{6-77}$$

式中 ε_i^n 是分子核运动 i 能级的能量，g_i^n 是分子核运动 i 能级的简并度。上式中的第一个等式是对各量子态进行加和；第二个等式是对各能级进行加和，两者表达的结果是一样的。将上式展开：

$$\begin{aligned} q_n &= g_0^n e^{-\varepsilon_0^n/kT} + g_1^n e^{-\varepsilon_1^n/kT} + \cdots + g_i^n e^{-\varepsilon_i^n/kT} + \cdots \\ &= g_0^n e^{-\varepsilon_0^n/kT}\left(1 + \frac{g_1^n}{g_0^n}e^{-(\varepsilon_1^n-\varepsilon_0^n)/kT} + \cdots + \frac{g_i^n}{g_0^n}e^{-(\varepsilon_i^n-\varepsilon_0^n)/kT} + \cdots\right) \end{aligned}$$

核运动能级的间距非常大，$\Delta\varepsilon_i^n = \varepsilon_i^n - \varepsilon_0^n \gg kT$，$\frac{\Delta\varepsilon_i^n}{kT} \approx \infty$。在一般温度条件下，任何激发态的 Boltzmann 因子与基态的 Boltzmann 因子相比，均为无穷小而可以忽略不计，

即：

$$\frac{e^{-\varepsilon_1^n/kT}}{e^{-\varepsilon_0^n/kT}} = e^{-\Delta\varepsilon_1^n/kT} \approx e^{-\infty} \to 0$$

…

$$e^{-\Delta\varepsilon_i^n/kT} \to 0$$

根据以上分析，核配分函数中的第二项及其以后的所有项与第一项相比，均为无穷小，故都可以忽略不计，这样，核配分函数在一般温度条件下即为第一项的值：

$$q_n = g_0^n e^{-\varepsilon_0^n/kT} \tag{6-78}$$

上式表示，在一般温度条件下，分子的核配分函数等于基态能级的简并度与 Boltzmann 因子的乘积。只有当系统的温度达到极端高温，可能发生核反应时(一般需达到亿度以上)，才有必要计算激发态对核配分函数的贡献。由于在一般的化学反应中，分子中各原子核在反应前后不发生变化，不妨将核运动基态能级的能量定义为零。

令
$$\varepsilon_0^n = 0$$

则
$$q_n^* = g_0^n e^{-\varepsilon_0^n/kT} = g_0^n e^0 = g_0^n$$

若令核运动的基态能级能量为零，核运动配分函数简化为一个常数，即基态能级的简并度。原子或单原子分子核运动基态能级的简并度为：

$$g_0^n = 2s_n + 1 \tag{6-79}$$

其中 s_n 是核自旋运动的自旋量子数。故：

$$q_n^* = g_0^n = 2s_n + 1 \tag{6-80}$$

上式即为原子或单原子分子的核运动配分函数，上标表示令基态能级能量为零得到的配分函数。

多原子分子核运动的基态能级简并度等于组成分子的各原子的核运动基态能级简并度的乘积。几种常见的粒子的自旋量子数和基态能级简并度如下：

	电子	中子	H^1	C^{13}	N^{14}	O^{16}	Al^{27}	Cl^{37}
s_n：	$\frac{1}{2}$	$\frac{1}{2}$	$\frac{1}{2}$	0	1	0	$\frac{5}{2}$	$\frac{3}{2}$
g_0^n：	2	2	2	1	3	1	6	4

在通常条件下，可以认为核配分函数与系统的温度、体积无关，是一个常数，由热力学的统计力学表达式可知，核运动对物质的内能、焓、压力和热容均没有贡献，但对熵、吉布斯自由能和赫氏自由能有所贡献。除了核反应之外，一般化学反应前后原子核是不发生变化的，所以化学反应系统前后，物质的核配分函数的值保持不变。在计算热力学函数的差值(如反应的吉布斯自由能变化 $\Delta_r G_m^{\ominus}$)时，与核运动有关的量均消去了，因而对于化学反应系统，不需要考虑核运动对热力学函数的贡献。若不考虑核运动，分子对配分函数可以简化为：

$$q = q_e \cdot q_t \cdot q_r \cdot q_v \tag{6-81}$$

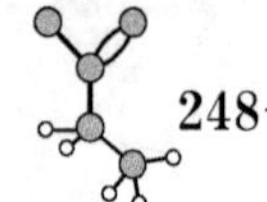

二、电子配分函数(electronic partition function)

电子配分函数是分子电子运动各量子态 Boltzmann 因子的加合：

$$q_e = \sum_i g_i^e e^{-\varepsilon_i^e/kT} \tag{6-82}$$

将上式展开：

$$\begin{aligned} q_e &= g_0^e e^{-\varepsilon_0^e/kT} + g_1^e e^{-\varepsilon_1^e/kT} + \cdots + g_i^e e^{-\varepsilon_i^e/kT} + \cdots \\ &= g_0^e e^{-\varepsilon_0^e/kT}\left(1 + \frac{g_1^e}{g_0^e} e^{-\Delta\varepsilon_1^e/kT} + \cdots + \frac{g_i^e}{g_0^e} e^{-\Delta\varepsilon_i^e/kT} + \cdots\right) \end{aligned}$$

式中：$\Delta\varepsilon_1^e = \varepsilon_1^e - \varepsilon_0^e$，$\Delta\varepsilon_i^e = \varepsilon_i^e - \varepsilon_0^e$。

电子运动的能级间距也很大，典型的电子运动的能级间距大约为 400 $\text{kJ} \cdot \text{mol}^{-1}$，若系统的温度为 1000 K，相邻两能级的 Boltzmann 因子比值为：$e^{-400,000(\text{J/mol})/[8.314(\text{J/K·mol})1000\ \text{K}]} = e^{-48.11} \doteq 1.3 \times 10^{-21}$。以上结果说明在一般温度下，电子激发能级对电子配分函数的贡献可以忽略不计。与核配分函数相类似，电子配分函数也可以只计算基态能级 Boltzmann 因子的贡献，故上式中的高次项均可以不计。若令基态能级的能量为零，则电子配分函数等于电子运动基态能级的简并度，其数学表达式为：

$$q_e = g_0^e e^0 = g_0^e = 2j + 1 \tag{6-83}$$

式中 j 是分子的电子总轨道角动量量子数。大多数分子与稳定离子的电子最低能级是非简并的，即只有一个量子态，$g_0^e = 1$，但 O_2 和 NO 例外，O_2 的 $g_0^e = 3$。NO 的未成对电子有两个自旋方向，其最低能级的简并度 $g_0^e = 2$。自由基的 g_0^e 通常不等于 1，由于自由基的一个未配对电子有两个自旋方向，故自由基的 g_0^e 的值常为 2。以下是几种自由原子电子运动最低能级的简并度：

	He	Na	Ti	Pb	Cl
j：	0	$\frac{1}{2}$	$\frac{1}{2}$	0	$\frac{3}{2}$
g_0^e：	1	2	2	1	4

当系统的温度相当高时，激发态能级对配分函数也有一定的贡献，若仅仅考虑基态能级的贡献会引起较大的误差，但在这种条件下，电子配分函数的求算并不复杂，一般只需考虑前几级能级的贡献便可以达到足够的精确度。在温度很高时，若知道电子能级的间距和前面几个激发能级的简并度，便可以方便地求出电子配分函数。

三、平动配分函数(translational partition function)

平动配分函数是分子质心的空间运动微观状态 Boltzmann 因子的加和。为了求解平动配分函数，必须先求解分子平动的能级和能级简并度。微观粒子的运动需用量子力学理论描述，在求解平动配分函数之前，首先简要介绍平动能级与能级简并度的

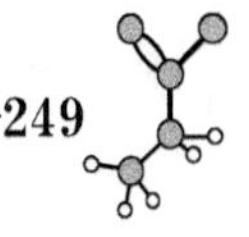

有关知识。

1. 平动的量子力学描述

分子的质心在空间的移动称为平动。热力学系统中粒子的平动被限制在系统之中，因而是一种受约束的运动，这种运动的能量是量子化的，即分子质心的平动能量不能任意取值，只能按服从一定规律的能级取值。热力学系统在空间占据一定的体积，故热力学系统中的粒子的平动是在三维空间中的运动。热力学系统的性质取决于温度、体积、物质量等状态函数，但是热力学系统的性质与系统在空间的形状无关。在环境条件确定之后，系统的体积是一个定值，粒子的平动只能在系统所占据的空间内运动，这种运动不妨视为粒子在三维势箱中的运动，势箱的体积等于系统的体积。

由量子力学的知识，微观粒子的运动可以用薛定谔方程(Schrödinger equation)描述，三维势箱中粒子的 Schrödinger 方程为：

$$-\frac{\hbar}{2m}\left[\frac{\mathrm{d}^2}{\mathrm{d}x^2}+\frac{\mathrm{d}^2}{\mathrm{d}y^2}+\frac{\mathrm{d}^2}{\mathrm{d}z^2}\right]\psi(x,y,z)=E\cdot\psi(x,y,z) \tag{6-84}$$

可以将粒子在空间三个方向的平动运动视为各自独立的，相互之间没有干扰，故粒子的波函数 $\psi(x,y,z)$ 可以分解为 x、y、z 三个方向的独立的运动；总能量可以分解为三个方向运动能量的和。对(6-84)式进行分离变量，令：

$$\psi(x,y,z)=\psi(x)\cdot\psi(y)\cdot\psi(z)$$

将上式代入(6-84)式，得：

$$-\frac{\hbar}{2m}\left[\frac{1}{\psi(x)}\frac{\mathrm{d}^2\psi(x)}{\mathrm{d}x^2}+\frac{1}{\psi(y)}\frac{\mathrm{d}^2\psi(y)}{\mathrm{d}y^2}+\frac{1}{\psi(z)}\frac{\mathrm{d}^2\psi(z)}{\mathrm{d}z^2}\right]=E \tag{6-85}$$

以上方程可以分离为三个独立的方程，三个方程的形式是相似的，其中 x 方向的方程为：

$$-\frac{\hbar}{2m}\frac{1}{\psi(x)}\frac{\mathrm{d}^2\psi(x)}{\mathrm{d}x^2}=E_x \tag{6-86}$$

上式是一个二阶微分方程，方程的解(x 方向的波函数)为：

$$\psi(x)=\sqrt{\frac{2}{a}}\sin\left(\frac{n_x\pi x}{a}\right)$$

上式的左边即为描述粒子运动的波函数，n_x 的取值是量子化的，即只能取正整数：

$$n_x=1,2,3,4,5,6,\cdots$$

与此波函数对应的本征能量为：

$$E_x=\frac{n_x^2h^2}{8ma^2}$$

三维平动运动的波函数是三个方向的波函数的乘积，平动能是三个方向平动能级能量的和，由此得分子质心在空间运动的总波函数和总平动能为：

$$\psi(x,y,z)=\sqrt{\frac{8}{abc}}\sin\left(\frac{n_x\pi x}{a}\right)\cdot\sin\left(\frac{n_y\pi x}{b}\right)\cdot\sin\left(\frac{n_z\pi x}{c}\right) \tag{6-87}$$

$$E = E_x + E_y + E_z = \frac{h^2}{8m}\left(\frac{n_x^2}{a^2} + \frac{n_y^2}{b^2} + \frac{n_z^2}{c^2}\right) \tag{6-88}$$

热力学系统中分子质心的运动可视为粒子在三维势箱中的运动，故分子的平动运动的能级和能级的简并度公式与三维势箱粒子的表达式是类似的，于是可得分子平动运动的能级能量表达式：

$$\varepsilon_t = \frac{h^2}{8m}\left(\frac{n_x^2}{a^2} + \frac{n_y^2}{b^2} + \frac{n_z^2}{c^2}\right) \tag{6-89}$$

$$n_x = 1,2,3,\cdots$$

$$n_y = 1,2,3,\cdots$$

$$n_z = 1,2,3,\cdots$$

式中 n_x、n_y、n_z 是空间坐标 x、y、z 三个方向上的平动量子数；a、b、c 是系统体积的长、宽、高；m 是分子的质量，h 是普朗克常数，$\hbar = h/2\pi$。

能级的简并度是一个能级可以容纳的不同微观运动状态的数目，三维空间中的平动运动的能级简并度可以从能级公式与平动量子数的组合分析得到。若设三维势箱的三个边长相等，则平动配分函数简化为：

$$\varepsilon_t = \frac{h^2}{8ma^2}(n_x^2 + n_y^2 + n_z^2)$$

平动最低几个能级能量和能级简并度为：

	能级能量 $\left(\dfrac{\varepsilon_t}{h^2/8ma^2}\right)$	能级简并度 $(n_x n_y n_z)$	
基态能级：	3	1	(111)
第一激发态：	6	3	(112,121,211)
第二激发态：	9	3	(122,212,221)
第三激发态：	11	3	(113,131,311)
第四激发态：	12	1	(222)
第五激发态：	14	6	(123,132,213,231,312,321)
第六激发态：	17	3	(223,232,322)
第七激发态：	18	3	(114,141,411)
第八激发态：	19	3	(133,313,331)
…			

同一能级上的量子态的能量是一样的，但运动状态不同。能级拥有的不同量子态的数目称为能级的简并度。从上表可知，平动运动的能级的能量的变化是跳跃式的，不是连续变化的，能级的简并度不是固定的，而是随能级的具体情况而取不同的值。粒子运动行为更为详尽的描述，可参见有关专著与教材。

2. 平动配分函数

将平动运动的能级公式代入平动配分函数的表达式：

$$q_t = \sum_i e^{-\varepsilon_i^t/kT} = \sum_{n_x, n_y, n_z} e^{-\frac{h^2}{8mkT}\left(\frac{n_x^2}{a^2}+\frac{n_y^2}{b^2}+\frac{n_z^2}{c^2}\right)}$$

$$= \left(\sum_{n_x} e^{-\frac{h^2}{8mkT}\frac{n_x^2}{a^2}}\right)\left(\sum_{n_y} e^{-\frac{h^2}{8mkT}\frac{n_y^2}{b^2}}\right)\left(\sum_{n_z} e^{-\frac{h^2}{8mkT}\frac{n_z^2}{c^2}}\right) \tag{6-90}$$

平动配分函数表达式中的三个因子形式是类似的，只需求解其中一项就可以获得其它两项的值，下面对第一个因子进行展开：

令：
$$\alpha^2 = \frac{h^2}{8mkTa^2} \tag{6-91}$$

$$(q_t)_{x方向} = \sum_{n_x} e^{-\frac{h^2}{8mkT}\frac{n_x^2}{a^2}} = \sum_{n_x} e^{-\alpha^2 n_x^2}$$

$$= e^{-\alpha^2 \cdot 1} \times 1 + e^{-\alpha^2 \cdot 4} \times 1 + e^{-\alpha^2 \cdot 9} \times 1 + \cdots + e^{-\alpha^2 \cdot i^2} \times 1 + \cdots$$

上式结果表明 x 轴方向的平动配分函数的值等于无数个小矩形面积的和（见图 6-6），每个矩形的边长均等于 1，矩形的高等于各能级的 Boltzmann 因子。

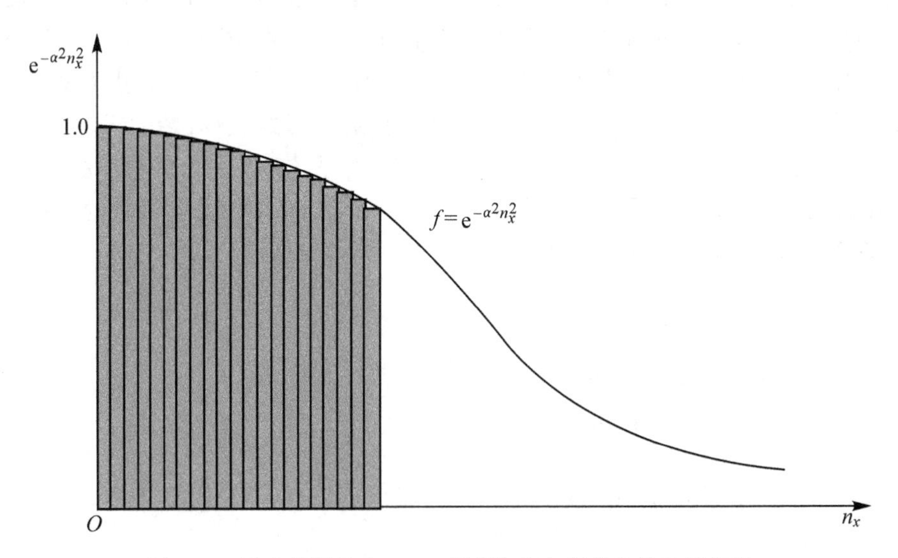

图 6-6　平动能级 Boltzmann 因子加和与积分的关系示意图

热力学系统的体积远远大于分子的体积，分子的平动运动几乎不受束缚，运动能级的间距极其微小，能级非常密集。当平动量子数改变一级时，能级的 Boltzmann 因子变化非常微小，即平动运动的相邻能级的 Boltzmann 因子值非常接近，在这种条件下，加和可以用积分来代替。配分函数的值为图中各个小矩形面积的加和，积分为曲线 $f(n_x) = e^{-\alpha^2 n_x^2}$ 下的面积，由于平动能级非常密集，能级的 Boltzmann 因子的值随 n_x 的变化很缓慢，故加和与积分的值极其接近，两者的计算误差完全可以忽略不计。平动配分函数第一个因子的积分为：

$$\int_0^{\infty} e^{-a^2 n_x^2} dn_x = \frac{\sqrt{\pi}}{2\alpha} = \left(\frac{2mkT\pi}{h^2}\right)^{1/2} \cdot a$$

将以上结果代入平动配分函数的表达式：

$$q_t = \left(\frac{2\pi mkT}{h^2}\right)^{3/2} \cdot abc$$

因为系统的体积 $V = abc$，故分子的平动配分函数为：

$$q_t = \left(\frac{2\pi mkT}{h^2}\right)^{3/2} \cdot V \tag{6-92}$$

在以上的推导中，我们将系统的形状设为立方体，实际上系统的形状可以是任意的，可以证明对于任何形状，计算的结果与(6-92)式是一样的。

在正则系综理论的公式推导过程中，曾引入常数 β，并给出 $\beta = 1/kT$，下面我们将证明以上结果是正确的。正则系综最重要的标志是系综里的系统与环境达成热平衡，而引入的常数 β 是整个系综达到热平衡的标志。任何系统只要在系统的环境条件下达到热平衡，温度都是一样的，当然正则系综的热平衡标志 β 的值也是一样的。这样，我们可以选择最简单的热力学系统来推导 β 的值，只要得到 β 的表达式，对任何热力学系统是同样适用的。为了推导 β 的表达式，特选择单原子分子理想气体系统。单原子分子只有核运动、电子运动和平动运动三种运动形式，没有转动运动和振动运动，由于核运动和电子运动的配分函数均为常数，对系统的热力学函数值的贡献可以忽略不计，因此单原子分子理想气体只需要考虑平动运动对热力学函数的贡献。由正则系综理论，采用类似的方法，可以获得分子的平动配分函数为：

$$q_t = \sum_i e^{-\beta\varepsilon_i} = \sum_{n_x, n_y, n_z} e^{-\frac{h^2\beta}{8m}\left(\frac{n_x^2}{a^2}+\frac{n_y^2}{b^2}+\frac{n_z^2}{c^2}\right)} = \left(\frac{2\pi m}{h^2\beta}\right)^{3/2} V$$

将上式代入正则系综理论的压力统计力学表达式：

$$p = \frac{N}{\beta}\left[\frac{\partial \ln q}{\partial V}\right]_{T,N} = \frac{N}{\beta}\left[\frac{\partial \ln(q_n q_e q_t)}{\partial V}\right]_{T,N} = \frac{N}{\beta}\frac{\partial}{\partial V}\left[\ln\left(\left(\frac{2\pi m}{h^2\beta}\right)^{3/2} \cdot V\right)\right]_{T,N} = \frac{N}{\beta V}$$

上式是从正则系综理论推出的单原子分子理想气体的状态方程式，由热力学经典理论可知，理想气体服从理想气体状态方程：

$$pV = nRT = n(N_A \cdot k)T$$

$$p = \frac{NkT}{V}$$

两者的结果应该是相等的，于是有：

$$p = \frac{NkT}{V} = \frac{N}{\beta V}$$

所以

$$\beta = \frac{1}{kT} \tag{6-93}$$

因此证明常数 β 的确等于 $1/kT$，由此也证明了 β 是统计热力学中的温标。

3. 平动运动对热力学函数的贡献

知道了系统的配分函数，由正则系综理论可以直接获得物质的热力学函数。单原子分子只有三个运动自由度，三维空间的平动具有三个运动自由度，所以单原子分子在外部运动只有平动，没有转动和振动。总的来说，单原子分子只有三种运动形态：核运动、电子运动和平动。因为稳定分子的核配分函数和电子配分函数为常数，对热力学函数的贡献可以忽略不计，故单原子分子理想气体的热力学函数的贡献主要来源于分子的平动。根据理想气体统计理论一节介绍的热力学函数表达式，以下由平动配分函数求出几种最主要的热力学函数。

(1) 平动内能 U_t

将平动配分函数代入内能的统计力学表达式，有：

$$U_t = NkT^2\left(\frac{\partial \ln q_t}{\partial T}\right)_{V,N} = NkT^2\left(\frac{\partial}{\partial T}\left(\ln\left(\frac{2\pi mk}{h^2}\right)^{3/2}V + \ln T^{3/2}\right)\right)_{V,N}$$
$$= NkT^2 \cdot \frac{3}{2}\frac{1}{T} = \frac{3}{2}NkT$$

注意取微分的条件是只有温度 T 为变量，其它均为常数，其微分值为零。摩尔物质的平动内能为：

$$U_{t,m} = \frac{3}{2}RT \tag{6-94}$$

平动对比热的贡献为：

$$C_{t,m} = \frac{\partial U_{t,m}}{\partial T} = \frac{\partial}{\partial T}\left(\frac{3}{2}RT\right) = \frac{3}{2}R \tag{6-95}$$

(2) 平动赫氏自由能 F_t

$$F_t = -NkT\ln\left(\frac{eq_t}{N}\right) = -NkT\ln\left(\frac{e}{N}\left(\frac{2\pi mkT}{h^2}\right)^{3/2}V\right) \tag{6-96}$$

(3) 平动 S_t

三维平动子的熵函数表达式为：

$$S_t = \frac{U-F}{T} = \frac{1}{T}\left(\frac{3}{2}NkT\right) + \frac{1}{T}NkT\ln\left(\frac{e}{N}q_t\right)$$

$$S_{t,m} = \frac{3}{2}R + R\ln\left[\frac{eq_t}{N_A}\right] = R\left[\frac{5}{2} + \ln\left(\frac{q_t}{N_A}\right)\right]$$

将体积表达为压力的函数：$V = \dfrac{RT}{p}$，代入上式可得：

$$S_{t,m} = R\left[\frac{5}{2} + \ln\left(\frac{1}{N_A}\left(\frac{2\pi mkT}{h^2}\right)^{3/2}\frac{RT}{p}\frac{p^\ominus}{p^\ominus}\right)\right]$$

代入可以计算的常数，并对上式进行整理，得平动熵的计算式：

$$S_{t,m} = R\left(\frac{3}{2}\ln M + \frac{5}{2}\ln T - \ln\frac{p}{p^\ominus} - 1.165\right) \tag{6-97}$$

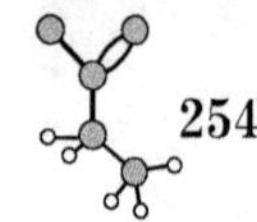

上式为摩尔平动熵的数学计算式，称为沙克尔－特鲁德公式(Sackur-Tetrode equation)，式中 M 为相对分子量，T 为绝对温度的值，压力项是系统的压力与标准压力的比值，也是一个无量纲的数，熵的单位是 $J\cdot K\cdot mol^{-1}$。

例题 试求惰性气体氖在 298.15 K、1 $p^{\ominus}$ 下的规定熵。已知 Ne 的相对原子量 $M_{Ne}=20.18$，Ne 分子的核运动和电子运动的基态能级简并度均等于 1。

解 Ne 是单原子分子，因为其为惰性气体，分子间的作用势能非常微弱以致可以忽略不计，故 Ne 在常温常压条件下可以视为理想气体。由题给条件，Ne 的核运动和电子运动的基态能级简并度均等于 1，故其核运动和电子运动对于熵没有贡献，氖气的熵均为平动运动所贡献。题给条件下的熵值就是 Ne 的规定熵。由平动熵的计算公式，代入 Ne 的相关数值：

$$S_m(\text{Ne},298.15\ \text{K},1p^{\ominus})=R\left(\frac{3}{2}\ln 20.18+\frac{5}{2}\ln 298.15-\ln\frac{1.0}{1.0}-1.165\right)$$

$$=8.314\times(4.507+14.244-0-1.165)\ \text{J}\cdot\text{K}^{-1}\cdot\text{mol}^{-1}$$

$$=146.2\ \text{J}\cdot\text{K}^{-1}\cdot\text{mol}^{-1}$$

得 Ne 的规定熵为： $S_m^{\ominus}(\text{Ne},298.15\ \text{K})=146.2\ \text{J}\cdot\text{K}^{-1}\cdot\text{mol}^{-1}$

实验测得 Ne 在 298.15 K 下的规定熵值为 146.3 $J\cdot K^{-1}\cdot mol^{-1}$，与计算值非常接近，在误差范围内是相吻合的，这说明统计力学理论是正确、可靠的。

四、转动配分函数(rotational partition function)

单原子分子没有转动运动，只有两原子分子和多原子分子有转动运动和转动配分函数。一般情况下，分子的转动有两种类型，一种是线性分子，另一种是非线性分子。所有的双原子分子均为线性分子，原子核位于同一条直线上的多原子分子也是线性分子，如 CO_2 分子。线性分子的转动运动只有两个运动自由度，其原因在本章第一节已经进行了较详细的讨论。原子核不在同一条直线上的多原子分子称为非线性分子，非线性分子的转动有三个运动自由度。在以下讨论分子的转动配分函数时，均将分子视为一个刚性物体，在转动时，分子的结构及原子核间的距离不随转动能级的不同而变化，即不考虑分子转动中非刚性因素对配分函数的影响。我们着重介绍线性分子的转动配分函数。

1. 线性分子的转动配分函数

转动配分函数的求算与平动配分函数类似，必须先求解分子转动运动的能级和能级简并度。在求解平动配分函数之前，首先简要介绍转动能级与能级简并度的有关知识。

(1) 线性分子转动运动的量子力学描述

线性分子可以视为一个刚性的线性转子的运动，微观粒子的运动严格来讲需用量子力学理论来描述。由量子力学理论，线性刚转子的能级公式和能级简并度为：

$$\varepsilon_r = \frac{h^2}{8\pi^2 I} J(J+1) \tag{6-98}$$

$$J = 0,1,2,3,\cdots \quad J \text{ 为转动量子数}$$

转动能级的简并度为：

$$g_J = 2J+1 \quad J \text{ 能级的简并度}$$

(6-98) 式中的 I 是线性分子的转动惯量。双原子分子的转动惯量由下式给出：

$$I = \mu \cdot r^2$$

$$\mu = \frac{m_A m_B}{m_A + m_B} \tag{6-99}$$

式中：μ 是双原子分子的折合质量，m_A、m_B 分别为 A 原子和 B 原子的质量，r 为两原子核的间距。多原子分子的转动惯量由下式给出：

$$I = \sum_i m_i r_i^2 \tag{6-100}$$

式中 m_i 为 i 原子的质量，r_i 是 i 原子到分子质心的距离。

线性分子的转动能级的间距与分子的转动惯量有关，转动惯量 I 越小，转动受到的束缚越厉害，能级的间距越大。转动能级的简并度随转动量子数的增加而增加，转动能级简并度从低到高依次为：1，3，5，7，9，11，…，呈等差级数随转动量子数逐步增加。转动运动没有零点能，转动的最低能级的能量为零。

(2) 转动配分函数

将转动能级公式与能级简并度代入配分函数表达式：

$$q_r = \sum_i g_i^r e^{-\varepsilon_r^r/kT} = \sum_{J=0}^{\infty} (2J+1) \cdot e^{-J(J+1)\frac{h^2}{8\pi^2 IkT}}$$

上式中因子 $\frac{h^2}{8\pi^2 Ik}$ 的量纲是温度，为了简化配分函数的表达式，令：

$$\Theta_r = \frac{h^2}{8\pi^2 Ik} \tag{6-101}$$

Θ_r 称为转动特征温度(rotational characteristic temperature)，单位为 K。将 Θ_r 代入转动配分函数的表达式：

$$q_r = \sum_{J=0}^{\infty} (2J+1) \cdot e^{-J(J+1)\frac{\Theta_r}{T}}$$

q_r 是无穷级数的和，将其展开为：

$$q_r = 1 + 3e^{-2\Theta_r/T} + 5e^{-6\Theta_r/T} + 7e^{-12\Theta_r/T} + 9e^{-20\Theta_r/T} + 11e^{-30\Theta_r/T} + \cdots$$

此级数收敛很慢，可用欧拉 - 麦克劳林公式对上式进行变换，获得另一新的无穷级数，变换后得到的级数收敛很快，一半只需取前几项就可以得到足够的精度。欧拉 - 麦克劳林公式(Euler-Maclaurin equation) 为：

$$\sum_{i=0}^{\infty} f(x_i) = \int_0^{\infty} f(x)\mathrm{d}x + \frac{1}{2}[f(x_0) - f(x_n)] - \frac{1}{12}[f'(x_0) - f'(x_n)] + \frac{1}{720}[f''(x_0) - f''(x_n)] - \frac{1}{30240}[f'''(x_0) - f'''(x_n)] + \cdots$$

用上式对 q_r 进行处理，可得一个新的级数：

$$q_r = \frac{T}{\Theta_r} + \frac{1}{3} + \frac{1}{15}\frac{\Theta_r}{T} + \frac{1}{315}\left(\frac{\Theta_r}{T}\right)^2 + \cdots \tag{6-102}$$

(6-102) 式为线性转子配分函数表达式。

常见的双原子分子的转动特征温度的数值均很小，一些双原子分子的 Θ_r 的值如下：

分子	H_2	HD	D_2	N_2	O_2	CO	Cl_2	I_2
Θ_r/K	85.38	64.27	43.03	2.863	2.069	2.766	0.3495	0.0537

分子的转动特征温度均很小，只有氢气的比较高为 85.4 K。一些常见的双原子分子的 Θ_r 的值只有几 K，与常温(～300 K)相比均很小，因此，q_r 的值只需取(6-102)式中的第一项就具有足够的精度，线性分子的转动配分函数的表达式可简化为：

$$q_r = \frac{T}{\Theta_r} = \frac{8\pi^2 IkT}{h^2} \tag{6-103}$$

其实，上式是将量子统计还原为经典统计的结果，即认为线性转子的运动可以用经典力学描述，转动的能量不再是量子化的，而是连续的，在此基础上对转动配分函数进行数学处理的结果，推导如下：

$$q_r = \sum_{J=0}^{\infty}(2J+1)\cdot \mathrm{e}^{-J(J+1)\frac{\Theta_r}{T}} \approx \int_0^{\infty}(2J+1)\cdot \mathrm{e}^{-J(J+1)\frac{\Theta_r}{T}}\mathrm{d}J$$

令：

$$u = J^2 + J \quad \mathrm{d}u = (2J+1)\mathrm{d}J$$

对 q_r 的积分式进行变量代换：

$$q_r = \int_0^{\infty} \mathrm{e}^{-\frac{\Theta_r}{T}u}\mathrm{d}u = -\frac{T}{\Theta_r}\mathrm{e}^{-\frac{\Theta_r}{T}u}\Big|_0^{\infty}$$

代入上下限的值，得：

$$q_r = \frac{T}{\Theta_r}$$

此结果与(6-103)式完全相同。

当系统的温度比较低，分子的转动特征温度比较高时，q_r 的值只取级数的第一项可能精度达不到要求，此时可以取(6-102)式前几项的和，以获取足够的精度。

上面对于分子转动配分函数的讨论没有考虑分子的对称性对配分函数的影响。双原子分子的对称性如图 6-7 所示。

如图 6-7 所示，当双原子分子的 A、B 两原子的位置互换(即分子旋转 180°)时，对于异核双原子分子，这两个态是不同的微观态，而对于同核的双原子分子，因为同种微观粒子的不可分辨性，这两个状态是不可分辨的，只能视为同一个状态。在推导线性分子的转动配分函数时，我们没有考虑同核双原子分子转动运动的对称性，因而对同核双原子分子，每一个微观状态都计算了两次，所以在计算同核双原子分子的转动配分函数时，必须对分子的对称性进行修正。多原子线性分子的情况也相类似。因此，更一般地，线性分子的转动配分函数的表达式应为：

$$q_r = \frac{T}{\sigma \cdot \Theta_r} = \frac{8\pi^2 IkT}{\sigma h^2} \tag{6-104}$$

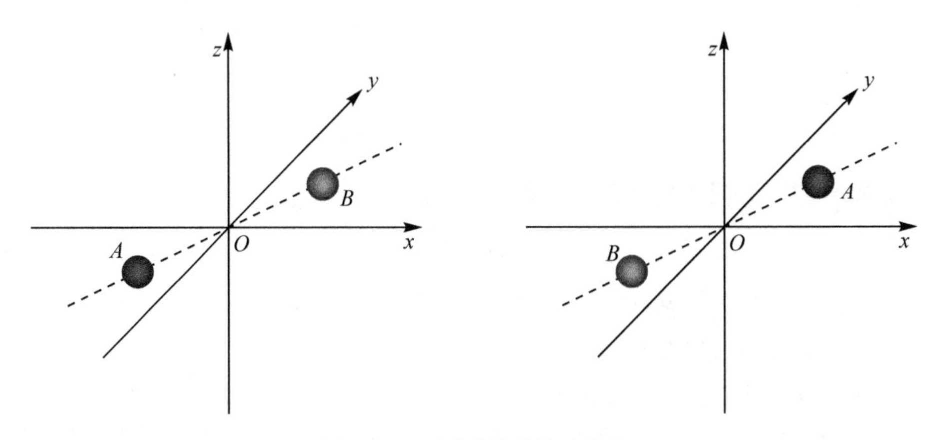

图 6-7　双原子分子的对称性

式中因子 σ 称为对称因子，其值与线性分子的对称性有关。

$\sigma = 1$　异核双原子分子

$\sigma = 2$　同核双原子分子

线性多原子分子的对称因子的取值为：若分子在转动运动中有对称因素，$\sigma = 2$；若无对称因素，$\sigma = 1$。如 CO_2 分子的结构式为 O = C = O，是具有对称性的线性多原子分子，故 CO_2 分子的转动校正因子 $\sigma = 2$。

(3) 转动运动对热力学函数的贡献

将转动配分函数代入热力学函数的统计力学表达式，即可以得到转动运动对热力学函数的贡献。

A. 转动内能

由内能的统计力学表达式，线性分子对内能的贡献为：

$$U_r = NkT^2\left(\frac{\partial \ln q_r}{\partial T}\right)_{V,N} = NkT^2\left(\frac{\partial}{\partial T}\ln\frac{T}{\sigma\Theta_r}\right)_{V,N} = NkT^2 \cdot \frac{1}{T} = NkT$$

线性分子的摩尔转动内能为：

$$U_{r,m} = RT \tag{6-105}$$

将上式对温度 T 进一步取微商，即得线性分子的转动热容：

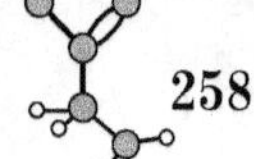

$$C_{V,m}^{r} = R \tag{6-106}$$

B. 转动赫氏自由能

由赫氏自由能的统计力学表达式：

$$F_r = -NkT\ln q_r = -NkT\ln\frac{T}{\sigma\Theta_r}$$

线性分子的摩尔转动赫氏自由能为：

$$F_{r,m} = -RT\ln\frac{T}{\sigma\Theta_r} \tag{6-107}$$

C. 转动熵

线性分子的摩尔转动熵为：

$$S_{r,m} = \frac{U_{r,m} - F_{r,m}}{T} = RT\ln q_r + R = R(\ln q_r + 1)$$

对上式进行整理，并代入转动配分函数的值，得：

$$S_{r,m} = R\left(\ln\frac{T}{\sigma\Theta_r} + 1\right) \tag{6-108}$$

当体系的温度很低，分子的转动特征温度较高时，计算 q_r 时有必要取(6-102) 式中的前几项之和，以获得较高的精确度。

2. 非线性分子的转动配分函数

非线性多原子分子有三个转动自由度，即分子绕 x、y、z 三个坐标轴的旋转。多原子的体积比较大，转动能级一般都非常密集，可以视为转动的能量是连续变化的，故可采用经典统计力学的方法进行处理。在计算非线性分子的转动配分函数时，可认为分子是一个刚性转体，分子中各原子的相对位置在转动时不发生变化。采用经典统计力学的方法，可以求得非线性分子的转动配分函数为：

$$q_r = \frac{\sqrt{\pi}}{\sigma}\left(\frac{8\pi^2 kT}{h^2}\right)^{3/2} \cdot D \tag{6-109}$$

$$D^2 = I_x I_y I_z = \begin{vmatrix} I_{xx} & -I_{xy} & -I_{xz} \\ -I_{xy} & I_{yy} & -I_{yz} \\ -I_{xz} & -I_{yz} & I_{zz} \end{vmatrix} \tag{6-110}$$

以上式中 I_x、I_y、I_z 是分别绕 x、y、z 坐标轴旋转的主转动惯量，I_{xx}、I_{yy}、I_{zz} 是绕 x、y、z 坐标轴旋转的转动惯量，I_{xy}、I_{xz}、I_{yz} 是惯性积，D^2 等于三个坐标轴的主转动惯量的乘积。惯性积与转动惯量的定义如下：

$$I_{xx} = \sum_i m_i(y_i^2 + z_i^2)$$

$$I_{yy} = \sum_i m_i(x_i^2 + z_i^2)$$

$$I_{zz} = \sum_i m_i(x_i^2 + y_i^2)$$

$$I_{xy} = \sum_i m_i x_i y_i$$

$$I_{xz} = \sum_i m_i x_i z_i$$

$$I_{yz} = \sum_i m_i y_i z_i$$

以上定义中的 m_i 是 i 原子的质量，x_i、y_i、z_i 分别是 i 原子在以分子质心为原点的直角坐标系中的坐标。当惯性积 I_{xy}、I_{xz}、I_{yz} 均等于零时，则有：

$$I_x = I_{xx} \quad I_y = I_{yy} \quad I_z = I_{zz}$$

σ 是分子的对称因子，其值取决于分子的对称性。如 NH_3 分子的 $\sigma = 3$，CH_4 分子的结构为一正四面体，具有 4 个三重轴，故 CH_4 分子的对称因子 $\sigma = 3 \times 4 = 12$。

求算非线性分子的转动配分函数的方法可分为以下几个步骤：首先求出分子的质心，并以质心为坐标原点，根据分子的有关参数（如键长、键角、质量等）求出分子中各个原子的坐标，进而求出各惯性积和转动惯量，再由(6-110)式求出分子的 D 值，最后将 D 值代入分子转动配分函数表达式中即可得到非线性分子的转动配分函数 q_r。

例题　试计算 H_2O 分子的主转动惯量乘积，即 D^2 的值。

解　水分子键角 $\angle HOH = 105°$，H－O 键长 0.9584 Å，水分子结构如图 6-8 所示，$r = 0.9584$ Å，$\theta = 52.5°$。

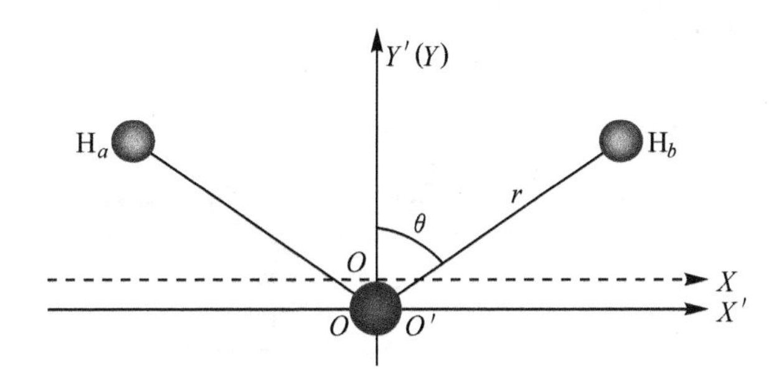

图 6-8　水分子结构图

以氧原子 O 为坐标系原点，选取坐标系 $X'O'Y'$，由 H_2O 分子的基本参数可求得各原子在坐标系 $X'O'Y'$ 中的坐标分别为：

$$H_a: x' = -r\sin\theta; \quad y' = r\cos\theta; \quad z' = 0$$

$$H_b: x' = r\sin\theta; \quad y' = r\cos\theta; \quad z' = 0$$

$$O: x' = 0; \quad y' = 0; \quad z' = 0$$

$X'O'Y'$ 坐标系的原点不是分子的质心，取 $m_O = 16m_H$、$m_{H_2O} = 18m_H$，水分子的质心在 $X'O'Y'$ 坐标系中的坐标为：

$$x_0 = \frac{1}{m_i}\sum_i m_i x'_i = \frac{1}{18}(r\sin\theta - r\sin\theta + 0) = 0$$

$$y_0 = \frac{1}{m_i}\sum_i m_i y'_i = \frac{1}{18}(r\cos\theta + r\cos\theta + 0) = \frac{r\cos\theta}{9}$$

$$x_0 = \frac{1}{m_i}\sum_i m_i z'_i = 0$$

x_0、y_0、z_0 是分子质心在坐标系 $X'O'Y'$ 中的坐标。为了求算 D 值,需将 $X'O'Y'$ 坐标系中的各原子的坐标变化到以分子质心为原点的坐标系 XOY 中的坐标。坐标变换公式为:

$$\begin{cases} x_i = x'_i - x_0 \\ y_i = y'_i - y_0 \\ z_i = z'_i - z_0 \end{cases}$$

经变换得到水分子各原子在以分子质心为原点的坐标系 XOY 中的坐标为:

$$\mathrm{H}_a: x = -r\sin\theta;\quad y = \frac{8}{9}r\cos\theta;\quad z = 0$$

$$\mathrm{H}_b: x = r\sin\theta;\quad y' = \frac{8}{9}r\cos\theta;\quad z = 0$$

$$\mathrm{O}: x = 0;\quad y = -\frac{1}{9}r\cos\theta;\quad z = 0$$

由所得数据,计算得各惯性积为零:

$$I_{xy} = I_{xz} = I_{yz} = 0$$

故每个坐标轴的转动惯量均为主转动惯量:

$$I_x = I_{xx} = m_{\mathrm{H}}r^2\left(\frac{2\times 64}{81}\cos^2\theta + \frac{16}{81}\cos^2\theta\right) = \frac{16}{9}m_{\mathrm{H}}r^2\cos^2\theta$$

$$I_y = I_{yy} = 2m_{\mathrm{H}}r^2\sin^2\theta$$

$$I_z = I_{zz} = 2m_{\mathrm{H}}r^2\left(1 - \frac{1}{9}\cos^2\theta\right)$$

由此,即得水分子的 D 值:

$$D^2 = I_x I_y I_z = 5.640\times 10^{-141}\ \mathrm{kg^3\cdot m^6}$$

$$D = 0.751\times 10^{-70}\ \mathrm{kg^{3/2}\cdot m^3}$$

五、振动配分函数(vibrational partition function)

首先介绍双原子分子的振动配分函数。双原子分子只有一个振动自由度,振动是原子在各自平衡位置附近的来回摆动,双原子分子的振动运动可以近似看成是简谐振动。双原子分子的振动配分函数是一维谐振子的配分函数。由量子力学理论,简谐振子的能级公式为:

$$\varepsilon_v = \left(n + \frac{1}{2}\right)hv \tag{6-111}$$

式中：$n = 0,1,2,3,\cdots$ 是振动量子数；v 为简谐振子的振动频率。振动各能级均为非简并的，即所有振动能级的简并度均等于 1。

$$g_i^v = 1$$

将振动能级能量表达式和能级简并度代入配分函数的表达式，可得：

$$\begin{aligned} q_v &= \sum_i e^{-\varepsilon_i^v/kT} = \sum_n e^{-\left(n+\frac{1}{2}\right)\frac{hv}{kT}} = e^{-\frac{1}{2}\frac{hv}{kT}} + e^{-\frac{3}{2}\frac{hv}{kT}} + e^{-\frac{5}{2}\frac{hv}{kT}} + \cdots \\ &= e^{-\frac{1}{2}\frac{hv}{kT}}\left(1 + e^{-\frac{hv}{kT}} + e^{-2\frac{hv}{kT}} + \cdots\right) \end{aligned}$$

可以看出，上式括号中的是一个等比数列，数列的公比为 $e^{-\frac{hv}{kT}}$，且有 $e^{-\frac{hv}{kT}} < 1$，所以此等比数列是收敛的。由收敛等比数列求和公式即得振动配分函数的值：

$$q_v = e^{-\frac{1}{2}\frac{hv}{kT}} \cdot \frac{1}{1 - e^{-hv/kT}} \tag{6-112}$$

若令振动运动基态能级的能量为零，则有：

$$q_v^* = \frac{1}{1 - e^{-hv/kT}} \tag{6-113}$$

q_v^* 表示令基态能级为零所得到的振动配分函数。

振动配分函数的指数项含有因子 $\frac{hv}{k}$，其量纲为温度，单位是 K，与转动特征温度相似，引入振动特征温度（vibrational characteristic temperature）：

$$\Theta_v = \frac{hv}{k} \tag{6-114}$$

将上式代入振动配分函数，即得：

$$q_v = e^{-\frac{1}{2}\frac{\Theta_v}{T}} \cdot \frac{1}{1 - e^{-\Theta_v/T}} = \frac{1}{2\mathrm{sh}\left(\frac{\Theta_v}{T}\right)} \tag{6-115}$$

$$q_v^* = \frac{1}{1 - e^{-\Theta_v/T}} \tag{6-116}$$

振动运动的能级间距比较大，与转动特征温度相比，振动特征温度要高得多，一般达几千 K，下表是几种双原子分子的振动特征温度：

分子	H_2	N_2	O_2	CO	NO	HCl	HBr	HI
Θ_v/K	6100	3340	2230	3070	2690	4140	3700	3200

当系统的温度不高时，有 $e^{-\Theta_v/T} \ll 1$，代入(6-116) 式，得：

$$q_v^* = \frac{1}{1 - e^{-\Theta_v/T}} \approx \frac{1}{1} = 1$$

在温度较低时，分子的振动运动基本处于基态能级上，高能级对配分函数的贡献几乎

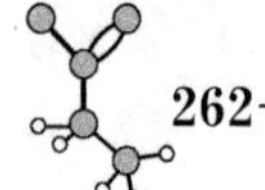

为零。此时,振动配分函数与核配分函数和电子配分函数类似,其值为一常数,即等于基态能级的简并度。振动的能级简并度均为1,故常温下,振动配分函数的值等于1。在常温下,振动对热力学函数的贡献很小,往往可以忽略不计。但是当系统的温度很高时,$e^{-\Theta_v/T}$ 的值不能再忽略,q_v^* 的值也不再等于1,此时应考虑振动运动对热力学函数的贡献。

多原子分子的振动自由度大于1,设分子由 n 个原子组成,分子的振动自由度为:

线性多原子分子: $3n-5$

非线性多原子分子: $3n-6$

分子的振动是各原子在其平衡位置附近的来回摆动。为了描述分子的振动运动,可以采用各种坐标,其中必定存在一种坐标,使得分子中各原子的势能相对于平衡构型势能为:

$$V = V_1 + V_2 + \cdots + V_{3n-5(3n-6)} = \sum_i V_i$$

式中 V 是分子的振动势能,V_i 是 i 原子的势能。势能的值可用下式表达:

$$V_i = \frac{1}{2}k_i(q_i - q_i^0)^2$$

上式中 k_i 是 i 原子的势能,q_i 是各振动构型的坐标,q_i^0 是 q_i 的平衡值。这样,分子的振动运动就可以分解为 $3n-5$ 或 $3n-6$ 个简正振动。此组坐标称为简正坐标,每个简正坐标的能级公式和配分函数的表达式与简谐振动的类似。多原子分子的振动能可以分解为这些简正振动能量的和:

$$\varepsilon_v = \varepsilon_{v,1} + \varepsilon_{v,2} + \cdots + \varepsilon_{v,3n-5(or\,3n-6)} + \cdots$$

相应地,振动配分函数可分解为这些简正振动配分函数的乘积:

$$q_v = \prod_{i=1}^{\substack{3n-5\\(3n-6)}} e^{-\frac{1}{2}\frac{hv_i}{kT}} \cdot \frac{1}{1-e^{-hv_i/kT}} \tag{6-117}$$

若令基态能级的能量为零,则振动配分函数为:

$$q_v^* = \prod_{i=1}^{\substack{3n-5\\(3n-6)}} \frac{1}{1-e^{-hv_i/kT}} \tag{6-118}$$

求算分子振动配分函数所需要的最重要数据,是分子的振动频率。可以从分子的光谱数据中分析得到各简正振动的基本频率 v_i,将 v_i 的值代入振动配分函数表达式就可以获得多原子分子的振动配分函数。

原子数相同的线性多原子分子比非线性分子多一个振动自由度,相应的少一个转动自由度。以 H_2O 和 CO_2 分子为例,两种分子的简正振动模式如图6-9所示。H_2O 分子是非线性分子振动自由度为3,相应有三个简正振动;CO_2 分子是线性分子,故有4个振动自由度,相应有4个简正振动。

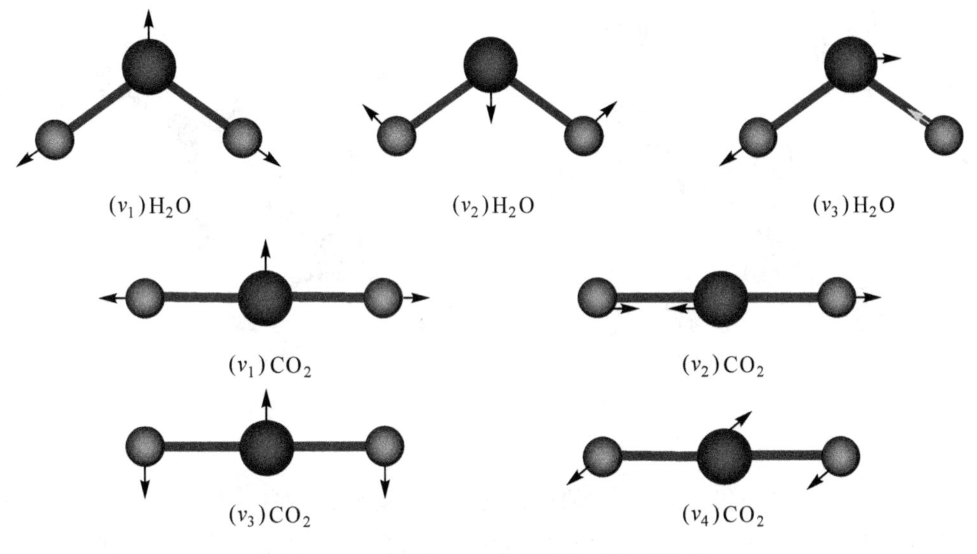

图 6-9　H_2O 和 CO_2 分子的简正振动模式

六、分子的内转动(internal rotation)

分子的运动除了前面介绍的 5 种运动形式之外，对于大分子，特别是有机大分子，还存在分子内的转动运动，简称内转动。如乙烷分子有 8 个原子，其运动自由度为 $8\times3=24$，按一般的计算方法，乙烷是一个非线性分子，有 3 个平动自由度和 3 个转动自由度，应有 $24-3-3=18$ 个振动自由度。分子振动的基本频率可以从分子的光谱数据中分析得到，但是从 C_2H_6 分子的光谱数据中，只能找到 17 个振动基本频率，还有一个振动运动的频率没有找到，但是这个运动自由度在热容等热力学性质中却表现出来。经研究发现此运动自由度不同于前面介绍的平动、自由转动和振动运动，而是一种分子内部的转动运动，是分子内某些基团相对于另外一些基团的转动运动，故称为分子的内转动，这种转动运动与分子整体的转动运动不同，分子内转动在转动中一般会受到某种阻力，故是一种受阻内转动。乙烷的内转动是两个甲基绕 C—C 轴的相对旋转运动，其运动模式如图 6-10 所示。

图 6-10 中的 a 表示乙烷分子的两个甲基的三个氢原子正好前后相对，相互的距离最近，位垒最高；b 表示两个甲基的位置刚好相互错开，两个甲基上的氢原子的距离最远，能垒最低。乙烷分子的这种分子内部的转动运动所要克服的能垒呈周期性变化，在 a 位置时能垒最高，在 b 位置时能垒最低，在其它位置时，转动运动受到的能垒处于最大值与最低值之间。

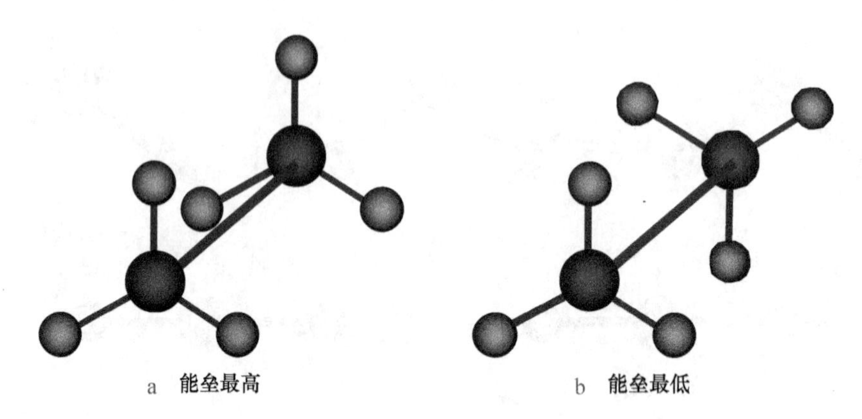

图 6-10　乙烷的内转动

当内转动的能垒极小时，此时的内转动可近似看成自由内转动，可以采用一维刚性转子模型求出一维自由转动运动的配分函数；若内转动的能垒极高，此时的内转动是很不自由的内转动，变成一种在平衡位置附近的来回运动，内转动在这种情况下还原为简谐振动；一般内转动的能垒不很大，但是也不是非常小，这种内转动是受阻内转动，需将内转动能级的数据代入配分函数表达式中，以求出内转动的配分函数。具体计算方法请参见有关专著。

§6-7　气体的热容

这一节是统计热力学的基本理论在实际中的具体应用。热容是物质最重要的物理性质之一，通过物质的热容，可以求出物质的规定熵、规定焓等热力学性质。本章介绍的统计热力学理论可以通过物质的热容数据来验证。将理论求算得到的热容值与实际测量的热容值比较，可以判断理论的正确性。

本节主要讨论行为接近理想气体的参见气体物质，即常温、常压下的简单气体。稳定分子的核运动和电子运动在一般温度条件下都处于基态，若令基态能级的能量为零，则核运动和电子运动对物质内能的贡献为零，故这两种运动对于物质热容的贡献也为零。气体的热容主要来自于分子的平动、转动和振动运动。

在分子配分函数一节已经介绍过，振动运动的能级间距也相当大，在一般温度下，分子的振动运动一般处于基态能级，处于激发态能级的粒子数非常少。与平动和转动运动相比，系统每升高一度，由低能级激发到高能级的分子数非常少，故吸收的能量也很少，故振动运动对于热容的贡献也很小，一般可以忽略不计。但是当系统的温度很高时，振动运动随温度的升高而逐步展开，振动对于热容的贡献会愈来愈大，因此高温下，一般需要考虑振动对热容的贡献。

任何分子都有三个平动自由度，由平动配分函数已求出每摩尔物质的平动对系统内能的贡献为3/2 RT，平动对物质摩尔热容的贡献为3/2 R。单原子分子没有转动与振动，若不考虑核运动和电子运动，单原子分子理想气体的热容主要来源自分子的平动。对单原子分子理想气体有：

$$C_{V,\mathrm{m}} = \frac{3}{2}R \tag{6-119}$$

$$C_{p,\mathrm{m}} = \frac{3}{2}R + R = \frac{5}{2}R$$

$$\gamma = \frac{C_{p,\mathrm{m}}}{C_{V,\mathrm{m}}} = \frac{5}{3}$$

以上结果与惰性气体的实测值十分吻合。

转动运动对热容的贡献分两种类型，一种是线性分子，另一种是非线性分子。线性分子转动对内能和热容的贡献在转动配分函数一节已经介绍过：

$$U_r = NkT = nRT$$

$$U_{r,\mathrm{m}} = RT$$

$$C_{V,\mathrm{m}}^r = R \tag{6-120}$$

线性分子的转动对摩尔气体的热容的贡献为 R。非线性分子有三个转动自由度，对内能和热容的贡献比线性分子大，非线性分子对内能的贡献为：

$$\begin{aligned} U_r &= NkT^2\left\{\frac{\partial}{\partial T}\ln\left[\frac{\sqrt{\pi}}{\sigma}\left(\frac{8\pi^2 k}{h^2}\right)^{3/2} D\cdot T^{3/2}\right]\right\}_{V,N} \\ &= NkT^2\left\{\frac{\partial}{\partial T}\left[\ln\left(\frac{\sqrt{\pi}}{\sigma}\left(\frac{8\pi^2 k}{h^2}\right)^{3/2} D\right)+\frac{3}{2}\ln T\right]\right\}_{V,N} \\ &= \frac{3}{2}NkT \end{aligned}$$

$$U_{r,\mathrm{m}} = \frac{3}{2}RT$$

非线性分子的转动对气体摩尔热容的贡献为：

$$C_{\mathrm{m}}^r = \frac{\partial U_{r,\mathrm{m}}}{\partial T} = \frac{3}{2}R \tag{6-121}$$

以上结果说明平动和转动对物质内能与热容的贡献符合经典的能量均分原理。能量均分原理是：分子能量表达式中的每一个平方项对内能的贡献等于1/2 kT。

根据能量均分原理，分子表达式中的一个平方项对每摩尔物质内能的贡献为1/2 RT，对摩尔等容热容的贡献为1/2 R。任何分子的平动均有三个自由度，每个平动自由度含有一个平方项，故分子平动运动对摩尔内能的贡献为3/2 RT，对摩尔等容热容的贡献为3/2 R。每个转动自由度含有一个平方项，线性分子有两个转动自由度，所以线性分子的转动对摩尔气体内能的贡献为 RT，对摩尔等容热容的贡献为 R；非线性分子具有三个转动自由度，非线性分子对内能的贡献为 $3/2\ RT$，对摩尔等容热容的贡献为 $3/2\ R$。能量均分原理是建立在经典力学基础上的经典统计力学理论推导结果，而本章介绍的分子配分函数是建立在量子力学基础上的。两种理论推导的结果之所以一致，是因为在一般条件下，分子的平动和转动运动的能级非常密集，在求算配分函数时，可以将 Boltzmann 因子的加合简化积分来处理，实质上是采用经典力学的方法来处理平动配分函数和转动配分函数，所以结果是一致的。若能级的间距很大，级数的加合不能简化为积分，则会出现明显的量子效应，推导的结果与经典的能量均分原理将有明显的区别。

分子的振动运动与平动和转动不同，振动运动的每一个自由度含有两个平方项：一个动能平方项和一个势能平方项。根据经典的能量均分原理，一个振动自由度对物质摩尔热容的贡献应该为 R，但是实际测量值要少得多，这是因为振动的能级间距很大，一般温度条件下，分子的振动均处在最低能级，当升高幅度不大时，激发到高能级的分子数量极少，所以振动对热容的贡献很小，在常温下可以忽略不计。能量均分原理只适合于能级极其密集的运动形态，而不适合于能级间距很大的运动形态，如振动、核运动和电子运动等。

为求振动对热容的贡献，先求振动对物质内能的贡献，由内能的统计力学表达式，有：

$$\begin{aligned} U_v^* &= NkT^2\left[\frac{\partial}{\partial T}\ln q_V^*\right]_{V,N} = NkT^2\left[\frac{\partial}{\partial T}\left(\ln\frac{1}{1-\mathrm{e}^{-\frac{hv}{kT}}}\right)\right]_{V,N} \\ &= -NkT^2\,\frac{1}{1-\mathrm{e}^{-\frac{hv}{kT}}}\left(-\mathrm{e}^{-\frac{hv}{kT}}\right)\left(\frac{-hv}{k}\cdot\frac{-1}{T^2}\right) \\ &= Nhv\,\frac{1}{\mathrm{e}^{\frac{hv}{kT}}-1} \end{aligned}$$

对内能求偏微商即得热容：

$$C_{V,\mathrm{m}}^v = \frac{\partial U_{v,\mathrm{m}}}{\partial T} = \frac{\partial}{\partial T}\left(N_\mathrm{A}hv\,\frac{1}{\mathrm{e}^{hv/kT}-1}\right) = R\,\frac{(hv/kT)^2\cdot\mathrm{e}^{hv/kT}}{(\mathrm{e}^{hv/kT}-1)^2}$$

将振动特征温度表达式代入上式：

$$C_\mathrm{m}^v = R\left(\frac{\Theta_V}{T}\right)^2\frac{\mathrm{e}^{\Theta_V/T}}{(\mathrm{e}^{\Theta_V/T}-1)^2} \tag{6-122}$$

上式为振动对物质热容的贡献。

双分子分子的振动特征温度很高，在常温下，两者的比值 Θ_V/T 很大，因而有：

$$\frac{\mathrm{e}^{\Theta_V/T}}{(\mathrm{e}^{\Theta_V/T}-1)^2} \approx \frac{1}{\mathrm{e}^{\Theta_V/T}} \to 0$$

$$\therefore \qquad C_\mathrm{m}^v \approx 0$$

例如，取 $\Theta_V = 300$ K，系统温度为 300 K，则 $\mathrm{e}^{\Theta_V/kT} = \mathrm{e}^{10} = 22026$，代入上式求得振动

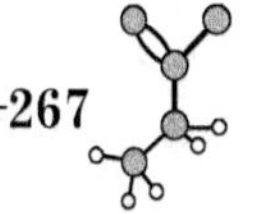

对摩尔热容的贡献为 0.0045 R，约等于零。此结果说明常温下，可以不考虑气体物质的振动运动对热容的贡献。

气体物质的热容可以归纳如下：当系统温度不太高时，可以不考虑振动运动对热容的贡献，气体物质的热容主要来自平动和振动运动的贡献。若系统为理想气体，可以忽略分子间的势能，则有：

多原子分子理想气体：

$$C_{V,\mathrm{m}}=\frac{3}{2}R \quad C_{p,\mathrm{m}}=\frac{5}{2}R \quad \gamma=\frac{5}{3}=1.667$$

双原子分子和线性单原子分子理想气体：

$$C_{V,\mathrm{m}}=\frac{5}{2}R \quad C_{p,\mathrm{m}}=\frac{7}{2}R \quad \gamma=1.400$$

非线性多原子分子理想气体：

$$C_{V,\mathrm{m}}=3R \quad C_{p,\mathrm{m}}=4R \quad \gamma=\frac{4}{3}=1.333$$

常见的实际气体的热容值与理想气体的理论值接近，但因分子间存在一定的作用势能，使实测值与理论值有一定误差，当温度较高时，就要考虑振动运动对热容的贡献。

例题 将氮气 N_2 在电弧中加热，从光谱中观察到系统中处于振动第一激发态的分子数与处于基态的分子数之比$\frac{N_{n=1}}{N_{n=0}}=0.26$，式中下标 n 为振动量子数。已知 N_2 的振动频率 $v=6.99\times10^{13}\,\mathrm{s}^{-1}$，试求：

(1) 系统的温度；

(2) 振动能量在系统总能量中所占的百分数(令基态能级能量为零)。

解 (1) 氮气的振动特征温度为：

$$\Theta_V=\frac{hv}{k}=\frac{6.626\times10^{-34}\ \mathrm{J\cdot s}\times6.99\times10^{13}\mathrm{s}^{-1}}{1.3806\times10^{23}\mathrm{J\cdot K}^{-1}}=3355\ \mathrm{K}$$

$$\because \qquad \frac{N_{n=1}}{N_{n=0}}=\frac{\mathrm{e}^{-(1+1/2)\Theta_V/T}}{\mathrm{e}^{-1/2\Theta_V/T}}=\mathrm{e}^{-\Theta_V/T}=0.26$$

$$\therefore \qquad T=\frac{\Theta_V}{-\ln0.26}=\frac{3355\ \mathrm{K}}{1.347}=2490\ \mathrm{K}$$

系统的温度为 2490 K。

(2) 若不考虑基态能级的能量，N_2 气的内能来源于平动、转动和振动。对于双原子分子理想气体，平动和转动对内能的贡献为：

$$E_t+E_r=\frac{3}{2}RT+RT=2.5\times8.314\ \mathrm{J\cdot K^{-1}\times mol^{-1}}\times3355\ \mathrm{K}$$
$$=51763\ \mathrm{J\cdot mol^{-1}}$$

$$U_m^{v,*} = N_A h\upsilon \frac{1}{e^{\Theta_V/T}-1}$$

$$= 6.023\times10^{23}\,\text{mol}^{-1}\times6.626\times10^{-34}\,\text{J}\cdot\text{s}\times6.99\times10^{13}\,\text{s}^{-1}\times\frac{1}{e^{3355\,\text{K}/2490\,\text{K}}-1}$$

$$= 9\,797\ \text{J}\cdot\text{mol}^{-1}$$

系统的总能量为：

$$E_{tot} = E_t + E_r + E_v = (51763+9797)\ \text{J}\cdot\text{mol}^{-1} = 61560\ \text{J}\cdot\text{mol}^{-1}$$

$$\frac{E_v}{E_{tot}} = \frac{9797\ \text{J}\cdot\text{mol}^{-1}}{61560\ \text{J}\cdot\text{mol}^{-1}} = 0.159$$

振动能占系统总能量的15.9%。

§6-8　晶体统计理论

人们很早就对固体物质进行了大量的探索和研究，在一百多年前，就提出了有关固体热容的杜隆－柏蒂(Dulong-Petit)定律。该定律认为晶体的摩尔等容热容是一常数，即：

$$C_{V,m} = 3R = 24.94\ \text{J}\cdot\text{K}^{-1}\cdot\text{mol}^{-1} \tag{6-123}$$

实验证明，Dulong-Petit定律在高温下准确度较高，但是在低温区，特别当物体的温度下降到接近绝对零度时，此定律不再适用。固体物质的实测数据表明，晶体的热容在低温区间，其热容与温度的三次方成正比，即 $C_V \propto T^3$，此现象称为 T^3 定律。当物质的温度趋近于绝对零度时，物质的热容趋近于零。为了解释固体物质热容在不同温度区间的变化，人们进行了不懈的探索，首先获得成功的是爱因斯坦。

一、Einstein 晶体理论

爱因斯坦(Albert Einstein，1879—1955年)于1907年首先采用量子理论处理晶体的热容问题，并取得成功，解决了经典统计力学的困难。Einstein晶体理论的主要内容是：

(1) 将晶体视为一个巨大的分子。设由单质组成的原子晶体含有 N 个原子，整个晶体视为一个分子。每个原子的运动自由度为3，这个巨大分子的运动自由度等于 $3N$。组成晶体的原子只能在其平衡位置的邻域做来回运动，不能在整个晶体内自由运动，故 $3N$ 个自由度的分配为：3个平动自由度；3个转动自由度；$3N-6$ 个振动自由度。宏观系统拥有的粒子数极多，大约有 10^{23} 个，因此，晶体的运动自由度主要是振动，晶体物质的热力学性质主要来自振动运动的贡献，平动和转动的贡献完全可以忽略不计。含有 N 个原子的晶体大约有 $3N$ 个振动自由度，系统振动运动的模式自然是极其复杂的，但我们总可以选择适当的坐标系，将此 $3N$ 个振动自由度分解为 $3N$ 个相互独立的简正振动，这样，系统的 $3N$ 个振动可以视为由此 $3N$ 个简正振动组成。由

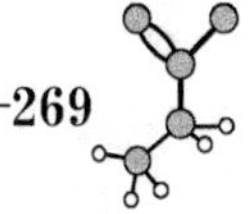

于这些简正振动是互相独立的，每个简正振动具有自己的振动配分函数，系统的振动配分函数便是 $3N$ 个简正振动配分函数的乘积。

(2) 爱因斯坦进一步假设晶体系统的 $3N$ 个简正振动具有相同的振动频率。采用与振动配分函数推导中类似的方法，令：

v_E 为晶体简正振动的频率，此频率称为 Einstein 频率；

令：
$$\Theta_E = \frac{hv_E}{k} \tag{6-124}$$

Θ_E 称为爱因斯坦特征温度(Einstein characteristic temperature)，其单位为 K。

采用推导气体分子振动配分函数的方法，可以求得简正振动的配分函数如下：

$$q_v = e^{-\frac{1}{2}\frac{hv_E}{kT}} \cdot \frac{1}{1-e^{-hv_E/kT}}$$

晶体有 $3N$ 个简正振动，所有振动自由度的振动频率相同，其配分函数的表达式也一样，晶体的系统配分函数为 $Q=(q_v)^{3N}$。将其代入内能的统计力学表达式，得：

$$U = kT^2\left(\frac{\partial \ln Q}{\partial T}\right)_{V,N} = 3NkT^2\left(\frac{\partial \ln q_v}{\partial T}\right)_{V,N} = 3NkT^2\left(\frac{\partial}{\partial T}\ln\left(e^{-\frac{1}{2}\frac{hv_E}{kT}} \cdot \frac{1}{1-e^{-hv_E/kT}}\right)\right)_{V,N}$$
$$= \frac{3}{2}Nhv_E + 3Nhv_E\frac{1}{e^{hv_E/kT}-1}$$

令：
$$E_0 = \frac{3}{2}Nhv_E$$

得：
$$U = 3Nhv_E\frac{1}{e^{hv_E/kT}-1} + E_0 \tag{6-125}$$

E_0 是晶体的零点振动能，即所有振动运动均处在最低能级所具有的能量。对内能求偏微商即得晶体的等容热容 C_V。

$$C_{V,m} = \left(\frac{\partial U_m}{\partial T}\right)_{V,N}$$

将内能的表达式代入上式：

$$C_{V,m} = \left(\frac{\partial}{\partial T}\left(3N_Ahv_E\frac{1}{e^{hv_E/kT}-1} + E_0\right)\right)_{V,N} = 3N_Ak\left(\frac{hv_E}{kT}\right)^2\frac{e^{hv_E/kT}}{(e^{hv_E/kT}-1)^2}$$

代入 Einstein 特征温度，上式成为：

$$C_{V,m} = 3R\left(\frac{\Theta_E}{T}\right)^2\frac{e^{\Theta_E/T}}{(e^{\Theta_E/T}-1)^2} \tag{6-126}$$

上式即为 Einstein 晶体理论的固体热容计算公式。下面对此公式进行讨论。

1. 系统的温度极高

当系统温度非常高时，则有：$T \gg \Theta_E$，令 $x=\frac{\Theta_E}{T}$，这种条件下有：

$$\lim_{T\to\infty}\frac{\Theta_E}{T} = \lim_{T\to\infty}x \to 0$$

$$C_{V,\mathrm{m}} = 3Rx^2 \frac{\mathrm{e}^x}{(\mathrm{e}^x - 1)^2}$$

$$T \to \infty \quad x \to 0$$

$$C_{V,\mathrm{m}} = \lim_{x\to 0} 3Rx^2 \frac{\mathrm{e}^x}{(\mathrm{e}^x - 1)^2} = 3R \lim_{x\to 0} x^2 \frac{1+x}{(1+x-1)^2} = 3R \lim_{x\to 0} \frac{x^2}{x^2} = 3R$$

由 Einstein 理论，当温度很高时晶体的热容趋近于经典热容值 $3R$，与 Dulong-Petit 定律和实验现象相吻合。

2. 系统温度趋近于绝对零度

$$T \to 0K \quad x = \frac{\Theta_{\mathrm{E}}}{T} \to \infty$$

$$C_{V,\mathrm{m}} = \lim_{x\to\infty} 3Rx^2 \frac{\mathrm{e}^x}{(\mathrm{e}^x - 1)^2} = 3R \lim_{x\to\infty} \frac{x^2}{\mathrm{e}^x}$$

上式是一个不定式，为求不定式的值，可多次运用罗必达法则：

$$C_{V,\mathrm{m}} = 3R \lim_{x\to\infty} \frac{x^2}{\mathrm{e}^x} = 3R \lim_{x\to\infty} \frac{2x}{\mathrm{e}^x} = 3R \lim_{x\to\infty} \frac{2}{\mathrm{e}^x} = 0$$

以上结果说明当系统温度趋近于绝对零度时，晶体的热容也趋近于零。Einstein 理论得到的晶体热容值与实验测量值的总趋势是一致的，在高温段以及绝对零度附近，理论计算结果与实测值吻合得比较好，但是在中间温度段，理论值与实测值两者有较大误差。这是因为 Einstein 理论的数学模型中强行将 $3N$ 个简正振动的频率取为一个相同的频率而引起的。一个宏观的晶体，具有的简正振动模式数量极其巨大，很难想象所有的振动均以相同的频率运动，因此有必要对 Einstein 理论进行修正。

二、Debye 理论

德拜(Debye，Peter Joseph Wilhelm，1884—1966 年，荷兰物理化学家）于 1912 年提出晶体热容理论，对爱因斯坦理论进行了修正，获得较大进展。

Debye 理论与 Einstein 理论的主要区别是 Debye 对 $3N$ 个简正振动的频率进行了更深入的分析，Debye 认为 $3N$ 个频率是不相同的，Debye 将 $3N$ 个简正振动视为 $3N$ 个不同的弹性波，波的频率 v 分布在从 0 到某一最大频率 $v_{\max}$ 之间，形成一个连续的频谱，$v_{\max}$ 是最大振动频率。可以合理地认为这些波的波长远远大于晶体中原子的间距，因此可以将晶体近似地当作连续介质，因为晶体的体积和形状是固定不变的，所以每一个简正振动相当于一个晶体内部的驻波，波动方程为：

$$\frac{\partial^2 u}{\partial x^2} + \frac{\partial^2 u}{\partial y^2} + \frac{\partial^2 u}{\partial z^2} - \frac{1}{c} \frac{\partial^2 u}{\partial t^2} = 0$$

式中 u 表示晶体中质点的位移，c 表示弹性波传播的速度。对波动方程求解，可得如下结果。

频率小于 v 的简正振动数目为：

$$N(v)=\frac{4}{3}\pi V\left(\frac{v}{c}\right)^3$$

V 为晶体体积，c 为弹性波传播的速率，弹性波有横波与纵波，横波有两个偏振方向，纵波只有一个振动方向。简正振动频率在 $v\sim v+\mathrm{d}v$ 之间的驻波数为：

$$\mathrm{d}N(v)=g(v)\mathrm{d}v$$

$$g(v)=4\pi V\left(\frac{2}{c_t^3}+\frac{1}{c_l^3}\right)v^2$$

式中：c_t 是横波传播速率，c_l 是纵波传播速率。因为总共有 $3N$ 个简正振动，故有：

$$3N=\int_0^{v_{\max}}\mathrm{d}N(v)=\int_0^{v_{\max}}4\pi V\left(\frac{2}{c_t^3}+\frac{1}{c_l^3}\right)v^2\mathrm{d}v$$

$$3N=\frac{4}{3}\pi V\left(\frac{2}{c_t^3}+\frac{1}{c_l^3}\right)v^3$$

求解上式可得到最大频率为：

$$v_{\max}^3=\frac{9N}{4\pi V\left(\frac{2}{c_t^3}+\frac{1}{c_l^3}\right)}$$

采用与求算振动内能类似的方法，可以得到每个简正振动对内能的贡献为：

$$\varepsilon_v=\frac{1}{2}hv+\frac{hv}{\mathrm{e}^{hv/kT}-1}$$

晶体的热力学量全部来自振动，故系统内能为所有简正振动能量的加合：

$$U=\sum_{v=0}^{v_\mathrm{m}}\varepsilon_v$$

每摩尔物质组成的晶体具有 $3N$ 个简正振动，数量极其巨大，所以振动能级非常密集，可以视为连续的，上式加合可以简化为积分进行计算，于是有：

$$U=U_0+\int_0^{v_\mathrm{m}}\frac{hv}{\mathrm{e}^{hv/kT}-1}g(v)\mathrm{d}v=\frac{9N}{v_\mathrm{m}^3}\int_0^{v_\mathrm{m}}\frac{hv^3}{\mathrm{e}^{hv/kT}-1}\mathrm{d}v+U_0$$

$$U_0=\int_0^{v_\mathrm{m}}\frac{1}{2}hvg(v)\mathrm{d}v=\frac{9}{8}Nhv_\mathrm{m}$$

U_0 是 $3N$ 个简正振动均处在基态能级时系统所具有的能量。对内能取偏微商即可得到晶体的热容。

$$C_{V,\mathrm{m}}=\left(\frac{\partial U_\mathrm{m}}{\partial T}\right)_{V,\mathrm{m}}=\frac{9R}{x_D^3}\int_0^{x_D}\frac{x^4\mathrm{e}^x}{(\mathrm{e}^x-1)^2}\mathrm{d}x$$

式中：$x=\dfrac{hv}{kT}$　$x_D=\dfrac{\Theta_D}{kT}$　$\Theta_D=\dfrac{hv_\mathrm{m}}{k}$，$\Theta_D$ 成为 Debye 特征温度(Debye characteristic temperature)。用分部积分法对上式进行处理，可得：

$$C_{V,\mathrm{m}}=3R\left(4D(x)-\frac{3x_D}{\mathrm{e}^{x_D}-1}\right)\tag{6-127}$$

$$D(x)=\frac{3}{x_D^3}\int_0^{x_D}\frac{x^3}{e^x-1}dx \tag{6-128}$$

(6-127) 式为德拜晶体摩尔热容公式,$D(x)$ 为德拜函数。若知道物质的德拜特征温度,就可以通过以上公式求出晶体的热容。一些常见物质的德拜特征温度如下:

	Fe	Cu	Al	Zn	Ag	NaCl
Θ_D/K:	453	315	398	235	215	281

Debye 理论能较好地解释晶体热容的实际测量结果。下面对德拜公式进行讨论。

1. 系统温度很高

此时有:
$$T\gg\Theta_D\quad x_D=\frac{\Theta_D}{T}\ll 1\quad x\ll 1$$

$$\therefore\quad D(x)=\frac{3}{x_D^3}\int_0^{x_D}\frac{x^3}{e^x-1}dx\approx\frac{3}{x_D^3}\int_0^{x_D}x^2dx\quad(\because e^x\approx 1+x)$$

$$=\frac{3}{x_D^3}\cdot\frac{x_D^3}{3}=1$$

$$\frac{x_D}{e^{x_D}-1}\approx\frac{x_D}{1+x_D-1}=1$$

将以上各值代入热容的表达式中:

$$C_{V,m}=3R\left(4D(x)-\frac{3x_D}{e^{x_D}-1}\right)=3R(4\times 1-3\times 1)=3R$$

以上推导说明 Debye 理论的计算值与晶体热容的经典值在高温范围内一致,与实测值也相吻合。

2. 系统温度趋近于绝对零度

此时有:
$$T\ll\Theta_D\quad x_D=\frac{\Theta_D}{T}\to\infty$$

$$D(x)=\frac{3}{x_D^3}\int_0^{x_D}\frac{x^3}{e^x-1}dx\approx\frac{3}{x_D^3}\int_0^{\infty}\sum_{n=1}^{\infty}x^3e^{-nx}dx$$

将$\frac{1}{e^x-1}$作级数展开

$$D(x)=\frac{3}{x_D}\sum_{n=1}^{\infty}\frac{6}{n^4}=\frac{\pi^4}{5x_D^3}$$

有:
$$\lim_{x_D\to\infty}\frac{x_D}{e^{x_D}-1}\approx\lim_{x_D\to\infty}\frac{x_D}{e^{x_D}}\to 0$$

将以上结果代入热容表达式:

$$C_{V,m}=3R(4D(x)-0)=3R\cdot\frac{\pi^4}{5x_D^3}=AT^3 \tag{6-129}$$

$$A=\frac{234R}{\Theta_D^3}$$

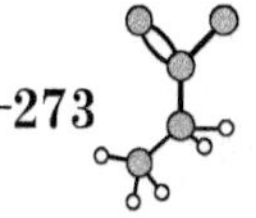

(6-129) 式表明晶体在低温区服从 T^3 定律，且当系统温度趋近于绝对零度时，晶体的热容也趋近于零，与热力学第三定律的推论相吻合。

Debye 理论虽然获得了很大成功，但仍然存在不足之处，它要求系统是无缺陷的完美晶体。实际的晶体总会有一些缺陷，很难得到理论要求；Debye 理论将晶体作为连续介质，而组成晶体的粒子呈空间点阵分布，严格地讲，晶体并不是连续介质；另外 Debye 理论只适用于各向同性的晶体，对于各向异性的物质不适用。针对这些不足之处，后续的研究者们提出了一些更为详尽复杂的固体统计理论，请参见有关专著。

§6-9　理想气体反应平衡常数

本节仅限于讨论理想气体化学反应。理想气体的逸度等于其分压，所以对理想气体化学反应有：

$$K_f^{\ominus} = K_p^{\ominus}$$

故理想气体化学反应等温式为：

$$\Delta_r G_m^{\ominus} = -RT\ln K_p^{\ominus}$$

$K_p^{\ominus}$ 是理想气体反应的热力学平衡常数，$\Delta_r G_m^{\ominus}$ 是反应标准吉布斯自由能变化，其值可以由物质的标准化学势求算得到：

$$\Delta_r G_m^{\ominus} = \sum_B v_B \mu_B^{\ominus}(T) \tag{6-130}$$

式中 v_B 是化学反应式的计量系数，产物取值为正，反应物为负；$\mu_B^{\ominus}$ 是B气体的标态化学势，气体的标态定义是：温度为 T，分压为一个标准压力的纯 B 气体。由(6-130) 式可知，若能获得反应物质的标准化学势的统计力学表达式，进而就可以用统计力学方法求出反应的标准吉布斯自由能和反应平衡常数。

一、化学势的统计力学表达式

以上介绍的统计力学理论内容仅限于只含有一种粒子的系统，而化学反应系统均为多组分体系，因而有必要将已获得的结论推广到含有多种粒子的热力学系统。若化学反应系统是理想气体混合物，则同种分子与不同种分子间都没有作用势能，反应系统的总能量等于各个分子能量之和，系统的配分函数可以分解为各组分分子配分函数的乘积。

设有一多组分系统含有 N 个分子，系统共含有 r 种物质，系统的正则系综配分函数等于所有分子配分函数的积：

$$Q = \prod_{i=1}^{N} q_i = (q_1^1 \cdots q_{N_1}^1)(q_1^2 \cdots q_{N_2}^2)\cdots(q_1^r \cdots q_{N_r}^r)$$

式中 q 为分子配分函数，其上标表示物种，下标表示物种中的某个分子。因为同物种

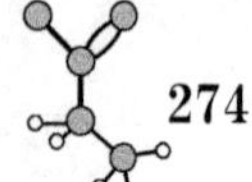

的分子配分函数是等同的，故上式可以简化为：

$$Q=(q^1)^{N_1}(q^2)^{N_2}\cdots(q^r)^{N_r}=\prod_{j=1}^{r}(q_j)^{N_j}$$

$$\sum_j N_j=N \quad j=1,2,\cdots,r$$

式中 q_j 是 j 物质的分子配分函数，各组分分子数的总和等于系统分子数 N。上式中的 Q 为个别粒子系统的配分函数，理想气体是不可别粒子系统，需要对分子的不可分辨性进行修正，根据前面章节的介绍，各组分的修正因子为 $\frac{1}{N_j!}$，于是可得理想气体混合物的系统配分函数为：

$$Q=\prod_{j=1}^{r}\left(\frac{q_j^{N_j}}{N_j!}\right)=\prod_{j=1}^{r}\left(\frac{e}{N_j}q_j\right)^{N_j} \tag{6-131}$$

$$q_j=\sum_i g_i^j \mathrm{e}^{-\varepsilon_i^j/kT} \tag{6-132}$$

上式分子配分函数表达式中的下标 i 是对 j 物种的分子的能级进行加合。

将(6-131)式代入热力学函数的统计力学表达式便可以求出多组分系统的热力学函数值。系统的 U、H、S、G、F 等均为广度性质，这些热力学量与配分函数的对数呈某种函数关系，故热力学函数值是系统中各个组分对该热力学量贡献的加合。将(6-131)式代入亥氏自由能表达式：

$$F=-kT^2\ln Q=-kT^2\ln\left[\prod_{j=1}^{r}\left(\frac{\mathrm{e}}{N_j}q_j\right)^{N_j}\right]=-\sum_j N_j kT\ln\left(\frac{\mathrm{e}}{N_j}q_j\right)$$

将粒子数用摩尔数表示，F 函数可表达为：

$$F=-\sum_j n_j RT\ln\left(\frac{\mathrm{e}}{n_j N_A}q_j\right) \tag{6-133}$$

注意：$N_A k=R$。由经典热力学理论，对 F 求微商可得化学势 μ：

$$\mu_B=\left(\frac{\partial F}{\partial n_B}\right)_{T,V,n_{J\neq B}}=\left(\frac{\partial}{\partial n_B}\left(-\sum_J n_J RT\ln\left(\frac{\mathrm{e}q_J}{n_J N_A}\right)\right)\right)_{T,V,n_{J\neq B}}$$

$$=-RT\ln\left(\frac{\mathrm{e}q_B}{N_B}\right)-n_B RT\left(\frac{-1}{n_B}\right)=-RT\ln\left(\frac{\mathrm{e}q_B}{N_B}\right)+RT$$

注意当取对数的微商时，只有摩尔数 n_B 为变量，其余因子均为常数，微商值为零，对上式整理，得：

$$\mu_B=-RT\ln\left(\frac{q_B}{N_B}\right) \tag{6-134}$$

上式即为理想气体化学势的统计力学表达式。注意在以上的推导中，求微商的条件是恒温、恒容，在此条件下，分子的各能级(主要是平动能级)的表达式不变，故分子配分函数 q_B 的值不变，在求微商时可以作为常数处理。在经典热力学中，理想气体化学势含有标准态化学势与分压项，下面我们对(6-134)式作进一步处理，可以得到同样的结果。

分子配分函数可以分解为两部分，一部分与系统的压力有关，另外一部分与系统的压力无关。

令：
$$q_B = f_B \cdot V \tag{6-135}$$

f_B 是从分子配分函数中分离出体积 V 之后剩余的部分，f_B 的值与系统的压力无关，只有 V 与压力有关。分子配分函数中与压力有关只是平动配分函数中的体积 V。

∵
$$p_B V = n_B RT = N_B kT$$

∴
$$V = \frac{N_B kT}{p_B}$$

代入(6-135)式：

$$q_B = f_B \cdot \frac{N_B kT}{p_B} \tag{6-136}$$

代入化学势的表达式中：

$$\mu_B = -RT\ln\left(\frac{q_B}{N_B}\right) = -RT\ln\left(f_B \cdot \frac{N_B kT}{N_B \cdot p_B}\right) = -RT\ln\left(\frac{f_B kT}{p_B} \cdot \frac{p^{\ominus}}{p^{\ominus}}\right)$$
$$= -RT\ln\left(\frac{f_B kT}{p^{\ominus}} \cdot \frac{p^{\ominus}}{p_B}\right) = -RT\ln\left(\frac{f_B kT}{p^{\ominus}}\right) - RT\ln\left(\frac{p^{\ominus}}{p_B}\right)$$

令：
$$\mu_B^{\ominus} = -RT\ln\left(\frac{f_B kT}{p^{\ominus}}\right) \tag{6-137}$$

∴
$$\mu_B = \mu_B^{\ominus} + RT\ln\left(\frac{p_B}{p^{\ominus}}\right) \tag{6-138}$$

(6-138) 式中的化学势表达式与经典热力学中的理想气体化学势表达式的形式是完全一样的，可以证明式中标准态化学势 $\mu_B^{\ominus}$ 即为热力学中理想气体的标准态化学势。对于 1 摩尔理想气体，有：

$$p^{\ominus} V_m = RT = N_A kT$$

∴
$$p^{\ominus} = \frac{N_A kT}{V_m^{\ominus}} \tag{6-139}$$

式中的 $V_m^{\ominus}$ 表示 1 摩尔理想气体在温度为 T，压力为 $1p^{\ominus}$ 的标准状态下所占据的体积，意为标准状态下摩尔理想气体的标准体积。将上式代入(6-137) 式：

$$\mu_B^{\ominus} = -RT\ln\left(\frac{f_b kT}{N_A kT} \cdot V_m\right) = -RT\ln\left(\frac{f_B \cdot V_m}{N_A}\right)$$

令：
$$q_B^{\ominus} = f_B V_m^{\ominus}$$

∴
$$\mu_B^{\ominus} = -RT\ln\left(\frac{q_B^{\ominus}}{N_A}\right) \tag{6-140}$$

$q_B^{\ominus}$ 表示当 B 气体处于标准状态时所求得的分子配分函数，与此标准态化学势相对应的标准状态是：

1 mol 纯 B 气体，温度为 T，压力为 1 $p^{\ominus}$，占据的体积为 $V_m^{\ominus}$。

此标准状态与经典热力学中理想气体的标准状态是一致的、相容的。

单组分理想气体的 Gibbs 自由能统计力学表达式为：

$$G = F + pV = -NkT\ln\left(\frac{eq}{N}\right) + NkT$$

$$G = -NkT\ln\left(\frac{q}{N}\right) \tag{6-141}$$

将上式推广到多组分系统：

$$G = -N_1kT\ln\left(\frac{q_1}{N_1}\right) - N_2kT\ln\left(\frac{q_2}{N_2}\right) - \cdots$$

$$G = \sum_{B} - n_BRT\ln\left(\frac{q_B}{N_B}\right) \tag{6-142}$$

上式即为理想气体系统 Gibbs 自由能的统计力学表达式。将(6-134)式代入(6-142)式：

$$G = \sum_{B} n_B\mu_B$$

上式即为 Gibbs 自由能的偏摩尔量集合公式。

二、用配分函数计算平衡常数

由 $\mu_B^{\ominus}(T)$ 可求出化学反应标准吉布斯自由能变化 $\Delta_rG_m^{\ominus}$，进而可以得到分压的热力学平衡常数 $K_p^{\ominus}$。

$$-RT\ln K_p^{\ominus} = \Delta_rG_m^{\ominus} = G = \sum_{B} v_B\mu_B^{\ominus}$$

将(6-140)式代入上式：

$$-RT\ln K_p^{\ominus} = -RT\sum_{B} v_B\ln\frac{q_B^{\ominus}}{N_A}$$

$$\ln K_p^{\ominus} = \sum_{B} v_B\ln\frac{q_B^{\ominus}}{N_A} = \ln\left(\prod_{B}\left(\frac{q_B^{\ominus}}{N_A}\right)^{v_B}\right)$$

∴

$$K_p^{\ominus} = \prod_{B}\left(\frac{q_B^{\ominus}}{N_A}\right)^{v_B} \tag{6-143}$$

上式即为反应平衡常数的统计力学表达式。

若有化学反应：

$$aA + bB + \cdots \rightleftharpoons gG + hH + \cdots$$

反应的平衡常数为

$$K_p^{\ominus} = \frac{\left(\frac{q_G^{\ominus}}{N_A}\right)^g\left(\frac{q_H^{\ominus}}{N_A}\right)^h\cdots}{\left(\frac{q_A^{\ominus}}{N_A}\right)^a\left(\frac{q_B^{\ominus}}{N_A}\right)^b\cdots} = \frac{(q_G^{\ominus})^g(q_H^{\ominus})^h\cdots}{(q_A^{\ominus})^a(q_B^{\ominus})^b\cdots}(N_A)^{-\sum_J v_J}$$

式中计量系数 v_J 为产物为正，反应物为负，式中所有组分的分子配分函数都是该组

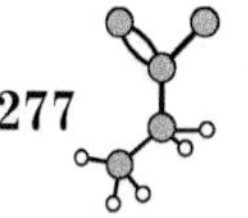

分气体处在标准状态下求得的配分函数。配分函数中的能级的 Boltzmann 因子的能级能量为绝对能量，但是分子能级能量的绝对值是无法获得的，在具体求算配分函数时，将基态能级的 Boltzmann 因子提出来，得到下式：

$$q_B = \sum_j e^{-\varepsilon_{B,j}/kT} \quad \text{（对 } B \text{ 组分的分子能级进行加合）}$$

$$q_B = e^{-\varepsilon_{B,0}/kT}(g_0 + g_1 e^{-\Delta\varepsilon_{B,1}/kT} + \cdots) = q_B^* \cdot e^{-\varepsilon_{B,0}/kT}$$

其中：

$$q_B^* = g_0 + g_1 e^{-\Delta\varepsilon_{B,1}/kT} + \cdots \tag{6-144}$$

q_B^* 是令基态能级能量为零而获得的分子配分函数，$\varepsilon_{B,0}$ 是 B 分子基态能级的能量。将上式代入平衡常数表达式，可得：

$$K_p^\ominus = \prod_B \left(\frac{q_B^*}{N_A}\right)^{v_B} \cdot e^{-\Delta_r U_m^\ominus(0)/RT} \tag{6-145}$$

$$\Delta_r U_m^\ominus(0) = \sum_B v_B N_A \varepsilon_{B,0} = \sum_B v_B U_m^\ominus(0,B) \tag{6-146}$$

式中 $U_m^\ominus(0,B)$ 是 1 摩尔 B 物质的所有分子均处于基态能级所具有的能量，$\Delta_r U_m^\ominus(0)$ 是按化学反应式的 1 个式量的反应各组分的所有分子均处于基态能级所具有能量的代数和，即为产物分子能量和与反应物分子能量和的差。在实际计算中，分子配分函数一般还是分解为各运动形态的分配分函数而求解。对于一般的化学反应，分子配分函数可以视为电子配分函数、平动配分函数、转动配分函数和振动配分函数的积，原子核在反应前后不会发生变化，其值在计算中消掉了，所以一般不考虑核运动的贡献，只有在研究核反应时，才有必要考虑核配分函数。

例题 有反应 $H_2(g) + D_2(g) \rightleftharpoons 2HD(g)$ 求此反应在 195 K，298.15 K 和 670 K 下的反应平衡常数。在 1000 K 以下可以不考虑核运动、电子运动和振动运动的贡献，且由光谱数据可得到反应的 $\Delta_r U_m^\ominus(0) = 656.9\ \text{J}\cdot\text{mol}^{-1}$。

解 题给反应为同位素交换反应，反应的 $\Delta v = 0$，反应的配分函数为：

$$K_p^\ominus = \frac{q_{HD}^2}{q_H q_D} e^{-\Delta U_m^\ominus(0)/RT}$$

由题给条件，此反应在 1000 K 以下，可以忽略核、电子和振动运动的贡献，所以分子配分函数只包括平动配分函数和转动配分函数，且已知：

	H_2	D_2	HD
对称因子 σ：	2	2	1
转动特征温度 Θ_r：	85.4 K	42.7 K	64.0 K

$$K_p^\ominus = \frac{\left[\left(\frac{2\pi m_{HD}kT}{h^2}\right)^{3/2} V \cdot \frac{T}{\Theta_r(HD)}\right]^2 \cdot e^{-\Delta_r U_m^\ominus(0)/RT}}{\left[\left(\frac{2\pi m_{H_2}kT}{h^2}\right)^{3/2} V \cdot \frac{T}{2\Theta_r(H_2)}\right]\left[\left(\frac{2\pi m_{D_2}kT}{h^2}\right)^{3/2} V \cdot \frac{T}{2\Theta_r(D_2)}\right]}$$

$$= \left(\frac{m_{HD}^2}{m_{H_2}m_{D_2}}\right)^{3/2}\left(\frac{\sigma_{H_2}\sigma_{D_2}}{\sigma_{HD}^2}\right)\left(\frac{\Theta_r(H_2)\Theta_r(D_2)}{\Theta_r^2(HD)}\right)e^{-\Delta_r U_m^\ominus(0)/RT}$$

$$= \left(\frac{3^2}{2\times 4}\right)^{3/2}\left(\frac{2\times 2}{1^2}\right)\left(\frac{85.4\times 42.7}{64.0^2}\right)\mathrm{e}^{-656.9\ \mathrm{J\cdot mol^{-1}}/RT}$$

$$= 4.249\mathrm{e}^{-\frac{79.01\ \mathrm{K}}{T}}$$

代入不同的温度值,即可以得到不同温度下此反应平衡常数:

	$K_p^\ominus$(计算值)	$K_p^\ominus$(计算值)
195 K	2.83	2.95
298.15 K	3.26	3.28
670 K	3.78	3.78

以上表明由统计力学理论计算得到的化学反应平衡常数与实际测量值是一致的,且温度愈高,计算值与实测值愈接近,这是因为反应系统的温度愈高,系统愈接近理想气体,所以实际测量值与理论计算值愈接近。

三、用自由能函数计算平衡常数

用分子配分函数求算反应平衡常数的方法虽然直截了当,但是计算颇为繁复。实际上,常见物质的分子配分函数以及由此所得到的热力学函数值已经被求算出来,并已经汇集成热力学数据表格,通过查阅这些数据便可求得化学反应的平衡常数。常用的统计热力学函数有自由能函数与热焓函数。

自由能函数:系统的 G 为:

$$G = -NkT\ln\frac{q}{N} = -NkT\ln\left(\frac{q^*}{N}\mathrm{e}^{-U(0)/kT}\right) = -NkT\ln\left(\frac{q^*}{N}\right) + U(0)$$

对上式进行重排:

$$\frac{G_\mathrm{m} - U_\mathrm{m}(0)}{T} = -R\ln\left(\frac{q^*}{N_\mathrm{A}}\right) \tag{6-147}$$

上式中的$\frac{G_\mathrm{m} - U_\mathrm{m}(0)}{T}$定义为自由能函数(free energy function),$U_\mathrm{m}(0) = N_\mathrm{A}\varepsilon_0$是全体分子均处于最低能级时,1 摩尔物质具有的能量。

由自由能函数和热焓函数可以求算理想气体反应的平衡常数。设有一理想气体反应,有公式:

$$-RT\ln K_p^\ominus = \Delta_\mathrm{r} G_\mathrm{m}^\ominus$$

$$\therefore \quad -R\ln K_p^\ominus = \frac{\Delta_\mathrm{r} G_\mathrm{m}^\ominus}{T}$$

将自由能函数代入上式,可得:

$$-R\ln K_p^\ominus = \frac{\Delta_\mathrm{r} G_\mathrm{m}^\ominus}{T} = \Delta\left[\frac{G_\mathrm{m}^\ominus - U_\mathrm{m}^\ominus(0)}{T}\right] + \frac{\Delta_\mathrm{r} U_\mathrm{m}^\ominus(0)}{T} \tag{6-148}$$

上式右边的第一项是反应产物与反应物自由能函数的差值,第二项是产物与反应物

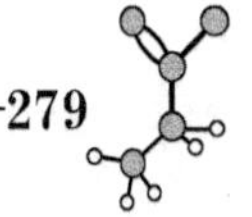

基态能量之差与温度的比值。(6-148)式给出由物质的自由能函数求算反应平衡常数的计算式，但是，除了要知道反应组分的自由能函数之外，还必须知道反应的$\Delta_r U_m^\ominus(0)$，而反应的$\Delta_r U_m^\ominus(0)$可以通过热焓函数获得。

热焓函数：系统的H为：

$$H_m = N_A kT^2\left(\frac{\partial \ln q}{\partial T}\right)_{V,N} + pV_m = N_A kT^2\left(\frac{\partial \ln(q^* e^{-\varepsilon_0/kT})}{\partial T}\right)_{V,N} + pV_m$$

$$= RT^2\left(\frac{\partial \ln(q^*)}{\partial T}\right)_{V,N} + N_A kT^2 \cdot \frac{-\varepsilon_0}{k}\frac{-1}{T^2} + RT$$

$$= RT^2\left(\frac{\partial \ln(q^*)}{\partial T}\right)_{V,N} + N_A\varepsilon_0 + RT$$

对上式进行重排：

$$\frac{H_m - U_m(0)}{T} = RT\left(\frac{\partial \ln q^*}{\partial T}\right)_{V,N} + R \tag{6-149}$$

上式中的$\frac{H_m - U_m(0)}{T}$定义为热焓函数(heat content function)。

引入热焓函数的主要目的就是为了求算反应的$\Delta_r U_m^\ominus(0)$。化学反应的焓变可表达为：

$$\Delta_r U_m^\ominus = \Delta\left[\frac{H_m^\ominus - U_m^\ominus}{T}\right]\cdot T + \Delta_r U_m^\ominus$$

$$\therefore \qquad \Delta_r U_m^\ominus = \Delta_r H_m^\ominus - \Delta\left[\frac{H_m^\ominus - U_m^\ominus}{T}\right]\cdot T \tag{6-150}$$

由上式，若已知某温度下反应的焓变和参加反应各组分的热焓函数，则可以求出反应的$\Delta_r U_m^\ominus(0)$。因为热力学数据一般为298.15 K下的数据，故可以通过298.15 K下的热焓函数和反应焓变求出反应的$\Delta_r U_m^\ominus(0)$。将得到的反应$\Delta_r U_m^\ominus(0)$代入(6-148)式，即可得到反应平衡常数。

例题　有下列反应：

$$CH_4(g) + H_2O(g) \rightleftharpoons CO(g) + 3H_2(g)$$

已知反应的$\Delta_r H_m^\ominus(298.15\ K) = 206.146\ kJ \cdot mol^{-1}$，反应物和产物的自由能函数与热焓函数为：

	CO	H_2	CH_4	H_2O
$\left(\frac{G_m^\ominus - U_m(0)}{T}\right)_{1000\ K}$ $(J \cdot mol^{-1} \cdot K^{-1})$	−204.43	−136.97	−199.36	−197.10
$\left(\frac{H_m^\ominus - U_m(0)}{T}\right)_{1000\ K}$ $(J \cdot mol^{-1} \cdot K^{-1})$	29.084	28.399	33.365	33.195

试求反应在1000 K时的热力学平衡常数。

解　首先由热焓函数和反应焓变求出反应的$\Delta_r U_m^\ominus(0)$：

$$\Delta_r U_m^{\ominus} = \Delta_r H_m^{\ominus}(T) - T \cdot \Delta\left[\frac{H_m^{\ominus} - U_m^{\ominus}}{T}\right] = 206146\ \text{J} \cdot \text{mol}^{-1} - 298.15\ \text{K}$$

$$\times (29.084 + 3 \times 28.399 - 33.635 - 33.195)\ \text{J} \cdot \text{mol}^{-1} \cdot \text{K}^{-1}$$

$$= 191998\ \text{J} \cdot \text{mol}^{-1}$$

由 $\Delta_r U_m^{\ominus}(0)$ 和自由能函数求出反应的平衡常数：

$$-R\ln K_p^{\ominus}(1000\ \text{K}) = \Delta\left[\frac{G_m^{\ominus} - U_m^{\ominus}}{T}\right]_{1000\ \text{K}} + \frac{\Delta_r U_m^{\ominus}}{T}$$

$$= (-204.43 - 3 \times 136.97 + 199.36 + 197.10)\ \text{J} \cdot \text{mol}^{-1} \cdot \text{K}^{-1} + \frac{191.998\ \text{J} \cdot \text{mol}^{-1}}{1000\ \text{K}}$$

$$= -218.88\ \text{J} \cdot \text{mol}^{-1} \cdot \text{K}^{-1} + 191.998\ \text{J} \cdot \text{mol}^{-1} \cdot \text{K}^{-1} = -26.882\ \text{J} \cdot \text{mol}^{-1} \cdot \text{K}^{-1}$$

$$\therefore \qquad \ln K_p^{\ominus}(1000\ \text{K}) = 3.233$$

$$K_p^{\ominus}(1000\ \text{K}) = 25.4$$

题给反应在 1000 K 时的反应热力学平衡常数 $K_p^{\ominus}$ 为 25.4。

须注意的是，当化学反应系统的温度不同时，反应各组分的自由能函数的值是不同的，在计算具体反应的平衡常数时，要采用在该温度下的物质自由能函数的数值。而求算反应的 $\Delta_r U_m^{\ominus}(0)$ 是由热力学数据表中的数据求算的，一般均为 298.15 K 时的数据。

反应的 $\Delta_r U_m^{\ominus}(0)$ 主要是产物与反应物分子的基态电子运动能级和振动能级的不同而引起的差值，其它运动形态对 $\Delta_r U_m^{\ominus}(0)$ 的贡献可忽略不计。$\Delta_r U_m^{\ominus}(0)$ 除了用热焓函数求算之外，还有以下一些常用的方法。

(1) 由已知反应的平衡常数求算

这是一种倒求法。迄今为止，人们已经对各种各样的化学反应进行了长期、详尽的研究，有许多反应的平衡常数及 $\Delta_r G_m^{\ominus}$ 已被准确测定。将这些已知反应的 $K_p^{\ominus}$（或 $\Delta_r G_m^{\ominus}$）代入(6-148)式，便可以得到这些反应的 $\Delta_r U_m^{\ominus}(0)$。

(2) 量热法

由基尔霍夫定律

$$\Delta_r H_m^{\ominus}(T) = \Delta_r H_m^{\ominus}(0\text{K}) + \int_{0\text{K}}^{T} \Delta_r C_{p,m} \mathrm{d}T$$

在 0K 时，$U_{0\text{K}} = H_{0\text{K}}$，故有 $\Delta_r H_m^{\ominus}(0\text{K}) = \Delta_r U_m^{\ominus}(0\text{K})$，代入上式得：

$$\Delta_r U_m^{\ominus}(0\text{K}) = \Delta_r H_m^{\ominus}(T) - \int_{0\text{K}}^{T} \Delta_r C_{p,m} \mathrm{d}T \qquad (6\text{-}151)$$

由上式可知，若知道某温度下反应的焓变和反应各组分从 $0\text{K} \sim T$ 整个温度范围内的热容值，便可以求得反应的 $\Delta_r U_m^{\ominus}(0)$。因为反应的焓变和物质的热容均可用量热法测定得到，故此种方法成为量热法。

(3) 由离解能求 $\Delta_r U_m^{\ominus}(0)$

化学反应系统的各组分都是由原子所组成的，若将反应物和产物均离解为游离的原子，则两者离解后所得产物的状态是相同的。例如有反应：

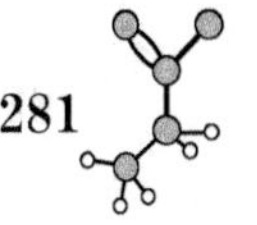

$$2CO(g) + O_2(g) \rightleftharpoons 2CO_2(g)$$

离解产物：　　　　　　$2C + 4O$　　　$2C + 4O$

反应物和产物离解后得到的均为二个碳原子和4个氧原子。此离解过程能量的变化见图6-11所示。

反应物离解原子的基态能级　　产物离解原子的基态能级

D(反应物)

D(产物)

反应物基态能级

$\Delta D = \Delta_r U_m(0K)$

产物基态能级

图6-11　从离解能求 $\Delta_r U_m^{\ominus}(0)$ 的示意图

将化合物由基态能级离解成游离原子的基态能级所需要的能量成为该化合物的离解能，即为 D，D 值可由分子光谱数据求得。上式反应的 $\Delta_r U_m^{\ominus}(0)$，由图6-11可以分析得到。

$$\Delta_r U_m^{\ominus}(0\ \mathrm{K}) = 2D_{CO} + D_{O_2} - 2D_{CO_2} = \Delta_r \mathrm{D}$$

由离解能求反应 $\Delta_r U_m^{\ominus}(0)$ 的一般式可以表达为：

$$\Delta_r U_m^{\ominus}(0\mathrm{K}) = \left(\sum_B v_B \mathrm{D}_B\right)_{\text{reactant}} - \left(\sum_B v_B \mathrm{D}_B\right)_{\text{production}} \tag{6-152}$$

注意由离解能求反应的 $\Delta_r U_m^{\ominus}(0)$ 时，是反应物的离解能之和减去产物离解能之和。

本章基本要求

本章介绍了统计力学的基本方法与假设，正则系综理论，玻耳兹曼分布律，引入了配分函数的概念。推导出独立子系统的热力学函数统计力学表达式和分子各运动形态配分函数的表达式。介绍了统计力学理论在物质热容和化学反应平衡等实际问题中的应用。本章具体要求是：

1. 了解统计力学的基本假设和系综理论的基本原理。

2. 了解玻耳兹曼分布律，明确最概然分布的物理意义；了解熵函数与系统微观状态数的关系。

3. 掌握配分函数的基本概念；明确理想气体系统分子配分函数的物理意义。

4. 了解各分子配分函数的求法，掌握平动、转动和振动配分函数的表达式及其

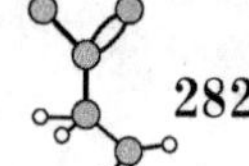

对热力学函数的贡献，了解公式的推导过程。

5. 了解定位系统与非定位系统的区别。

6. 知道理想气体和晶体的热容理论；知道如何从自由能函数或配分函数求反应的热力学平衡常数。

7. 初步了解量子统计法的基本原理。

习　题

1. 设有一由三个一维简谐振子组成的系统的能量为$\frac{11}{2}h\upsilon$，三个谐振子的运动时相互独立的，求各种分布类型和各种分布出现的几率？

2. 设有一个圆柱形的铁皮筒，体积为：$V=\pi R^2L=1.00\ \mathrm{dm^3}$。铁皮面积为$S=2\pi R^2+2\pi RL$，试用拉格朗日条件极值法求算当$R$与$L$之间呈何种关系时，铁皮的面积最小；并计算至少需要多大面积的铁皮？

3. 试证明玻耳兹曼分布的微观状态数公式为：$\ln t=\ln(q_{\mathrm{N}}\cdot \mathrm{e}^{U/kT})$

试中：$q=\sum_i g_i\mathrm{e}^{-\varepsilon_i/kT}\qquad U=\sum_i N_i\varepsilon_i$

4. 有三个穿黄色，二个穿灰色，一个穿蓝色制服的人列队，试问：

(1) 试问有多少种队形；

(2) 若黄色制服的人有三种徽章，穿灰色的有两种。穿蓝色的有四种，试问有多少种队形？

5. 某公园猴舍中有三个金丝猴和二个长臂猿。金丝猴有红绿两种帽子，可任戴一种，而长臂猿可在黄、灰、黑三种帽子中任取一种，试问展出时可出现几种不同的情况？

6. 某系统由6个可别粒子组成，其中每个分子所允许的能级为0、ε、2ε、3ε，每个能级均非简并的，当系统总能量为3ε时，共有多少种分布类型？每种分布类型的几率是多少？

7. 某三原子分子AB_2可看作理想气体，并设其各个运动自由度都服从经典的能量均分原理，已知$\gamma=C_p/C_v=1.154$，试判断AB_2是否为线性分子？

8. 四种分子的有关参数如下：

	M_r	Θ_r/K	Θ_V/K
H_2	2	87.5	5976
HBr	81	12.2	3682
N_2	28	2.89	3353
Cl_2	71	0.35	801

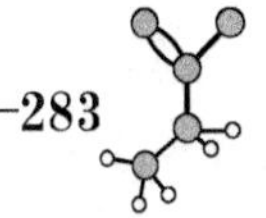

试问在同温同压条件下，哪种气体的摩尔平动熵最大？哪种气体的摩尔转动熵最大？哪种气体的振动基本频率最小？

9. 当某热力学体系的熵增加$0.418\mathrm{J\cdot K^{-1}}$时，体系的微观状态数目增加多少倍？

10. 设有极大数量的三维平动子组成的宏观系统，置于边长为a的正方体容器中。系统的体积、粒子质量和温度有如下关系：$\frac{h^2}{8ma^2}=0.1kT$。试问处于能级$\varepsilon_1=\frac{9h^2}{4ma^2}$和$\varepsilon_2=\frac{27h^2}{8ma^2}$上粒子数的比值是多少？

11. 某分子的电子基态能级能量为0，第一激发态基态的能量为$400\ \mathrm{kJ\cdot mol^{-1}}$，试问：

(1) 300 K时，第一激发态的分子所占的百分数；

(2) 若要使第一激发态的分子数占全体分子数的10%，体系需多高温度（设更高激发态可忽略，且基态与第一激发态的简并度均为1）？

12. 1000 K下，HBr分子在$v=2,J=5$，电子在基态的数目与$v=1,J=2$，电子在基态的电子数目之比是多少？已知HBr分子的$\Theta_v=3700\ \mathrm{K}$　$\Theta_r=12.1\ \mathrm{K}$。

13. 某分子的两个能级是：$\varepsilon_1=6.1\times10^{-21}J$，$\varepsilon_2=8.4\times10^{-21}J$，相应的简并度为$g_1=3$，$g_2=5$。试求：(1) 当$\mathrm{T}=300\ \mathrm{K}$；(2) $\mathrm{T}=3000\ \mathrm{K}$时，由此分子组成的系统中这两能级上粒子数之比是多少？

14. 将N_2气在电弧中加热，从光谱曲观察到处于振动第一激发态的相对分子数$\frac{N_{v=1}}{N_{v=0}}=0.26$，式中：$v$是振动最子数，已知$N_2$的振动频率$v=6.99\times10^{13}\mathrm{s^{-1}}$，试求：

(1) 气体的温度；

(2) 计算振动能量在总能量（包括平动、转动和振动）中所占的百分比？

15. 设某种理想气体A，分子的最低能级是非简并的，取分子的基态为能量零点，第一激发态能量为ε，简并度为2，忽略更高能级。

(1) 写出A分子配分函数q的表达式；

(2) 设$\varepsilon=kT$，求相邻两能级上粒子数之比；

(3) 当$T=298.15\ \mathrm{K}$时，若$\varepsilon=kT$，试计算1 mol该气体的能量是多少？

16. 某单原子分子理想气体的配分函数q具有下列形式：$q=V\cdot f(T)$；(1) 试导出理想气体状态方程式；(2) 若该气体的配分函数的具体表达式为：$q=\left(\frac{2\pi mkT}{h^2}\right)^{2/3}V$，试导出压力$p$和内能$U$的表达式。并推出理想气体的状态方程式。

17. 若氩(Ar)可看作理想气体，相对分子量为40，取分子的基态（设其简并度为1）作为能量零点，第一激发态（设其简并度为2）与基态能量的差为ε，忽略更高能级。

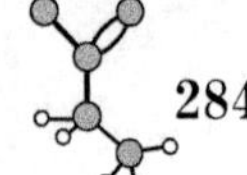

(1) 写出氩分子配分函数表达式；

(2) 设 $\varepsilon = 5\ kT$，求在第一激发能级上的分子数占总分子数的百分比；

(3) 计算 molAr 在 298.15 K，$1p^{\ominus}$ 下的统计熵值，设 Ar 的核与电子的简并度为 1。

18. 钠原子气体(设为理想气体)凝聚成一表面膜。

(1) 若黄原子在膜内要自由运动(即三维平动)，试写出此凝聚过程的摩尔平动熵变的统计表达式；

(2) 基钠原子在膜内不动，其凝聚过程的摩尔平动熵变的统计表达式又将如何？

19. 证明由 N 个近独立非定域粒子组成的体系的恒压热容 C_p 的统计力学表达式为：

$$C_{p,\mathrm{m}} = \frac{R}{T^2}\left[\frac{\partial^2 \ln q}{\partial (1/T)^2}\right]_p$$

20. 计算 298.15 K 下，1 cm^3 容器中：(1)H_2 分子；(2)CH_4 分子；(3)C_8H_{18} 分子的平动配分函数 q_t。

21. HCN 气体的转动光谱呈现在远红外区，其中一部分如下：2.96，5.92，8.87，11.83，cm^{-1}

(1) 试求 300 K 时，该分子的转动配分函数；

(2) 试求转动对摩尔恒压热容的贡献为多少？

22. Si(g) 在 5000 K 时有下列数据，试求在 5000 K 时：

(1) Si(g) 的电子配分函数；

(2) 在 $^1D_2$ 能级最可几的原子分布数？

能级	$^3p_0$	$^3p_1$	$^3p_2$	$^1D_2$	$^1D_0$
简并度	1	3	5	5	1
ε_i/kT	0.00	0.022	0.064	1.812	4.430

23. Cl_2 的振动频率为 $1.66 \times 10^{13}\ s^{-1}$，试求：

(1) Cl_2 的振动温度 Θ_V；

(2) 当温度为 3000 K 时，在振动量子数为 0，1，2 各能级上分布的分子数之比为多少？

24. 在 298.15 K 时，F_2 的分子转动惯量为 $I = 32.5 \times 10^{-40}\ g \cdot cm^2$，试求 F_2 的分子转动配分函数和 F_2 的摩尔转动熵。

25. 已知 CO_2 分子的 4 个简正振动频率分别是：$v_1 = 1337\ cm^{-1}$，$v_2 = 667\ cm^{-1}$，

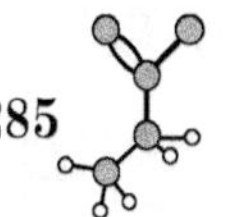

$v_3 = 667\ \text{cm}^{-1}$，$v_4 = 2349\ \text{cm}^{-1}$，试求 CO_2 气体在 298.15 K 时的标准摩尔振动熵？

26. H_2O 分子的简正振动频率和在3个主轴方向的转动惯量分别为：$v = 3652$、1592、3756 cm^{-1}，$I_A = 1.024 \times 10^{-40}\ \text{g} \cdot \text{cm}^2$，$I_B = 1.921 \times 10^{-40}\ \text{g} \cdot \text{cm}^2$，$I_C = 2.947 \times 10^{-40}\ \text{g} \cdot \text{cm}^2$，$H_2O$ 的摩尔质量为 $18.02 \times 10^{-3}\ \text{kg} \cdot \text{mol}^{-1}$，试求 298.15 K 和 $1p^\ominus$ 下 H_2O 的摩尔平动熵、振动熵和转动熵。

27. CO 的 $\Theta_r = 2.8$ K，请找出在 240 K 时 CO 最可能出现在 J 等于多少的转动能级上？

28. N_2 与 CO 的分子量非常相近，转动惯量的差别也极小，在 298.15 K 时，两者的振动与电子运动均基本上处于最低能级，但是 N_2 的标准摩尔熵为 $191.6\ \text{J} \cdot \text{K}^{-1} \cdot \text{mol}^{-1}$，而 CO 却为 $197.6\text{J} \cdot \text{K}^{-1} \cdot \text{mol}^{-1}$，试分析差别的原因？

29. HBr 分子的核间平均距离 $r = 1.414 \times 10^{-8}$ cm，试求：

(1) HBr 的转动特征温度 Θ_r；

(2) 在 298.15 K 时，HBr 分子占据转动量子数 $J = 1$ 能级上的分子数在总分数中所占百分比；

(3) 在 298.15 K、$1p^\ominus$ 下，HBr 理想气体的摩尔转动熵？

30. 试求 NO(g) 在 298.15 K 及 $1p^\ominus$ 下的标准摩尔熵。已知 NO 的 $\Theta_r = 2.42$ K，$\Theta_v = 2690$ K，电子基态与第一激发态的简并度均为2，两能级的能量差 $\Delta\varepsilon = 2.473 \times 10^{-21}$ J。

31. 有1 mol Kr 气与1 mol He 气，两者体积相同，已知 Kr 气温度为 300 K，若欲使两种气体具有相同的摩尔熵值，试求 He 的温度应为多少？

32. 在铅和金刚石中，Pb 原子和 C 原子的 v_E 分别为 $2 \times 10^{12}\ \text{s}^{-1}$ 和 $4 \times 10^{13}\ \text{s}^{-1}$，试求它们的爱因斯坦特征温度 Θ_E 和两者在 300 K 时的振动配分函数？

33. 有下列反应：

$$N_2(g) + 3H_2(g) = 2NH_3(g)$$

已知数据：

	$-\dfrac{\left(\dfrac{G_m^\ominus(T) - U_m^\ominus(0)}{T}\right)_{1000\ \text{K}}}{\text{J} \cdot \text{K}^{-1} \cdot \text{mol}^{-1}}$	$\dfrac{\left(\dfrac{H_r^\ominus(T) - U_m^\ominus(0)}{T}\right)_{298.15\ \text{K}}}{\text{J} \cdot \text{K}^{-1} \cdot \text{mol}^{-1}}$
$N_2(g)$	198.054	29.076
$H_2(g)$	137.093	28.402
$NH_3(g)$	203.577	33.258

该反应在 298.15 K 时的 $\Delta_r H_m^\ominus = -46.11\ \text{kJ} \cdot \text{mol}^{-1}(NH_3)$。试求合成氨反应在 1000 K 时的平衡常数。

34. 已知下列化学反应在 298.15 K 时的 $\Delta_r G_m^\ominus$ 为 $-146.993\ \text{kJ} \cdot \text{mol}^{-1}$：

$$2H^2(g) + S_2(g) = 2H_2S(g)$$

已知数据如下：

$$\frac{G_m^{\ominus}(T)-U_m^{\ominus}(0)}{T}/\mathrm{J\cdot K^{-1}\cdot mol^{-1}}$$

	$H_2(g)$	$S_2(g)$	$H_2S(g)$
298.15 K	102.349	197.770	172.381
1000 K	137.143	236.421	214.497

试求：(1) 此反应的 $\Delta_r U_m^{\ominus}(0K)$；

(2) 1000 K 时反应的热力学平衡常数 $K_p^{\ominus}$。

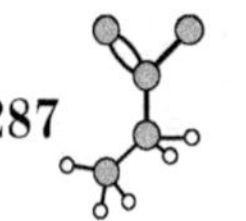

第7章 相 平 衡

一个热力学系统达到热力学平衡的条件是必须同时达到力平衡、热平衡、相平衡和化学平衡，这四大平衡都是化学热力学研究的重要内容。

多相系统是热力学中极其普遍的对象，研究相平衡的基本规律对于物理化学学科理论基础的发展和国民经济生产实践都具有重大意义。在冶金、化工、化肥、建筑材料等许多重要的生产行业中，如尿素、磷酸铵等肥料生产过程中工艺条件的控制；金属冶炼过程中金属的相态与组成、温度的关系，及如何设计合适的工艺路线来获得所期望得到的合金；如何从天然盐矿中提取纯净的无机盐；生产水泥、耐火材料的合理配料等，均需要相平衡理论的指导。在具体生产过程中，常常需采用如蒸发、冷凝、升华、溶解、结晶、精馏、萃取等一系列相变过程，要获得高质量的产品，必须依据这些多相系统的相平衡性质仔细设计生产工艺路线与操作条件，这些都离不开相平衡的基本知识。

本章讨论的内容可以归结为两个方面：相律与相图。相律是物理化学中最重要的基本规律之一，具有高度的普适性，是研究多相平衡系统的热力学基础理论。相图是用来表示多相系统的相态如何随温度、压力、组成等因素的改变而变化的图形。相图在实践生产中具有极其广泛与重要的用途。本章将介绍最重要的基本相图，通过对这些典型相图的学习与掌握，期望达到能看懂一般相图并能初步掌握其应用技巧的目的。相图是实践性很强的具体知识，初学者应通过多辨认各类相图的方法来学会看相图与应用相图。

相平衡这一章主要讨论达到平衡态的相变规律，对于处于非平衡状态的相平衡问题可以进一步查阅有关的文献资料。

§7-1 相、组分数、自由度

学习相平衡理论的主要目的是能正确绘制、识别和应用相图，而对于相图的研究离不开相律，相律是相平衡的基本规律。在介绍相律之前，有必要首先介绍与相律有关的几个基本概念，即：相、组分数和自由度。

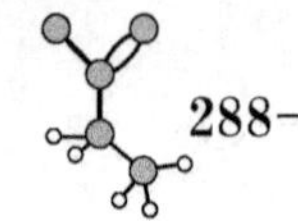

一、相(phese)

相:热力学系统内物理性质与化学性质都完全均匀的部分。

形成相所要求的均匀是需达到分子水平的均匀程度。如:食盐溶于水形成的食盐水溶液是一个相,溶液中任何局域都具有相同的物理与化学性质,如密度、折光度、浓度等;而细颗粒的食盐与糖混合物不是一相,此混合物虽然肉眼看上去非常均匀,但不是分子水平的均匀,在显微镜下可以清楚地辨别出固体的食盐与糖的颗粒,所以没有形成均匀的相。

系统含有的相的数目称为相数(number of phases),用符号Φ表示。一般条件下,不论多少种气相物质混合在一起,都形成一个均匀的相,如空气就是由氧气、氮气、水蒸气、二氧化碳、惰性气体等多种成分混合而成的均一的相。液体可能出现多相共存的情况,如将水与油放在一个瓶中,会形成两个液层,下部的为水层,上部的为油层。若系统中有多个相同时并存,相与相之间存在明显的界面。在界面处,系统的热力学性质是间断的,当跨越界面从一个相进入另一相时,物质的性质随之发生突变。纯净的固体可视为一相。同种固体物质的颗粒之间虽然存在界面,但是它们不形成不同的相,还是同一个相;但是不同固体物质处在同一个系统就形成了不同的相。例如细粒的盐和糖放在一起,不论颗粒多细,混合多均匀,都是两相。只要固体之间不形成固态溶液,系统中有多少种固体物质就有多少种不同的固相。不同固体物质的不同分子间若能达到分子水平的均匀混合,这种固态混合物称为固态溶液,简称固熔体,固熔体可视为一个均匀的相。一些金属合金可视为均匀的一相,例如金银合金、铜锌合金等都是达到了分子水平混合的固熔体。

二、自由度(degree of freedom)

物理意义上的自由度在数学中即为独立变量数,系统的自由度就是系统的独立变量数。其物理含义是:在不改变系统的相的形态与数量的前提下,可以独立改变的热力学强度性质的数量即为系统的自由度。从另一个角度来表达,系统的自由度就是:确定系统现有状态所必需的最少变量数。自由度用符号 f 表示。

自由度是针对具体热力学系统而言的,不同的系统自由度可能不同,同一系统若相态及相的数量发生变化,系统的自由度也会随之而变。以最常见的物质水为例,若水以单一的液相(如被完全装满的一瓶水)存在,此系统的相数$\Phi = 1$。在保持单一液态水的条件下,我们可以在一定范围内任意改变其温度与压力而维持单一液态水的状态,则液态水的自由度为2,即温度和压力。换一个角度来阐述,若要完全确定液态水的热力学状态,必须知道水的温度和压力,即液态水的独立变量数为2,即自由度$f = 2$。

当水以两相共存形式出现时,如密闭容器中水与水蒸气达平衡,此系统有两相共存，相数 $\Phi = 2$。当水与水蒸气两相达平衡时，系统的压力等于此温度下水的饱和蒸气压。水的蒸气压是温度的函数。在维持水与蒸汽两相平衡的条件下，温度和压力不再能同时变化，当改变系统的温度时，压力必须随之而变；反之，当改变系统的压力时，温度也必须随之而变，此时系统的自由度 $f = 1$。若在变动温度的同时，压力也发生变化，则水不再以两相共存形式出现，而往往是回到单相状态。

若纯水以三相共存的状态出现，如处于固态冰、液态水和水蒸气三相共存的平衡态，此时水的状态处于其三相点，水的三相点的温度和压力是固定的，不能变化。三相共存下的水没有自由度，如温度或压力发生一点变化，就偏离了三相点，水便不再是三相共存。因此，水处于三相点时，系统的自由度 $f = 0$。上例说明系统的自由度与相数是有关的，当相数愈多时，系统的独立变量数，即自由度愈少。

三、组分数(number of components)

系统含有的不同物质种类数称为系统的物种数，用符号 S 表示。确定系统各相组成所需的最少物种数称为系统的独立组分数(number of independent components)，简称组分数，用符号 C 表示。同一个热力学系统，物种数可能随考察的角度不同而变化，但是系统的独立组分数是不变的。

例如：蔗糖溶于水形成溶液。此系统含有两个物种：蔗糖与水，$S = 2$；这两个物种之间不发生化学变化，两者的浓度间也没有函数关系，若要确定此系统的组成，必须知道水和蔗糖的物质的量，所以确定此系统组成最少需要两个组分的浓度，故独立组分数 $C = 2$。蔗糖与水组成的系统的物种数和独立组分数相等，即 $S = C$。

若系统中的物种之间存在某种联系，如化学变化或浓度关系，系统的物种数与组分数会不同。例如：氨与氢气和氮气达平衡，此系统有三个物种：NH_3、H_2 和 N_2，物种数 $S = 3$，反应系统存在下列化学平衡：

$$2NH_3(g) \rightleftharpoons N_2(g) + 3H_2(g)$$

当反应达平衡时，参加反应的组分浓度(或压力)必定要满足反应平衡常数的要求，通过反应平衡常数，可以求解出任一组分的浓度，故确定系统组成的变量数可以减少一个。系统中每存在一个化学反应，便可以由平衡常数式求出一个组分的浓度，若系统含有 R 个化学反应，则组成的变量数也会减少 R。R 称为化学反应限制条件，这 R 个化学反应必须是相互独立的。若此系统的初始条件规定是由纯氨气分解而达成的平衡系统，则此反应系统中的产物 H_2 和 N_2 的分压必定满足关系式：

$$p(H_2) = 3p(N_2)$$

由上式，系统中 H_2 和 N_2 组成，只需知道其中任一个的浓度即可推出另一个的浓度，故系统的独立组分数还可以减去一个。这种限制条件称为浓度限制条件，记为 C。此例中，确定系统组成的最少物种数为：$3-1-1=1$，即系统的独立组分数 $C=1$。事实上也是如此，由氨分解而得的平衡系统，只要知道任意一个组分的分压，就可以由反

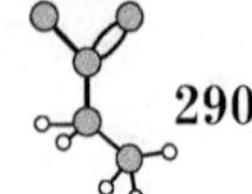

应平衡常数和产物分压间的关系式求出另外两种组分的平衡分压，故系统的独立组分数为1。

一般而言，若某一系统的物种数为S，系统中的独立化学反应数为R，各组分之间存在的浓度关系数为R'，则系统的独立组分数为：

$$C = S - R - R' \tag{7-1}$$

浓度限制条件是指某一相中组分浓度间的函数关系，故浓度限制条件一定要在同一相中才能应用，若两组分的量虽存在固定的函数关系，但是两者不是处于同一相中，则不构成浓度限制条件。如石灰石的分解，其反应式如下：

$$CaCO_3(s) \rightleftharpoons CaO(s) + CO_2(g)$$

此平衡体系中，产物CaO和CO_2的量是相等的，但是两者不在同一相中，生石灰为固相，二氧化碳为气相，所以两者间不存在浓度限制关系。而HN_4HS的分解则不同，其反应为：

$$NH_4HS(s) \rightleftharpoons NH_3(g) + H_2S(g)$$

产物氨和硫化氢均为气体，处于同一相中，因为两者的摩尔数是一样的，故分压是相等的，所以此平衡系统存在一个浓度限制条件，即：$p(NH_3) = p(H_2S)$。

若系统中还存在着组分浓度间的其它限制关系，则上式可以推广为：

$$C = S - \sum_i R_i \tag{7-2}$$

上式中的下标i表示对各种限制条件的加合。化学反应系统中常见的限制关系有化学反应限制条件、浓度限制条件、正负电荷量相等限制条件等。

§7-2 相 律

热力学系统达相平衡时，系统的相数、组分数和系统的自由度之间所服从的规律称为相律(phese law)。相律是达到相平衡系统的热力学基本理论。自由度是为了描述处于一定条件下的热力学系统的状态，所必需的最少热力学量数目。须注意的是：相平衡系统的自由度一般是指在不改变相的形态和数目的前提下，可以独立改变的热力学强度量的数目。处于平衡态的热力学系统，其相律的数学表达式为：

$$f = C - \Phi + n \tag{7-3}$$

式中：f是系统的自由度，C是独立组分数，Φ是系统所拥有的相数，n是环境变量数。对于一般的化学反应系统，能够影响系统性质的外界环境因素有两个，即温度与压力，故对于常见的化学反应系统，相律可以表达为：

$$f = C - \Phi + 2 \tag{7-4}$$

上式中的2代表温度和压力两个环境变量。

下面，我们从一般意义上来推导相律。当热力学系统达平衡后，系统中的每个局

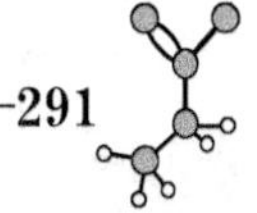

域也达到热力学平衡，热力学平衡的条件只需用 T、p、μ_B 等强度性质来描述。所以，一个多组分系统的平衡状态原则上可以用 $T, p, x_1, x_2, \cdots, x_B$ 等强度量来描述。但系统达平衡后，各强度量之间存在各种限制条件，每一个限制条件可以求解出一个热力学量，故描述系统状态所需的变量数会大为减少。

考虑一般的化学反应系统，环境变量取为2，即温度和压力，设系统中含有 S 个不同物种，并有 Φ 个不同的相。首先假设每个物种在每个相中均存在，则系统共有 $S\Phi$ 个浓度，加上温度与压力两个环境变量，系统达到热力学平衡时，最多有 $S\Phi+2$ 个变量数，但这 $S\Phi+2$ 个变量不全是独立变量，相互间的关系满足一些关系式，每列出一个独立的关系式，意味着可以减少一个变量。这些变量间的关系有：

(1) 每个相的组分浓度必须满足归一化条件，以 α 相为例：

$$x_1^\alpha + x_2^\alpha + \cdots + x_S^\alpha = 1$$

系统共有 Φ 个相，故相似的关系式共有 Φ 个，系统的变量数可以减去 Φ。

(2) 每个物种存在于所有的相，系统处于热力学平衡时，同一物种在所有相中的化学势必定相等，有：

$$S\text{个物种}\begin{cases}\mu_1^\alpha = \mu_1^\beta = \cdots = \mu_1^\gamma & \Phi-1\text{个独立关系式}\\ \mu_2^\alpha = \mu_2^\beta = \cdots = \mu_2^\gamma & \Phi-1\text{个独立关系式}\\ \cdots & \\ \mu_S^\alpha = \mu_S^\beta = \cdots = \mu_S^\gamma & \Phi-1\text{个独立关系式}\end{cases}$$

系统中组分化学势间的独立关系式共有 $S(\Phi-1)$ 个，系统的变量数还要减去 $S(\Phi-1)$。系统的自由度，即独立变量数，等于总变量数减去关系式总数。

系统的总变量数：　　$S\Phi+2$

系统的总关系式数：　　$\Phi+S(\Phi-1)$

系统的自由度等于：

$$f = S\Phi + 2 - [\Phi + S(\Phi-1)]$$

即：

$$f = S - \Phi + 2 \tag{7-5}$$

上式即为相律的数学表达式。但是上式是假设每个物种均存在于所有的相，这个假设其实是不需要的，去掉假设以上结果仍然成立。如物种 A 在某一相中不存在，总变量数需减1，但同时联系 A 在各相化学势的关系式个数中也减少1，两者相抵，体系的独立变量数 f 并不变，相律依然成立。

(7-5) 式只适用于物质之间没有限制因素的系统，若系统的物种之间存在限制关系，则会进一步减少系统的自由度的值。若系统内各物种之间存在限制关系，则 (7-5) 式变为：

$$f = S - \Phi - \sum_i R_i + 2 = C - \Phi + 2 \tag{7-6}$$

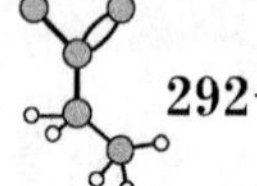

式中 C 为系统的独立组分数,R_i 是各种限制条件,最常见的限制条件是化学反应限制条件和浓度限制条件,注意所有的限制条件都必须是独立的。若影响系统性质的外界因素不仅仅是温度和压力,(7-6) 式可以表达为更一般的形式:

$$f = C - \Phi + n \tag{7-7}$$

(7-6) 式为相律的一般表达式,适用于平衡态的多相热力学系统。式中的 f 是系统的自由度,C 是独立组分数,Φ 是相数,n 是环境变量数。环境变量数要依实际情况而定,例如,当系统的温度或者压力被固定后,系统的环境变量只有一个,于是(7-7) 式变为:

$$f^* = C - \Phi + 1 \tag{7-8}$$

上式中的 f^* 称为条件自由度,即系统在温度固定或压力固定条件下所具有的自由度。为了使读者掌握相律具体的应用技巧,下面举例加以说明。

例题 1 试分析食盐水溶液的自由度。

解 解此题有多种方法。

方法 1 此系统的物种数为 2,即食盐和水,在常温常压下,两者不发生化学反应,也没有其它限制条件,故有:

$$S = 2$$

$$R = 0$$

$$R' = 0$$

$$C = S - R - R' = 2 - 0 - 0 = 2$$

食盐水溶液的自由度为:

$$f = C - \Phi + 2 = 2 - 1 + 2 = 3$$

此系统的自由度等于 3,即在维持只有溶液相存在的前提下有 3 个各自独立的变量,即温度、压力和食盐(或水) 的浓度。

方法 2 考虑食盐的电离,即系统中有以下平衡:

$$NaCl(aq) \rightleftharpoons Na^+(aq) + Cl^-(aq)$$

系统中有 4 个物种:Na^+,Cl^-,NaCl,和 H_2O。系统内有两个限制条件:一个是溶液中存在一个电离平衡,另一个是电荷平衡限制条件,因为整个溶液是电中性的,所以系统 Na^+ 浓度等于 Cl^- 的浓度,故有:

$$S = 4$$

$$R = 1$$

$$R' = 1 \quad ([Na^+] = [Cl^-])$$

$$C = S - R - R' = 4 - 1 - 1 = 2$$

系统的独立组分数仍然等于 2,故系统的自由度不变:$f = 3$。

方法 3 若还考虑水的电离和水的缔合(只考虑两分子缔合),则系统的物种数更多:Na^+,Cl^-,H^+,OH^-,NaCl,H_2O,$(H_2O)_2$ 共 7 种。溶液中存在三个平衡:

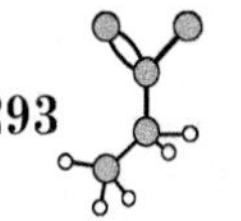

$$NaCl(aq) \rightleftharpoons Na^+(aq) + Cl^-(aq)$$
$$H_2O \rightleftharpoons H^+(aq) + OH^-(aq)$$
$$H_2O + H_2O \rightleftharpoons (H_2O)_2$$

系统的物种数、限制条件和独立组分数为：

$$S = 7$$
$$R = 3 \quad \text{(食盐和水的电离以及水的缔合)}$$
$$R' = 2 \quad ([Na^+] = [Cl^-], [H^+] = [OH^-])$$
$$C = S - R - R' = 7 - 3 - 2 = 2$$

系统的独立组分数仍然为2，故系统的自由度 $f = 3$。

上例说明，对于同一个热力学系统，物种数会因考虑问题的角度不同而不同，但是独立组分数是固定不变的。在确定系统的物种数时，为了分析的简单方便，应遵守尽量简单的原则。

例题2 设有一达到渗透平衡系统如图7-1所示，试分析此系统的自由度。

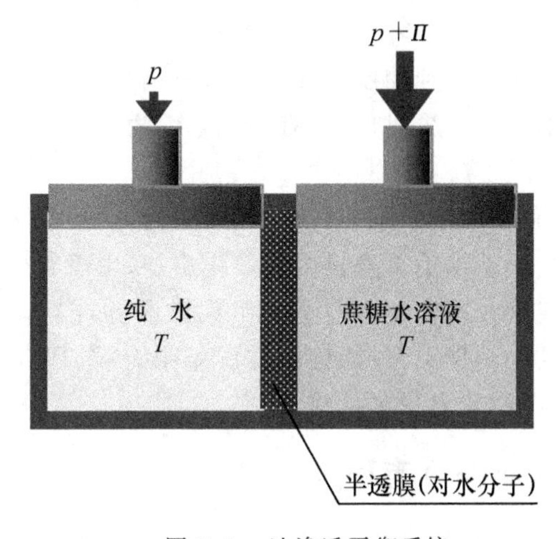

图7-1 达渗透平衡系统

解 系统中纯水与蔗糖水溶液达渗透平衡。系统的相数为2，即纯水相与蔗糖的水溶液相。设环境压力为 p，渗透压为 Π，环境温度为 T。此平衡系统的环境变量数 n 等于3，分别是温度、纯水受到的压力 p 和蔗糖溶液受到的压力 $p+\Pi$。此系统的相律表达式为：

$$f = C - \Phi + 3$$
$$C = 2 \quad \text{(水与蔗糖)}$$
$$\Phi = 2$$

故自由度为：

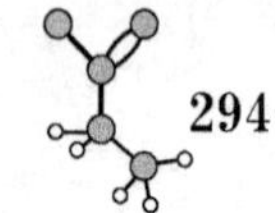

$$f = 2 - 2 + 3 = 3$$

在保持两相共存的前提下，系统可以自由变化的热力学量有 3 个，如环境温度 T、压力 p 和蔗糖水溶液的浓度。

本题给出了一个环境变量数大于 2 的实例，在其它情况下，也可能出现环境因素多于 2 的情况，如要考虑磁场等外场对系统状态的影响等。

§7-3　单组分相图

单组分相图(phase diagram of one component system)只有一个物种，故单组分相图是纯物质的相图，研究的是温度、压力等外界因素对纯物质相态的影响。单组分系统的相律表达式为：

$$f = C - \Phi + 2 = 3 - \Phi \tag{7-9}$$

由单组分的相律公式，我们可以从理论上推出单组分相图的一些基本规律。由(7-9)式，当单组分相图含有三个不同的相时，相图的自由度等于零。此时有：

$$\Phi_{\max} = 3 - f = 3$$

上式表明，达到热力学平衡态的纯物质最多只能有三相共存，不可能出现 4 相或更多相共存的情况。当相图的相数最少时(至少有一相)，纯物质相图的自由度为最大：

$$f_{\max} = 3 - \Phi = 3 - 1 = 2$$

上式表明单组分相图的独立变量数最多为 2，只需采用二维的平面相图就可以完整地表示纯物质相的变化。以上结论是直接由相律推出的，由于相律的高度普适性与准确性，其结论可以指导我们在研究相图时避免出现错误。如：若有人在测定纯物质平衡相图时，发现有 4 相共存的情况，只能说明实验结果有误，研究者应该仔细检查实验的原理、方法、数据等在哪儿出现了差错。

一、克拉贝龙(Clapeyron)方程

单组分系统若有两相达平衡，则其自由度 $f = 3 - 2 = 1$，即系统只有一个独立变量。在维持两相共存的前提下，系统的温度和压力中只有一个可以自由变化，而另一个必须随之而变，因此纯物质的两相平衡的温度与压力间存在一定的函数关系，描述此关系的即为克拉贝龙方程(Clapeyron equation)。此方程的推导如下。

设有一纯物质在一定的温度和压力下达两相平衡，由热力学原理，物质在两相的化学势必定相等：

$$\mu_{\mathrm{B}}^{\alpha}(T, p) = \mu_{\mathrm{B}}^{\beta}(T, p)$$

当此平衡系统的温度由 $T \rightarrow T + \mathrm{d}T$ 时，两相的平衡压力相应地发生变化：$p \rightarrow p + \mathrm{d}p$，两相的化学势依然相等：

$$\mu_{\mathrm{B}}^{\alpha}(T + \mathrm{d}T, p + \mathrm{d}p) = \mu_{\mathrm{B}}^{\beta}(T + \mathrm{d}T, p + \mathrm{d}p)$$

以上过程可以用以下热力学循环表示：

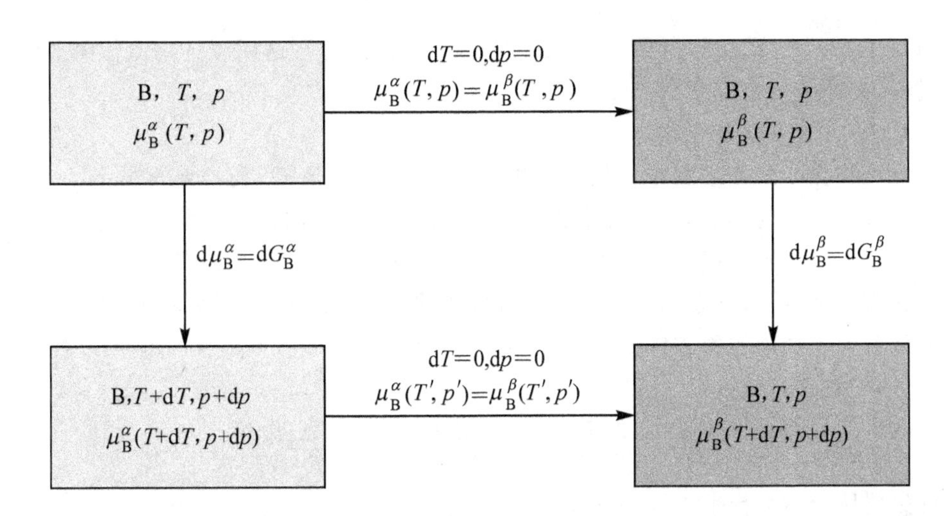

因为纯物质的化学势等于其摩尔 Gibbs 自由能，故其化学势的改变值也等于其摩尔 Gibbs 自由能的改变值，由以上热力学循环，有以下等式成立：

$$dG_B^\alpha = dG_B^\beta \tag{7-10}$$

由热力学基本关系式：

$$dG = -SdT + Vdp$$

(7-10) 式可以表达为：

$$-S_{\alpha,m}dT + V_{\alpha,m}dp = -S_{\beta,m}dT + V_{\beta,m}dp$$

∴
$$(S_{\beta,m} - S_{\alpha,m})dT = (V_{\beta,m} - V_{\alpha,m})dp$$

得：
$$\frac{dp}{dT} = \frac{S_{\beta,m} - S_{\alpha,m}}{V_{\beta,m} - V_{\alpha,m}}$$

整理上式，即得：

$$\frac{dp}{dT} = \frac{\Delta S_m}{\Delta V_m} \tag{7-11}$$

式中 ΔS_m 是 1mol 纯物质由 α 相转变为 β 相的熵变；ΔV_m 是 1mol 纯物质由 α 相转变为 β 相的体积变化。(7-11) 式表明纯物质两相平衡压力与温度间遵守一定的函数关系，当相平衡温度发生变化时，平衡压力必将随之而变，反之亦然。平衡相变是可逆过程，故熵变等于相变的热温商，平衡相变是等压过程，其热效应等于焓变，即：

$$\Delta S_m = \frac{\Delta H_m}{T} = \frac{L_m}{T}$$

上式中的 ΔH_m 是 1 摩尔纯物质由 α 相转变为 β 相的焓变；L_m 是 1 摩尔纯物质的相变潜热。将上式代入(7-11) 式，得：

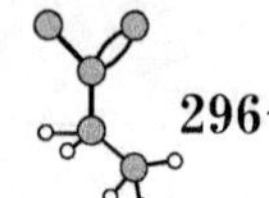

$$\frac{\mathrm{d}p}{\mathrm{d}T}=\frac{\Delta H_{\mathrm{m}}}{T\Delta V_{\mathrm{m}}}=\frac{L_{\mathrm{m}}}{T\Delta V_{\mathrm{m}}} \tag{7-12}$$

(7-11) 和(7-12) 式均称为 Clapeyron 方程。Clapeyron 方程适用于纯物质任何平衡相变过程,它的应用范围很广。

1. 气-液(固) 相平衡

设纯物质的两相平衡中一相为气相,另一相必为凝聚相,在常温常压下,一般气体可以视为理想气体。不妨设凝聚相为液体,(7-12) 式中的体积变化简化为:

$$\Delta V_{\mathrm{m}}=V_{\mathrm{m}}^{\mathrm{g}}-V_{\mathrm{m}}^{\mathrm{l}}\approx V_{\mathrm{m}}^{\mathrm{g}}$$

因为在常温常压下,气态的摩尔体积比凝聚态的摩尔体积要大许多,两者的差值可以近似认为等于气体的摩尔体积。将以上结果代入(7-12) 式,并注意气体可以视为理想气体,于是有:

$$\frac{\mathrm{d}p}{\mathrm{d}T}=\frac{\Delta H_{\mathrm{m}}}{T\Delta V_{\mathrm{m}}}=\frac{\Delta H_{\mathrm{m}}}{T(V_{\mathrm{m}}^{\mathrm{g}}-V_{\mathrm{m}}^{\mathrm{l}})}\approx\frac{\Delta H_{\mathrm{m}}}{T\cdot V_{\mathrm{m}}^{\mathrm{g}}}$$

将理想气体状态方程 $pV_{\mathrm{m}}=RT$ 代入上式,有:

$$\frac{\mathrm{d}p}{\mathrm{d}T}=\frac{\Delta H_{\mathrm{m}}}{T}\cdot\frac{p}{RT}$$

整理上式,可得:

$$\frac{\mathrm{d}\ln p}{\mathrm{d}T}=\frac{\Delta_{\mathrm{vap}}H_{\mathrm{m}}}{RT^{2}} \tag{7-13}$$

上式即为克拉贝龙-克劳修斯方程(Clausius-Clapeyron equation),表示纯物质的蒸气压与相变温度的关系。对上式作积分:

$$\ln\left(\frac{p_2}{p_1}\right)=\frac{\Delta_{\mathrm{vap}}H_{\mathrm{m}}}{R}\,\frac{T_2-T_1}{T_1T_2} \tag{7-14}$$

(7-13) 与(7-14) 式中的 $\Delta_{\mathrm{vap}}H_{\mathrm{m}}$ 是摩尔物质从凝聚相转变为气相的焓变。(7-13) 式是 Clausius-Clapeyron 方程的不定积分式,(7-14) 式是 Clausius-Clapeyron 方程的定积分式。若作不定积分即得 Clausius-Clapeyron 方程的不定积分式:

$$\ln p=\frac{\Delta_{\mathrm{vap}}H_{\mathrm{m}}}{R}\cdot\frac{1}{T}+C \tag{7-15}$$

上式中的 C 为积分常数。上式表明纯物质的饱和蒸气压的对数与相变温度的导数呈线性关系,若将 $\ln p$ 对 $1/T$ 作图可得一直线,直线的斜率等于 $\Delta_{\mathrm{vap}}H_{\mathrm{m}}/R$,故通过此直线的斜率我们可以获得相变潜热。测定物质的蒸气压与相变温度的关系曲线,是测定物质蒸发焓的一种重要的实验方法。

物质的蒸发热是很重要的热力学数据,知道了物质的气化潜热,可以通过 Clausius-Clapeyron 方程获得物质的饱和蒸气压与温度的关系,从而可以求出不同温度下物质的饱和蒸气压。一些物质的气液相变热,往往可以由楚顿规则(Trouton's Rule) 获得。Trouton 规则认为正常液体(非极性、分子间不发生缔合的液体) 的气化潜热与其正常沸点之间有下列关系存在：

$$\Delta_{vap}H_m \approx 88 \cdot T_b \text{ J} \cdot \text{K} \cdot \text{mol}^{-1} \tag{7-16}$$

上式为 Trouton 规则的数学表达式，式中的 T_b 是物质的正常沸点，即液体在标准压力下的沸点。Trouton 规则适用于有机非极性物质，但对于极性强的液体就不适用（如水的蒸发潜热就不遵守 Trouton 规则）。

2. 凝聚相间的相平衡

凝聚相之间的相平衡过程也遵守 Clapeyron 方程：

$$\frac{dp}{dT} = \frac{\Delta H_m}{T\Delta V_m}$$

对以上方程进行变量分离，可得以下微分方程：

$$dp = \frac{\Delta H_m}{\Delta V_m} \cdot \frac{dT}{T}$$

在一般条件下，凝聚相的摩尔体积和焓变随温度的变化很小，两者都可以近似地看成常数，于是对上式积分可得：

$$\int_{p_1}^{p_2} dp = \frac{\Delta H_m}{\Delta V_m} \cdot \int_{T_1}^{T_2} \frac{dT}{T}$$

$$p_2 - p_1 = \frac{\Delta H_m}{\Delta V_m} \cdot \ln\frac{T_2}{T_1} \tag{7-17}$$

上式是描述凝聚相间相平衡过程的 Clapeyron 方程的定积分式。当环境的温度和压力的变化不大时，可由上式求算不同温度下物质的平衡蒸气压，但当温度和压力变化太大时，在进行积分时应考虑相变潜热和相变体积的变化。

例题 1 已知水在 100℃ 下的饱和蒸气压为 760mmHg，水的气化热为 $2260\text{J} \cdot \text{g}^{-1}$。试求：

(1) 水在 95℃ 的蒸气压；(2) 水在 800mmHg 压力下的沸点。

解 此题直接运用 Clausius-Clapeyron 方程即可求解。

(1) 由克 - 克方程：

$$\ln\left(\frac{p_2}{p_1}\right) = \frac{\Delta_{vap}H_m}{R}\frac{T_2 - T_1}{T_1T_2} = \frac{2260\text{J} \cdot \text{g}^{-1} \cdot 18.02\text{g} \cdot \text{mol}^{-1}}{8.314\text{J} \cdot \text{mol}^{-1} \cdot \text{K}^{-1}}\frac{368\text{K} - 373\text{K}}{373\text{K} \cdot 368\text{K}}$$

$$= -0.1784$$

$$\frac{p^2}{760\text{mmHg}} = 0.8366$$

$$p_2 = 636\text{mmHg}$$

解得水在 95℃ 的蒸气压为 636 毫米汞柱。

(2) 由克 - 克方程：

$$\ln\frac{800\text{mmHg}}{760\text{mmHg}} = \frac{2260\text{J} \cdot \text{g}^{-1} \cdot 18.02\text{g} \cdot \text{mol}^{-1}}{8.314\text{J} \cdot \text{mol}^{-1} \cdot \text{K}^{-1}}\frac{T_2 - 373\text{K}}{373\text{K} \cdot T_2}$$

$$0.05129 = 13.13 \times \frac{T_2 - 373\text{K}}{T_2}$$

解以上方程,得: $T_2 = 376.4\text{K} = 103.7℃$

例题 2 试计算在 $-0.5℃$ 下,欲使冰溶化所需施加的压力为多少?已知:冰的熔化热为 $333.5\text{J} \cdot \text{g}^{-1}$,水的密度为 $0.9998\text{g} \cdot \text{cm}^{-3}$,冰的密度为 $0.9168\text{g} \cdot \text{cm}^{-3}$。

解 此题与上题类似,直接运用 Clapeyron 方程即可求出结果。由 Clapeyron 方程:

$$p_2 - p_1 = \frac{\Delta H}{\Delta V} \cdot \ln \frac{T_2}{T_1}$$

$$\Delta V = \frac{1}{0.9998\text{g} \cdot \text{cm}^{-3}} - \frac{1}{0.9168\text{g} \cdot \text{cm}^{-3}} = -0.09055\text{cm}^3 \cdot \text{g}^{-1}$$

与此题有关的能量单位的换算关系为:$1\text{J} = 9.87\text{atm} \cdot \text{cm}^3$。将以上结果代入 Clapeyron 方程:

$$p_2 - 1\text{atm} = \frac{333.5\text{J} \cdot \text{g}^{-1} \times 9.87\text{atm} \cdot \text{cm}^3}{-0.09055\text{cm}^3 \cdot \text{g}^{-1}} \cdot \ln \frac{272.65\text{K}}{273.15\text{K}} = 66.6\text{atm}$$

$$p_2 = 67.6\text{atm}$$

需要施加 67.6 个大气压的压力才能使水的凝固点下降 0.5℃。将此题的结果与上题相比较,凝聚相的相变温度水压力的变化很不明显,而有气相参加的相变温度随压力的变化要明显得多。

二、水的相图

用来表示系统状态变化的图称为相图。相图可以直观而全面地反映系统的相的组成及其随环境条件的改变所发生的变化。单组分系统的相律表达式为:

$$f = 3 - \Phi$$

任何热力学系统至少有一相,故单组分系统的独立变量数最多为 2,若用图形来表示,是一个 2 维的平面图。单组分系统相图的坐标一般取温度 T 和压力 p。相图的任意一点称为相点(phase point),每个相点都代表系统的一个热力学平衡态。在单组分相图中有点、线、面,根据相律,分析得出当相点分别落在不同的区域时,相图中相点的相态是有区别的:

相点落在面中:$f = 2$,系统的自由度等于 2;$\Phi = 1$,系统为单相。

相点落在线上:$f = 1$,系统的自由度等于 1;$\Phi = 2$,系统呈两相平衡。

相点落在交点:$f = 0$,系统的自由度等于 0;$\Phi = 3$,系统呈三相平衡。

一般温度与压力条件下的水的相图见图 7-2,以下根据单组分相律对水的相图进行分析。

1. 水的单相区

相图的纵坐标为压力,横坐标为温度。图 7-2 中有三条曲线交会于 A 点,三条曲

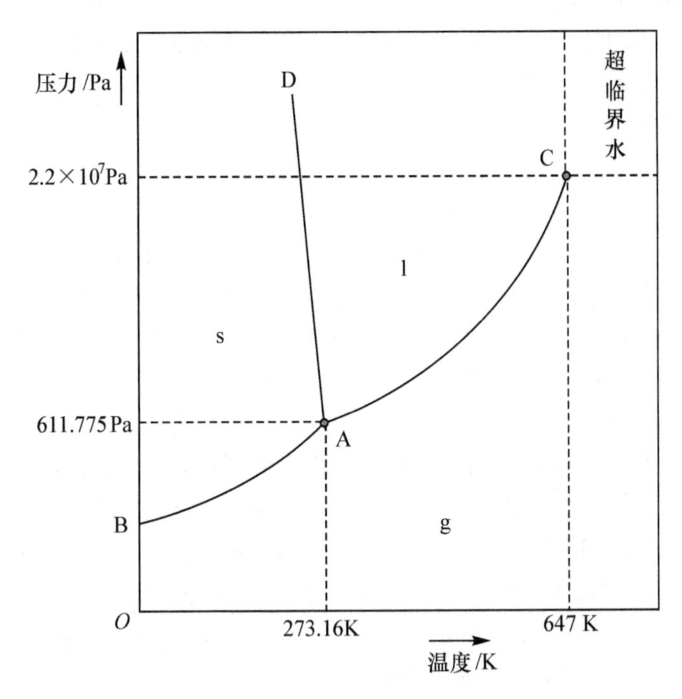

图 7-2 水的相图

线将整个相图分为三个区域，每个区域代表一个单相区。水在一般温度和压力的条件下分别可能以气态、液态和固态出现。气态的温度较高、压力较低，故相图中的右下方区域为水的气相区，相点落在此区域中，水将以单相的气态形式出现。相图的左上方为低温、高压区，是固相区，在此区域内，水的相态为固态的冰。夹在气、固两相中间的区域是液态水的单相区。

单相区，$\Phi=1$，系统自由度 $f=2$，当水的相点落在单相区时，温度与压力可以在一定范围内各自任意变化，而水仍呈单相，不会发生相态的变化。

2. 水的两相区

两相之间由两相平衡线分开，相图中的三条曲线分别为：

BA：气、固两相平衡线；

AC：气、液两相平衡线；

AD：液、固两相平衡。

当水的相点落在两相平衡线上时，水呈两相平衡。在两相区，$\Phi=2$，系统自由度 $f=1$，系统只有一个独立变量，故两相平衡的温度与压力中只有一个可以自由变化，另一个将随之而变，纯物质两相平衡的温度与压力的关系在上节已经作了介绍，由 Clapeyron 方程及 Clausius-Clapeyron 方程描述。从物质的热力学数据，如焓变、密度等数据可以分析出单组分相图中两相平衡曲线斜率的正负。水的相图中，一般的两相平衡线的斜率为正值，只有冰-水平衡曲线的斜率是负值，这是由于水结冰时，水的体积不是变小，反而增大的缘故。

3. 水的三相点

A点是三条曲线的交点，是水的三相点，三相点(triple point)的 $f=0, \Phi=3$，水为三相平衡状态，即液态水、冰和水蒸气三相同时共存。当水处于三相点时，自由度等于零，系统的温度和压力均不能改变，否则，水就不再是三相共存，而会偏离A点，进入两相区或单相区。水的三相点的温度等于273.16K，压力为611.775Pa。

由于水三相点的温度和压力具有极其精确的数值，其值只与纯水的本性有关，在实践中比较容易实现，且与环境因素无关。这些性质都表明水的三相点适宜作为温度测量的标准。1990年，International Temperature Scale(国际温标)of 1990 (ITS-90)选取十四种元素的单质和一种化合物(水)为温度标准(见表7-1)，其中绝大多数点的选取都基于相平衡，如纯物质(纯度要求达到99.9999%以上)的熔点(凝固点)和三相点。但是在以前，温度的基准点采用的不是水的三相点，而是水的冰点。1927年国际度量衡委员会选定水的冰点(ice point)为热力学温标的基准点，定为273.15K。水的冰点(273.15K，101325 Pa)是在1个大气压下被空气饱和的液-固平衡温度。此温度受外界大气压或测量点地理位置的影响，并且与水被空气饱和的状况有关。以水的三相点(273.16K，611.775 Pa)作为热力学温标的基准点，比冰点更具优越性。冰点温度比三相点温度低0.01K是由两种因素造成的：① 因外压增加，使凝固点下降0.00748K；② 因水中溶有空气，使凝固点下降0.00241K。两者共使水的冰点比三相点下降了0.00989K，总共大约下降了0.01K。

表7-1　　**国际温标(ITS 90)选定的温度基准点**

物质及所处状态	势力学温度(范围)/K	摄氏温度(范围)/℃
helium-3饱和蒸气压同温度的关系	(0.65 ~ 3.2)	(-272.50 ~-269.95)
低于λ点时helium-4饱和蒸气压同温度的关系	(1.25 ~ 2.1768)	(-271.90 ~ -270.9732)
高于λ点时helium-4饱和蒸气压同温度的关系	(2.1768 ~ 5.0)	(-270.9732 ~ -268.15)
helium饱和蒸气压同温度的关系	(3 ~ 5)	(-270.15 ~ -268.15)
氢的三相点	13.8033	-259.3467
氖的三相点	24.5561	-248.5939
氧的三相点	54.3584	-218.7916
氩的三相点	83.8058	-189.3442

续表

物质及所处状态	势力学温度(范围)/K	摄氏温度(范围)/℃
汞的三相点	234.3156	−38.8344
水的三相点	273.16	0.01
镓的熔点	302.9146	29.7646
铟的凝固点	429.7485	156.5985
锡的凝固点	505.078	231.928
锌的凝固点	692.677	419.527
铝的凝固点	933.473	660.323
银的凝固点	1234.93	961.78
金的凝固点	1337.33	1064.18
铜的凝固点	1357.77	1084.62

4. 水的临界点

当水的相点沿着AC气相向C点趋近时，气、液两相的密度愈来愈接近，当达到C点时，两相的密度完全相等，气相与液相的界限消失，成为一相，此点称为水的临界点，如图7-2所示。在临界点，水的液相与气相的界限消失，两相的物理、化学性质趋于全同。图7-3表示了水从远离临界点趋向临界点时，水的状态的变化过程。图中(a)表示的是当远离临界点时气、液两相平衡的状态，此时两相的密度相差很大，具有非常明显的界面；(b)表示当系统的状态接近临界点时，气液两相的密度相互接近；(c)当处于临界点时，气、液两相的界限消失，两相变为单一的相。

水处于C点的状态称为临界状态，水的临界状态的温度为647K，压力为2.2×10^7 Pa。高于临界温度和临界压力的状态称为超临界流体。物质处于超临界状态时，许多性质将发生变化，如：超临界流体具有液体对溶质有比较大溶解度的特点，又具有气体易于扩散和运动的特性，因而有较好的流动性、渗透性和传递性能。有关超临界流体的研究是目前被广泛关注的热点，超临界技术已经在材料科学、化工、医药、食品、香料等方面获得广泛的应用。

图7-2仅仅是在一般压力条件下水的相图，实际上，水的相图要复杂得多。图7-4是在较广温度与压力范围内水的相图。图中可见在较高压力下水存在多种不同晶形的固态，常压条件下的冰为冰Ⅰ，有些固态的冰的熔点甚至高于100℃，如冰Ⅶ在高压下熔点甚至高于水的临界温度。在图7-2中仅仅只有一个三相点，而图7-4中，表明水存在多个三相点，一些三相点是不同固态的冰共存，一些三相点是液态水与两个固态冰共存。以上所介绍的相图是平衡态相图，根据相律，单组分系统达到相平衡时

最多只有三相共存,不可能出现 4 相共存的情况,实际的相图正是如此,在图 7-2 和图 7-4 中只能找到三相点,而没有 4 相点存在,这表明 4 相不可能共存。

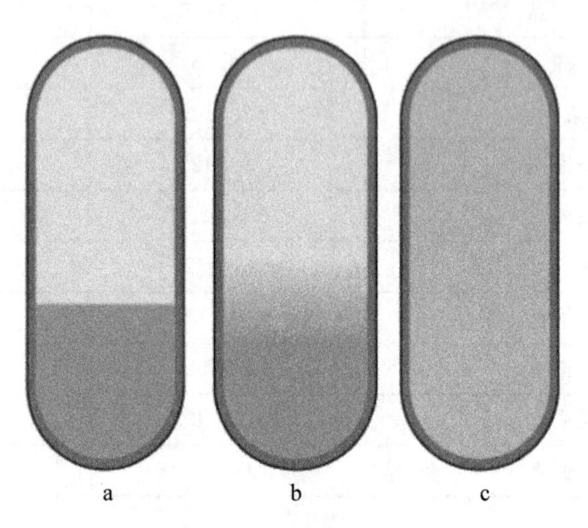

图 7-3　水的临界状态

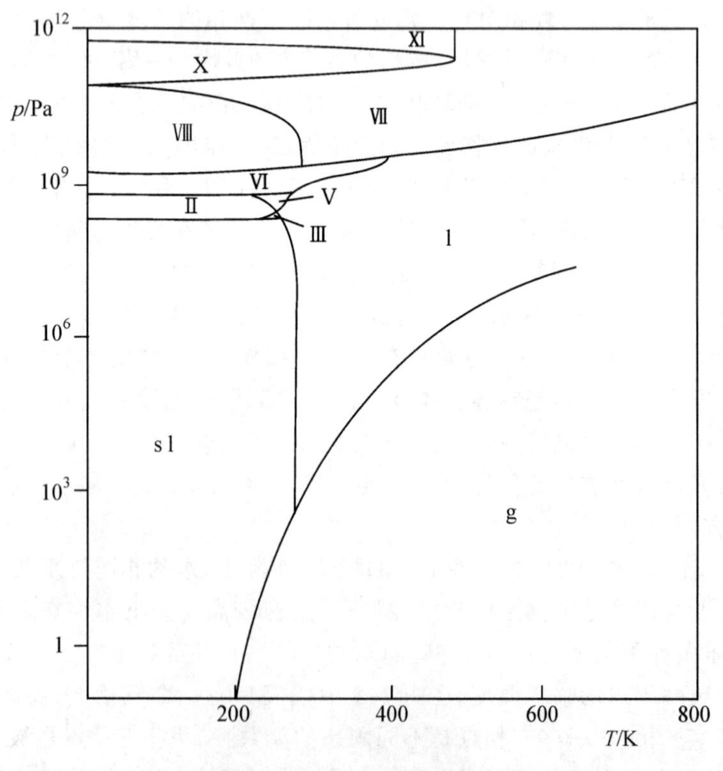

图 7-4　高压下水的相图

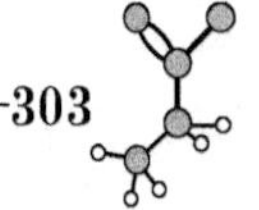

三、几种常见物质的相图

1. 硫的相图

图 7-5 为单质硫的相图。与水的相图的最大区别是硫的相图中标出了处于介稳状态的硫单质的存在。

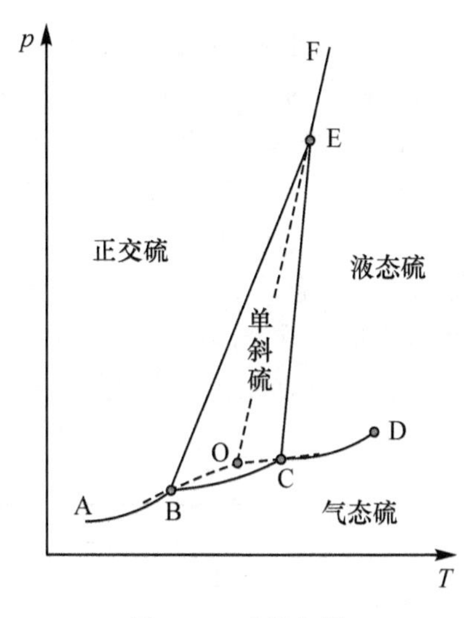

图 7-5　硫的相图

硫的相图分为 4 个区间，分别代表气态硫、液态硫、固态的正交硫和单斜硫。系统处于此 4 个相区时，硫均以单相状态存在，系统的自由度 $f=2$。相图中的气相均为两相平衡线，它们分别是：

AB 线：正交硫(s) $\rightleftharpoons$ 气态硫

BC 线：单斜硫(s) $\rightleftharpoons$ 气态硫

CD 线：液态硫 $\rightleftharpoons$ 气态硫

BE 线：正交硫(s) $\rightleftharpoons$ 单斜硫(s)

CE 线：单斜硫(s) $\rightleftharpoons$ 气态硫

EF 线：正交硫(s) $\rightleftharpoons$ 液态硫

相图中的三条虚线是处于介稳态的两相平衡线，如 EO 是 FE 的延长线，仍然为正交硫和液态硫的两相平衡线，但在此虚线段硫的两相均不是平衡态，而是非平衡的介稳态。虚线分别为：

EO 线：正交硫(s) $\rightleftharpoons$ 液态硫(介稳态)

BO 线：正交硫(s) $\rightleftharpoons$ 气态硫(介稳态)

CO 线：气态硫 $\rightleftharpoons$ 液态硫（介稳态)

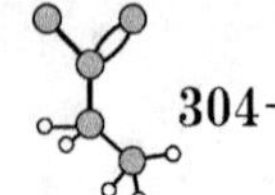

硫的相图中有4个三相点,其中三个为热力学平衡态,1个为介稳态。

B点:正交硫、单斜硫和气态硫三相共存;

C点:单斜硫、液态硫和气态硫三相共存;

E点:正交硫、单斜硫和液态硫三相共存;

O点:处于介稳态的正交硫、液态硫和气态硫三相共存。

2. CO_2 相图

图7-6为二氧化碳的相图。CO_2 超临界状态是目前研究最广泛的热点之一,此相图是一般条件下 CO_2 的相图。相图分为气、液、固三个相区,在单相区内,CO_2 呈单相,自由度为2,即有两个可以自由波动的变量。CO_2 的三相点的温度为 $-56.6℃$,压力为5.11个大气压,即 5.18×10^5 Pa;升华点的温度为 $-56.6℃$,压力为101325Pa;临界点温度为31.06℃,压力72.8个大气压,即 7.38×10^6 Pa。CO_2 临界点的温度和压力都不高,因而比较容易获得超临界状态的 CO_2。处于超临界状态的 CO_2 具有与液态类似的性质,又因为 CO_2 是无极性的物质,所以对有机化合物具有很强的溶解能力,人们利用这种性质,常常将 CO_2 作为中药材里有效成分的提取剂。超临界 CO_2 在其它许多领域具有广泛用途。

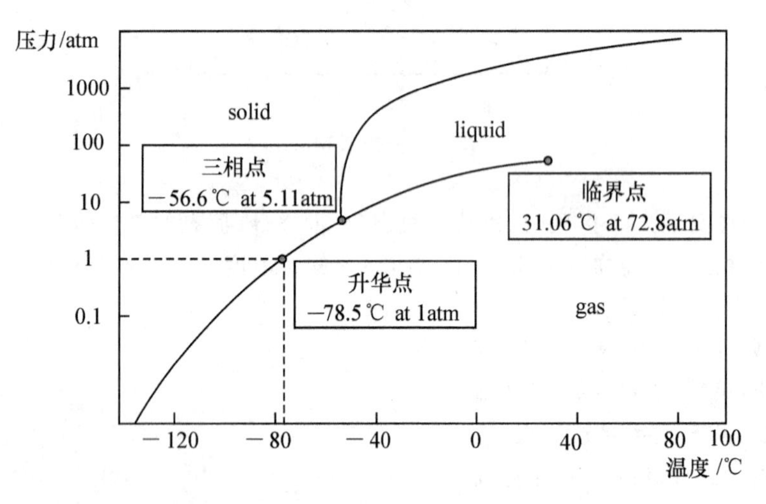

图7-6 二氧化碳相图

3. 高压下磷的相图

纯物质的固体可能存在多种形态,如C有无定形碳、石墨、金刚石、C_{60} 等多种形态。而物质的液态一般只有一种形态,只有He的液态有普通流体He与超流He两种状态,而近来发现另外一些物质的液态也可能存在多种不同的形态,例如液体磷具有两种不同微观结构的液态。如图7-7所示,在高压、高温条件下,液态磷有Ⅰ和Ⅱ两种形态,两种液态的微观结构不相同。液态磷Ⅰ基本是磷原子的4聚体,形状如正四面体，每个磷原子占据正四面体的一个顶点。液态磷Ⅱ则是由更多的磷原子结合在一起，形成另一种液体形态。图中的三相点是液态磷Ⅰ、液态磷Ⅱ、固体黑磷三相共存。

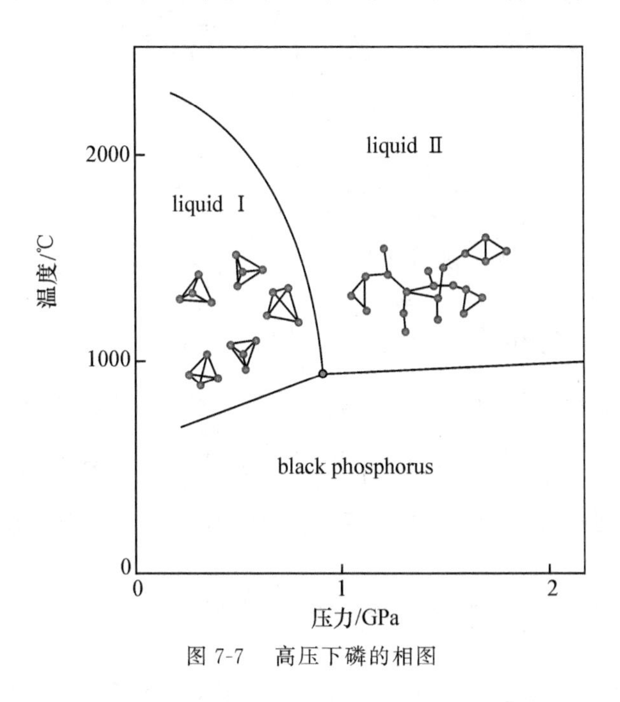

图 7-7 高压下磷的相图

§7-4 二 级 相 变

以上介绍的相变，如气、液之间的相平衡；气、固之间的相平衡和液、固之间的相平衡都有一个共同的特点：此类相变有相变潜热，物质的密度发生突变，在发生相变时，各相中物质的化学势相等，但是化学势对温度或压力的一阶偏微商所代表的热力学性质不相等，如熵、体积等。这类性质表达如下：

$$\left(\frac{\partial \mu_1}{\partial T}\right)_p \neq \left(\frac{\partial \mu_2}{\partial T}\right)_p \quad S_m^1 \neq S_m^2$$
$$\left(\frac{\partial \mu_1}{\partial p}\right)_T \neq \left(\frac{\partial \mu_2}{\partial p}\right)_T \quad V_m^1 \neq V_m^2 \tag{7-18}$$

除了上述的相变以外，还存在着另一种相变，这类相变没有相变潜热，在相变时物质的摩尔体积也不发生变化。因为无相变潜热，物质体积也不变，说明物质化学势的一阶偏微商所代表的热力学性质在相变时不发生变化。但是，化学势的二阶偏微商所代表的性质，如热容、膨胀系数、压缩系数等在相变时会发生突变。即：

$$\left(\frac{\partial \mu_1}{\partial T}\right)_p = \left(\frac{\partial \mu_2}{\partial T}\right)_p \quad S_m^1 = S_m^2$$

$$\left(\frac{\partial\mu_1}{\partial p}\right)_T=\left(\frac{\partial\mu_2}{\partial p}\right)_T\quad V_{\mathrm{m}}^1=V_{\mathrm{m}}^2$$

$$-T\left(\frac{\partial^2\mu}{\partial T^2}\right)_p=-T\frac{\partial}{\partial T}\left(\frac{\partial\mu}{\partial T}\right)_p=T\left(\frac{\partial S_{\mathrm{m}}}{\partial T}\right)_p=C_{p,\mathrm{m}}$$

$$\left(\frac{\partial^2\mu_1}{\partial T^2}\right)_p\neq\left(\frac{\partial^2\mu_2}{\partial T^2}\right)_p\quad C_{p,\mathrm{m}}^1\neq C_{p,\mathrm{m}}^2$$

$$\left(\frac{\partial^2\mu_1}{\partial p^2}\right)_T\neq\left(\frac{\partial^2\mu_2}{\partial p^2}\right)_T\quad \kappa_{p,\mathrm{m}}^1\neq\kappa_{p,\mathrm{m}}^2 \tag{7-19}$$

$$\left(\frac{\partial^2\mu_1}{\partial T\partial p}\right)\neq\left(\frac{\partial^2\mu_2}{\partial T\partial p}\right)\quad \alpha_{p,\mathrm{m}}^1\neq\alpha_{p,\mathrm{m}}^2$$

上式中,α 为物质的膨胀系数,$\alpha=\frac{1}{V}\left(\frac{\partial V}{\partial T}\right)_p$,$\kappa$ 是压缩系数,$\kappa=-\frac{1}{V}\left(\frac{\partial V}{\partial p}\right)_T$。注意,上式中的热力学性质与化学势的二阶偏微商具有直接的联系,如物质的热容:

$$-T\left(\frac{\partial^2\mu}{\partial T^2}\right)_p=-T\frac{\partial}{\partial T}\left(\frac{\partial\mu}{\partial T}\right)_p=T\left(\frac{\partial S_{\mathrm{m}}}{\partial T}\right)_p=C_{p,\mathrm{m}}$$

膨胀系数和压缩系数也具有类似的关系。为了区别以上两类不同性质的相变,根据以上特点,定义:

一级相变(first order phase transition):相变时,物质化学势的一级偏微商所代表的性质发生突变。

二级相变(second order phase transition):相变时,物质化学势的二级偏微商所代表的性质发生突变。

一级相变和二级相变过程中物质热力学函数的变化见图 7-8。

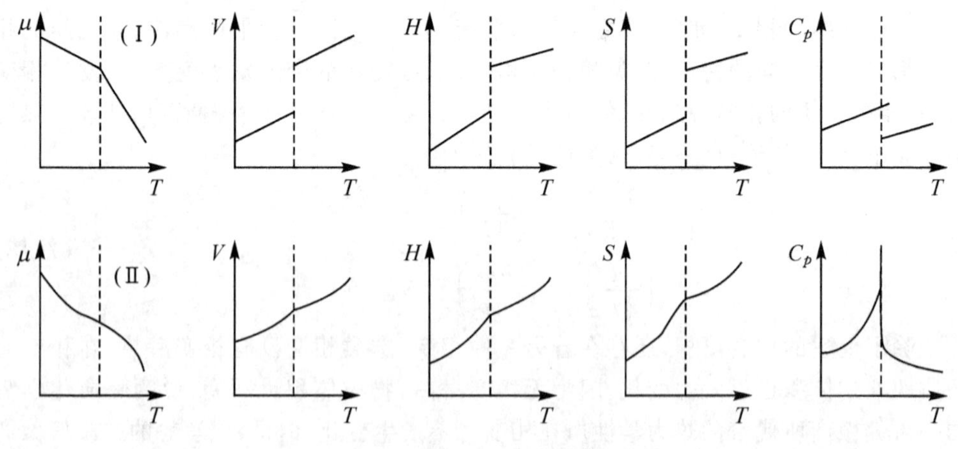

(Ⅰ)一级相变 (Ⅱ)二级相变

图 7-8 热力学性质的变化

描述一级相变的温度和压力之间关系的公式为Clapeyron方程，但Clapeyron方程不能描述二级相变的温度与压力的关系，以下，我们将推出适应物质二级相变的热力学关系式。

二级相变时，物质的熵与体积不变，设系统在温度 T 和压力 p 下达成相平衡，并设当相变温度从 $T \rightarrow T+\mathrm{d}T$ 时，压力也随之而变：$p \rightarrow p+\mathrm{d}p$，此过程表示如下：

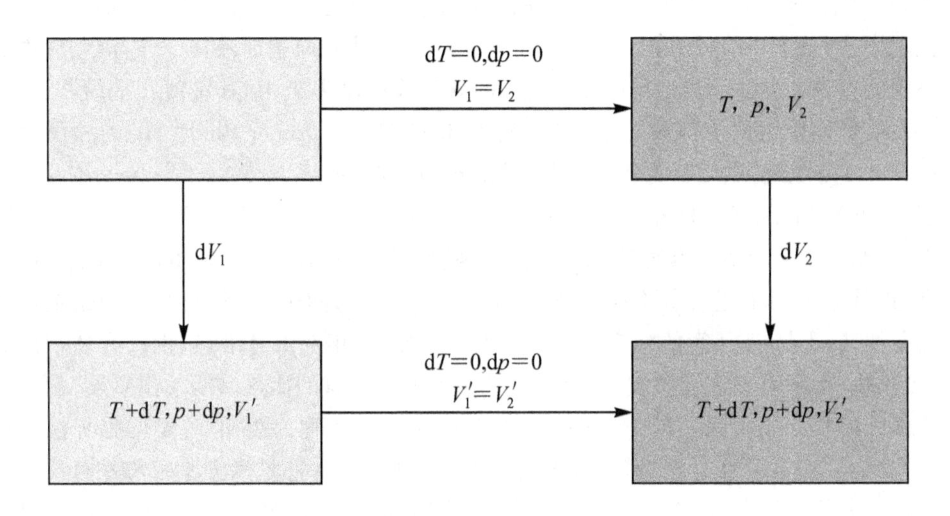

如图中所示，当相变条件变化到 $T+\mathrm{d}T$，$p+\mathrm{d}p$ 时，系统达到新的相平衡，由二级相变的特点，相变时体积不变，故有：

$$V_1 = V_2$$

$$V_1' = V'_2$$

故有：

$$\mathrm{d}V_1 = \mathrm{d}V_2$$

将体积视为温度和压力的函数，$V = V(T,p)$，对体积进行全微分展开：

$$\mathrm{d}V_1 = \left(\frac{\partial V_1}{\partial T}\right)_p \mathrm{d}T + \left(\frac{\partial V_1}{\partial p}\right)_T \mathrm{d}p = \alpha_1 V_1 \mathrm{d}T - \kappa_1 V_1 \mathrm{d}p$$

同理可得：

$$\mathrm{d}V_2 = \alpha_2 V_2 \mathrm{d}T - \kappa_2 V_2 \mathrm{d}p$$

因为 $\mathrm{d}V_1 = \mathrm{d}V_2$

所以 $\alpha_1 V_1 \mathrm{d}T - \kappa_1 V_1 \mathrm{d}p = \alpha_2 V_2 \mathrm{d}T - \kappa_2 V_2 \mathrm{d}p$

整理上式，得：

$$\frac{\mathrm{d}p}{\mathrm{d}T} = \frac{\alpha_1 - \alpha_2}{\kappa_1 - \kappa_2} \tag{7-20}$$

对于二级相变有：$\mathrm{d}S_1 = \mathrm{d}S_2$，采用与以上类似的推导，可得：

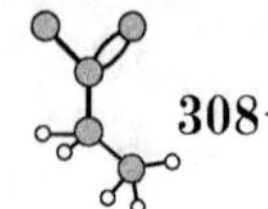

$$\frac{\mathrm{d}p}{\mathrm{d}T}=\frac{C_{p,2}-C_{p,1}}{TV(\alpha_2-\alpha_1)} \tag{7-21}$$

(7-20) 式和(7-21) 式描述了二级相变的相变压力与相变温度间函数关系,这两个公式称为埃伦菲斯特(P. Ehrenfest) 公式(Ehrenfest equition)。

常见的二级相变有:

(1) 超流 He 与正常液态 He 之间的变化是二级相变。常见的液体在流动时都存在摩擦阻力,而液态的^{4}He 有两种流体,一种是 HeⅠ,其性质与普通液体一样,流动时也有摩擦阻力存在,当另一种流体 HeⅡ 在流动时几乎没有摩擦阻力,其粘度几乎为零。这种几乎没有摩擦阻力的流体称为超流体,故 HeⅡ 是超流体(super fluid)。He 的相图见图 7-9,横坐标为温度,纵坐标为压力。相图的上部为固体,中部为液体,下部为气体。AB 是气态 He 与液 HeⅠ 的两相平衡线,当液 HeⅠ 沿着 BA 方向逐步降温时,两相平衡压力也随之下降,当温度下降到 λ 点时,液态 He 会出现新的液氦相,即超流体 HeⅡ,λ 点是氦的三相点,正常流体 HeⅠ、超流体 HeⅡ 和气态 He 三相达平衡。图中的 λ 线是 HeⅠ、HeⅡ 的两相平衡曲线,HeⅠ 与 HeⅡ 间的相变是一种二级相变。二级相变没有潜热,也没有体积的突变,当比热、膨胀系数等性质发生突变时,在 λ 点附近液氦的比热曲线发生急剧变化,其比热曲线形状如同希腊字母 λ(见图 7-10),故二级相变也称为 λ 相变。氦的临界温度很低,为 5.2K,临界压力为 228kPa。固态的氦有两种构型:一种是六方紧密堆积(hcp),另一种是立方体心堆积(bcc)。超流 HeⅡ 具有许多不同于平常流体的特异性质:HeⅡ 是一种超流体,在一定流速内,流动时的阻力几乎等于零;HeⅡ 具有极好的导热性能,其导热速率比金属铜几乎大 3 个数量级,HeⅡ 的导热不与温度梯度成正比,温度梯度只存在于靠近器壁的薄层内,在 HeⅡ 的内部不存在温度梯度;容器中的 HeⅡ 通过毛细管流出时,容器内 HeⅡ 的温度将升高,反之,当升高容器中 HeⅡ 的温度时,HeⅡ 将像喷泉一样通过毛细管喷出。

(2) 合金的有序、无序相变。在较低温度下,合金的空间点阵中不同原子呈有规律的周期性排列,这种结构称为有序相,当温度高到某一定值以上时,这种有序的排列将被打破,原子的排列是随机的,这种结构称为无序相。如原子数为 1∶1 的 Cu、Zn 合金,其晶体结构为立方体心点阵,在低温时,Cu 原子位于晶胞的体心,Zn 原子位于晶胞的角顶。当温度逐步升高时,这种有序的结构会被局部地破坏,当温度达到 460℃ 时,有序排列被完全破坏,Cu 原子和 Zn 原子都可以随机地占据点阵的体心或角顶,此时的结构即为无序相。这种合金的有序相与无序相的转变也为二级相变,有序排列被完全破坏的温度称为居里点(Curie point),或居里温度,记为 T_{C}。

朗道认为:一级相变和二级相变都与物质结构秩序度的改变有关。在一级相变中,有序结构的破坏是突然发生的,所以相变过程中需要吸收能量,即为相变潜热。但在二级相变中,物质有序结构的破坏是逐步地、连续地发生的,在有序结构逐步破坏的过程中,体系从环境不断吸收能量,因此在相变点没有大量吸收潜热的现象。但在

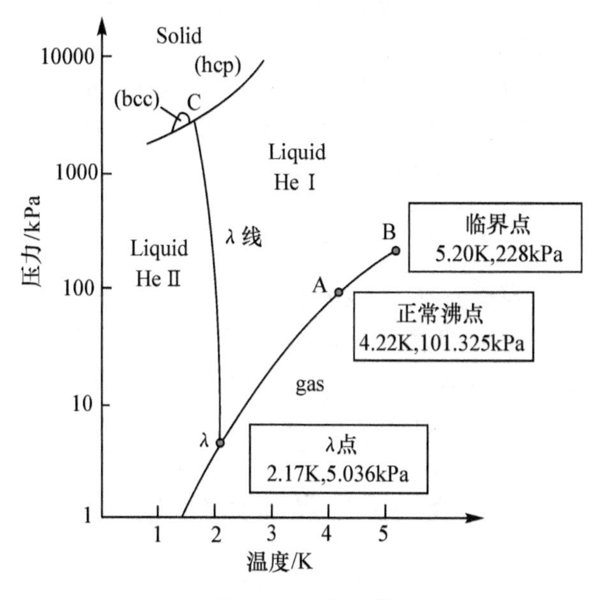

图 7-9 He 的相图

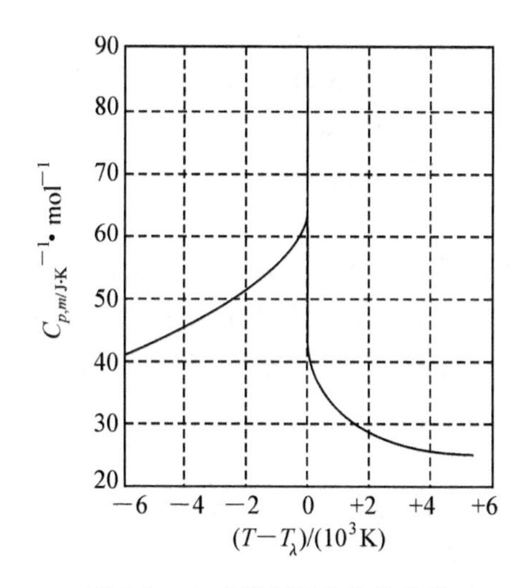

图 7-10 λ点附近氦的比热曲线

二级相变过程中，有序结构破坏的速度逐步增加，在接近居里点时，有序结构趋向雪崩式破坏，升温所需的能量会急剧增加，于是物质的热容发生突变。

(3) 金属超导体与普通金属间的转变。一些金属当温度降低到某一温度以下时，其电阻突然消失，这种现象称为超导电性，具有超导电性的物体称为超导体，电阻突然消失的温度称为临界温度，记为 T_c。实验与理论都证明了超导材料的正常态与超

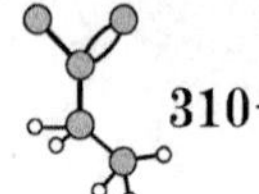

导态之间的转变无潜热，但是材料的热容、膨胀系数等性质有突变，这表明超导材料的零磁场下正常态与超导态的转变为二级相变。

金属的超导性于1911年由卡末林-昂尼斯(Karmerlingh-Onnes)首先发现。1957年，有研究者在铅环中激发了几百安培的电流，持续流动了两年半的时间而没有观察到电流的衰减，从而推断超导铅的电阻小于$10^{-21}\ \Omega \cdot cm$，后来还进一步确定超导态的电阻上限为$10^{-23}\ \Omega \cdot cm$。考虑到实际测量仪器的灵敏度都是有限的，故可以认为超导态的电阻为零。

超导现象具有极其巨大的理论意义和应用价值，超导材料在发电、交通、铁路等诸多方面都有极其重要的应用。我国在超导材料的研究位居世界前列。1987年我国物理学家赵忠贤、陈立泉和美国休斯敦大学的美籍华人物理学家朱经武分别独立发现了临界温度为90K的钇钡铜氧化物超导体，第一次得到了液氮温度(77K)下的超导体。

§7-5　双液系相图

双液系是两组分系统，两组分系统的相律为：

$$f = C - \Phi + 2 \quad C = 2$$

故

$$f = 4 - \Phi \tag{7-22}$$

(7-22)式为两组分系统的相律表达式，由此式可以分析得出，两组分系统最多可以有4相共存，相图的最大自由度为3，即：

$$\Phi_{\max} = 4 \quad f = 0$$

$$f_{\max} = 3 \quad \Phi = 1$$

欲完整地描述两组分相图，系统的自由度为3，需要采用三维图像。在一般条件下，特别是书本中，难以采用三维图像来描述两组分相图，故一般采用二维的平面相图表示两组分相的变化。当固定系统的某一个因素不变时，如温度或压力，系统的环境变量将只有一个，此时二元系统的相律为：

$$f^* = 3 - \Phi \tag{7-23}$$

上式是确定温度或压力不变，而得到的结果，自由度上方的星号表示系统受到一定限制条件的制约，此自由度称为条件自由度。常见的二元相图有：T-x图(固定系统的压力不变)，描述在定压下，当温度和组成发生变化时，系统相态的变化；p-x图(固定系统的温度不变)，描述在定温下，当压力和组成发生变化时，系统相态的变化。

物质一般具有气-液-固三种形态，相图中也应该反映物质气相、液相、固相间的关系和相互的变化。双液系相图描述的是两组分体系气、液相态与浓度、温度和压力之间的关系，而没有涉及固态的变化，故双液系相图只是两组分相图中的一部分，描述了温度较高区域的相变化。本章中主要讨论完全互溶的双液系、不完全互溶的双液系和完全不互溶的双液系三类相图。

一、理想溶液的相图(phase diagram of ideal solution)

两个纯液体组分可以按任意比例混溶的双液系称为完全互溶双液系。我们首先讨论最简单的双液系，即理想二元溶液的相图。理想溶液各组分在全部浓度范围内均遵守拉乌尔定律，只要掌握了 A、B 组分的饱和蒸气压数据，理想二元溶液的相图可以通过理论计算而绘制出来。

1. 理想二元溶液的 *p-x* 图

先讨论双液系 p-x 图的绘制。设选取组成为 x_A，置于带有活塞的汽缸中，保持整个装置处于恒温状态(如图 7-11 所示)。首先向汽缸施加足够大的压力，此时系统的状态在图 7-12 中的 C 点，双液系呈单相的液体。逐步降低系统的压力，双液系的状态将由 C 点沿垂线向下移动，当压力降到 D 点时，系统开始出现气相，达气、液两相平衡，此时系统为两相共存，但是气相的量极其微小，其量可以忽略不计，液相的量占总量的绝大多数，液相的组成与系统的总组成完全一样。当系统的压力继续下降时，气相的量愈来愈多，液相的量愈来愈少，当达到 F 点时，系统中只有残存的一点点液体，几乎全部转变为气体，此时气相所含物质的量为总量的绝大多数，气相的组成与系统的总组成相同。若进一步降低压力，液相则会消失，系统以单相的气体形式存在。图 7-12 中的 CDF 线描述了以上过程。

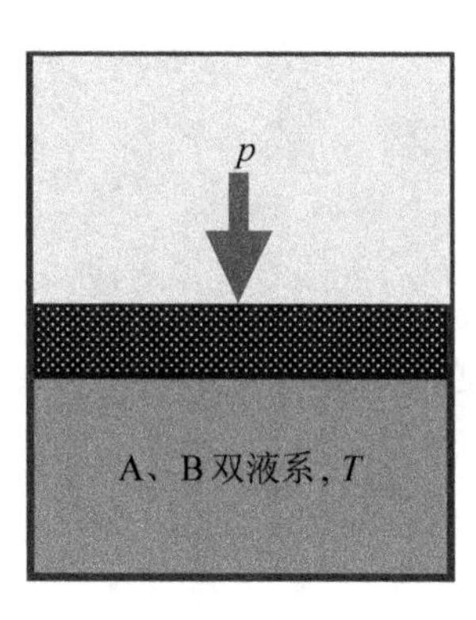

图 7-11 汽缸中的双液系

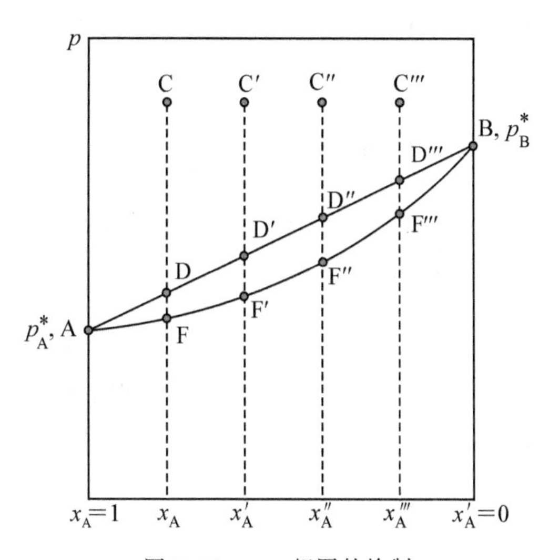

图 7-12 p-x 相图的绘制

另选取双液系的组成为 x'_A，重复以上过程，可以得到直线 C′D′F′；如此进行下去，可以获得一系列的直线：CDF、C′D′F′、C″D″F″、C‴D‴F‴ 等，对应的系统的总组成为：x_A、x'_A、x''_A、x'''_A等。另由纯 A 和纯 B 在该温度的饱和蒸气压数据，可以得到 A 点与

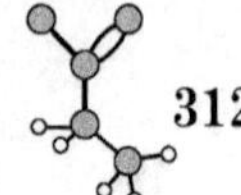

B点。连接A、D、D′、D″、D‴、B各点所形成的曲线为此双液系的液相线，液相线上的各点是双液系中液相的相点，表示液相的组成；连接A、F、F′、F″、F‴、B各点所形成的曲线为此双液系的气相线，气相线上的各点是双液系中气相的相点，表示气相的组成。对于理想溶液，我们可以从理论上导出液相线和气相线的数学表达式。

液相线方程：液相线上各点表示双液系中液相的组成，与液相达平衡的气相的压力可以由 Raoult 定律求出：

$$p_{\text{tot}} = p_{\text{A}} + p_{\text{B}} = p_{\text{A}}^{*} x_{\text{A}} + p_{\text{B}}^{*} x_{\text{B}}$$

二元系统有：$x_{\text{A}} + x_{\text{B}} = 1$，故上式可以表达为：

$$p = p_{\text{B}}^{*} + (p_{\text{A}}^{*} - p_{\text{B}}^{*}) x_{\text{A}} \tag{7-24}$$

上式为双液系的液相线方程，表示液相的组成与压力之间的关系，液相线是一条直线，其斜率等于纯A与纯B饱和蒸气压的差，截距等于纯B的饱和蒸气压。

气相线方程：气相线上各点表示双液系中气相的组成，气相的总压为A、B分压之和：

$$p = p_{\text{A}} + p_{\text{B}}$$

可将溶液上方的气相视为理想气体，气相中组分分压之比等于摩尔分数的比，于是有：

$$\frac{p_{\text{A}}^{\text{gas}}}{p_{\text{B}}^{\text{gas}}} = \frac{x_{\text{A}}^{\text{gas}}}{x_{\text{B}}^{\text{gas}}} = \frac{x_{\text{A}}^{\text{gas}}}{1 - x_{\text{A}}^{\text{gas}}}$$

另由 Raoult 定律，可以由与之平衡的液相组成求得分压之比：

$$\frac{p_{\text{A}}^{\text{gas}}}{p_{\text{B}}^{\text{gas}}} = \frac{p_{\text{A}}^{*} x_{\text{A}}^{\text{liquid}}}{p_{\text{B}}^{*} (1 - x_{\text{A}}^{\text{liquid}})}$$

联立以上两式，可求出：

$$x_{\text{A}}^{\text{liquid}} = \frac{p_{\text{B}}^{*} \cdot x_{\text{A}}^{\text{gas}}}{p_{\text{A}}^{*} + x_{\text{A}}^{\text{gas}} (p_{\text{B}}^{*} - p_{\text{A}}^{*})}$$

将上式代入总压的表达式：

$$p = \frac{p_{\text{A}}^{*} \cdot p_{\text{B}}^{*}}{p_{\text{A}}^{*} + x_{\text{A}}^{\text{gas}} (p_{\text{B}}^{*} - p_{\text{A}}^{*})}$$

如图 7-12 中的 F 点，气相线上的相点的组成等于系统的总组成：

$$x_{\text{A}}^{\text{gas}} = x_{\text{A}}$$

将上式代入总压表达式：

$$p = \frac{p_{\text{A}}^{*} \cdot p_{\text{B}}^{*}}{p_{\text{A}}^{*} + x_{\text{A}} (p_{\text{B}}^{*} - p_{\text{A}}^{*})} \tag{7-25}$$

(7-25) 式即为双液系的气相线方程，双液系的气相线是一条曲线。

根据液相线方程和气相线方程，就可以绘出双液系的相图，图 7-13 是双液系的 p-x 图。此相图是等温相图，横坐标表示系统的组成，纵坐标表示系统的压力。图中的NLD线是液相线，FGM线是气相线，在气相线的下方是单相区，此相区内，系统为气态;液相线的上方是单相的液相区,系统呈液态,在此两单相区内,系统的自由度 $f=2,\Phi=1$。图中浅色的月牙形区域是两相区,当系统的状态落在此区间时,系统达两相平衡,气相与液相共存,在两相区系统的自由度 $f=1,\Phi=2$。

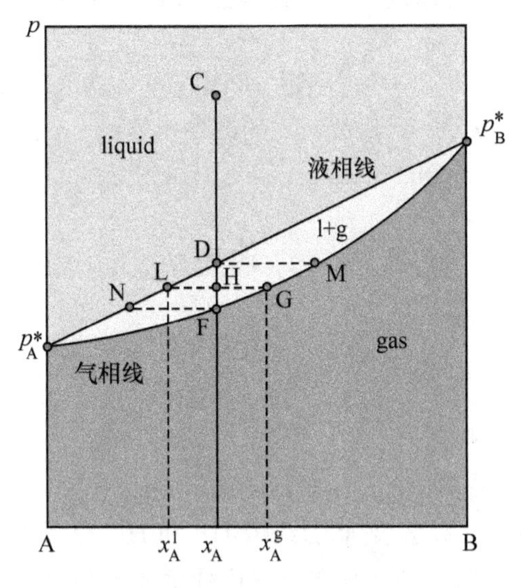

图 7-13　双液系的 p-x 图

相图中表示系统总组成的点称为物系点,代表某一相的组成的点称为相点,物系点与相点可能是重合的,也可能是分立的,一般在单相区中,物系点与相点是重合的,在多相区中两者是分立的。图 7-13 中的 C 点位于液态单相区,C 点即表示了系统的总组成,是物系点,也表示了液相的状态,故也是相点,对于 C 点,物系点与相点是重合的。图中的 H 点位于两相区,两相的状态分别由 L 点和 G 点表示,H 点只表示系统的总组成和状态所处的环境条件,如温度、压力等,不能表示某一相的组成,在两相区物系点与相点是分立的,与 H 点相对应的液相的组成由 L 点表示,气相的组成由 G 点表示。当系统由 C 点垂直下降到 D 点时,开始出现气相,气相的状态由 M 点表示,由于气相的量极其微小,液相的量几乎等于系统总的物质的量,液相的组成与系统的总组成相同,仍为 x_A;若进一步降压到 F 点,则液相的量极少,气相的量与系统的总量几乎相等,气相的组成与系统的总组成一样,也为 x_A;当物系点落入两相区时,双液系为气、液两相平衡,且两相都拥有一定的量,两相的组成分别由气相点和液相点给出,与系统的总组成不同。

2. 杠杆原理(lever rule)

当双液系的物系点落在两相区时,系统为两相共存,每一相的物质的量是多少呢?杠杆原理可以解决这个问题。图 7-13 中的物系点 H 落在两相区,系统呈气、液两

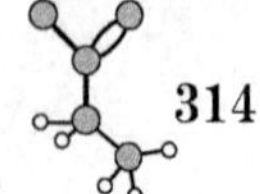

相平衡，系统的组成为 x_A，气相点的组成为 x_A^g，液相点的组成为 x_A^l。设此双液系的总量为 n，系统中 A 的总量可由系统的物质总量及总组成而获得：

$$n_A = n \cdot x_A = n_l x_A + n_g x_A$$

式中 n_l 和 n_g 分别为液相的总量和气相的总量。A 的总量还可由分别计算气、液两相中的含量而求得：

$$n_A = n_A^l + n_A^g = n_l x_A^l + n_g x_A^g$$

以上两式所求同为组分 A 的总量，故两式的结果相等：

$$n_l x_A + n_g x_A = n_l x_A^l + n_g x_A^g$$

整理上式：

$$n_l(x_A - x_A^l) = n_g(x_A^g - x_A) \tag{7-26}$$

对比相图 7-13，有：

$$(x_A - x_A^l) = \mathrm{HL}$$

$$(x_A^g - x_A) = \mathrm{HG}$$

代入(7-26) 式，即得：

$$n_{\text{liquid}} \cdot \mathrm{HL} = n_{\text{gas}} \cdot \mathrm{HG} \tag{7-27}$$

(7-27) 式即为杠杠原理的数学表达式，线段 HL 和 HG 分别代表物系点 H 到液相线和气相线的距离。因为此规则与物理学中的杠杆定律相似，故称为杠杆规则。杠杆原理的物理含义为：当双液系处于两相区时，液相质量(或摩尔数) 与气相质量的比等于气相点与物系点的距离与液相点与物系点距离之比。杠杆原理也可以表达为：

$$\frac{\text{液相质量(物质的量)}}{\text{气相质量(物质的量)}} = \frac{\text{气相点到物系点的距离}}{\text{液相点到物系点的距离}} \tag{7-28}$$

杠杆原理是确定处于多相区的系统中各相所含质量的基本计算公式，对于两相区，直接由杠杆原理就可以获得两相的质量；若系统有 2 个以上的相共存时，采用多次运用杠杆原理的方法，可以逐个求出每一相含有的物质的数量。

3. 理想二元溶液的 *T-x* 图

当压力恒定时，表示气、液两相的平衡温度与组成之间关系的相图为 T-x 图，也称为沸点 - 组成图。由各组分不同温度下的蒸气压可以绘制出 T-x 图。图 7-14 是理想二元溶液的 T-x 图。图中过 G 点的曲线是气相线，过 L 点的曲线是液相线，相图的上方为气相，下方为液相，中间的月牙形部分是两相区。T-x 图是在恒压下绘制的。T-x 图和 p-x 图都是双液系的相图，一个是压力不变，一个是温度不变。这两种图可以相互转换，若知道了双液系不同温度条件下的 p-x 图，可以由此绘出 T-x 图，反之亦然。

以苯(A)、甲苯(B) 组成的双液系为例。图 7-15a 为系统的 p-x 相图，图中过 G 点的线为 357K、365K、373K 和 381K 下的液相线。在 $1p^\ominus$ 处作水平线与各液相线分别相交，交点的横坐标分别为 x_1、x_2、x_3、x_4。在 T-x 图中分别在 381K、373K、365K 和 357K 处作等温线，与表示溶液组成的垂线相交，交点即为 T-x 图中液相线上的相点。

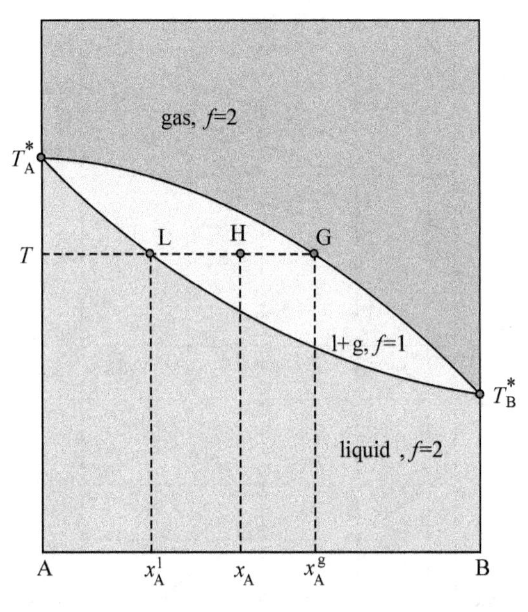

图 7-14　双液系的 T-x 图

纯甲苯和苯的正常沸点分别为 384K 和 353.3K，在 T-x 图中分别标出这两点。将以上各点圆滑地连接起来即得相图的液相线。采用相似的方法，由 p-x 图的气相线也可以得到 T-x 图的气相线。不论是 p-x 图还是 T-x 图，都不能全面地反映双液系的性质，只有三维的 T-p-x 图可以全面地反映出双液系相态的变化。图 7-16 是双液系 T-p-x 图，横坐标表示系统的组成，纵坐标为温度，垂直于纸面的坐标为压力。图中温度较高、压力降低的上前方是气相的单相区，温度较低、压力较高的下后方是液相的单相区，中间部分是气、液平衡两相区。垂直于 p 坐标作一剖面，得到的是恒压下的 T-x 图；垂直于 T 坐标作一剖面，得到的是恒压下的 p-x 图；在纯 B 与纯 A 的端点作垂直于 x 坐标的剖面，分别得到纯 B 与纯 A 的沸点与蒸气压的曲线，即图中的 $T_B^* p_B^*$ 线与 $T_A^* p_A^*$ 线。

二、精馏原理

在化学实验中经常要用到蒸馏技术来提纯化合物，所谓精馏（rectification）就是多次简单蒸馏的组合，精馏在化学研究及化工、医药等行业具有极其广泛的应用。精馏往往用来分离多元溶液中的组分，采用高效率的精馏手段可以分离获得极其纯净的单个组分。精馏利用不同组分挥发性的差别而将其进行分离，其基本原理见图 7-17。图中 a 是精馏操作的原理示意图。设 A 和 B 组成完全互溶的双液系，组分 A 的沸点较高，挥发性较低；B 的沸点较低，挥发性较高。若有某实际二元溶液的组成为 x_1（x 表示液相组分 B 的浓度），在等压下将溶液加热达到液相线上的 E 点，此时系统开始

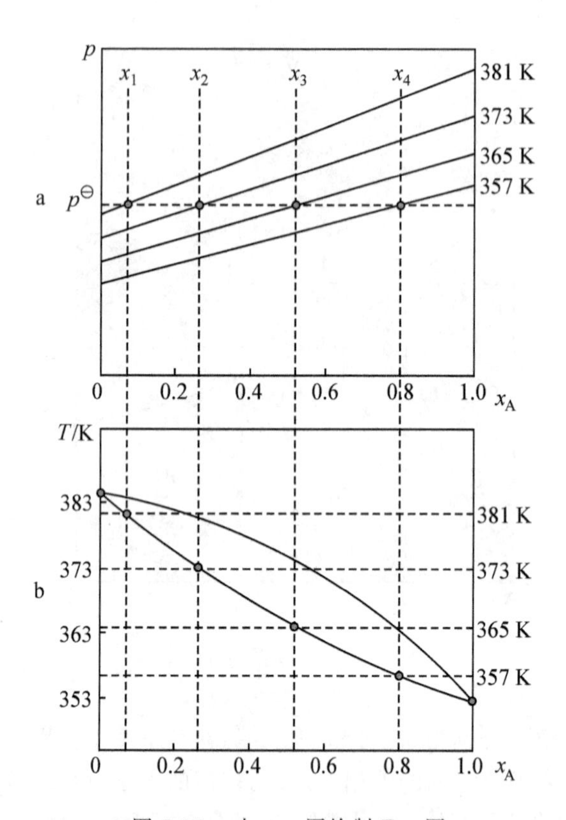

图 7-15 由 p-x 图绘制 T-x 图

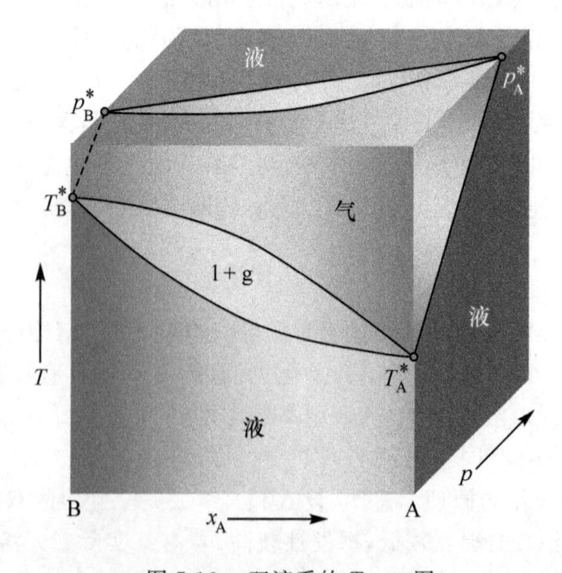

图 7-16 双液系的 T-p-x 图

出现气相,达两相平衡,F为气相点,F点的B的浓度为y_1,从图中可以看出,气相中B的浓度要大于液相中B的浓度,若将F点的气相物质收集并冷凝下来,冷凝液的组成仍然保持为y_1,从图a可知:$y_1>x_1$,所以冷凝液中B的浓度将高于系统中B的初始浓度。这样的一次操作称为蒸馏,蒸馏是分离、提纯物质的重要方法。但是,一次蒸馏分离效果不够高,如图中的F点并不是纯B,仍然含有大量的A。若要将溶液中的各组成彻底分离,一次蒸馏是不够的,需要多次地重复蒸馏,才有可能达到预期的目的。仍取上例,可将得到的冷凝液加温到G点,再次达到气、液两相平衡,与G达平衡的气相点为H,相应的B的浓度为y_2,明显有$y_2>y_1$。若重复以上过程,气相中B的含量将愈来愈高;若反过来收集液相成分,液相中A的含量将愈来愈高,这种分离方法即为精馏。用精馏技术,可以分离得到极其纯净的单个组分。精馏操作中的每一次蒸馏分离称为一个塔板,如将含量为x_1的二元溶液提纯到含量为y_2的溶液,需要二次蒸馏,即需要经过2个塔板的操作。在实际工业生产中,相图具有很重要的指导意义,如精馏塔的理论塔板数、各层的操作温度即组成等工艺操作参数都要依据相关的相图来制定。图7-17a只是对精馏原理的理论说明,在实际操作时不可能按这种方法来进行分离。若初始原料成分为x_1,与液相E平衡的气相点在F,根据杠杆原理,气相的量为无穷小,故将组成为F的气相冷凝而得的物质的量几乎为零,下一步G点与H点的关系也一样。所以理论塔板数只是一个理想值,实际上的操作不可能按理论塔板进行。精馏的实际操作按图7-17b进行。设原料的成分为x,如图将原料加热到O点,温度为T_1,O点不在液相线或气相线上,而是在两相区中,此时系统达气、液理想平衡,各相物质的量可运用杠杆原理,根据相图计算而得。与O点对应的液相组成为x_1,气相的组成为y_1,将气相部分冷凝为液体,等到组成为x_2的液相和组成为y_2的气相,再将组成为y_2的气相部分冷凝,可得到组成为x_3的液相和组成为y_3的气相,如此反复进行下去,就可以得到极其纯净的组分B。对于组分A可采用类似的方法,将组成为x_1的液相部分蒸发,可得到组成为x_6的液相和组成为y_6的气相,多次重复此操作,获得的液相即为非常纯净的A。以上便是精馏的基本原理。从理论上,不可能用精馏的方法获得绝对纯净的组分A或者B,但是可以无限地接近这个目标。工业中的精馏操作在精馏塔中进行,精馏塔结构的示意图见图7-18。下部是加热釜,提供精馏过程必需的能量。精馏塔由许多塔板组成,每层塔板上都有一定量的溶液,从下一层蒸发上来的气体经泡罩四周边缘处流出并与塔板上的液相充分接触,经过热量交换,部分液体被气化并向上一层流动,每一层塔板都有溢流口,超过溢流口的液体通过溢流管流向下一层塔板。每一层塔板就相当于一次蒸馏操作,向上的气相中挥发性较大的组分浓度较高;向下的液相中挥发性较小的组分的浓度较高。假设A、B组成的二元溶液,B的挥发性较大,用精馏塔来分离此二元溶液。则顶部收集的蒸气就是纯度很高的B,底部收集便是A,原料从精馏塔的中部加入。精馏塔是效率极高的分离装置,其分离效率与精馏塔的塔板数的多少相关,一般,塔板数愈多的精馏塔,分离效果愈高。实际工业生产的精馏塔是很复杂的装置，若用来分离多组分的混合物，其操作工艺要求很高。有关精馏工艺，在有关的专著中有更为详尽的介绍。

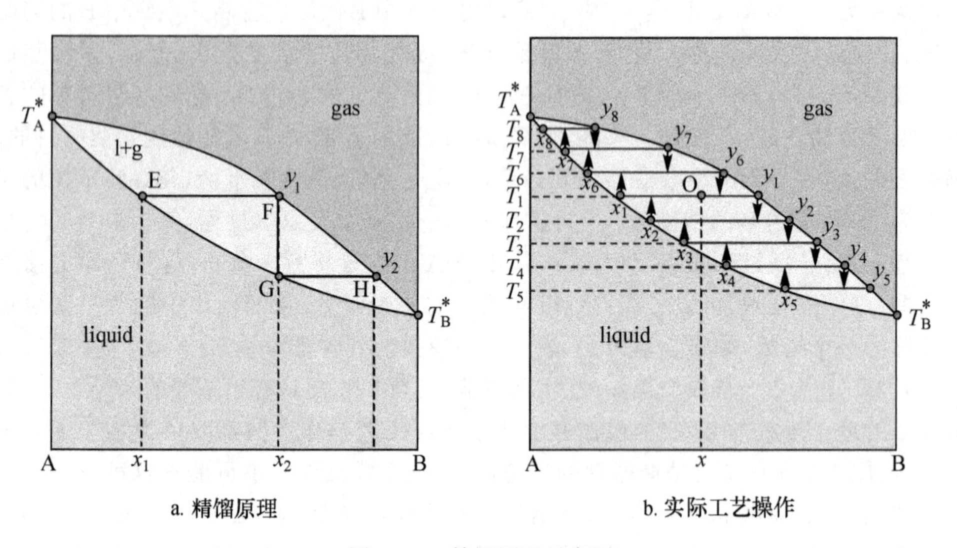

图 7-17　精馏原理示意图

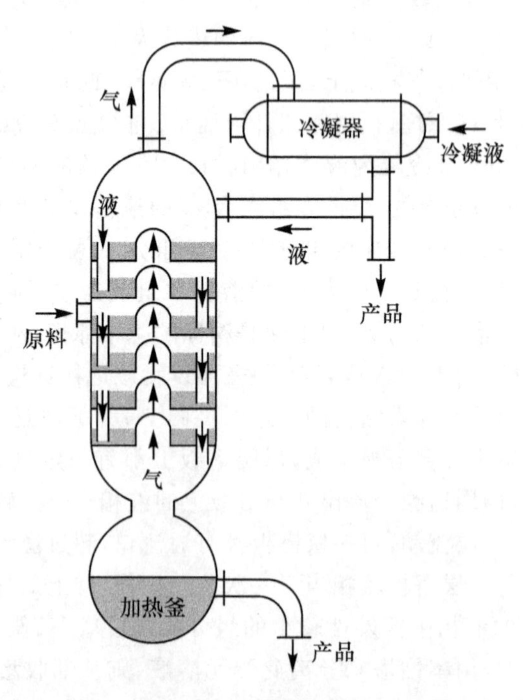

图 7-18　精馏塔示意图

三、非理想完全互溶双液系相图

实际的溶液系统与理想溶液的行为有所差别，相图必然也存在差别。实际的完全互溶的双液系的相图视其与理想双液系的差别程度，分为三种类型。

1. 偏差不大的双液系相图

一些实际溶液系统与理想溶液的性质差别不大，相图也很类似，这类双液系的相图如图7-19所示。一些实际系统，如四氯化碳-环己烷、四氯化碳-苯、水-甲醇等双液系都属于此类型。

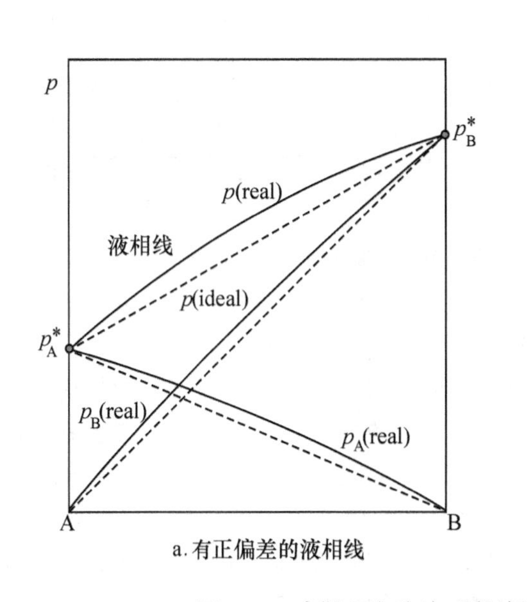

a. 有正偏差的液相线

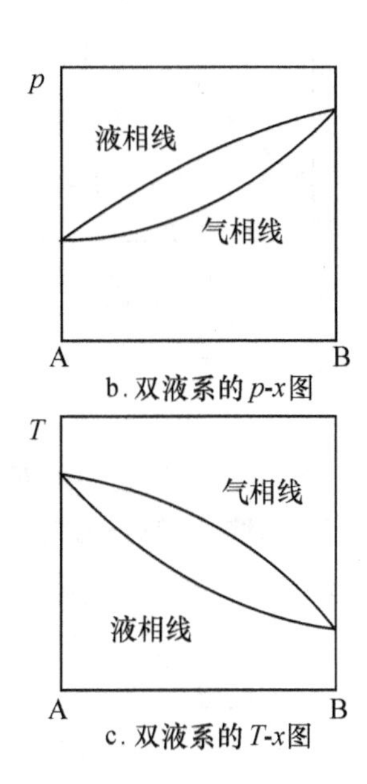

b. 双液系的 p-x 图

c. 双液系的 T-x 图

图7-19 实际双液系(与理想溶液偏差不大)的相图

2. 产生较大正偏差的双液系相图

若实际溶液相对于理想溶液产生较大的正偏差，其相图的形状会发生较大的变化。当正偏差超过一定程度时，与液相平衡的气相将会出现极大值，此极大值比挥发性大的纯组分的饱和蒸气压还要大，于是在双液系的 p-x 图中会出现一个极大值(见图7-20)。溶液在此处蒸气压最大，故沸点最低，因而在此溶液的 T-x 图中将出现极小值，此点称为最低恒沸点(minimum azeotropic point)，与最低恒沸点相应的混合物称为最低恒沸物(minimum boiling azeotrope)。在恒沸点，气相的组成与液相的组成是相同的，因此在恒沸点，分离效率为零。若溶液中有恒沸物存在，那么采用精馏的方法不可能同时等到纯A和纯B，一般只能得到某一种纯组分，另一端得到的是恒沸物。若溶液的初始组成落在恒沸点与A之间，精馏法只能获得纯A与恒沸物，而得不到纯 B;若初始组成落在恒沸点与 B 点之间,则得到纯 B 与恒沸物。例如水与乙醇组成的双液系便存在最低恒沸物,在一个大气压下,水 - 乙醇的恒沸物中乙醇的含量为 95.57%(质量),最低恒沸点为 351.28K。故采用精馏的方法不可能获得高纯度的无水乙醇。属于此类的双液系还有二硫化碳 - 甲缩醛、二硫化碳 - 丙酮、苯 - 环己烷、甲醇 - 苯等系统。

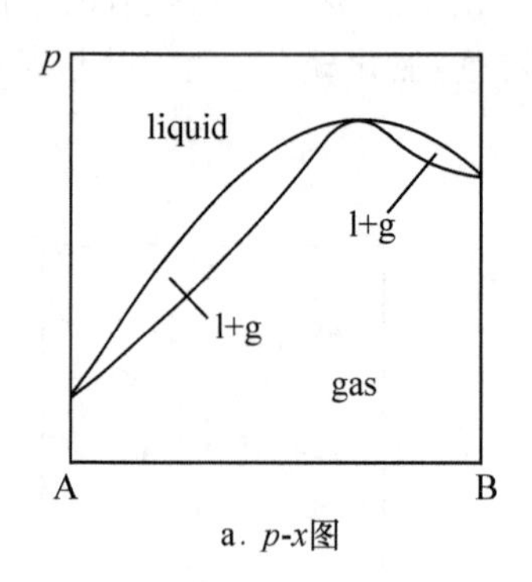

a. p-x图

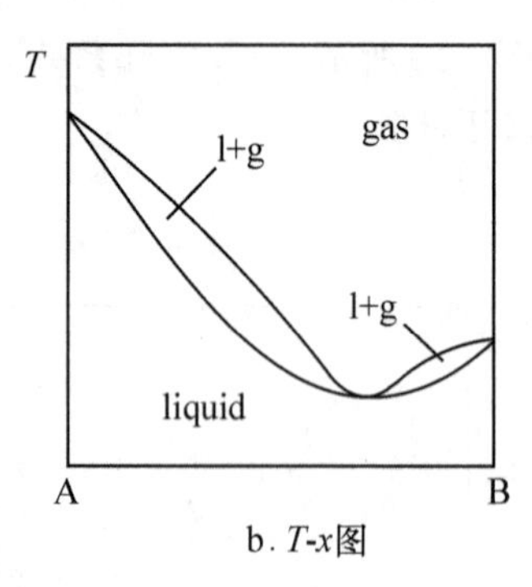

b. T-x图

图 7-20 较大正偏差的双液系相图

3. 产生较大负偏差的双液系相图

若实际溶液相对于理想溶液产生的负偏差超过一定程度时,与液相平衡的气相将会出现极小值,此极小值比挥发性小的纯组分的饱和蒸气压还要低,于是在双液系的 p-x 图中会出现一个极小值(见图 7-21)。溶液在此处蒸气压最低,故沸点最高,因而在此溶液的 T-x 图中将出现极大值,此点称为最高恒沸点(maximum azeotropic point),与最高恒沸点相应的混合物称为最高恒沸物(maximum boiling azeotrope)。属于此类的二元溶液有水 - 盐酸、三氯甲烷 - 丙酮等系统。其中水 - 盐酸在一个大气压下形成的最高恒沸物的温度为 3821.65K,HCl 的质量分数为 0.2024。

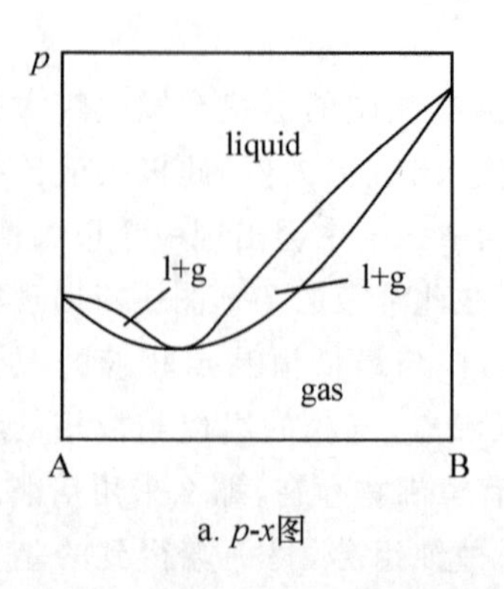

a. p-x图

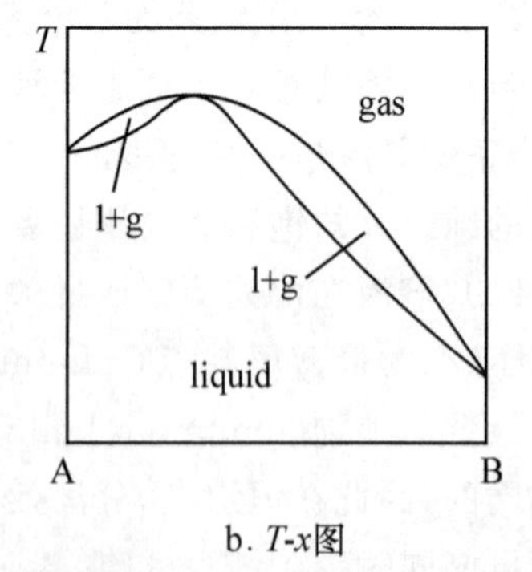

b. T-x图

图 7-21 较大负偏差的双液系相图

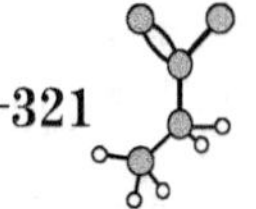

以上介绍的两类恒沸物都是混合物而不是化合物，其组成会随着整个系统的压力的改变（对 T-x 图）或温度的改变（对 p-x 图）而改变。在一定压力条件下的恒沸物的组成是确定的。

四、部分互溶双液系

液体之间的相溶性与两者性质有关，一般性质愈相近者相互的溶解性能愈好，若两种液体的性质有较大差异时，相互的溶解度较低，可能会出现部分互溶的现象。设A、B为此类液体，在恒温下将一点点B加入一定量的A时，系统会是均一的液相溶液，不断加入B时，溶液的浓度将不断提高，但是当加入B的量超过某一限量后，溶液中B的浓度达到饱和值，不再随着B的加入而升高，并且会出现新的液相，系统出现分层现象，与初始液相共存的新生液相中B的浓度更高。这种两种液体构成的系统称为部分互溶的双液系。

对于部分互溶双液系相图的讨论，重点在于温度和浓度对互溶度的影响，而不考虑气相与液相间的平衡问题，因此相图中没有气相出现。液体的性质对于温度很敏感，而对于压力一般很不敏感，即压力的变化对液体相图的影响不大，故部分互溶的双液系相图主要是 T-x 图。液体间的溶解度与温度有很大关系，部分互溶双液系的相图也因溶解度与温度的函数关系的不同而分为几种类型。下面我们分别加以介绍。

1. 具有上临界温度的双液系

这类双液系在低温下部分互溶，随着温度的升高，相互的溶解度增大，当达到一定温度以后，两者可以无限互溶，例如正己烷-硝基苯的相图即为此种类型（见图7-22）。图中粗线围成的帽形区是两相区，当物系点落在此区域时，系统两相共存，即有两个液相共存。如物系点P，落在两相区内，相应的相点在M点和N点，M点是饱和了硝基苯的正己烷层，组成为 $x(l_1)$；N点是饱和了正己烷的硝基苯层 $x(l_2)$。M、N点代表两个液层称为共轭层（conjugate layers），这两点处于同一温度的水平线上。帽形区之外是单相区，系统为单一的液相。在两相区，系统的自由度为：

$$f^* = 3 - \Phi = 3 - 2 = 1$$

因此相图是等压条件下绘制，所以上式的自由度为条件自由度。帽形区内的自由度等于1，系统只有一个独立变量，故温度与液相的浓度中只有一个是独立变量。当温度一定时，共轭液层的浓度就随之被确定下来，从相图也可以观察到这一点。图中的O点为会熔点，此点的温度 T_{uc} 称为上临界温度（upper critical temperature），当系统温度高于此温度时，正己烷与硝基苯之间可以无限互溶，相互的溶解度增至无穷大。

2. 具有下临界温度的双液系

有些双液系与以上类型相反，两种液体间的溶解度与温度成反比。温度下降，相互的溶解度反而增加，当温度降低到某确定值时，两组分可以无限互溶。如水-三乙基胺的相图（见图7-23）即为这种类型。温度愈低，两者的溶解度愈大，当温度降低到

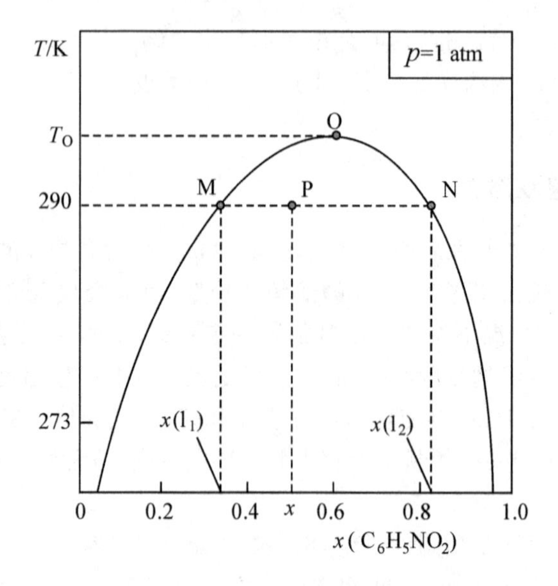

图 7-22　正己烷-硝基苯的 T-x 图

O 点时，两组分无限互溶，在 O 点以下，系统为单一的液相，此点对应的温度 T_{lc} 称为下临界温度(lower critical temperature)，水-三乙基胺的下临界温度约为 292K。在此温度以上，相图出现两相区，当物系点落在两相区之中时，系统为两个液相共存，如图中的 M 点与 N 点，即为两个共轭液层。

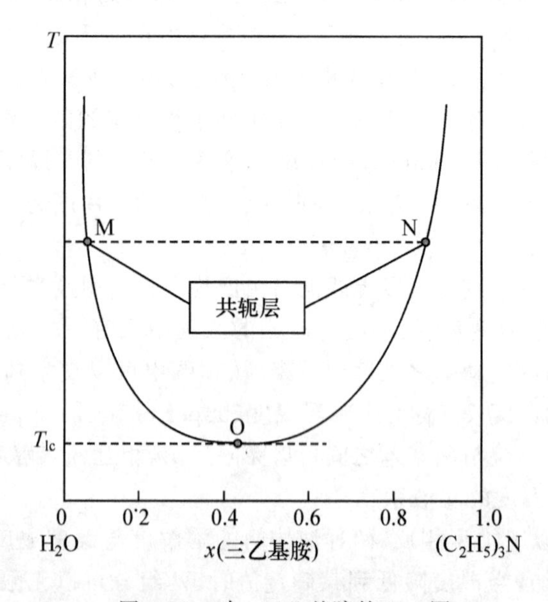

图 7-23　水-三乙基胺的 T-x 图

3. 具有上、下临界温度的双液系

有些双液系两组分的溶解度只在某一温度区间内很大，可以无限互溶，而在高温下或低温下相互的溶解度都比较低，呈部分互溶的状态。此类双液系的相图中既有上临界温度，又有下临界温度。水-烟碱（尼古丁）的相图（见图 7-24）即为此种类型。图中的 H 点对应的温度为上临界温度 T_{uc}（约 483K），L 点对应的温度为下临界温度 T_{lc}（约 334K）。当系统的温度高于 T_{uc} 或低于 T_{lc} 时，水与 Nicotine 均能无限互溶，系统为单一的液相。当温度在上、下临界温度之间时，水与 Nicotine 间只能部分互溶，相图中出现一个两相区，即图中曲线所围住的区间。当物系点落在此区间时，系统分为两相，如图中的 M 点与 N 点即为共轭的两相。

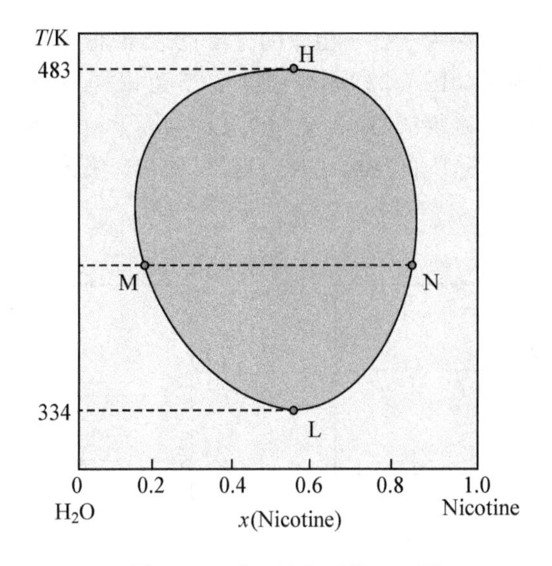

图 7-24　水-尼古丁的 T-x 图

除了以上三种类型外，还有一些部分互溶的双液系，在液相稳定存在的温度范围内，两个组分之间的溶解度均有限，故不会出现无限互溶的情况。这类双液系不存在临界温度，在整个液相区两组分都只能部分互溶。

上面所讨论的双液系的相图都只是专注于液相段，若将考察的温度区间扩大，将气相的变化也考虑进来，则相图将出现相应的变化。

五、完全不互溶的双液系

在热力学理论上，严格的完全不互溶的双液系是不存在的。但有些物质的性质相差很大，相互间的溶解度小到可以忽略不计的程度，此类系统可以近似看作完全不互溶系统。极性大的物质和非极性的有机化合物常常组成不互溶系统，如：水-苯、水-CCl_4、水-汞和水-油等系统均为完全不互溶的双液系。

设A、B是不互溶的两液体，由A、B组成的系统的总压为：

$$p_{tot} = p_A + p_B \tag{7-29}$$

$$p_A = p_A^* \cdot x_A \approx p_A^* \quad \because \quad x_A \to 1$$

同理：

$$p_B = p_B^* \cdot x_B \approx p_B^*$$

将以上结果代入(7-29)式，得完全不互溶双液系的蒸气总压为：

$$p_{tot} \approx p_A^* + p_B^* \tag{7-30}$$

上式说明完全不互溶双液系的总压力为纯组分饱和蒸气压之和。因为不互溶双液系的蒸气压大于任何纯组分的蒸气压，故不互溶双液系的沸点低于任何纯组分的沸点。即：

不互溶双液系的总压必大于任一组分的分压；沸点必低于任一组分的沸点。

完全不互溶双液系的相图如图7-25所示。从图7-25可以得知，不论不互溶双液系的组成如何，在一定温度下，系统的总压是一个定值，均等于纯A和纯B的饱和蒸气压之和；在一定外压条件下，系统的沸点也是一定值，比任一组分的沸点都低，而且不随系统的组成而变化。

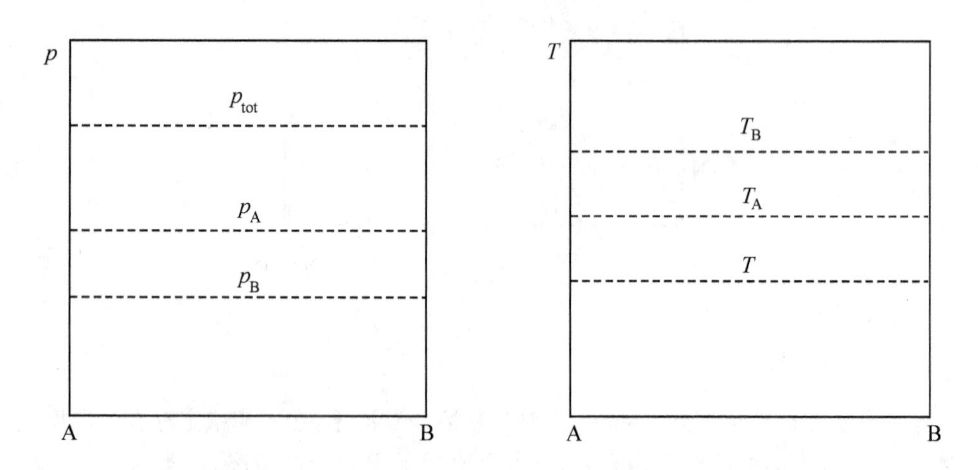

图7-25　完全不互溶双液系的相图

利用完全不互溶双液系的性质，可以用于有机物的分离与提纯。某些有机化合物高温下不稳定，但本身的沸点很高，往往远高于100℃，若采用一般的分馏方法提纯，往往不到沸点化合物就已经分解。此类有机物通常不溶于水，利用完全不互溶双液系的性质，可以用水蒸气蒸馏(water steam distillation)的方法提纯此类化合物。水蒸气蒸馏的方法是：向含有机化合物系统中通入水蒸气，则此混合系统为完全不互溶的溶液，系统的沸点将低于水正常沸点，即100℃，冷凝并收集蒸气，会得到不互溶的双液系，分离出水相，即获得欲提纯的有机化合物。若有些化合物的分解温度特别低，则可在不断抽空的条件下进行水蒸气蒸馏，由有机化合物的分解温度确定抽真空度的高低，使体系的沸点降到合适的程度。不过真空度愈高，提纯的成本也愈高。完全不互溶双液系蒸馏过程的各组分的量之间的关系推导如下：设 A、B 是不互溶物质，当其混合物沸腾时，两种组分的蒸气压分别等于 p_A^* 和 p_B^*，若蒸气可以视为理想气体，则两种组分的分压之比等于其馏出物中物质的量之比：

$$\frac{p_A^*}{p_B^*}=\frac{n_A}{n_A}=\frac{W_A/M_A}{W_B/M_B}=\frac{W_A\cdot M_B}{W_B\cdot M_A}$$

整理上式，可得：

$$\frac{W_A}{W_B}=\frac{p_A^*}{p_B^*}\cdot\frac{M_A}{M_B} \tag{7-31}$$

式中：W 是组分的馏出量，M 是组分的摩尔质量。对于水蒸气蒸馏，令 A 组分为水，B 为有机物，(7-31) 式可表达为：

$$\frac{W_{\text{water}}}{W_B}=18.02\cdot\frac{p_{\text{water}}^*}{p_B^*\cdot M_B} \tag{7-32}$$

上式中下标 B 代表有机物，左边的比值称为有机物 B 的“蒸气消耗系数”。采用水蒸气蒸馏的方法，可以测定有机物的分子量：

$$M_B=18.02\cdot\frac{p_{\text{water}}^*}{p_B^*}\cdot\frac{W_B}{W_{\text{water}}} \tag{7-33}$$

由上式，若知道水与有机物的馏出量和两者的蒸气压，即可求出有机物 B 的分子量，馏出量和纯组分的饱和蒸气压均为可测定的物理量。

§7-6 固-液两组分相图

固-液凝聚系统的相态随压力的变化不大，只要压力的改变不剧烈，一般可以忽略压力对凝聚系统相图的影响。两组分固液系统的相律的表达式为：

$$f^*=2-\Phi+1=3-\Phi \tag{7-34}$$

上式的最大自由度为 2，所以用二维平面相图可以全面地描述两组分凝聚系统相态的变化。由(7-34) 式，系统最多可以有三相共存。在等压下，有：

相图中的面：单相区，$\Phi=1, f=2$，有两个独立变量。

相图中的线：两相区，$\Phi=2, f=1$，有一个独立变量。

相图中的交点：三相区，$\Phi=3, f=0$，三相平衡无变量。

固、液相图主要讨论温度、组成对系统相态的影响，且限于凝聚相。常见的凝聚系统相图，如合金相图、盐水系统的相图等。此类相图因固-固相之间的可溶性而分类几种类型，主要有固相完全不互溶型、部分互溶型及固相完全互溶型等，我们首先讨论固相完全不互溶型的两组分相图。

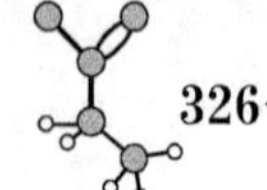

一、固相完全不互溶的相图

此类两组分凝聚系统相图如图7-26所示。横坐标是组成,纵坐标是温度。在分析此相图时,须时刻注意凡从溶液中析出的固相均为纯组分的固体。H点是纯A的熔点,在此点,纯A的液相与固相达平衡,若向此平衡系统中加入少量的B,根据凝固点下降原理,A的凝固点会下降,加入的B愈多,凝固点下降愈厉害,随着加入B的增加,A的凝固点将沿曲线HE下降。另一边的情况也一样,I点是纯B的熔点,随着A加入量的增加,B的凝固点将沿着IE曲线下降。在E点,两条凝固点下降曲线相交,系统中A与B的浓度都较大,溶液对A、B同时达到饱和,系统三相共存。此三相是:固体A、固体B和同时饱和了两者的溶液。E点称为三相点,在此点,系统的相数$\Phi=3$,自由度$f=0$,系统没有改变量,只要三相共存,系统的所有热力学量,如温度、组成等都是定值。系统不仅仅在E点是三相共存,在线段CD的整个开区间都是三相共存,所以线段CD称为三相线。

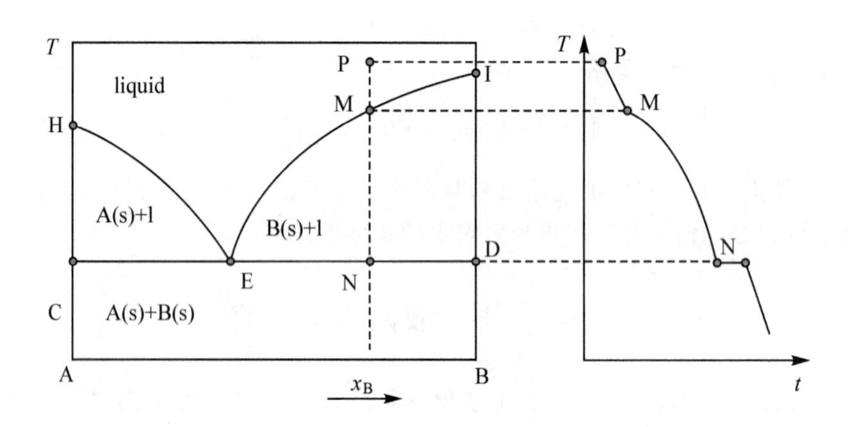

图7-26　固相完全不互溶相图及步冷曲线

CD、HE、IE三条线将相图分为4个区域,上方温度较高的区域是液相,此区间系统的$\Phi=1$,自由度$f=2$,系统有两个独立变量,即温度和组成;下方温度较低的矩形是两相区,固态的A与B共存;CEH区间也是两相区,固态的A与溶液共存;DEI区间还是两相区,固态的B与溶液共存。两相区的相数$\Phi=2$,自由度$f=1$,系统只有一个独立变量,为温度或浓度。

相图在实践中具有极其广泛的应用,所以绘制相图是很重要的课题。本节我们主要介绍绘制相图的热分析法,其它一些研究方法可参阅有关专著。热分析法(thermal analysis)的主要原理是:将待研究系统置于均匀冷却(或加热)的温度场中,测定系统的温度随时间而变化的曲线，通过对 $T\text{-}t$ 曲线的分析而绘制出系统的相图。冷却过程的 $T\text{-}t$ 曲线称为步冷曲线(cooling curve)。以下，通过对图 7-26 中从 P 点逐步冷却过程的分析，来介绍步冷曲线的特点。物系点为 P 点，组成为 x_B，P 点位于相图的单相区，呈液态。若使系统的温度逐步降低，物系点将沿着过 P 点的垂线下降，在物系点达到 M 点之前，系统都是均一的液相，系统的温度随外界的温度场而匀速下降。当物系点下降到 M 点时，溶液中开始析出纯固体 B，析出 B 的过程系统本身将有热量放出，这将使系统温度下降速率变慢，步冷曲线出现转折点，随着温度的继续下降，物系点进入两相区 CEH，系统呈两相平衡，固体 B 的析出量随系统温度的降低而增加，液相中 A 的浓度随之增高，B 的凝固温度不断下降。当系统的温度下降到三相线 CED 上的 N 点时，系统为三相共存，即固体的纯 A 与纯 B 及组成为 E 的溶液三相共存。在三相线上，系统的自由度等于零，只要系统处于三相共存的状态，不论外界的温度如何变化，而系统的温度、各相的组成等均不变，只是随着时间的推移，析出固体愈来愈多，液相的量愈来愈少。在物系点处于三相线上的整个时间段，系统的温度是恒定的，所以在步冷曲线上出现一水平线段，水平线段的出现是物系点落在三相线上的最重要标志。三相线上的 E 点称为低共熔点(eutectic point)，E 点代表的溶液称为“低共熔混合物”(eutectic mixture)。过了 N 点之后，物系点进入 ABDC 两相区，固态的纯 A 和纯 B 共存，系统在此两相区只是单纯的降温，没有组成的变化，系统的温度呈匀速下降。

学习相图的关键是要能识别相图，下面我们将用实例讨论如何运用相图来分析实际系统相的变化。以邻硝基氯苯(A)-对硝基氯苯(B) 二元系统为例，此系统属于固相完全不互溶的二元系统。分别测得 $x_B = 0.2$、0.33、0.7 以及纯 A、纯 B 的步冷曲线(见图 7-27a)。纯 A 和纯 B 的步冷曲线都出现一个水平线段，其对应的温度分别为 A 和 B 的熔点，在相图的左边代表纯 A 的垂线上找到 A 的熔点(32℃)，F，在 F 点纯 A 的液相与固相达平衡；相应地在代表纯 B 的垂线上得到纯 B 的熔点 J(82℃)。其余三条步冷曲线都在 14.7℃ 处出现水平段，说明 A、B 在此温度下有一低共熔物。组成为 $x_B = 0.33$ 的步冷曲线在水平线段以前没有出现转折点，可以断定低共熔物的组成即为 $x_B = 0.33$，在相图中标出横坐标为 $x_B = 0.33$，纵坐标(温度) 为14.7℃ 的点 E，此即为系统的低共熔点，过 E 点作等温线与两边的纵坐标相交于 C 和 D，线段 CD 即为系统的三相线。组成为 $x_B = 0.20$ 的步冷曲线在 22℃ 处发生转折，说明此时开始进入两相区，在 $x_B = 0.20$，温度为 22℃ 处标出点 H；相应地标出 I 点($x_B = 0.70$，温度为 58℃)。过 F、H、E 三点作光滑曲线；过 J、I、E 三点作另一条光滑曲线，两条曲线相交于 E 点。所得图形即为邻硝基氯苯(A)- 对硝基氯苯(B) 的相图(见图 7-27b)。

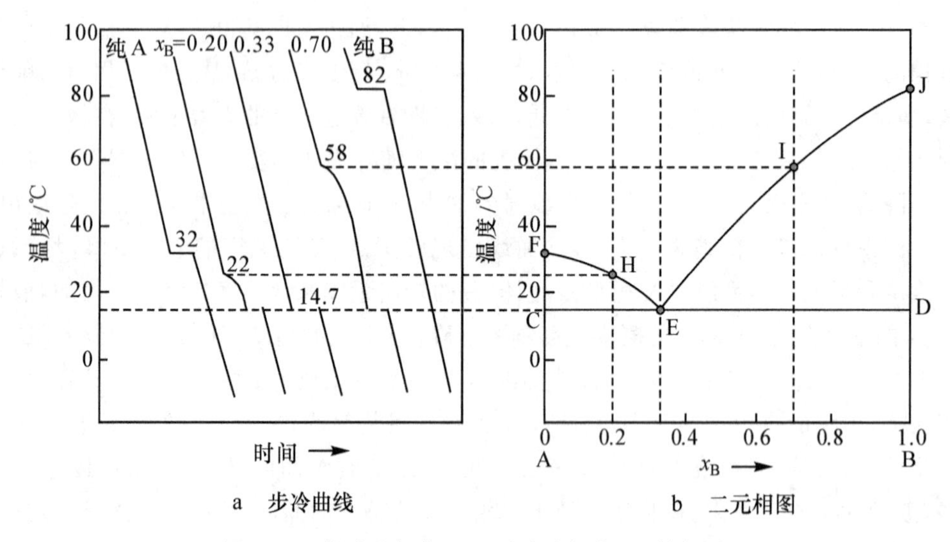

a 步冷曲线　　　　b 二元相图

图 7-27 邻硝基氯苯(A)-对硝基氯苯(B)的相图

二、有化合物生成的相图

一些两组分系统的组分之间会生成化合物,如盐-水系统可能有含水盐产生,有些系统可能有复盐生成等。

1. 生成稳定的化合物

若A、B的固相完全不互溶,且生成稳定的化合物,其相图相当于两个完全不互溶两组分系统相图的拼接。CuCl和$FeCl_3$的相图见图7-28,此相图的任一半边都是与图7-26类似的固相完全不互溶的二元相图,此相图可以视为由两个简单的固相不互溶的二元相图合并而成。C是两者生成的复盐$CuCl \cdot FeCl_3$,C是稳定的化合物,H点是化合物C的熔点。C与A以及B都生成低共熔物,A、C形成的共熔物在E_1点,B、C形成的共熔物在E_2点。相图的上方是CuCl和$FeCl_3$形成的单相熔液,点E_1所在直线是三相线,熔液、CuCl(s)和化合物C(s)三相共存;点E_2所在直线是另一条三相线,熔液、化合物C(s)和$FeCl_3$(s)三相共存。其它区域,读者可以参照分析相图7-26的方法自行解析。

H_2O-H_2SO_4系统也属于能生成稳定化合物类型的相图。硫酸是很重要的化工原料,在制定生产硫酸的工艺流程时,水-硫酸相图(见图7-29)是非常重要的理论依据之一。水与硫酸之间可以生成3种水合物:$H_2SO_4 \cdot 4H_2O$(C_1,$w_{H_2SO_4}=57.6\%$)、$H_2SO_4 \cdot 2H_2O$(C_2,$w_{H_2SO_4}=73\%$)和$H_2SO_4 \cdot H_2O$(C_3,$w_{H_2SO_4}=84.3\%$),三种水合物都是稳定化合物,均有正常沸点。水合物与水及硫酸可生成4个低共熔物:低共熔

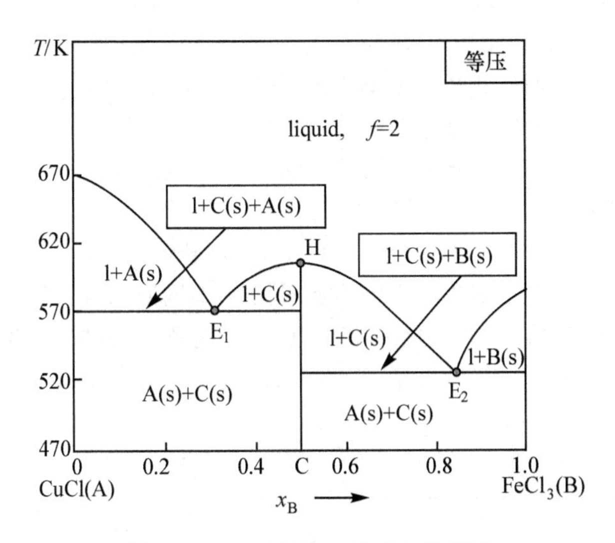

图 7-28　CuCl(A)-$FeCl_3$(B) 的相图

物 E_1(熔点 -74.5℃, $w_{H_2SO_4}=38\%$)、E_2(熔点 -45.5℃, $w_{H_2SO_4}=68.3\%$)、E_3(熔点 -41.0℃, $w_{H_2SO_4}=75\%$)、E_4(熔点 -37.85℃, $w_{H_2SO_4}=93.3\%$)。为了避免在运输和储存过程中硫酸发生冻结,在硫酸生产中一般控制产品的浓度在 93%(w) 左右,从图 7-29 可知,此浓度的硫酸与低共熔物 E_4 的组成非常接近,其凝固点很低,产品酸不会出现冻结现象。

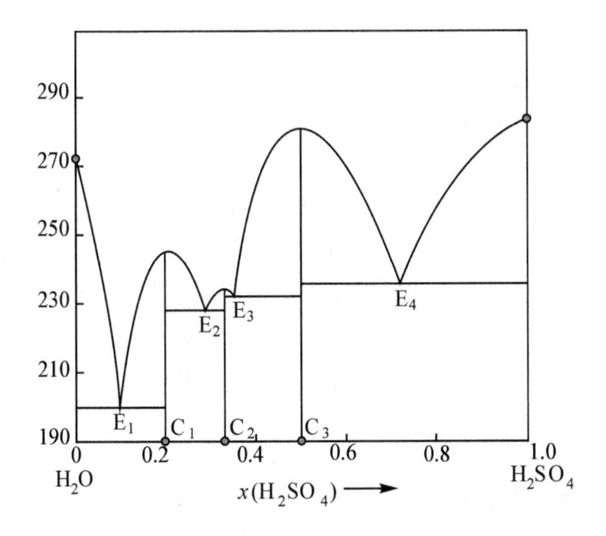

图 7-29　H_2O(A)-H_2SO_4(B) 的相图

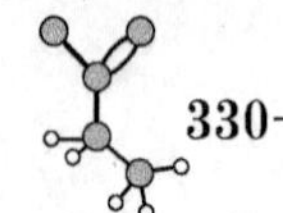

2. 具有转熔温度的相图

图 7-30 是 A、B 的二元相图，A 与 B 生成化合物 C，图中的上方是单相熔液，此相图有 5 个两相区和两条三相线。三相线 DEF 是组成为 E 的溶液、纯 A(s)、化合物 C(s) 达平衡，三相线 GHI 是组成为 G 的溶液、化合物 C(s) 和 B(s) 达平衡。相图中的化合物 C 在加热到 H 点时熔化，此时系统呈三相平衡，即化合物(固)、一新的固相和组成与化合物不相同的溶液，其熔化反应如下：

$$\mathrm{C(s)} \rightleftharpoons \mathrm{B(s)} + \mathrm{solution} \qquad (7\text{-}35)$$

上式中 B 为化合物 C 发生熔化时析出的新固相纯 B，同时出现的液相处于 G 点，溶液的组成与化合物 C 的组成明显不相同。此反应称为异成分熔融 (incongruent melting)，对应的温度称为转熔温度 (peritectic temperature) 或异成分熔点 (incongruent melting point)。

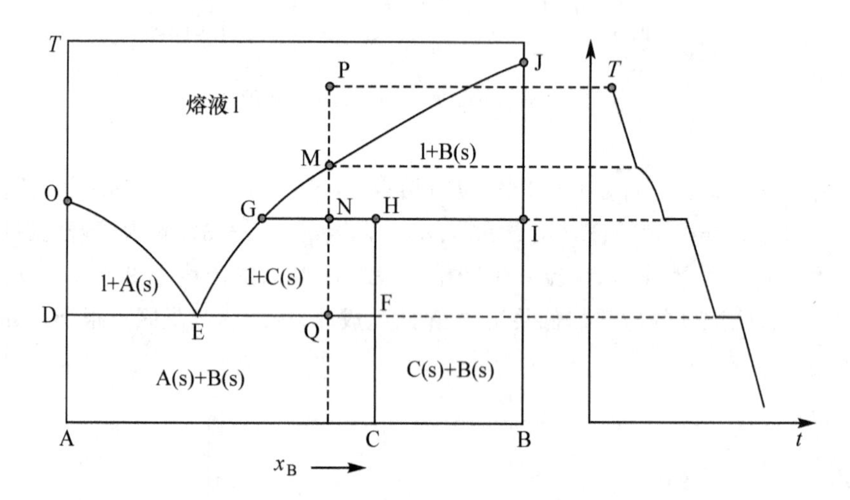

图 7-30　有转熔温度的二元相图

分析相图中处于 P 点的系统的步冷曲线经历的过程。P 点位于单相区，在 PM 段，系统均呈单相的熔液，当物系点下降到 M 点时，开始析出纯 B 固体，MN 段系统为固体 B 与熔液两相共存，当物系点沿 MN 下降时，固相 B 沿左边的纵坐标下降，液相熔液沿 MG 曲线下降，当物系点下降到 N 点时，系统出现三相共存，即组成为 G 的熔液、固体 B 和固态的化合物 C 三相共存，越过三相线，系统进入另一个两相区，固体 C 与熔液共存，当物系点达到 Q 点时，系统处于另一个三相线上，固体 C、固体 A 与熔液三相共存，温度降到 Q 点以下后，系统为纯 A 与纯 C 两相共存。过 P 点的步冷曲线有两个平台，分别与三相线 GHI 和 DEF 相对应。

具有转熔温度的相图可以解释为：具有稳定化合物的 A、B 两组分相图(见图 7-31a)，当组分 B 的熔点 J 升高时，以 B 为主体的溶液的凝固点下降曲线也随之升高

(见图 7-31b),当 B 的熔点升高到一定程度时,B 的凝固点下降曲线不再与 C 右边的凝固点下降曲线相交,而是跨越 C 而相交于 G 点,于是形成具有转熔温度的相图(见图 7-31c)。

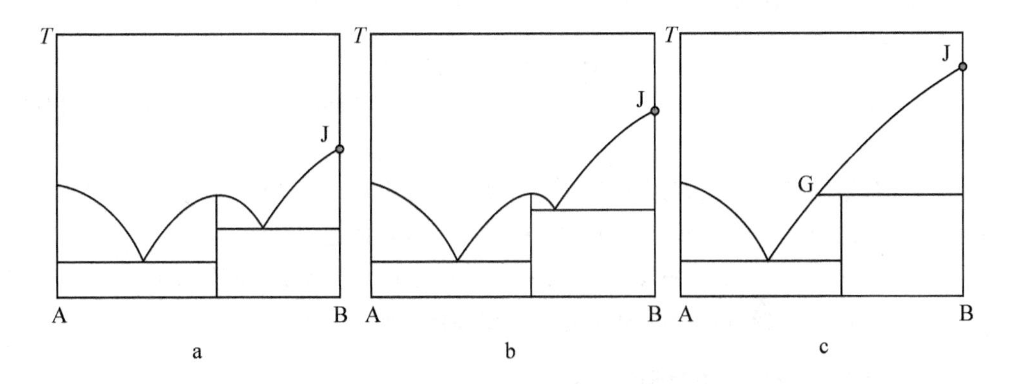

图 7-31 有转熔温度相图形成示意图

SiO_2-Al_2O_3 相图是具有转熔温度的相图(见图 7-32)。固态的 SiO_2 和 Al_2O_3 间生成固态的化合物莫来石,其组成为:$3Al_2O_3 \cdot 2SiO_2$。莫来石是具有转熔温度的化合物,当温度升至 H 点(2083K)时,莫来石将出现转熔现象,析出新的固相 Al_2O_3 和组成为 G 的熔液,G 点的组成与莫来石不同。转熔反应为:

$$3Al_2O_3 \cdot 2SiO_2(s) \xrightleftharpoons{2083K} Al_2O_3(s) + \text{熔液 G(l)}$$

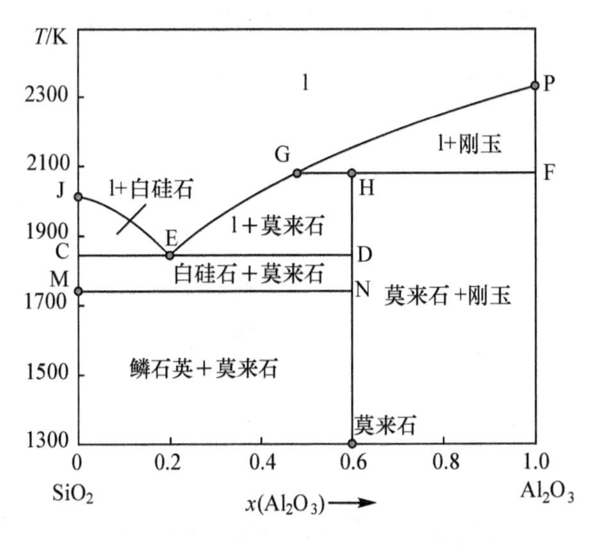

图 7-32 $H_2O(A)$-$H_2SO_4(B)$ 的相图

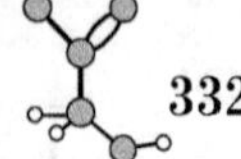

GHF是三相线，当物系点落在此线段上时，均为刚玉、莫来石和组成为G的熔液三相共存；CED也是三相线，由低共熔物E和固态的白硅石、莫来石三者达平衡；MN也是一条三相线，由莫来石和两种晶型的SiO_2达平衡，三者均为固相。M点是两相平衡点，SiO_2的两种晶型，鳞石英和白硅石，在M点达平衡，其反应为：

$$\text{鳞石英} \xrightleftharpoons{1743K} \text{白硅石}$$

M点以上为鳞石英，M点以下为白硅石。相图中有5个两相区，图中已标出每个相区的组成。

具有转熔温度的二元相图中还可能出现多个不稳定化合物的情况，如水-NaI的相图。水的凝固点为0℃，而NaI的熔点为661℃，两者的熔点相差661℃。水与NaI之间生成两种含水盐，$NaI \cdot 2H_2O$和$NaI \cdot 5H_2O$，两个化合物发生转熔反应，熔化时均呈三相平衡状态，化合物、新固相和熔液三相共存。

三、固相部分互溶的相图

这类相图与部分互溶双液系的相图类似。若二元系统液相完全互溶，固相部分互溶，这类相图见图7-33。图中a为液相完全混溶，固态有部分互溶的相图，图中的帽形区为两两相区，两种固熔体α(s)和β(s)共存。相图的中部是固相完全互溶的单相区，系统为单相的固体溶液。图7-33b是典型的固相部分互溶的二元相图，注意相图左边和右边的固熔体区间都是单相区，均为固态溶液，右边为固熔体β，左边为固熔体α。各区间的相态在图中已经标出。E为A、B形成的低共熔物，CFD是三相线，低共熔物E、固熔体C、固熔体D三相达平衡。图7-33b可以视为当图7-33a中的帽形区不断扩大到与上部的液、固两相区相接时，图7-33a就演化为图7-33b。

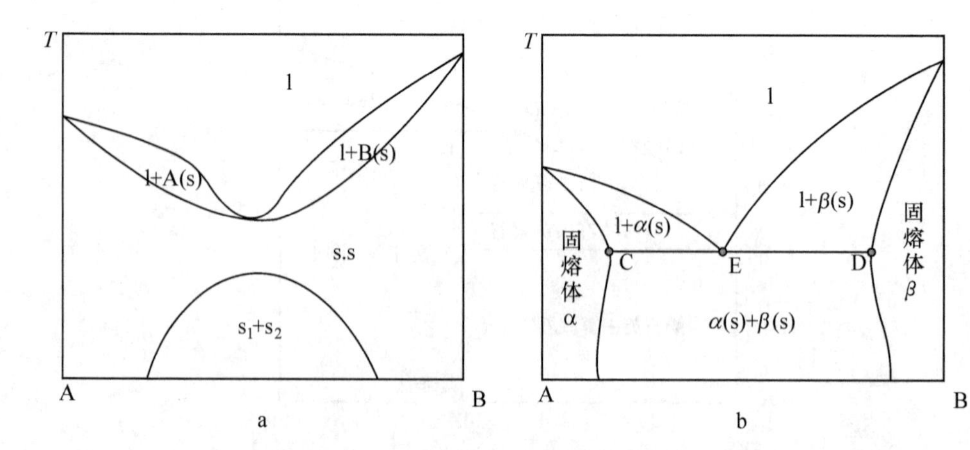

图7-33　固相部分互溶的二元相图

在解析固-液两组分相图中，最关键的是找准固熔体，若能正确判断出是否存在固熔体或哪一些区域是单相的固熔体，其它问题就能迎刃而解了。下面以 Bi_2O_3-CaO 二元相图（见图 7-34）作为实例，期望通过解读此相图以说明分析相图的基本方法。解析 Bi_2O_3-CaO 二元相图的难点在于确定固熔体，固熔体为单相区，多为不规则的曲线所围成，固熔体的左右两相一般与两相区相连。经分析，此相图中有 4 个单相的固熔体，它们分别是 α_1、β_1、β_2 和 γ，α_1、β_1、β_2 都是以 Bi_2O_3 为主体的固熔体，β_1 属立方晶系，β_2 属菱形晶系，γ 固熔体也为立方晶系。确定了 4 个固熔体所在的区间，其它区间和三相线就可以根据相图的一般原理分析得出。图中已经标明了各个相区的相态，此二元系统的化合物多是具有转熔温度的化合物。

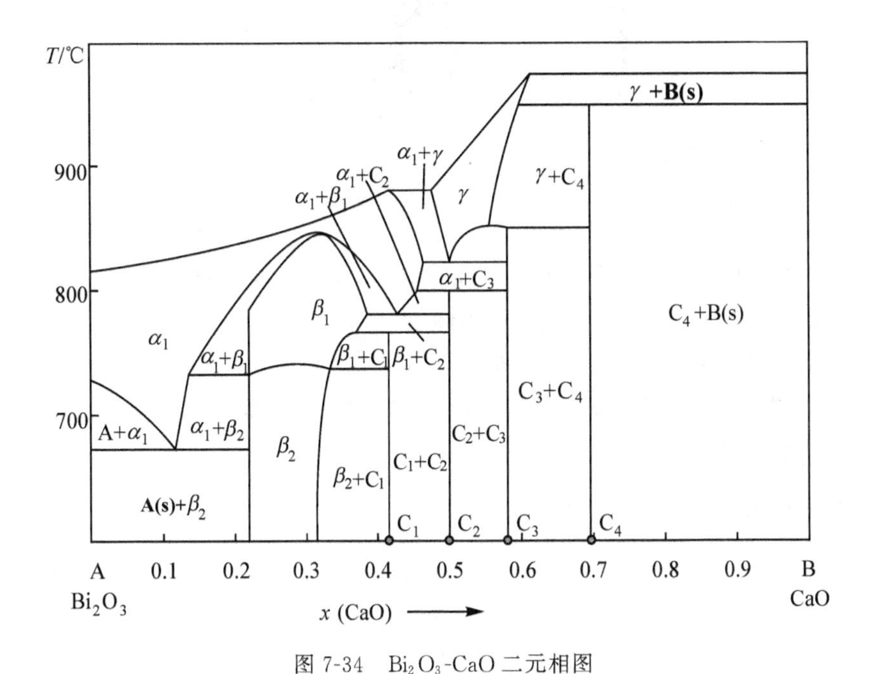

图 7-34　Bi_2O_3-CaO 二元相图

Hg-Cd 二元相图见图 7-35。相图的左上方为 Cd，Hg 形成的熔液，是单相区；左下方是固熔体 Ⅰ 的单相区；图中的右下方是固熔体 Ⅱ 的单相区。图中还有 3 个两相区，灰色区域是熔液与固熔体 Ⅱ 共存的两相区；浅色区域是熔液与固熔体 Ⅰ 共存的两相区；深色是固熔体 Ⅰ 和固熔体 Ⅱ 共存的两相区。固熔体 Ⅰ 具有转熔温度，在 D 点发生转熔，转熔温度为 455K，在 D 点，组成为 E 的熔液与固熔体 Ⅰ、固熔体 Ⅱ 三相共存。EDC 是三相线，物系点落在三相线时，两个固熔体与熔液三相共存。

Hg-Cd 二元相图是镉汞标准电池中镉汞电极稳定性的理论依据。镉汞电极的 Cd-Hg 组成控制镉的质量分数在 0.05 ～ 0.14 之间。标准电池的使用温度一般为

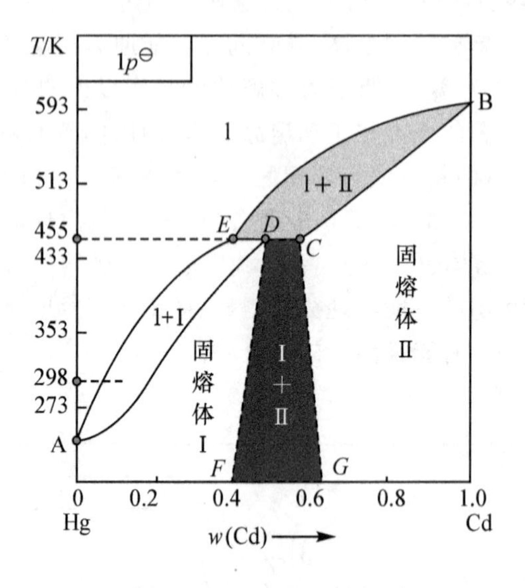

图 7-35 Hg-Cd 二元相图

25℃，在此温度下，含镉 5%～14%(w) 的 Cd-Hg 系统正处于两相区中(见图 7-35 中的短黑线段)，熔液与固熔体 Ⅰ 达两相平衡，在恒温恒压条件下，系统的自由度 $f^* = 2-\Phi = 0$，故各相的组成也是恒定的。在恒温下，电极电势与电极的组成相关，当组成固定时，电势也恒定。因此，选用镉汞电极可以保证电极电势的高度稳定，从而标准电池的电动势也高度稳定。

四、固相完全互溶的相图

固相完全互溶的固、液二元相图与完全互溶的双液系相图很类似，因为压力对凝聚系统的状态影响不大，所以我们主要介绍等压的二元相图。Ag-Au 二元相图见图 7-36。因为金、银的性质非常接近，两者的液相与固相都可以无限互溶，图中上部为单相的溶液，下部是固熔体，中间的月牙形区域是两相区，此区域中 Ag 与 Au 的液态溶液与固态溶液两相达平衡。因为两相区极其狭窄，说明 Au-Ag 二元系统的液相的组成和与之平衡的固相的组成非常接近。Ag 和 Au 的原子半径和晶体结构均非常相似，故两者晶胞中的原子可以由另一种原子置换，且不会引起晶胞的破坏，所以 Ag 和 Au 二元系统在全部浓度范围内形成的固态溶液均可以近似为理想固熔体。只有当生成理想固熔体时，才会生成类似于图 7-36 的相图。NH_4SCN-KSCN、$PbCl_2$-$PbBr_2$、Cu-Ni、Co-Ni 等系统也属于此类相图。

Cu-Au 二元系的固相也可以完全互溶，但是由于固相溶液性质与理想溶液的性质相差较大，故在相图中有极小值出现。*d*-香芹肟与 *l*-香芹肟的二元相图中有极大值

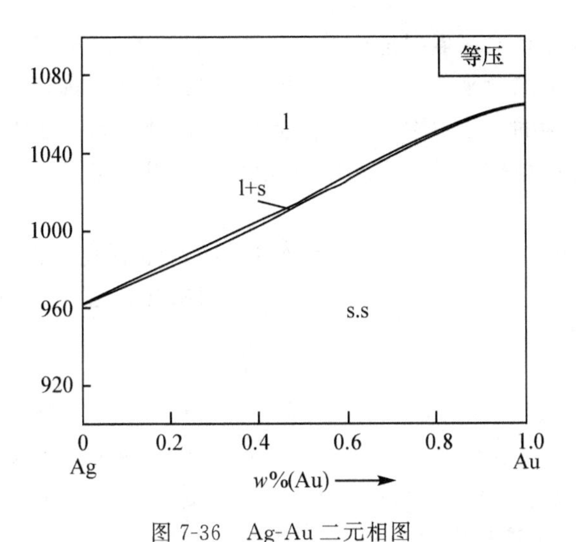

图 7-36 Ag-Au 二元相图

出现，这种有极大值出现的二元相图比较少见。这两种有极值出现的相图见图 7-37。其中图 7-37a 是 Au-Cu 二元相图，相图中有极小值，在此点熔液相的组成与固熔体的完全一样，与双液系中的最低恒沸物的情况类似。Na_2CO_3-K_2CO_3、KCl-KBr、Ag-Sb 等系统属于此类相图。图 7-37b 是 *d*- 香芹肟与 *l*- 香芹肟的二元相图，有极大值出现，在此点，熔液相与固熔体的组成也完全一致。

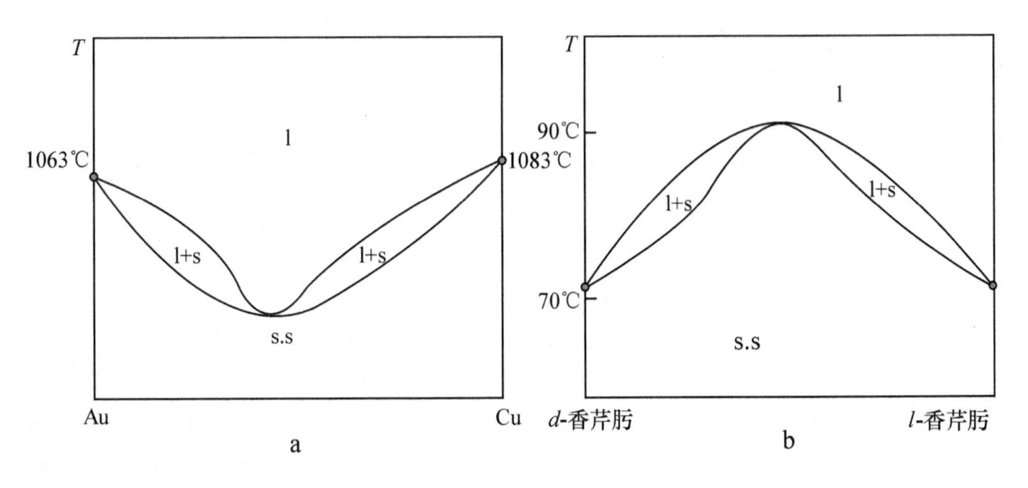

图 7-37 具有极值的固液二元相图

五、区域熔炼(zone melting)

普凡 (W. G. Pfann) 在 20 世纪 50 年代初发明了区域提纯法，并且用来制备高纯锗,并在此后的几年里对区域提纯理论作了详细的阐述。由于现代科学技术的快速发展,对材料纯度的要求愈来愈高,如对半导体材料硅和锗的纯度要求达 99.999999%以上。一般化学提纯的方法根本无法满足此要求,区域熔炼是制备极高纯度物质的重要方法。区域熔炼所依据的是物质的相图,由相图可以确定区域熔炼的具体操作工艺条件。

设 A 为需纯化的物质,B 为杂质。由 A、B 的二元相图可以判断杂质 B 在固、液两相中的分配比例,分别用 c_s 和 c_1 表示杂质 B 在固相及液相中的浓度,令:

$$K_s = \frac{c_s}{c_1} \tag{7-36}$$

式中的 K_s 为分凝系数(fractional coagulation coefficient),等于固、液理想所含杂质浓度的比。杂质的存在会使溶剂的凝固点发生变化,从图 7-38 可知,当 $K_s < 1$ 时,杂质 B 在液相中的浓度高于固相中的浓度,溶剂 A 的凝固点下降;当 $K_s > 1$ 时,杂质 B 在固相中的浓度高于液相中的浓度,溶剂的凝固点上升。

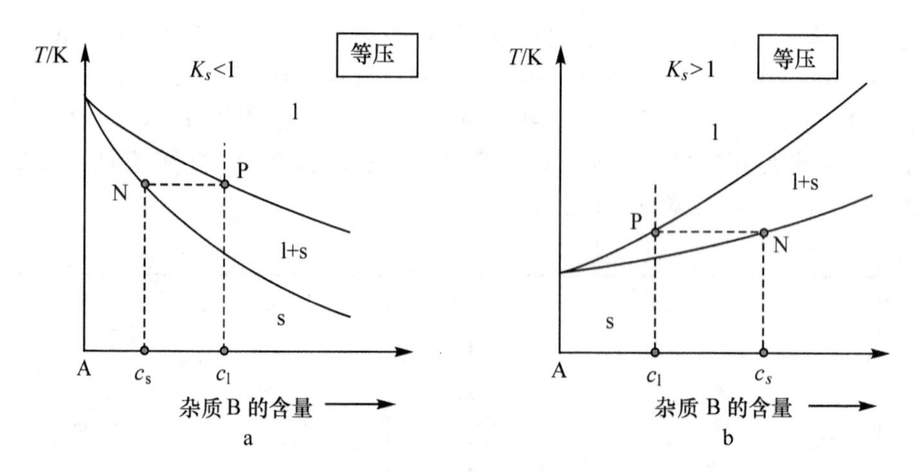

图 7-38　区域熔炼基本原理示意图

我们首先讨论 $K_s < 1$ 时,如何运用区域熔炼的方法来提纯物质。设待提纯物为 A,杂质为 B,原始组成如 P 点所示。作为区域熔炼的原料,其中杂质的含量一般是很低的。区域熔炼的装置见图 7-39。待提纯的材料棒放在水平的管式炉中,管外绕有可以移动的加热环。加热环首先置于管式炉的最左边,加热后,最左端的材料熔化为液体,杂质 B 的含量为 c_1。然后,将加热环缓缓向右移动,熔化区也随之向右移动,同时,在加热环左端的液相会逐步凝固。由图 7-38a,首先凝固的固相的组成在 N 点,固相中杂质 B 的含量为 c_s,$c_s < c_1$,析出的固相较原料的纯度高。在加热环移动过程中,杂质向液相浓缩,在加热环移动的整个过程中,杂质逐步向材料的右端富集。当加热环移

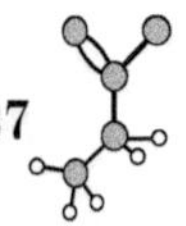

到最右端后，再将其重新回复到管式炉的最左端，并重复以上的操作，左端析出的固相的纯度进一步提高，而杂质也进一步向右端富集。如此多次重复上述操作，每次都好像用扫帚将杂质从最左端扫向最右端，经过反复清扫，杂质最后都被富集到材料的右端，而左端是纯度极高的材料。经过区域熔炼后，将管式炉中的材料棒取出，截取左端部分，就可以获得极其纯净的产品。

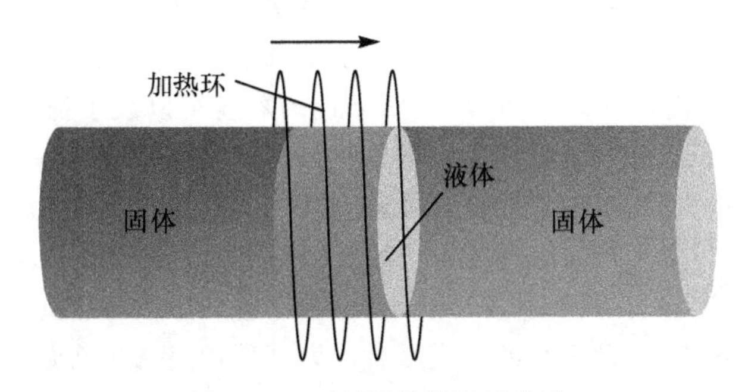

图 7-39　区域熔炼装置示意图

若系统的分凝系数 $K_s > 1$，操作过程完全一样，但是由于固相中杂质浓度较高，所以杂质将富集在左端，而右端是纯度极高的材料，经过区域熔炼之后，截取材料棒的右端部分，便可得到纯净的产品。但是，原料中所含的杂质往往有多种，可能对于一些杂质其 $K_s > 1$，而另一些杂质的 $K_s < 1$，在区域熔炼时，经过多次熔化、凝固过程后，$K_s > 1$ 的杂质将富集于材料棒的左端，$K_s < 1$ 的杂质将富集于材料棒的右端，而中间部分的纯度很高，只要截取材料棒的中间部分，就可以得到纯度很高的产品。

区域熔炼是获得高纯度物质的有效手段。如半导体锗的提纯，采用化学方法一般只能达到 10 ppm 的纯度，而用区域熔炼方法，每次截取锭长的一半，经过 6 次操作，所得金属锗的纯度可以高达0.1 ppb。区域提纯技术还用于制备铝、镓、锑、铜、铁、银、碲、硼等元素的高纯金属材料，也用于某些无机化合物和有机化合物的提纯。

§ 7-7　三组分相图

三组分系统的相律为：

$$f = 3 - \Phi + 2 = 5 - \Phi \tag{7-37}$$

当自由度等于零时，系统拥有最多相数，故三组分系统最多可以有 4 相共存。要完全描述三元体系，需要 4 个独立变量，要用 4 维空间才能完全描述，这在现实世界是无法做到的。对于凝聚体系，压力的影响很小，一般可忽略不计。常见的三元相图固定了系统的温度和压力，考察体系组成变化时相图变化情况，此时系统最大自由度等于 2，用平面图就可描绘相的变化。但温度的影响是相当大的，为了表示温度对三元体系

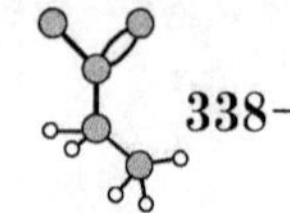

相图的影响，可用投影的方法，绘制不同温度下体系的相图，也可借助于3维动画的技术，绘制三维立体相图。

一、等边三角坐标表示法

为了清楚地描绘三个组分的浓度变化对系统相态的影响，通常采用等边三角形坐标来表示三组分相图(见图7-40)。等边三角形的三个顶点分别代表三组分系统中的纯组分A、B、C；三条边分别代表不同的二元系统：AB代表A、B二元系统；BC代表B、C二元系统；AC代表A、C二元系统。每条边的刻度可以表示物质的质量分数、摩尔分数等，常见的三元相图的标度为质量分数。三角形内部的任意一点都表示一个三元系统，此三元系统的组成由点的位置确定。如图7-41中的P点，为了确定P点的组成，过P点分别作三条平行于底边的平行线与三角形的边相交于D、E、F，其中：PF = BD = w_A；PE = FC = w_B；PF = AE = w_C，利用等边三角形的性质，可将P点的组成在某一边上表达出来，如此系统的组成可表达为：BD代表A的含量，AG代表B的含量，DG代表C的含量。

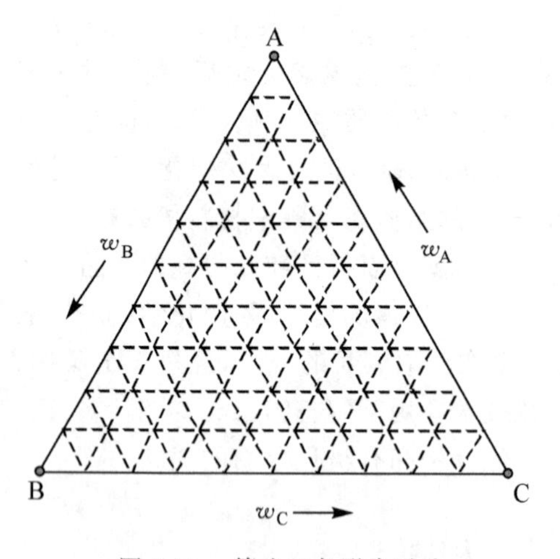

图7-40　等边三角形表示法

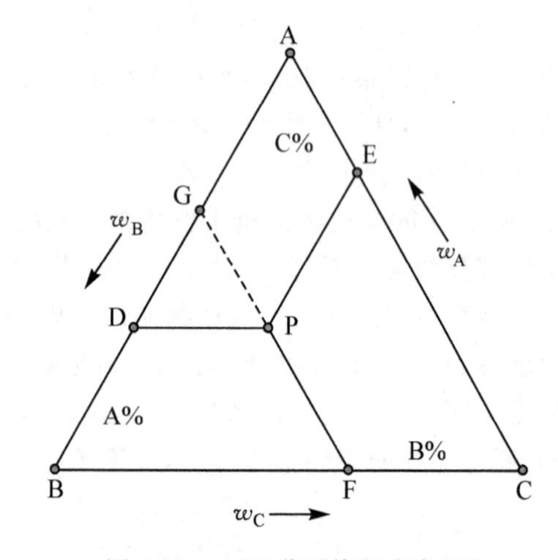

图7-41　三组分系统组成表示法

三角坐标有如下特点：

(1) 在与某边平行的任一直线上的各点，与此边相对顶点所代表组分的含量必相同。

如过P点作BC的平行线，则EF上所有点的A(与BC相对的顶点)的含量都为40%，EF线上各点组成的变化只是B和C，而A的含量是固定的(见图7-42)。

(2) 通过某顶点的任意直线上的各点，另外两顶点所代表组分含量之比必定相同。

见图7-43，过顶点A作直线AD，D点所含B与C的质量比为DC/BD，设取此直线上的任意一点P，则CH代表此系统（P点）中B的含量，BG代表C的含量，由三角形性质，CH = PF，BG = EP，EP/PF = DC/BD。所以有：$w_B/w_C = DC/BD = EP/PF$。因此，AD线段上任意一点所含B、C的质量比均相同。

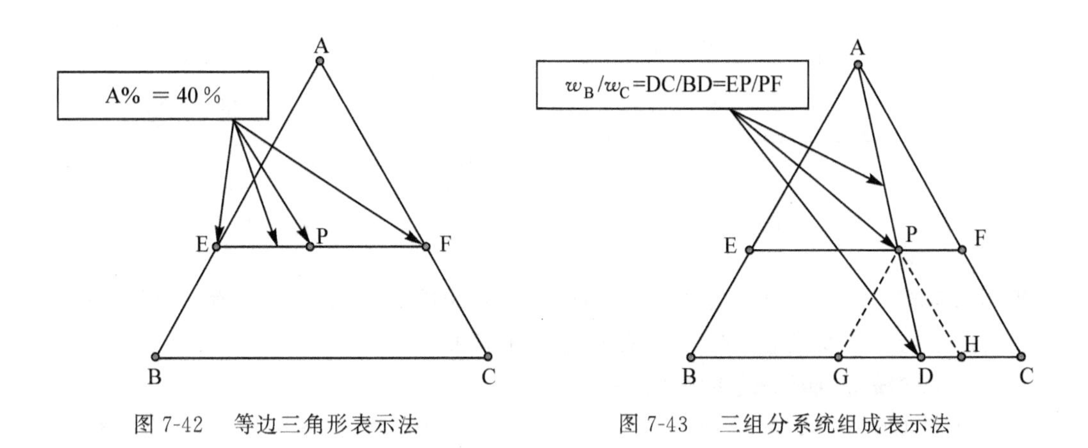

图7-42 等边三角形表示法 图7-43 三组分系统组成表示法

(3) 若两个系统合成为新系统，则代表新系统的物系点必在组成此系统的两个物系点的连线上。

设系统M和N组成新系统，新系统的物系点O必在MN连线上（见图7-44），O点可以根据杠杆规则求出，即：

$$\frac{w_M}{w_N} = \frac{NO}{MO}$$

由杠杠原理，组成新系统的两个系统中，哪个系统的物质的量愈多，新物系点距离此系统的物系点愈近。

(4) 若由3个系统合成一个系统，新物系点必在原来3物系点所组成的三角形中。

见图7-45，D、E、F是三个物系点，若将此三个系统混合而形成一个新系统，则新系统的物系点必在三角形DEF中。新物系点可以通过多次运用杠杆原理求得。如先将系统E、F混合，用杠杆原理求得合成的系统的物系点在G点，然后将系统G、D混合，再次使用杠杆原理求得合成的新物系点在O点，O点就是由D、E、F三个系统合成的新系统。

二、三元盐水系统的相图

三元盐水系统一般是指二盐-水系统，相图中的固相是纯盐。三元相图是等温等压条件下绘制的相图，其相律为：

$$f^* = 3 - \Phi$$

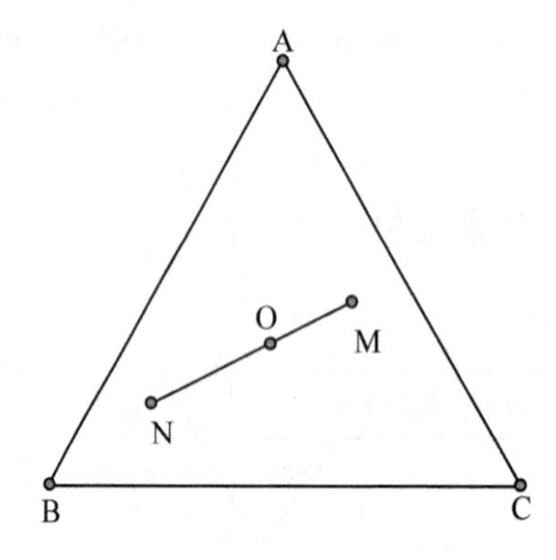

图 7-44　三组分系统的杠杆原理

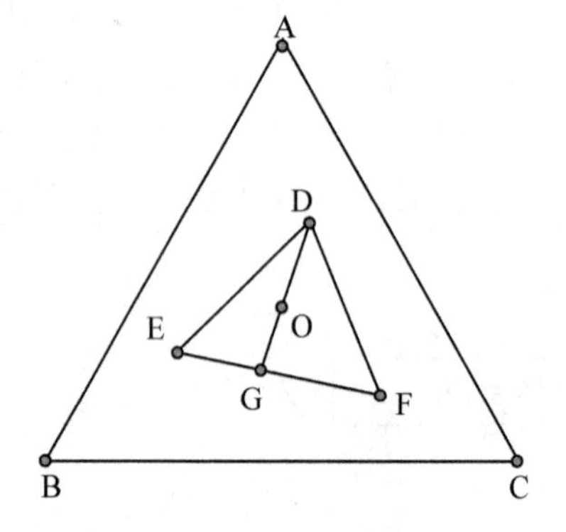

图 7-45　三组分系统的重心原则

采用二维相图就可全面描绘系统相态的变化，相图中最多可以三相共存，此时系统的自由度 $f=0$。三元盐水相图中既有固相，也有液相。

1. 固相是两种固态盐的相图

以 H_2O(A)、NH_4Cl(B)、NH_4NO_3(C) 三元相图为例，见图 7-46。盐水系统相图一般将水放在顶点 A，AB 表示水 - 氯化铵二元系统；AC 表示水 - 硝酸铵二元系统。D 点所表示的为 NH_4Cl 饱和水溶液，F 点是 NH_4NO_3 的饱和水溶液。DE 是向 NH_4Cl 饱和水溶液中加入 NH_4NO_3 后，NH_4Cl 溶解度的变化曲线；FE 是向 NH_4NO_3 饱和水溶液中加入 NH_4Cl 后，NH_4NO_3 溶解度的变化曲线。两条曲线相交于 E 点，在此点，水溶液同时饱和了 NH_4Cl 和 NH_4NO_3，系统处于溶液、固态 NH_4NO_3 和 NH_4Cl 三者达平衡的状态。三元相图中，一般扇形区代表两相区，扇形的弧代表溶液，弧所对应的点是与溶液共存的固体；三角形区域一般是三相区，物系点落在三角形内时，系统呈三相共存，三角形的 3 个顶点，代表三个相的组成。图 7-47 中的区域分别为：

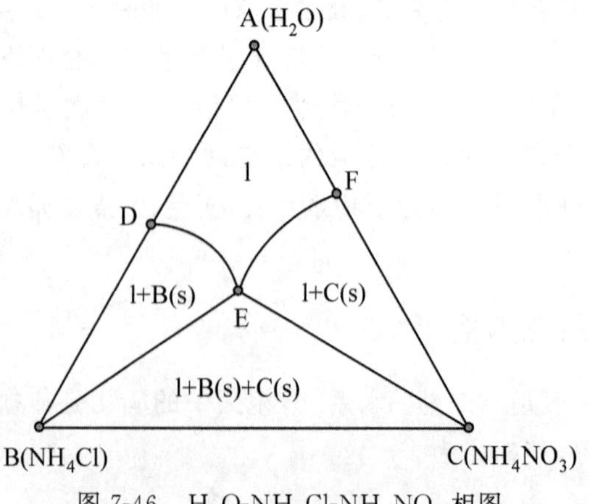

图 7-46　H_2O-NH_4Cl-NH_4NO_3 相图

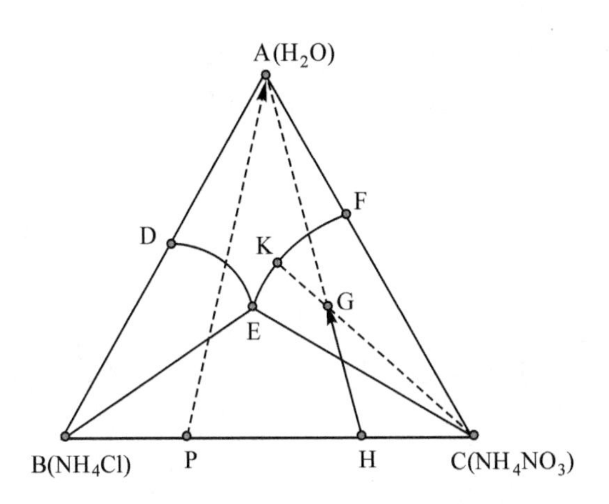

图 7-47 三元相图的应用

ADEFA:单相熔液,$f=2$;

BEE:溶液与 NH_4Cl 固体共存,$f=1$;

CEF:溶液与 NH_4NO_3 固体共存,$f=1$;

BCE:溶液、NH_4Cl、NH_4NO_3 共存,$f=0$。

以下,我们举例说明相图的应用。若 NH_4Cl 和 NH_4NO_3 的混合盐的组成在 H 点,欲分离出纯组分,可以向混合盐中加水,物系点将沿 HA 线向 A 点移动。加水使物系点移动到 H 点,系统进入两相区 CFEC,饱和溶液与 NH_4NO_3 的纯固体两相达平衡,此时通过过滤的方法可以获得纯净的 NH_4NO_3,达到了分离的目的。但采用以上简单加水的方法只能获得 NH_4NO_3,而不能将两种盐彻底分离。若欲达到彻底分离混合物的目的,往往要采用更复杂的工艺流程,这往往涉及系统温度及压力的改变等。

2. 有水合物生成的相图

许多盐类物质可以与水生成水合物,如芒硝(10 水硫酸钠)、熟石膏(二水硫酸钙)等。若有水合物生成,盐水相图将会发生变化。如水(A)、NaCl(B)、Na_2SO_4(C) 三元体系相图(见图 7-48),此盐水系统有水合物 $Na_2SO_4\cdot10H_2O$(D) 生成。相图中有 1 个单相区,3 个两相区和 2 个三相区:

相区 1:单相水溶液 l,$f=2$;

相区 2:l+B(s),$f=1$;

相区 3:l+C(s),$f=1$;

相区 4:l+D(s),$f=1$;

相区 5:l+B(s)+C(s),$f=0$;

相区 6:l+C(s)+D(s),$f=0$;

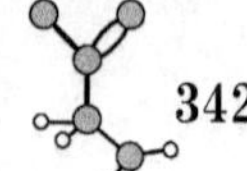

3. 有复盐生成的相图

水(A)、NH_4NO_3(B)、$AgNO_3$(C)三元系统相图(见图7-49),组分B和C之间按摩尔比1∶1生成复盐D($NH_4NO_3 \cdot AgNO_3$)。图中各相区为:

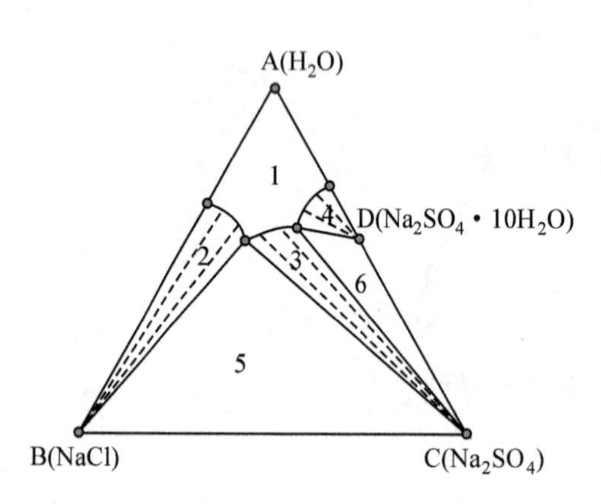

图7-48 H_2O-NaCl-Na_2SO_4 三元相图

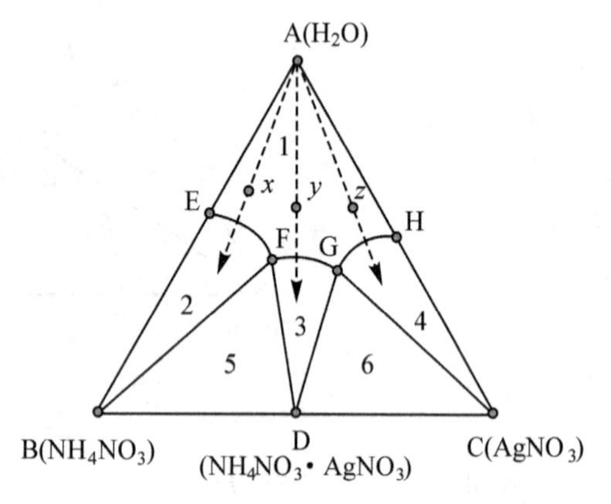

图7-49 H_2O-NH_4NO_3-$AgNO_3$ 三元相图

相区1:单相溶液l,$f=2$;
相区2:l+B(s),$f=2$;
相区3:l+D(s),$f=2$;
相区4:l+C(s),$f=2$;
相区5:l+B(s)+D(s),$f=2$;
相区6:l+D(s)+C(s),$f=2$;

若有三元系统x、y、z都是单相溶液,等温等压下蒸发,能够获得的纯盐是不同的。如图7-49所示,蒸发过程物系点将沿着物系点与A的连线离A点而去,系统x在蒸发过程中沿Ax线移动,首先进入两相区BEFB,进入两相区后,经过滤可以获得纯NH_4NO_3固体;系统y在相同的蒸发过程中,将进入两相区DFGD,获得的纯固体是复盐$NH_4NO_3 \cdot AgNO_3$;系统z经系统的操作获得的是$AgNO_3$固体。

水-硫酸铵-硫酸锂三元相图是既有水合物又有复盐生成的相图(见图7-50)。硫酸锂与水生成一水化合物$Li_2SO_4 \cdot H_2O$,硫酸铵与硫酸锂生成复盐NH_4LiSO_4。相图中有7个相区,相区1是单相水溶液,相区2是两相区,溶液与硫酸铵共存,相区3为复盐与溶液共存的两相区,相区4为含水盐$Li_2SO_4 \cdot H_2O$与溶液共存的两相区,相区5是三相区,组成为E的溶液、硫酸铵、NH_4LiSO_4共存,相区6是组成为G的溶液、$Li_2SO_4 \cdot H_2O$、NH_4LiSO_4共存的三相区,相区7是Li_2SO_4、$Li_2SO_4 \cdot H_2O$、NH_4LiSO_4三种固体盐共存的三相区。

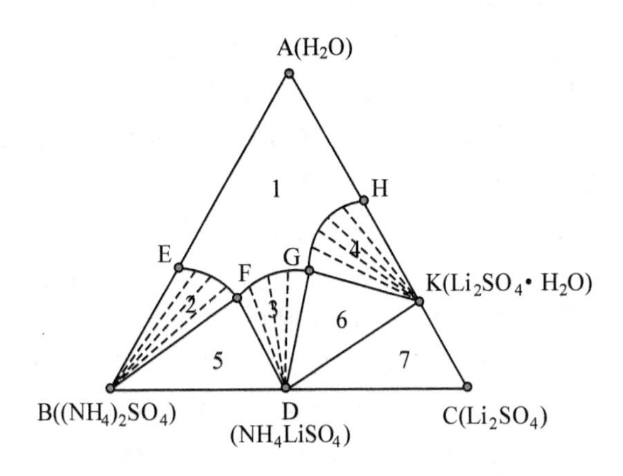

图 7-50 H_2O-$(NH_4)_2SO_4$-Li_2SO_4 三元相图

水-硝酸钠-硫酸钠三元相图是有含水复盐的相图(见图 7-51)。识别此相图的关键是判断E的性质,E是一个含水复盐,故其物系点在三角形内。D是芒硝,即含10个结晶水的硫酸钠。相图中共有 9 个相区,相区 1 是单相溶液;2、3、4、5 相区均为两相区:相区 2 为溶液与硝酸钠固体共存,相区 3 为溶液与含水复盐共存,相区 4 为溶液与硫酸钠共存,相区 5 为溶液与芒硝共存;6、7、8、9 均为三相区:相区 6 为溶液、硝酸钠、含水复盐共存,相区 7 为溶液、含水复盐、硫酸钠共存,相区 8 为溶液、芒硝、硫酸钠共存,相区 9 为硝酸钠、含水复盐、硫酸钠共存。

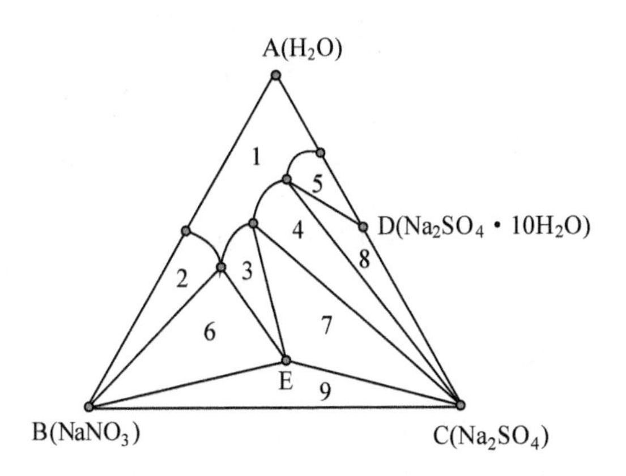

图 7-51 H_2O-$NaNO_3$-Na_2SO_4 三元相图

盐水系统相图在实践中具有极其重要与广泛的应用。我们以盐的提纯为例说明相图在实际中生产中的指导作用。H_2O(A)-KNO_3(B)-$NaNO_3$(C) 三元盐水相图见

图 7-52。例如盐矿为硝酸钾与硝酸钠的混合物，其组成在 P 点，为了获得纯的硝酸钾与硝酸钠，根据相图设计如下工艺过程。第一步流程在 298K 下进行，首先向原料中加入水，使物系点从 P 点移动到 I 点，此时系统从三相区进入两相区，硝酸钠固相消失，溶液与硝酸钾达平衡，过滤即得纯的硝酸钾固体，过滤后的溶液组成在 H 点。第二步将过滤所得溶液加热到 373K，此时系统的相图如有箭头的线所示，由于温度升高，H 点在 373K 的相图中处于单相溶液状态，在 373K 下，等温蒸发，物系点将沿 AH 离 A 点而去，当物系点移动到 J 点时，系统处于两相区，为溶液与硝酸钠两相共存，过滤可得纯的硝酸钠固体，过滤后的母液的组成在 O 点。经过此两步，即可将两种盐分开。向组成为 O 的母液中再加入原料 P，使物系点沿 OP 移动到 M 点，此时系统中三相共存，将整个系统的温度降到 298K，向混合系统中加水，使物系点由 M 点移动到 N 点，进入两相区，过滤获得纯硝酸钾固体，滤液在 H 点，然后再次将系统的温度升高到 373K，并重复以上的过程，并一直循环下去，系统的物系点沿着 MNHJOM 折线移动，温度在 298K 和 373K 之间变动，原料盐被分离为纯的硝酸钾与硝酸钠。

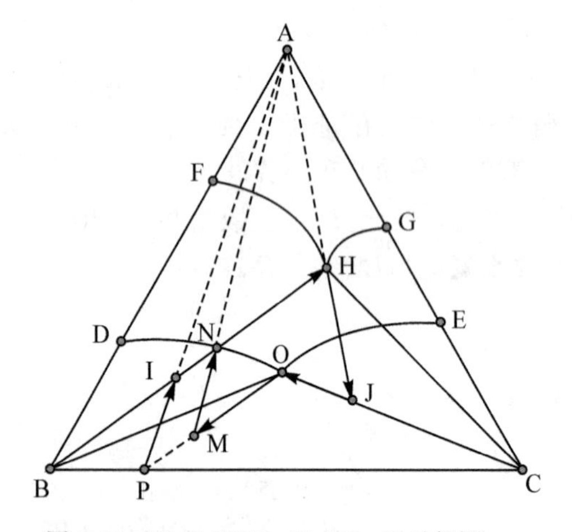

图 7-52　H_2O-KNO_3-$NaNO_3$ 三元相图

三、三元液体系统相图

三元液体相图中各相均是液相，当液体组分间有部分互溶现象时，相图中会出现各种变化。三元液体相图中有三对液体，这类相图主要可以分为一对液体部分互溶、两对液体部分互溶、三对液体均部分互溶的相图。

HAc(A)-$CHCl_3$(B)-H_2O(C) 三元相图(见图 7-53) 中有一对部分互溶的液体，水(C) 与氯仿(B) 之间的溶解度不大，在相图中形成一个帽形区，在此区间系统呈两相共存，此两相平衡共存的液层称为共轭溶液(conjugate solution)。帽形区中的虚线为连接线(tie line),连接线与帽形区的边界线的交点分别为两个相的相点,右边是以水为主体的水层(b_1、b_2、b_3、b_4、b_5),左边为氯仿层(a_1、a_2、a_3、a_4、a_5)。图中 H 点在 BC 线上,为水-氯仿二元系统,系统为两相共存,相点分别在 a 点和 b 点,a 点为氯仿层,b 点为水层。若向此系统中加入 HAc,系统的物系点将沿 HA 线向上移动,当进入帽形区时,系统为两相共存,当物系点移动到 b_5 点时,系统处于两相区的边缘,若再加入 HAc,物系点便进入单相区,系统由两相变为一相,成为单相的溶液。若系统的物系点在 F 点,系统呈两相共存,当加入 HAc 后,物系点将沿 FA 线向上移动,在两相区内,系统一直处于两相平衡状态,但是随着 HAc 量的增多,水层与氯仿层的组成愈来愈接近,当物系点达到 O 点时,两层的组成趋于相同,分层现象消失,O 点称为等温会熔点(isothermal consolute point)。曲线 aOb 称为双结点溶解度曲线(binodal solubility curve)。在帽形区,两相的量可以通过杠杆原理求得。

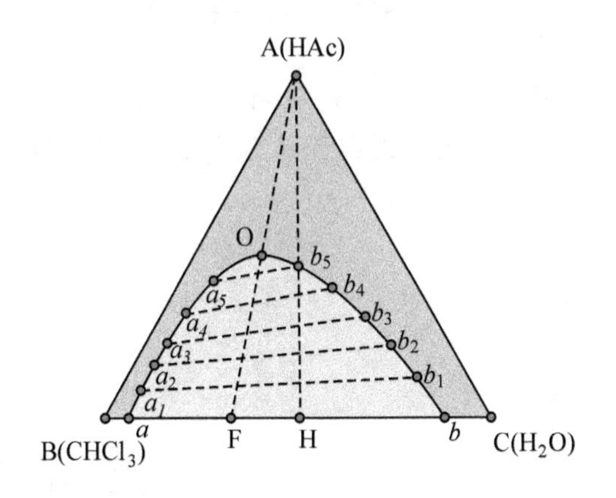

图 7-53 HAc-$CHCl_3$-H_2O 三元相图

由乙烯腈(A)、水(B)和乙醇(C)组成的三元系统(见图 7-54)有两对部分互溶的液体,图 7-54a 是温度较高的相图,水与乙醇完全互溶,但水与乙烯腈、乙醇与乙烯腈都不完全互溶,故在相图中有两个帽形区。图 7-54b 是温度较低时的相图,当温度比较低时组分间的溶解度降低,图 7-54a 中的帽形区随着温度的降低而扩大,到温度下降到一定的程度时,两个帽形区将相交,相图则会演变为图 7-54b 的结构,两个两相区合并为一个两相区 $abdc$。当物系点落到此区间时,系统呈两相共存,各相的相点由两相区的连接线确定。图 7-54 中除了两相区之外的所有区域,都是均匀的单相溶液。

乙烯腈-水-乙醚三元液体相图(见图 7-55)是有三对部分互溶液体的相图。当温度较高时,相图中只出现互不完全相溶的两相区(见图 7-55a)。当系统的温度降低时,各组分相互间的溶解度降低,相图中的两相区的范围将逐步增大,达到一定程度时,

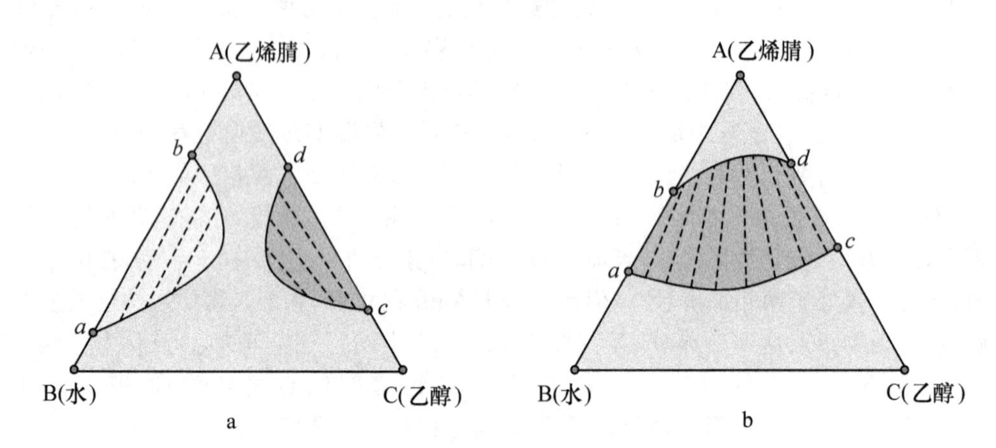

图 7-54　乙烯腈-水-乙醇三元相图

三个两相区将会互相重叠，相图中将出现三相区（见图 7-55b）。在三相区 DEF，三种溶液共存，从表观上，会因密度的差别出现具有明显界面的三层溶液。三个液相的量可以运用杠杠原理求出。

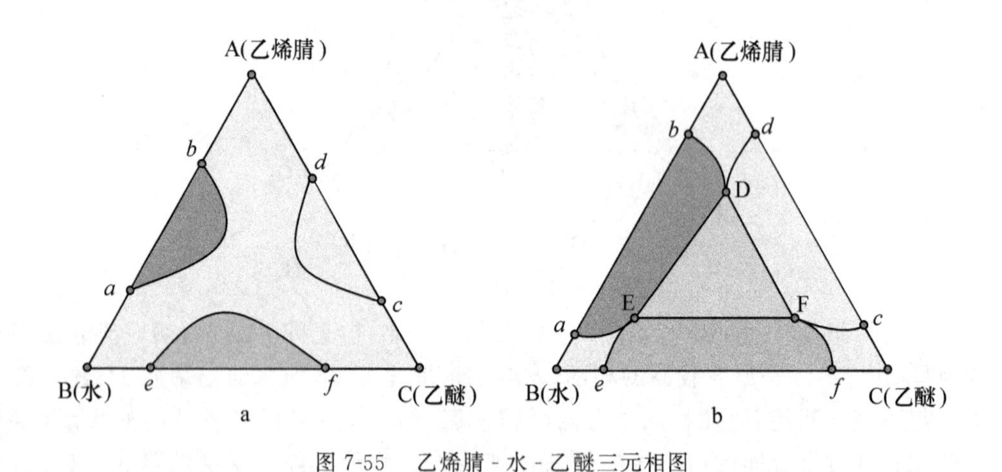

图 7-55　乙烯腈-水-乙醚三元相图

一些固、液三元系统的相图有共熔物生成，图 7-56 是具有低共熔物的三元相图。A、B、C 三种金属间有低共熔物生成，平面为三角坐标，纵坐标是温度，此相图表示了当温度与系统组成变化时，系统相态的变化情况。图中有三个曲面，曲面以上的区间是单相区，系统呈均匀熔液。3 个曲面均为两相区：曲面 DHGID 为熔液与纯 A 固体达平衡；曲面 EJGHE 为熔液与纯 A 固体达平衡；曲面 FIGJF 为熔液与纯 A 固体达平衡。三对组分间均有低共熔物生成，H、J、I 分别是 A、B 二元系统，B、C 二元系统和 A、

C 二元系统的三相点。当温度降低时，固相的范围扩大，A、B 的低共熔物的组成沿 HG 曲线移动；A、C 的低共熔物的组成沿 IG 曲线移动；B、C 的低共熔物的组成沿 JG 曲线移动，物系点落在三条曲线上，均为三相共存。三条曲线交汇于 G 点，在 G 点，溶液同时饱和了 A、B、C，三种组分的纯固体同时析出，G 点是一个四相点，固体 A、B、C 与溶液同时共存。此相图的三个垂直的平面分别为三个二元系统的 T-x 相图：ABED 是组分 A、B 的二元相图；ACFD 是 A、C 的二元相图；BCEF 是 B、C 的二元相图。如 BCEF 平面相图中，E 是组分 B 的熔点，F 是 C 的熔点，J 点是三相点，过 J 点平行于 BC 的直线是三相线，在三相线上，固体 B、固体 C 与组成为 J 的低共熔物达平衡。

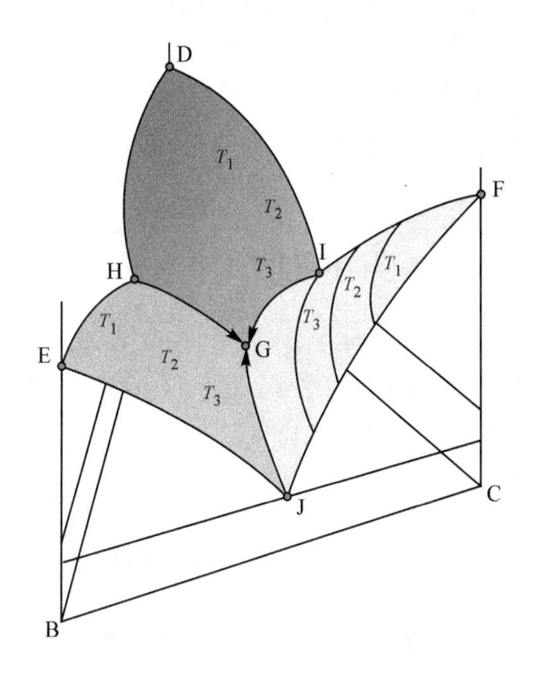

图 7-56　具有低共熔物的三元相图

本章基本要求

相平衡一章将热力学基本原理应用于相平衡系统，主要介绍了相律与几类常见的相图。本章的具体要求是：

1. 掌握相、独立组分数、自由度等概念的涵义。
2. 熟悉相律，并能正确应用相律分析相图中的基本问题。
3. 能熟练应用克拉贝龙和克拉贝龙－克劳修斯方程。
4. 能看懂单组分相图，能熟练分析相图中点、线、面所代表的意义。

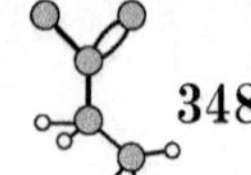

5. 能看懂各类二元相图,并能正确分析各类相图。

6. 了解杠杆原理;了解精馏原理;能根据相图绘制简单的步冷曲线。

7. 了解三元系统相图;了解利用相图进行分离提纯物质的基本原理。

8. 了解二级相变,了解区域熔炼基本原理。

习　　题

1. 指出下列各系统的独立组分数,相数和自由度数各为若干。

(1) $NH_4Cl(s)$ 部分分解为 $NH_3(g)$ 和 $HCl(g)$ 达平衡。

(2) 若在上述系统中额外再加入少量 $NH_3(g)$。

(3) $NH_4HS(s)$ 和任意量的 $NH_3(g)$,$H_2S(g)$ 混合达到平衡。

(4) 5 克氨气通过 1 升水中,在常温常压下与蒸气平衡共存。

(5) $Ca(OH)_2(s)$ 与 $CaO(s)$ 和 $H_2O(g)$ 呈平衡。

(6) I_2 在液态水和 CCl_4 中分配达平衡(无固体存在)。

(7) 将固体 $NH_4HCO_3(s)$ 放入真空容器中恒温至 400K,$NH_4HCO_3(s)$ 按下式分解达平衡:

$$NH_4HCO_3(s) \rightleftharpoons NH_3(g) + H_2O(g) + CO_2(g)$$

(8) NaH_2PO_4 溶于水中与蒸气呈平衡,求最大物种数、组分数和自由度数。

(9) Na^+,Cl^-,K^+,NO_3^-,$H_2O(l)$ 达平衡。

(10) $NaCl(s)$、$KCl(s)$、$NaNO_3(s)$ 与 $KNO_3(s)$ 的混合物与水平衡。

(11) 含有 KNO_3 和 $NaCl$ 的水溶液与纯水达渗透平衡。

(12) 含有 $CaCO_3(s)$,$CaO(s)$,$CO_2(g)$ 的系统与 $CO_2(g)$ 和 $N_2(g)$ 的混合物达渗透平衡。

2. 在下列物质共存的平衡体系中,有几个独立反应?

(1) $C(s)$,$CO(g)$,$CO_2(g)$,$H_2(g)$,$H_2O(l)$,$O_2(g)$。

(2) $C(s)$,$CO(g)$,$CO_2(g)$,$Fe(s)$,$FeO(s)$,$Fe_3O_4(s)$,$Fe_2O_3(s)$。

(3) $ZnO(s)$,$C(s)$,$Zn(s)$,$CO_2(g)$,$CO(g)$。

3. 已知 $Na_2CO_3(s)$ 和 $H_2O(l)$ 可以组成的水合物有 $Na_2CO_3 \cdot H_2O(s)$,$Na_2CO_3 \cdot 7H_2O(s)$ 和 $Na_2CO_3 \cdot 10H_2O(s)$。试问:(1) 在 101325Pa 与 Na_2CO_3 水溶液及冰平衡共存的含水盐最多可有几种?

(2) 在 293.15K 时与水蒸气平衡共存的含水盐最多可有几种?

4. 分别指出纯物质在临界点的自由度及双液系统的恒沸点的自由度各是多少?

5. 在 298K 时,A、B 和 C 三种物质互不发生反应,这三种物质所形成的溶液与固相 A 和由 B 和 C 组成的气相同时呈平衡。

(1) 试问此系统的自由度数为多少?

(2) 试问此系统中能平衡共存的最大相数为多少？

(3) 在恒温条件下，如果向此溶液中加入且成 A，系统的压力是否改变？如果向系统中加入组分 B，系统的压力是否改变？

6. 某高原地区大气压只有 61330Pa，如将下列四种物质在该地区加热，问哪种物质将直接升华？

物质		汞	苯	氯苯	氩
三相点的温	T/K	234.28	278.62	550.2	93
度压力	p/Pa	1.69×10^{-4}	4813	5.73×10^{4}	6.87×10^{4}

7. 下图是 CO_2 的相图，试根据该图回答下列问题

(1) 把 CO_2 在 273K 时液化需要加多大压力？

(2) 把钢瓶中的液体 CO_2 在空气中喷出，大部分成为气体，一部分成固体(干冰)，最终也成为气体，无液体，试解释此现象？

(3) 指出 CO_2 相图与 H_2O 的相图的最大差别在哪里？

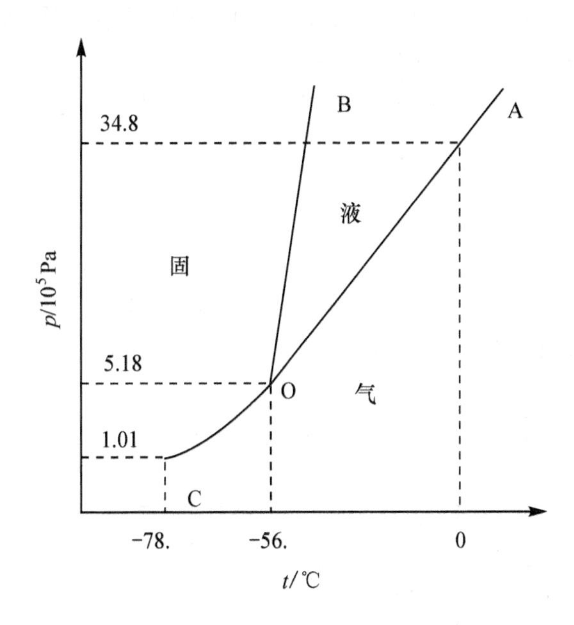

8. 某厂用冷冻干燥的方法生产干燥蔬菜。把蔬菜切片后包装成型并放入冰箱中降温冷冻，使蔬菜中的水分结成冰。然后放入不断抽空的高真空蒸发器中，使蔬菜中的冰不断升华以达到干燥的目的。试根据水的相图，确定该项生产中的重要工艺条件：真空蒸发器中的真空度必须控制在多少 Pa 以上。

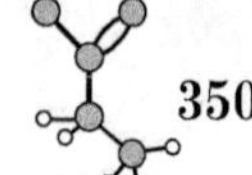

9. 水在273K的蒸气压为611Pa，其汽化热、熔化热分别为2 489J·g^{-1}和334.3J·g^{-1}，设此二值不随温度变化，试求冰在258K时的蒸气压。

10. 已知苯胺的正常沸点为458.15K，请依据Truton规则求算苯胺在2666Pa时的沸点。

11. 实验测得水在373.15K和298.15K下的蒸气压分别为101325Pa和3170Pa，试计算水的摩尔气化焓。

12. 溜冰鞋下面的冰刀与冰接触的地方，长度为7.62×10^{-2}m，宽度为2.45×10^{-5}m，试问：

(1) 若某人的体重为60kg，试关施加于冰的压力为若干？

(2) 在该压力下冰的熔点为若干？已知冰的熔化热为6010J·mol^{-1}，$T_f^*=273.16$K，冰的密度为920kg·m^{-3}，水的密度为1000kg·m^{-3}。

13. CO_2的固态和液态的蒸气压分别由以下两个方程给出：$\lg(p_s/\text{Pa})=11.986-1360\text{K}/T$；$\lg(p_l/\text{Pa})=9.729-874\text{K}/T$。计算：

(1) CO_2的三相点的温度和压力；

(2) CO_2在三相点的熔化和熔化熵。

14. 纯水的蒸气压在298.2K时为3167.4Pa，试问水在$1p^{\ominus}$压力的空气中其蒸气压为若干(空气在水中溶解的影响略去不计)？

15. 在100～120K的温度范围内，甲烷的蒸气压与绝对温度T如下式表示：

$$\lg(p/\text{Pa})=8.96-\frac{445\text{K}}{T}。$$

甲烷的正常沸点为112K，在1.01325×10^5Pa下，下列状态变化是等温可逆地进行的：

$$CH_4(1,112\text{K},101325\text{Pa})=CH_4(g,112\text{K},101325\text{Pa})$$

试计算：(1) 甲烷的$\Delta_{vap}H$，$\Delta_{vap}G_m$，$\Delta_{vap}S_m$及该过程的Q、W；

(2) 环境的熵变及总熵变。

16. 下表是苯(A)-乙醇(B)系统的沸点-组成数据。($p=100210$Pa)

沸点 T/K	352.8	348.2	342.5	341.2	340.8	341.0	341.4	342.0	343.3	344.8	347.4	351.1
x_B	0	0.040	0.159	0.298	0.421	0.537	0.629	0.718	0.798	0.872	0.939	1.00
y_B	0	0.151	0.353	0.405	0.436	0.466	0.505	0.549	0.606	0.683	0.787	1.00

(1) 按照表4-1中的数据绘制苯(A)-乙醇(B)体系的T-x图。

(2) 说明图中点、线、区的意义；$x_B=0.40$的混合物，用普通蒸馏的方法有否将苯和乙醇完全分离?用普通蒸馏方法分离所得产物是什么?

(3) 由0.10mol苯与0.90mol乙醇组成的溶液,将其蒸馏加热到348.2K,试问馏出液的组成如何?残液的组成又如何?馏出液与残液各为多少摩尔?

17. 某车间提纯氯苯,已知水和氯苯为完全不互溶的液体,其恒沸点为363.35K。在该温度下水与氯苯的蒸气压分别为 $p^*(H_2O)=72400Pa$,p^*(氯苯)$=28900Pa$,今要提纯200kg氟苯,需水蒸气多少?

18. 在293K及101325Pa下有空气自一种油中通过,知道油的分子量是120,其正常沸点 $T_b=473K$,试估计 $1m^3$ 的空气最多能带出多少油。

19. Mg(熔点924K)和Zn(熔点692K)的相图具有两个低共熔点,一个为641K(3.2%Mg,质量百分数,下同),另一个为620K(49%Mg),在体系的熔点曲线上有一个最高点863K(15.7%Mg)。

(1) 绘出Mg和Zn的 T-x 图,标明各区中的相态和自由度。

(2) 分别指出含30%Mg、80%Mg、49%Mg的三个混合物从973K冷到573K的步冷过程中的相变,绘出其步冷曲线。

20. 对FeO-MnO二组分系统,已知FeO、MnO的熔点分别为1643K和2058K;在1703K含有30%和60%MnO(质量百分数)二固熔体间发生转熔变化,与其平衡的液相组成为15%MnO,在1703K,二固溶体的组成为:26%和64%MnO。试依据上述数据:

(1) 绘制此二组分系统的相图;

(2) 指出各区的相态;

(3) 当一含28%MnO的二组分系统,由P点缓缓冷至1500K,相态如何变化?

21. 苯或萘的熔点分别为278.65K和353.05K,摩尔熔化热分别为9837及19080J·mol^{-1},苯和萘构成的溶液可视为理想溶液。苯和萘的相互溶解度可用下式表示:

$$\ln x=-\frac{\Delta_{\mathrm{fux}}H_{\mathrm{m}}}{\mathrm{R}}\left(\frac{1}{T}-\frac{1}{T_{\mathrm{f}}}\right)$$

式中 $\Delta_{\mathrm{fus}}H_{\mathrm{m}}$ 及 T_{f} 为苯或萘的摩尔熔化热及熔点:T 是溶液组成为 x 时的熔点。试用溶解度法绘制苯—萘系统的相图,并确定最低熔点的温度及组成。

22. 已知二组分系统的相图如图所示。

(1) 标出各相区的相态,水平线EF、GH上系统的相态与自由度。

(2) 绘出 a、b、c 表示的三个系统的步冷曲线。

(3) 使系统由P点降温,说明降温过程中系统相态及自由度的变化。

(4) 已知纯A的凝固热 $\Delta_{\mathrm{fus}}H_{\mathrm{m}}=-18027J\cdot mol^{-1}$,低共熔点的组成 $x_A=0.4$,当把A作为非理想溶液中的溶剂时,求该最低共熔物(E)中组分A的活度系数。

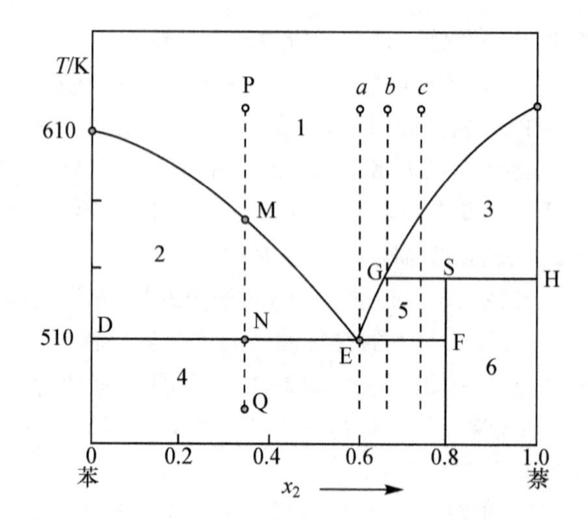

23. 下图是 SiO_2-Al_2O_3 体系在高温区间的相图，在高温下，SiO_2 有白硅石和鳞石英两种变体的转晶线，MN 线之上为白硅石，之下为鳞鱼英。

(1) 指出各相区分别由哪些相组成；

(2) 图中三条水平线分别代表哪些相平衡共存；

(3) 画出从 a、b、c 点冷却的步冷曲线(莫莱石的组成是 $2Al_2O_3 \cdot 3SiO_2$)。

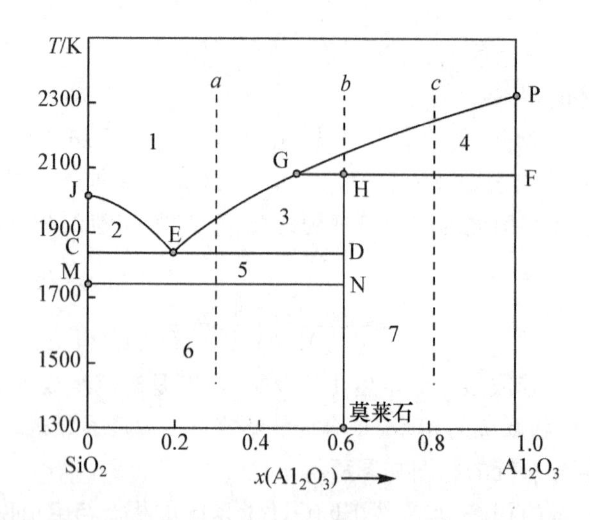

24. Bi-Zn 系统的相图如图所示，若以含 Zn40%(质量百分比) 的熔化物 100g 由高温冷却，试计算：

(1) 温度刚到 683K 时，组成为 A(含 Zn15%) 的液相和组成为 C(含 Zn98%) 的液相各有多少克?在 683K 时当组成为 C 的液相恰好消失时组成为 A 的液相和固体 Zn 的重量各有多少克?

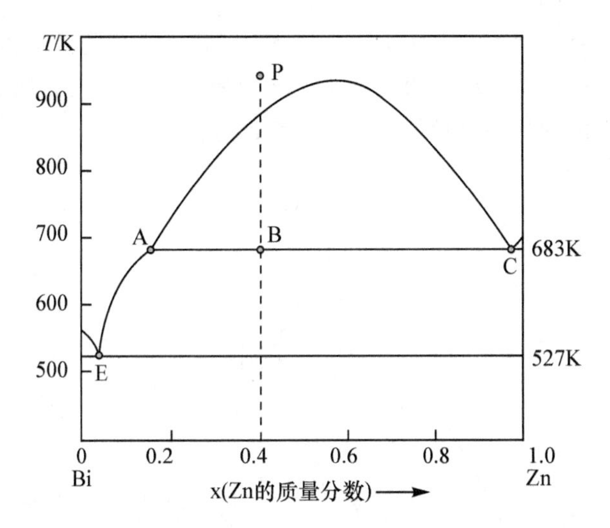

(2) 温度刚降到527K时固体Zn和组成为E(含Zn3%)的熔化物各有多少克?

25. 在$1p^{\ominus}$下Ca和Na在1423K以上为完全互溶的溶液,在1273K时部分互溶。此时两液相的组成为含Na33%(质量百分数,下同)及82%。983K时含Na14%及93%的两液相与固相Ca平衡共存。低共熔点为370.5K,Ca和Na的熔点分别为1083K和371K,Ca和Na不生成化合物,而且固态也不互熔。根据以上数据绘制Ca-Na系统的等压相图,并指明各区相态。

26. 金属A和B的熔点分别为623K和553K,在473K时有三相共存,其中一相是含30%B的熔化物,其余两相分别是含20%B和含25%B的固溶体。冷却至423K时又呈现三相共存,分别是含55%B的溶化物,含35%B和80%B的两个固溶体。根据以上数据绘出A-B二元合金相图,并指出各相区存在的相与自由度。

27. 指出二组分相图中各区的相态,绘制指定点的步冷曲线。

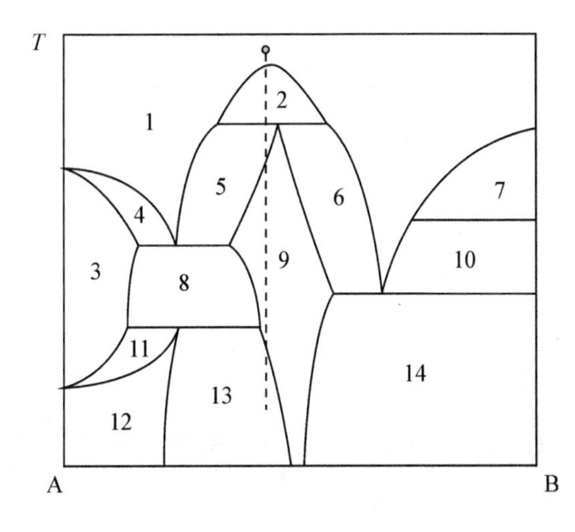

28. 下图是 298.15K 时$(NH_4)_2SO_4$-Li_2SO_4-H_2O 三组分系统的相图，指出各区域存在的相及自由度。若将组成相当于 x、y、z 点所代表的系统在该温度下分别恒温蒸发，则最先析出何种晶体?写出复盐和水合盐的分子式。

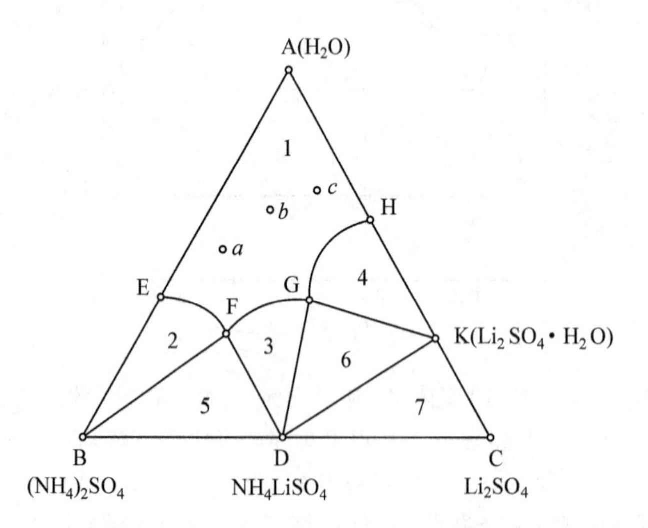

29. 三组分系统 H_2O、KI、I_2 等温等压下的相图如图所示，坐标采用物质的量分数。该三组分系统有一化合物生成，其组成为 $KI\cdot I_2\cdot H_2O$。

(1) 完成该相图，标明各区的相。

(2) 有一溶液含 75%H_2O，20%KI，5%I_2，在常温压下蒸发，指出其蒸发过程的相变情况。当蒸发到 50%H_2O 时，处于什么相态，相对重量为多少?

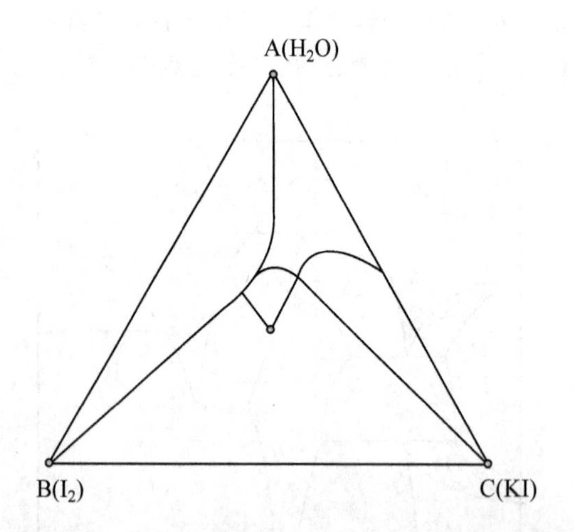

30. H_2O-$FeSO_4$-$(NH_4)_2SO_4$ 的三组分系统相图见图所示。标出各区相态与自由

度，P代表系统状态点。现从P点出发制取复盐E($FeSO_4 \cdot 7H_2O$)，请在相图上表示采取的步骤，并作简要说明。

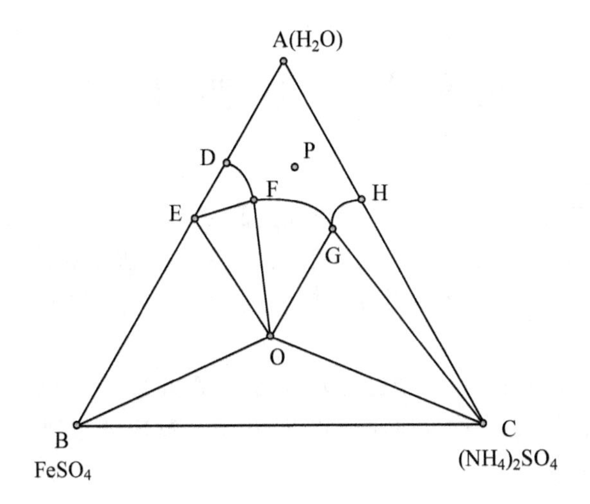

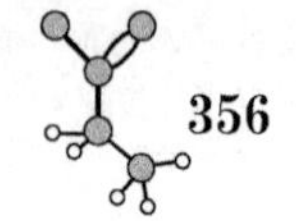

第8章　化学平衡

对于化学反应的研究，主要涉及两方面的问题：化学反应的方向与限度；化学反应的速率与机理。本章的内容主要是运用热力学基本原理来讨论化学反应的方向与限度，即化学反应平衡问题。有关化学反应的速率与反应机理的问题将在化学动力学部分加以介绍。

任何化学反应都有正、反两个进行方向。从微观角度来看，化学反应的正、反方向是同时进行的，当两个方向的反应速率相等时，整个反应就达到化学平衡。例如 SO_2 氧化生成 SO_3 的反应：

$$SO_2(g)+\frac{1}{2}O_2(g)\rightleftharpoons SO_3(g)$$

当 SO_2 和 O_2 化合生成 SO_3 的同时，SO_3 也会分解为 SO_2 和 O_2。若此反应系统从反应物 SO_2 和 O_2 开始，在反应初期，系统中主要成分是 SO_2 和 O_2，SO_3 的量非常少，正向反应的速率大于逆向反应的速率，宏观上，反应表现为由 SO_2 和 O_2 化合生成 SO_3。随着 SO_3 量的增多，SO_3 分解为 SO_2 和 O_2 的速率会逐步增快；同时，由于 SO_2 和 O_2 的量减少，SO_2 与 O_2 化合生成 SO_3 的速率会逐步减慢，当反应正、反两方向的速率相等时，系统中各个组分的浓度不再随时间而变化，此时，称反应达到了化学平衡。从宏观上看，当系统达到化学平衡时，反应好似处于静止状态；但从微观上看，反应仍在进行，只是正、反两方向的反应速率相等，反应达到一种动态平衡。

化学反应平衡是相对的，一旦环境条件(如反应温度、压力等) 发生了变化，这种平衡往往被打破，反应又会从宏观上向某一方向进行，直至在新的环境条件下达到新的平衡为止。化学反应达到平衡时，反应物与产物的浓度不再变化，此时，系统中各组分的浓度(或压力等) 间必有确定的关系，这种确定的关系即为反应的平衡常数，反应平衡常数反映了系统达到化学平衡时，各组分浓度(或压力等) 之间的关系。

运用热力学的基本理论可以确定化学反应的平衡常数，并由此可以判断化学反应的方向与限度，并可以通过平衡常数求出平衡时参与反应的各物质间的数量关系。解决这些问题，不论在理论上还是在实践中都具有十分重大的意义。如：在设计新的化学反应时，不必徒劳地去研究那些热力学已经判定实际上不可能进行的反应；化学反应的平衡条件的研究对于工业生产中工艺流程的制定和工艺设备的设计均具有指导性的意义。

§8-1 化学反应的方向与限度

一、化学反应进度和反应吉布斯自由能

由于化学反应中各组分的计量系数不一定相等，在计量化学反应量时，会因选择的组分不同使反应量的数值不同。设有一处于恒温、恒压下的封闭系统，系统中的物质按下式进行化学反应：

$$d\mathrm{A} + e\mathrm{B} + \cdots \rightleftharpoons g\mathrm{G} + h\mathrm{H} + \cdots$$

以上反应系统中各物质的变化量与其计量系数有关，为了对反应的进程有统一的表示，特引进化学反应进度的概念，定义：

$$\mathrm{d}\xi = -\frac{\mathrm{d}n_{\mathrm{D}}}{d} = -\frac{\mathrm{d}n_{\mathrm{E}}}{e} = \cdots = \frac{\mathrm{d}n_{\mathrm{G}}}{g} = \frac{\mathrm{d}n_{\mathrm{H}}}{h} = \cdots \tag{8-1}$$

上式中的ξ是表示反应进行程度的参数，称为反应进度(advancement of reaction)，若按化学反应方程式中的系数关系完成一个式量的进程时，则该反应此时的进度$\xi = 1\mathrm{mol}$。(8-1)式反映了反应进度与各组分反应量之间的关系，对于一般反应，(8-1)式可以表达为：

$$\mathrm{d}\xi = \frac{\mathrm{d}n_{\mathrm{B}}}{\upsilon_{\mathrm{B}}} \quad \mathrm{d}n_{\mathrm{B}} = \upsilon_{\mathrm{B}}\mathrm{d}\xi \tag{8-2}$$

式中υ_{B}是B物质的计量系数，产物的υ_{B}为正值，反应物的υ_{B}为负值。

一般的化学反应在恒温恒压条件下进行，可以用Gibbs自由能来判断反应的方向与限度。设某化学反应系统中进行了极微小量的反应，反应进度为$\mathrm{d}\xi$，系统的Gibbs自由能的变化为：

$$\mathrm{d}G = -S\mathrm{d}T + V\mathrm{d}p + \sum_{\mathrm{B}}\mu_{\mathrm{B}}\mathrm{d}n_{\mathrm{B}}$$

若反应在恒温、恒压条件下进行，则有：

$$\mathrm{d}G = \sum_{\mathrm{B}}\mu_{\mathrm{B}}\mathrm{d}n_{\mathrm{B}} \quad (\mathrm{d}T = 0, \mathrm{d}p = 0)$$

用反应进度取代各组分的变化量，恒温恒压下，反应系统Gibbs自由能的变化为：

$$\mathrm{d}G = \left(\sum_{\mathrm{B}}\upsilon_{\mathrm{B}}\mu_{\mathrm{B}}\right)\mathrm{d}\xi \quad (\mathrm{d}T = 0, \mathrm{d}p = 0)$$

改写上式，可得：

$$\left(\frac{\partial G}{\partial \xi}\right)_{T,p} = \sum_{\mathrm{B}}\upsilon_{\mathrm{B}}\mu_{\mathrm{B}} \tag{8-3}$$

上式的物理含义是在恒温、恒压且保持各组分浓度不变的条件下，在一个极其巨大的系统中进行一个单位反应进度的化学反应的Gibbs自由能的增量，并定义：

$$\Delta_{\mathrm{r}}G_{\mathrm{m}} = \left(\frac{\partial G}{\partial \xi}\right)_{T,p} = \sum_{\mathrm{B}}\upsilon_{\mathrm{B}}\mu_{\mathrm{B}} \tag{8-4}$$

式中的 $\Delta_r G_m$ 称为化学反应的 Gibbs 自由能(the reaction Gibbs energy)。须注意的是，$\Delta_r G_m$ 并不表示在一个实际的宏观系统中进行一个单位反应($\xi = 1\text{mol}$)时系统的 Gibbs 自由能的变化，$\Delta_r G_m$ 的含义应理解为在恒温、恒压下，系统中进行了极微量($\mathrm{d}\xi$)的化学反应所引起的系统的 Gibbs 自由能变化与反应进度变化之比，即 $\left(\frac{\partial G}{\partial \xi_B}\right)_{T,p}$。若将系统的 Gibbs 自由能 G 对反应进度 ξ 作图，反应 Gibbs 自由能 $\Delta_r G_m$ 是曲线 $G = f(\xi)$ 在反应进度 ξ 处的斜率(见图 8-1)。$\Delta_r G_m$ 的单位是 $\text{J} \cdot \text{mol}^{-1}$。

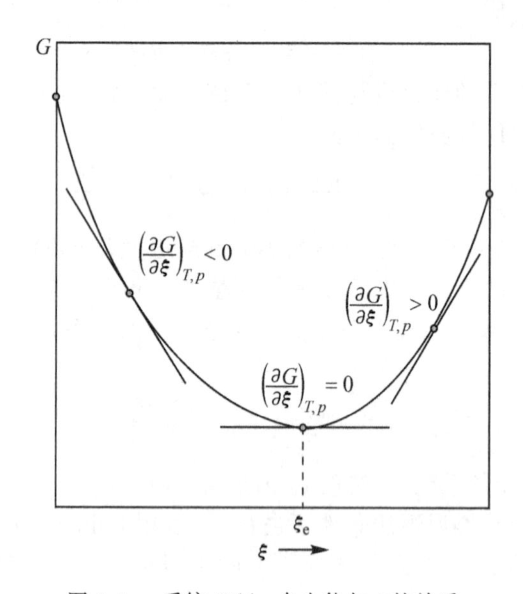

图 8-1　系统 Gibbs 自由能与 ξ 的关系

二、化学反应的平衡条件

一般化学反应在等温、等压条件下进行，可用反应 Gibbs 自由能作为化学反应方向的判据：

$\Delta_r G_m < 0$　反应物化学势之和大于产物化学势之和，反应自动正向进行；

$\Delta_r G_m > 0$　产物化学势之和大于反应物化学势之和，反应自动逆向进行；

$\Delta_r G_m = 0$　反应物化学势之和等于产物化学势之和，系统处于化学平衡。

当系统达到化学平衡时，反应的正向反应速率与逆向反应速率相等，从宏观上系统的组成不再随时间而变化。系统达平衡时的反应进度用 ξ_e 表示，在图 8-1 中，ξ_e 为曲线最低点所对应的反应进度的数值，在此点，反应系统的 Gibbs 自由能最低，系统处于稳定状态。

我们首先讨论均相化学反应，如理想气体反应。当反应系统的反应物化学势大于产物化学势时，反应将自动地正向进行，若此反应从纯的反应物开始，它是否会进行到底呢?从化学热力学的角度,对于均相反应,尽管反应物的化学势大于产物的化学势,此反应不会完全进行到底,当反应进行到一定程度时,将达到化学平衡,反应不再继续进行。下面,以理想气体反应为例加以说明。

设有如下理想气体反应:

$$D + E \rightleftharpoons 2F$$

设此反应从纯 D 和纯 E 开始,反应在恒温、恒压条件下进行。图 8-2 表示了此反应系统的 Gibbs 自由能随反应的进程而变化的情况。

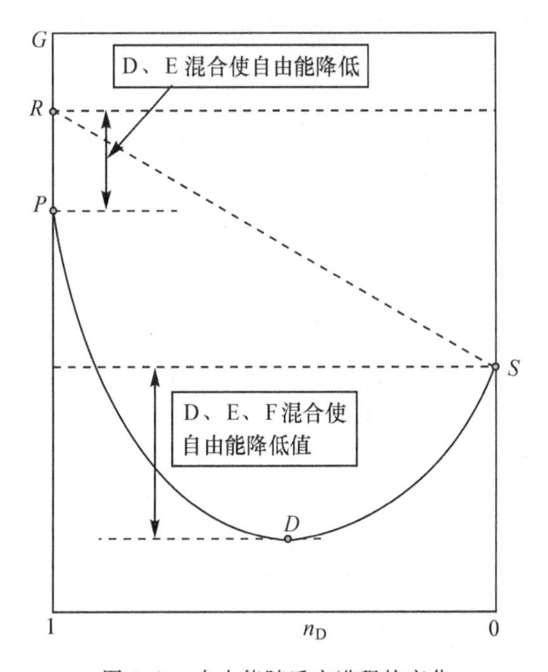

图 8-2 自由能随反应进程的变化

系统的初始状态由 R 点表示,此时反应物 D 和 E 均为纯气体,两者没有混合。当将 D 和 E 混合而开始反应时,系统的 Gibbs 自由能立即下降至 P 点,R 与 P 间的距离代表将两种不同物质混合时,系统 Gibbs 自由能的下降值。反应的实际进程从 P 点开始。令反应系统各组分的量分别为 n_D、n_E 和 n_F,系统的总 Gibbs 自由能为:

$$G = \sum_B n_B \mu_B$$

因为系统为理想气体混合物,将各组分的化学势代入上式:

$$G = n_D\left(\mu_D^\ominus + RT\ln\frac{p}{p^\ominus} + RT\ln x_D\right) + n_E\left(\mu_E^\ominus + RT\ln\frac{p}{p^\ominus} + RT\ln x_E\right)$$
$$+ n_F\left(\mu_F^\ominus + RT\ln\frac{p}{p^\ominus} + RT\ln x_F\right)$$

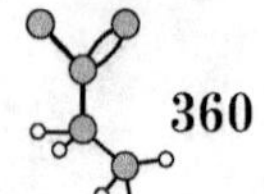

整理上式,可得:

$$G=(n_{\rm D}\mu_{\rm D}^{\ominus}+n_{\rm E}\mu_{\rm E}^{\ominus}+n_{\rm F}\mu_{\rm F}^{\ominus})+(n_{\rm D}+n_{\rm E}+n_{\rm F})RT\ln\frac{p}{p^{\ominus}}$$
$$+RT(n_{\rm D}\ln x_{\rm D}+n_{\rm E}\ln x_{\rm E}+n_{\rm F}\ln x_{\rm F}) \tag{8-5}$$

上式中:p 是系统的总压,$x_{\rm D}$、$x_{\rm E}$、$x_{\rm F}$ 是各组分的摩尔分数,$n_{\rm D}$、$n_{\rm E}$、$n_{\rm F}$ 是各组分的摩尔数,(8-5) 式的最后一项是混合 Gibbs 自由能,是由于气体的混合而使系统的 Gibbs 自由能下降的值。正是由于混合 Gibbs 自由能的存在使得均相的化学反应不能完全进行到底。

为方便起见,不妨设反应开始时,各有 1mol 的 D 和 E,在任意时刻,反应系统中各组分的量分别为:

$$n_{\rm D}=n_{\rm E}\quad n_{\rm F}=2(1-n_{\rm D})\quad \sum_i n_i=2\ {\rm mol}$$

将以上关系代入(8-5) 式,整理后可得:

$$G=n_{\rm D}(\mu_{\rm D}^{\ominus}+\mu_{\rm E}^{\ominus})+2(1-n_{\rm D})\mu_{\rm F}^{\ominus}+2RT\left[\ln\frac{p}{p^{\ominus}}+n_{\rm D}\ln x_{\rm D}+(1-n_{\rm D})\ln x_{\rm F}\right] \tag{8-6}$$

注意有下式成立:

$$x_{\rm D}=x_{\rm E}=\frac{n_{\rm D}}{2}\quad x_{\rm F}=\frac{2(1-n_{\rm D})}{2}=1-n_{\rm D} \tag{8-7}$$

在图 8-2 中的 D 点,反应系统的 Gibbs 自由能的值最小,系统处于化学平衡状态,此时曲线的斜率为零,由 $\Delta_{\rm r}G_{\rm m}$ 的定义,有:

$$\Delta_{\rm r}G_{\rm m}=\left(\frac{\partial G}{\partial\xi}\right)_{T,p}=-\left(\frac{\partial G}{\partial n_{\rm D}}\right)_{T,p}$$

对(8-6) 式取微商:

$$\Delta_{\rm r}G_{\rm m}=-\left[(\mu_{\rm D}^{\ominus}+\mu_{\rm E}^{\ominus}-2\mu_{\rm F}^{\ominus})+2RT(\ln x_{\rm D}-\ln x_{\rm F})\right]$$

令:

$$\Delta_{\rm r}G_{\rm m}^{\ominus}=2\mu_{\rm F}^{\ominus}-(\mu_{\rm D}^{\ominus}+\mu_{\rm E}^{\ominus})$$

代入上式,整理可得:

$$\Delta_{\rm r}G_{\rm m}=-\left[-\Delta_{\rm r}G_{\rm m}^{\ominus}+2RT(\ln x_{\rm D}-\ln x_{\rm F})\right]$$

将(8-7) 式代入上式:

$$\Delta_{\rm r}G_{\rm m}=\Delta_{\rm r}G_{\rm m}^{\ominus}-2RT\ln\frac{n_{\rm D}}{2}+2RT\ln(1-n_{\rm D}) \tag{8-8}$$

反应达平衡时,$\Delta_{\rm r}G_{\rm m}=0$,此时有:

$$\Delta_{\rm r}G_{\rm m}^{\ominus}=2RT\ln\frac{n_{\rm D}}{2}-2RT\ln(1-n_{\rm D})$$

对上式进行整理,可得:

$$-\frac{\Delta_{\rm r}G_{\rm m}^{\ominus}}{RT}=\ln\frac{n_{\rm F}^2}{n_{\rm D}\cdot n_{\rm E}}$$

其中： $n_F = 2(1-n_D) \quad n_D = n_E$

对 G 取二次微商：

$$\left(\frac{\partial^2 G}{\partial \xi^2}\right)_{T,p} = -\left(\frac{\partial}{\partial n_D}\Delta_r G_m\right)_{T,p}$$

即对(8-8)式取微商：

$$\left(\frac{\partial^2 G}{\partial \xi^2}\right)_{T,p} = 2RT\left(\frac{2}{n_D} + \frac{1}{1-n_D}\right)$$

∵ $0 < n_D < 1$

故上式的每一项均为正数，故有：

$$\left(\frac{\partial^2 G}{\partial \xi^2}\right)_{T,p} > 0 \tag{8-9}$$

上式说明反应系统Gibbs自由能的二次微商大于零，所以G在$\Delta_r G_m = 0$处有极小值，系统处于稳定状态。当系统的反应进度在极值之左时，反应Gibbs自由能$\left(\frac{\partial G}{\partial \xi}\right)_{T,p} < 0$（见图8-1），反应自发地向右进行；当系统的反应进度在极值之右时，反应Gibbs自由能$\left(\frac{\partial G}{\partial \xi}\right)_{T,p} > 0$，反应自发地向左进行；在D点，$\left(\frac{\partial G}{\partial \xi}\right)_{T,p} = 0$，反应系统处于化学平衡。

(8-8)式右边的第一项是产物与反应物标准状态化学势之差，即$\Delta_r G_m^\ominus$，其值仅仅取决于组分的性质和反应温度，对一特定的反应，当温度恒定时，$\Delta_r G_m^\ominus$是一定值。第二项与第三项是由于反应物与产物的混合作用所引起的反应Gibbs自由能的变化。

在图8-2的反应起始点P，$n_D = n_E = 1$ mol，$n_F = 0$，代入(8-8)式，此时有：

$$\ln(1-n_D) = \ln 0 \rightarrow -\infty$$

其它两项均为有限值，故反应系统$\Delta_r G_m$的符号只取决于第三项，P点反应$\Delta_r G_m$的值也趋于负无穷大，反应具有极其强烈的正向反应的倾向，反应会自发地正向进行。

在图8-2中的S点，只有产物F，此时系统的组成为：$n_D = n_E = 0$，$n_F = 2$ mol，有：

$$\ln\frac{n_D}{2} = \ln 0 \rightarrow -\infty$$

此时，$\Delta_r G_m$的符号只取决于第二项，为正无穷大，故在S点反应不能正向进行，只会逆向进行。

推广到一般反应系统，当系统中只有纯反应物或者只有纯产物时，系统的Gibbs自由能会因混合作用具有降低的倾向，在此条件下，因混合作用而产生的反应"策动力"为无穷大，$\Delta_r G_m = \left(\frac{\partial G}{\partial \xi}\right)_{T,p}$的符号只取决于混合Gibbs自由能。当系统为纯反应物时，$\Delta_r G_m \rightarrow -\infty < 0$，反应自发地正向进行；当系统为纯产物时，$\Delta_r G_m \rightarrow +\infty > 0$，

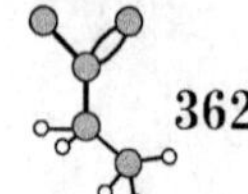

反应自发地逆向进行。由此可知，均相反应系统的 Gibbs 自由能的最低值，既不会出现在反应刚刚开始的只有纯反应物的状态，也不会出现在只有纯产物的状态。当反应系统处于化学平衡时，系统的 Gibbs 自由能最低，整个系统一定是某种程度的反应物与产物的混合物，故均相化学反应是不能进行到底的。

在讨论化学反应时，人们常用“可逆反应”或“不可逆反应”来表示某反应可能进行的程度，但是从由化学热力学的角度，对于均相反应，任何化学反应都是可逆的，所谓“不可逆反应”仅仅是一种描述性语言。当某反应的反应物化学势与产物化学势相差非常大时，$\Delta_r G_m^{\ominus}$ 具有很大的负值，在反应达到平衡时，反应物基本上转变为产物，剩余的反应物的量很微少，此时，可以近似认为反应是“不可逆”的。但是从严格的热力学意义上，毕竟有极少量的反应物未反应完，故反应并没有进行到底。

三、化学反应亲和势

化学亲和势(chemical affinity)首先由德唐德(De Donder)提出，他定义：

$$A = -\left(\frac{\partial G}{\partial \xi}\right)_{T,p} = \Delta_r G_m = -\sum_B \upsilon_B \mu_B \tag{8-10}$$

A 称为化学亲和势，A 等于反应 Gibbs 自由能 $\Delta_r G_m$ 的相反数。A 表示物质间发生化学反应的能力，A 值愈大，进行反应的能力愈强。化学亲和势也可以用来判断反应的方向：

$A > 0$　反应自发正向进行；

$A < 0$　反应自发逆向进行；

$A = 0$　反应处于化学平衡。

从本质上，化学亲和势与反应 Gibbs 自由能是一样的，只是表示的方式不同而已，两者都可以用来判断化学反应进行的方向与限度。

§8-2　化学反应平衡常数

一、气相反应的平衡常数

1. 化学反应的热力学平衡常数

若反应系统的各组分均为气体物质时，组分化学势的一般表达式为：

$$\mu_B(T,p) = \mu_B^{\ominus}(T) + RT\ln\frac{f_B}{p^{\ominus}} \tag{8-11}$$

上式中 $\mu_B^{\ominus}(T)$ 是气体的标准状态化学势，气体的标准状态规定为：温度为 T，压力为一个标准压力时的纯 B 理想气体。f_B 是气体的逸度。将以上化学势表达式代入 $\Delta_r G_m$ 中：

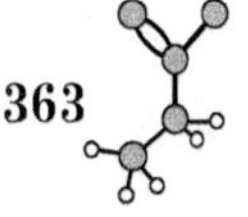

$$\Delta_r G_m = \sum_B \upsilon_B \mu_B^{\ominus} + RT \sum_B \upsilon_B \ln\left(\frac{f_B}{p^{\ominus}}\right) \tag{8-12}$$

令：

$$\Delta_r G_m^{\ominus} = \sum_B \upsilon_B \mu_B^{\ominus}$$

将上式代入(8-12)式，整理可得：

$$\Delta_r G_m = \Delta_r G_m^{\ominus} + RT \sum_B \upsilon_B \ln\left(\frac{f_B}{p^{\ominus}}\right)$$

$$\Delta_r G_m = \Delta_r G_m^{\ominus} + RT \ln\left[\prod_B \left(\frac{f_B}{p^{\ominus}}\right)^{\upsilon_B}\right] \tag{8-13}$$

以上各式中，V_B 是化学反应计量系数，产物的计量系数为正值，反应物的为负值。为了表达的方便，令：

$$Q_f^{\ominus} = \prod_B \left(\frac{f_B}{p^{\ominus}}\right)^{\upsilon_B} \tag{8-14}$$

$Q_f^{\ominus}$ 称为逸度商(fugacity quotient)。将以上定义代入(8-13)式，得：

$$\Delta_r G_m = \Delta_r G_m^{\ominus} + RT \ln Q_f^{\ominus} \tag{8-15}$$

当反应达平衡时，反应 Gibbs 自由能 $\Delta_r G_m = 0$，此时有：

$$\Delta_r G_m = \Delta_r G_m^{\ominus} + RT \ln Q_f^{\ominus} = 0$$

$$\therefore \quad \Delta_r G_m^{\ominus} = -RT \ln (Q_f^{\ominus})_e \tag{8-16}$$

上式表明，当反应达平衡时，反应的逸度商$(Q_f^{\ominus})_e$ 与反应标态 Gibbs 自由能 $\Delta_r G_m^{\ominus}$ 相关，而 $\Delta_r G_m^{\ominus}$ 只是温度的函数，与压力无关，故反应系统达平衡时的逸度商$(Q_f^{\ominus})_e$ 也只是温度的函数，令：

$$K_f^{\ominus} = (Q_f^{\ominus})_e = \prod_B \left(\frac{f_B}{p^{\ominus}}\right)_e^{\upsilon_B} = \prod_B \left(\frac{p_B \gamma_B}{p^{\ominus}}\right)_e^{\upsilon_B} \tag{8-17}$$

被定义的 $K_f^{\ominus}$ 称为化学反应的"热力学平衡常数"(thermodynamic equilibrium constant)，也称为标准平衡常数(standard equilibrium constant)，式中的下标 e 表示反应处于化学平衡(chemical equilibrium) 状态。化学反应的标准平衡常数 $K_f^{\ominus}$ 是无量纲的纯数，其值只是温度的函数，与系统的压力无关。将(8-17) 式代入(8-16) 式：

$$\Delta_r G_m^{\ominus} = -RT \ln K_f^{\ominus} \tag{8-18}$$

将上式代入(8-15) 式：

$$\Delta_r G_m = -RT \ln K_f^{\ominus} + RT \ln Q_f^{\ominus} = RT \ln \frac{Q_f^{\ominus}}{K_f^{\ominus}} \tag{8-19}$$

(8-15) 式和(8-19) 式均称为化学反应等温式(reaction isotherm)，首先由范特霍夫(Van't Hoff) 提出。由反应平衡常数，可以求出平衡时反应系统的组成。但是，对于一般气相反应，反应平衡常数不但与组分的分压有关，还与各组分的逸度系数有关，这大大增加了问题的复杂性。

2. 理想气体反应的化学平衡

处理理想气体反应的化学平衡要简单得多。若反应系统是理想气体混合物，各组

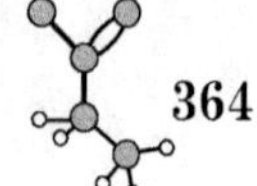

分的逸度等于其分压,组分的逸度系数均等于 1,于是有:

$$\prod_B\left(\frac{f_B}{p^{\ominus}}\right)_e^{\nu_B}=\prod_B\left(\frac{p_B\gamma_B}{p^{\ominus}}\right)_e^{\nu_B}=\prod_B\left(\frac{p_B}{p^{\ominus}}\right)_e^{\nu_B}$$

令平衡时的理想气体的压力商为:

$$K_p^{\ominus}=\prod_B\left(\frac{p_B}{p^{\ominus}}\right)_e^{\nu_B}=(Q_f^{\ominus})_e \tag{8-20}$$

对于理想气体化学反应,有:

$$K_f^{\ominus}=K_p^{\ominus}\quad Q_f^{\ominus}=Q_p^{\ominus}$$

对于理想气体系统,其化学反应等温式为:

$$\Delta_r G_m=-RT\ln K_p^{\ominus}+RT\ln Q_p^{\ominus} \tag{8-21}$$

理想气体标态反应 Gibbs 自由能 $\Delta_r G_m^{\ominus}$ 可表达为:

$$\Delta_r G_m^{\ominus}=-RT\ln K_p^{\ominus} \tag{8-22}$$

(8-22) 式也称为化学反应等温式。对于压力不太高的气相反应,通常可以近似看作理想气体反应。将(8-22) 式代入(8-21) 式,理想气体反应系统的反应 Gibbs 自由能可以表达为:

$$\Delta_r G_m=RT\ln\frac{Q_p^{\ominus}}{K_p^{\ominus}} \tag{8-23}$$

反应平衡常数可以作为化学反应进行方向的判据,例如,对于理想气体反应,有:

若 $K_p^{\ominus}>Q_p^{\ominus}$,则 $\Delta_r G_m<0$,化学反应自动正向进行;

若 $K_p^{\ominus}<Q_p^{\ominus}$,则 $\Delta_r G_m>0$,化学反应自动逆向进行;

若 $K_p^{\ominus}=Q_p^{\ominus}$,则 $\Delta_r G_m=0$,反应系统处于化学平衡。

对于非理想气体系统中发生的化学反应,在以上判别式中,应以 $K_f^{\ominus}$ 取代 $K_p^{\ominus}$,以 $Q_f^{\ominus}$ 取代 $Q_p^{\ominus}$。

3. 平衡常数的不同表示法

化学反应平衡常数有多种形式,下面以理想气体反应为例对各种反应平衡常数进行介绍。

对于理想气体化学反应,$K_p^{\ominus}$ 是热力学平衡常数,也是最严谨的平衡常数。实际应用中,人们还常常采用一些其它形式的经验平衡常数,最常用的经验平衡常数有:

压力平衡常数: $K_p=\prod_B(p_B)^{\nu_B}$。

摩尔分数平衡常数: $K_x=\prod_B(x_B)^{\nu_B}$。

物质的量浓度平衡常数: $K_c=\prod_B(c_B)^{\nu_B}$,$p_B=c_B RT$。

几种经验平衡常数之间的关系如下:

$$K_p=K_x(p)^{\sum_B\nu_B}$$

$$K_p=K_c(RT)^{\sum_B\nu_B}$$

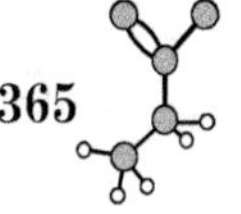

在以上各式中：υ_B 是反应计量系数，产物为正，反应物为负。

标准平衡常数与几种经验平衡常数的关系为：

$$K_p^{\ominus} = K_p(p^{\ominus})^{-\sum_B \upsilon_B}$$

$$K_p^{\ominus} = K_x\left(\frac{p}{p^{\ominus}}\right)^{\sum_B \upsilon_B}$$，p 为反应系统的总压。

$$K_p^{\ominus} = K_c\left(\frac{RT}{p^{\ominus}}\right)^{\sum_B \upsilon_B}$$

当反应物的分子数与产物的分子数相等时，$\sum_B \upsilon_B = 0$，几种经验平衡常数在数值上相等：

$$K_p = K_x = K_c \quad (\text{等分子反应})$$

对于不等分子反应，几种经验平衡常数的值一般不相等。经验平衡常数可能有量纲，也可能没有量纲，若是等分子反应，经验平衡常数没有量纲；对于不等分子反应，经验平衡常数则有量纲。而不论是等分子反应还是不等分子反应，其热力学平衡常数都是没有量纲的。

非理想气体反应的热力学平衡常数为 $K_f^{\ominus}$，与 $K_p^{\ominus}$ 之间的关系为：

$$K_f^{\ominus} = K_p^{\ominus} \cdot K_r \tag{8-24}$$

上式中的 K_r 是各组分逸度系数的比值：

$$K_r = \prod_B (\gamma_B)^{\upsilon_B} \tag{8-25}$$

二、溶液反应的平衡常数

溶液中反应的平衡常数推导方法与气相反应的情况相类似，关键在于组分化学势的表达形式及标准状态的选取。对同一个反应，若选取的标准状态不同或浓度表达法不同，则平衡常数的数值不相同。

按规定 Ⅰ 选取标准态：若按溶液热力学一章中的规定 Ⅰ 选取各组分的标准态，则参与反应的各组分的标准状态均为纯液体，组分化学势的表达式为：

$$\mu_B = \mu_B^*(T,p) + RT\ln a_B$$

将以上化学势代入 $\Delta_r G_m$ 的表达式中：

$$\Delta_r G_m = \sum_B \upsilon_B \mu_B = \sum_B \upsilon_B \mu_B^*(T,p) + RT\ln\left(\prod_B (a_B)^{\upsilon_B}\right)$$

反应达平衡时 $\Delta_r G_m = 0$，于是有：

$$\sum_B \upsilon_B \mu_B^*(T,p) = -RT\ln\left(\prod_B (a_B)^{\upsilon_B}\right)_e$$

上式中的下标 e 表示系统处于化学平衡状态。令：

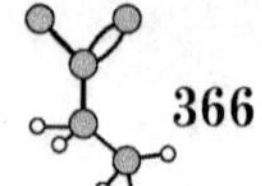

$$\Delta_r G_m^{\ominus}(T,p) = \sum_B \upsilon_B \mu_B^*(T,p)$$

$$K_a^{\ominus} = \left(\prod_B (a_B)^{\upsilon_B}\right)_e$$

当反应达平衡时，有：

$$\Delta_r G_m^{\ominus} = -RT\ln K_a^{\ominus} \tag{8-26}$$

以上定义的 $K_a^{\ominus}$ 称为溶液反应的热力学平衡常数。$K_a^{\ominus}$ 与气相反应的热力学平衡常数 $K_f^{\ominus}$ 不同，$K_a^{\ominus}$ 不仅仅是温度的函数，也是压力的函数，但与组分的浓度无关。在一般情况下，压力对于溶液系统中组分化学势的影响很小，在系统压力变化不大的条件下，可以认为 $K_a^{\ominus}$ 不随压力而变化。将 $K_a^{\ominus}$ 代入 $\Delta_r G_m$ 的表达式：

$$\Delta_r G_m(T,p) = -RT\ln K_a^{\ominus} + RT\ln\left(\prod_B (a_B)^{\upsilon_B}\right) \tag{8-27}$$

以上公式适应于所有的溶液系统。若反应系统可以视为理想溶液，则各组分的活度等于其浓度，各组分的活度系数均等于1。将 $K_a^{\ominus}$ 展开：

$$K_a^{\ominus} = \left(\prod_B (a_B)^{\upsilon_B}\right)_e = \left(\prod_B (x_B\gamma_B)^{\upsilon_B}\right)_e = \left(\prod_B (x_B)^{\upsilon_B}\right)_e\left(\prod_B (\gamma_B)^{\upsilon_B}\right)_e$$

令：

$$K_x^{\ominus} = \left(\prod_B (x_B)^{\upsilon_B}\right)_e$$

$$K_\gamma = \left(\prod_B (\gamma_B)^{\upsilon_B}\right)$$

∴

$$K_a^{\ominus} = K_\gamma \cdot K_x^{\ominus} \tag{8-28}$$

因为理想溶液中各组分的活度系数均等于1，组分的活度等于浓度，故有：

$$K_\gamma = 1$$

∴

$$K_a^{\ominus} = K_x^{\ominus} \quad \text{(理想溶液)} \tag{8-29}$$

理想溶液的 $\Delta_r G_m$ 的表达式为：

$$\Delta_r G_m(T,p) = \Delta_r G_m^{\ominus}(T,p) + RT\ln\left(\prod_B (x_B)^{\upsilon_B}\right) \tag{8-30}$$

理想溶液系统的标准态反应 Gibbs 自由能为：

$$\Delta_r G_m^{\ominus} = -RT\ln K_x^{\ominus} \tag{8-31}$$

因为理想溶液不需要考虑组分的活度系数，直接由组分的浓度便可以求出反应的平衡常数，故处理理想溶液系统的化学平衡问题比非理想溶液要简单得多。非理想溶液的化学平衡必须考虑组分的活度与活度系数，而溶液活度系数的求算过程极其复杂，所以处理非理想溶液的化学平衡问题要困难得多。

以上讨论中的 $\Delta_r G_m^{\ominus}$ 是纯产物与纯反应物各处在 T,p 时所具有的 Gibbs 自由能之差，$\Delta_r G_m^{\ominus}$ 的值随系统的温度和压力而变化。纯物质的 Gibbs 自由能可以从热力学数据表中查得，但是数据表中的数据通常是纯物质处于一个标准压力下的数值，由此，由热力学数据表计算得到的标态反应 Gibbs 自由能数值是 $\Delta_r G_m^{\ominus}(T,p^{\ominus})$ 而不是

$\Delta_r G_m^{\ominus}(T,p)$。从热力学基本关系式可得这两种标态反应Gibbs自由能之间的关系为：

$$\Delta_r G_m^{\ominus}(T,p) = \Delta_r G_m^{\ominus}(T,p^{\ominus}) + \sum_B \upsilon_B \int_{p^{\ominus}}^{p} V_m^*(B)\mathrm{d}p \quad (8\text{-}32)$$

溶液反应是凝聚系统，压力对凝聚系统性质的影响非常小，当系统的压力与标准压力相差不大时，积分$\int_{p^{\ominus}}^{p} V_m^*(B)\mathrm{d}p$的值很小，可以忽略不计，所以在一般压力条件下，有：

$$\Delta_r G_m^{\ominus}(T,p) \approx \Delta_r G_m^{\ominus}(T,p^{\ominus})$$

按规定Ⅱ选取标准态：设参与反应的组分均为溶质，以A表示溶剂，B表示溶质，此时反应系统各组分的化学势表达式为：

$$\mu_B = \mu_B^{\circ}(T,p) + RT\ln a_{x,B}$$

$$a_{x,B} = x_B\gamma_{x,B} \qquad \lim_{x_A\to 1}\gamma_{x,B} = 1$$

以上化学势对应的浓度为摩尔分数，$\mu_B^{\circ}(T,p)$是B组分的标态化学势，其标准态是温度为T，压力为p，组分浓度为$x_B = 1$，且仍然服从亨利定律的虚拟状态。$\mu_B^{\circ}(T,p)$是温度和压力的函数，当系统压力变化不大时，其值可以视为不随压力而变化。将化学势代入$\Delta_r G_m$的表达式：

$$\Delta_r G_m = \sum_B \upsilon_B\mu_B^{\circ} + RT\ln\left(\prod_B (a_{x,B})^{\upsilon_B}\right)$$

令：

$$\Delta_r G_m^{\ominus}(T,p)_x = \sum_B \upsilon_B\mu_B^{\circ}$$

$$K_{a,x}^{\ominus} = \left(\prod_B (a_{x,B})^{\upsilon_B}\right)_e \quad (8\text{-}33)$$

则得：

$$\Delta_r G_m(T,p) = \Delta_r G_m^{\ominus}(T,p)_x + RT\ln\left(\prod_B (a_{x,B})^{\upsilon_B}\right) \quad (8\text{-}34)$$

类似地，可以推得：

$$\Delta_r G_m^{\ominus}(T,p)_x = -RT\ln K_{a,x}^{\ominus} \quad (8\text{-}35)$$

如果反应各组分的浓度都很稀，反应系统可以视为理想稀溶液，反应组分的性质都服从亨利定律，此时，组分的活度系数均等于1，活度等于其浓度，故有：

$$K_{a,x}^{\ominus} = \left(\prod_B (a_{x,B})^{\upsilon_B}\right)_e = \left(\prod_B (x_B\gamma_{x,B})^{\upsilon_B}\right)_e = K_x^{\ominus}\cdot K_{\gamma,x} = K_x^{\ominus}$$

其中：

$$K_x^{\ominus} = \left(\prod_B (x_B)^{\upsilon_B}\right)_e$$

$$K_{\gamma,x} = \left(\prod_B (\gamma_{x,B})^{\upsilon_B}\right)_e$$

理想稀溶液的反应Gibbs自由能$\Delta_r G_m$的表达式为：

$$\Delta_r G_m(T,p) = -RT\ln K_x^{\ominus} + RT\ln\left(\prod_B (x_B)^{\upsilon_B}\right) \quad (8\text{-}36)$$

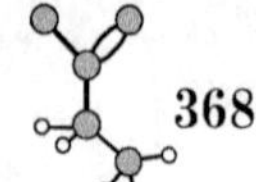

溶质间的化学反应,浓度还常采用质量摩尔浓度或物质的量浓度,不论采用哪一种浓度表达法,反应Gibbs自由能 $\Delta_r G_m$ 的值是不变的,但是标态下的反应Gibbs自由能 $\Delta_r G_m^{\ominus}$ 的值会随着选取的浓度单位不同而不同,组分的标准态与标准态化学势也将随之而变化。由热力学数据表得到的一般是 $\Delta_r G_m^{\ominus}(T,p^{\ominus})$,实际条件下的 $\Delta_r G_m^{\ominus}(T,p)$ 可以参照(8-32)式进行计算。

当采用质量摩尔浓度时,溶液反应的热力学平衡常数为:

$$K_{a,m}^{\ominus} = \left(\prod_B (a_{m,B})^{\upsilon_B}\right)_e = K_{\gamma,m} \cdot K_m \cdot (m^{\ominus})^{-\sum_B \upsilon_B} \tag{8-37}$$

$$a_{m,B} = \frac{m_B \cdot \gamma_{m,B}}{m^{\ominus}} \tag{8-38}$$

其中:

$$K_{\gamma,m} = \prod_B (\gamma_{m,B})^{\upsilon_B}$$

$$K_m = \left(\prod_B (m_B)^{\upsilon_B}\right)_e$$

下标 e 表示取达到化学平衡时的数值。标准态的反应 Gibbs 自由能为:

$$\Delta_r G_m^{\ominus}(T,p)_m = \sum_B \upsilon_B \mu_B^{\Delta} = -RT\ln K_{a,m}^{\ominus} \tag{8-39}$$

当溶液浓度非常稀时,反应系统可以视为理想稀溶液,组分的活度等于其浓度,反应平衡常数为:

$$K_m^{\ominus} = \left(\prod_B \left(\frac{m_B}{m^{\ominus}}\right)^{\upsilon_B}\right)_e \tag{8-40}$$

$$\Delta_r G_m^{\ominus}(T,p)_m = -RT\ln\left(\prod_B \left(\frac{m_B}{m^{\ominus}}\right)^{\upsilon_B}\right)_e$$

反应 Gibbs 自由能 $\Delta_r G_m$ 的表达式为:

$$\Delta_r G_m(T,p) = \Delta_r G_m^{\ominus}(T,p)_m + RT\ln\left(\prod_B \left(\frac{m_B}{m^{\ominus}}\right)^{\upsilon_B}\right) \tag{8-41}$$

若采用物质的量浓度表达法时,则反应的平衡常数为:

$$K_{a,c}^{\ominus} = \left(\prod_B (a_{c,B})^{\upsilon_B}\right)_e \tag{8-42}$$

$$a_{c,B} = \frac{c_B \cdot \gamma_{c,B}}{c^{\ominus}} \tag{8-43}$$

对于理想稀溶液,可以用物质的量浓度代替组分的活度:

$$K_c^{\ominus} = \left(\prod_B \left(\frac{c_B}{c^{\ominus}}\right)^{\upsilon_B}\right)_e \tag{8-44}$$

标态的反应 Gibbs 自由能为:

$$\Delta_r G_m^{\ominus}(T,p)_c = -RT\ln K_c^{\ominus} = -RT\ln\left(\prod_B \left(\frac{c_B}{c^{\ominus}}\right)^{\upsilon_B}\right)_e \tag{8-45}$$

对于用一个溶液反应,不论采用何种浓度表示法,获得的反应 Gibbs 自由能

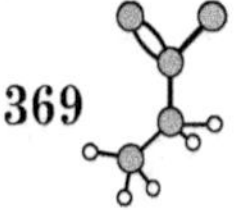

$\Delta_r G_m$ 的数值应该是一样的，但是标准态反应 Gibbs 自由能 $\Delta_r G_m^{\ominus}$ 的数值不相同，反应平衡常数的数值也不相同。

三、复相反应的平衡常数

复相化学反应与均相反应不同，参与反应的各组分的物质状态可能不相同。恒温恒压下的复相化学反应的热力学判据仍然是 Gibbs 自由能，当反应达平衡时，反应的 $\Delta_r G_m$ 等于零。为了分析问题的方便，把 $\Delta_r G_m$ 分成不同的项，每一项为同一物相中反应组分化学势之和。

$$\Delta_r G_m = \sum_B \upsilon_B \mu_B = \left(\sum_B \upsilon_B \mu_B\right)_{\text{气相}} + \left(\sum_B \upsilon_B \mu_B\right)_{\text{液相}} + \left(\sum_B \upsilon_B \mu_B\right)_{\text{固相}} \tag{8-46}$$

上式中的固相表示对所有的固体组分化学势进行加和，每一种固体为一相，式中的 υ_B 为化学反应计量系数，不论各组分以何种形态出现，凡是产物 υ_B 为正值，凡是反应物 υ_B 为负值。

为了讨论问题的方便，可设反应系统的气相为理想气体混合物，液相为理想溶液，固相各组分均为纯固体物质，这样，反应的 Gibbs 自由能为：

$$\Delta_r G_m = \sum_B \upsilon_B \mu_B^{\ominus} + RT\ln\left\{\prod\left[(p_j)^{\upsilon_j}(x_k)^{\upsilon_k}\right](p^{\ominus})^{-\sum_j \upsilon_j}\right\} \tag{8-47}$$

式中右边的第一项是参与反应的各组分标准态化学势之和，下标 B 是对反应体系中所有的组分进行加和，第二项中的下标 j 是对气相各组分进行运算，k 是对液相各组分进行运算。若令第一项为 $\Delta_r G_m^{\ominus}$，(8-47) 式则变为：

$$\Delta_r G_m = \Delta_r G_m^{\ominus} + RT\ln\left\{\prod\left[(p_j)^{\upsilon_j}(x_k)^{\upsilon_k}\right](p^{\ominus})^{-\sum_j \upsilon_j}\right\} \tag{8-48}$$

当反应达平衡时，$\Delta_r G_m$ 等于零，并由此同样可以得到复相反应的平衡常数：

$$K^{\ominus} = \left[\prod\left[(p_j)^{\upsilon_j}(x_k)^{\upsilon_k}\right](p^{\ominus})^{-\sum_j \upsilon_j}\right]_e \tag{8-49}$$

类似地，有下式成立：

$$\Delta_r G_m^{\ominus} = -RT\ln K^{\ominus} \tag{8-50}$$

$\Delta_r G_m^{\ominus}$ 是复相反应系统的各组分标准态化学势之和，各组分的标准状态分别为：

气态组分：温度为 T，压力为 $1p^{\ominus}$ 的纯气体；

液态组分：温度为 T，压力为 p 的纯液体；

固态组分：温度为 T，压力为 p 的纯固体。

当系统的压力不高时，可用温度为 T，压力为 $1p^{\ominus}$ 的纯组分化学势代替上述液相与固相组分的化学势。

若溶液中的反应组分不能视为理想溶液时，可以液相各组分的活度 a_B 取代浓度 x_B，若气相不能视为理想气体时，气相组分的分压 p_B 应用组分的逸度 f_B 代替。

若溶液为理想稀溶液，且参与反应的组分均为溶质，则液相各组分的标准状态为规定 Ⅱ 中的虚拟状态，且其标准态化学势与浓度表示法有关。当浓度分别以摩尔分

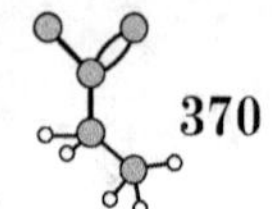

数 x_B、质量摩尔浓度 m_B 或物质的量浓度 c_B 表示时，各自的标准状态及标态化学势都不一样。在求 $\Delta_r G_m$ 时，应根据所选用的浓度表示法，代入相应的标态化学势的值。

若溶液的行为偏离 Raoult 定律或 Henry 定律时，应以组分的活度代替其浓度。当复相反应中的固相物质间生成固熔体时，有关固相组分的化学势可按处理溶液组分化学势的方法进行处理。

§8-3 平衡常数的求算

处理化学反应平衡问题的关键是必须知道反应平衡常数，获取化学反应平衡常数不外乎两种途径：通过实验直接测量；由有关热力学数据计算而得。以下对常用的求取平衡常数的方法逐一介绍。

一、平衡常数的直接测定

以气相反应为例，常用物理或化学的方法，测定处于平衡状态的反应系统中各组分的压力或浓度，便可算出反应的平衡常数。

1. 化学方法

采用化学分析的手段测定已达到化学平衡的反应系统中各组分的浓度，根据获得的数据求得反应的平衡常数。化学方法需要从系统中采样分析，对被研究对象会产生干扰，为了获得正确的测定结果，在进行化学分析前，往往要对反应系统采取某种措施，使得反应系统的组成"冻结"在化学平衡时的状态，再取样进行分析，才能获得正确的数据。常用的方法包括：

稀释：对溶液反应往往采用这种方法。通过加入稀释剂的方法降低参与反应组分的浓度，以减慢反应的速率，使平衡不再移动。

降温：若反应速率对温度比较敏感，可以采用降低反应系统温度的方法。当反应系统达到平衡以后，对反应系统进行骤冷，使反应速率立即下降，使系统保持平衡时的组成。

撤走催化剂：若某反应需要催化剂才能迅速进行，在反应达平衡以后，取出催化剂，使反应"停止"，保持平衡时的组成，此时进行取样分析可以获得正确的结果。

2. 物理方法

通过测定反应系统的某种物理性质，以间接地确定反应系统组成，并由此求出反应的平衡常数。常用的物理方法如测定系统的折光率、电导率、溶液的 pH 值、系统的压力、温度或各种定量图谱等。物理方法对被测定的系统干扰很小，测定速率非常快，一般不会扰乱或破坏被研究系统的化学平衡。在实际中，到底采用哪种方法要视具体情况来确定。当有多种方法可供选择时，应优先选择既准确又简便的方法。

用实验手段直接测定反应的平衡常数时，特别要注意被研究系统是否真正达到了化学平衡。为了确定系统是否达到了平衡，常常采用以下几种方法。

若反应系统已经达到平衡，其组成将不再随时间而变化。在测定时，每间隔一段时间对系统进行取样分析，直至分析的结果不再变化，说明此时被研究系统达到了化学平衡。

在恒温、恒压下，反应平衡常数应该是常数，故可以先从反应物开始，让反应正向进行直至达到平衡，并分析平衡时的组成；然后再从产物开始反应，让反应逆向进行直至达到平衡，也分析平衡时的组成。若两者测得的平衡常数是相等的，说明反应确实达到了化学平衡。

化学平衡常数与反应系统的组分浓度无关，若改变参加反应各物质的初始浓度，每次实验测得的平衡常数相等，说明被研究系统已经达到了平衡。

例题1　氯化铵分解反应如下：

$$NH_4Cl(s) \rightleftharpoons NH_3(g) + HCl(g)$$

将 NH_4Cl 固体放入真空容器中，在 520K 下达平衡后，测得系统的总压为 5066Pa，试求此反应的热力学平衡常数。（设气相可以视为理想气体混合物）

解　因为 NH_3 和 HCl 都由 NH_4Cl 分解而来，故有：

$$p_{NH_3} = p_{HCl} = \frac{p}{2}$$

$$K_p^{\ominus} = \frac{p_{NH_3}}{p^{\ominus}} \cdot \frac{p_{HCl}}{p^{\ominus}} = \left(\frac{p}{2}\right)^2 \cdot \left(\frac{1}{p^{\ominus}}\right)^2 = \frac{1}{4}(5066\text{Pa})^2 \times \left(\frac{1}{101325\text{Pa}}\right)^2$$
$$= 6.25 \times 10^{-4}$$

通过实验直接测定反应平衡常数不仅需要复杂的仪器、化学药品等实验条件，还要花费大量的精力。因而，除非不得已，人们尽量由已知的热力学数据间接地计算反应平衡常数。

二、反应 $\Delta_r G_m^{\ominus}$ 的求算

由公式 $\Delta_r G_m^{\ominus} = -RT\ln K_a^{\ominus}$，若知道反应的 $\Delta_r G_m^{\ominus}$，便能方便地求出反应的平衡常数。因而求反应的平衡常数可以归结为求算反应的标准 Gibbs 自由能 $\Delta_r G_m^{\ominus}$。求 $\Delta_r G_m^{\ominus}$ 的方法主要有以下几种。

1. 电化学法

将被研究的化学反应安排为一电化学反应并组成可逆电池。当电池中参与化学反应的各组分均处在标准状态（即活度等于1的状态）时，由所测得的可逆电动势 $E^{\ominus}$ 可以计算出反应的 $\Delta_r G_m^{\ominus}$。由热力学原理，化学反应在恒温、恒压且可逆进行的条件下，系统 G 的减少等于系统对外所做的最大功，即电功，并有方程 $\Delta_r G_m^{\ominus} = -zFE^{\ominus}$。式中 F 是法拉第常数、z 是反应电子得失数目、$E^{\ominus}$ 是电池的可逆电动势。有关的详细内容将在电化学中加以介绍。

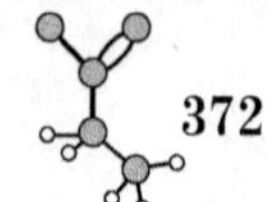

2. 热化学法

在恒温条件下,有公式:

$$\Delta_r G_m^\ominus = \Delta_r H_m^\ominus - T\Delta_r S_m^\ominus \tag{8-51}$$

由上式可知,若知道反应的 $\Delta_r H_m^\ominus$ 和 $\Delta_r S_m^\ominus$,便可以获得反应的 $\Delta_r G_m^\ominus$。而反应的焓变与熵变都可以通过热力学手段测得:用热量计测定反应的等压热效应即可获得反应的焓变,通过测定纯物质的热容及相变潜热,可以获得物质的规定熵,进而求出反应的熵变,再由(8-51)式便可以得到反应的 $\Delta_r G_m^\ominus$。

3. 倒求法

倒求法即由反应的平衡常数倒求反应的 $\Delta_r G_m^\ominus$。归根结底,反应的 $\Delta_r G_m^\ominus$ 是通过实验手段获得的,由实验手段测定反应的平衡常数,便可以获得反应的 $\Delta_r G_m^\ominus$。由已知反应的 $\Delta_r G_m^\ominus$,通过热力学方法,可以推求一些未知反应的 $\Delta_r G_m^\ominus$。

4. 统计热力学计算法

由物质的微观数据,运用统计热力学理论可以得到各种物质的配分函数,进而求算反应的 $\Delta_r G_m^\ominus$ 和平衡常数。在统计热力学一章将对此种方法加以介绍。

5. 由标准生成 Gibbs 自由能或规定 Gibbs 自由能求算

通过生成 Gibbs 自由能求算反应的 $\Delta_r G_m^\ominus$ 是最常用的方法。物质标准生成 Gibbs 自由能的定义是:

在温度 T,和一个标准压力下,由稳定单质生成 1 摩尔化合物之反应的 Gibbs 自由能改变值称为该化合物的标准摩尔生成 Gibbs 自由能(standard Gibbs gree energy of formation),记为 $\Delta_r G_m^\ominus$。

所有稳定单质的标准摩尔生成 Gibbs 自由能均定义为零。

可以证明,由 Gibbs 自由能求算反应的 $\Delta_r G_m^\ominus$ 的公式为:

$$\Delta_r G_m^\ominus = \left(\sum_B \upsilon_B \Delta_f G_m^\ominus(B)\right)_{\text{products}} - \left(\sum_B \upsilon_B \Delta_f G_m^\ominus(B)\right)_{\text{reactants}} \tag{8-52}$$

式中 υ_B 是反应的计量系数,上式也可以写为:

$$\Delta_r G_m^\ominus = \sum_B \upsilon_B \Delta_f G_m^\ominus(B) \tag{8-53}$$

上式是对所有的组分进行加和,反应计量系数 υ_B 对产物取正值,对反应物取负值。

前面我们已经定义了物质的规定 Gibbs 自由能,由规定 Gibbs 自由能求算反应的 $\Delta_r G_m^\ominus$ 的方法与由生成 Gibbs 自由能求算的方法一样,即:

$$\Delta_r G_m^\ominus = \left(\sum_B \upsilon_B G_m^\ominus(B)\right)_{\text{products}} - \left(\sum_B \upsilon_B G_m^\ominus(B)\right)_{\text{reactants}} \tag{8-54}$$

两者求算反应 $\Delta_r G_m^\ominus$ 的方法都是产物之和减去反应物之和,计算时应注意相减的秩序不能颠倒。

各种物质的 $\Delta_r G_m^\ominus$ 和 $G_m^\ominus$ 已经制成热力学数据表,通过查阅手册可以得到物质的有关热力学数据,并由此求出反应的 $\Delta_r G_m^\ominus$,进而算出反应的平衡常数。

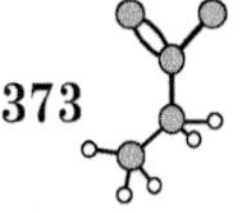

例题2　计算乙苯直接脱氢与氧化脱氢两个反应在298.15K下的热力学平衡常数。已知：

物质	乙苯	苯乙烯	$H_2O(g)$
$\Delta_f G_m^{\ominus}(298.15K)/(kJ \cdot mol)$	130.6	213.8	−228.59

解　乙苯直接脱氢，其反应式为：

$$C_6H_5CH_2CH_3(g) \rightleftharpoons C_6H_5CH{=}CH_2(g) + H_2(g)$$

$$\Delta_r G_m^{\ominus} = \Delta_f G_m^{\ominus}(H_2,g) + \Delta_f G_m^{\ominus}(\text{苯乙烯},g) - \Delta_f G_m^{\ominus}(\text{乙苯},g)$$

代入298.15K的数据：

$$\Delta_r G_m^{\ominus}(298.15K) = (0 + 213.8 - 130.6)kJ \cdot mol^{-1} = 83.2kJ \cdot mol^{-1}$$

$$\because \quad \Delta_r G_m^{\ominus} = -RT\ln K_p^{\ominus}$$

$$\therefore \quad K_p^{\ominus} = \exp\left(-\frac{\Delta_r G_m^{\ominus}}{RT}\right) = \exp\left(-\frac{83.2 \times 1000J \cdot mol^{-1}}{8.314J \cdot mol^{-1} \cdot K^{-1} \times 298.15K}\right) = e^{-33.56}$$

解得：

$$K_p^{\ominus} = 2.65 \times 10^{-15}$$

从计算结果可知，在298.15K下，乙苯直接脱氢反应的平衡常数值非常小，此反应实际上很难正向进行。但乙苯脱氢反应是一个吸热反应，升温对正向反应有利，当温度提高到900K时，乙苯的脱氢率可达85%。

乙苯氧化脱氢，反应为：

$$C_6H_5CH_2CH_3(g) + 0.5O_2(g) \rightleftharpoons C_6H_5CH{=}CH_2(g) + H_2O(g)$$

将题给数据代入公式：

$$\Delta_r G_m^{\ominus}(298.15K) = (-228.59 + 213.8 - 0 - 130.6)kJ \cdot mol^{-1}$$

$$= -145.4kJ \cdot mol^{-1}$$

$$K_p^{\ominus} = \exp\left(\frac{-145400J \cdot mol^{-1}}{8.314J \cdot mol^{-1} \cdot K^{-1} \times 298.15K}\right) = e^{58.66}$$

$$K_p^{\ominus} = 2.98 \times 10^{25}$$

以上结果说明乙苯氧化脱氢反应的平衡常数非常大，反应正向进行的倾向很大，故乙苯氧化脱氢反应在298.15K下进行得非常完全。

三、反应平衡常数计算示例

求解有关化学平衡的问题都是围绕着平衡常数而展开的，以下从几个示例分析中介绍处理化学平衡问题的基本方法。

例题 1 在容积为 $0.5\mathrm{dm}^3$ 容器中装有 $1.588\mathrm{g}\ N_2O_4$，在 298.15K 下，按下式反应：

$$N_2O_4(g) \rightleftharpoons 2NO_2(g)$$

实验测得当反应达平衡时，容器内的总压力为 $1p^\ominus$，试求 N_2O_4 的离解度 α 和反应平衡常数 $K_p^\ominus$。

解 设反应开始时 N_2O_4 的量为 n mol

反应： $N_2O_4(g) \rightleftharpoons 2NO_2(g)$

$t=0(\mathrm{mol})$： n 0

平衡时(mol)： $n(1-\alpha)$ $2n\alpha$ $\sum_B n_B = n(1+\alpha)$

平衡时的摩尔分数： $\dfrac{1-\alpha}{1+\alpha}$ $\dfrac{2\alpha}{1+\alpha}$

因为反应系统可以视为理想气体，故有：

$$pV = n_{tot}RT = n(1+\alpha)RT$$

$$\therefore \quad \alpha = \frac{pV}{nRT} - 1$$

$$= \frac{101325\mathrm{Pa} \times 0.5 \times 10^{-3}\ \mathrm{dm}^3}{\dfrac{1.588\mathrm{g}}{92.02\mathrm{g}\cdot\mathrm{mol}^{-1}} \times 8.314\mathrm{J}\cdot\mathrm{K}^{-1}\cdot\mathrm{mol}^{-1} \times 298.15\mathrm{K}} - 1$$

求解以上方程，得：

$$\alpha = 0.1843 \quad \text{即 } N_2O_4 \text{ 的离解度为 } 18.43\%$$

反应平衡常数为：

$$K_p^\ominus = K_x\left(\frac{p}{p^\ominus}\right)^{\sum_B \upsilon_B} \quad \sum_B \upsilon_B = 1$$

有：

$$K_p^\ominus = \frac{\left(\dfrac{2\alpha}{1+\alpha}\right)^2}{\dfrac{1-\alpha}{1+\alpha}} \times \left(\frac{101325\mathrm{Pa}}{101325\mathrm{Pa}}\right)^1 = \frac{4\alpha^2}{1-\alpha^2}$$

代入 α 的值： $K_p^\ominus = 0.141$

例题 2 理想气体反应：$2A + B \rightleftharpoons C + D$ 在 800K 时的 $K_p^\ominus = 6.60$，若在 800K 下，将 3.000 mol A，1.000 mol B 和 4.000 mol C 放入体积为 8 dm^3 的容器中，求达到平衡时各物质的量。

解 设达到化学平衡时，生成的物质 D 的量为 x mol，有：

	2A +	B ⇌	C +	D	
$t=0(\mathrm{mol})$：	3.000	1.000	4.000	0	
平衡时(mol)：	$3-2x$	$1-x$	$4+x$	x	$\sum_B n_B = 8-x$

平衡时的摩尔分数：　$\frac{3-2x}{8-x}$　$\frac{1-x}{8-x}$　$\frac{4+x}{8-x}$　$\frac{x}{8-x}$

由题意：　$\sum_B \upsilon_B = -1$

因为是理想气体反应，有：　$p = \frac{n_{tot}RT}{V}$

$$K_p^{\ominus} = 6.60 = K_x \left(\frac{p}{p^{\ominus}}\right)^{\sum_B \upsilon_B}$$

$$\therefore \quad 6.60 = \frac{\left(\frac{4+x}{8-x}\right)\left(\frac{x}{8-x}\right)}{\left(\frac{3-2x}{8-x}\right)^2\left(\frac{1-x}{8-x}\right)} \frac{(101325\text{Pa})^1}{\left[\frac{(8-x)\text{mol} \times 8.314\text{J} \cdot \text{K}^{-1} \cdot \text{mol}^{-1} \times 800\text{K}}{8 \times 10^{-3}\text{m}^3}\right]}$$

$$= \frac{(4+x)x}{(3-2x)^2(1-x)} \times 0.1219$$

整理得方程：　$x^3 - 3.995x^2 + 5.269x - 2.250 = 0$

用试差法解得：　$x = 0.9317$

反应系统平衡时各物质的量为：

$$n_A = 1.1366 \text{ mol} \quad n_B = 0.0683 \text{ mol}$$

$$n_C = 4.9317 \text{ mol} \quad n_D = 0.9317 \text{ mol}$$

例题3　乙烷可按下式进行脱氢反应：

$$CH_3CH_3(g) \rightleftharpoons CH_2 = CH_2(g) + H_2(g)$$

已知在1000K时，反应的平衡常数 $K_p^{\ominus} = 0.898$，在1000K和 $1.5p^{\ominus}$ 条件下，2摩尔乙烷进行脱氢反应，试求平衡时有多少摩尔乙烷转化，平衡转化率为多少。

解　反应如下：

$$CH_3CH_3(g) \rightleftharpoons CH_2 = CH_2(g) + H_2(g)$$

$t = 0$(mol)：　2.00　0　0

平衡时(mol)：　$2-x$　x　x　$\sum_B n_B = 2 + x$

平衡时摩尔分数：　$\frac{2-x}{2+x}$　$\frac{x}{2+x}$　$\frac{x}{2+x}$

$$\sum_B \upsilon_B = 1 \quad K_p^{\ominus} = K_x \left(\frac{p}{p^{\ominus}}\right)^{\sum_B \upsilon_B}$$

代入数值：　$0.898 = \frac{\left(\frac{x}{2+x}\right)^2}{\frac{2-x}{2+x}} \cdot \left(\frac{1.5p^{\ominus}}{1p^{\ominus}}\right)^1 = \frac{x^2}{4-x^2} \times 1.5$

整理得方程：　$0.898(4-x^2) = 1.5x^2$

解得：　$x = 1.224$

平衡时有1.224摩尔乙烷转化。

$$乙烷转化率为:\frac{1.224\text{mol}}{2.000\text{mol}} = 0.612$$

解得乙烷的平衡转化率为61.2%。

例题4 合成甲醇反应如下:

$$CO(g) + 2H_2(g) \rightleftharpoons CH_3OH(g)$$

已知该反应在673K时,反应的$\Delta_r G_m^\ominus = 6.144 \times 10^4 \text{J} \cdot \text{mol}^{-1}$。试求在673K及300 $p^\ominus$条件下,CO与H_2按投料比为1∶2时,CO的平衡转化率为多少。

解 实际气体反应,特别在高压条件下需要考虑逸度系数的影响。本题反应压力为300$p^\ominus$,气体不再遵守理想气体状态方程,所以反应的平衡常数应取$K_f^\ominus$而不是$K_p^\ominus$。

第一步:求反应的热力学平衡常数$K_f^\ominus$

$$\Delta_r G_m^\ominus = -RT\ln K_f^\ominus$$

$$\ln K_f^\ominus = -\frac{\Delta_r G_m^\ominus}{RT} = -\frac{61440\text{J} \cdot \text{mol}^{-1}}{8.314\text{J} \cdot \text{K}^{-1} \cdot \text{mol}^{-1} \times 673\text{K}} = -10.98$$

$$\ln K_f^\ominus = 1.703 \times 10^{-5}$$

第二步:求$K_p^\ominus$: $K_f^\ominus = K_p^\ominus \cdot K_\gamma$

我们将利用牛顿图求各组分的逸度系数。用牛顿图求逸度系数时,对H_2、He、Ne等气体,在求对比温度与对比压力时需采用以下公式:

$$T_r = \frac{T}{T_c + 8} \quad p_r = \frac{p}{p_c + 8}$$

由牛顿图查出各组分在300 $p^\ominus$,673K下的逸度系数,各物质的有关数据如下:

	$T_c(K)$	$p_c(p^\ominus)$	$T_r = T/T_c$	$p_r = p/p_c$	γ
CH_3OH	513.2	98.7	1.31	3.04	0.68
H_2	33.2	12.8	16.33	14.4	1.10
CO	134.2	34.6	5.01	8.67	1.12

代入有关数据,得:

$$K_\gamma = \frac{\gamma_{CH_3OH}}{\gamma_{CO}\gamma_{H_2}^2} = \frac{0.68}{1.12 \times 1.10^2} = 0.502$$

$$K_p^\ominus = \frac{K_f^\ominus}{K_\gamma} = \frac{1.703 \times 10^{-5}}{0.502} = 3.39 \times 10^{-5}$$

第三步:求平衡转化率:设平衡转化率为x,按投料比取CO 1mol,H_2 2mol开始反应:

$$CO(g) + 2H_2(g) \rightleftharpoons CH_3OH(g)$$

	CO(g)	$2H_2$(g)	CH_3OH(g)	
$t = 0$(mol):	1.0	2.0	0	
平衡时(mol):	$1-x$	$2-2x$	x	$n_{tot} = 3-2x$

平衡时的摩尔分数：　$\frac{1-x}{3-2x}$　　$\frac{2-2x}{3-2x}$　　$\frac{x}{3-2x}$

$$\sum_{B}\upsilon_{B}=-2$$

$$\therefore \quad K_{p}^{\ominus}=K_{x}\left(\frac{p}{p^{\ominus}}\right)^{-2}=\frac{x}{3-2x}\frac{3-2x}{1-x}\frac{(3-2x)^{2}}{4(1-x)^{2}}\times\left(\frac{300p^{\ominus}}{1p^{\ominus}}\right)^{-2}$$

整理上式，得方程式：

$$16.2x^{3}-48.6x^{2}+45.6x-12.2=0$$

用试差法解得：

$$x=0.454$$

CO 的平衡转化率为 45.4%。

例题 5　有溶液反应如下：

$$C_5H_{10}+CCl_3COOH \rightleftharpoons CCl_3COOC_5H_{11}$$

可以视为理想溶液反应。在温度为 300℃ 时，将 2.150 mol 戊烯与 1.000 mol 三氯乙酸混合，反应达平衡时得酯 0.762 mol。试计算将 7.130 mol 戊烯与 1.000 mol 三氯乙酸混合时，将生成多少摩尔的酯。

解　因为反应系统可以视为理想溶液，故组分的活度等于其摩尔分数。由题给数据，有：

	C_5H_{10}	$+CCl_3COOH \rightleftharpoons$	$CCl_3COOC_5H_{11}$	
$t=0$ (mol)：	2.150	1.000	0	
平衡时(mol)：	1.388	0.238	0.762	$n_{tot}=2.388$
平衡时的摩尔分数：	0.5812	0.0997	0.3191	

573.15K 时反应的平衡常数 $K_{x}^{\ominus}$ 为：

$$K_{x}^{\ominus}=\frac{0.3191}{0.5812\times0.0997}=5.51$$

设投料比改变后生成的酯的量为 x 摩尔，因为反应温度没有变化，故反应的平衡常数也不变。

	C_5H_{10}	$+CCl_3COOH \rightleftharpoons$	$CCl_3COOC_5H_{11}$	
平衡时(mol)：	$7.130-x$	$1.000-x$	x	$n_{tot}=8.130-x$
平衡时的摩尔分数：	$\frac{7.130-x}{8.130-x}$	$\frac{1.000-x}{8.130-x}$	$\frac{x}{8.130-x}$	

$$K_{x}^{\ominus}=5.51=\frac{\frac{x}{8.130-x}}{\frac{7.130-x}{8.130-x}\cdot\frac{1.000-x}{8.130-x}}$$

整理得方程：

$$x^{2}-8.13x+6.0347=0$$

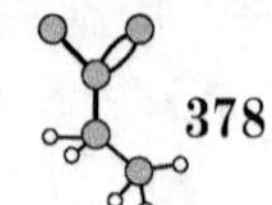

解得：　　　　　　　　　　　$x = 0.826\ \text{mol}$

平衡时可以生成 0.826 摩尔的酯。

气、固复相反应是比较常见的复相反应。若气固反应中的固相均为纯物质，在求算反应平衡常数时，平衡常数中只有气相组分的分压或浓度，而没有固相物质的数据，这是因为固体为纯物质，其化学势即为标准态化学势，在求算反应的 $\Delta_r G_m^{\ominus}$ 时，固体物质的化学势被归纳到反应标准态 Gibbs 自由能 $\Delta_r G_m^{\ominus}$ 中去了。若气相可以视为理想气体，则气固复相反应的热力学平衡常数为：

$$K^{\ominus} = \left(\prod_{B} \left(\frac{p_B}{p^{\ominus}} \right)^{\ominus} \right)_e \tag{8-55}$$

上式中 p_B 是 B 组分处于化学平衡时的分压，υ_B 为分压计量系数，若气相组分为产物，计量系数为正，为反应物时，计量系数为负。

例题 6　有如下反应：

$$Fe(s) + H_2O(g) \rightleftharpoons FeO(s) + H_2(g)$$

在 973.15K 时，反应的平衡常数 $K^{\ominus} = 2.35$。试问：

(1) 在 973.15K 下，用总压为 $1p^{\ominus}$ 的 H_2O 与 H_2 的等摩尔混合气体处理 FeO，它是否会被还原为金属铁 F(s)。

(2) 若 H_2O 与 H_2 的混合气体的总压仍为 $1p^{\ominus}$，想使 FeO 不被还原，H_2O 的分压最小应为多少。

解　(1) 由化学反应等温式：

$$\Delta_r G_m^{\ominus} = RT\ln\frac{Q_p^{\ominus}}{K^{\ominus}}$$

已知：　　　　　　　　　　$K^{\ominus} = 2.35$

代入题给数据：　　$Q_p^{\ominus} = \dfrac{p_{H_2}/p^{\ominus}}{p_{H_2O}/p^{\ominus}} = \dfrac{p_{H_2}}{p_{H_2O}} = \dfrac{0.5p^{\ominus}}{0.5p^{\ominus}} = 1$

代入 $\Delta_r G_m$ 的表达式，获得题给条件下反应的 Gibbs 自由能 $\Delta_r G_m$ 为：

$$\Delta_r G_m = RT\ln\frac{1}{2.35} = 8.314\text{J}\cdot\text{K}^{-1}\cdot\text{mol}^{-1} \times 973.15\text{K} \times \ln\frac{1}{2.35}$$

解得：　　　　　　　　$\Delta_r G_m = -6912\text{J}\cdot\text{mol}^{-1} < 0$

所以在题给条件下，反应将自动正向进行，不能逆向进行，故 FeO 不会还原为金属铁。

(2) 若要使 FeO 不被还原为 Fe，应该使 H_2O 的分压与 $\Delta_r G_m = 0$ 时的 $Q_p^{\ominus}$ 相适应，有：

令　　　　　　　　　　　　$\Delta_r G_m = 0$

∴　　　　　　　　　　　$Q_p^{\ominus} = K^{\ominus} = 2.35$

设与之相应的水蒸气的分压为 x，有：

$$Q_p^{\ominus} = \frac{1p^{\ominus} - x}{x} = 2.35$$

解得：

$$x = 0.3p^{\ominus}$$

若要 FeO 不被还原，H_2O 的分压不得低于 $0.3p^{\ominus}$。

§8-4 外界因素对化学平衡的影响

当化学反应系统达到平衡之后，若系统所处的环境条件发生变化，反应系统也会随之而变化，化学平衡也可能发生移动。影响化学平衡的因素很多，本节主要讨论温度、压力和惰性气体对平衡的影响。

一、温度对化学平衡的影响

反应温度对化学平衡的影响非常显著，特别当反应的热效应很大时，温度的改变会引起平衡的明显移动，甚至有可能通过改变反应温度使反应进行的方向发生改变。若反应的热力学平衡常数为 $K_a^{\ominus}$，由化学反应等温式，有：

$$\frac{\Delta_r G_m^{\ominus}}{T} = -R\ln K_a^{\ominus}$$

在恒压下，对上式求温度的偏微商：

$$\left[\frac{\partial(\Delta_r G_m^{\ominus}/T)}{\partial T}\right]_p = -R\frac{\mathrm{d}\ln K_a^{\ominus}}{\mathrm{d}T}$$

由 Gibbs-Helmholtz 方程式：

$$\left[\frac{\partial(\Delta_r G_m^{\ominus}/T)}{\partial T}\right]_p = -\frac{\Delta_r H_m^{\ominus}}{T^2}$$

$$\therefore \quad \left(\frac{\mathrm{d}\ln K_a^{\ominus}}{\mathrm{d}T}\right)_p = \frac{\Delta_r H_m^{\ominus}}{RT^2} \tag{8-56}$$

上式中的 $\Delta_r H_m^{\ominus}$ 是反应系统中的各组分均处于标准状态下的摩尔等压反应热。从(8-56)式，可以判断温度对化学平衡的影响。当反应的平衡常数愈大时，反应正向进行的倾向愈强烈，由此可知：

吸热反应：$\Delta_r H_m^{\ominus} > 0$，$\left(\frac{\mathrm{d}\ln K_a^{\ominus}}{\mathrm{d}T}\right)_p > 0$，$K_a^{\ominus}$ 随温度上升而增大，升温平衡朝正向移动；

放热反应：$\Delta_r H_m^{\ominus} < 0$，$\left(\frac{\mathrm{d}\ln K_a^{\ominus}}{\mathrm{d}T}\right)_p < 0$，$K_a^{\ominus}$ 随温度上升而减小，升温平衡朝逆向移动；

无热反应：$\Delta_r H_m^{\ominus} = 0$，$\left(\frac{\mathrm{d}\ln K_a^{\ominus}}{\mathrm{d}T}\right)_p = 0$，$K_a^{\ominus}$ 不随温度变化，变温对平衡没有影响。

以上是从热力学角度所得出的结论，只考虑了化学平衡的移动，而没有考虑达到

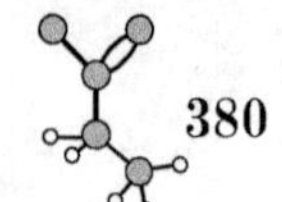

化学平衡所需要的时间,即没有考虑化学反应的动力学因素。如对于放热反应,从热力学理论的角度,降温有利于平衡向产物方向移动,但是当反应温度下降时,往往会使反应速率明显下降,甚至降低到几乎觉察不出的地步。因此在实际工业生产和科学研究中,应从多个角度分析对化学反应的影响,以获得最佳反应条件。

通过查阅物质的热力学数据表,可以获得物质的热力学数据,由此可以求得反应的 $\Delta_r G_m^\ominus$,进而得到反应平衡常数。但数据表中的数值一般是 298.15K 下的热力学数据,而实际工业生产与科学研究中的化学反应往往不是在 25℃ 下进行,此时,我们可以通过(8-56) 式,由某一温度下的平衡常数推求其它任何温度下的平衡常数。下面分两种情况进行讨论。

1. 反应标准状态下的焓变 $\Delta_r H_m^\ominus$ 可以视为常数

当反应的温度变化范围不大,或反应的 $\Delta_r C_{p,m}$ 接近于零时,反应的 $\Delta_r H_m^\ominus$ 可以近似地看成不随温度变化的常数,此时对(8-56) 式进行积分,得:

$$\ln\left[\frac{K_a^\ominus(T_2)}{K_a^\ominus(T_1)}\right]=\frac{\Delta_r H_m^\ominus}{R}\left(\frac{T_2-T_1}{T_1T_2}\right) \tag{8-57}$$

上式为定积分式,若表达为不定积分式,则为:

$$\ln K_a^\ominus=-\frac{\Delta_r H_m^\ominus}{RT}+I \tag{8-58}$$

上式中的 I 为积分常数,只要知道某一温度下的反应 $\Delta_r H_m^\ominus$ 和 $\Delta_r G_m^\ominus$,便可以求出积分常数 I。通过对(8-58) 式的分析可知,将反应平衡常数的对数 $\ln K_a^\ominus$ 对反应温度的倒数$\left(\frac{1}{T}\right)$作图,应得一直线,直线的斜率等于$\left(-\frac{\Delta_r H_m^\ominus}{R}\right)$,用此法可以通过测定不同温度下的反应平衡常数推求反应的焓变 $\Delta_r H_m^\ominus$。

例题 1 反应:$(CH_3)_2CHOH(g) \rightleftharpoons (CH_3)_2CO(g)+H_2(g)$ 在 457.4K 时的反应平衡常数 $K_p^\ominus=0.3600$,反应焓变 $\Delta_r H_m^\ominus=6.150\times10^4\,\text{J}\cdot\text{mol}^{-1}$,反应的 $\Delta_r C_{p,m}$ 可视为零。试求:(1) $K_p^\ominus$-T 的函数表达式;(2) 500K 时反应的平衡常数 $K_p^\ominus$。

解 (1) ∵ $\Delta_r C_{p,m}\approx 0$

∴ $\Delta_r H_m^\ominus$ 可视为常数

∴ $$\ln K_p^\ominus=-\frac{\Delta_r H_m^\ominus}{RT}+I$$

代入题给条件:

$$I=\ln K_p^\ominus+\frac{\Delta_r H_m^\ominus}{RT}=\ln 0.3600+\frac{6.150\times10^4\,\text{J}\cdot\text{mol}^{-1}}{8.314\,\text{J}\cdot\text{K}^{-1}\cdot\text{mol}^{-1}\times457.4\,\text{K}}$$

解得: $$I=15.151$$

$K_p^\ominus$-T 的函数表达式为: $$\ln K_p^\ominus=-\frac{7397\,\text{K}}{T}+15.151$$

(2) $T=500\text{K}$,代入 $K_p^\ominus$-T 的函数表达式:

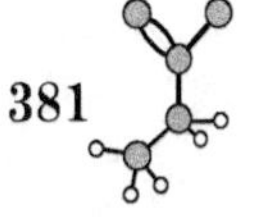

$$\ln K_p^\ominus = -\frac{7397\text{K}}{500\text{K}} + 15.151 = 0.357$$

∴ $$K_p^\ominus(500K) = 1.429$$

2. 反应的 $\Delta_r H_m^\ominus$ 随温度而变

当反应的 $\Delta_r C_{p,m}$ 不为零，反应温度变化范围比较大时，反应的 $\Delta_r H_m^\ominus$ 不再能视为与温度无关的常数，此时要根据基尔霍夫定律求出反应焓变与温度的关系式，并代入(8-56)式中进行积分，进而求出温度对平衡常数的影响。纯物质的热容一般用下列维里方程式表示：

$$C_{p,m} = a + bT + cT^2$$

由 Kirchoff 定律，反应的 $\Delta_r H_m^\ominus(T)$ 可表达为：

$$\Delta_r H_m^\ominus(T) = \Delta H_0 + \Delta aT + \frac{\Delta b}{2}T^2 + \frac{\Delta c}{3}T^3 \tag{8-59}$$

式中的 ΔH_0 是积分常数。把 $\Delta_r H_m^\ominus(T)$ 的表达式代入(8-56)式中进行不定积分，可得：

$$\int \mathrm{d}\ln K_a^\ominus = \int\left(\frac{\Delta H_0}{RT^2} + \frac{\Delta a}{RT} + \frac{\Delta b}{2R} + \frac{\Delta cT}{3R}\right)\mathrm{d}T \tag{8-60}$$

积分：

$$\ln K_a^\ominus = -\frac{\Delta H_0}{R}\frac{1}{T} + \frac{\Delta a}{R}\ln T + \frac{\Delta b}{2R}T + \frac{\Delta c}{6R}T^2 + I \tag{8-61}$$

上式中的 I 是积分常数，Δa、Δb、Δc 是产物与反应物热容表达式中系数 a、b、c 之差。

物质的热容除了可以表达为 $a + bT + cT^2$ 之外，还有其它多种表达形式，若 $C_{p,m}$ 的表达式不同，则 $\Delta_r C_{p,m}$ 和 $\Delta_r H_m^\ominus(T)$ 的表达式也不相同，具体表达形式可将 $C_{p,m}$ 的表达式代入积分式中求得。由(8-61)式可以计算得到任何温度下的反应平衡常数。但是(8-61)式一般有个适用范围，其适用范围由物质的热容 $C_{p,m}$ 的表达式适用范围确定。

例题2　合成氨反应 $N_2(g) + 3H_2(g) \rightleftharpoons 2NH_3(g)$ 的有关热力学数据见下表。试求合成氨反应在 776K 的反应热力学平衡常数 $K_p^\ominus$ 和反应标准 Gibbs 自由能 $\Delta_r G_m^\ominus$。(设合成氨反应系统可以视为理想气体混合物)

物质	$C_{p,m} = a + bT + cT^2$ ($J \cdot K^{-1} \cdot mol^{-1}$)			$\Delta_f H_m^\ominus$(298.15K)	$\Delta_f G_m^\ominus$(298.15K)
	a	$b \times 10^3$	$c \times 10^6$	$kJ \cdot mol^{-1}$	$kJ \cdot mol^{-1}$
$NH_3(g)$	25.895	32.999	−3.046	−46.191	−16.636
$H_2(g)$	29.066	−0.836	2.012	0	0
$N_2(g)$	27.865	4.268	—	0	0

解　首先求 $K_p^\ominus$ 对温度的表达式。由题给条件可求出 298.15K 下反应的 $\Delta_r H_m^\ominus$、

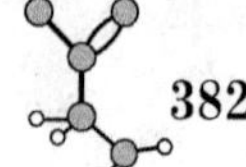

$\Delta_r G_m^\ominus$ 和 $\Delta_r C_{p,m}$：

$$\Delta_r H_m^\ominus = -2\times 46191 - 0 - 0 = -92382\text{J}\cdot\text{mol}^{-1}$$

$$\Delta_r G_m^\ominus = -2\times 16636 - 0 - 0 = -33272\text{J}\cdot\text{mol}^{-1}$$

$$\Delta_r C_{p,m} = \Delta a + \Delta bT + \Delta cT^2$$

$$\Delta a = 2\times 25.895 - 27.865 - 3\times 29.066 = -63.273$$

$$\Delta b = (2\times 32.999 - 4.268 + 3\times 0.836)\times 10^{-3} = 64.238\times 10^{-3}$$

$$\Delta c = (-2\times 3.046 - 3\times 2.012)\times 10^{-6} = -12.128\times 10^{-6}$$

由以上数据求反应焓变不定积分式的积分常数 ΔH_0：

$$\Delta H_0 = \Delta_r H_m^\ominus - \Delta aT - \frac{1}{2}\Delta bT^2 - \frac{1}{3}\Delta cT^3 = -7.627\times 10^4\text{J}\cdot\text{mol}^{-1}$$

由 298.15K 时的 $\Delta_r G_m^\ominus$ 数据求反应 Gibbs 自由能不定积分式中的积分常数：

$$I = \ln K_p^\ominus + \frac{\Delta H_0}{RT} - \frac{\Delta a}{R}\ln T - \frac{\Delta b}{2R}T - \frac{\Delta c}{6R}T^2 = 24.87$$

代入 $\ln K_p^\ominus$ 对温度的函数表达式，可得：

$$\ln K_p^\ominus = -\frac{\Delta H_0}{RT} + \frac{\Delta a}{R}\ln T + \frac{\Delta b}{2R}T + \frac{\Delta c}{6R}T^2 + I$$

$$\ln K_p^\ominus = 9174\,\frac{1}{T} - 7.610\ln T + 3.863\times 10^{-3}T - 2.431\times 10^{-7}T^2 + 24.87$$

求 776K 下的 $K_p^\ominus$ 和 $\Delta_r G_m^\ominus$：

$$\ln K_p^\ominus = 9174\,\frac{1}{776} - 7.610\cdot\ln 776 + 3.863\times 10^{-3}\times 776$$
$$- 2.431\times 10^{-7}\times 776^2 + 24.87 = -11.09$$

$$K_p^\ominus(776\text{K}) = 1.519\times 10^{-5}$$

$$\Delta_r G_m^\ominus(776\text{K}) = -RT\ln K_p^\ominus = -8.314\text{J}\cdot\text{K}^{-1}\cdot\text{mol}^{-1}\times 776\text{K}\times(-11.09)$$
$$= 7.158\times 10^4\text{J}\cdot\text{mol}^{-1}$$

解毕。

二、压力对化学平衡的影响

1. 压力对理想气体反应的影响

本节主要讨论压力对理想气体反应的影响，所谓压力一般是指反应系统的总压。理想气体反应的 $K_f^\ominus = K_p^\ominus$，由公式 $\ln K_p^\ominus = -\frac{\Delta_r G_m^\ominus}{RT}$ 可知平衡常数与温度 T 和 $\Delta_r G_m^\ominus$ 有关，而 $\Delta_r G_m^\ominus$ 是反应各组分标准态化学势的代数和，其值只与温度有关，与压力无关，所以理想气体的平衡常数也只是温度的函数，与反应系统的压力无关。当反应温度恒定时，$K_p^\ominus$ 是一常数。但是化学反应的平衡常数与平衡时系统的组成不是一回事，平衡常数改变了，平衡时的组成一般会变化；但是平衡组成改变了，平衡常数却不

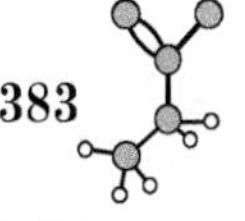

一定改变。确定反应系统组成的为 K_x，因此讨论压力对化学平衡的影响时要考虑压力对 K_x 的影响。

$$K_p^{\ominus}=K_x\left(\frac{p}{p^{\ominus}}\right)^{\sum_B \upsilon_B}=K_c\left(\frac{RT}{p^{\ominus}}\right)^{\sum_B \upsilon_B}$$

$$\ln K_x=\ln K_p^{\ominus}+\left(\sum_B \upsilon_B\right)\ln p^{\ominus}-\left(\sum_B \upsilon_B\right)\ln p$$

在恒温下，理想气体的平衡常数与压力无关，故有：

$$\left(\frac{\partial K_p^{\ominus}}{\partial p}\right)_T=0\quad\left(\frac{\partial K_c}{\partial p}\right)_T=0$$

对 $\ln K_x$ 求微商：

$$\left(\frac{\partial \ln K_x}{\partial p}\right)_T=0+0-\left(\sum_B \upsilon_B\right)\cdot\frac{1}{p}$$

$$\therefore\qquad \left(\frac{\partial \ln K_x}{\partial p}\right)_T=-\left(\sum_B \upsilon_B\right)\cdot\frac{1}{p}=-\frac{\Delta_r V_m}{RT}\tag{8-62}$$

上式中 $\Delta_r V_m$ 是产物与反应物体积之差。上述结果说明 $K_p^{\ominus}$ 和 K_c 均与压力无关，但是 K_x 会随压力而变化。在恒温条件下：

反应分子数大于产物分子数，$\sum_B \upsilon_B<0$，则 $\left(\frac{\partial \ln K_x}{\partial p}\right)_T>0$，增加压力对正向反应有利；

反应分子数小于产物分子数，$\sum_B \upsilon_B>0$，则 $\left(\frac{\partial \ln K_x}{\partial p}\right)_T<0$，降低压力对正向反应有利；

反应分子数等于产物分子数，$\sum_B \upsilon_B=0$，则 $\left(\frac{\partial \ln K_x}{\partial p}\right)_T=0$，改变压力对平衡没有影响。

例题3　在 601K 即 $1p^{\ominus}$ 下，N_2O_4 有 50.2% 离解，当系统压力增至 $10p^{\ominus}$ 时，N_2O_4 的分解率为多少？设此反应为理想气体反应。

解　N_2O_4 的分解反应如下：

$$N_2O_4(g)\rightleftharpoons 2NO_2(g)$$

	N_2O_4	NO_2	
$t=0$(mol)：	1.00	0	
平衡时(mol)：	$1-\alpha$	2α	$n_{tot}=1+\alpha$
平衡时的分压：	$\frac{1-\alpha}{1+\alpha}p$	$\frac{2\alpha}{1+\alpha}p$	

p 为系统的总压，因为反应系统为理想气体混合物，故有：

$$K_p^{\ominus}=K_p(p^{\ominus})^{-\sum_B \upsilon_B}\qquad 反应的\sum_B \upsilon_B=1$$

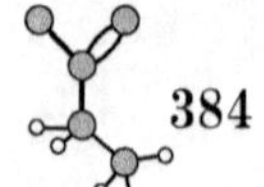

$$\therefore \qquad K_p^{\ominus} = \frac{\dfrac{4\alpha^2}{(1+\alpha)^2}p^2}{\dfrac{1-\alpha}{1+\alpha}p} \cdot (p^{\ominus})^{-1} = \frac{4\alpha^2}{1-\alpha^2}\left(\frac{p}{p^{\ominus}}\right)^1$$

将 $1p^{\ominus}$ 下的数值代入上式：

$$K_p^{\ominus} = \frac{4 \times 0.502^2}{1-0.502^2} \times 1^1 = 1.35$$

因为理想气体的 $K_p^{\ominus}$ 与压力无关，故当反应系统总压为 $10p^{\ominus}$ 时，$K_p^{\ominus}$ 的值仍为 1.35，故有：

$$K_p^{\ominus} = 1.35 = \frac{4\alpha^2}{1-\alpha^2}\left(\frac{10p^{\ominus}}{p^{\ominus}}\right)^1 = \frac{40\alpha^2}{1-\alpha^2}$$

解以上方程，得： $x = 0.18$

当系统压力增至 $10p^{\ominus}$ 时，N_2O_4 的分解率为 18%。此结果较总压为 $1p^{\ominus}$ 时的 50.2% 要小，N_2O_4 分解为体积增大反应，故升高压力对正向反应不利，故 N_2O_4 的分解率降低。

2. 压力对凝聚相反应的影响

压力对凝聚系统的影响很小。当系统的压力变化不大时，可以不考虑压力对反应平衡的影响，即压力的变化不会引起反应平衡的移动。但当系统的压力改变非常大时，系统的平衡会受到明显的影响。设凝聚相系统化学反应的各组分均以纯态为标准态，有：

$$\left(\frac{\partial \mu_B^*}{\partial p}\right)_T = V_m^*(B)$$

$$\left(\frac{\partial \Delta_r G_m^{\ominus}}{\partial p}\right)_T = \left(\frac{\partial(-RT\ln K^{\ominus})}{\partial p}\right)_T = -RT\left(\frac{\partial \ln K^{\ominus}}{\partial p}\right)_T = \left(\frac{\partial}{\partial p}\left(\sum_B \upsilon_B \mu_B^*\right)\right)_T$$

$$\therefore \qquad \left(\frac{\partial \ln K^{\ominus}}{\partial p}\right)_T = -\frac{\Delta_r V_m^*}{RT} \tag{8-63}$$

其中： $$\Delta_r V_m^* = \sum_B \upsilon_B V_m^*(B)$$

由(8-63)式，可知对于凝聚相反应：

$\Delta_r V_m^* > 0, \left(\dfrac{\partial \ln K^{\ominus}}{\partial p}\right)_T < 0$，降压对正向反应有利；

$\Delta_r V_m^* < 0, \left(\dfrac{\partial \ln K^{\ominus}}{\partial p}\right)_T > 0$，升压对正向反应有利；

$\Delta_r V_m^* = 0, \left(\dfrac{\partial \ln K^{\ominus}}{\partial p}\right)_T = 0$，改变压力平衡不移动。

对于凝聚系统化学反应，压力对体积的影响很小，当反应压力变化不大时，可以认为平衡与系统压力无关，但是若系统总压变化很大时，压力对平衡的影响就不能忽略。推而广之，对各种反应而言，压力对化学平衡的影响取决于反应物与产物体积的

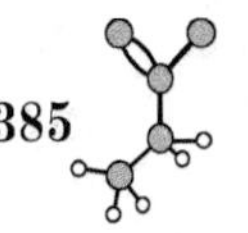

大小，其规律为：

反应物体积大于产物体积，增压平衡正向移动；

产物体积大于反应物体积，降压平衡正向移动；

反应物体积等于产物体积，变压对平衡无影响。

例题4　在298.15K和$1p^{\ominus}$下，石墨的密度为$2260\text{kg}\cdot\text{m}^{-3}$，金刚石的密度为$3515\text{kg}\cdot\text{m}^{-3}$。试求：

(1) 在298.15K和$1p^{\ominus}$下，石墨能否自动变为金刚石；

(2) 在298.15K下，需要施加多大压力，石墨才能变成金刚石。

解　(1) 反应为：　$\text{C(graphite)} \rightleftharpoons \text{C(diamond)}$

由热力学数据表查得：$\Delta_f G_m^{\ominus}(\text{graphite}, 298.15\text{K}) = 0$，$\Delta_f G_m^{\ominus}(\text{diamond}, 298.15\text{K}) = 2.87\text{kJ}\cdot\text{mol}^{-1}$。

在298.15K和$1p^{\ominus}$下，有：

$$\Delta_r G_m^{\ominus}(298.15K) = (2.87-0)\text{kJ}\cdot\text{mol}^{-1} = 2.87\text{kJ}\cdot\text{mol}^{-1} > 0$$

因为此固相反应的$\Delta_f G_m = \Delta_f G_m^{\ominus} > 0$，故在298.15K和$1p^{\ominus}$下石墨不能自动变为金刚石。

(2) 在恒温条件下，此反应的Gibbs自由能对压力的偏微商为：

$$\left(\frac{\partial \Delta_r G_m}{\partial p}\right)_T = \Delta_r V_m^*$$

对上式分离变量后积分：

$$\Delta_r G_m(p) - \Delta_r G_m^{\ominus}(p^{\ominus}) = \int_{p^{\ominus}}^{p} \Delta_r V_m^* \, \mathrm{d}p$$

令$\Delta_r G_m(p) = 0$，此时石墨与金刚石在298.15K下达平衡，于是有：

$$\Delta_r G_m(p) = 0 = \Delta_r G_m^{\ominus}(p^{\ominus}) + \Delta_r V_m^*(p - p^{\ominus})$$

$$\therefore \quad \Delta_r V_m^*(p - p^{\ominus}) = -\Delta_r G_m^{\ominus}(p^{\ominus}) = -2870\text{J}\cdot\text{mol}^{-1}$$

代入题给数据：

$$-2870\text{J}\cdot\text{mol}^{-1} = \left[\left(\frac{12.011\text{kg}\cdot\text{mol}^{-1}\times 10^{-3}}{3515\text{kg}\cdot\text{m}^{-3}}\right) - \left(\frac{12.011\text{kg}\cdot\text{mol}^{-1}\times 10^{-3}}{2260\text{kg}\cdot\text{m}^{-3}}\right)\right] \times (p - 101325\text{Pa})$$

解得：$p = 1.51\times 10^{9}\,\text{Pa} \approx 15000p^{\ominus}$。当压力大于15000个标准压力时，石墨才能自动变为金刚石。

3. 高压下的气相反应

高压下的实际气体将偏离理想气体的行为，反应系统的平衡常数应取$K_f^{\ominus}$。不论对何种气体，$K_f^{\ominus}$都只是温度的函数，其值与压力无关。$K_f^{\ominus}$与$K_p^{\ominus}$的关系为：

$$K_f^{\ominus} = K_\gamma \cdot K_p^{\ominus}$$

$K_f^{\ominus}$虽与压力无关，但对于实际气体，$K_p^{\ominus}$和K_γ均与压力有关，两者的数值都将随系

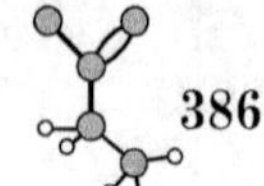

统压力的改变而改变。所以,对于高压下的气相反应,不论是等分子反应还是不等分子反应,当系统压力发生变化时,反应的平衡都会移动。对于不等分子反应,压力对化学平衡移动的影响一般说来与压力对理想气体反应的影响相类似。对于等分子反应,必须仔细考虑压力对组分逸度和逸度系数的影响。研究高压下的气体反应,先应由反应的 $\Delta_r G_m^\ominus$ 求出 $K_f^\ominus$,借助于牛顿图求出 K_γ,再求出反应的 $K_p^\ominus$,最后由 $K_p^\ominus$ 解出平衡时的组成。

三、惰性气体对化学平衡的影响

本节主要讨论惰性气体对理想气体反应的影响。此时所谓的惰性气体并不是指元素周期表中的零族元素,而是指在具体反应系统中不参与反应的物质。例如在反应:$CO(g) + 0.5O_2(g) \rightleftharpoons CO_2(g)$ 中,N_2 就是惰性气体。而零族元素几乎是一切气相反应的惰性气体。

当反应系统的总压恒定时,加入惰性气体相当于降低了实际参与反应的气体的总压,其影响与降低反应系统压力的影响相同,即:

反应物分子数大于产物分子数,增压平衡正向移动;

产物分子数大于反应物分子数,降压平衡正向移动;

反应物分子数等于产物分子数,变压对平衡无影响。

惰性气体的加入虽然会改变反应系统平衡时的组成,但是不能改变反应的平衡常数,反应的 $K_p^\ominus$ 在一定温度下是一常数。

例题5 合成氨反应:$N_2(g) + 3H_2(g) \rightleftharpoons 2NH_3(g)$ 在748K即 $300p^\ominus$ 下,氮、氢按化学计量比混合进行反应,得到31%(V)的 NH_3。若起始混合物的体积百分比为18% N_2、72% H_2 和10%的惰性气体,试求 NH_3 的产率。已知此条件下反应的 $K_\gamma = 0.5776$。

解 取原料气中的4mol混合气体进行分析,设有 x mol氮气转化为产物:

	$N_2(g)$ +	$3H_2(g) \rightleftharpoons$	$2NH_3(g)$	
$t = 0$(mol):	1.00	3.00	0	
平衡时(mol):	$1-x$	$3-3x$	$2x$	$n_{tot} = 4-2x$
平衡时的摩尔分数:	$\dfrac{1-x}{4-2x}$	$\dfrac{3-3x}{4-2x}$	$\dfrac{x}{2-x}$	

$$K_x = \frac{\left(\dfrac{x}{2-x}\right)^2}{\left(\dfrac{1-x}{4-2x}\right)\left(\dfrac{3-3x}{4-2x}\right)^3} = \frac{16x^2(2-x)^2}{27(1-x)^4}$$

由题给条件: $\dfrac{x}{2-x} = 0.31 \quad \therefore \quad x = 0.4733$

代入 K_x 表达式,解得:

$$K_x = 4.0198$$

此反应的$\sum_B \upsilon_B = -2$

$$K_f^{\ominus} = K_\gamma \cdot K_x \left(\frac{p}{p^{\ominus}}\right)^{-2} = 4.0198 \times 0.5776 \times \left(\frac{300p^{\ominus}}{1p^{\ominus}}\right)^{-2} = 2.58 \times 10^{-5}$$

按题给条件，取改变投料比后的反应混合物 1 mol：

	$N_2(g) + 3H_2(g) \rightleftharpoons 2NH_3(g) +$ 惰性气体				
$t = 0(\text{mol})$：	0.18	0.72	0	0.1	
平衡时(mol)：	$0.18 - x$	$0.72 - 3x$	$2x$	0.1	$n_{tot} = 1 - 2x$
平衡时的摩尔分数：	$\frac{0.18 - x}{1 - 2x}$	$\frac{0.72 - 3x}{1 - 2x}$	$\frac{2x}{1 - 2x}$		

$$K_f^{\ominus} = K_x \cdot K_\gamma \left(\frac{p}{p^{\ominus}}\right)^{-2}$$

代入数据：

$$K_f^{\ominus} = 2.58 \times 10^{-5} = \frac{\left(\frac{2x}{1-2x}\right)^2}{\left(\frac{0.18-x}{1-2x}\right)\left(\frac{0.72-3x}{1-2x}\right)^3} \times 0.5776 \times \left(\frac{p}{p^{\ominus}}\right)^{-2}$$

$$\therefore \quad 2.58 \times 10^{-5} = \frac{x^2(1-2x)^2}{(0.18-x)(0.24-x)^3} \cdot \frac{4}{27} \times 0.5776 \times \left(\frac{300p^{\ominus}}{1p^{\ominus}}\right)^{-2}$$

整理得：

$$\frac{x^2(1-2x)^2}{(0.18-x)(0.24-x)^3} = 27.13$$

用试差法解得：

$$x = 0.0984$$

$$NH_3\%(V) = 24.5\%$$

此例说明，没有惰性气体时产氨率为 31%，但是含 10% 的惰性气体之后，氨的产率下降到 24.5%。工业上，合成氨的原料气通常循环使用，惰性气体的含量会随着循环次数的增加而越积越多，为了保持合成塔中 NH_3 的产率不至过低，生产上需要定期排空，以维持惰性气体的含量在可以允许的范围之内。

§8-5 实例分析

以上讨论的是最简单的化学反应系统，即系统中只有一个化学反应，且在恒温恒压条件下进行。实际进行的化学反应系统往往要复杂得多，系统中可能有多种反应同时进行，在有些情况下，反应的温度与压力也会变化。下面我们通过具体实例分析介绍几种常见的较为复杂的反应系统。

一、同时平衡

实际生产中的化学反应过程，除了主反应之外，常常有多个副反应同时进行。特

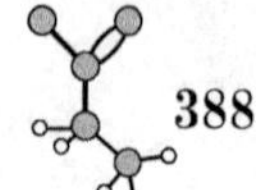

别是在有机化工生产中,由于原料复杂,反应途径多种多样,会出现数十种甚至于数百种反应同时进行的情况。这些反应同处于一个反应系统中,相互之间必然会有互相影响。若在一系列反应中,具有某些相同的组分,通过这些共同的组分使各个化学反应的平衡受到直接和显著的影响,这一类反应的平衡称为同时平衡。

当多个反应同时进行的系统达化学平衡时,所有组分的浓度或分压将不再发生变化。系统中任一组分不论参与多少个化学反应,此组分在它所参加的化学反应中只有同一个浓度值,只要抓住这一点,同时平衡的所有问题就可迎刃而解。

以合成氨工业中由天然气制备氢的反应为例说明同时平衡的基本原理。天然气(主要成分是甲烷)制氢的主要反应是:

$$CH_4 + H_2O \rightleftharpoons CO + 3H_2 \tag{1}$$

与主反应同时进行的还可能有下列反应:

$$CH_4 + 2H_2O \rightleftharpoons 2CO_2 + 4H_2 \tag{2}$$

$$CH_4 + CO_2 \rightleftharpoons 2CO + 2H_2 \tag{3}$$

$$CO + H_2O \rightleftharpoons CO_2 + H_2 \tag{4}$$

$$CH_4 \rightleftharpoons C + 2H_2 \tag{5}$$

$$C + CO_2 \rightleftharpoons 2CO \tag{6}$$

$$C + H_2O \rightleftharpoons CO + H_2 \tag{7}$$

对于有多种化学反应同时进行的系统,首先要弄清系统中真正独立的化学反应数,将非独立反应排除掉。此例中的 7 个反应不都是独立的,有的反应可以通过其它反应组合而得到。上述 7 个反应间存在下列关系:

反应(2) = 反应(1) + 反应(4)

反应(3) = 反应(1) − 反应(4)

反应(6) = 反应(5) − 反应(3)

反应(7) = 反应(4) − 反应(6)

所以此反应系统中真正独立的反应数为 $7-4=3$ 个。特选定反应(1)、(4)、(5) 为独立反应,其余的反应可以由这三个反应组合得到。由(1)、(4)、(5) 组成的同时平衡系统,参与反应的物质有 6 种:CH_4、H_2O、CO、H_2、C 和 CO_2。反应的原料只有两种:CH_4 和 H_2O。

为了分析此反应系统平衡时的组成,设起始的 CH_4 和 H_2O 的摩尔数为 a 和 b,达平衡时由反应(1) 消耗的 CH_4 的摩尔数为 x,由反应(5) 消耗的 CH_4 的摩尔数为 z,平衡时 CO_2 的摩尔数为 y,则各种物质在平衡时的摩尔数为:

(1) $$CH_4(g) + H_2O(g) \rightleftharpoons CO(g) + 3H_2(g)$$

$$a-x-z \qquad b-x-y \qquad x-y \qquad 3x+y+2z$$

(4) $$CO(g) + H_2O(g) \rightleftharpoons CO_2(g) + H_2(g)$$

$$x-y \qquad b-x-y \qquad y \qquad 3x+y+2z$$

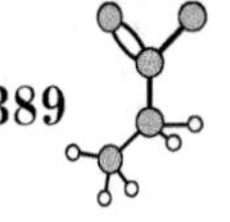

(5)　　$$CH_4(g) \rightleftharpoons C(s) + 2H_2(g)$$

$$a-x-z \qquad z \qquad 3x+y+2z$$

此反应系统除碳为固体外，其余均为气体，达平衡时气体的总摩尔数为：

$$n_{CH_4} + n_{H_2O} + n_{CO} + n_{H_2} + n_{CO_2} = (a-x-z) + (b-x-y) + (x-y) + (3x+y+2z) + y$$

∴　　$$n_{tot} = a + b + 2x + z$$

平衡时，气相组分的摩尔分数为：

$$n_{CH_4} = \frac{a-x-z}{a+b+2x+z}$$

$$n_{H_2O} = \frac{b-x-y}{a+b+2x+z}$$

$$n_{CO} = \frac{x-y}{a+b+2x+z}$$

$$n_{H_2} = \frac{3x+y+2z}{a+b+2x+z}$$

$$n_{CO_2} = \frac{y}{a+b+2x+z}$$

设反应为理想气体混合物，反应的 $K_f^{\ominus} = K_p^{\ominus}$，三个独立反应达平衡时有如下方程：

$$K_p^{\ominus}(1) = \frac{(x-y)(3x+y+2z)^3}{(a-x-z)(b-x-y)(a+b+2x+z)^2} \cdot \left(\frac{p}{p^{\ominus}}\right)^2$$

$$K_p^{\ominus}(4) = \frac{y(3x+y+2z)}{(x-y)(b-x-y)}$$

$$K_p^{\ominus}(5) = \frac{(3x+y+2z)^2}{(a-x-z)(a+b+2x+z)} \cdot \left(\frac{p}{p^{\ominus}}\right)$$

由热力学数据表可查阅反应各组分的有关数据，由此求出三个反应的平衡常数 $K_p^{\ominus}(1)$、$K_p^{\ominus}(4)$ 和 $K_p^{\ominus}(5)$，并可以得到三个方程，求解此三元方程组，便可以解出 x，y，z 的数值，进而求出系统达平衡时的每个组分的浓度。目前，借助于电子计算机可以迅速而准确地求解此类问题。

例题1　600K 时，由 CH_3Cl 和 H_2O 反应生成 CH_3OH 时，CH_3OH 继续转化为 $(CH_3)_2O$，方程式如下：

(1)　　$$CH_3Cl(g) + H_2O(g) \rightleftharpoons CH_3OH(g) + HCl(g)$$

(2)　　$$CH_3OH(g) \rightleftharpoons (CH_3)_2O(g) + H_2O(g)$$

已知在该温度下，$K_p^{\ominus}(1) = 0.00154$，$K_p^{\ominus}(2) = 10.6$，若将 CH_3Cl 和 H_2O 等摩尔混合开始反应，求 CH_3Cl 的平衡转化率。

解　设 CH_3Cl 和 H_2O 的投料量各为 1mol，达平衡后，令生成的 HCl 为 $x$mol，$(CH_3)_2O$ 为 $y$mol，则反应系统达平衡后，各组分的量为：

(1)　　$$CH_3Cl(g) + H_2O(g) \rightleftharpoons CH_3OH(g) + HCl(g)$$

平衡时摩尔数： $1-x$ $1-x+y$ $x-2y$ x

(2) $CH_3OH(g) \rightleftharpoons (CH_3)_2O(g) + H_2O(g)$

平衡时摩尔数： $x-2y$ y $1-x+y$

因为两个反应均为等分子反应,反应系统的总摩尔数恒为2mol。有方程：

$$K_p^{\ominus}(1) = 0.00154 = \frac{x(x-2y)}{(1-x)(1-x+y)}$$

$$K_p^{\ominus}(2) = 10.6 = \frac{y(1-x+y)}{(x-2y)^2}$$

整理后,得下列二元二次方程组：

$$\begin{cases} 648.4x^2 - 1297.7xy + 2x - y - 1 = 0 \\ 10.6x^2 - 41.4xy + 41.4y^2 - y = 0 \end{cases}$$

解得： $x = 0.048 \quad y = 0.009$

CH_3Cl 的平衡转化率为4.8%。

若系统中发生两个化学反应,若一个反应的产物在另一个反应中是反应物之一,则这两个反应称为耦合反应(coupling reaction)。例如：

(1) $A + B \rightleftharpoons C + D$

(2) $C + E \rightleftharpoons F + H$

第一个反应的产物C是第二个反应中的反应物。耦合反应往往存在这种情况,其中一个反应的反应Gibbs自由能 $\Delta_r G_m$ 是正值,而另一个反应的 $\Delta_r G_m$ 是一个较大的负值,两个反应一起进行时,$\Delta_r G_m$ 为较大负值的反应可以将另一个 $\Delta_r G_m$ 为正值的反应带动起来。因此,一些在正常条件下不可能进行的反应经与其它反应耦合后,也可能顺利进行。

如:二氧化钛在298K、1个标准压力下,与氧气反应生成四氯化钛的反应Gibbs自由能为很大的正值,由热力学判据,此反应是不能正向进行的。但是,若将C氧化为 CO_2 的反应与之相耦合,由于后一反应的 $\Delta_r G_m$ 是一个非常大的负值,使得耦合而得的生成四氯化钛的反应可以顺利地进行。其具体反应如下：

(1) $TiO_2(s) + 2Cl_2(g) \rightleftharpoons TiCl_4(l) + O_2(g) \quad \Delta_r G_m^{\ominus} = 161.94 kJ \cdot mol^{-1}$

(2) $C(s) + O_2(g) \rightleftharpoons CO_2(g) \quad \Delta_r G_m^{\ominus} = -394.38 kJ \cdot mol^{-1}$

耦合反应：

$TiO_2(s) + C(s) + 2Cl_2(g) \rightleftharpoons TiCl_4(l) + CO_2(g) \quad \Delta_r G_m^{\ominus} = -232.44\ kJ \cdot mol^{-1}$

反应(1)与反应(2)耦合而成的反应(3)的 $\Delta_r G_m^{\ominus} = -232.44\ kJ \cdot mol^{-1}$,是一个很大的负值,故此反应能够正向进行,即可以生成四氯化钛,达到了耦合反应的目的。

二、绝热反应

以上研究的化学反应,一般都假设反应在恒温条件下进行。任何化学反应都伴随着或多或少的热效应，要让反应在恒温条件下进行，必须能迅速地传入或传出适当的热量，以补偿反应的热效应，使反应在恒温下进行。在实验室里，被研究的反应系统一般很小，保持系统恒温比较容易。但是在大规模的工业生产中，如大型催化反应器中进行的反应，反应放出的热量往往难以及时传递给外界环境，因此反应往往不能在恒温下进行。有一些工业生产中的过程，甚至可以认为反应基本在绝热条件下进行，即反应热几乎传递不出去，反应过程的热效应基本被反应系统本身吸收，使得反应系统的温度发生变化。若反应在恒温条件下进行，反应的平衡转化率比较容易计算，对于绝热反应，因为反应温度会随着反应的进行，释放的反应热将使反应系统的温度随之变化，而反应的平衡转化率也将随着温度的变化而变化，所以绝热反应的平衡问题比恒温下的反应要复杂得多。

为了说明对绝热反应的化学平衡问题的处理方法，下面以接触法硫酸生产中 SO_2 转化为 SO_3 的催化反应为例，说明求解绝热反应平衡转化率的基本方法。

因为 SO_2 氧化生成 SO_3 是一放热反应，随着反应温度的升高，反应的平衡常数 $K_p^{\ominus}$ 会逐渐减小。从热力学的角度，放热反应的温度愈低，愈有利于反应正向进行，SO_2 的转化率愈高。但是在实际生产中，除了考虑热力学因素外，还须全面地考虑动力学、传热、传质等其它因素。虽然低温对提高 SO_2 的转化率有利，但是在低温下反应速率很慢，即使采用催化剂（V_2O_5）对反应进行催化，也要到 410℃ 以上反应速率才比较高。以上分析说明，对于 SO_2 氧化生成 SO_3 反应，从热力学角度，温度愈低愈有利；从动力学角度，温度愈高愈有利。为了解决此对矛盾，生产实践中采用了多段催化转化的方法。大型的硫酸工业生产流程中，SO_2 氧化生成 SO_3 的反应在转化器中进行，因为转化装置大、流速高、反应快，反应中释放的热量来不及向外传递，反应热几乎全部用于反应系统的温升。温度的升高会加快反应速率，但是随着温度的升高，平衡将朝着逆向反应方向移动，反应的平衡转化率会随之降低，故温度升高后，使得反应进行到一定的限度时便会停止，此时反应系统的组成接近化学平衡时的组成。为了使反应继续进行，以提高二氧化硫的转化率，必须将转化后的气体从转化器中抽出，并将温度冷却到适当的温度，使得反应系统的状态远离平衡点，产生新的反应动力，再将其送入下一转化段继续氧化。反复地使用这种转化升温以后再降温的方法，可以尽可能提高 SO_2 的转化率以获得最高产率，减少硫的损失和尾气对环境的污染。

SO_2 转化工段的工艺操作原理见图 8-3。图 8-3 中的弧线是 SO_2 氧化转化为 SO_3 的平衡曲线，随着温度的升高，SO_2 的平衡转化率逐步下降。从此曲线可知，当温度在 400℃ 时，SO_2 的平衡转化率接近 100%，而当反应温度上升到 600℃ 左右时，其平衡转化率下降到不到 70%。图中的折线是转化工段的实际操作线，实线表示进入转化塔各段时，SO_2 氧化反应过程的系统温度与组成的变化曲线，虚线表示一段转化结束后，混合气体冷却过程的温度变化曲线。从折色的折线可以分析得出，每一段转化反应都是绝热反应，反应系统随着反应的进行，系统温度随着反应热的放出而升高，而系统也随着温度的上升而趋于平衡,每段转化之后,混合气被引入热交换器,经换热降温,反应系统又达到远离化学平衡的状态,得到反应的新动力被送入下一段转化层继续转化。如此反复操作数次,SO_2 的最终转化率可以达到很高的程度,对于一般的一转一吸的硫酸工艺流程,SO_2 的最终转化率可能达到 96% 左右。硫酸工段排出的尾气中尚余有百分之几的未转化的 SO_2,若将尾气直接排入大气,则会造成环境的污染,若加装尾气吸收工段,将剩余的 SO_2 吸收,废气虽然可以得到回收,但是,尾气处理装置的造价和运行费用都较高。现代硫酸工业,为了解决废气中残存的 SO_2 的问题,开发了新的流程,即两转两吸流程。两转两吸是对 SO_2 原料气进行两次转化,对氧化生成的 SO_3 进行两次吸收的工艺流程。较常见的两转两吸流程是:第一次转化(转化 — 冷却 — 转化 — 冷却 — 转化 — 冷却,三段转化)—— 吸收(用 98% 的浓硫酸吸收 SO_3)—— 第二次转化(一段转化)—— 二次吸收(再次用浓硫酸吸收 SO_3 制取硫酸)。两转两吸流程的 SO_2 最终转化率可以达到 99.6% 左右,剩余的 SO_2 在尾气中的含量只有千分之几,一般可以达到排放要求。故两转两吸硫酸尾气一般可以直接排放,而不必进一步处理,这种流程既大大提高了硫的利用率,也有效地减少了对大气的污染。

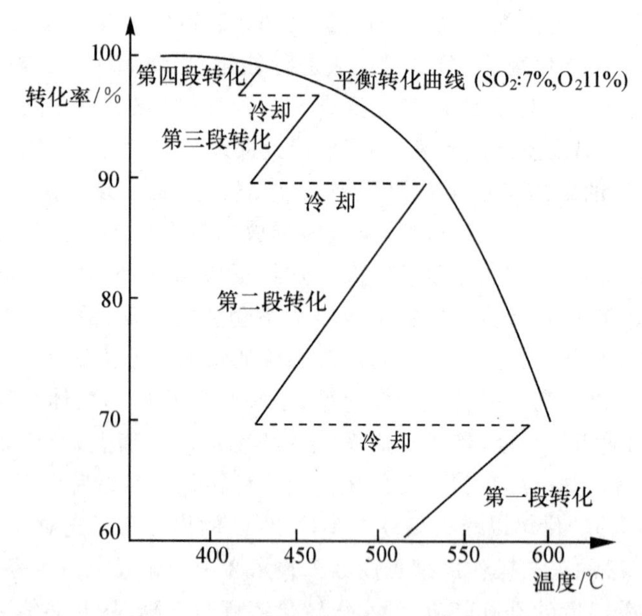

图 8-3 SO_2 转化反应工艺操作原理图

下面以 SO_2 转化为 SO_3 的第一段催化反应为例,说明绝热反应平衡转化率的求算方法。

设进入第一段触媒(催化剂)层的气体组成(V%)为:

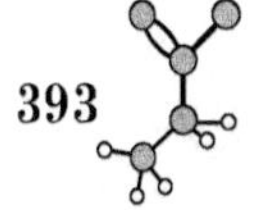

N_2:81.868%

O_2:8.562%

SO_2:8.994%

CO_2:0.576%

设反应在 $1p^{\ominus}$ 下进行,进口气体的温度为 441℃,求其平衡转化率。

因为此系统的温度较高,压力较低,故可以视为理想气体系统。反应在绝热、等压条件下进行,所以 SO_2 氧化为 SO_3 的转化反应是一个等焓过程。为求末态温度和平衡转化率,取 100mol 原料气进行求算。设计如下热力学过程:

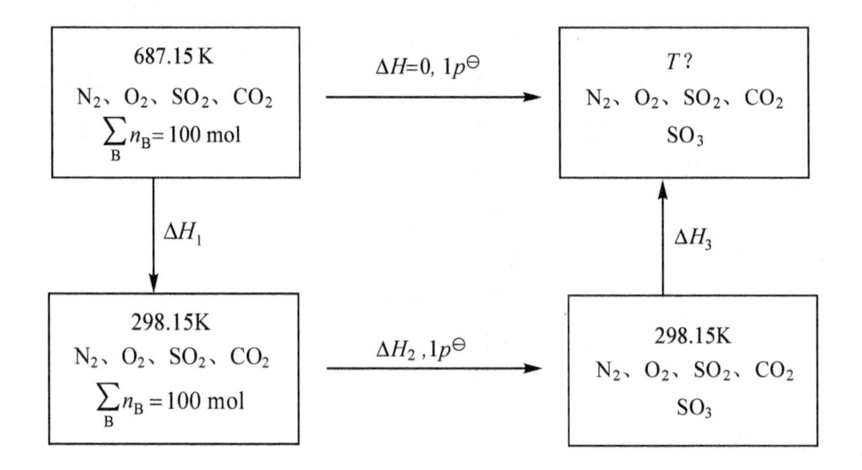

设 SO_2 的平衡转化率为 α,有下列热量衡算方程成立:

$$\Delta H = \Delta H_1 + \Delta H_2 + \Delta H_3 = 0$$

代入有关数据,得到方程(1):

$$\begin{aligned}&\int_{687.15\text{K}}^{298.15\text{K}}[C_p(N_2)+C_p(O_2)+C_p(SO_2)+C_p(CO_2)]\mathrm{d}T+\Delta_r H_m^{\ominus}\cdot n_{SO_2}\cdot\alpha\\&+\int_{298.15\text{K}}^{T}[C_p(N_2)+C_p'(O_2)+C_p'(SO_2)+C_p(SO_3)+C_p(CO_2)]\mathrm{d}T=0\end{aligned}\tag{1}$$

式中 C_p' 为转化后的热容,N_2 和 CO_2 不参加反应,所以它们的热容表达式不变,$\Delta_r H_m^{\ominus}$ 是 298.15K 下的反应焓变。SO_2 氧化为 SO_3 反应的有关热力学数据如下:

$$\Delta_r H_m^{\ominus}(298.15\text{K}) = -98113\ \text{J/mol}\ SO_3$$

$$\Delta_r G_m^{\ominus}(298.15\text{K}) = -70750\ \text{J/mol}\ SO_3$$

$$\begin{aligned}C_{p,m}(N_2) &= 28.882 - 15.702\times10^{-4}T + 8.075\times10^{-6}T^2\\&\quad - 28.702\times10^{-10}T^3\ \text{J}\cdot\text{K}^{-1}\cdot\text{mol}^{-1}\end{aligned}$$

$$\begin{aligned}C_{p,m}(O_2) &= 24.456 + 15.192\times10^{-3}T - 7.150\times10^{-6}T^2\\&\quad + 13.108\times10^{-10}T^3\ \text{J}\cdot\text{K}^{-1}\cdot\text{mol}^{-1}\end{aligned}$$

$$C_{p,\mathrm{m}}(SO_2) = 25.760 + 5.791 \times 10^{-2}T - 38.086 \times 10^{-6}T^2 + 8.606 \times 10^{-9}T^3 \ \mathrm{J \cdot K^{-1} \cdot mol^{-1}}$$

$$C_{p,\mathrm{m}}(SO_3) = 16.393 + 14.573 \times 10^{-2}T - 11.192 \times 10^{-5}T^2 + 32.400 \times 10^{-9}T^3 \ \mathrm{J \cdot K^{-1} \cdot mol^{-1}}$$

$$C_{p,\mathrm{m}}(CO_2) = 22.242 + 5.977 \times 10^{-2}T - 34.986 \times 10^{-6}T^2 + 7.464 \times 10^{-9}T^3 \ \mathrm{J \cdot K^{-1} \cdot mol^{-1}}$$

由 Gibbs-Helmholtz 公式,并将以上数据代入,即得:

$$-RT\ln K_p^{\ominus} = \Delta_r G_m^{\ominus}(T) = -199877 + 195.93T - 7.3625 \times 10^{-3}T^2 + 8.4013 \times 10^{-7}T^3 \ \mathrm{J/mol\ SO_3} \qquad (2)$$

以上的方程(1)和方程(2)均含有未知数T和平衡转化率α,求解此二元方程组,即可得到SO_2转化反应的平衡转化率和最终温升。经计算机对此方程组求解,得到上述问题的解为:SO_2原料气的一段平衡转化率为66.8%,出口气体的温度为612.03℃,一段出口气体的组成为:

N_2:84.404%(V%)

O_2:5.729%

SO_2:3.729%

CO_2:0.594%

SO_3:6.198%

三、反应方向的判断

恒温、恒压条件下进行的化学反应,严格地讲应该用反应 Gibbs 自由能$\Delta_r G_m$来判断反应进行的方向。以理想气体反应为例:

$$\Delta_r G_m = \Delta_r G_m^{\ominus} + RT\ln Q_p^{\ominus}$$

$Q_p^{\ominus}$是在实际反应条件下,反应系统各组分的比压力商。$Q_p^{\ominus}$的求算既带来计算上的复杂又限制了判据使用的范围。当人们在进行探索性研究或设计未知反应时,往往不一定要求精确的结果,而只要求估计某些反应发生的可能性。这时,常用反应的标态 Gibbs 自由能$\Delta_r G_m^{\ominus}$对化学反应的方向作出初步的判断。

1. 用$\Delta_r G_m^{\ominus}$判断反应的方向

当反应的$\Delta_r G_m^{\ominus}$的绝对值很大时,实际反应条件下的$Q_p^{\ominus}$的值往往难以使$\Delta_r G_m$改变符号,即反应$\Delta_r G_m$在一般情况下与$\Delta_r G_m^{\ominus}$同号,故可以用$\Delta_r G_m^{\ominus}$直接判断反应进行的方向。例如:在常温下金属锌氧化为氧化锌的反应:

$$\mathrm{Zn(s)} + \frac{1}{2}\mathrm{O_2(g)} \rightleftharpoons \mathrm{ZnO(s)}$$

在298.15K下,此反应的$\Delta_r G_m^{\ominus} = -318.2\ \mathrm{kJ \cdot mol^{-1}} \ll 0$,是一个很大的负值。欲使此反应不正向进行,则反应的比压力商$Q_p^{\ominus}$必须大于5.8×10^{53},即O_2的分压要小于

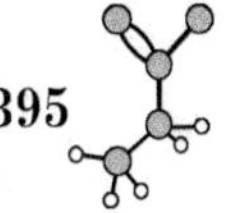

$10^{108}p^{\ominus}$，此时反应的 $\Delta_r G_m$ 才会大于零，反应逆向进行。而在一般情况下，以上条件是很难达到的，所以在一般条件下，此反应的 $\Delta_r G_m^{\ominus}$ 可以视为与 $\Delta_r G_m$ 同号，故由 $\Delta_r G_m^{\ominus}$ 可以直接判断反应的方向性。类似地，若反应的 $\Delta_r G_m^{\ominus}$ 是一个很大的正值时，则反应的 $\Delta_r G_m$ 在一般条件下也会为正值，此类反应在一般条件下将不会正向进行，而将逆向进行。

一般说来，反应 $\Delta_r G_m^{\ominus}$ 的值，以 40 kJ·mol^{-1} 为界限。当反应的 $\Delta_r G_m^{\ominus} < -40$ kJ·mol^{-1} 时，可以认为此反应会正向进行；当 $\Delta_r G_m^{\ominus} > 40$ kJ·mol^{-1} 时，可以认为反应难以正向进行，而将逆向进行。但此种判断只是一种大致的估计，不一定对任何反应都适合，对某一反应而言，也不一定在任何条件下均适合。必须注意的是，若反应 $\Delta_r G_m^{\ominus}$ 的绝对值不是很大时，不论其符号是正还是负，都不宜用来判断化学反应的方向。当 $\Delta_r G_m^{\ominus}$ 的值较小时，通过调整 Q_p 的大小有可能使反应向所希望的方向进行。例如在 400℃ 下进行的合成氨反应：

$$\frac{1}{2}N_2(g) + \frac{3}{2}H_2(g) \rightleftharpoons NH_3(g)$$

在 400℃ 时的反应标准 Gibbs 自由能 $\Delta_r G_m^{\ominus}(673.15\text{K}) = 24.183$ kJ·mol$^{-1} > 0$。虽然反应的 $\Delta_r G_m^{\ominus}$ 大于零，但是不能判断合成氨反应不能正向进行，因为反应的 $\Delta_r G_m^{\ominus}$ 的绝对值不是很大，可以通过调节反应 $Q_p^{\ominus}$，使得实际条件下的反应 Gibbs 自由能 $\Delta_r G_m$ 成为小于零的负值，使反应可以正向进行。在合成氨的实际生产中，用增加反应系统总压和及时将反应生成的 NH_3 从系统中分离出来的方法，使得合成氨反应能正向进行，从而获得人们所需要的产品。

2. $\Delta_r G_m^{\ominus}$ 与温度的关系

反应的 $\Delta_r G_m^{\ominus}$ 是温度的函数，恒温下进行的反应有下式成立：

$$\Delta_r G_m^{\ominus}(T) = \Delta_r H_m^{\ominus}(T) - T\Delta_r S_m^{\ominus}(T)$$

由 Kirchhoff 定律，可以用 298.15K 时的反应 $\Delta_r H_m^{\ominus}$ 和 $\Delta_r S_m^{\ominus}$ 来表示任意温度下反应的 $\Delta_r G_m^{\ominus}$：

$$\Delta_r G_m^{\ominus}(T) = \Delta_r H_m^{\ominus}(298\text{K}) - T\Delta_r S_m^{\ominus}(298\text{K}) + \int_{298.15\text{K}}^{T} \Delta_r C_{p,m} dT - T\int_{298.15\text{K}}^{T} \Delta_r C_{p,m} \frac{dT}{T} \qquad (8\text{-}64)$$

式中的 $\Delta_r C_{p,m}$ 是一个式量的产物与反应物的热容的差值。

若反应的 $\Delta_r C_{p,m}$ 可以视为不随温度变化的常数，可令：$\Delta_r C_{p,m} = a$，代入(8-64)式中积分，可得 $\Delta_r G_m^{\ominus}$ 随温度变化的函数式。

$$\Delta_r G_m^{\ominus}(T) = \Delta_r H_m^{\ominus}(298\text{K}) - T\Delta_r S_m^{\ominus}(298\text{K}) + a(T - 298.15\text{K}) - aT\ln\frac{T}{298.15\text{K}} \qquad (8\text{-}65)$$

上式中的 a 一般为：由 298.15K 到 T 温度范围的产物与反应物平均热容计算得到的

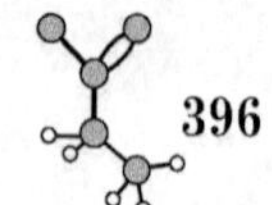

反应 $\Delta_r C_{p,m}$。

当只需要作粗略估计且手中掌握的数据不全时，可以由 298.15K 下的数据求算其它温度下的 $\Delta_r G_m^{\ominus}(T)$。此时，可以设反应的 $\Delta_r C_{p,m}$ 等于零，故反应的 $\Delta_r H_m^{\ominus}$ 和 $\Delta_r S_m^{\ominus}$ 不随温度而变化，于是有：

$$\Delta_r G_m^{\ominus}(T) = \Delta_r H_m^{\ominus}(298\text{K}) - T\Delta_r S_m^{\ominus}(298\text{K}) \tag{8-66}$$

利用上式，可以大致估计反应的方向。例如：估算碳酸氢铵的分解温度，其反应为：

$$NH_4HCO_3(s) \rightleftharpoons NH_3(g) + H_2O(g) + CO_2(g)$$

查表可得各物质的热力学数据，由此可得 298.15K 时的反应焓变 $\Delta_r H_m^{\ominus} = 171.3\ \text{kJ}\cdot\text{mol}^{-1}$，反应的熵变 $\Delta_r S_m^{\ominus} = 476.5\ \text{J}\cdot\text{K}^{1}\cdot\text{mol}^{-1}$。当 $NH_4HCO_3(s)$ 的分解总压 $p_{NH_3} + p_{H_2O} + p_{CO_2} = 1p^{\ominus}$ 时，可以认为碳酸氢铵开始显著分解。由(8-66)式可以求得与此分解压力相应的分解温度。此条件下反应的平衡常数为：

$$K_p^{\ominus} = \frac{p_{NH_3}}{p^{\ominus}}\cdot\frac{p_{CO_2}}{p^{\ominus}}\cdot\frac{p_{H_2O}}{p^{\ominus}} = \left(\frac{1}{3}p^{\ominus}/p^{\ominus}\right)^3 = \frac{1}{27}$$

$$\therefore \qquad \Delta_r G_m^{\ominus}(T) = -RT\ln K_p^{\ominus} = -RT\ln\frac{1}{27} = RT\ln 27$$

$$\because \qquad \Delta_r G_m^{\ominus}(T) = \Delta_r H_m^{\ominus}(298\text{K}) - T\Delta_r S_m^{\ominus}(298\text{K})$$

$$RT\ln 27 = (171300 - 476.5T)\ \text{J}\cdot\text{mol}^{-1}$$

解得：

$$T = 340\ \text{K}$$

当碳酸氢铵的分解温度为 340K 时，其分解总压为一个标准压力。

3. 化学反应的转折温度

在科学研究与实际生产中，有时往往需要对化学反应进行的方向作大致的判断，以确定有利于反应进行的条件。若化学反应的 $\Delta_r G_m^{\ominus} = 0$，反应的平衡常数 $K_p^{\ominus}$ 则等于 1，此时可以认为反应向两个方向进行的倾向不相上下，与其相对应的温度称为转折温度(conversion temperature)。若只需要对反应的方向作大致的判断，可以不考虑温度对反应焓变与熵变的影响，而近似认为反应的 $\Delta_r H_m^{\ominus}$ 和 $\Delta_r S_m^{\ominus}$ 都是不随温度变化的常数，于是与 $\Delta_r G_m^{\ominus} = 0$ 对应的温度为：

$$T = \frac{\Delta_r H_m^{\ominus}(298.15\text{K})}{\Delta_r S_m^{\ominus}(298.15\text{K})} \tag{8-67}$$

上式求得的温度为转折温度，对于放热反应，$\Delta_r H_m^{\ominus} < 0$，当反应温度低于转折温度时对反应正向进行有利；对于吸热反应，$\Delta_r H_m^{\ominus} > 0$，当反应温度高于转折温度时对反应正向进行有利。

例题 2 NO 是制造硝酸的原料，在雷电的作用下，氮气与氧气可直接合成 NO，反应为：

$$\frac{1}{2}N_2(g) + \frac{1}{2}O_2(g) \rightleftharpoons NO(g)$$

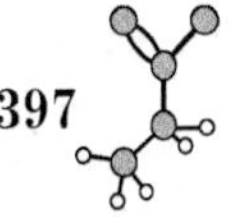

试估计能否用空气中的氮气与氧气直接合成NO。

解　查得合成NO反应的有关热力学数据为：

$\Delta_r H_m^\ominus(298.15\text{K}) = 90370\ \text{J}\cdot\text{mol}^{-1}$　$\Delta_r S_m^\ominus(298.15\text{K}) = 12.36\ \text{J}\cdot\text{K}^{-1}\cdot\text{mol}^{-1}$

此反应298.15K下的 $\Delta_r G_m^\ominus$ 为：

$$\Delta_r G_m^\ominus = \Delta_r H_m^\ominus - T\Delta_r S_m^\ominus = 90370\text{J}\cdot\text{mol}^{-1} - 298.15\text{K}\times 12.36\text{J}\cdot\text{K}^{-1}\cdot\text{mol}^{-1}$$

解得：　$\Delta_r G_m^\ominus(298.15\text{K}) = 86685\ \text{J}\cdot\text{mol}^{-1} > 0$

故此反应在常温下不能正向进行。用(8-67)式求算反应的转折温度：

$$T = \frac{90370\text{J}\cdot\text{mol}^{-1}}{12.36\text{J}\cdot\text{K}^{-1}\text{mol}^{-1}} = 7311\text{K}$$

因为此反应的焓变大于零，为吸热反应，所以合成NO反应需要当温度高于7311K时，反应才能显著地正向进行。而目前尚难以获得如此高温，因此用人工方法难以直接用 N_2 和 O_2 合成NO。

用转折温度判断有利于反应进行的温度只能用于大致估计反应进行的方向，而且只能适用于反应焓变与熵变同号的反应，即被判断的化学反应必须是：当反应焓变大于零时，其熵变也大于零；当焓变小于零时，熵变也小于零。不过对于一般的化学反应有：当反应焓变大于零时，即为吸热反应时，其反应的熵变也大于零，即反应的熵是增加的；当反应焓变小于零时，即为放热反应时，其反应的熵变也小于零，即反应的熵是减少的。

以上介绍的方法只能用于初步的判断，以便在科学研究或设计工作中能做到胸中有数，即对研究的问题有一个总体的半定量的把握，但不是精确的判断。恒温恒压下的化学反应进行方向的精确判断，必须采用实际反应条件下的反应Gibbs自由能 $\Delta_r G_m$ 作为反应方向的判据。若反应不在恒温、恒压下进行，或者反应伴随着有用功，则不能用 $\Delta_r G_m$ 作判据，必须根据反应条件，选择适当的热力学判据对反应的方向进行判断。

本章基本要求

本章主要内容是：将物理化学基本原理运用于化学反应系统。由热力学平衡判据导出化学反应等温式和平衡常数的表达式。前者用来判断化学反应进行的方向，后者反映了反应达化学平衡时反应系统中各组分活度（浓度）之间的关系。根据平衡常数可以推出在给定条件下反应进行的方向与限度。本章重点对理想气体反应系统的化学平衡进行了介绍。本章还讨论了各种因素对化学平衡的影响。具体要求为：

1. 了解如何从平衡条件导出化学反应等温式，并能熟练运用此公式。
2. 明确热力学平衡常数表达式的推导，能运用平衡常数计算系统的平衡组成。
3. 理解 $\Delta_r G_m^\ominus$ 的物理意义，能根据热力学数据计算反应的 $\Delta_r G_m^\ominus$ 和平衡常数。

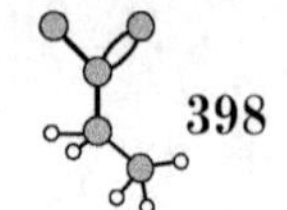

4. 熟悉 $K_f^\ominus$、$K_p^\ominus$、K_p、K_x、K_c 之间的关系。

5. 明确温度、压力及惰性气体等因素对化学平衡的影响,掌握其计算方法。

6. 了解处理同时反应、绝热反应等较复杂反应系统的一般方法。

习 题

1. 化学反应达到平衡时的宏观特征和微观特征是什么?

2. 有下列化学反应:

$$C_2H_6(g) \rightleftharpoons C_2H_4(g) + H_2(g) \tag{1}$$

$$2NO(g) + O_2(g) \rightleftharpoons 2NO_2(g) \tag{2}$$

$$NO_2(g) + SO_2(g) \rightleftharpoons NO(g) + SO_3(g) \tag{3}$$

(1) 写出以上各反应的热力学平衡常数表达式;

(2) 以上反应中,哪些反应的 K_x 与反应系统的总压有关,哪些无关?

3. 证明对于理想气体反应,下列成立:

$$\left[\frac{\partial \ln K_c}{\partial T}\right]_p = \frac{\Delta_r U_m^\ominus}{RT^2}$$

4. 平衡移动原理(即勒·夏特列原理)的内容为:"如果对一个平衡系统施加外部影响,则平衡将向着减小此外部影响的方向移动。"试将本章所介绍的反应温度、系统总压及惰性气体对化学平衡的影响结果,与平衡移动原理作一比较。

5. 下列说法是否正确,为什么?

反应平衡常数值改变了,化学平衡一定会移动;反之,平衡移动了,反应平衡常数也一定会改变。

6. 若用下列两个化学计量方程式来表示合成氨反应:

$$3H_2(g) + N_2(g) \rightleftharpoons 2NH_3(g) \tag{1}$$

$$\frac{3}{2}H_2(g) + \frac{1}{2}N_2(g) \rightleftharpoons NH_3(g) \tag{2}$$

则两者的 $\Delta_r G_m^\ominus$ 和 $K_p^\ominus$ 之间有什么关系?

7. 若选取不同的标准态,则物质的标态化学势不同,反应的 $\Delta_r G_m^\ominus$ 也会随之而改变,那么按化学反应等温式 $\Delta_r G_m = \Delta_r G_m^\ominus + RT\ln Q_p$,计算出来的 $\Delta_r G_m$ 值也会改变吗?为什么?

8. 化学反应的 $\Delta_r G_m = \sum_i \upsilon_i \mu_i$ 是否随反应的进度而变化?为什么?

9. 有理想气体反应:$2SO_2(g) + O_2(g) = 2SO_3(g)$ 在 1000 K 时,$K_p = 3.45p^\ominus$。试计算:在 SO_2 分压为 $0.200p^\ominus$,O_2 的分压为 $0.100p^\ominus$,SO_3 的分压为 $1.00p^\ominus$ 的混合气中,发生上述反应的 $\Delta_r G_m$;并判断反应进行的方向。若 $p_{SO_2} = 0.200p^\ominus$,$p_{O_2} = 0.100p^\ominus$,为使反应向 SO_3 减少的方向进行,SO_3 的分压至少应为多少?

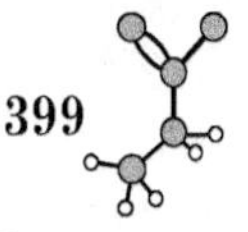

10. 写出下列理想气体反应的 K_p 表示式，并确定 300 K 时 K_p 与 K_c 之比值。

(1) $C_2H_6 \rightleftharpoons C_2H_4 + H_2$

(2) $2NO + O_2 \rightleftharpoons 2NO_2$

(3) $NO_2 + SO_2 \rightleftharpoons SO_3 + NO$

(4) $3O_2 \rightleftharpoons 2O_3$

11. 在 457K，总压为 $1p^\ominus$ 下，NO_2 有 5% 按下式分解，求此反应的 $K_p^\ominus$？

$$2NO_2(g) \rightleftharpoons 2NO(g) + O_2(g)$$

12. 含有 1 molSO_2 和 1 mol O_2 的混合气体，在 630℃、$1p^\ominus$ 下通过装有铂催化剂的高温管，将反应后流出的气体冷却，用 KOH 吸收 SO_2 和 SO_3，然后测量剩余 O_2 的体积，在 0℃、$1p^\ominus$ 下测得其体积为 13.78 dm^3。试求：

(1) 630℃ 时，SO_3 离解的平衡常数 $K_p^\ominus$；

(2) 计算 630℃，$1p^\ominus$ 下，平衡混合物中 O_2 的分压为 $0.25p^\ominus$ 时，SO_3 与 SO_2 的摩尔数之比。

13. PCl_5 的分解反应为：

$$PCl_5(g) \rightleftharpoons PCl_3(g) + Cl_2(g)$$

在 523.15K，$1p^\ominus$ 下，当反应达平衡后，测得混合物的密度为 $2.695 \times 10^{-3}\,kg \cdot dm^{-3}$。试计算：

(1) 在此条件下 PCl_5 的离解度；

(2) 该反应的 $K_p^\ominus$ 和 $\Delta_r G_m^\ominus$

14. 1173.2K $1p^\ominus$ 下，将一定量的 CO 及 H_2O 混合后，通过催化剂达到下列化学平衡：

$$CO(g) + H_2O(g) \rightleftharpoons CO_2(g) + H_2(g)$$

使平衡后的气体混合物离开催化剂，并骤然冷却到室温，取样分析，得各组分组成为：

$$x_{CO_2} = 0.2142 \quad x_{H_2} = 0.2549 \quad x_{CO} = 0.2654 \quad x_{H_2O} = 0.2654$$

试计算该反应的 $K_p^\ominus$？

15. 在 900 K 时，纯乙烷气体通过脱氢催化剂后，发生下列分解作用：

$$C_2H_6(g) \rightleftharpoons C_2H_4(g) + H_2(g)$$

已知该温度下反应的 $\Delta_r G_m^\ominus = 22.38\ kJ \cdot mol^{-1}$，若维持总压为 $1p^\ominus$，求反应达平衡后，混合气体 H_2 的体积百分数为多少?设为理想气体反应。

16. 在 323.15K，66.66kPa 压力下，球形瓶中充入 N_2O_4 后，重量为 71.981 g，将瓶抽空后称重为 71.217g。在 298.15K，将瓶中充满水称重为 555.900 g，(以上数据已作空气浮力校正)。已知水在 298.15K 时的密度为 $0.9970 kg \cdot dm^{-3}$。试求：

(1) 球形瓶中气体的总摩尔数；(设为理想气体)

(2) 求总摩尔数与初始 N_2O_4 的摩尔数之比；

(3) 计算 N_2O_4 的离解百分数；

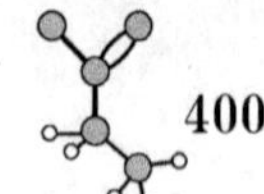

(4) 设瓶中总压力66.66kPa,求N_2O_4与NO_2的分压;

(5) 求32.15K下,上述反应的$\Delta_r G_m^{\ominus}$是多少?

17.已知温度为T,压力为p,$SbCl_5$的分解反应为:

$$SbCl_5(g) \rightleftharpoons SbCl_3(g) + Cl_2(g)$$

设平衡时混合气体的密度为ρ_0,求该反应在此温度下的平衡常数K_p(设$SbCl_5$的摩尔质量为M)。

18.在873K和$1p^{\ominus}$下,下列反应达到平衡:

$$CO(g) + H_2O(g) \rightleftharpoons CO_2(g) + H_2(g)$$

若把压力从$1p^{\ominus}$提高到$500p^{\ominus}$,试问:

(1) 若各气体均为理想气体,平衡有无变化;

(2) 若气体的逸度系数分别为:$\gamma_{CO_2} = 1.09$,$\gamma_{H_2} = 1.10$,$\gamma_{CO} = 1.23$,$\gamma_{H_2O} = 0.77$,平衡向哪个方向移动?

19.在718.2K时,Ag_2O的分解压力为$207p^{\ominus}$,试计算在该温度下,由Ag(s)和O_2生成1 mol$Ag_2O(s)$的$\Delta_r G_m^{\ominus}$?

20.Ag_2CO_3在110℃的空气流中干燥,为防止Ag_2CO_3分解,空气中CO_2的分压至少应为多少?有关热力学数据如下:

	$\frac{S_m^{\ominus}(298.15K)}{J \cdot K^{-1} \cdot mol^{-1}}$	$\frac{\Delta_f H_m^{\ominus}(298.15K)}{J \cdot mol^{-1}}$	$\frac{C_{p,m}}{J \cdot K^{-1} \cdot mol^{-1}}$
$Ag_2CO_3(s)$	167.4	−501660	109.6
$Ag_2O(s)$	121.8	−30585	65.7
$CO_2(g)$	213.8	−393510	37.6

21.反应$C(s) + 2H_2(g) \rightleftharpoons CH_4(g)$的$\Delta_r G_m^{\ominus}(1000K) = 19290 J \cdot mol^{-1}$,若参加反应气体组成为$CH_4$:10%,$H_2$:80%,$N_2$:10%,试问在1000K及$1p^{\ominus}$下,是否有甲烷生成?

22.银可能受到$H_2S(g)$的腐蚀而发生下列反应:

$$H_2S(g) + 2Ag(s) \rightleftharpoons Ag_2S(s) + H_2(g)$$

在298.15K及$1p^{\ominus}$下,将Ag放在等体积的H_2与H_2S组成的混合气中,试问:

(1) 是否可能发生腐蚀而生成$Ag_2S(s)$;

(2) 在混合气中,H_2S的体积百分数低于何值才不至发生腐蚀?

已知298.15K时:$\Delta_f G_m^{\ominus}(Ag_2S,s) = -40.26 kJ \cdot mol^{-1}$,$\Delta_f G_m^{\ominus}(H_2S,g) = -33.02 kJ \cdot mol^{-1}$。

23.某硫酸厂的转化工段在$1p^{\ominus}$下反应:

$$SO_2(g) + \frac{1}{2}O_2(g) = SO_3(g)$$

已知此反应在773.2K时的$\Delta_r G_m^{\ominus} = -28570 J \cdot mol^{-1}$,经分析在转化塔出口的气体组

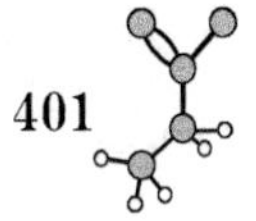

成为：SO_3 7.5%，SO_2 0.6%，O_2 8.9%，N_2 83.0%。有人认为要降低气体流速使原料气和催化剂接触时间延长以进一步提高转化率，从热力学观点看，你认为此建议是否合理？

24. 某温度下，一定量的 PCl_5 气体在 $1p^\ominus$ 下部分分解为 PCl_3 和 Cl_2，达到平衡时 PCl_5 的离解度约为 50%。设混合气体体积为 1 dm^3，试问在以下各情况下，PCl_5 的离解度将如何变化？设反应体系为理想气体混合物。

(1) 降低总压，直到体积为 2 dm^3；

(2) 维持总压为 $1p^\ominus$，通入 N_2，使体积增至 2 dm^3；

(3) 维持体积为 1dm^3，通入 N_2，使压力增至 $2p^\ominus$；

(4) 维持体积为 1dm^3，通入 Cl_2，使压力增至 $2p^\ominus$；

(5) 维持总压为 1 $p^\ominus$，通入 Cl_2，使体积增至 2 dm^3。

25. 假定 CH_3COOH 与 C_2H_5OH 酯化反应可视为理想溶液反应，已知在 373.15 K 时，该反应的 $K_x = 4.0$。当 CH_3COOH 与 C_2H_5OH 的起始摩尔比分别为：(1)1.00 ∶ 0.18；(2)1.00 ∶ 1.00；(3)1.00 ∶ 8.00 时，计算 CH_3COOH 被酯化的百分数。

26. 在 281.15 K，$1p^\ominus$ 下，将 0.13 mol 的 N_2O_4 溶于 1 升 $CHCl_3$ 中，N_2O_4 分解为 NO_2，当达平衡时，有 0.45% 的 N_2O_4 分解为 NO_2。试计算在 0.850 dm^3 $CHCl_3$ 中溶解有 0.050molN_2O_4 时，溶液的平衡组成。(设此反应可看作稀溶液反应)

27. 将 10.00gAg_2S(s) 与 890 K、$1p^\ominus$ 下的 1 dm^3 H_2 相接触，直至平衡。已知反应：

$$Ag_2S(s) + H_2(g) \rightleftharpoons 2Ag(s) + H_2S(g)$$

在 890 K 时的 $K_p^\ominus = 0.278$，试问：

(1) 平衡时，系统中 Ag_2S(s) 及 Ag(s) 各为多少克，气相组成如何？

(2) 若要将 10.00gAg_2S(s) 全部还原，最少需要 890 K、$1p^\ominus$ 下的 H_2 多少升？

28. 在 298.15 K 下，有潮湿的空气与 $Na_2HPO_4 \cdot 7H_2O$(记为 A·$7H_2O$) 接触，试问空气的相对湿度为多少时才会使：(1) A·$7H_2O$ 不会发生风化；(2) 失水分而风化；(3) 吸收水分而潮解。已知两种盐 A·$12H_2O$ 与 A·$7H_2O$；A·$7H_2O$ 与 A·$2H_2O$；A·$2H_2O$ 与 A 平衡共存的水蒸气压分别为 2547、1935、1307Pa，在 298.15 K 时纯水的蒸气压为 3171Pa。

29. 正戊烷在 600 K 时经过一异构化催化剂，产生下列平行反应：

$$\underset{A}{CH_3CH_2CH_2CH_2CH_3(g)} \longrightarrow \underset{B}{CH_3CH(CH_3)CH_2CH_3(g)} \qquad (1)$$

$$\underset{A}{CH_3CH_2CH_2CH_2CH_3(g)} \longrightarrow \underset{C}{C(CH_3)_4(g)} \qquad (2)$$

已知 600 K 时，各物质的 $\Delta_f G_m^\ominus$(kJ·mol^{-1}) 分别为：A：142.13；B：136.65；C：149.20。试求反应(1) 与反应(2) 在 600 K 时的平衡常数。

30. 已知在 298.15 K 时有如下数据：

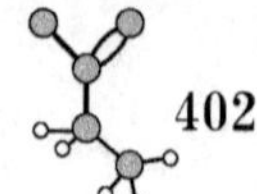

(1) $CO_2(g) + 4H_2(g) = CH_4(g) + 2H_2O(g)$　$\Delta_r G_m^{\ominus} = -112.600\ kJ \cdot mol^{-1}$

(2) $2H_2(g) + O_2(g) = 2H_2O(g)$　$\Delta_r G_m^{\ominus} = -456.115\ kJ \cdot mol^{-1}$

(3) $2C(s) + O_2(g) = 2CO(g)$　$\Delta_r G_m^{\ominus} = -272.044\ kJ \cdot mol^{-1}$

(4) $C(s) + 2H_2(g) = CH_4(g)$　$\Delta_r G_m^{\ominus} = -51.070\ kJ \cdot mol^{-1}$

试求反应:$CO_2(g) + H_2(g) = H_2O(g) + CO(g)$　在 298.15 K 时的 $\Delta_r G_m^{\ominus}$ 及 $K_p^{\ominus}$?

31. 在高温下,CO_2 按下列式分解:

$$2CO_2(g) \rightleftharpoons 2CO(g) + O_2(g)$$

在 $1p^{\ominus}$ 下,CO_2 在 100 K 及 1400 K 的分解率分别为 2.5×10^{-5} 和 1.27×10^{-2},设在该温度区间反应的 $\Delta_r H_m$ 为常数,试求 1000 K 时反应的 $\Delta_r G_m^{\ominus}$ 和 $\Delta_r S_m^{\ominus}$。

32. 已知在 298.15 K 时有下列数据:

	$CO_2(g)$	$NH_3(g)$	$H_2O(g)$	$CO(NH_2)_2(s)$
$\Delta_f H_m^{\ominus}/kJ \cdot mol^{-1}$	-393.51	-46.19	-241.83	-333.19
$S_m^{\ominus}/J \cdot K^{-1} \cdot mol^{-1}$	213.64	192.51	188.72	104.60

求在 298.15 K 时,反应 $CO_2(g) + 2NH_3(g) \rightleftharpoons H_2O(g) + CO(NH_2)_2(s)$ 的 $\Delta_r G_m^{\ominus}$ 及反应平衡常数 $K_p^{\ominus}$。

33. 工业上将空气和甲醇的混合气体在 823.15 K 及 $1p^{\ominus}$ 下通过 Ag 催化剂合成甲醛。发现 Ag 逐渐失去光泽,并有部分破碎。试应用下列数据分析此现象是否因为 Ag_2O 生成而引起?在 298.15 K 时,$Ag_2O(s)$ 的 $\Delta_f G_m^{\ominus} = -10820J \cdot mol^{-1}$;$\Delta_f H_m^{\ominus} = -30570J \cdot mol^{-1}$;在此温度区间各物质热容为 O_2:29.36J · K^{-1} · mol^{-1};Ag_2O:65.56J · K^{-1} · mol^{-1};Ag(s):25.49J · K^{-1} · mol^{-1}.

34. 环己烷甲基环戊烷之间有异构化作用:

$$C_6H_{12}(l) = C_5H_9CH_3(l)$$

异构化反应的平衡常数与温度有如下关系:$\ln K = 4.814 - \dfrac{2059}{T}$,试求 298.15 K 时异构化反应的熵变?

35. 有反应 $CO_2(g) + H_2S(g) = COS(g) + H_2O(g)$ 在 610 K 时加入 4.4gCO_2 到体积为 2.5dm^3 的容器中,再充入 H_2S 使总压为 $10p^{\ominus}$,平衡后分析体系中 $x_{H_2O} = 0.02$,将温度升至 620 K,待平衡后,分析测得 $x_{H_2O} = 0.03$,试问:(设反应物的热容等于产物的热容)

(1) 该反应在 610 K 时的 $K_p^{\ominus}$,$\Delta_r G_m^{\ominus}$;

(2) 反应的 $\Delta_r H_m^{\ominus}$,$\Delta_r S_m^{\ominus}$;

(3) 在 610 K 下,向容器中充入惰性气体使压力加倍,COS 的产量是否增加?若保持总压不变,充入惰性气体使压力加倍,COS 的产量是否增加?

36. 下列晶形转换反应:

$$HgS(红) \rightleftharpoons HgS(黑)$$

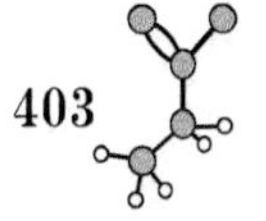

其 $\Delta_r G_m^{\ominus} = (17154 - 25.48T)\text{J} \cdot \text{mol}^{-1}$。试问：

(1) 在 372.2 K 时，哪种 HgS 较稳定？

(2) 该反应的转换温度是多少？

37. 已知反应：

$$A(g) + \frac{1}{2}B(g) \rightleftharpoons C(g)$$

在 801 K、900 K、1000 K 时的 $K_p^{\ominus}$ 分别为 31.3、6.55 和 1.86。设反应热与温度的关系式为：$\Delta_r H_m^{\ominus} = a + bT\ \text{J} \cdot \text{mol}^{-1}$，试求 a、b 的值。

38. 已知反应：

$3CuCl(g) \rightleftharpoons Cu_3Cl_3(g)$ 的 $\Delta_r G_m^{\ominus} = -528860 - 52.34T\lg T + 438.1T\text{J} \cdot \text{mol}^{-1}$，试求：

(1) 2000 K 时，上述反应的 $\Delta_r H_m^{\ominus}$ 和 $\Delta_r S_m^{\ominus}$；

(2) 2000 K、$1p^{\ominus}$ 下，平衡混合物中三聚物的摩尔分数是多少？

39. 试证明：反应 $A + B = 2C$ 在气相中进行的平衡常数 $K_p^{\ominus}$，与在溶液中进行的平衡常数 K_x 之间的关系为：$K_p^{\ominus}/K_x = \dfrac{{k_C}^2}{k_A \cdot k_B}$，式中：$k_A$、$k_B$、$k_C$ 分别是 A、B、C 溶于该溶剂中的亨利常数。

40. 试估计能否如炼铁那样，直接用炭还原 TiO_2。

$$TiO_2(s) + C(s) = Ti(s) + CO_2(g)$$

已知在 298.15 K 下，$\Delta_f G_m^{\ominus}(CO_2, g) = -394.38\ \text{kJ} \cdot \text{mol}^{-1}$，$\Delta_f G_m^{\ominus}(TiO_2) = -8529\ \text{kJ} \cdot \text{mol}^{-1}$。

41. 有下列两个反应

$$2NaHCO_3(s) = Na_2CO_3(s) + H_2O(g) + CO_2(g) \qquad (1)$$

$$CuSO_4 \cdot 5H_2O(s) = CuSO_4 \cdot 3H_2O(s) + 2H_2O(g) \qquad (2)$$

已知在 323 K 时各自达平衡，反应(1) 的离解压为 3999Pa，反应(2) 的水蒸气压为 6052Pa。试计算由 $NaHCO_3$、Na_2CO_3、$CuSO_4 \cdot 5H_2O$ 和 $CuSO_4 \cdot 3H_2O$ 所组成的体系，在 323 K 下达平衡时 CO_2 的分压是多少？

42. 在高温下，水蒸气通过灼热煤层，按下式生成水煤气：

$$C(s) + H_2O(g) = H_2(g) + CO(g)$$

已知在 1200 K 和 1000 K 时，反应的 $K_p^{\ominus}$ 分别为 37.58 和 2.472。试求：

(1) 该反应在此温度范围内的 $\Delta_r H_m^{\ominus}$ 值；

(2) 在 1100 K 时反应的 $K_p^{\ominus}$ 值。

43. 试求氨分解反应在 298.15 K 及 800 K 的平衡常数 $K_p^{\ominus}$？已知反应 $NH_3(g) \rightleftharpoons \frac{1}{2}N_2(g) + \frac{3}{2}H_2(g)$ 的 $\Delta_r G_m^{\ominus}(298.15\ \text{K}) = 16359\ \text{J} \cdot \text{mol}^{-1}$，各物质的

热力数据如下：

	$N_2(g)$	$H_2(g)$	$NH_3(g)$
$\frac{S_m^{\ominus}(298.15\ K)}{J \cdot K^{-1} \cdot mol^{-1}}$	191.59	131.04	192.04
$\frac{C_{p,m}}{J \cdot K^{-1} \cdot mol^{-1}}$	$6.5+1\times10^{-3}T$	$6.62+0.81\times10^{-3}T$	$6.70+6.3\times10^{-3}T$

44. 已知在 600 K 下，CH_3Cl 与 H_2O 作用生成 CH_3OH 时，CH_3OH 可继续分解为 $(CH_3)_2O$，有下列平衡同时存在：

(1) $CH_3Cl(g) + H_2O(g) = CH_3OH(g) + HCl(g) \quad K_p^{\ominus}(1) = 0.0015$

(2) $2CH_3OH(g) = (CH_3)_2O(g) + H_2O(g) \quad K_p^{\ominus}(2) = 10.6$

若以等物质的量的 CH_3Cl 和 H_2O 开始反应，求 CH_3Cl 的转化率是多少？

45. 氧化铁按下列反应式还原：

$$FeO(s) + CO(g) = Fe(s) + CO_2(g)$$

试问在 1393 K，$1p^{\ominus}$ 下还原 1 molFeO(s) 需要 CO(g) 的量为多少？已知在同温下：

(1) $2CO_2(g) \rightleftharpoons 2CO(g) + O_2(g) \quad K_p(1) = 1.42 \times 10^{-10}\,kPa$

(2) $2FeO(s) \rightleftharpoons 2Fe(s) + O_2(g) \quad K_p(2) = 2.50 \times 10^{-11}\,kPa$

附　录

Ⅰ.国际单位制

国际单位制(International System of Units,代号为SI)是1960年第十一届国际计量大会通过的一种计量单位制。它是在米制基础上发展起来的,其基本单位由科学公式或自然常数导出。SI单位由七个基本单位和两个辅助单位组成,统一了力学、热力学、电磁学、光学、声学和化学等领域的计量单位。

表1　国际单位制基本单位

量的名称	单位名称	单位代号	单位定义
长　度	米	m	等于Kr-86原子的$2p_{10}$和$5d_5$能级之间跃迁的辐射在真空中波长的1650763.73倍。
质　量	千　克	kg	等于国际千克(公斤)原器的质量。
时　间	秒	s	等于Cs-133原子基态的两个超精细能级之间跃迁的辐射周期的9192631770倍的持续时间。
电　流	安　培	A	等于保持在真空中相距一米的两无限长的圆截面极小的平行直导线间,每米长度上产生2×10^{-7}牛顿的力。
热力学温度	开尔文	K	等于水的三相点热力学温度的$\frac{1}{273.16}$。
物质的量	摩　尔	mol	等于物系的物质的量,该物系中所含粒子数与0.012千克碳-12的原子数相等。
发光强度	坎德拉	cd	等于在101325牛顿每平方米压力下,处于铂凝固温度的黑体的$\frac{1}{600000}$平方米表面在垂直方向上的发光强度。

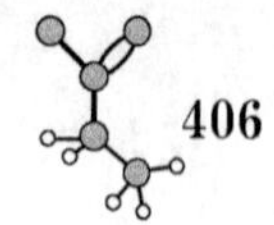

表 2 国际单位制辅助单位

量的名称	单位名称	单位代号	单位定义
平面角	弧　度	rad	等于一个圆内两条半径之间的平面角，这两条半径在圆周上截取的弧长与半径相等。
立体角	球面度	sr	等于一个立体角，其顶点位于球心，而它在球面上所截取的面积等于以球半径为边长的正方形面积。

表 3 国际单位制导出单位

量的名称	单位名称	单位代号	用国际制基本单位和其他单位表示的关系式	
面积	平方米	m^2		
体积	立方米	m^3		
速度	米每秒	$m \cdot s^{-1}$		
加速度	米每平方秒	$m \cdot s^{-2}$		
波数	每米	m^{-1}		
密度	千克每立方米	$kg \cdot m^{-3}$		
力	牛顿	N	$m \cdot kg \cdot s^{-1}$	
压力	帕斯卡	Pa	$m^{-1} \cdot kg \cdot s^{-2}$	$N \cdot m^{-2}$
能量	焦耳	J	$m^2 \cdot kg \cdot s^{-2}$	$N \cdot m$
功率	瓦特	W	$m^2 \cdot kg \cdot s^{-3}$	$J \cdot s^{-1}$
表面张力	牛顿每米	Nm^{-1}	$kg \cdot s^{-2}$	
粘度	帕斯卡秒	Pas	$m^{-1} \cdot kg \cdot s^{-1}$	
电量	库仑	C	$s \cdot A$	
电压	伏特	V	$m^2 \cdot kg \cdot s^{-3} \cdot A^{-1}$	$W \cdot A^{-1}$
电容	法拉	F	$m^{-2} \cdot kg^{-1} \cdot s^4 \cdot A^2$	$C \cdot V^{-1}$
电阻	欧姆	Ω	$m^2 \cdot kg \cdot s^{-3} \cdot A^{-2}$	$V \cdot A^{-1}$
电导	西门子	S	$m^{-2} \cdot kg^{-1} \cdot s^3 \cdot A^2$	$A \cdot V^{-1}$
电场强度	伏特每米	$V \cdot m^{-1}$	$m \cdot kg \cdot s^{-3} \cdot A^{-1}$	
电流密度	安培每平方米	$A \cdot m^{-2}$		
热容量	焦耳每开尔文	$J \cdot K^{-1}$	$m^2 \cdot kg \cdot s^{-2} \cdot K^{-1}$	

表 4　　国际单位制外的单位

名　　称	代　　号	相当于国际制单位的数值
升	l	1 升 = 1 立方分米 = 10^3 立方厘米
吨	t	1 吨 = 10^3 千克(公斤)
电子伏特	eV	1 电子伏特 ≈ 1.60219×10^{-19} 焦耳
埃	Å	1 埃 = 10^{-10} 米
巴	bar	1 巴 = 10^5 帕斯卡
大气压	atm	1 大气压 = 101325 帕斯卡
托(毫米汞柱)	torr(mmHg)	1 托 = 133.322 帕斯卡
尔格	erg	1 尔格 = 10^{-7} 焦耳
达因	dyn	1 达因 = 10^{-5} 牛顿
泊	P	1 泊 = 0.1 帕斯卡秒
卡(热化学)	cal	1 卡 = 4.184 焦耳

Ⅱ. 常用的换算因数

能量

	J	cal	erg	$cm^3 \cdot atm$	eV
1 J	1	0.2390	10^7	9.869	6.242×10^{18}
1 cal	4.184	1	4.184×10^7	41.29	2.612×10^{19}
1 erg	10^{-7}	2.390×10^{-3}	1	9.869×10^{-7}	6.242×10^{11}
1 $cm^3 \cdot atm$	0.1013	2.422×10^{-2}	1.013×10^5	1	6.325×10^{17}
1 eV	1.602×10^{19}	3.829×10^{-20}	1.602×10^{-12}	1.581×10^{-18}	1

相当的能量

	$J \cdot mol^{-1}$	$cal \cdot mol^{-1}$	尔格·分子$^{-1}$
1cm^{-1} 的波数	11.96	2.859	1.986×10^{-16}
每分子 1 电子伏特(eV) 的能量	9.649×10^4	2.306×10^4	1.602×10^{-12}

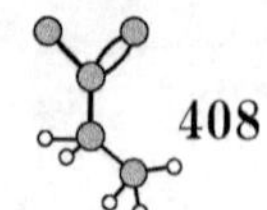

压力

	P_a	atm	mmHg	bar(巴)	$dyn \cdot cm^{-2}$ (达因·厘米$^{-2}$)	$lbf \cdot in^{-2}$ (磅力·英寸$^{-2}$)
1P_a	1	9.869×10^{-5}	7.501×10^{-3}	10^{-5}	10	1.450×10^{-4}
1atm	1.013×10^{-5}	1	760.0	1.013	1.013×10^{6}	14.70
1mmHg(Torr)	133.3	1.316×10^{-3}	1	1.333×10^{-3}	1333	1.934×10^{-2}
1bar	10^5	0.9869	750.1	1	10^6	14.50
1dyn. cm^{-2}	10^{-1}	9.869×10^{-7}	7.501×10^{-4}	10^{-6}	1	1.450×10^{-5}
1lbf · in^{-2}	6895	6.895×10^{-2}	51.71	6.895×10^{-2}	6.895×10^{4}	1

0°C(冰点)	273.15K
升(L)	1dm^3(1964 年后的定义)
升(L)	1.000028 dm^3(1964 年前的定义)
英寸(in)	2.54×10^{-2} m
磅(lb)	0.4536 kg
埃(Å)	1×10^{-10} m = 0.1nm

Ⅲ.一些物理和化学的基本常数(1986 年国际推荐值)*

量	符号	数值	单位	相对不确定度(ppm)
光速	c	299792458	$m \cdot s^{-1}$	定义值
真空导磁率	μ_0	$4\pi\times10^{-7}$	$N \cdot A^{-2}$	定义值
		12.566370614…	$10^{-7} N \cdot A^{-2}$	
真空电容率,$1/(\mu_0 C^2)$	e_0	8.854187817…	10^{-12} F/m	定义值
牛顿引力常数	G	6.67259(85)	$10^{-11} m^3 \cdot kg^{-1} \cdot s^{-2}$	128
普朗克常数	h	6.6260755(40)	$10^{-34} J \cdot s$	0.60
h/2π	$\hbar$	1.05457266(63)	$10^{-34} J \cdot s$	0.60
基本电荷	e	1.60217733(49)	10^{-19} C	0.30
电子质量	m_e	0.91093897(54)	10^{-30} kg	0.59
质子质量	m_v	1.6726231(10)	10^{-27} kg	0.59
质子-电子质量比	m_v/m_e	1836.152701(37)		0.020
精细结构常数	a	7.29735308(33)	10^{-3}	0.045
精细结构常数的倒数	a^{-1}	137.0359895(61)		0.045
里德伯常数	R_∞	10973731.534(13)	m^{-1}	0.0012
阿伏伽德罗常数	L, N_A	6.0221367(36)	$10^{23} mol^{-1}$	0.59
法拉第常数	F	96485.309(29)	$C \cdot mol^{-1}$	0.30
摩尔气体常数	R	8.314510(70)	$J \cdot mol^{-1} \cdot K^{-1}$	8.4
玻耳兹曼常数,R/L_A	k	1.380658(12)	$10^{-23} J \cdot K^{-1}$	8.5
斯式潘-玻耳兹曼常数,$\pi^2 k^4/60h^3c^2$	σ	5.67051(13)	$10^{-8} W \cdot m^{-2} \cdot K^{-4}$	34
电子伏,(e/C)J = {e}J(统一)原子质量单位	eV	1.60217733(49)	10^{-19} J	0.30
原子质量常数,$\frac{1}{12}m(^{12}C)$	u	1.6605402(10)	10^{-27} kg	0.59

* 注:这是根据 17 个自由度的最小二乘法得出的一个简表,表中只列出一些最常用的数值,其不确定度用一个标准差表示。圆括弧中的数字是前面给定值的一个标准差的不确定度。由于许多项的不确定度是相关的,在估计由这些数算出之量的不确定度时,必须应用整个误差矩阵。

Ⅳ.常用数学公式

微分

u 和 v 是 x 的函数,a 为常数

$$\frac{\mathrm{d}a}{\mathrm{d}x}=0 \qquad \frac{\mathrm{d}(au)}{\mathrm{d}x}=a\frac{\mathrm{d}u}{\mathrm{d}x}$$

$$\frac{\mathrm{d}x^n}{\mathrm{d}x}=nx^{n-1} \qquad \frac{\mathrm{d}(u^n)}{\mathrm{d}x}=nu^{n-1}\cdot\frac{\mathrm{d}u}{\mathrm{d}x}$$

$$\frac{\mathrm{d}a^x}{\mathrm{d}x}=a^x\ln a \qquad \frac{\mathrm{d}a^u}{\mathrm{d}x}=a^u\cdot\ln a\cdot\frac{\mathrm{d}u}{\mathrm{d}x}$$

$$\frac{\mathrm{d}\mathrm{e}^x}{\mathrm{d}x}=\mathrm{e}^x \qquad \frac{\mathrm{d}\mathrm{e}^u}{\mathrm{d}x}=\mathrm{e}^u\frac{\mathrm{d}u}{\mathrm{d}x}$$

$$\frac{\mathrm{d}\ln x}{\mathrm{d}x}=\frac{1}{x} \qquad \frac{\mathrm{d}\lg x}{\mathrm{d}x}=\frac{1}{2.303x}$$

$$\frac{\mathrm{d}\ln u}{\mathrm{d}x}=\frac{1}{u}\cdot\frac{\mathrm{d}u}{\mathrm{d}x} \qquad \frac{\mathrm{d}\lg u}{\mathrm{d}x}=\frac{1}{2.303u}\cdot\frac{\mathrm{d}u}{\mathrm{d}x}$$

$$\frac{\mathrm{d}(u+v)}{\mathrm{d}x}=\frac{\mathrm{d}u}{\mathrm{d}x}+\frac{\mathrm{d}v}{\mathrm{d}x} \qquad \frac{\mathrm{d}(uv)}{\mathrm{d}x}=u\frac{\mathrm{d}v}{\mathrm{d}x}+v\frac{\mathrm{d}u}{\mathrm{d}x}$$

$$\frac{\mathrm{d}(u/v)}{\mathrm{d}x}=\frac{v\frac{\mathrm{d}u}{\mathrm{d}x}-u\frac{\mathrm{d}v}{\mathrm{d}x}}{v^2}$$

积分

u 和 v 是 x 的函数,a、b 是常数。C 是积分常数。

$$\int\mathrm{d}x=x+C \qquad \int x^n\mathrm{d}x=\frac{1}{n+1}x^{n+1}+C$$

$$\int\frac{\mathrm{d}x}{x}=\ln x+C \qquad \int\mathrm{e}^x\mathrm{d}x=\mathrm{e}^x+C$$

$$\int a^x\mathrm{d}x=\frac{a^x}{\ln a}+C \qquad \int\ln x\mathrm{d}x=x\ln x-x+C$$

$$\int au\mathrm{d}x=a\int u\mathrm{d}x \qquad \int(u+v)\mathrm{d}x=\int u\mathrm{d}x+\int v\mathrm{d}x$$

$$\int u\mathrm{d}v=uv-\int v\mathrm{d}u$$

$$\int(ax+b)^n\mathrm{d}x=\frac{(ax+b)^{n+1}}{a(n+1)}+C \qquad (n\neq 1)$$

$$\int\frac{\mathrm{d}x}{ax+b}=\frac{\ln(ax+b)}{a}+C$$

$$\int\frac{x\mathrm{d}x}{ax+b}=\frac{x}{a}-\frac{b}{a^2}\ln(ax+b)+C$$

$$\int\frac{x^2\mathrm{d}x}{ax+b}=\frac{1}{a^3}\left[\frac{(ax+b)^2}{2}-2b(ax+b)+b^2\ln(ax+b)\right]+C$$

$$\int\mathrm{e}^{ax}\cdot x^n\mathrm{d}x=\frac{n!\mathrm{e}^{ax}}{a^{n+1}}\left[\frac{(ax)^n}{n!}-\frac{(ax)^{n-1}}{(n-1)!}+\frac{(ax)^{n-2}}{(n-2)!}+\cdots+(-1)\frac{r(ax)^{n-r}}{(n-r)!}+\cdots+(-1)^n\right]+C$$

$$\int_0^\infty \mathrm{e}^{-ax^2}\mathrm{d}x=\frac{1}{2}\sqrt{\frac{\pi}{a}}$$

函数展成级数

二项式

$$(1+x)^n=1+nx+\frac{n(n-1)}{2!}x^2+\frac{n(n-1)(n-2)}{3!}x^3+\cdots$$

$$(1-x)^n=1-nx+\frac{n(n-1)}{2!}x^2-\frac{n(n-1)(n-2)}{3!}x^3+\cdots$$

$$(1+x)^{-n}=1-nx+\frac{n(n+1)}{2!}x^2-\frac{n(n+1)(n+2)}{3!}x^3+\cdots$$

$$(1-x)^{-n}=1+nx+\frac{n(n+1)}{2!}x^2+\frac{n(n+1)(n+2)}{3!}x^3+\cdots$$

$$(1+x)^{-1}=1-x+x^2-x^3+\cdots$$

$$(1-x)^{-1}=1+x+x^2+x^3+\cdots$$

对数

$$\ln(1+x)=x-\frac{1}{2}x^2+\frac{1}{3}x^3-\frac{1}{4}x^4+\cdots$$

$$\ln(1-x)=-\left(x+\frac{1}{2}x^2+\frac{1}{3}x^3+\frac{1}{4}x^4+\cdots\right)$$

指数

$$\mathrm{e}^x=1+x+\frac{x^2}{2!}+\frac{x^3}{3!}+\cdots$$

$$\mathrm{e}^{-x}=1-x+\frac{x^2}{2!}-\frac{x^3}{3!}+\cdots$$

Ⅴ.一些物质的热力学性质

1. 在 101.325kPa,298.15K 下一些单质和化合物的热力学函数*

(本表及以下表中(g),(l),(s),(c)(aq) 分别表示气态、液态、固态、结晶和水溶液。)

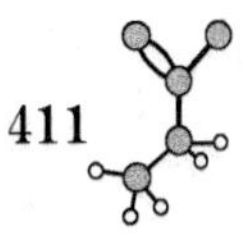

(1) 单质或化合物的热力学性质

单质或化合物	$\frac{\Delta_f H_m^\ominus}{kJ \cdot mol^{-1}}$	$\frac{S_m^\ominus}{J \cdot mol^{-1} \cdot K^{-1}}$	$\frac{\Delta_f G_m^\ominus}{kJ \cdot mol^{-1}}$	$\frac{C_{p,m}^\ominus}{J \cdot mol^{-1} \cdot K^{-1}}$
H_2(g)	0.0	130.59	0.0	28.84
H(g)	217.94	114.61	203.24	20.79
零族				
He(g)	0.0	126.06	0.0	20.79
Ne(g)	0.0	144.14	0.0	20.79
Δr(g)	0.0	154.72	0.0	20.79
Kr(g)	0.0	163.97	0.0	20.79
Xe(g)	0.0	169.58	0.0	20.79
Rn(g)	0.0	176.15	0.0	20.79
第一族				
Li(c)	0.0	28.03	0.0	23.64
Li(g)	155.10	138.67	122.13	20.79
Liz(g)	199.2	196.90	157.32	35.65
Li_2O(c)	−595.8	37.91	−560.24	
LiH(g)	128.4	170.58	105.4	29.54
LiCl(c)	−408.78	155.2	−383.7	
Na(c)	0.0	51.0	0.0	28.41
Na(g)	108.70	153.62	78.11	20.79
Na_2(g)	142.13	230.20	103.97	
NaO_2(c)	−259.0		−194.6	
Na_2O(c)	−415.9	72.8	−376.6	68.2
Na_2O_2(c)	−504.6	(66.9)	−430.1	
NaOH(c)	−426.73	(523)	−377.0	80.3
NaCl(c)	−411.00	72.4	−384.0	49.71
NaBr(c)	−359.95		−347.6	
Na_2SO_4(c)	−1384.49	149.49	−1266.83	127.61
$Na_2SO_4 10H_2O$(c)	−4324.08	592.87	−3643.97	587.4
$NaNO_3$(c)	−466.68	116.3	−365.89	93.05
Na_2CO_3(c)	−1130.9	136.0	−1047.7	110.50
K(c)	0.0	63.6	0.0	29.16
K(g)	90.0	160.23	61.17	20.79
K_2(g)	128.9	249.75	92.5	
K_2O(c)	−365.1		−318.8	
KOH(c)	−425.85		−374.5	
KCl(c)	−435.87	82.67	−408.32	51.50
KM_nO_4(c)	−813.4	171.71	−713.79	119.2
第二族				
Be(c)	0.0	9.54	0.0	17.82

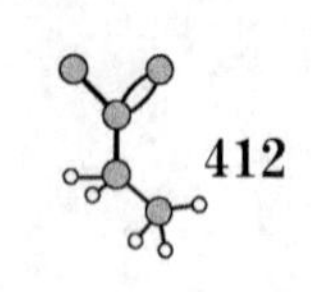

续表

单质或化合物	$\frac{\Delta_f H_m^{\ominus}}{kJ \cdot mol^{-1}}$	$\frac{S_m^{\ominus}}{J \cdot mol^{-1} \cdot K^{-1}}$	$\frac{\Delta_f G_m^{\ominus}}{kJ \cdot mol^{-1}}$	$\frac{C_{p,m}^{\ominus}}{J \cdot mol^{-1} \cdot K^{-1}}$
Mg(c)	0.0	32.51	0.0	23.89
MgO(c)	−601.83	26.8	−569.57	37.40
$Mg(OH)_2$(c)	−924.66	63.14	−833.74	77.03
$MgCl_2$(c)	−641.82	89.5	−592.32	71.30
Ca(c)	0.0	41.63	0.0	26.27
CaO(c)	−635.09	39.7	−604.2	42.80
CaF_2(c)	−1214.6	68.87	−1161.9	67.02
$CaCO_3$(c,方解石	−1206.87	92.9	−1128.76	81.88
$CaSlO_3$(c)	−1584.1	82.0	−1498.7	85.27
$CaSO_4$(c,无水)	−1432.68	106.7	−1320.30	99.6
$CaSO_4 \cdot \frac{1}{2}H_2O$(c)	−1575.15	130.5	−1435.20	119.7
$CaSO_4 \cdot 2H_2O$(c)	−2021.12	193.97	−1795.73	186.2
$Ca_3(PO_4)_2$(c)	−4137.5	236.0	−3899.5	227.82
第三族				
B(c)	0.0	6.53	0.0	11.97
B_2O_3(c)	−1263.6	54.02	−1184.1	62.26
B_2H_6(g)	31.4	232.88	82.8	56.40
B_6H_9(g)	62.8	275.64	165.7	80
Al(c)	0.0	28.32	0.0	24.34
Al_2O_3(c)	−1669.79	52.99	−1576.41	78.99
第四族				
C(c,金刚石)	1.90	2.44	2.87	6.05
C(c,石墨)	0.0	5.69	0.0	8.64
C(g)	718.38	157.99	672.97	20.84
CO(g)	−110.52	197.91	−137.27	29.14
CO_2(g)	−393.51	213.64	−394.38	37.13
CH_4(g)	−74.85	186.19	−50.79	35.71
C_2H_2(g)	226.75	200.82	209.2	43.93
C_2H_4(g)	52.28	219.45	68.12	43.55
C_2H_6(g)	−84.67	229.49	−32.89	52.65
C_6H_6(g)	82.93	269.20	129.66	81.67
C_6H_6(l)	49.03	124.50	172.80	
CH_3OH(g)	−201.25	237.6	−161.92	
CH_3OH(l)	−238.64	126.8	−166.31	81.6
C_2H_5OH(l)	−277.63	160.7	−174.76	111.46
CH_3CHO(g)	−166.35	265.7	−133.72	62.8
HCOOH(l)	−409.2	128.95	−346.0	99.04
$(COOH)_2$(c)	−826.7	120.1	−697.9	109
HCN(g)	130.5	201.79	120.1	35.90

续表

单质或化合物	$\frac{\Delta_f H_m^\ominus}{kJ \cdot mol^{-1}}$	$\frac{S_m^\ominus}{J \cdot mol^{-1} \cdot K^{-1}}$	$\frac{\Delta_f G_m^\ominus}{kJ \cdot mol^{-1}}$	$\frac{C_{p,m}^\ominus}{J \cdot mol^{-1} \cdot K^{-1}}$
$CO(NH_2)_2$(c)	−333.19	104.6	−197.15	93.14
CS_2(l)	87.9	151.04	63.6	75.7
CCl_4(g)	−106.69	309.41	−64.22	83.51
CCl_4(l)	−139.49	214.43	−68.74	131.75
CH_3Cl(g)	−81.92	234.18	−58.41	40.79
CH_3Br(g)	−34.3	245.77	−24.69	42.59
$CHCl_3$(g)	−100	296.48	−67	65.81
$CHCl_3$(l)	−131.8	202.9	−71.5	116.3
Si(c)	0.0	18.70	0.0	19.87
SiO_2(c,石英)	−859.4	41.84	−805.0	44.43
第五族				
N_2(g)	0.0	191.49	0.0	29.12
N(g)	472.64	153.19	455.51	20.79
NO(g)	90.37	210.62	86.69	29.86
NO_2(g)	33.85	240.45	51.84	37.91
N_2O(g)	81.55	219.99	103.60	
N_2O_4(g)	9.66	304.30	98.29	38.71
N_2O_3(c)	−41.84	113.4	133	79.08
NH_3(g)	−46.19	192.51	−16.63	35.66
NH_4Cl(c)	−315.39	94.6	−203.89	84.1
NHO_3(l)	−173.23	155.60	−79.91	109.87
P(c,白)	0.0	44.0	0.0	23.22
P(c,红)	−18.4	(29.3)	−13.8	
P_4(g)	54.89	279.91	24.35	66.9
P_4O_{10}(c)	−3012.5			
PH_3(g)	9.25	210.0	18.24	
第六族				
O_2(g)	0.0	205.03	0.0	29.36
O(g)	247.52	160.95	230.09	21.91
O_3(g)	142.2	237.6	163.43	38.16
H_2O(g)	−241.83	188.72	−228.59	33.58
H_2O(l)	−285.84	69.94	−237.19	75.30
H_2O_2(l)	−187.61	(92)	−113.97	
S(c,斜方)	0.0	31.88	0.0	22.59
S(c,单斜)	0.3	32.55	0.10	23.64
SO(g)	79.58	221.92	53.47	
SO_2(g)	−296.06	248.52	−300.37	39.79
SO_3(g)	−395.18	256.22	−370.37	50.63
H_2S(g)	−20.15	205.64	−33.02	33.97

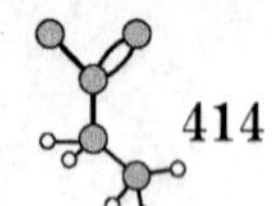

续表

单质或化合物	$\frac{\Delta_f H_m^{\ominus}}{kJ \cdot mol^{-1}}$	$\frac{S_m^{\ominus}}{J \cdot mol^{-1} \cdot K^{-1}}$	$\frac{\Delta_f G_m^{\ominus}}{kJ \cdot mol^{-1}}$	$\frac{C_{p,m}^{\ominus}}{J \cdot mol^{-1} \cdot K^{-1}}$
SF_6(g)	−1096	290.8	−992	
第七族				
F_2(g)	0.0	203.3	0.0	31.46
HF(g)	268.6	173.51	−270.7	29.08
Cl_2(g)	0.0	222.95	0.0	33.93
HCl(g)	−92.31	186.68	−95.26	29.12
Br_2(l)	0.0	152.3	0.0	
Br_2(g)	30.71	245.34	3.14	35.98
HBr(g)	−36.23	198.40	−53.22	29.12
I_2(c)	0.0	116.7	0.0	54.98
I_2(g)	62.24	260.58	19.37	36.86
HI(g)	25.9	206.33	1.30	29.16
过渡金属				
Pb(c)	0.0	64.89	0.0	26.82
Zn(c)	0.0	41.63	0.0	25.06
ZnS(c,闪锌矿)	−202.9	57.71	−198.3	45.2
ZnS(c,纤维锌矿)	−189.5	(57.74)	−242.5	
Hg(l)	0.0	77.4	0.0	27.82
HgO(c,红)	−90.71	72.0	−58.53	45.77
HgO(c,黄)	−90.21	73.2	−58.40	
Hg_2Cl_2(c)	−264.93	195.8	−210.66	101.7
$HgCl_2$(c)	−230.1	(144.3)	−185.8	
Cu(c)	0.0	33.30	0.0	24.47
CuO(c)	−155.2	43.51	−127.2	44.4
Cu_2O(c)	−166.69	100.8	−146.36	69.9
$CuSO_4$(c)	−769.86	113.4	−661.9	100.8
$CuSO_4 \cdot 5H_2O$(c)	−2277.98	305.4	−1879.9	281.2
Ag(c)	0.0	42.70	0.0	25.49
Ag_2O(c)	−30.57	121.71	−10.82	65.56
AgCl(c)	−127.03	96.11	−109.72	50.79
$AgNO_3$(c)	−123.14	140.92	−32.17	93.05
Fe(c)	0.0	27.15	0.0	25.23
Fe_2O_3(c,赤铁矿)	−822.2	90.0	−741.0	104.6
Fe_3O_4(c,磁铁矿)	−1120.9	146.4	−1014.2	
Mn(c)	0.0	31.76	0.0	26.32
MnO_2(c)	−519.6	53.1	−466.1	54.02

* 摘自:G. M. Barrow, Physical Chemistry, 1973。仅对表头作了规范性的修改。

(2) 水溶液中的物质的热力学性质

水溶液中的物质	$\frac{\Delta_f H_m^\ominus}{kJ \cdot mol^{-1}}$	$\frac{S_m^\ominus}{J \cdot mol^{-1} \cdot K^{-1}}$	$\frac{\Delta_f G_m^\ominus}{kJ \cdot mol^{-1}}$
$S^{2-}(aq)$	41.8		83.7
$H_2SO_4(aq)$	−907.51	17.1	−741.99
$HSO_4^-(aq)$	−885.75	126.85	−752.86
$SO_4^{2-}(aq)$	−907.51	17.1	−741.99
第七族			
$F^-(aq)$	−329.11	−9.6	−276.48
$HCl(aq)$	−167.44	55.2	−131.17
$Cl^-(aq)$	−167.44	55.2	−131.17
$ClO^-(aq)$		43.1	−37.2
$ClO_2^-(aq)$	−69.0	100.8	−10.71
$ClO_3^-(aq)$	−98.3	163	−2.60
$ClO_4^-(aq)$	−131.42	182.0	−8
$Br^-(aq)$	−120.92	80.71	−102.80
$I_2(aq)$	20.9		16.44
$I_3^-(aq)$	−51.9	173.6	−51.50
$I^-(aq)$	−55.94	109.36	−51.67
过渡金属			
$Cu^+(aq)$	(51.9)	(−26.4)	50.2
$Cu^{2+}(aq)$	64.39	−98.7	64.98
$Cu(NH_3)_4^{2+}(aq)$	(−334.3)	806.7	−256.1
$Zn^{2+}(aq)$	−152.42	−106.48	−147.19
$Pb^{2+}(aq)$	1.63	21.3	−24.31
$Ag^+(aq)$	105.90	73.93	77.11
$Ag(NH_3)_2^+(aq)$	−111.80	241.8	−17.40
$Ni^{2+}(aq)$	(−64.0)		−48.24
$Ni(NH_3)_6^{2+}(aq)$			−251.4
$Ni(CN)_4^{2-}(aq)$	363.5	(138.1)	489.9
$Mn^{2+}(aq)$	−218.8	−84	−223.4
$MnO_4^-(aq)$	−518.4	189.9	−425.1
$MnO_4^{2-}(aq)$			−503.8
$Cr^{2+}(aq)$			−176.1
$Cr^{3+}(aq)$		−307.5	−215.5
$Cr_2O_7^{2-}(aq)$	−1460.6	213.8	−1257.3
$CrO_4^{2-}(aq)$	−894.33	38.5	−736.8

* 摘自:G. M. Barrow, Physical Chemistry, 1973。仅对表头作了规范性的修改。

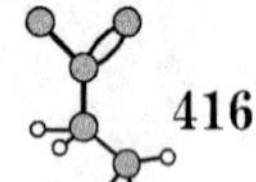

2. 一些物质在 101.325kPa 下的摩尔热容(单位:$J \cdot mol^{-1} \cdot K^{-1}$)*

$$C_{p,m}^{\ominus} = a + bT + cT^2 \qquad C_{p,m}^{\ominus} = a + bT + c'T^{-2}$$

物　质	a	b	c	c′	使用的温度范围(K)
	$J \cdot mol^{-1} \cdot K^{-1}$	$10^{-3} J \cdot mol^{-1} \cdot K^{-2}$	$10^{-7} mol^{-1} \cdot K^{-3}$	$10^{5} J \cdot mol^{-1} \cdot K$	
$H_2(g)$	29.07	−0.836	20.1		273～1500
$O_2(g)$	25.72	12.98	−38.6		〃
$Cl_2(g)$	31.70	10.14	−2.72		〃
$Br_2(g)$	35.24	4.075	−14.9		〃
$N_2(g)$	27.30	5.23	−0.04		〃
$CO(g)$	26.86	6.97	−8.20		〃
$HCl(g)$	28.17	1.82	15.5		〃
$HBr(g)$	27.52	4.00	6.61		〃
$H_2O(g)$	30.36	9.61	11.8		〃
$CO_2(g)$	26.00	43.5	−148.3		〃
苯(C_6H_6)	−1.18	32.6	−1100		〃
正已烷(nC_6H_{14})	30.60	438.9	−1355		〃
CH_4	14.15	75.5	−180		〃
$Al(s)$	20.67	12.38	c		273～931.7
$C(s)$ 金刚石	9.12	13.22	$10^{-6} J \cdot mol^{-1} \cdot k^{-3}$	−6.19	298～1200
$C(s)$ 石墨	17.15	4.27		−8.79	298～2300
$Cu(s)$	22.64	6.28			298～1357
$F_2(g)$	34.69	1.84		−3.35	273～2000
Fe-a(s)	14.10	29.71		−1.80	273～1033
$I_2(s)$	40.12	49.79			298～386.8
$I_2(g)$	36.90				456～1500
$Pb(s)$	25.82	6.69			273～600.5
$H_2S(g)$	29.37	15.40			298～1800
$NH_3(g)$	25.895	32.999	−3.046		291～1000
$N_2O_4(g)$	83.89	39.75		−14.90	298～1000
$NaCl(s)$	45.94	16.32			298～1073
$PCl_5(g)$	19.828	449.060	−498.73		298～500
$SO_2(g)$	43.43	10.63		−5.94	298～1800
$SO_3(g)$	57.32	26.86		−13.05	298～1200
$TlC(s)$	49.50	3.35		−14.98	298～1800
$TlCl_4(g)$	106.48	1.00		−9.87	298～2000
$TiO_2(s)$	75.19	1.17		−18.20	298～1800

续表

物　质	a	b	c	c′	使用的温度范围（K）
	$J \cdot mol^{-1} \cdot K^{-1}$	$10^{-3} J \cdot mol^{-1} \cdot K^{-2}$	$10^{-6} mol^{-1} \cdot K^{-3}$	$10^{5} J \cdot mol^{-1} \cdot K$	
金红石					
He, Ne, Ar Xr, Xe (g)	+20.79	0	0		298～2000
S(g)	+22.01	−0.42	+1.51		〃
H_2(g)	+27.28	+3.26	+0.50		〃
O_2(g)	+29.96	+4.18	−1.67		〃
N_2(g)	+28.58	+3.76	−0.50		
S_2(g)	+36.48	+0.67	−3.76		〃
CO(g)	+28.41	+4.10	−0.46		〃
F_2(g)	+34.56	+2.51	−3.51		〃
Cl_2(g)	+37.03	+0.67	−2.84		〃
Br_2(g)	+37.32	+0.50	−1.25		〃
I_2(g)	+37.40	+0.59	−0.71		〃
CO_2(g)	+44.22	+8.79	−8.62		〃
H_2O(g)	+30.54	+10.29	0		〃
H_2S(g)	+32.68	+12.38	−1.92		〃
NH_3(g)	+29.75	+25.10	−1.55		〃
CH_4(g)	+23.64	+47.86	−1.92		〃
TeF_8(g)	+148.66	+6.78	−29.29		〃
I_2(l)	+80.33	0		0	熔点到沸点
H_2O(l)	+75.48	0		0	〃
NaCl(l)	+66.9	0		0	〃
$C_{10}H_8$(l)	+79.5	+407.5		0	〃
C(石墨)	+16.86	+4.77		−8.54	298～2000
Al(s)	+20.67	+12.38		0	〃
Cu(s)	+22.63	+6.28		0	〃
Pb(s)	+22.13	+11.72		+0.96	〃
I_2(s)	+40.12	+49.79		0	〃
NaCl(s)	+45.94	+16.32		0	〃
$C_{10}H_8$(s)	−115.9	+937		0	〃

* 此表第一部分摘自 Moore：Physical Chemistry，1972；第二部分摘自卡拉别捷扬茨著，余国琮等译：《化学热力学》上册（1955），经换算单位；第三部分摘自 Barrow：Physical Chemistry，1973，p. 156，该书系根据 Lewis and Randall“Thermodynamics”2nd Ed.（1961）换算为 SI 单位。

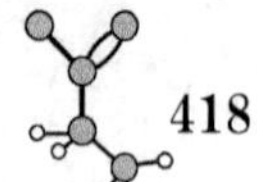

3. 一些物质的自由能函数 $-[G_m^{\ominus}(T)-H_m^{\ominus}(0)]/T$ 和 $\Delta H_m^{\ominus}(0)$

（单位为 $J\cdot K^{-1}\cdot mol^{-1}$ 和 $kJ\cdot mol^{-1}$）

物　质	$-[G_m^{\ominus}(T)-H_m^{\ominus}(0)]/T$					$\Delta H_m^{\ominus}(\Phi)$	$H_m^{\ominus}(\Phi)-H_m^{\ominus}(0)$	$\Delta H_m^{\ominus}(0)$
	298K	500K	1000K	1500K	2000K			
Br(g)	154.14	164.89	179.28	187.82	193.97		6.197	112.93
Br_2(g)	212.76	230.08	254.39	269.07	279.62		9.728	35.02
Br_2(l)	104.6						13.556	0
C(石墨)	2.22	4.85	11.63	17.53	22.51		1.050	0
Cl(g)	144.06	155.06	170.25	179.20	185.52		6.272	119.41
Cl_2(g)	192.17	208.57	231.92	246.23	256.65		9.180	0
F(g)	136.77	148.16	163.43	172.21	178.41		6.519	77.0±4
F_2(g)	173.09	188.70	211.04	224.85	235.02		8.828	0
H(g)	93.81	104.56	118.99	127.40	133.39		6.197	215.98
H_2(g)	102.17	117.13	136.98	148.91	157.61		8.468	0
I(g)	159.91	170.62	185.06	193.47	199.49		6.197	107.15
I_2(g)	226.69	244.60	269.45	284.34	295.06		8.987	65.52
I_2(g)	71.88						13.196	0
N_2(g)	162.42	177.49	197.95	210.37	219.58		8.669	0
O_2(g)	175.98	191.13	212.13	225.14	234.72		8.660	0
S(斜方)	17.11	27.11					4.406	0
CO(g)	168.41	183.51	204.05	216.65	225.93	−110.525	8.673	−113.81
CO_2(g)	182.26	199.45	226.40	244.68	258.80	−393.514	9.364	−393.17
CS_2(g)	202.00	221.92	253.17	273.80	289.11	115.269	10.669	114.60±8
CH_4(g)	152.55	170.50	199.37	221.08	238.91	−74.852	10.029	−66.90
CH_3Cl(g)	198.53	217.82	250.12	274.22		−82.0	10.414	−74.1
$CHCl_3$(g)	248.07	275.35	321.25	352.96		−100.42	14.184	−96
CCl_4(g)	251.67	285.01	340.62	376.39		−106.7	17.200	−104
$COCl_2$(g)	240.58	264.97	304.55	331.08	351.12	−219.53	12.866	−217.82
CH_3OH(g)	201.38	222.34	257.65			−201.17	11.427	−190.25
CH_2O(g)	185.14	203.09	230.58	250.25	266.02	−115.9	10.012	−112.13
HCOOH(g)	212.21	232.63	267.73	293.59	314.39	−378.19	10.883	−370.91
HCN(g)	170.79	187.65	213.43	230.75	243.97	130.5	9.25	130.1
C_2H_2(g)	167.28	186.23	217.61	239.45	256.60	226.73	10.008	227.32
C_2H_4(g)	184.01	203.93	239.70	267.52	290.62	52.30	10.565	60.75

续表

物　质	$-[G_m^\ominus(T)-H_m^\ominus(0)]/T$					$\Delta H_m^\ominus(\Phi)$	$H_m^\ominus(\Phi)-H_m^\ominus(0)$	$\Delta H_m^\ominus(0)$
	298K	500K	1000K	1500K	2000K			
$C_2H_6(g)$	189.41	212.42	255.68	290.62		−84.68	11.950	−69.12
$C_2H_5OH(g)$	235.14	262.84	314.97	356.27		−236.92	14.18	−219.28
$CH_3CHO(g)$	221.12	245.48	288.82			−165.98	12.845	−155.44
$CH_3COOH(g)$	236.40	264.60	317.65	357.10		−434.3	13.81	−420.5
$C_3H_6(g)$	221.54	248.19	299.45	340.70		20.42	13.544	35.44
$C_3H_8(g)$	220.62	250.25	310.03	359.24		−103.85	14.694	−81.50
$(CH_3)_2CO(g)$	240.37	272.09	331.46	378.82		−216.40	16.272	−199.74
正-$C_4H_{10}(g)$	244.93	284.14	362.33	426.56		−126.15	19.435	−99.04
异-$C_4H_{10}(g)$	234.64	271.94	348.86	412.71		−134.52	17.891	−105.86
正-$C_5H_{12}(g)$	269.95	317.73	413.67	492.54		−146.44	13.162	−113.93
异-$C_5H_{12}(g)$	269.28	314.97	409.86	188.61		−154.47	12.083	−120.54
$C_6H_6(g)$	221.46	252.04	320.37	378.44		82.93	14.230	100.42
环-$C_6H_{12}(g)$	238.78	277.78	371.29	455.2		−123.14	17.728	−83.72
$Cl_2O(g)$	228.11	248.91	280.50	300.87		75.7	11.380	77.86
$ClO_2(g)$	215.10	234.72	264.72	284.30		104.6	10.782	107.07
$HF(g)$	144.85	159.79	179.91	191.92	200.62	−268.6	8.598	−268.6
$HCl(g)$	157.82	172.84	193.13	205.35	214.35	−92.312	8.640	−92.127
$HBr(g)$	169.58	184.60	204.97	217.41	226.53	−36.24	8.650	−33.9
$HI(g)$	177.44	192.51	213.02	225.57	234.82	25.9	8.659	28.0
$HClO(g)$	201.84	220.05	246.92	264.20	269.5		10.220	
$PCl_3(g)$	258.05	288.22	335.09			−278.7	16.07	−275.8
$H_2O(g)$	155.56	172.80	196.74	211.76	223.41	−241.885	9.910	−238.993
$H_2O_2(g)$	196.49	216.45	247.54	269.01		−136.14	10.84	−129.90
$H_2S(g)$	172.30	189.75	214.65	230.84	243.1	−20.151	9.981	16.36
$NH_3(g)$	158.99	176.94	203.52	221.93	236.70	−46.20	9.92	−39.21
$NO(g)$	179.87	195.69	217.03	230.01	239.55	90.40	9.182	89.89
$N_2O(g)$	187.86	205.53	233.36	252.23		81.57	9.588	85.00
$NO_3(g)$	205.86	224.32	252.06	270.27	284.08	33.861	10.316	30.33
$SO_2(g)$	212.68	231.77	260.64	279.64	293.8	−296.97	10.542	−294.46
$SO_3(g)$	217.16	239.13	276.54	302.99	322.7	−395.27	11.59	−389.46

* 根据 Lewis, G. N. and M. Randall: Thermodynamics, 2nd ed. 1961. 数据经换算单位。

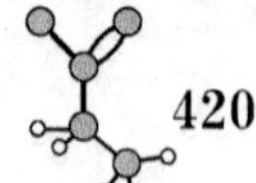

4. 一些有机物的标准摩尔燃烧焓值*

$-\Delta_c H_m^{\ominus}(\Phi)/(kJ\cdot mol^{-1})$

物　　质	M_r	$-\Delta_c H_m^{\ominus}/(kJ\cdot mol^{-1})$
$CH_4(g)$	16.04	890
$C_2H_2(g)$	26.04	1300
$C_2H_4(g)$	28.05	1411
$C_2H_6(g)$	30.07	1560
$C_3H_6(g)$	42.08	2091
$C_3H_6(g)$	42.08	2058
$C_3H_8(g)$	44.10	2220
$C_4H_{10}(g)$	58.12	2877
$C_5H_{12}(g)$	72.15	3536
$C_6H_{12}(l)$	84.16	3920
$C_6H_{14}(l)$	86.18	4163
$C_6H_6(l)$	78.12	3268
$C_7H_{16}(l)$	100.21	4854
$C_8H_{18}(l)$	114.23	5471
$C_8H_{18}(l)$	114.23	5461
$C_{10}H_8(s)$	128.18	5157
$CH_3OH(l)$	32.04	726
$CH_3CHO(g)$	44.05	1193
$CH_3CH_2OH(l)$	46.07	1368
$CH_3COOH(l)$	60.05	874
$CH_3COOC_2H_5(l)$	88.11	2231
$C_6H_5OH(s)$	94.11	3054
$C_6H_5NH_2(l)$	93.13	3393
$C_6H_5COOH(s)$	122.12	3227
$(NH_2)_2CO(s)$	93.13	632
$NH_2CH_2COOH(s)$	75.07	964
$CH_3CH(OH)COOH(s)$	90.08	1344
$C_6H_{12}O_6(s),(\alpha)$	180.16	2802
$C_6H_{12}O_6(s),(\beta)$	180.16	2808
$C_{12}H_{22}O_{11}(s)$	342.30	5645

* 摘自 P. W. Atkins：Physical Chemistry，3rd ed.，1986。

Ⅵ. 原子量表

表中除了五种元素有较大的误差外，所列数值均准确到第四位有效数字，其末位数的误差不超过 ±1。对于既无稳定同位素又无特征天然同位素的各个元素，均以该元素的一种熟知的放射性同位素来表示，表中用其质量数（写在化学符号的左上角）及相对原子质量标出（以 $^{12}C = 12$ 相对原子质量为标准）。

序数	名称	符号	原子量	序数	名称	符号	原子量	序数	名称	符号	原子量
1	氢	H	1.008	37	铷	Rb	85.47	73	钽	Ta	180.9
2	氦	He	4.003	38	锶	Sr	87.62	74	钨	W	183.9
3	锂	Li	6.941 ± 2	39	钇	Y	88.91	75	铼	Re	186.2
4	铍	Be	9.012	40	锆	Zr	91.22	76	锇	Os	190.2
5	硼	B	10.81	41	铌	Nb	92.91	77	铱	Ir	192.2
6	碳	C	12.01	42	钼	Mo	95.94	78	铂	Pt	195.1
7	氮	N	14.01	43	锝	99Te	98.91	79	金	Au	197.0
8	氧	O	16.00	44	钌	Ru	101.1	80	汞	Hg	200.6
9	氟	F	19.00	45	铑	Rh	102.9	81	铊	Tl	204.4
10	氖	Ne	20.18	46	钯	Pd	106.4	82	铅	Pb	207.2
11	钠	Na	22.99	47	银	Ag	107.9	83	铋	Bi	209.0
12	镁	Mg	24.31	48	镉	Cd	112.4	84	钋	^{210}Po	210.0
13	铝	Al	26.98	49	铟	In	114.8	85	砹	^{210}At	210.0
14	硅	Si	28.09	50	锡	Sn	118.7	86	氡	^{222}Rn	222.0
15	磷	P	30.97	51	锑	Sb	121.8	87	钫	^{223}Fr	223.0
16	硫	S	30.97	52	碲	Te	127.6	88	镭	^{226}Ra	226.0
17	氯	Cl	35.45	53	碘	I	126.9	89	锕	^{227}Ac	227.0
18	氩	Ar	39.95	54	氙	Xe	131.3	90	钍	Th	232.0
19	钾	K	39.10	55	铯	Cs	132.9	91	镤	^{231}Pa	231.0
20	钙	Ca	40.08	56	钡	Ba	137.3	92	铀	U	238.0
21	钪	Sc	44.96	57	镧	La	138.9	93	镎	^{237}Np	237.0
22	钛	Ti	47.88 ± 3	58	铈	Ce	140.1	94	钚	^{239}Pu	239.1
23	钒	V	50.94	59	镨	Pr	140.9	95	镅	^{243}Am	243.1
24	铬	Cr	52.00	60	钕	Nd	144.2	96	锔	^{247}Cm	247.1
25	锰	Mn	54.94	61	钷	145Pm	144.9	97	锫	^{247}Bk	247.1
26	铁	Fe	55.85	62	钐	Sm	150.4	98	锎	^{252}Ct	252.1
27	钴	Co	58.93	63	铕	Eu	152.0	99	锿	^{252}Es	252.1
28	镍	Ni	58.69	64	钆	Gd	157.3	100	镄	^{257}Fm	257.1
29	铜	Cu	63.55	65	铽	Tb	158.9	101	钔	^{256}Md	256.1
30	锌	Zn	65.39 ± 2	66	镝	Dy	162.5	102	锘	^{259}No	259.1
31	镓	Ga	69.72	67	钬	Ho	164.9	103	铹	^{260}Lr	260.1
32	锗	Ge	72.61 ± 3	68	铒	Fr	167.3	104		^{261}Rf	261.1
33	砷	As	74.92	69	铥	Tm	168.9	105		^{262}Ha	262.1
34	硒	Se	78.96 ± 3	70	镱	Yb	173.0	106		^{263}Nh	263.1
35	溴	Br	79.90	71	镥	Lu	175.0	107		^{262}Ns	262.1
36	氪	Kr	83.80	72	铪	Hf	178.5	108		^{266}Ue	266.1

摘自《化学通报》3，58（1981）。32 号 Ge 和 41 号 Nb 已根据《化学通报》12，53（1985）修订值进行了校正。

Ⅶ. 本书符号名称一览表

1. 物理量符号名称

A 化学反应亲和势,指数前因子

a 范德华常数,活度

b 范德华常数,碰撞参数

B 溶质,二组分体系中一个组分

C 热容,组合符号,独立组分

C 库仑

c 物质的量浓度,光速

D 介电常数,离解能

d 直径

E 能量,电动势

e 电子电荷,自然对数的底

F 亥姆霍兹自由能,法拉第常数

f 自由度,逸度,力

G 吉布斯自由能,电导

g 简并度,重力加速度

H 焓

h 高度,普朗克常数

I 转动惯量,电流强度,离子强度

J 转动量子数

K 平衡常数

k 玻耳兹曼常数,反应速率常数

L 阿伏伽德罗常数

M 摩尔质量

M_r 物质的相对分子质量

m_B 物质 B 的质量摩尔浓度

N 体系中的分子数

n 物质的量,反应级数

Δ 状态函数变化量

Q 热量,电量,体系配分函数

p 压力

n_x, n_y, n_z 平动量子数

q 分子配分函数

R 标准气体常数,电阻

r 半径

S 熵

T 热力学温度

t 时间

s 秒

$t_{1/2}$ 半衰期

t_B 离子 B 的迁移数

U 内能,淌度

u 速度

V 体积

V_m(B) 物质 B 的摩尔体积

$V_{B,m}$ 物质 B 的偏摩尔体积

W 功,分子间作用能

w_B 物质 B 的质量分数

x_B 物质 B 的物质的量分数

y_B 物质 B 在气相中物质的量分数

Z 压缩因子,配位数

α 热膨胀系数,转化率,解离度

γ $C_{p,m}/C_{V,m}$ 之值,活度系数,表面张力

Γ 表现吸附超量

δ 非状态函数的微小变化量

ε 能量

ζ 动电电势

η 热机效率,超电势

Θ 特征温度

θ 接触角,覆盖度

κ 等温压缩系数,电导率

λ 波长

Λm　摩尔电导率

μ　化学势，折合质量

μ_J　焦尔系数

μx_{J-T}　焦耳 - 汤姆逊系数

ν　振动频率

ν_B　物质 B 的计量系数

ξ　反应进度

$\dot{\xi}$　化学反应速率

Π　渗透压

ρ　密度，电阻率

ρ_B　物质 B 的质量浓度

σ　对称数，截面积

τ　弛豫时间，时间间隔

Φ　相数，渗透系数，量子效率

φ　电极电势

χ　加 1mol 溶质引起作用能的变化

ω　角速度

Ω　微观状态数

2. 常用的上、下标及其他有关符号

名称

$\ominus$　标准态

$\oplus$　生物化学中的标准态

*　纯物质，纯物质标准态

0　基态，0K

∞　无限稀薄，时间为无穷大

b　沸腾

c　燃烧，临界

f　生成，凝固

g　气态

l　液态

s　固态

mol　摩尔

e　电子，平衡

n　原子核

r　转动，化学反应

t　平动

v　振动

aq　水溶液

cr　晶体

fus　熔化

sat　饱和

sln　溶液

sol　溶解

sub　升华

trs　固相转变

mix　混合

dil　稀释

vap　蒸发

$\pm$　离子平均

$\neq$　活化络合物或过渡状态

id　理想

re　实际

$\prod$　连乘号

$\sum$　加和号

exp　指数函数

def　定义

〈　〉平均值

参考书目

1. P. W. Atkins, Physical Chemistry, 8th, Ed. Oxford University Press. London. 2006
2. 傅献彩,沈文霞,姚天扬,侯文华编. 物理化学. 第五版. 北京:高等教育出版社, 2006
3. 韩德刚, 高执棣, 高盘良. 物理化学. 北京:高等教育出版社, 2001
4. 姚允斌, 朱志昂编. 物理化学教程. 长沙:湖南出版社, 1985
5. 印永嘉, 李大珍编. 物理化学简明教程, 第二版. 北京:高等教育出版社, 1984
6. 范康年主编. 物理化学, 第二版. 北京:高等教育出版社, 2005
7. 吴鼎泉, 屈松生, 谢昌礼编著. 化学热力学. 武汉:武汉大学出版社, 1994
8. 傅鹰编著. 化学热力学. 北京:科学出版社, 1963
9. I. M. Klotz, R. M. Rosenberg 著. 鲍银堂, 苏企华译. 化学热力学. 北京:高等教育出版社, 1981
10. 戴冈夫, 谭曾振, 韩德刚译. 化学平衡原理. 北京:化学工业出版社, 1985
11. Ira N. Levine. Physical Chemistry, 6th, Ed. McGraw Hill International Edition, 2009
12. T. Engel, P. Reid, Physical Chemistry. University of Washington, 2006
13. K. J. Laidler, J. H. Meiser. Physical Chemistry. Hounghton Mifflin Company. Boston, 1995
14. 唐有琪著. 统计力学. 北京:科学出版社, 1979
15. 赵成大, 梁春余编著. 统计热力学导论. 长春:吉林人民出版社, 1983
16. T. L. Hill. Statistical Thermodynamics. Addison-Wesley. London, 1962
17. 熊吟涛编. 统计物理学. 北京:人民教育出版社, 1982
18. 王竹溪著. 统计物理学导论. 北京:人民教育出版社, 1965
19. B. J. McClelland著. 龚少明译. 统计热力学. 上海:上海科学技术出版社, 1980
20. 李政道著. 统计力学. 北京:北京师范大学出版社, 1984
21. 梁敬魁等著. 新型超导体系相关系和晶体结构. 北京:科学出版社, 2006
22. 理科教材编审委员会物理化学编审组. 物理化学教学文集(一). 北京:高等教育出版社, 1986

23. 理科教材编审委员会物理化学编审组. 物理化学教学文集(二). 北京：高等教育出版社，1992
24. 武汉大学等五校编. 物理化学习题集. 北京：高等教育出版社，1982
25. 屈松生编. 化学热力学300例. 北京：高等教育出版社，1982
26. 王文清等. 物理化学习题解答. 北京：北京大学出版社，1981